精通大數據！

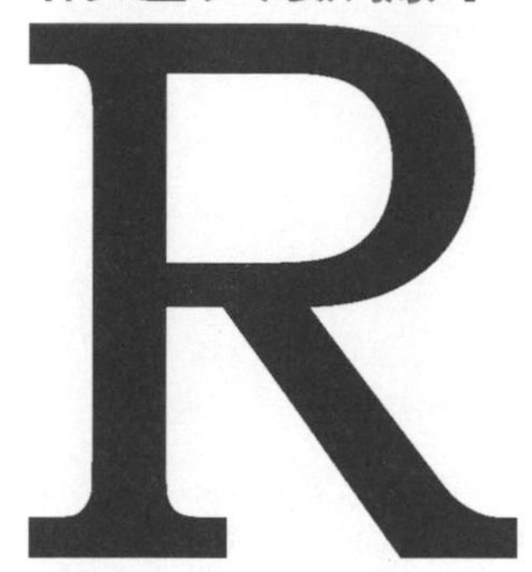

R語言

第二版

R for Everyone：
Advanced Analytics
and Graphics 2nd Edition

資料分析與應用

全面
掌握

感謝您購買旗標書,
記得到旗標網站
www.flag.com.tw
更多的加值內容等著您…

<請下載 QR Code App 來掃描>

1. FB 粉絲團：旗標知識講堂

2. 建議您訂閱「旗標電子報」：精選書摘、實用電腦知識搶鮮讀; 第一手新書資訊、優惠情報自動報到。

3. 「更正下載」專區：提供書籍的補充資料下載服務, 以及最新的勘誤資訊。

4. 「旗標購物網」專區：您不用出門就可選購旗標書!

   買書也可以擁有售後服務，您不用道聽塗說，可以直接和我們連絡喔！

   我們所提供的售後服務範圍僅限於書籍本身或內容表達不清楚的地方，至於軟硬體的問題，請直接連絡廠商。

● 如您對本書內容有不明瞭或建議改進之處，請連上旗標網站, 點選首頁的 讀者服務 ,然後再按右側 讀者留言版 , 依格式留言，我們得到您的資料後，將由專家為您解答。註明書名（或書號）及頁次的讀者，我們將優先為您解答。

學生團體	訂購專線：(02)2396-3257 轉 361, 362 傳真專線：(02)2321-2545
經銷商	服務專線：(02)2396-3257 轉 314, 331 將派專人拜訪 傳真專線：(02)2321-2545

國家圖書館出版品預行編目資料

精通大數據！R 語言資料分析與應用 第二版
Jared P. Lander 作；鍾振蔚 譯
臺北市：旗標, 2018.03　面；　公分

ISBN 978-986-312-507-5 (平裝)

1.資料探勘 2.電腦程式語言 3.電腦程式設計

312.74　　107000150

作　　者／Jared P. Lander
翻譯著作人／旗標科技股份有限公司
發 行 所／旗標科技股份有限公司
台北市杭州南路一段15-1號19樓
電　　話／(02)2396-3257(代表號)
傳　　真／(02)2321-2545
劃撥帳號／1332727-9
帳　　戶／旗標科技股份有限公司
執行企劃／陳彥發
執行編輯／周詠運
美術編輯／薛詩盈
封面設計／古鴻杰
校　　對／周詠運．陳彥發

新台幣售價：720 元
西元 2023 年 2 月二版 7 刷
行政院新聞局核准登記-局版台業字第 4512 號
ISBN 978-986-312-507-5

"大數據分析" 學習地圖

一步到位! Python 程式設計 - 最強入門教科書 第三版

從基礎語法到資料科學應用，培養大數據分析的關鍵能力：

- 清楚明瞭的語法教學，第一次寫程式就上手！
- 豐富滿點的實作範例，自己動手反覆練習最有感！
- 無縫接軌四大套件 NumPy、matplotlib、SciPy、pandas
- 銜接機器學習最強套件 － scikit-learn

精通大數據! R 語言資料分析與應用 第二版

內容共 30 個章節，除了「**R 語言程式設計精要**」一書內容外，還增加：向量運算應用、完整文字探勘流程、網站資料視覺化、機率統計分析、趨勢預測、資料建模、以及報表應用等題材

延 伸 推 薦

資料科學的建模基礎 - 別急著 coding！你知道模型的陷阱嗎？

資料科學的統計實務 - 探索資料本質、扎實解讀數據，才是機器學習成功建模的第一步

機器學習的統計基礎：深度學習背後的核心技術

編輯的話 Foreword

R 語言的知名度在過去幾年迅速增長，也許你會認為它是一個新穎的程式語言，但其實 R 在 1993 年左右就已經問世了。那為甚麼它會突然爆紅呢？據我們了解主因是搭著大數據 (Big data) 的便車，再者資料科學也漸漸成為一種專業的研究領域，甚至是新興產業。資料科學的基礎包括了：統計、線性代數、作業研究、人工智慧和機器學習，這些在 R 語言中往往只需要單一個函數就能進行呼叫並使用了，相對於其它程式語言顯得容易多了。

現階段看來，在進行許多關於資料科學的工作，乃至於大數據的應用時，使用 R 語言幾乎是無法避免的。在 R 語言中，許多用來做預測和分析的演算法只需要幾行指令就可以完成了，這讓它幾乎和大數據畫上等號，成為不可或缺的資料分析工具。當然這也不代表 R 就只適用於資料科學這個領域，本書將提供 R 在各方面的功能介紹，從基礎入門開始解說，不需要具備程式設計或統計分析的背景，適用各種不同領域的讀者參考學習。

由於 R 語言這麼熱門，學術界、產業界對於學習 R 語言都有迫切的需求，急需要相關的教材。而要撰寫這樣一本 R 語言的教科書，沒有比本書作者 Jared Lander 更適合的人選。作者在開源統計程式設計大會(Open Statistical Programming Meetup)和在哥倫比亞大學開了不少 R 的課程，教導的對象有程式設計師、資料分析人員、記者、統計學者…，來自各種不同產業。作者不僅僅從事教學，事實上他本人就是 R 的重度使用者，透過 R 語言解決各種複雜的問題，也因此把 R 發揮得淋漓盡致。在 R 語言的書籍出版之後，他也持續在 R 的社群中貢獻心力，包括籌畫紐約 R 語言大會，還有在許多 R 的交流社群中演講，並利用 R 語言來評斷美國 NFL 美式足球的選秀結果。

本書除了提供 R 的基本功能介紹，也包含了各種 R 使用者常用的統計方法和工具而且內容與時俱進，盡可能採用目前 R 社群中廣泛使用的資料分析手法。書中的範例都是用公開免費的資料集，在作者網站上也提供相關資源，相信對任何有心想學 R 語言的初學者，將會很有收穫。

作者序 Preface

這是一個資料爆炸的時代，我們需要更新、更好的工具來分析這些資料。過往我們常使用 Excel 或 SPSS 等現成的工具，具備資訊技術能力的專家則借助 C++等程式語言的幫忙，進行更有效率的客製化分析。這兩個極端都有各自的瓶頸，我們需要更具彈性、更有效率、功能健全的工具。

R 是在 1993 年由奧克蘭大學的 Robert Gentleman 和 Ross Ihaka 所發明的，它的前身是由貝爾實驗室的 John Chambers 所發明的 S。R 語言是高階的程式語言，本來是以互動性的方式讓使用者執行指令，接著得到結果，然後再執行其它指令。如今它已演化成一個可以嵌入系統的語言，並能解決一些較複雜的問題。除了轉換和分析資料，R 也可以輕易地產生出精美的圖和報表，可以被用來進行完整的資料分析，包括抽取和轉換資料、建立模型、執行推論和預測、畫圖和產生報表。

R 的知名度在 2000 年之後提升不少，從以往研究用的學術領域跳了出來，逐漸邁入產業界，包括：銀行業、市場行銷、醫學、政治、基因學和其它領域等可以看到 R 語言的身影。這些領域以往多半是採用 C++程式語言，或是如 SAS、SPSS 等統計套裝軟體，甚至是最知名的 Excel 做為分析工具。

雖然 R 對於初學者來說不是那麼容易學習，尤其對於完全沒有程式設計經驗的人來說更是如此，但我覺得用程式來做分析，而不依賴視窗介面，其實是更方便且更可靠的。

本書呈現的方式是根據我自己在研究所學習 R 語言的經驗來安排，其內容是我在哥倫比亞大學開設資料科學課程時所訂定的。由於 R 語言功能博大精深，我在撰寫本書時並沒有要包含 R 的所有細節，而是要把那最精華、最必要的功能介紹出來，期望讓您的學習過程變得更快且更簡單，不過事實上本書內容也已足夠解決您 80% 以上資料分析所遇到的問題。關於本書內容安排如下：

- **第 1 章**：介紹 R 的下載與安裝，不同的作業系統和 32/64 位元版本會有一些差異。
- **第 2 章**：使用 R 的整體概觀，尤其在於 RStudio。RStudio 的專案和 Git 整合方法也會一併介紹，這些都是設定和操作 RStudio 所需的。
- **第 3 章**：R 的套件是 R 功能強大的原因，本章會教您怎麼尋找、安裝和載入所需的套件。
- **第 4 章**：用 R 來進行數學運算。變數類別如 numeric、character 和 Date，連同 vector 也會被詳細介紹。此章也會大略介紹怎麼呼叫函數和找尋函數說明文件。
- **第 5 章**：介紹最強大且最常用的資料儲存結構，包括 data.frames、matrix 和 list。
- **第 6 章**：在分析資料之前，必須先把資料輸入 R。輸入資料的方法有好幾種，最常用的是從 CSV 和資料庫讀取資料。
- **第 7 章**：繪製圖表是資料分析和傳達結果重要的一環，R 可以透過一些繪圖功能繪製一些精美的圖，我們會一併介紹內建繪圖功能和 ggplot2 套件。
- **第 8 章**：一些重複性的分析可以透過自行定義的函數來進行，以省去更多麻煩。本章會介紹函數的架構、引數和回傳值。
- **第 9 章**：用 if、ifelse 和較複雜的條件檢測來控制程式流程。
- **第 10 章**：使用 for 和 while 迴圈可以進行迭代，雖然我們並不鼓勵這樣做，但建議您還是要對迴圈有基本的認識。

- **第 11 章**：向量化運算不只是對資料進行迭代，而是直接對所有元素同時進行運算，這樣的運作效率更高，我們會以 apply 函數和 plyr 套件來完成。
- **第 12 章**：使用新一代群組資料整理工具 － dplyr 套件，可以將 data.frame 資料發揮到最大效益，並且透過管線運算提升編碼執行的效能。
- **第 13 章**：用 purrr 套件提供讓 list 或 vector 進行迭代的方法，回歸 R 語言函數式語言的特性。
- **第 14 章**：要整合好幾組資料，可以透過堆疊或結合，這些過程通常都是必要的，可以用來轉換資料型別。除了內建的工具如 rbind、cbind 和 merge，plyr 和 reshape2 套件也提供了一些不錯的函數來完成這些工作。
- **第 15 章**：採用新一代的工具 - dplyr、tidpr，取代以往用 plyr、reshape2 進行資料整合、合併和結合等資料整理的新作法。
- **第 16 章**：許多人可能不認為統計分析需要處理字串資料，但字串很常需要處理的資料型別。R 提供了一些工具來處理字串，其中包括整合字串、從字串中抽取部分資訊。本章也會討論正規表示法。
- **第 17 章**：對常態、二項和泊松分佈的徹底介紹，也提供了許多其他分佈的公式和函數。
- **第 18 章**：本章會說明平均數、標準差和 t 檢定，這也是許多人一開始學統計時所學的。
- **第 19 章**：線性模式是統計裡最常用和最強大的工具，相關細節會在本章說明。
- **第 20 章**：線性模型的延伸，包括羅吉斯和泊松迴歸，倖存分析也會一併討論。
- **第 21 章**：透過殘差、AIC、交叉驗證、自助抽樣法和逐步向前變數挑選方法來找出模型品質和做變數挑選。

- **第 22 章：**使用Elastic Net和貝氏方法來防止過度配適。
- **第 23 章：**當線性模型不適用的時候，非線性模型將可派上用場。本章會介紹非線性最小平方、樣條、廣義加性模型、決策樹和隨機森林。
- **第 24 章：**分析單變量和多變量時間序列資料的方法。
- **第 25 章：**分群法為把資料做分群的方法，可透過如K-means和階層分群法等不同的方法來完成。
- **第 26 章：**利用 caret 套件進行自動模型配適，此套件為各種模型提供了統一的標準介面，易於分析使用。
- **第 27 章：**利用 knitr 和 LaTeX，將 R 語言的程式碼和執行結果整合到報表中。
- **第 28 章：**透過 R 語言和 RMarkdown 文本，製作可重複使用的報表、投影片和網頁。
- **第 29 章：**在 RStudio 中使用 Shiny 來產生互動式的網頁儀表板，充分展示 R 語言的威力。
- **第 30 章：**R的套件可被用來儲存重複性使用的程式碼，並且可隨意傳送。使用 devtools 和 Rcpp 可以讓您建立套件的過程變得非常簡單。

書中大部份由 R 語言的命令或其產生的結果所組成的。命令和結果一般都被擺在比較不同的區塊，而且會被設為不同的樣式，如以下範例顯示。命令都由 > 作為開始，若指令是承接上一行指令的話，則由 + 開始。若看到灰底字的部分，代表是程式註解，您在測試過程可以略過不輸入。

```
> # 這是一個注釋
> # 現在是簡單的數學運算
> 10 * 10

[1] 100

>
> # 呼叫函數
> sqrt(4)

[1] 2
```

學習 R 語言是一個可以讓人覺得有成就感的經驗，它也可以讓許多事情變得更簡單。我希望你可以跟我一起享受學 R 的樂趣。

誌謝 Acaknowledgments

首先，我要感謝我的母親 Gail Lander，她鼓勵我主修數學。若不是這樣，我最後也不會走上學習統計學和資料科學這條路。同樣的，我要感謝我父親 Howard Lander，所有學費都是他給付的，他在我人生中給了許多的忠告和引導，是我的模範父親。雖然他們不了解我所做的事情，但他們喜歡我對這些事情的熱誠，並給予了許多幫助。我也應該要感謝我的妹妹和我的妹夫 Aimee 和 Eric Schechterman，他們將 5 歲小孩 Noah 交給我，讓我有機會教導他數學。

過去那些年，許多老師造就了我。其中第一位是 Rochelle Lecke。雖然我的老師說我並沒有數學天份，但她還是給我很多數學上的指導。之後是 Beth Edmondson，她是我普林斯頓中學的初級微積分老師，一開始我只能算是一個中等的學生，不過她認為我有「報讀微積分大學先修班(AP Calc)的潛質」。三個月後，我的成績從 C 提升到 A+，我報讀了 AP Calc，不僅改變了我的學術職業生涯，也讓我們人生有了不同的面貌。

在穆倫堡學院，我的教授 Dr. Penny Dunham、Dr. Bill Dunham 和 Dr. Linda McGuire 都鼓勵我主修數學，這決定改變了我一生。Dr. Greg Cicconetti 則讓我學習了統計，給了我頭一個研究機會，也鼓勵了我去修讀統計碩士。當我在哥倫比亞大學修讀文學碩士的時候，Dr. David Madigan 教導我現代機器學習，Dr. Bodhi Sen 讓我學習了統計程式設計，我也有幸和 Dr. Andrew Gelman 做研究，他所提供的知識是非常寶貴的，Dr. Richard Garfield 將我派遣到緬甸，以教我怎麼利用統計來幫助災區和戰區的難民。過去這些年，他給的忠告和與他的友誼讓我感到很窩心。Dr. Jingchen Liu 則鼓勵我針對紐約市披薩寫了篇論文，這論文也帶來了非凡的關注[1]。

在哥倫比亞，我遇到了我的好友，同時是我的 TA，Dr. Ivor Cribben，他讓我增添了不少知識。透過他，我認識到了 Dr. Rachel Schutt，她提供了我許多忠告，我也很有榮幸能在哥倫比亞教導她。若非 Shanna Lee 的鼓勵和支持，我的碩士生活不會過得如此順利。

1：http://slice.seriouseats.com/archives/2010/03/the-moneyball-of-pizzastatistician-uses-statistics-to-find-nyc-best-pizza.html

Steve Czetty 給了我第一份工作，在 Sky IT Group 成為一名分析人員，他除了教我使用資料庫，還讓我得到了一些程式設計的特別經驗，讓我對資料分析產生了濃厚興趣。Bardess Group 裡的 Joe DeSiena、Philip du Plessis 和 Ed Bobrin 則是我遇過最好相處的人，我也很高興能和他們一起工作，直到今天，我還是感到很榮幸能和他們工作。Mike Minelli、Rich Kittler、Mark Barry、David Smith、Joseph Rickert、Dr. Norman Nie、James Peruvankal、Neera Talbert 和 Dave Rich 則是我在 Revolution Analytics 的同事，在此我做了出乎我想像的理想工作：R 語言的推廣。Kirk Mettler、Richard Schultz、Dr. Bryan Lewis 和 Jim Winfield 則是我 Big Computing 的同事，他們鼓勵我怎麼享受用 R 解決一些有趣的問題。Goldman Sachs 裡的 Vincent Saulys、John Weir 和 Dr. Saar Golde 則讓我在該公司裡得到樂趣和學問。

許多人在我撰寫此書的過程中給了很多幫助。最首要感謝的是 Yin Cheung，他看到我在過程中所承受的壓力，並給了我許多鼓勵。我的編輯 Debra Williams，也鼓勵了我許多，她的協助也是非常珍貴的。Paul Dix，同時為系列書編輯和我的好友，是他建議我寫此書的，因此沒了他就不會有此書的出現。我也要感謝幾位很棒的校訂編輯，Caroline Senay 和 Andrea Fox。若不是他們，此書不會像現在那麼美觀。Robert Mauriello 的技術指導也增添了此書的整體觀感。

我也要感謝 RStudio 的相關人士，尤其 JJ Allaire 和 Josh Paulson，他們都開發了很棒的產品，讓我在撰寫此書的時候輕鬆許多。而 Yihui Xie，knitr 套件的作者，也提供了一些我需要的功能改變來讓我撰寫此書。他的軟體和他回應我請求的速度讓我非常感激。

一些人則在我出版此書的時候提供了一些寶貴的意見，其中包括 Chris Bethel、Dr. Dirk、 Eddelbuettel、Dr. Ramnath Vaidyanathan、Dr. Eran Bellin、Avi Fisher、Brian Ezra、Paul Puglia、Nicholas Galasinao、Aaron Schumaker、Adam Hogan、Jeffrey Arnold 和 John Houston。

2012 年秋天是我第一次教這門課，非常感謝當時哥倫比亞大學修這門課的學生，他們都是我自編教材的白老鼠，而這些教材最終成就了這本書。

感謝所有幫助過我的人。

書附檔案

請自行輸入以下網址下載書附檔案：

https://www.flag.com.tw/DL.asp?FT737

書附檔案收錄有書中所有 R 語言的範例程式碼和資料集，請複製到**文件**(C:\Users\使用者名稱\Documents) 下的 R 語言資料夾(同第 1-7 頁)：

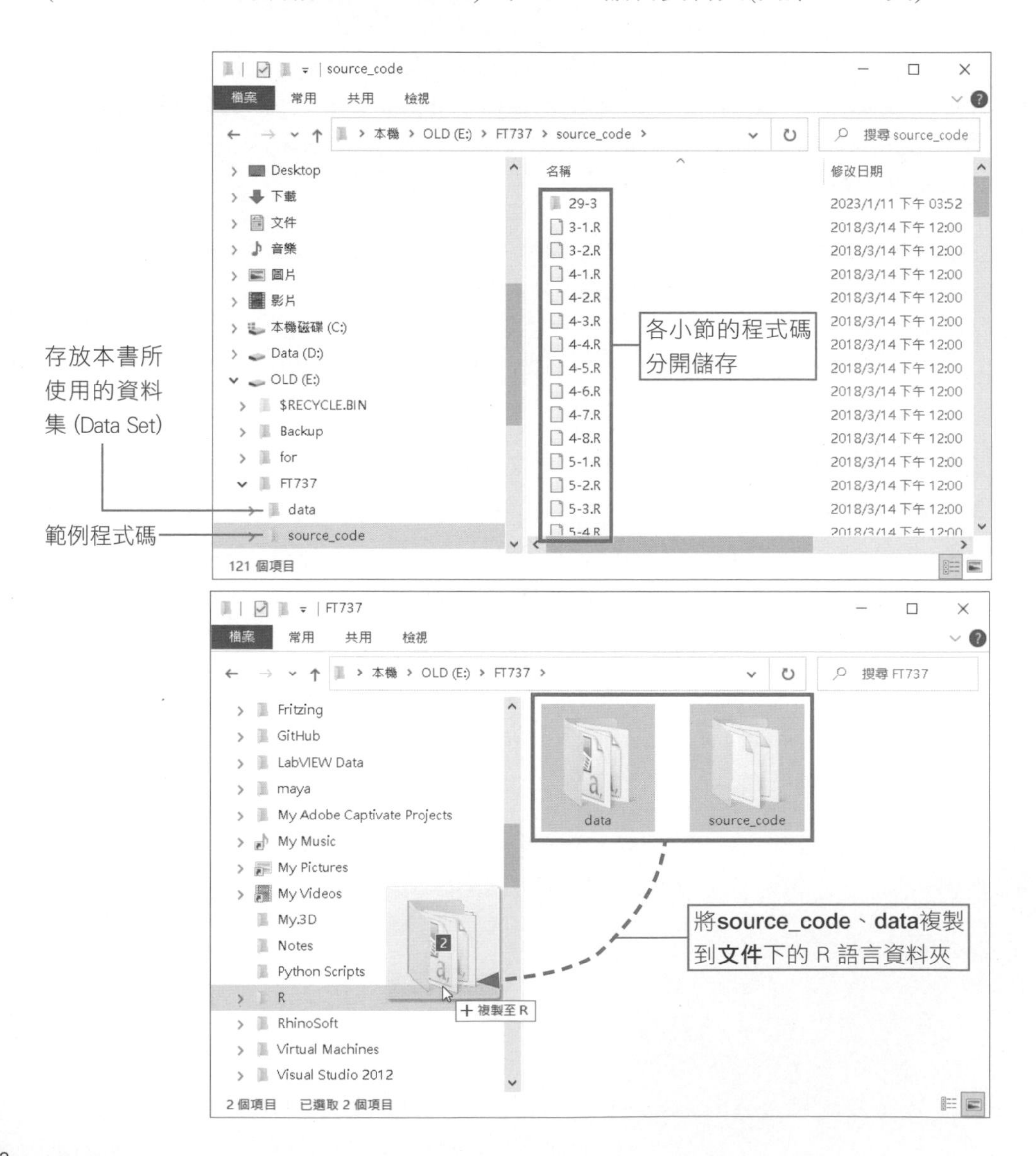

存放本書所使用的資料集 (Data Set)
範例程式碼
各小節的程式碼分開儲存
將source_code、data複製到文件下的 R 語言資料夾

執行程式碼

本書在示範 R 語言的各項功能時，免不少要輸入不少 R 的程式碼，為減輕您自行輸入程式碼的不便，書附檔案備有所有 R 的程式碼內容，您可以參考以下說明，在 R 的開發環境 RStudio 中來執行：

也可以透過功能表上來執行多行程式碼的內容：

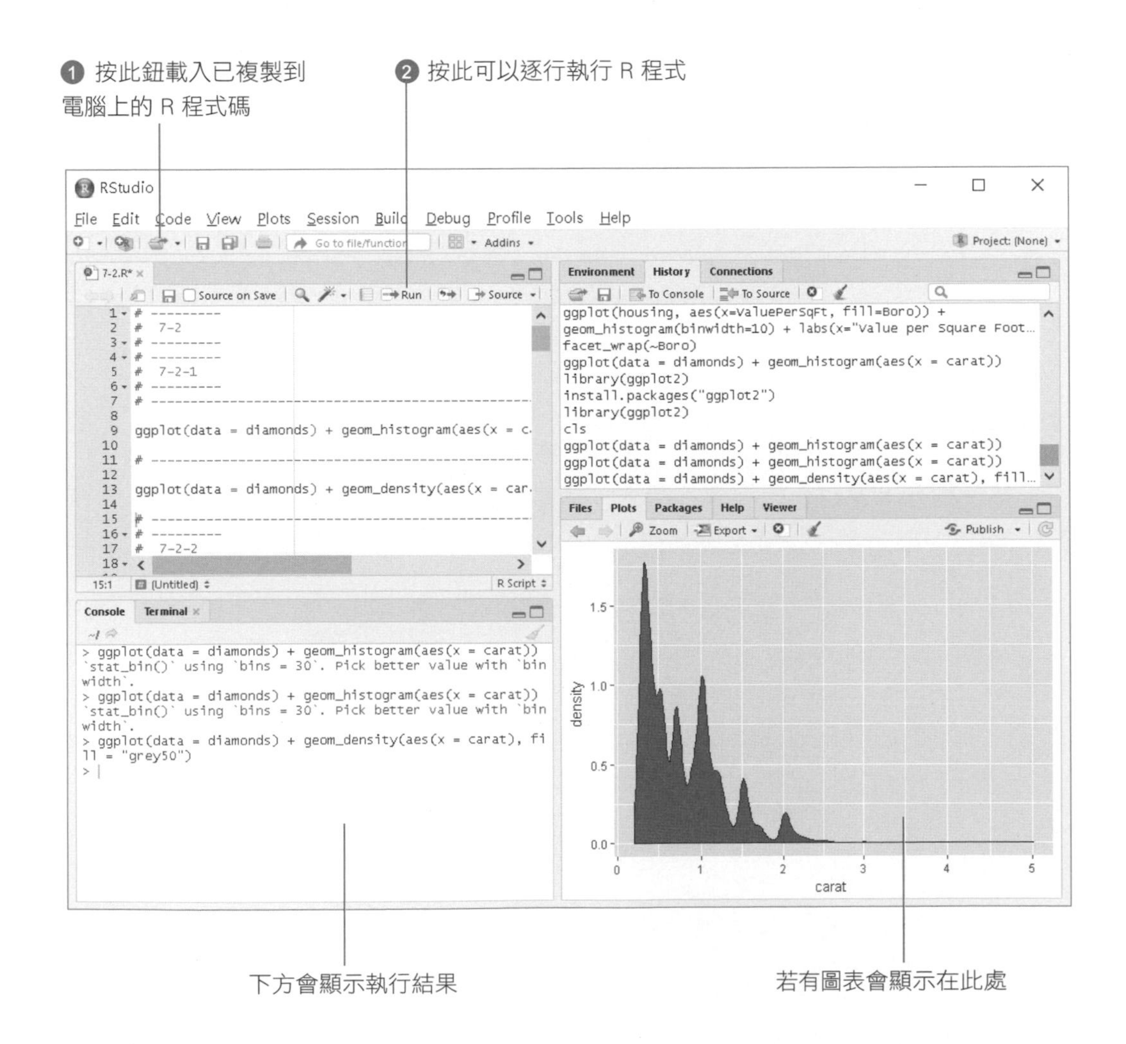

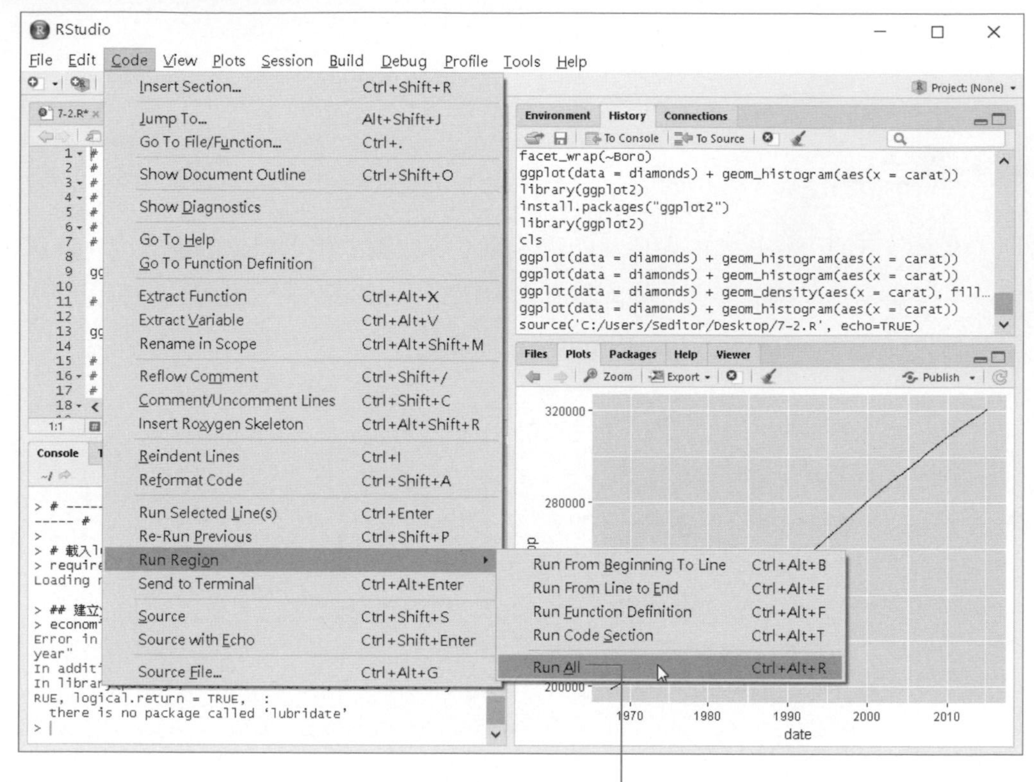

點擊此命令可一次執行檔案內所有程式碼

下載必要套件

執行程式碼過程若出現套件錯誤，通常是沒有下載或載入必要的套件，請自行參考**第 3 章**下載、安裝必要套件：

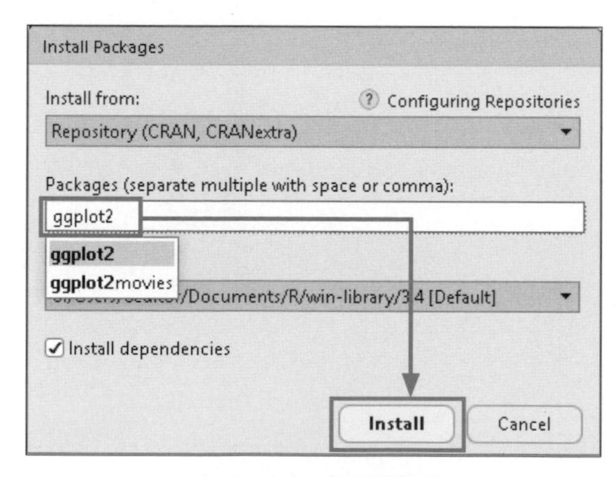

在 R-Studio 中下載套件

```
Console ~/
> install.packages("ggplot2")
Warning in install.packages :
  downloaded length 227 != reported length 227
trying URL 'http://cran.rstudio.com/bin/windows/contrib/3.1
/ggplot2_1.0.1.zip'
Content type 'application/zip' length 2676829 bytes (2.6 Mb
)
opened URL
downloaded 2.6 Mb

package 'ggplot2' successfully unpacked and MD5 sums checke
d

The downloaded binary packages are in
 C:\Users\Seditor\AppData\Local\Temp\RtmpSzov6c\downloaded_
packages
> |
```

也可以使用 Install.packages 命令下載指定的套件

資料集的載入

書中各章節會使用不同的資料集作為範例，這些資料集都是公開、免費的，書附檔案的 **data** 資料夾中存放著這些資料集，相關載入或使用的方法，請參考**第 6 章**的說明。

```
Console ~/
> load("data/credit.rdata")
> head(credit)
  Checking Duration     CreditHistory            Purpose
1      A11        6 Critical Account   radio/television
2      A12       48       Up To Date   radio/television
3      A14       12 Critical Account          education
4      A11       42       Up To Date furniture/equipment
5      A11       24     Late Payment          car (new)
6      A14       36       Up To Date          education
  CreditAmount Savings  Employment InstallmentRate
1         1169     A65  >= 7 years               4
2         5951     A61 1 - 4 years               2
3         2096     A61 4 - 7 years               2
4         7882     A61 4 - 7 years               2
5         4870     A61 1 - 4 years               3
6         9055     A65 1 - 4 years               2
  GenderMarital OtherDebtors YearsAtResidence RealEstate
1           A93         A101                4       A121
2           A92         A101                2       A121
3           A93         A101                3       A121
4           A93         A103                4       A122
5           A93         A101                4       A124
```

使用 load 命令載入 .rdata 檔案

```
Console ~/
> tomato <- read.table("data/Tomato_First.csv", TRUE, ",")
> head(tomato)
  Round              Tomato Price      Source Sweet Acid
1     1          Simpson SM  3.99 Whole Foods   2.8  2.8
2     1  Tuttorosso (blue)  2.99     Pioneer   3.3  2.8
3     1 Tuttorosso (green)  0.99     Pioneer   2.8  2.6
4     1     La Fede SM DOP  3.99   Shop Rite   2.6  2.8
5     2       Cento SM DOP  5.49  D Agostino   3.3  3.1
6     2     Cento Organic  4.99  D Agostino   3.2  2.9
  Color Texture Overall Avg.of.Totals Total.of.Avg
1   3.7     3.4     3.4          16.1         16.1
2   3.4     3.0     2.9          15.3         15.3
3   3.3     2.8     2.9          14.3         14.3
4   3.0     2.3     2.8          13.4         13.4
5   2.9     2.8     3.1          14.4         15.2
6   2.9     3.1     2.9          15.5         15.1
> |
```

使用 read.table 命令讀入 .csv 檔案

目 錄

chapter 01

R 語言的下載與安裝

1-1 R 的取得與下載 1-2
1-2 R 的版本更新 1-3
1-3 32 位元與 64 位元的差異 1-3
1-4 R 的安裝步驟 1-4
- 1-4-1 在 Windows 安裝 R 1-4
- 1-4-2 在 Mac OS X 安裝 R 1-11
- 1-4-3 在 Linux 安裝 R 1-15

1-5 微軟的 R 語言開發資源 1-16
1-6 小結 1-16

chapter 02

R 的操作環境簡介

2-1 命令行介面 2-2
2-2 RStudio 的下載與安裝 2-4
- 2-2-1 RStudio 開發專案 2-6
- 2-2-2 RStudio 選項設定 2-9
- 2-2-3 Git 整合 2-20

2-3 Microsoft Visual Studio 2-22
2-4 小結 2-22

chapter 03

R 語言的套件

3-1 安裝套件 3-2
- 3-1-1 移除套件 3-4

3-2 載入套件 3-5
- 3-2-1 卸載套件 3-6

3-3 小結 3-6

chapter 04

R 語言基礎

4-1 基本算術運算 4-2

4-2 變數 4-3

- 4-2-1 變數指派 4-3
- 4-2-2 移除變數 4-5

4-3 資料型別 4-6

- 4-3-1 數值資料 4-6
- 4-3-2 字元資料 4-7
- 4-3-3 日期 4-8
- 4-3-4 邏輯(logicals)資料 4-10

4-4 向量 4-12

- 4-4-1 向量運算 4-12
- 4-4-2 Factor Vector 4-18

4-5 呼叫函數 4-19

4-6 函數說明文件 4-20

4-7 遺失值 4-21

- 4-7-1 NA 4-21
- 4-7-2 NULL 4-22

4-8 Pipe 管線運算子 4-23

4-9 小結 4-24

chapter 05

進階資料結構

5-1 data.frame 資料框 5-2

5-2 List 列表 5-12

5-3 Matrix 矩陣 5-20

5-4 Array 陣列 5-23

5-5 小結 5-24

chapter 06

讀取各類資料

6-1 讀取 CSV 6-2
- 6-1-1 read_delim 6-4
- 6-1-2 fread 6-6

6-2 Excel 資料的讀取 6-7

6-3 從資料庫讀取資料 6-9

6-4 其他統計軟體的資料 6-13

6-5 R 二進位檔 (RData 檔) 6-14

6-6 R 內建的資料集 6-17

6-7 從網路提取資料 6-18
- 6-7-1 簡易 HTML 表格 6-18
- 6-7-2 過濾網頁資料 6-19

6-8 讀取 JSON 資料 6-21

6-9 小結 6-23

chapter 07

統計繪圖

7-1 內建基本繪圖功能 7-2
- 7-1-1 基本直方圖 7-2
- 7-1-2 散佈圖 7-3
- 7-1-3 箱型圖 7-5

7-2 ggplot2 套件 7-6
- 7-2-1 ggplot2 直方圖與機率密度圖 7-7
- 7-2-2 ggplot2 散佈圖 7-8
- 7-2-3 ggplot2 箱型圖和小提琴圖(Violins plots) 7-12
- 7-2-4 ggplot2 線形圖 7-14
- 7-2-5 主題樣式 7-17

7-3 小結 7-18

chapter 08

建立 R 函數

8-1 Hello, World! 8-2
8-2 函數的引數 8-3
- 8-2-1 預設引數值 8-5
- 8-2-2 附加引數 8-6

8-3 值的回傳 8-7
8-4 do.call 8-8
8-5 小結 8-9

chapter 09

流程控制

9-1 if 和 else 9-2
9-2 switch 9-6
9-3 ifelse 9-8
9-4 複合的條件檢測 9-10
9-5 小結 9-11

chapter 10

迴圈 - 迭代元素的傳統作法

10-1 for 迴圈 10-2
10-2 while 迴圈 10-4
10-3 迴圈的強制處理 10-5
10-4 小結 10-6

chapter 11

群組資料操作

11-1 Apply 相關函數 11-2
- 11-1-1 apply 11-2
- 11-1-2 lapply 和 sapply 11-4
- 11-1-3 mapply 11-5
- 11-1-4 其他 apply 函數 11-5

11-2 aggregate 聚合資料 11-6

11-3 plyr 套件 11-10
- 11-3-1 ddply 11-10
- 11-3-2 llply 11-14
- 11-3-3 plyr 輔助函數 11-15
- 11-3-4 速度與便利性 11-16

11-4 data.table 11-16
- 11-4-1 索引鍵(Keys) 11-21
- 11-4-2 data.table 的資料分群計算 11-25

11-5 小結 11-28

chapter 12

更有效率的群組操作 - 使用 dplyr

12-1 Pipe 管線運算 12-2
12-2 tbl 物件 12-2
12-3 select 12-4
12-4 filter 12-14
12-5 slice 12-22
12-6 mutate 12-23
12-7 summarize 12-27
12-8 group_by 12-28
12-9 arrange 12-30
12-10 do 12-31
12-11 dplyr 用於資料庫 12-34
12-12 小結 12-36

chapter 13

使用 purrr 迭代的做法

13-1 map 13-2
13-2 指定 map 回傳的資料型別 13-4
- 13-2-1 map_int 13-5
- 13-2-2 map_dbl 13-5
- 13-2-3 map_chr 13-5
- 13-2-4 map_lgl 13-7
- 13-2-5 map_df 13-7
- 13-2-6 map_if 13-9

13-3 在 data.frame 進行迭代 13-10
13-4 擁有多個輸入值的 map 相關函數 13-11
13-5 小結 13-13

chapter 14

資料整理

14-1 cbind 和 rbind 資料合併 14-2
14-2 資料連結 14-3
- 14-2-1 用 merge 合併兩個 data.frame 14-4
- 14-2-2 用 plyr join 合併 data.frame 14-5
- 14-2-3 data.table 中的資料合併 14-11

14-3 用 reshape2 套件置換行、列資料 14-12
- 14-3-1 melt 14-12
- 14-3-2 dcast 14-15

14-4 小結 14-16

chapter 15

Tidyverse 下的資料整理

15-1 合併橫列與直行 15-2
15-2 使用 dplyr 於資料連結 15-3
15-3 轉換資料格式 15-10
15-4 小結 15-15

chapter 16

字串處理

16-1 用 paste 建立字串 16-2
16-2 用 sprintf 建立含有變數的字串 16-3
16-3 擷取文字 16-4
16-4 正規表示法 16-10
16-5 小結 16-20

chapter 17

機率分佈

17-1 常態分佈(Normal Distribution) 17-2
17-2 二項分佈(Binomial Distribution) 17-8
17-3 泊松分佈(Poisson Distribution) 17-14
17-4 其他分佈 17-17
17-5 小結 17-20

chapter 18

基本統計分析

18-1 摘要統計(Summary Statistics) 18-2
18-2 相關係數(correlation)和共變異數(covariace) 18-7
18-3 t 檢定 18-17
- 18-3-1 單一樣本 t 檢定 18-17
- 18-3-2 雙樣本 t 檢定 18-21
- 18-3-3 成對雙樣本 t 檢定 18-25

18-4 變異數分析(ANOVA) 18-27
18-5 小結 18-30

chapter 19

線性模型

19-1 簡單線性迴歸模型 19-2
19-2 多元(複)迴歸模型 19-8
19-3 小結 19-28

chapter 20

廣義線性模型

20-1 羅吉斯迴歸 (Logistic Regression) 20-2
20-2 泊松迴歸模型 20-6
20-3 其他廣義線性模型 20-10
20-4 倖存分析 20-11
20-5 小結 20-18

chapter 21

模型診斷

21-1 殘差(Residuals) 21-2
21-2 模型比較 21-9
21-3 交叉驗證(Cross Validation) 21-14
21-4 自助抽樣法(Bootstrap) 21-20
21-5 逐步向前變數選取(Stepwise Variable Selection) 21-25
21-6 小結 21-29

chapter 22

正規化和壓縮方法

22-1 Elastic Net 22-2
22-2 貝氏壓縮法 22-23
22-3 小結 22-27

chapter 23

非線性模型

23-1 非線性最小平方法 23-2
23-2 樣條(Splines) 23-5
23-3 廣義加性模型 23-11
23-4 決策樹 23-18
23-5 提升樹模型 23-21
23-6 隨機森林(Random Forest) 23-25
23-7 小結 23-27

chapter 24

時間序列與自相關性

24-1 自迴歸移動平均模型（Autoregressive Moving Average） 24-2
24-2 VAR 向量自我迴歸 24-11
24-3 GARCH 24-18
24-4 小結 24-27

chapter 25

資料分群

25-1 K-means 分群法 25-2
25-2 PAM 分割環繞物件法 25-10
25-3 階層分群法 25-18
25-4 小結 25-22

chapter 26

Caret - 模型配適

26-1 Caret 基礎 26-2
26-2 Caret 選項 26-2
- 26-2-1 caret 訓練操控 26-3
- 26-2-2 Caret 網格搜尋 26-4

26-3 建立提升樹 26-5
26-4 小結 26-10

chapter 27

用 knitr 套件將分析結果轉製成報表

27-1 安裝 LATEX 程式 27-2
27-2 LATEX 入門 27-3
27-3 將 knitr 使用在 LATEX 27-6
27-4 小結 27-13

chapter 28

用 Rmarkdown 製作富文本

28-1 文本彙集 28-2
28-2 文本標頭 28-2
28-3 Markdown 入門 28-4
28-4 Markdown 程式碼區塊 28-6
28-5 htmlwidgets 套件 28-8

- 28-5-1 datatables 28-8
- 28-5-2 leaflet 28-12
- 28-5-3 dygraphs 28-16
- 28-5-4 threejs 28-18
- 28-5-5 d3heatmap 28-21

28-6 RMarkdown 投影片 28-23

28-7 小結 28-24

chapter 29 用 Shiny 製作互動儀表板

29-1 RMarkdown 中的 Shiny 29-2

29-2 Shiny 反應性表達式 29-7

29-3 伺服器與使用者介面(UI) 29-10

29-4 小結 29-20

chapter 30 建立 R 套件

30-1 套件資料夾結構 30-2

30-2 套件裡的文件檔 30-2

- 30-2-1 DESCRIPTION 檔 30-3
- 30-2-2 NAMESPACE 檔 30-6
- 30-2-3 套件的其它文件檔 30-8

30-3 套件的說明文件 30-11

30-4 測試 30-14

30-5 檢查、建立和安裝 30-18

30-6 提交套件給 CRAN 30-19

30-7 C++編碼 30-20

- 30-7-1 sourceCpp 30-21
- 30-7-2 編譯套件 30-23

30-8 小結 30-26

Appendix A

R 語言參考資源

A-1 社群交流網站 A-2
A-2 Stack Overflow 網站 A-4
A-3 推特(Twitter) A-4
A-4 研討會 A-5
A-5 網站資源 A-5
A-6 參考文件 A-6
A-7 小結 A-7

Appendix B

名詞解釋

01

R 語言的下載與安裝

R 語言是用來做資料分析、統計報告和繪製圖表的工具，它已經廣泛地運用到眾多領域，其中包括了銀行金融、科技創業、政治競選活動、食品加工、貿易開發、國際援助組織、醫療、房地產等各種領域的專案，甚至運用到更專業的保險評估、生態學、基因學和藥物學等。此軟體的使用族群也很廣，從專業的統計學家、熟悉其他程式語言的程式設計師到只用過 Excel 的一般行政人員等。

這一章我們先說明 R 的下載與安裝程序，操作過程和其他軟體差不多。

1-1 R的取得與下載

使用 R 的第一步就是把 R 載入電腦。您可輕易從知名的 CRAN (Comprehensive R Archive Network) 網站取得 R，這個網站可說是 R 資源的官方網站，後續我們還會持續拜訪，網站的網址為 http://cran.r-project.org/。網頁的上方為下載 R 的連結，提供了各種作業系統版本，包括 Windows、Mac OS X 和 Linux 的 R 語言。

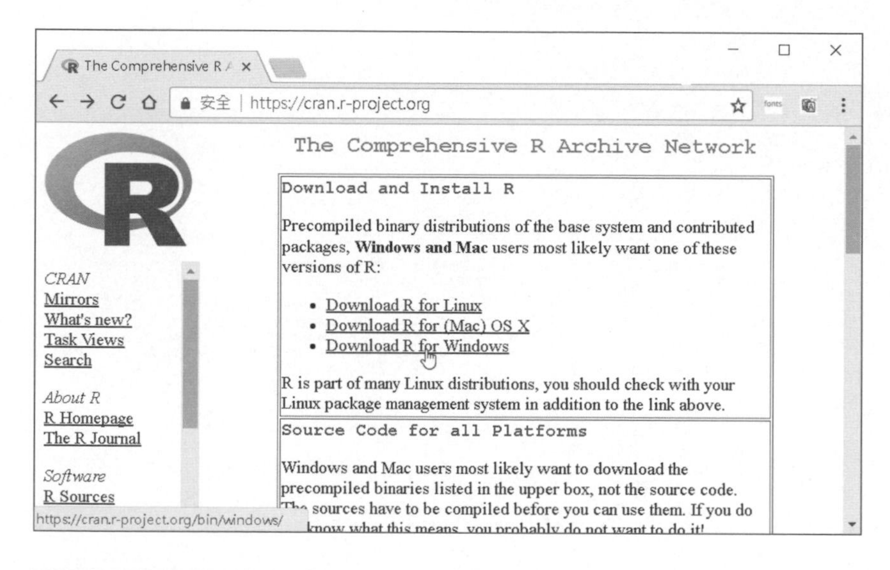

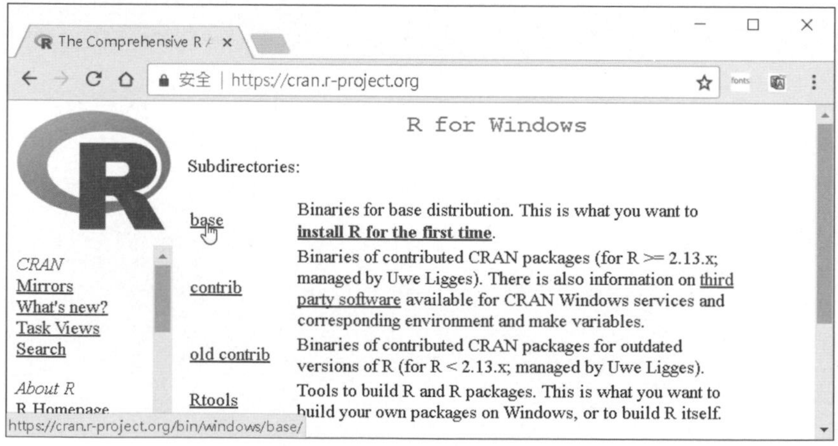

圖 1.1 R 語言下載頁面

Windows 使用者可以點擊連結 **Download R for Windows**，然後再突擊 **base**，接下來是 **Download R 3.x.x for Windows** (在這裡的 x 指的是 R 的版本)。相同的，Mac 使用者可以點擊連結 **Download R for (Mac) OS X**， 然後 R-3.x.x.pkg; 如上述，x 代表的是 R 現在的版本。接著會同時安裝 32 位元與位 64 元的版本。

下載完畢後，Window 和 Mac OS X 可以直接雙按執行下載來的安裝程式，而 Linux 則需要編譯從網上提供的原始檔以進行安裝。

1-2 R 的版本更新

在本書撰寫時，R 語言的版本為 3.4.1。CRAN 對 R 的更新大約每年會有一次較大更新，期間則會不定期釋出小幅修改的版本。舉例來說，2015 年所發佈的版本為 3.2.0，2016 年此版本被更新至 3.3.0，隨後在 2017 年則為 3.4.0。而版本最後的數字則代表對目前版本所做出一些比較小的更新。

1-3 32 位元與 64 位元的差異

R 語言在 3.0.0 版之後，首度支援 64 位元系統的版本，代表可以處理更大的資料量。不過實際要安裝 32 位元或 64 位元的 R 語言，還是要取決於您電腦目前作業系統的版本。

目前的電腦硬體都支援 64 位元版本作業系統，且 64 位元版本可以支援更大量的記憶體，如果可以的話，建議您能優先考慮安裝 64 位元的作業系統，這樣 R 語言可以使用的記憶體資源會充沛一些。

Tip 以往有一些 R 套件(packages)需要 32 位元版本的 R 才能運行，但目前這個狀況已經比較少見了。

1-4 R 的安裝步驟

在 Windows 和 Mac 系統上安裝 R 的步驟，如同安裝其他軟體一樣。

1-4-1 在 Windows 安裝 R

找出適合 Windows 系統並下載的 R 安裝程式，如圖 1.2 所顯示。

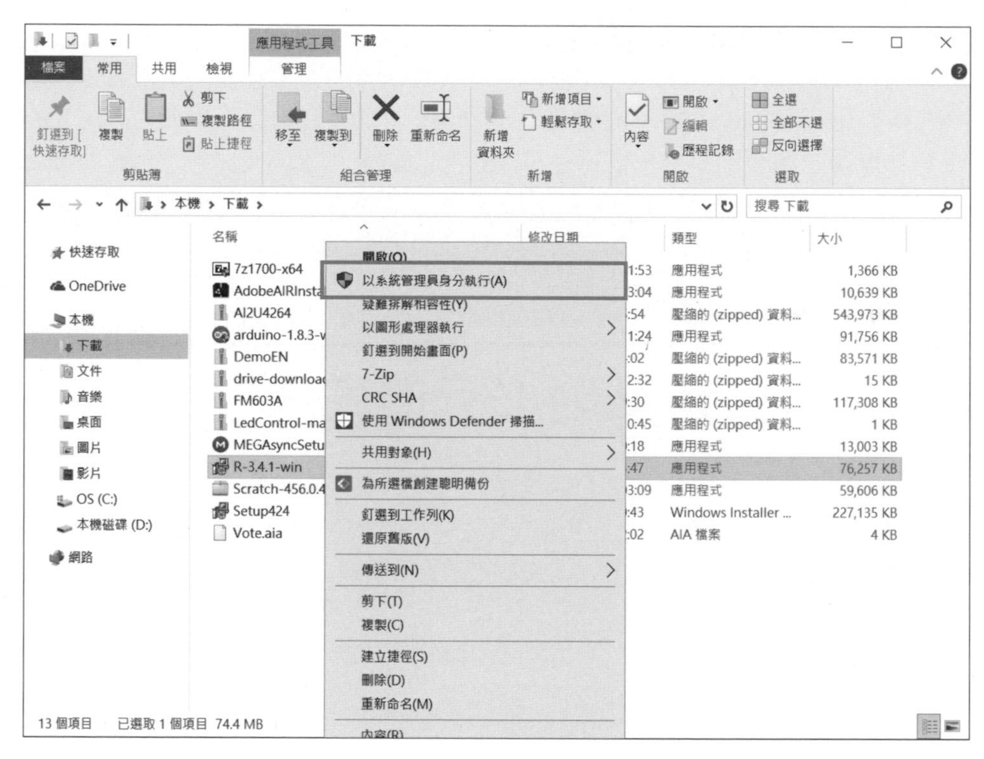

圖 1.2 執行 R 語言的安裝程式

R 應該在管理員權限下安裝，請在 R 安裝程式按右鍵，然後選擇「**以系統管理員身分執行**」，接著在**使用者帳戶**交談窗中按下**是**鈕同意授權。

在第一個交談窗裡，如圖 1.3 顯示，提供了語言的選擇，預設語言為英文(English)，請改為**繁體中文**，然後點擊**確定**。

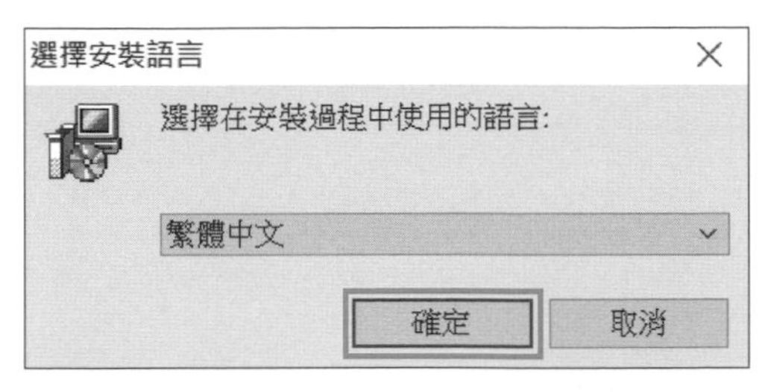

圖 1.3 Windows 系統下之語言選擇

下一步，圖 1.4 所顯示的提醒，建議其它應用程式必須被關閉，您可以直接點擊**下一步**繼續安裝步驟。

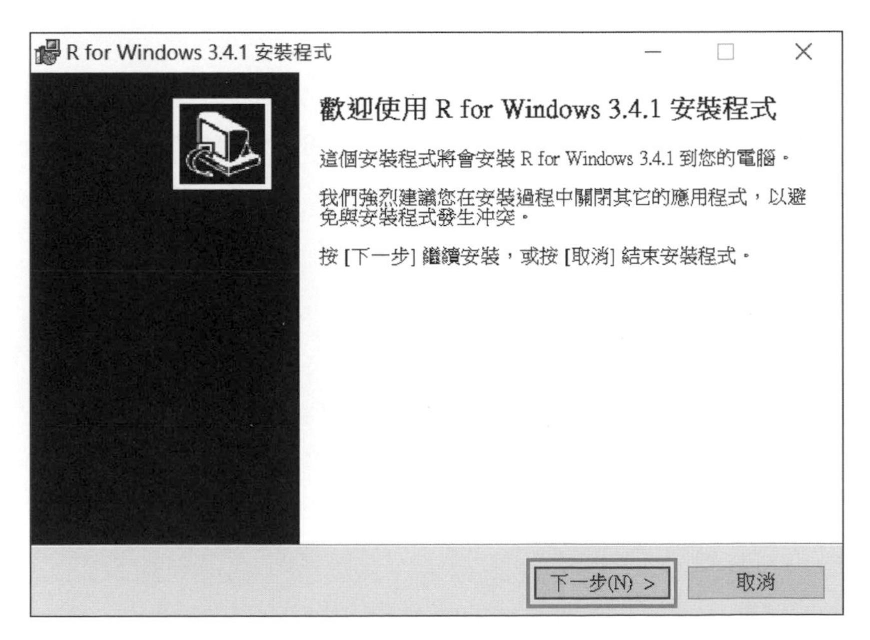

圖 1.4 看到此安裝畫面，可以直接按**下一步**

接著會顯示軟體授權書，如圖 1.5。只有在同意此重要的授權書之下才能使用 R，因此就選擇同意授權，直接點擊**下一步**吧！

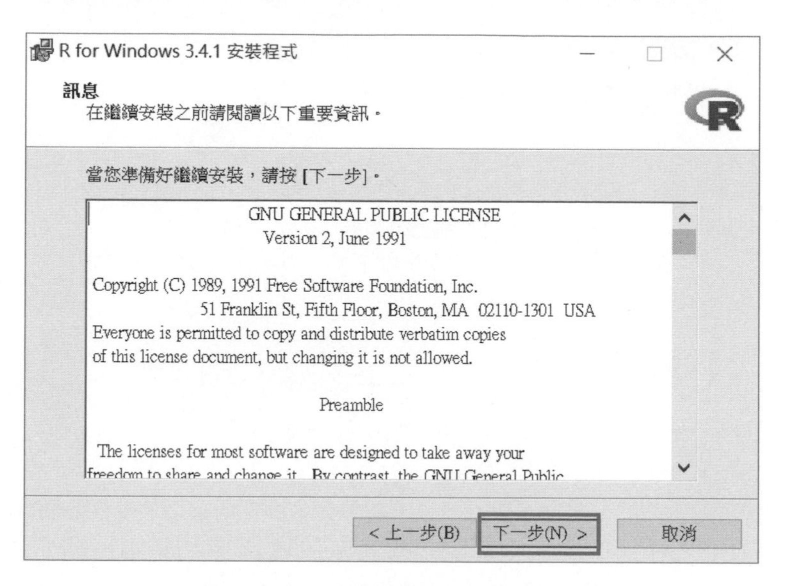

圖 1.5 必須同意授權書才能使用 R

接著安裝程式會詢問 R 的安裝位置。CRAN 的官方建議說明 R 的安裝資料夾路徑不能有空格，但軟體安裝預設的目的資料夾多半是 Program Files\R，這導致當我們要建立一些會用到編譯代碼 (如 FORTRAN 或 C++) 的套件時會產生問題。**圖 1.6** 顯示的交談窗，請留意安裝路徑不能有空格，以免出錯。

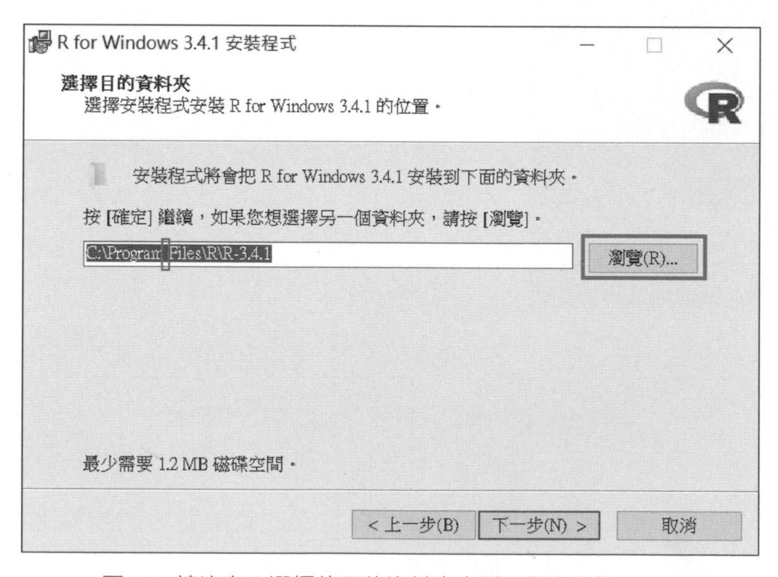

圖 1.6 請注意！選擇的目的資料夾名稱不能有空格

建議您點擊**瀏覽**選擇安裝到其他資料夾位置，如圖 1.7 所顯示。

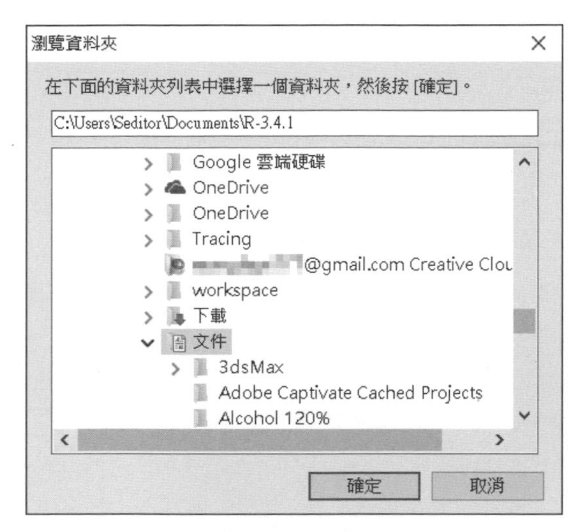

圖 1.7 選取目的資料夾的交談窗

目的資料夾最好是選在 C: 或其他磁碟機之下，或者是「文件資料夾」，比如：「**C:\使用者\<使用者名稱>\文件**」，實際路徑為 "C:\Users\<使用者名稱>\Documents"，可以看到資料夾實際完整路徑中間沒有空格。圖 1.8 顯示適當的安裝位置。

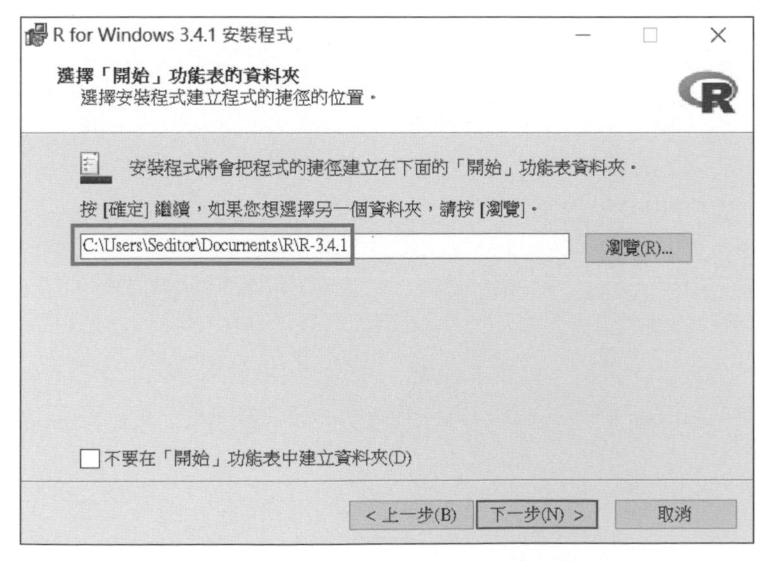

圖 1.8 此為適當的下載目的位置，路徑沒有空格

接著，圖 1.9 顯示的是一列表的 R 元件提供安裝。若沒有特別需要 32 位元檔案，**32-bit Files** 選項可以不用勾選，其他選項則都建議勾選。

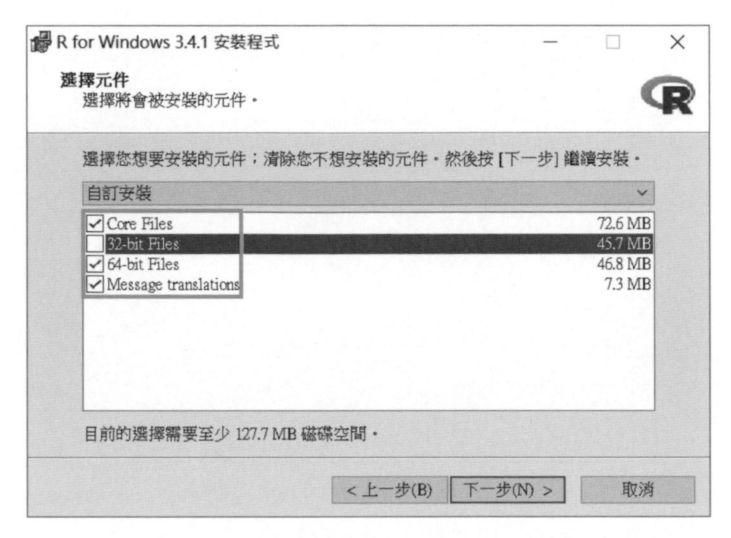

圖 1.9 除了 32 位元檔案的選項， 建議勾選其他所有的選項

啟動(startup)的選項應選擇預設值，即 **No(accept defaults)**，如圖 1.10 顯示。這樣要設定的項目比較少，同時我們建議使用 R Studio 做為開發環境。

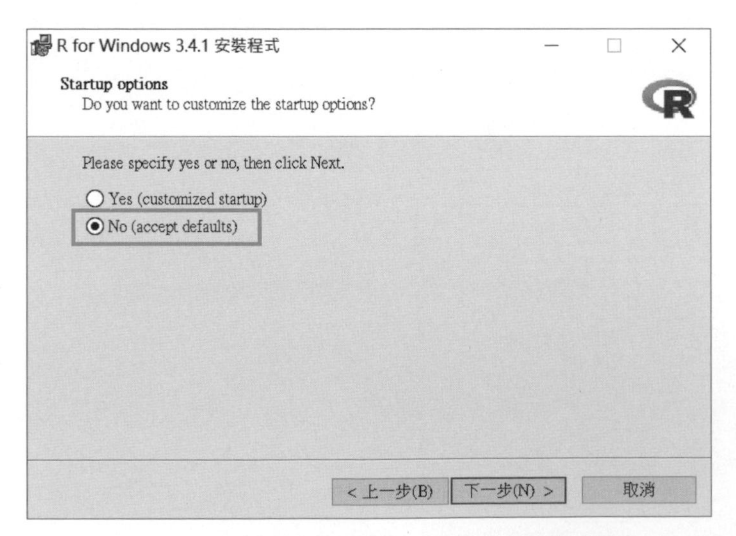

圖 1.10 接受預設的啟動選項，因為我們建議使用 R Studio 做為開發環境，不需要特別設定

接下來是決定要把 R 捷徑(shortcut)建立在「**開始**」功能表 (Start menu) 的哪個資料夾。我們建議設為 **R**，若有安裝其他版本也都放這裡面，如圖 1.11 顯示。

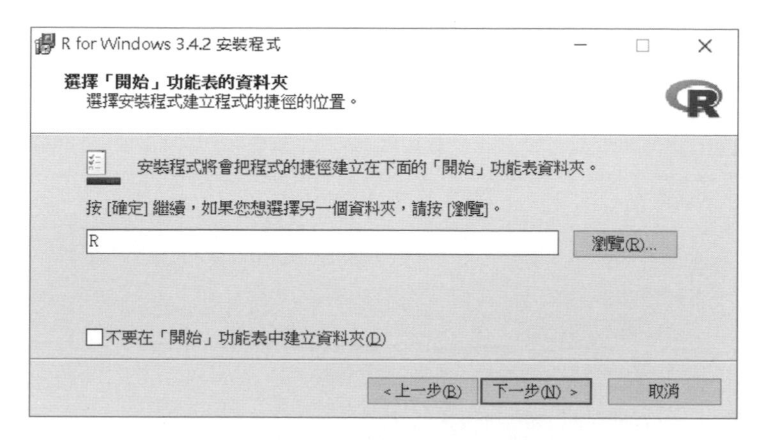

圖 1.11 選擇捷徑要放在「**開始**」功能表的位置

R 有很多版本，可以都放在同一個開始功能表的資料夾裡面，方便我們可以在不同版本的 R 上執行程式碼，如圖 1.12 顯示。

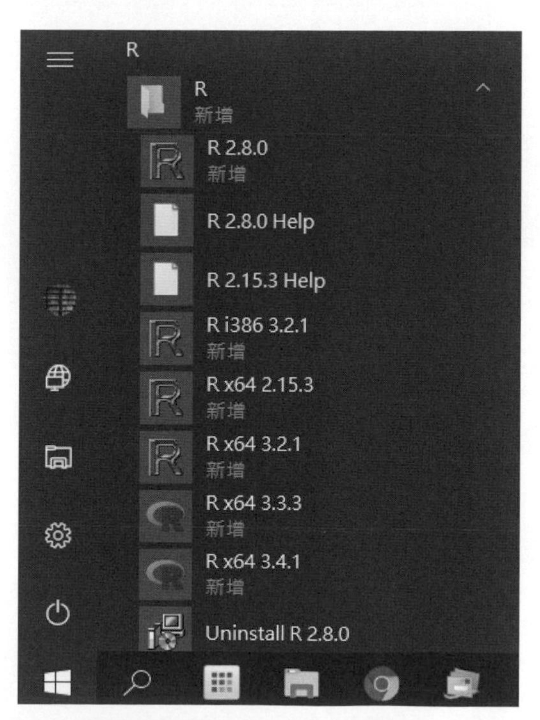

圖 1.12 可以安裝不同版本的 R，方便我們測試不同的版本

最後一個選項提供了一些附加工作，請勾選**在登錄檔(registry)中儲存版本號碼**和**將資料檔副檔名.R 關聯至 R** 這兩個選項 (即最底下的兩個選項)，如圖 **1.13**。

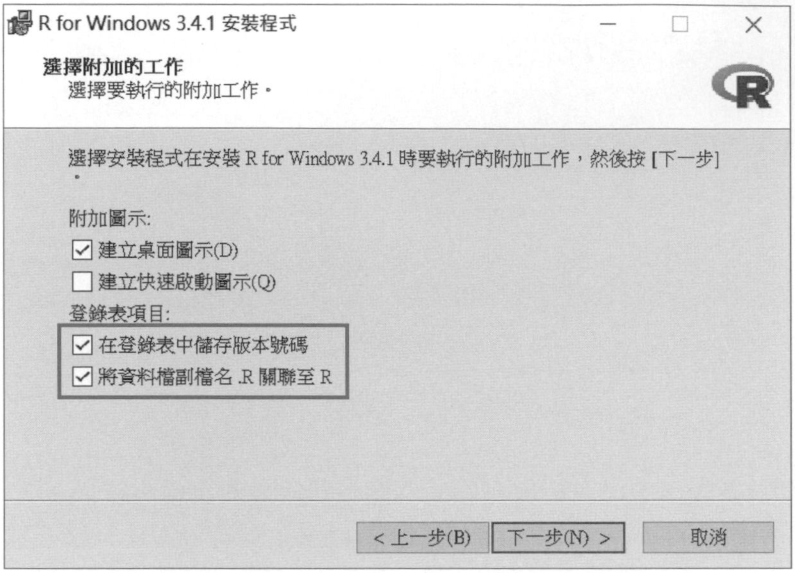

圖 1.13 我們建議勾選在登錄表中儲存版本號碼和將資料檔副檔名.R 關聯至 R 這兩個選項

點擊**下一步**後會開始安裝，且會顯示進度，如圖 **1.14** 所示。

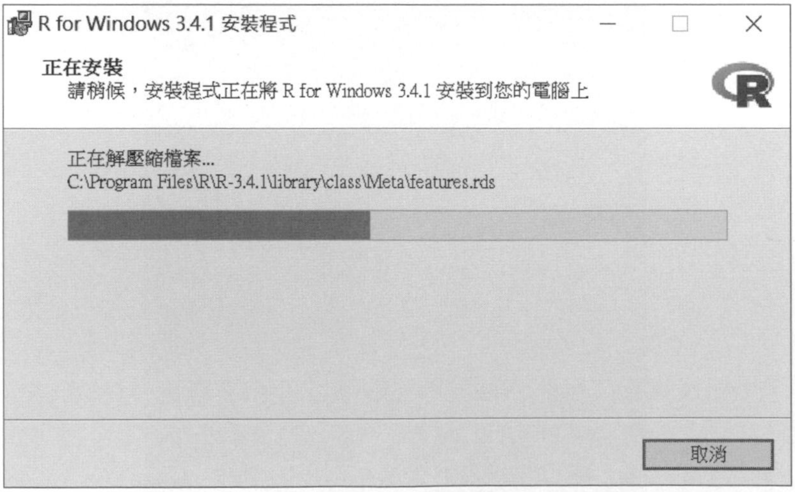

圖 1.14 安裝進度的顯示

在最後一個步驟，如圖 **1.15** 顯示，要點擊**完成**以完成安裝。

圖 1.15 確認安裝完成

1-4-2 在 Mac OS X 安裝 R

下載適用的安裝程式(程式名字尾端為.pkg)並用滑鼠雙按點擊運行此程式。隨後會跳出 **Introduction** 視窗，如圖 **1.16** 所示。點擊 **Continue** 以開始安裝。

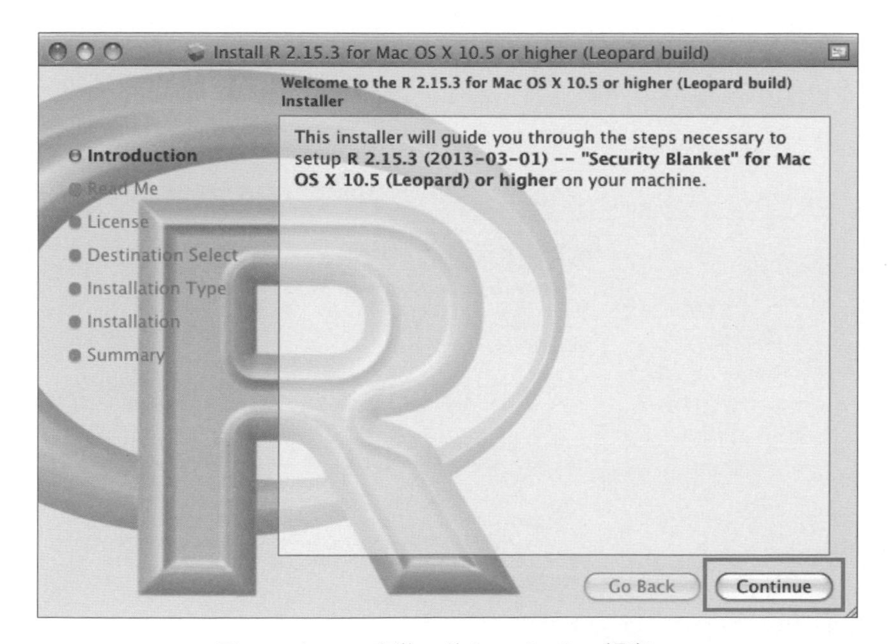

圖 1.16 在 Mac 安裝 R 的 **Introduction** 視窗

之後會顯示介紹目前正在被安裝的 R 版本的一些資料。點擊 **Continue**，如圖 1.17 顯示。

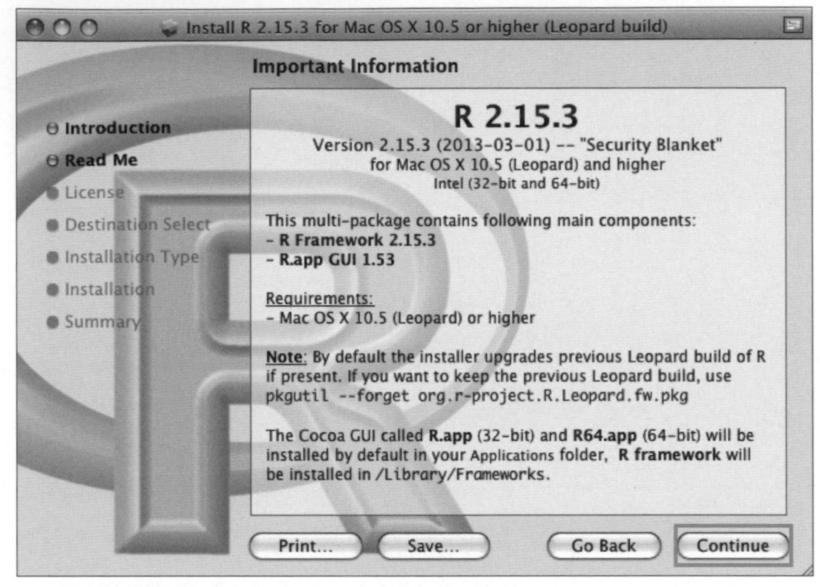

圖 1.17 選擇 R 版本

接著會顯示授權書，如圖 1.18 顯示。點擊 **Continue** 進行下一步，此為要使用 R 唯一的選項。

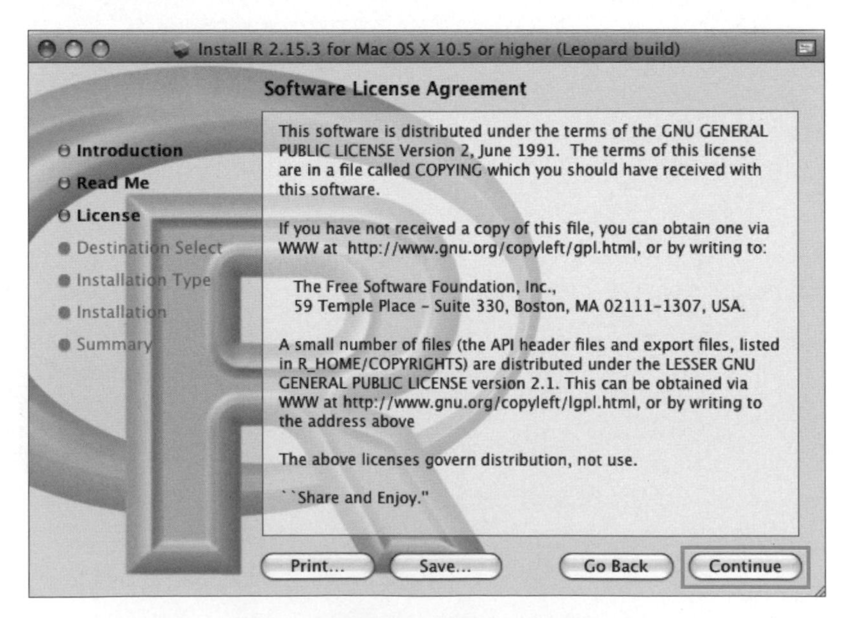

圖 1.18 必須同意授權書方能使用 R

點擊 **Agree** 以確認同意授權書，這也是使用 R 要必要的步驟，如圖 1.19 顯示。

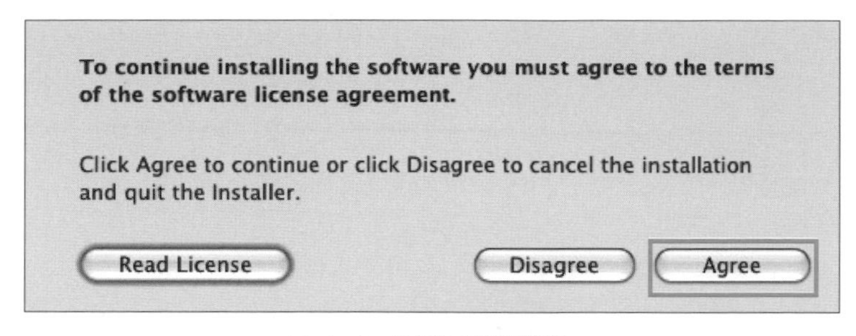

圖 1.19 必須同意授權書

若要讓所有使用者安裝 R，點擊 **Install**;否則點擊 **Change Install Location** 選擇不同的安裝位置，如顯示在圖 1.20。

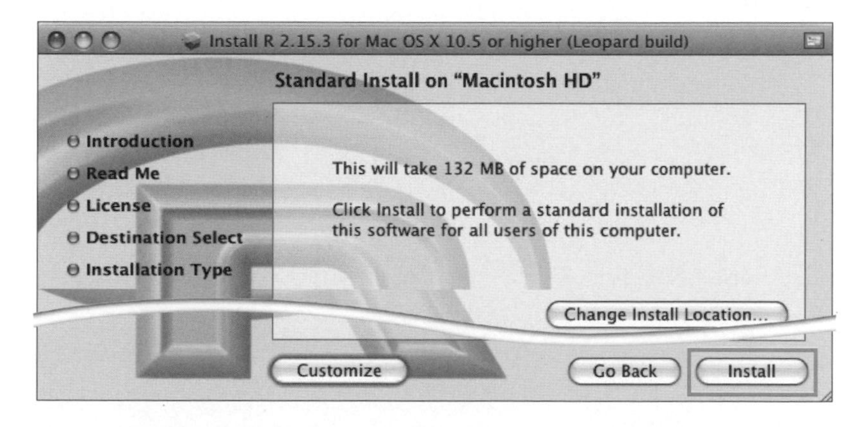

圖 1.20 安裝程式預設 R 被安裝在所有使用者中，但仍可以選擇特定的位置進行安裝

安裝過程可能被要求輸入密碼，如圖 1.21。

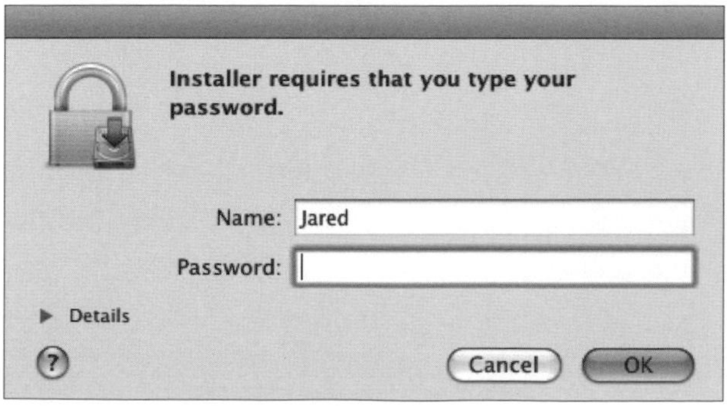

圖 1.21 安裝過程可能被要求輸入管理員密碼

安裝過程開始，進度也會被顯示在窗口中，如圖 **1.22**。

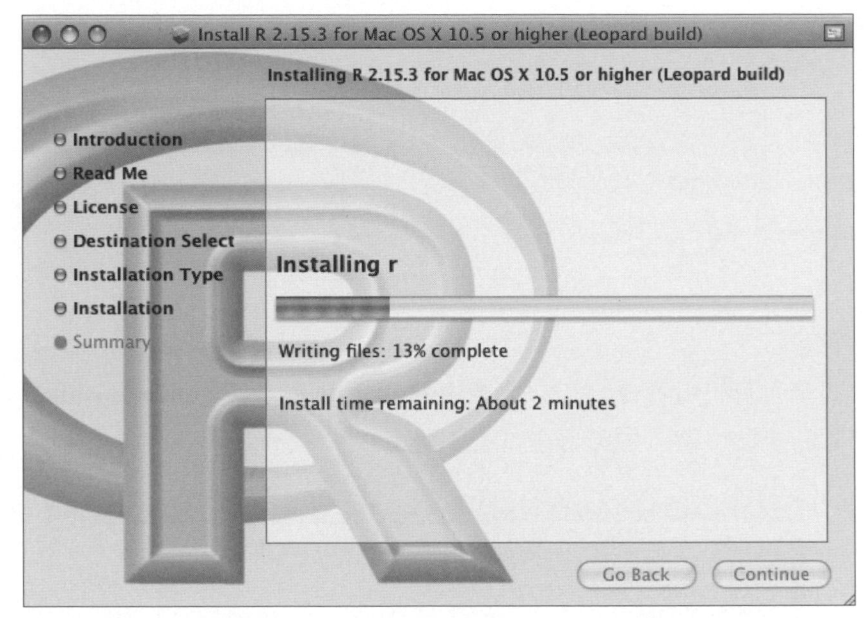

圖 1.22 安裝中會顯示進度

安裝完成後，安裝程式會顯示安裝成功，如圖 **1.23**。點擊 **Close** 完成安裝。

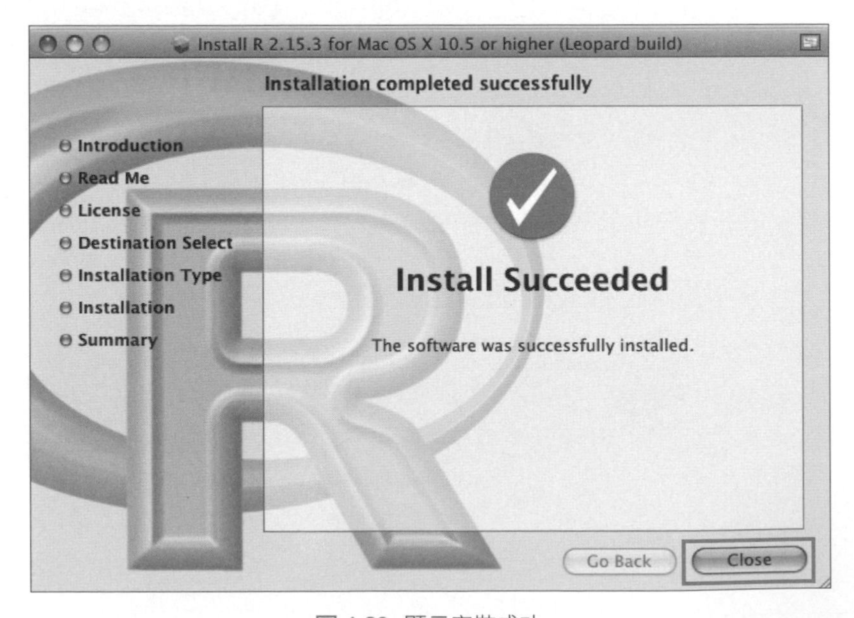

圖 1.23 顯示安裝成功

1-4-3 在 Linux 安裝 R

使用者可從常用的發行單位取得 R 語言，只要一個步驟即可下載、建立和安裝完成。我們以 Ubuntu 系統 (採用 apt-get) 來進行說明。

程式安裝第一步是要編輯 "/etc/apt/sources.list" 文件，此文件為套件來源之列表。完成此步驟需要兩項資訊：CRAN 連結以及 Ubuntu 或 Debian 之版本。我們可以使用任何 CRAN 連結，此處我們選擇 RStudio 網站的連結 http://cran.rstudio.com/bin/linux/ubuntu。

自 2017 年初起，Ubuntu 所支援的版本包括 Yakkety Yak (16.10)、Xenial Xerus (16.04)、Wily Werewolf (15.10)、Vivid Vervet (15.04)、Trusty Tahr (14.04; LTS) 與 Precise Pangolin (12.04; LTS).2 等。

若要在 Ubuntu 16.04 從 RStudio CRAN 連結安裝 R，我們需要將以下命令加入到 /etc/apt/sources.list 中 (接在最後)：

```
deb http://cran.rstudio.com/bin/linux/ubuntu xenial/
```

我們也可手動執行此步驟，也就是在終端執行以下命令：

```
sudo sh -c \
'echo "deb http://cran.rstudio.com/bin/linux/ubuntu xenial/" \
>> /etc/apt/sources.list'
```

接著我們輸入一組公開密鑰以進行套件認證。

```
sudo apt-key adv --keyserver keyserver.ubuntu.com
   --recv-keys E084DAB9
```

現在我們可以更新 apt-get，並安裝 R。我們同時安裝 R 基礎程式(R base)與 R devel，以便我們可以從資源中建立套件，或者自行建立套件。

```
sudo apt-get update
sudo apt-get install r-base
sudo apt-get install r-base-dev
```

其他 Linux 發布版，如 Debian、Red Hat 或 SuSE 也都有支援 R 語言。

1-5 微軟的 R 語言開發資源

微軟公司收購了 Revolution Analytics，並發布了 community 版本的 R(Microsoft R Open)，此版本是以 Visual Studio 為基礎建立的整合開發環境 (Integrated Development Environment, IDE)，並使用 Intel Matrix Kernel Library (MKL) 建立，在進行矩陣計算可以更有效率。

免費的版本可在 "https://mran.microsoft.com/download/" 取得。另外也提供付費版本的 R – Microsoft R Server，此版本適合用來處理大數據相關應用的演算法，提供 Microsoft SQL Server 與 Hadoop 等大數據平台有更大的操作彈性。

Tip 更多相關資訊可自行參考 "https://www.microsoft.com/en-us/server-cloud/products/r-server/" 網站的說明。

1-6 小結

完成上述一連串的準備動作，接著我們可以使用 R 了。您會注意到 R 有個較為粗略的圖形化介面(GUI)，我們建議最好再安裝 RStudio，透過它來使用 R 語言，在 **2-2 節**會有更詳細的說明。

02

R 的操作環境簡介

和一般常見 C 語言、VB、C++ 等程式語言相比，R 是一個的互動性較高的程式語言。以往常見如 C++等的程式語言，需要把整個程式碼都撰寫完成，經過編譯和執行才能看到結果。而 R 在任一點上都可看到其物件的狀態和結果，我們可以隨時檢視每行命令所執行的結果。

R 語言擁有許多專屬的整合開發環境 (Integrated Development Environments，IDEs)，本書則推薦使用 RStudio，後續介紹也都將採用 RStudio，在 2-2 節會有進一步介紹。

2-1 命令行介面

R 的強大來自於其命令行介面，但要學習怎麼運用此介面卻不容易。曾經有人嘗試為 R 開發比較方便的點擊式介面 (point-and-click)，如 Rcmdr，但沒有很成功，這或許表示撰寫命令比用滑鼠點擊來得方便。對於習慣使用 Excel 等套裝軟體的人，也許對此存有質疑，我們舉幾個簡單案例來做個比較。

舉例來說，要在 Excel 建迴歸模型需要至少點擊滑鼠 7 次，甚至會更多次: **資料 → 資料分析 → 迴歸 → 確定 → 輸入 Y 範圍 → 輸入 X 範圍 → 確定**。若操作過程中需要做任何設定或調整，或者有新的資料，這些步驟都得重做一遍。假設您學會了上述的迴歸分析操作，需要教其他同事，您可能需要更鉅細靡遺的說明，還得附上操作圖片。相反的，上述的步驟在 R 只需要一行命令，而這命令可輕易地被重複複製、貼上使用。所以 R 的命令行介面一開始或許不好上手，但經過一小段時間的熟悉後，一定可以簡化許多您以往進行資料分析的操作。

要執行 R 命令，需把命令輸入到 R 控制台中「大於符號」> 後的地方，然後按 Enter 鍵就可以執行了。而輸入的命令可以只是非常簡單的數字 '2'，或是一些非常複雜的函數(functions)。若要重複某一行命令，則只需按 ↑ 鍵和再一次按 Enter 鍵即可，所有曾輸入過的命令都會被儲存在 R 內，皆可用 ↑ 鍵和 ↓ 鍵重複地尋找和重複使用。要中斷執行中的命令，則只需按 Esc 鍵 (Windows 和 Mac)或 Ctrl + C (Linux)即可。

在 Windows 系統下 R 的基本介面如**圖 2.1** 所顯示；Mac 的介面如**圖 2.2** 所示，而 Linux 的介面則最簡單，只是一個 terminal 終端介面。

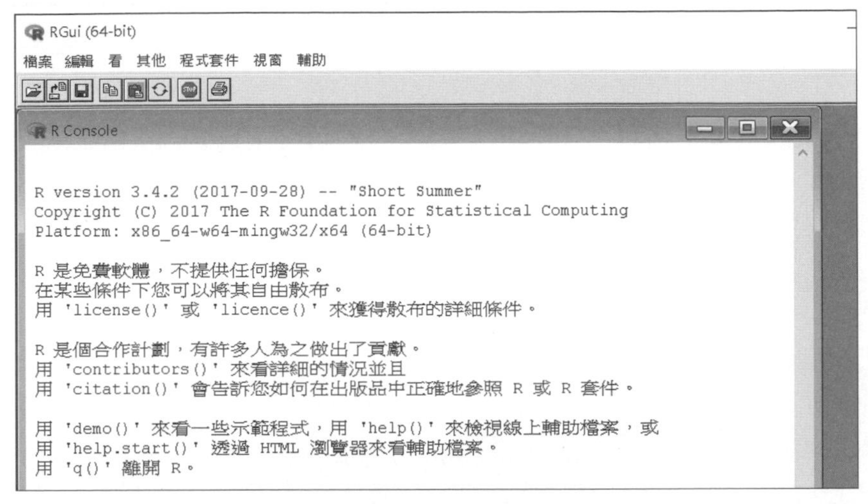

圖 2.1 Windows 系統中標準 R 介面

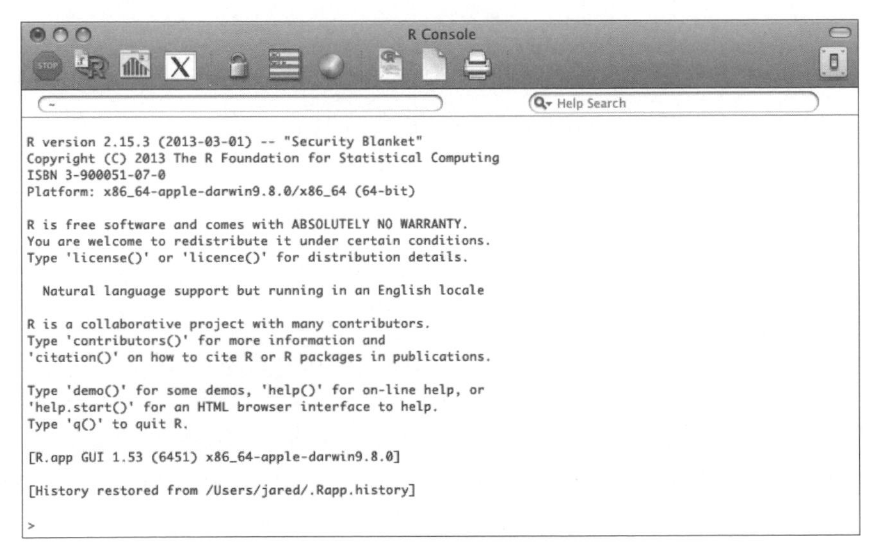

圖 2.2 Mac 系統中標準 R 介面

通常要進行龐大的資料分析工作時，最好可以建立一個新檔案來撰寫命令。最常用的方法就是使用文字編輯器 [1]，如**記事本**或 UltraEdit 來撰寫命令，然後把命令複製和貼上到 R 控制台上。這樣雖然可行，但需要一直切換程式畫面，難免有些麻煩。還好之後我們所使用的 RStudio 可以幫我們省去這些麻煩，詳細說明可參考 **2-2 節**。

1：這裡指的是程式文字編輯器，而非像 Microsoft Word 的文書處理軟體。文字編輯器會保存文字原始的架構，而文書處理軟體則會對文字額外添加格式，導致我們無法直接複製到 R 的控制台執行。

2-2 RStudio 的下載與安裝

RStudio 是由 JJ Allaire 所領導的團隊所創建的，RStudio 適用於 Windows、Mac 和 Linux，而且介面都一樣；更令人讚嘆的是 RStudio 伺服器，它支援在 Linux 伺服器中執行 R，也讓使用者透過網頁瀏覽器、以 RStudio 的介面執行 R 命令。RStudio 可以支援任何 2.11.1 之後版本的 R。

您可以在 Rstudio 的網站上 (www.rstudio.com)，輕易取得免費版本的 RStudio，本書是以 RStudio Desktop 版本進行示範，建議您下載、安裝相同的版本。

RStudio 大部份介面都可以自行調整，而預設最基本的介面大致如圖 **2.3** 所示。在圖中，我們可以看到左下角的視窗為 R 控制台，就如同一般 R 的控制台。左上角的視窗則為文字編輯器，但這編輯器比一般的來得強大。右上角的視窗包含了關於工作空間(workspace)、命令行歷史紀錄、目前資料夾中的文件和 Git 版本控制台相關的訊息。右下角的視窗所顯示的是圖、套件訊息和操作說明(help)。有幾種把命令從文字編輯器傳送到控制台並執行的方法，其中包括傳送一行命令時，可以把游標放到想要傳送的命令行，然後按 Ctrl + Enter 鍵 (在 Mac 則為 ⌘ + Enter)。若要傳送一部份命令，則需選擇要傳送的命令，再按 Ctrl + Enter 鍵。要執行全部命令，則按 Ctrl + Shift + S 即可。

當撰寫命令的時候，比如一些物件(object)名稱或函數(function)，只要按 Tab 鍵即可自動完成該命令。如果存在著多於一個物件或函數符合所打的前幾個字母時，則會有一列表彈出讓使用者選擇所要用的命令，如圖 **2.4** 所顯示。

按 Ctrl + 1 鍵可將游標移動到文字編輯器，而 Ctrl + 2 鍵則可把游標移動到控制台上。若要移動到文字編輯器之前的標籤，Windows 使用者可按 Ctrl + Alt + →，Linux 和 Mac 使用者分別可按 Ctrl + Page up 和 control + option + → 鍵。若要移動到下一個標籤，Windows 使用者可按 Ctrl + Alt + →，Linux 和 Mac 使用者分別可按 Ctrl + Page Down 和 control + option + → 鍵。

前述的快捷鍵在一些 Windows 系統下會導致螢幕旋轉，此時可改用 Ctrl + F11 鍵與 Ctrl + F12 鍵。如果要查看快捷鍵的完整列表，可以在功能表中點擊『**Help / Keyboard Shortcuts**』，或者 Windows 與 Linux 使用者可使用快捷鍵 Alt + Shift + K 鍵，Mac 使用者可使用 option + shift + K 鍵，也可查詢該列表。更完整的列表可在 https://support.rstudio.com/hc/enus/articles/200711853-Keyboard-Shortcuts 取得。

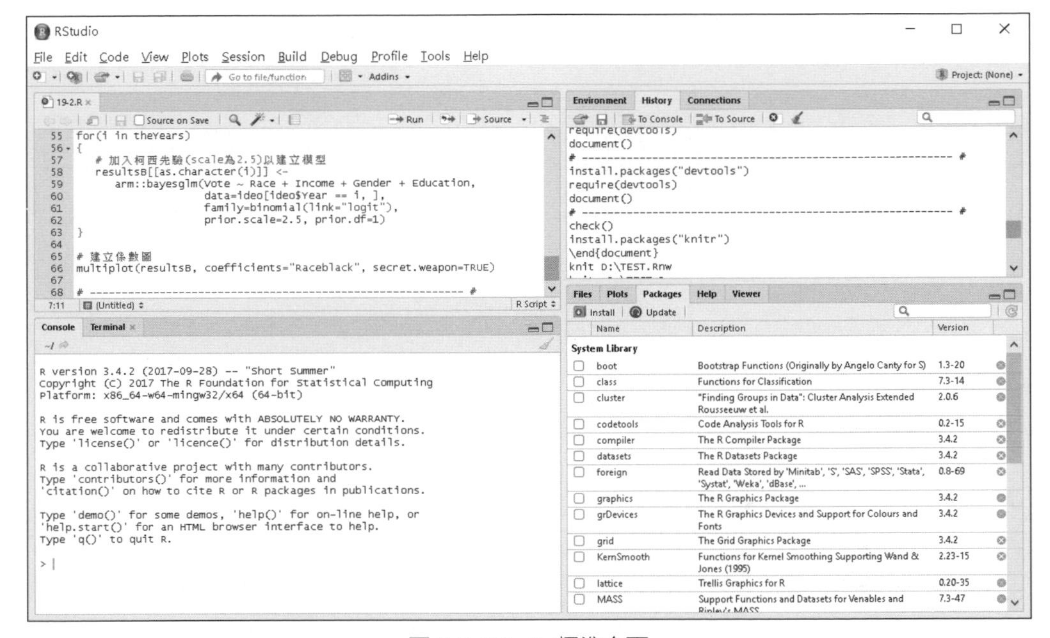

圖 2.3 RStudio 標準介面

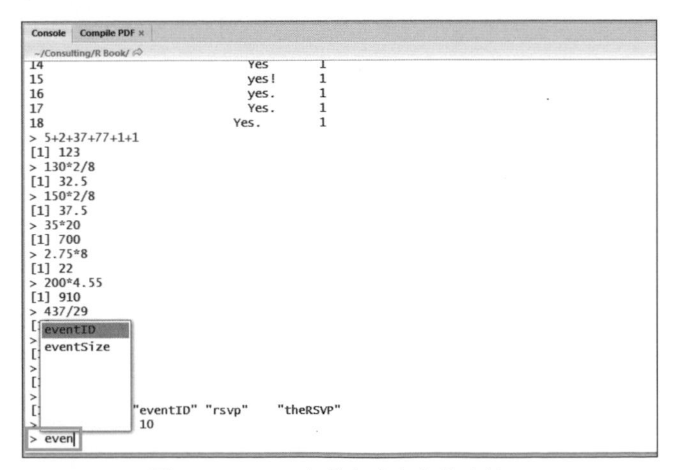

圖 2.4 RStudio 自動完成命令的功能

2-2-1 RStudio 開發專案

RStudio 主要的特點為專案(Project)。一個專案可把相關的文件 (即資料)、分析結果和圖收集在一起[2]，每個套件還會有自己的工作目錄，這樣會很方便管理許多不同的資料分析個案。要建立一個新的專案，可以點擊『**File / New Project**』，如圖 **2.5**。

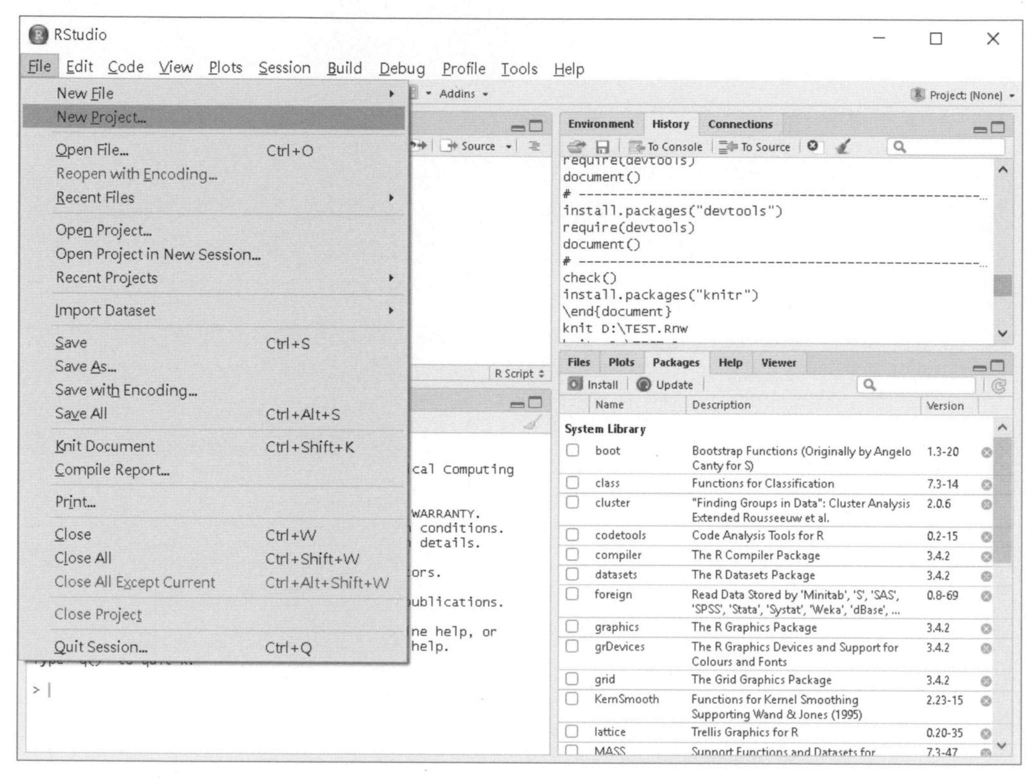

圖 2.5 點擊『**File / New Project**』建立新專案

點了 **New Project** 之後會出現三種選項，如圖 **2.6**:在新的工作目錄建立新專案(New Project)、從現存的工作目錄匯入專案(Existing Project)或從版本控制知識庫(Version Control)(如 Git 或 SVN)中創建專案[3]。這三個選項都會把 .Rproj 文件放入相關的工作目錄，所有之後儲存的檔案、文件都會被記錄在這個目錄中。

2：這和一般 R 所進行的單一工作流程(session)不同，在單一工作流程裡，所有物件和工作都會被存在暫存記憶裡，當 R 關閉時，這些都會被刪掉。

3：使用已經安裝到電腦中的版本控制軟體來進行版本控制。

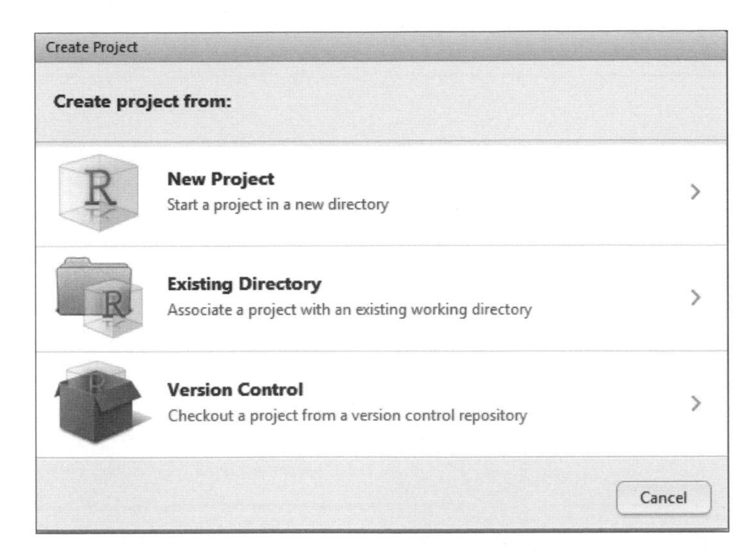

圖 2.6 三種選項:建立全新專案、從現存工作目錄匯入專案或從版本控制台中創建專案。選擇在新的工作目錄創建新的專案，會有一個交談窗彈出，如圖 2.7，此交談窗會要求輸入專案名稱和工作目錄的位置

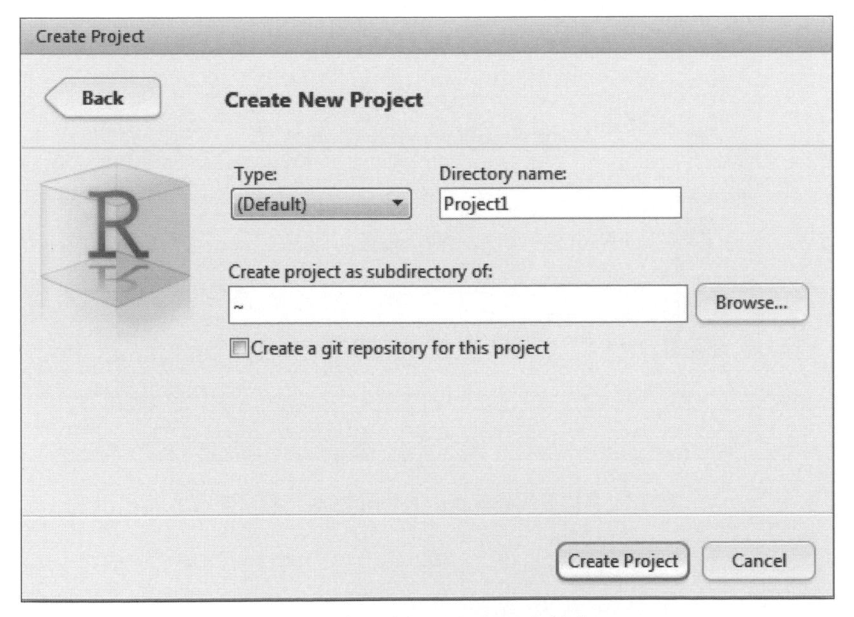

圖 2.7 選擇工作目錄位置的交談窗

選擇從現存的工作目錄匯入專案，則會被要求輸入工作目錄的名稱，如圖 2.8 所顯示。

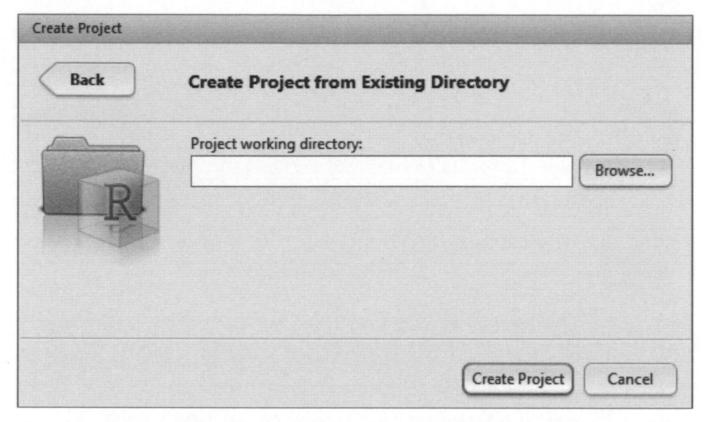

圖 2.8 選擇從現存的工作目錄匯入專案的交談窗

在版本控制知識庫建立專案則先要決定使用 Git 還是 SVN，如圖 2.9 顯示，目前以 Git 比較多人使用。

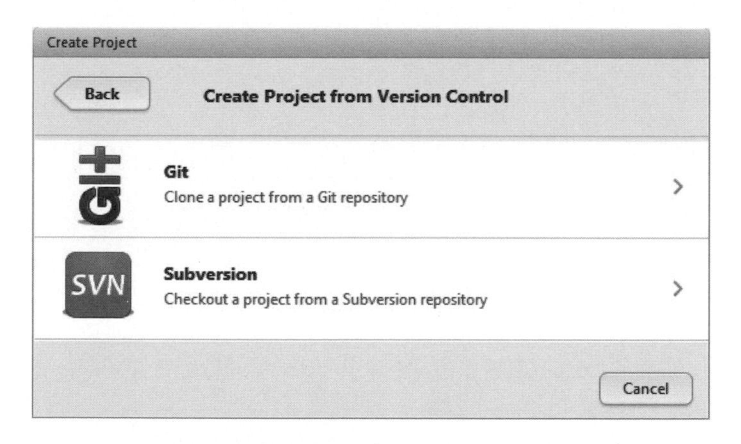

圖 2.9 選擇要用哪個版本控制知識庫來創建新專案

選擇 Git 需要輸入知識庫的網址(URL)，例如 git@github.com:jaredlander/coefplot.git，然後填入專案的目錄名稱。如同創建新的工作目錄，接著會要求輸入這新建目錄實際儲存的位置。

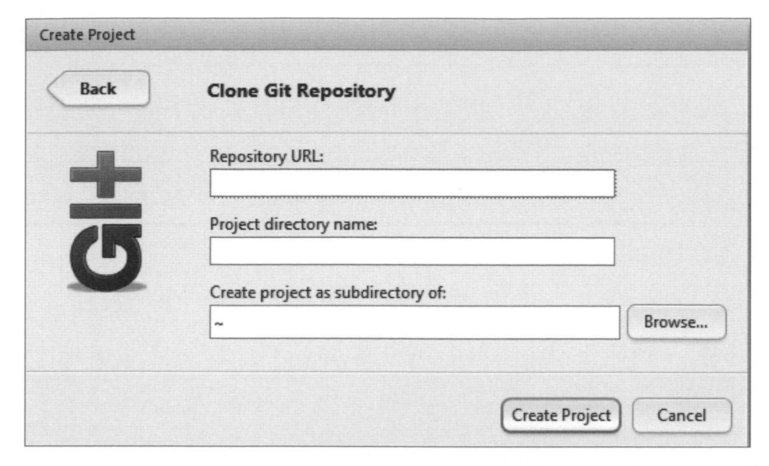

圖 2.10 輸入知識庫的網址和目錄儲存位置

2-2-2 RStudio 選項設定

RStudio 許多地方都可以根據個人喜好自行調整，有許多的選項可以讓使用者設定。大部份選項被包含在 **Options** 交談窗裡，只要點擊『**Tools / Global Options**』即可開啟，如圖 2.11。

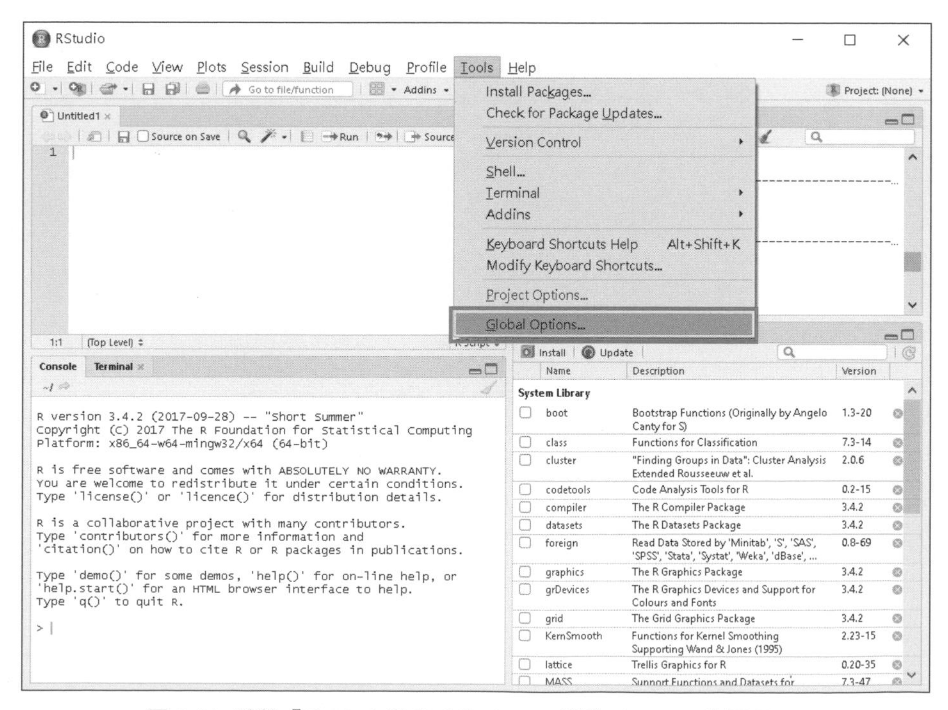

圖 2.11 點擊『**Tools / Global Options**』開啟 **RStudio** 的選項

General 選項

如圖 2.12，其提供了使用者選擇所要使用的 R 版本。這對於同時使用多個 R 版本的使用者來說是個很方便的功能；若改變對應的 R 版本需要重啟 RStudio。未來，RStudio 將會支援開發可適用在不同的 R 版本上的專案。除此之外，不需在啟動或關閉 RStudio 的時候回復或儲存.RData 文件也是一個很方便的功能 (如圖 2.12 方框的位置)[4]。這樣之後每次開啟 R 的時候，都將會是一個全新的工作流程(session)，就不會有損壞的變數或不必要的資料殘留，佔據記憶體空間。

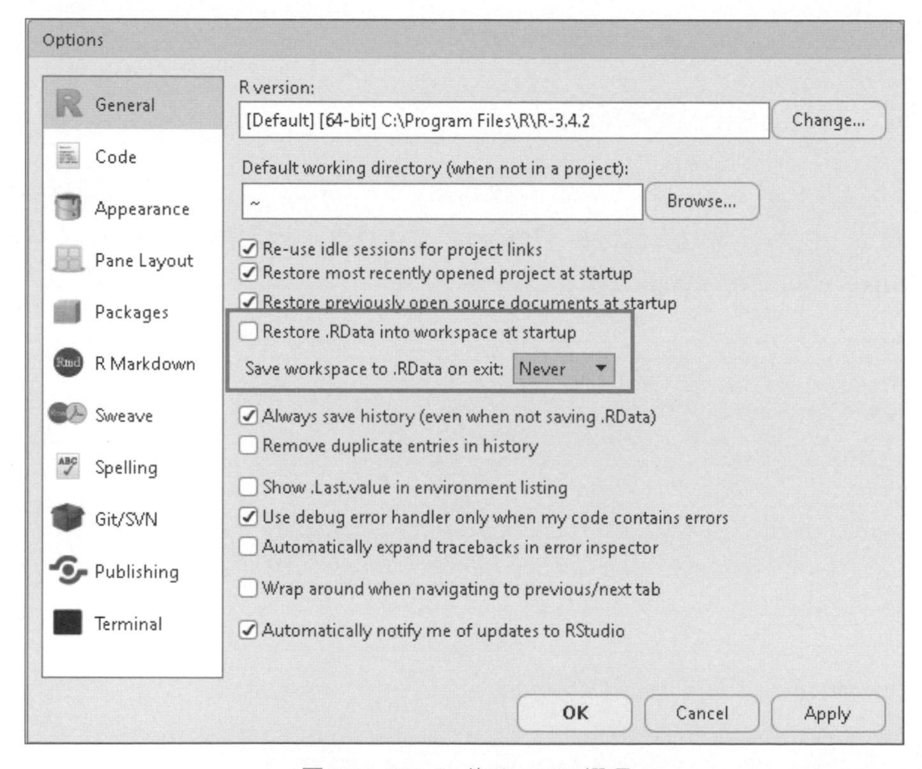

圖 2.12 RStudio 的 **General** 選項

4：RData 文件是一個方便儲存和分享 R 物件的方法，在 **6-5 節**會更詳細地討論。

Code 選項

此選項提供使用者在輸入 R 語言命令 (或稱程式碼) 時的相關設定，共有 5 個頁次，以下分別說明：

- **Editing**頁次：如圖 **2.13**，此處可以讓使用者依照個人習慣調整輸入或修改程式碼時的設定，通常建議用 2~4 個空白取代 Tab 鍵的功能，避免不同文字編輯器的定位點位置不一，影響命令的結構。而對程式設計比較熟練的讀者，也許需要選擇 vim 或 Emac 模式。

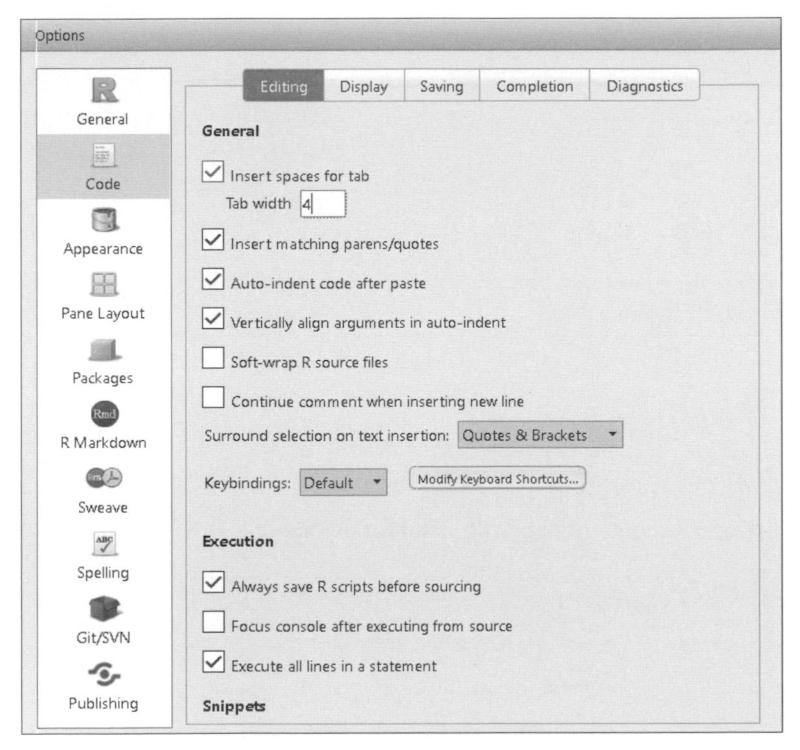

圖 2.13 自訂編輯程式碼的設定

- **Display**頁次：如圖 **2.14**，此頁次可以設定程式編輯器與控制台顯示命令的標示方式。「標示選取文字」(**Highlight selected word**) 可讓我們更容易找到選取文字所出現的地方，建議勾選「顯示命令行編號」(Show line numbers) 可在對照輸入程式碼時容易許多，「顯示邊際」(Show margin)可顯示命令輸入長度的標記線 (預設是 80 個字元)，提醒使用者換行，避免命令過長、難以閱讀。

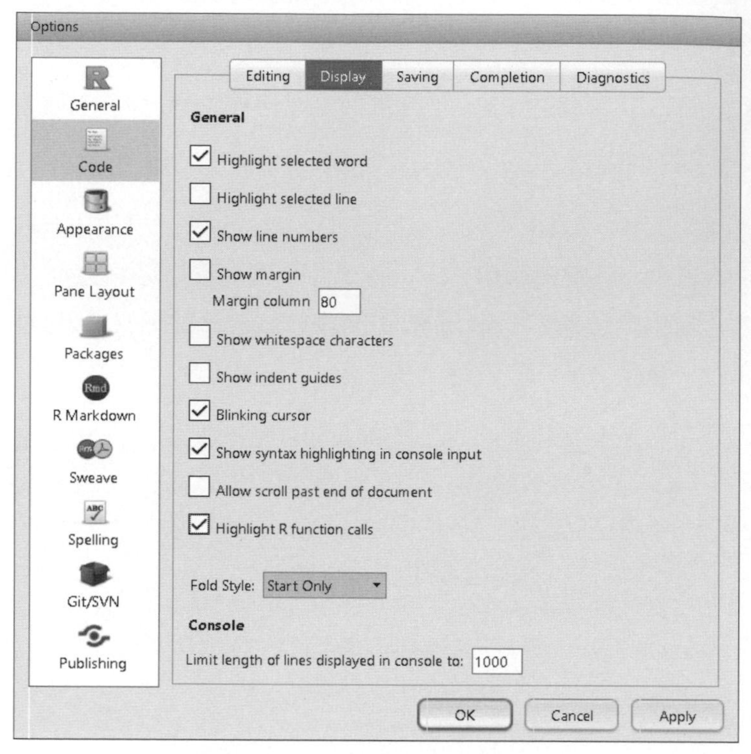

圖 2.14 設定指令顯示方式

- **Saving**頁次：如圖 **2.15**，此頁次可設定如何儲存帶有指令的文字檔。大部份選項最好都維持預設值，尤其是 **Serialization** 底下的「命令行尾轉換」(**line ending conversion**)應選擇 **Platform Native**。

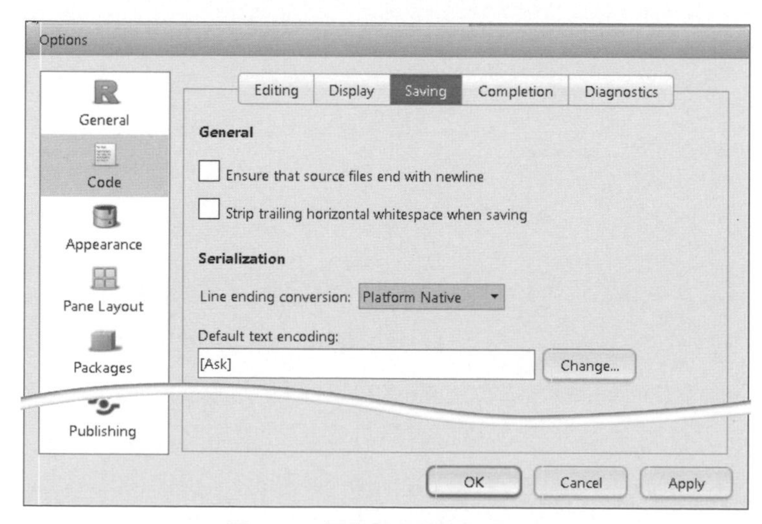

圖 2.15 設定指令儲存方式

■ **Completion**頁次：如圖 2.16，此頁次可調整命令自動完成功能。有些人偏好在輸入函數（function）後由程式自動添加括號，有些人則沒有這個習慣；另外有些人可能會習慣在函數中具名引數的等號前後加上空格。

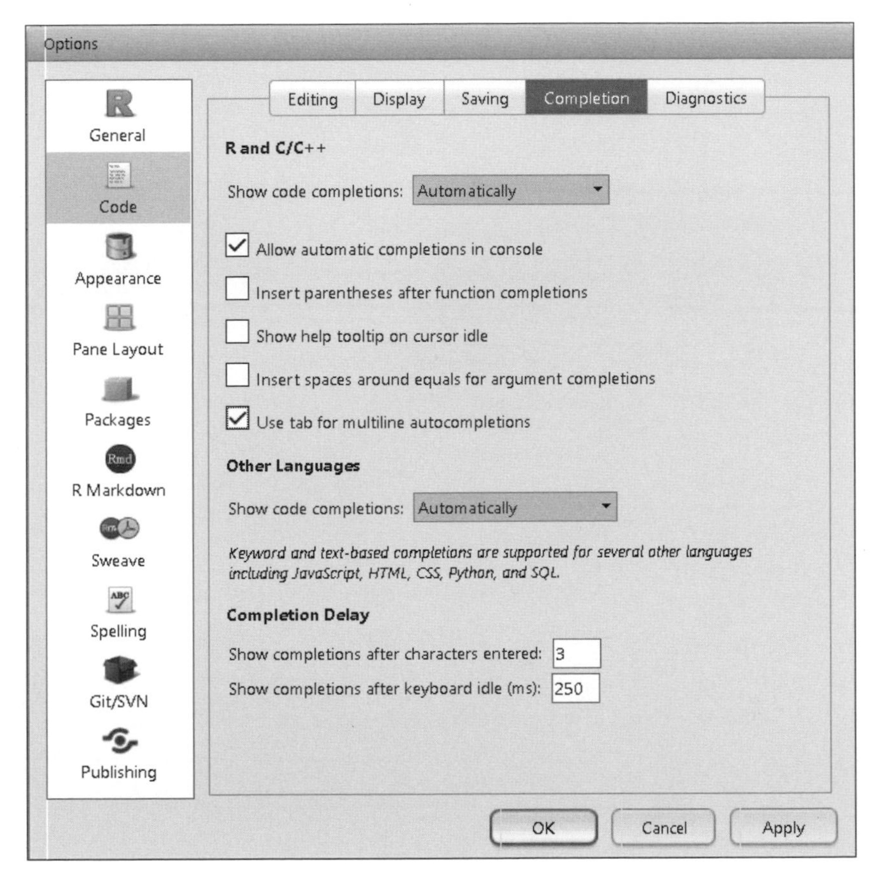

圖 2.16　設定指令完成方式

■ **Diaqnostics**頁次：如圖 2.17，設定是否要檢查程式碼語法。此處可幫助辨識輸入錯誤的物件名稱、不良命令樣式或其他常犯的錯誤。

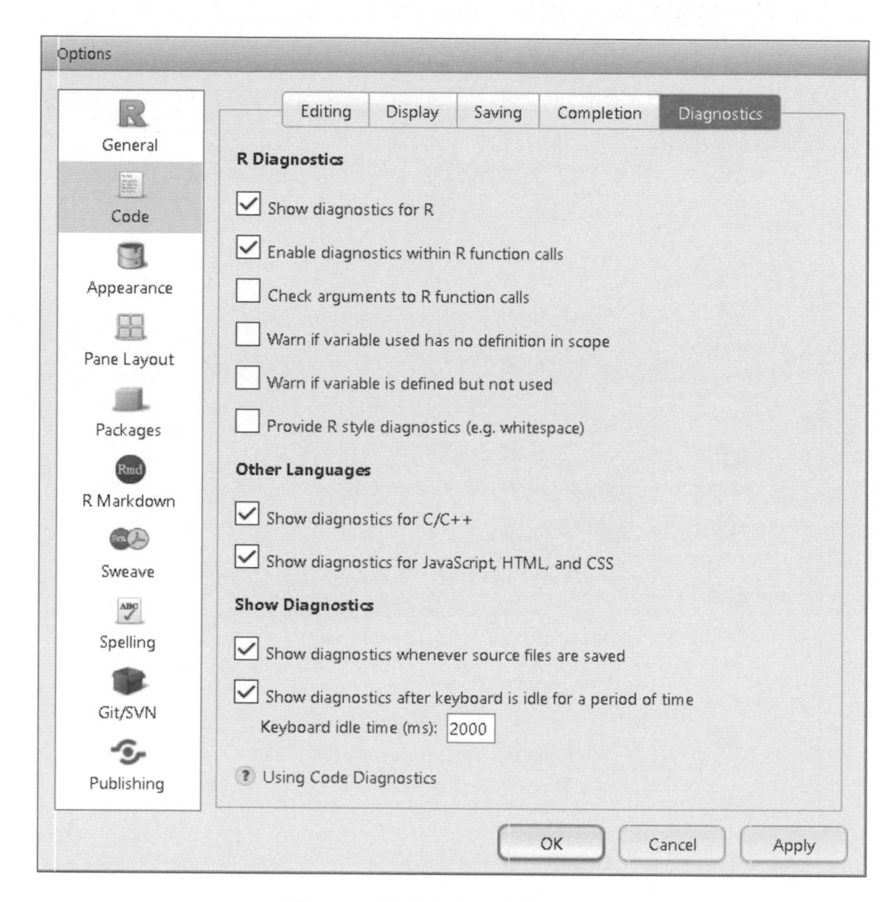

圖 2.17　設定程式碼檢查選項

Appearance 選項

如圖 2.18，讓使用者改變命令顯示的外觀格式。字型、字體大小、字的顏色和背景顏色皆可在這調整。

Pane Layout 選項

如圖 2.19，可讓使用者重新排列 RStudio 上的視窗。

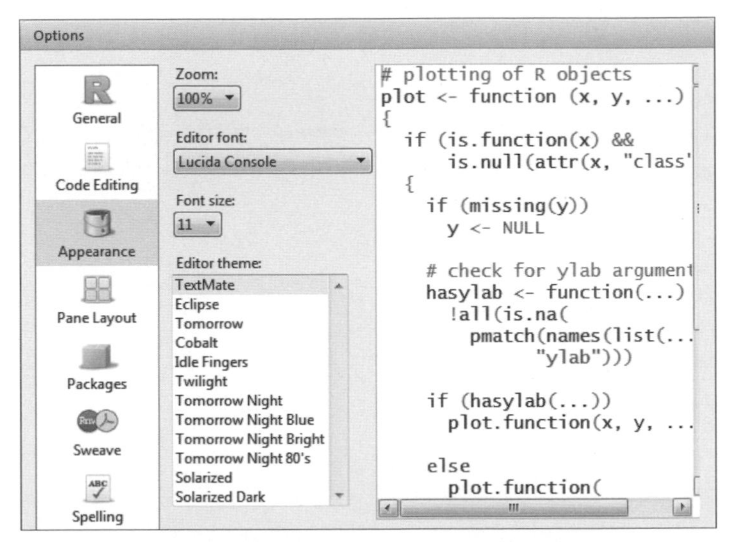

圖 2.18
調整命令行外觀的選項

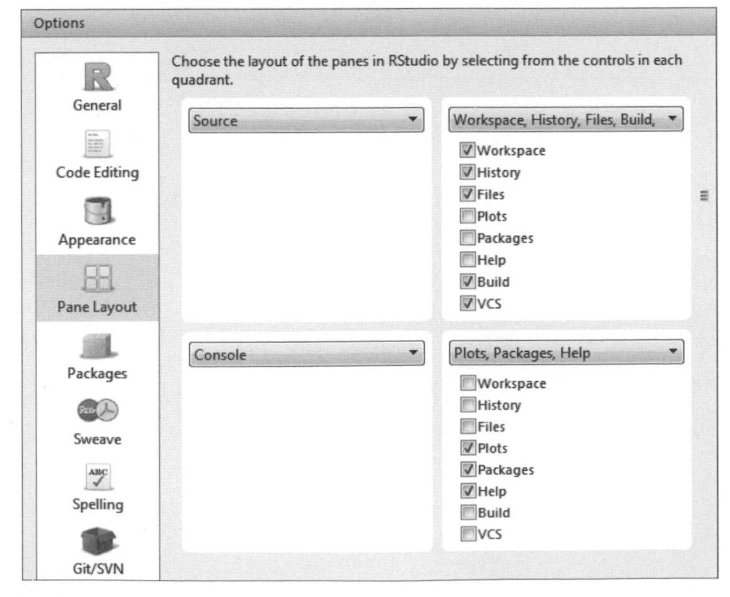

圖 2.19
這些選項調整 RStudio 裡面的視窗

Packages 選項

如圖 2.20，可讓使用者對套件做出設定，其中最為重要的就是 CRAN 連結 (CRAN mirror)，也就是下載套件的伺服器來源，可以按下 **Change** 鈕選擇台灣的伺服器。這個連結也可以在 R 控制台中修改。

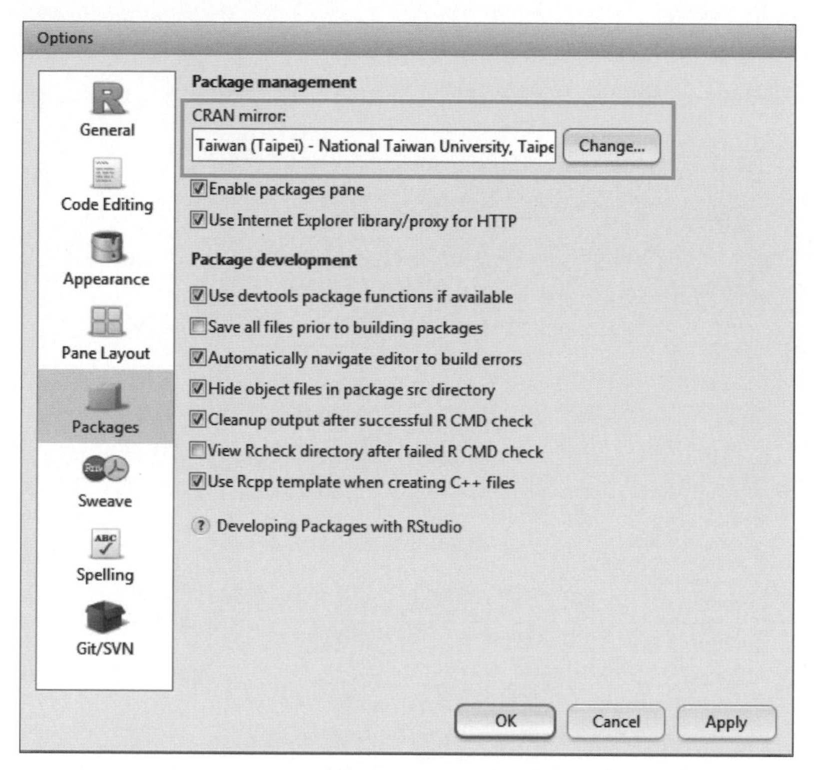

圖 2.20 自定義套件相關選項。最重要的設定為 CRAN 連結

R Markdown 選項

如圖2.21，此選項提供 R Markdown 文件相關設定。此處可以設定要額外開啟視窗或是在 Viewer 視窗預覽文件。另外也可設定將 R Markdown 文件視為筆記本 (notebooks)，這樣就可以將結果、圖像與方程式以內文的方式呈現出來。

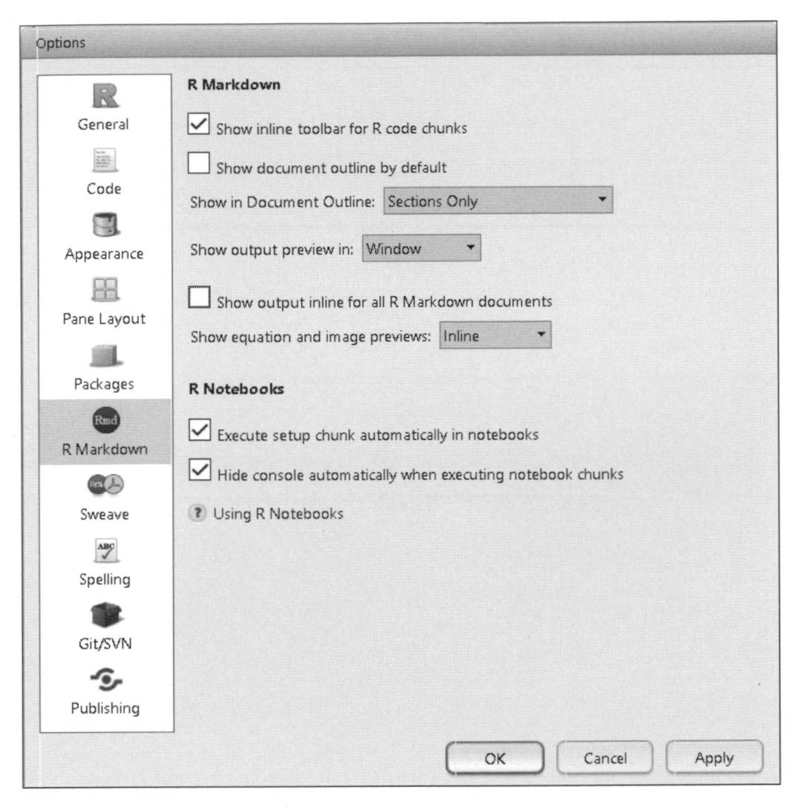

圖2.21 R Markdown文件相關選項，其中包括是否將該類文件視為筆記本(notebooks)

Sweave 選項

如圖 2.22 顯示，事實上這個名稱並不恰當，它是提供使用者選擇 .Rnw 文件的處理工具 - 看是用 Sweave 或 knitr。這兩者都具備產生 PDF 檔的功能，唯 knitr 會同時產生 HTML 文件，所以通常建議改為 Knitr，但必須先安裝好 Knitr 套件才能使用。您也可以在此選擇自己想要的 PDF 瀏覽程式。

Spelling 選項

RStudio 提供了檢查 LATEX 或 Markdown 文件錯誤的功能，但對此能做的設定並不多，如圖 2.23。

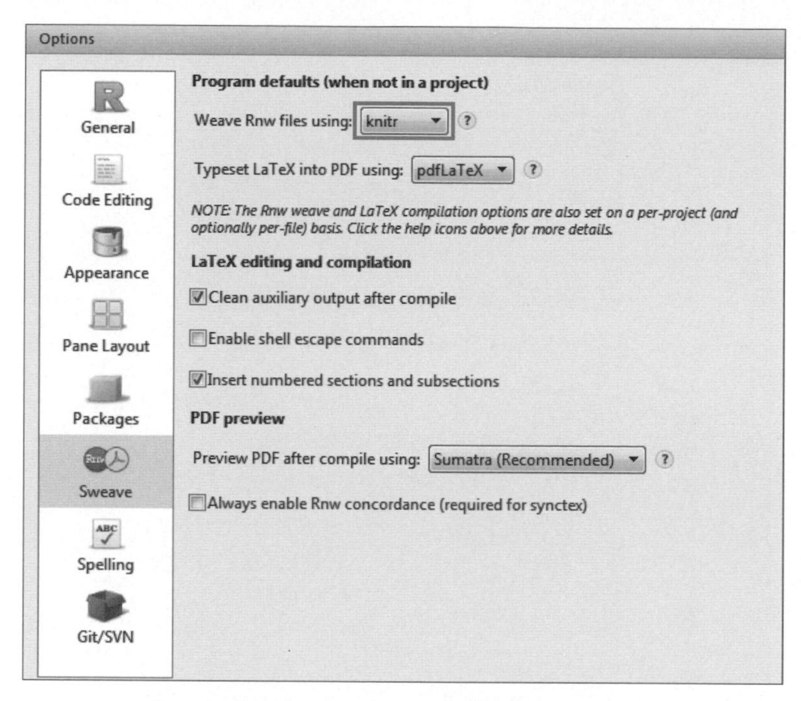

圖 2.22 選擇 Sweave 或 knitr 和選擇 PDF 瀏覽器

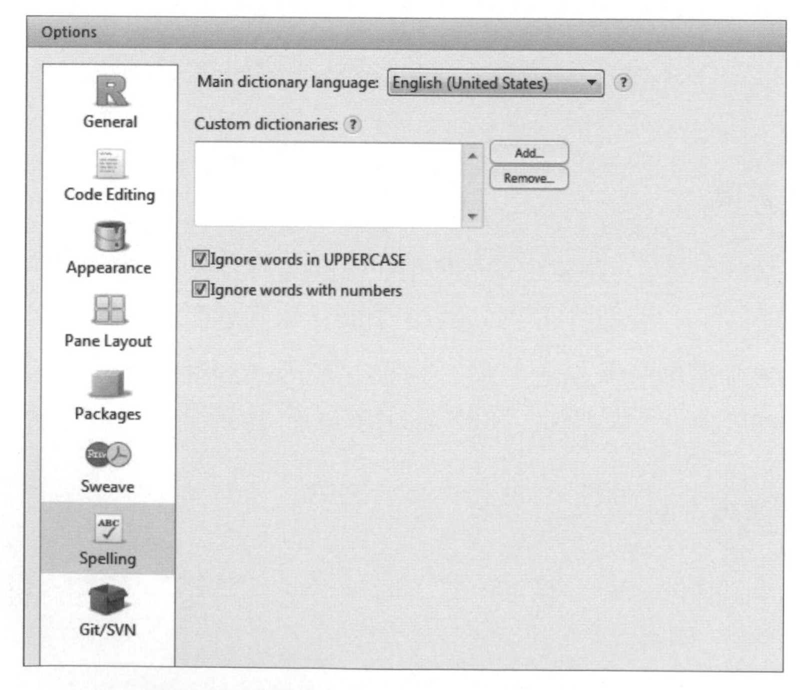

圖 2.23 此為設定 spelling check 字典的視窗，使用者可挑選偏好的語言和自定義所需要的字典

Git/SVM 選項

如圖 2.24，這裡顯示了 Git 和 SVN 可執行文件所在的位置。這選項只是在要做版本控制的時候才要設定。

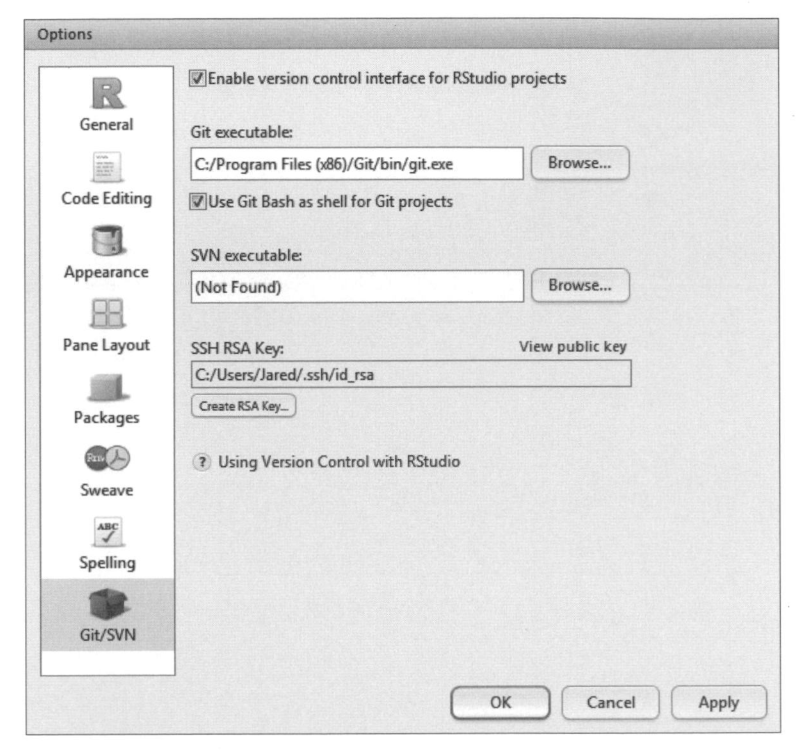

圖 2.24 設定 Git 和 SVD 可執行文件位置以便 RStudio 能使用

Publishing 選項

如圖2.25，設定將文件檔發佈到 ShinyApps.io 或 R Studio Connect 的連結，方便與其他人分享。

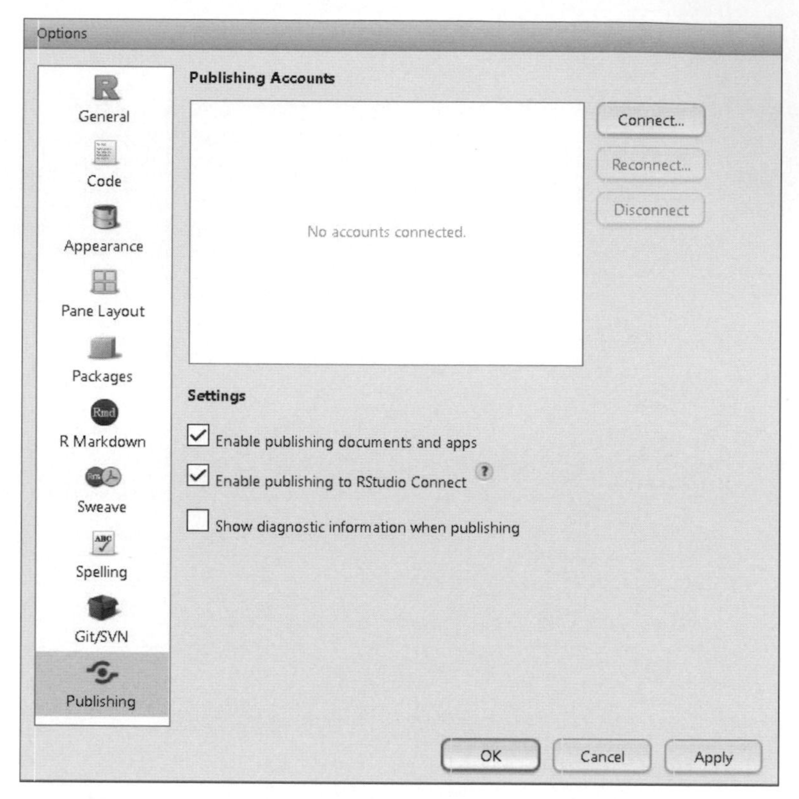

圖 2.25 設定 Git 和 SVD 可執行文件位置以便 RStudio 能使用的視窗

2-2-3 Git 整合

使用版本控制可帶來許多好處。最主要的好處為此功能可對命令行在任何時間點做出快照，發現錯誤時可立刻還原到該快照。其它好處包括可以備份命令行或可以讓命令行更容易轉移到其他電腦。

SVN 曾經是版本控制中的佼佼者，但如今已經被 Git 所取代，因此以下只針對 Git 來說明。當您把專案和 Git 知識庫[5] 做了連結後，RStudio 會出現一個 Git 的視窗，如圖 2.26 所顯示。

5：可以預先用 GitHub (https://github.com/) 或 Bitbucket (https://bitbucket.org/) 設定 Git 帳戶。

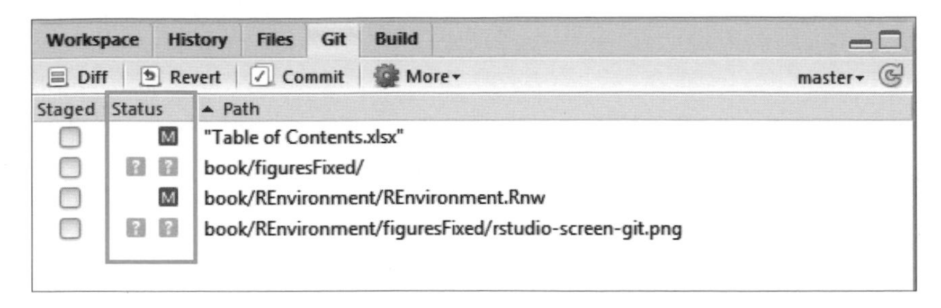

圖 2.26 Git 視窗顯示在版本控制底下的 Git 狀態，藍底白字的 M 表示文件曾被修改，則需要被提交。而黃底白字的問號則代表 Git 沒追蹤到的新文件

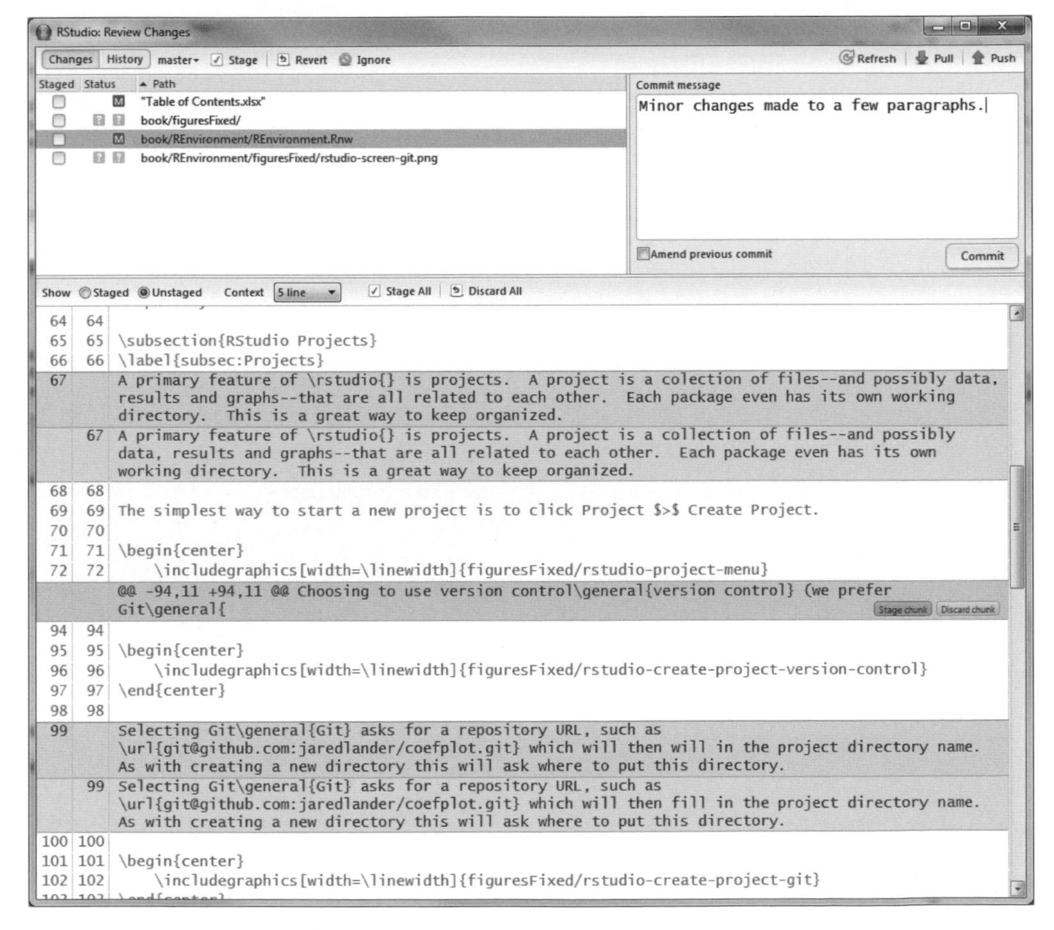

圖 2.27　這視窗顯示被修改過的文件，綠色代表新增而粉紅色代表刪除。右上角窗格為提供撰寫提交註釋的地方

Git 最主要的功能是提交對文件所做的修改，把這訊息傳送到伺服器和把其他使用者所做出的修改收集進來。點擊 **Commit** 鍵會彈出一個顯示已被修改過或新的文件，如**圖 2.27**。點擊這些文件則會顯示出所做的修改；粉紅色代表刪除而綠色代表新增。視窗內還提供了空間以便寫下註解。

Tip 點擊 Commit 可提交所做的修改，而點擊 Push 會把相關修改傳送到伺服器。

2-3 Microsoft Visual Studio

Microsoft Visual Studio 針對 R 語言的開發提供了一個 IDE 工具。雖然目前比較多人選擇使用 RStudio 來撰寫 R 語言，但對於早已經熟悉 Visual Studio 的使用者來說，這或許也是個好選擇。

2-4 小結

R 的功能在近幾年提升了許多，有一大部分是 Revolution Analytics 所開發的 RPE 和 RStudio 的功勞。使用整合開發環境(IDE)不僅提高對 R 的熟練度，還可以讓使用者更享受使用 R 的過程。RStudio 自動完成命令的功能、文字編輯器、Git 整合和專案皆讓讓程式編寫流程順暢的要素。

03

R 語言的套件

R 語言的知名度持續上升的最大原因也許是來自於其使用者所提供的套件(R packages)。截至 2017 年 11 月，CRAN 總共提供了 11,731 個套件可以使用[1]，而這些套件是由超過 2,000 個不同的使用者所開發。往往當某個統計方法發展出來，就會有使用者將其寫成 R，然後提供給 CRAN，而且當中很多套件是統計領域的權威所撰寫。

套件其實是一套預先寫好的程式，用來完成某一些或某幾種任務。舉例來說，survival 套件是用於倖存分析所設計的，ggplot2 則是用來繪某些圖，而 sp 則是用來處理空間資料 (spatial data)。不過這些套件有些運作穩定，有些卻可能會出現預期不到的錯誤而導致無法運行，甚至會有一些不堪用的套件。

1：http://cran.r-project.org/web/packages/

由於 R 語言套件常常會有所變化，因此本書不會提供一個完整的套件列表給大家。此處僅列出一些本書常用的套件，包括了 Hadley Wickham 所寫的 ggplot2、tidyr 和 dplyr；Trevor Hastie、Robert Tibshirani 和 Jerome Friedman 所寫的 glmnet；Dirk Eddelbuettel 所寫的 Rcpp；和 Yihui Xie 所寫的 knitr。本書作者目前也在 CRAN 寫了幾個套件，包括 coefplot、useful、resumer 等。

3-1 安裝套件

R 提供了幾種安裝套件的方法。最簡單的方法為 RStudio 所提供的圖形化介面(GUI)進行安裝，如圖 **3.1**。只要在 RStudio 點擊 **Packages** 頁次或者按 Ctrl + 7 鍵，就可瀏覽 **Packages** 窗格。

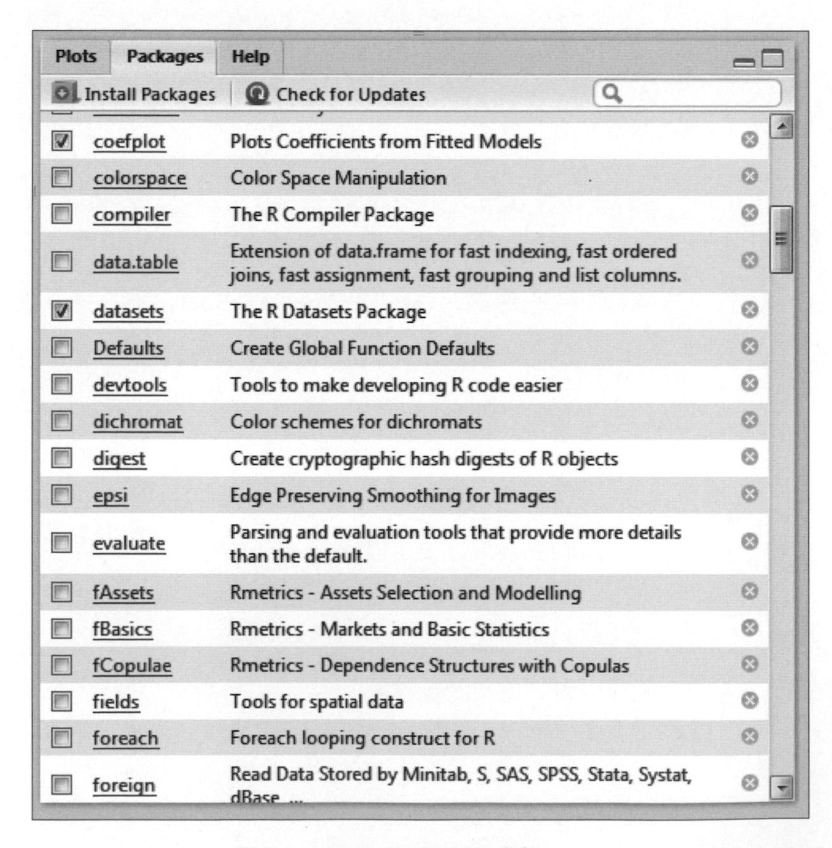

圖 3.1 RStudio **Packages** 窗格

點擊在左上角的 **Install Packages** 按鈕將會彈出如圖 3.2 的交談窗。

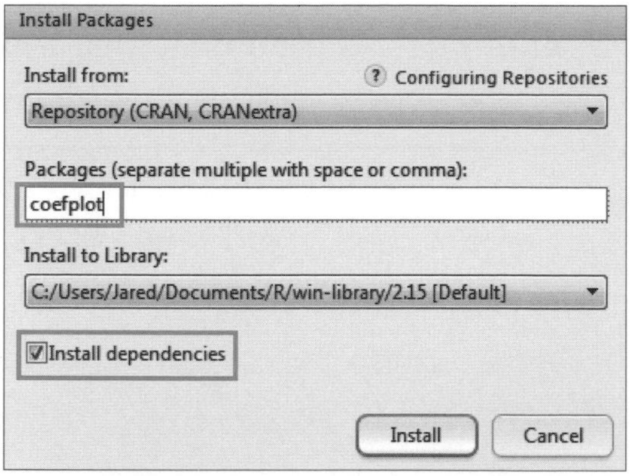

圖 3.2 RStudio 套件安裝的畫面

接著在交談窗中輸入套件名稱 (RStudio 設有自動完成名稱的功能)，然後點擊 **Install**，就可以進行安裝。使用者也可以同時輸入多個名稱，並以逗點隔開，就可以同時下載、安裝多個套件。安裝完成馬上就能開始使用。有些套件可能需要一些額外的相關套件方能運行，記得要勾選 **Install dependencies**，就會自動下載和安裝所有該相關套件。舉例來說，coefplot 套件就需要 ggplot2、plyr、useful、stringr 和 reshape2 才能運行，而這些套件可能又需要另外一些套件。

除了圖形化介面的操作外，另外一個安裝套件的方法就是在控制台(console)輸入一個簡單的命令：

```
> install.packages("coefplot")
```

這個指令將會完成如同在 GUI 所進行的安裝過程。另外也可以選擇直接從 GitHub 或 BitBucket 知識庫下載套件，尤其是在需要套件的發展版本(development version)時，就只能用這個方法。以下步驟必須使用 devtools 來完成。要使用 devtools 套件，我們需要先用 library 載入該套件，如 **3-2 節**說明。

```
> libary(devtools)
> install _ github(repo = "coefplot", username = "jaredlander")
```

Tip 如果從知識庫所安裝的套件含有編譯語言(compiled language)的源代碼(source code)，如 C++ 和 FORTRAN，則必須安裝編譯器。

套件安裝也可以透過本機硬碟檔案(local file)來進行，這裡所說的檔案可以是封裝好的 zip 套件檔案或一個 tar.gz 的套件代碼。這些安裝過程都可以在 **Install Packages** 交談窗中進行，只要將 **Install from** 的選項切換至 **Package Archive File**，如圖 3.3。接著瀏覽所要安裝的檔案，並進行安裝。

要注意這個方式並不會自動幫您安裝其他所需的相關套件，因此如果相關套件不存在，則安裝過程就會失敗。換句話說，要事先確定相關套件都已安裝完畢。這安裝過程也可以用 install.packages 來進行。

```
> install.packages("coefplot _ 1.1.7.zip")
```

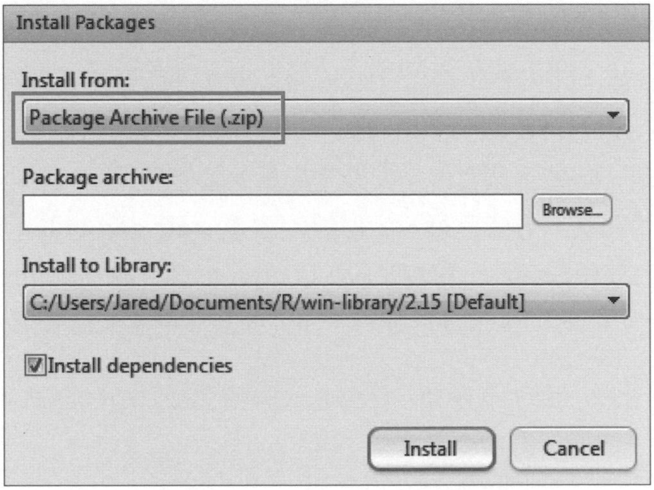

圖 3.3 RStudio 從本機硬碟的檔案安裝套件的畫面

3-1-1 移除套件

在某些情況下，您或許需要移除套件。最快的方法就是在 RStudio **Packages** 視窗中，如圖 3.1，點擊套件描述右邊灰底圈中的白色 X 即可。這些步驟亦可由 remove.packages 這命令完成，此命令的第一項引數(argument)為所要移除的套件名稱的字元向量(character vector)。

3-2 載入套件

套件安裝完成後，還必須先載入該套件方可使用。載入套件可以使用 library 或 require 其中一個命令。兩個命令都能達成載入套件的的工作，差別在於 require 會在套件載入成功時回傳 TRUE，否則回傳 FALSE 和警告訊息。當載入套件這程序是在 R 函數(function)中進行的話，require 所回傳的值則顯得有很大用處。

用 library 呼叫未安裝的套件將會造成錯誤，這樣對於在運行指令稿(scripts) 裡的命令時也許是個好處。雖然在控制台交互使用這兩個函數並無太大差異，但建議在撰寫指令稿時務必使用 library，本書載入套件也都會使用 library。這兩個函數的引數為所要載入的套件名稱，加不加引號並無差異。舉個例子，載入 coefplot 套件會像：

```
> library(coefplot)

Loading required package: coefplot
Loading required package: ggplot2
```

它會顯示出所載入的套件。若不要顯示這些訊息，可以加入一個引數 quietly，並設其值為 TRUE。

```
> library(coefplot, quietly = TRUE)
```

只有在開始一個新的 R 工作流程(session)才需要載入 R 套件。當套件載入後，其可被使用直到重啟 R 或者卸載該套件，如 **3-2-1 節**所提及的那樣。

另一個載入套件的方法就是在 RStudio **Package** 視窗中對所需要使用的套件名稱左邊做出勾選，如圖 3.1 的左邊所顯示。這和上述所介紹的方法同樣可載入套件。

3-2-1 卸載套件

有時候我們會發現有卸載套件的需要。卸載的方法很簡單，只要取消 RStudio **Package** 視窗中對套件名稱前方的勾選或者使用 detach 函數即可。此函數的引數為要卸載的套件名稱，但需將 package:附加在前面，並加上引號。

```
> detach("package:coefplot")
```

你也可能遇到不同的套件存在著同名稱的函數。舉例來說，coefplot 這函數既在 arm 套件(Andrew Gelman 所寫)，也在 coefplot[2] 套件。若兩個套件都被載入了，此時會呼叫(call)最後一個被載入的套件之函數；若要針對某個套件的函數進行呼叫，則可以在該函數前面加上套件名稱，並以雙冒號隔開(::)。

```
> arm::coefplot(object)
> coefplot::coefplot(object)
```

這方法不僅可以呼叫所需要的函數，還能讓使用者可以在不載入該套件之下直接呼叫函數。

3-3 小結

套件讓 R 的使用者或社群，可以把他們的傑作和很多的統計方法分享到全世界，但大量的 R 套件也會造成尋找套件的困難。因此，CRAN Task Views (http://cran.r-project.org/web/views/) 提供了整理過的套件列表以滿足不同的需求。然而，尋找合適套件最好的方法還是詢問 R 的相關社群。**附錄 A** 也提供了一些 R 語言社群的資源。

2：這例子是因為作者開發 coefplot 是要改進 arm 套件裡的 coefplot，有一些情況則是函數的名字相同，但它們毫無關聯。

04

R 語言基礎

R 是用來做計算、資料處理和科學運算的強大工具。就像其它的程式語言，R 也是有其自己一套的語法、變數、函數和資料格式。

4-1 基本算術運算

作為一個程式語言，R 自然可以用來做一些基礎的數學運算。我們也將從這裡開始了解 R。我們以基礎數學中的 「1+1」 作為開始。在控制台裡，大於符號 > 後的空間皆為輸入命令的地方。我們可利用以下命令來測試：

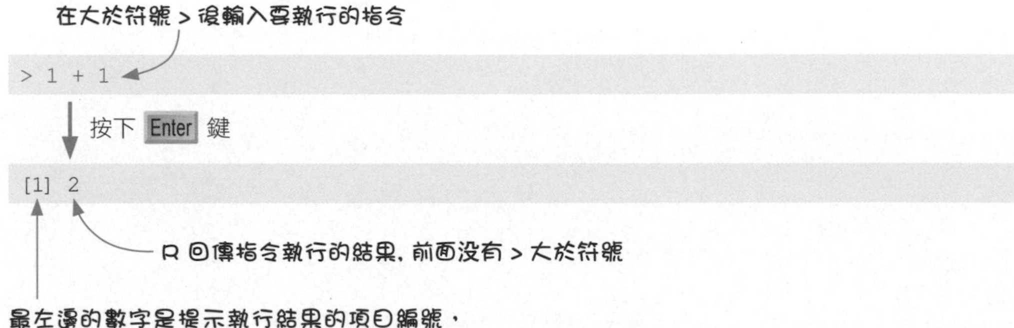

按下 Enter 鍵執行命令後, 若畫面回傳執行結果 '2'，則代表 R 正常運作; 否則的話，就是出現某些問題。我們且先當作 R 正常運行，我們現在可以來看看比較複雜的式子:

```
> 1 + 2 + 3
[1] 6
> 3 * 7 * 2
[1] 42
> 4 / 2
[1] 2
> 4 / 3
[1] 1.333
```

上述這些命令都是根據最基本的運算次序：括號、指數、乘法、除法、加減法，也就是在括號裡的運算會被優先處理，其次為指數的運算，接著就是乘除法，最後為加減法。這也說明以下的頭兩行命令所產生出來的結果是一樣的，而第三行的結果卻不一樣。

```
> 4 * 6 + 5

[1] 29

> (4 * 6) + 5

[1] 29

> 4 * (6 + 5)

[1] 44
```

到目前為止，我們以空格隔開像 '*' 和 '/' 的運算子(operator)。這在 R 語言的語法中並不是必要的，就算中間不加空白也能正常執行，但這是一個撰寫程式良好的習慣，有助於辨識輸入的指令內容。

4-2 變數

變數在任何程式語言裡是不可或缺的，而 R 在這一方面提供比較多的彈性。例如 R 不要求事先宣告(declare)變數，換言之，R 允許任何在 **4-3 節**所描述的資料型別存入變數裡。此外，任何 R 物件，如函數、分析結果或圖表，都可被儲存在變數裡。同一個變數可一開始儲存一個數字，然後儲存一個字元，接著再回到儲存一個數字。

4-2-1 變數指派

有幾種方法可以將一個值指派到一個變數，再一次提醒我們可以不必擔心所要指派的值是屬於甚麼型別。

我們可以用指派運算子 '<-' 和 '=' 來指派變數 (建議使用第一種)。

```
> x <- 2
> x

[1] 2

> y = 5
> y

[1] 5
```

箭頭可以用來指向另一個方向。

```
> 3 -> z
> z

[1] 3
```

指派運算子可連續性地被用來指派一個值到數個變數。

```
> a <- b <- 7
> a

[1] 7

> b

[1] 7
```

有需要的時候，我們也可以用比較麻煩的 assign 函數來指派變數。

```
> assign ("j", 4)
> j

[1] 4
```

變數名稱可以由任何的字母、數字、句點(.) 和底線(_) 組成，但是名稱的開頭不能是數字或底線。另外，最好用有意義的名詞來幫變數命名，而不要隨意輸入沒有無意義的字母，這可以便於程式碼的理解。在本書中的變數名稱也都會如此命名。

Tip 在 R 語言中最常用的指定方式為使用左箭頭 (<-)，這和多數程式語言慣用等號 (=) 來指定值不同，或許很多人一開始用可能會有一點不習慣；但其實這符號的使用也合乎情理，只要想成為這就像把值指向它的變數。對於常使用 SQL 語法的人來說，等號(=)是作為相等的符號，用左箭頭也可以避免混淆。

4-2-2 移除變數

有時候可能會因為一些原因而需要移除變數，這時我們可以用 remove 或它的簡寫 rm 來進行。

```
> j
[1] 4
> rm(j)
> #現在變數被移除了
> j
Error: object 'j' not found
```

移除變數可以節省一些空間，讓 R 可以儲存更多的物件，但所節省的空間未必是作業系統上的。若要確實節省作業系統的空間，可以用 gc，此函數將收集垃圾(garbage collection)，釋放空閒的記憶體回系統上。不過其實 R 本來就會自動定期地進行垃圾收集，因此不需要刻意執行這函數。

變數名稱的大小寫是有區分的，這點和 C 語言、Java 相同，SQL 和 Visual Basic 使用者就要重新適應了。

```
> theVariable <- 17
> theVariable
[1] 17
> THEVARIABLE
Error: object 'THEVARIABLE' not found
```

4-3 資料型別

R 的幾種資料型別可以讓 R 儲存不同型態的資料。四種最主要的資料型別為 numeric(數值)、character(字元或字串)、Date/POSIXct(時間)和 logical (邏輯資料 – TRUE/FALSE)。

資料的型別可以使用 class 函數來檢測。

```
> class(x)

[1] "numeric"
```

4-3-1 數值資料

R 擅長數字的處理，因此數值資料就是 R 最常見的資料。數值資料最常用的資料型別為 numeric。這類似於其它語言的 float 或 double，其涵蓋正整數、負整數和小數，以及零。任何儲存在在變數裡的數值都會自動被當成 numeric。若要檢測一個變數是否為 numeric，可以使用 is.numeric。

```
> is.numeric(x)

[1] TRUE
```

另外一個很重要但較少用到的資料型別為 integer(整數)。正如其名字所示，integer 只接受整數，而不接受任何小數。若要指派一個整數，則需在數字尾端附加一個 L。要檢測一個變數是否為 integer，可使用 is.integer。

```
> i <- 5L
> i

[1] 5

> is.integer(i)

[1] TRUE
```

雖然 i 的型別為 integer，它也會是一個 numeric。

```
> is.numeric(i)

[1] TRUE
```

在某些情況下，R 會自行把 integer 轉換為 numeric，例如當一個 integer 乘以一個 numeric 時，這便會發生。更重要的是，當一個 integer 除以另一個 integer 的時候，結果將會是一個小數。

```
> class(4L)
[1] "integer"
> class(2.8)
[1] "numeric"
> 4L * 2.8
[1] 11.2
> class(4L * 2.8)
[1] "numeric"
> class(5L)
[1] "integer"
> class(2L)
[1] "integer"
> 5L/2L
[1] 2.5
> class(5L/2L)
[1] "numeric"
```

將整數乘以小數，結果資料型別變成 numeric

2 個整數相除，資料型別變成 numeric

4-3-2 字元資料

字元(字串)資料在統計分析上也很常見，而且必須很小心地處理。R 有兩個主要的方式處理字元資料: character 和 factor。雖然它們表面上看起來處理結果一樣，但是它們處理資料的手法大有不同。

```
> x <- "data"
> x

[1] "data"

> y <- factor("data")
> y

[1] data
Levels: data
```

可以注意到 x 中的 "data" 被包含在引號裡，而 y 中的 "data" 並沒有被引號所包含，同時在第二行包含了 y 的 Levels 的訊息。這些會在稍後 **4-4-2 節**介紹 vectors 的時候更詳細地解釋。大小寫字母在 character 中是有區別的，因此 "Data" 和 "data" 或 "DATA" 實為不同。要找出 character(或 numeric)的長度(length)，可以用 nchar 函數。

```
> nchar(x)

[1] 4

> nchar("hello")

[1] 5

> nchar(3)

[1] 1

> nchar(452)

[1] 3
```

這函數並不適用在 factor 資料上。

```
> nchar(y)

Error: 'nchar()' requires a character vector
```

4-3-3 日期

處理日期和時間在任何語言都是一件困難的事。更複雜的是，R 可以用數種資料型別來儲存日期，而最有用的是 Date 和 POSIXct。Date 儲存的純粹是日期，而 POSIXct 可以儲存日期和時間。這兩個物件都代表了自 1970 年 1 月 1 號算起的天數(Date)和秒數(POSIXct)。

```
> date1 <- as.Date("2012-06-28")
> date1

[1] "2012-06-28"

> class(date1)

[1] "Date"

> as.numeric(date1)

[1] 15519

>
> date2 <- as.POSIXct("2012-06-28 17:42")
> date2

[1] "2012-06-28 17:42:00 EDT"

> class(date2)

[1] "POSIXct" "POSIXt"

> as.numeric(date2)

[1] 1340919720
```

Tip 要更輕易地處理日期和時間的物件的話，可以考慮使用 lubridate 和 chron 套件。

用 as.numeric 和 as.Date 這兩個函數不只是轉換一個物件的格式，還會轉換其資料型別。

```
> class(date1)

[1] "Date"

> class(as.numeric(date1))

[1] "numeric"
```

4-3-4 邏輯(logicals)資料

所謂的邏輯 (logicals) 資料是指只有涵蓋 TRUE 或 FALSE 的二元資料型別。以數值來表示的話，TRUE 等同 1 而 FALSE 等同 0。所以 TRUE*5 等於 5 而 FALSE*5 等於 0。

```
> TRUE * 5

[1] 5

> FALSE * 5

[1] 0
```

類似於其他資料型別，logicals 也有獨自的檢測方法，可以使用 is.logical 函數。

```
> k <- TRUE
> class(k)

[1] "logical"

> is.logical(k)

[1] TRUE
```

R 也提供 T 和 F 作為 TRUE 和 FALSE 的簡寫，但這兩個純粹是被指派了 TRUE 和 FALSE 值的兩個變數，因此 T 和 F 的內容可以輕易被其它值取代，所以不建議用此簡寫，以免產生混亂，如以下例子顯示。

```
> TRUE

[1] TRUE

> T

[1] TRUE

> class(T)

[1] "logical"

> T <- 7
> T
```

Next

```
[1] 7
> class(T)
[1] "numeric"
```

logicals 可由比較兩個數字或字元的結果所產生。

```
> # 2 是否等於 3?
> 2 == 3
[1] FALSE
> # 2 是否不等於 3?
> 2 != 3
[1] TRUE
> # 2 是否小於 3?
> 2 < 3
[1] TRUE
> # 2 是否小於或等於 3?
> 2 <= 3
[1] TRUE
> # 2 是否大於 3?
> 2 > 3
[1] FALSE
> # 2 是否大於或等於 3?
> 2 >= 3
[1] FALSE
> # 'data'是否等於'stats'?
> "data" == "stats"
[1] FALSE
> # 'data'是否小於'stats'?
> "data" < "stats"
[1] TRUE
```

4-4 向量

vector(向量)為一些同型別元素的集合。舉例來說，c(1, 3, 2, 1, 5)為一個含有數字 1、3、2、1、5 的 vector，排序不變。同樣的，c("R", "Excel", "SAS", "Excel")是一個由 "R"、"Excel"、"SAS" 和 "Excel" 這些 character 作為元素的 vector。一個 vector 不能涵蓋不同型別的元素在裡面。

vector 在 R 語言中是很重要且很有用的。它不只是一個單純的資料儲存工具，它在 R 裡的特別之處為向量化語言。這意思是數學運算會被自動地套用到 vector 中的每一個元素，而不需要逐一迭代。這是一個很強大的概念，對於使用其他語言的人來說也許比較陌生，但這是 R 最大的好用之處。

這些 vector 並不像數學定義上的向量，R 語言的 vector 並無維度，意思是並沒有所謂的行向量和列向量。而最常用來建造 vector 的方法就是用 **c**，這 'c' 代表的是結合(combine)，可以把幾個元素結合在一起而形成 vector。

```
> x <- c(1, 2, 3, 4, 5, 6, 7, 8, 9, 10)
> x

[1] 1 2 3 4 5 6 7 8 9 10
```

4-4-1 向量運算

現在我們有一個含有 1~10 的 vector，我們可以讓裡面的每個元素乘以 3。在 R 語言中，這是一個簡單的步驟，只需要用到乘法運算子 '*' 即可。

```
> x * 3

[1] 3 6 9 12 15 18 21 24 27 30
```

不需要做任何迭代。加法、減法和除法也可以簡單地完成，而且想要做幾次運算都可以。

```
> x + 2
[1]  3  4  5  6  7  8  9 10 11 12
> x - 3
[1] -2 -1  0  1  2  3  4  5  6  7
> x / 4
[1] 0.25 0.50 0.75 1.00 1.25 1.50 1.75 2.00 2.25 2.50
> x^2
[1]   1   4   9  16  25  36  49  64  81 100
> sqrt(x)
[1] 1.000000 1.414214 1.732051 2.000000 2.236068 2.449490 2.645751
[8] 2.828427 3.000000 3.162278
```

之前用了產生 vector 的 c 函數把 1~10 建立成 vector，這個動作有個簡易的作法為使用 ':' 運算子。這運算子可生成任意連續的數字。

```
> 1:10
[1]  1  2  3  4  5  6  7  8  9 10
> 10:1
[1] 10  9  8  7  6  5  4  3  2  1
> -2:3
[1] -2 -1  0  1  2  3
> 5:-7
[1]  5  4  3  2  1  0 -1 -2 -3 -4 -5 -6 -7
```

向量的運算方法其實非常廣泛。假若我們有兩個同長度的向量，兩個向量裡每對位置互相對應的元素都可以同時個別進行運算。

```
> # 製造兩個同長度的向量
> x <- 1:10
> y <- -5:4
> # 把它們加起來
> x + y

[1] -4 -2 0 2 4 6 8 10 12 14

> # 一個向量減另一個
> x - y

[1] 6 6 6 6 6 6 6 6 6 6

> # 把它們相乘
> x * y

[1] -5 -8 -9 -8 -5 0 7 16 27 40

> # 一個向量除另一個，可注意到除以 0 結果會得到 Inf
> x / y

[1] -0.2 -0.5 -1.0 -2.0 -5.0 Inf 7.0 4.0 3.0 2.5

> # 一個向量成為另一個的指數
> x^y

[1] 1.000e+00 6.250e-02 3.704e-02 6.250e-02 2.000e-01 1.000e+00
[7] 7.000e+00 6.400e+01 7.290e+02 1.000e+04

> # 查看每個向量的長度
> length(x)

[1] 10
```

Next

```
> length(y)
[1] 10

> # 把它們加起來之後的長度應該等於未加之前
> length(x + y)

[1] 10
```

在上述輸入指令，可以發現到用來寫註釋的 '#' 符號。任何在這符號後的內容都會被當作是註釋，不會被執行。

當我們要對兩個長度不相等的 vector 做運算的時候，事情會變得稍微複雜一點。比較短的 vector 會被循環再用，換言之就是它的元素會被重複使用，直到長的 vector 裡的每個元素都有一個配對為止。如果長 vector 的長度不是短 vector 的倍數，則會出現警告信息。

```
> x + c(1, 2)

[1] 2 4 4 6 6 8 8 10 10 12

> x + c(1, 2, 3)

Warning: longer object length is not a multiple of shorter object length

[1] 2 4 6 5 7 9 8 10 12 11
```

我們也可以比較兩個向量。以下為兩個長度相等的向量比較結果。所顯示的 TRUE 和 FALSE 是對於每個相對應元素的比較結果。

```
> x <= 5

[1] TRUE TRUE TRUE TRUE TRUE FALSE FALSE FALSE FALSE FALSE

> x > y

[1] TRUE TRUE TRUE TRUE TRUE TRUE TRUE TRUE TRUE TRUE

> x < y

[1] FALSE FALSE FALSE FALSE FALSE FALSE FALSE FALSE FALSE FALSE
```

若要查看是否所有比較結果都為 TRUE，可以使用 all 函數。功能類似的 any 函數則可以查看當中是否至少有一個比較結果為 TRUE。

```
> x <- 10:1
> y <- -4:5
> any(x < y)

[1] TRUE

> all(x < y)

[1] FALSE
The nchar function also acts on each element of a vector.

> q <- c("Hockey", "Football", "Baseball", "Curling", "Rugby",
+        "Lacrosse", "Basketball", "Tennis", "Cricket", "Soccer")
> nchar(q)

[1] 6 8 8 7 5 8 10 6 7 6

> nchar(y)

[1] 2 2 2 2 1 1 1 1 1 1
```

用中括號 "[ ]" 可以查看 vector 裡單一個元素。要查看 vector x 的第一個元素，可以輸入 x[1]，要查看頭兩個元素則輸入 x[1:2]。查看非連續的元素則可輸入 x[c(1, 4)]。

```
> x[1]

[1] 10

> x[1:2]

[1] 10 9

> x[c(1, 4)]

[1] 10 7
```

這種查看的方法適用在任何型別的 vector，不管是 numeric、logical、character 或其他型別。而在建立 vector 的當時或在建立 vector 後，也可以為 vector 裡的元素命名。

```
> # 用 "名字-值" 的方法對一排列的元素命名
> c(One = "a", Two = "y", Last = "r")

One Two Last
"a" "y" "r"

>
> # 建立 vector
> w <- 1:3
> # 名命元素
> names(w) <- c("a", "b", "c")
> w

a b c
1 2 3
```

4-4-2 Factor Vector

factors (因素)在 R 語言中是一個重要的概念，尤其在日後需要資料建模的時候。我們先建立一個 vector，裡面包含一些有重複的文字。我們利用之前所建立的 vector q，然後多加幾個元素進去。

```
> q2 <- c(q, "Hockey", "Lacrosse", "Hockey", "Water Polo",
+         "Hockey", "Lacrosse")
```

用 as.factor 可以輕易把這個轉換為 factor。

```
> q2Factor <- as.factor(q2)
> q2Factor

 [1]  Hockey      Football   Baseball  Curling    Rugby     Lacrosse
 [7]  Basketball  Tennis     Cricket   Soccer     Hockey    Lacrosse
[13]  Hockey      Water      Polo      Hockey     Lacrosse
11 Levels: Baseball Basketball Cricket Curling Football ... Water Polo
```

可以注意到把 q2Factor 列出之後，R 也將 q2Factor 的 levels 列出。一個 factor 的 levels 就是該 factor 變數中不重覆的元素個數。R 會給 factor 每個獨特的元素一個惟一的 integer(整數)，而以 character(字元)來表示這些 integer。我們可以透過 as.numeric 來查看這件事。

```
> as.numeric(q2Factor)

[1] 6 5 1 4 8 7 2 10 3 9 6 7 6 11 6 7
```

在一般的 factor，levels 的排序並不重要，level 和 level 之間並無差異。但在一些情況裡卻有需要考慮 factor 中的排序，比如教育水平。把引數 ordered 設為 TRUE 可以建立一個排序過的 factor，而這排序可在引數 levels 中設定。

```
> factor(x=c("High School", "College", "Masters", "Doctorate"),
+        levels=c("High School", "College", "Masters", "Doctorate"),
+        ordered=TRUE)

[1] High School   College  Masters  Doctorate
Levels: High School < College < Masters < Doctorate
```

由於 factor 只儲存獨特(不重覆)的元素，所以使用 factor 可以大量減少變數的容量。然而，如果沒有正確地使用它們則會帶來困擾。我們會在後續更詳細地討論此物件。

4-5 呼叫函數

之前我們用了一些基本的函數(function)，如 nchar、length 和 as.Date 來描述一些概念。函數在任何一個程式語言裡都是既重要又很常用的，這是因為函數可以讓我們更方便地重複使用一些指令。在 R 裡幾乎每個步驟都可能需要用到函數，因此我們應該要學習正統的方式去呼叫它們。不同函數的使用方式差別不大，因此接著我們只會說明呼叫函數大致的要領。

我們以最基本的 mean 函數開始，此函數的用處是計算一組數字的平均值，其最基本的呼叫方式就是僅以 vector 做為引數(argument)。

```
> mean(x)

[1] 5.5
```

若是呼叫其他更複雜的函數則需要輸入好幾個引數，輸入引數的方法可以是根據函數預定的排序，或者是利用引數的名稱，並加上等號。我們會在本書看到更多關於上述引數輸入的例子。

Tip R 提供了一個自己創建函數的方法，將會在第 8 章更詳細地討論。

4-6 函數說明文件

任何 R 所提供的函數都會有一個相關文件或操作說明，若要查看文件，可以在函數名稱前面輸入問號(?)，例如 "?mean"。若要查看運算子，如 +、* 或 == 的操作說明，則在前後再加上單引號 (')。

```
> ?'+'
> ?'*'
> ?'=='
```

有些時候不確定所要用的函數名稱時，我們可以利用 apropos 來查看相關的函數，只要輸入所要找的函數的部份名稱作為引數即可。

```
> apropos("mea")

 [1] ".cache/mean-simple _ ce29515dafe58a90a771568646d73aae"
 [2] ".colMeans"
 [3] ".rowMeans"
 [4] "colMeans"
 [5] "influence.measures"
 [6] "kmeans"
 [7] "mean"
 [8] "mean.Date"
 [9] "mean.default"
[10] "mean.difftime"
[11] "mean.POSIXct"
[12] "mean.POSIXlt"
[13] "mean _ cl _ boot"
[14] "mean _ cl _ normal"
[15] "mean _ sdl"
[16] "mean _ se"
[17] "rowMeans"
[18] "weighted.mean"
```

4-7 遺失值

「遺失值」在統計上扮演了一個不可忽視的角色，而 R 有兩種記錄遺失值的方法，即 NA 和 NULL。雖然看起來差不多一樣，但實質上並不相同，因此使用時必須多加留意。

4-7-1 NA

一般上我們都會遇到含有遺失值(或遺漏)的資料。一些統計軟體會使用不同的方法來記錄遺失值，比如短横線 (dash，'-')、句點 (period，'.')或甚至是數字 99。R 則使用 NA，且 NA 會被 vector 視作為一個元素。is.na 可被用來檢測一個 vector 裡的元素是否為遺失值。

```
> z <- c(1, 2, NA, 8, 3, NA, 3)
> z

[1] 1 2 NA 8 3 NA 3

> is.na(z)

[1] FALSE FALSE TRUE FALSE FALSE TRUE FALSE
```

如一般文字輸入法，輸入字母 'N' 和 'A' 就可以把 NA 值存入變數。這可被運用在任何向量(vector)上。

```
> zChar <- c("Hockey", NA, "Lacrosse")
> zChar

[1] "Hockey" NA "Lacrosse"

> is.na(zChar)

[1] FALSE TRUE FALSE
```

若我們計算 z 的平均值，結果將會是 NA，這是因為只要有其中一個元素是 NA，mean 就會回傳 NA。

```
> mean(z)

[1] NA
```

當 na.rm 為 TRUE 時，mean 會先把遺失值移除，再計算平均值。

```
> mean(z, na.rm=TRUE)

[1] 3.4
```

同樣的功能也可用在 sum、min、max、var、sd 與其它函數，詳細說明可參考 **18-1 節**。

4-7-2 NULL

NULL 意指值不存在，其並不完全代表遺失值，而是根本不存在。有時候函數就會回傳 NULL，又或者函數中的引數可以為 NULL。NA 和 NULL 最大的差別為 NULL 是虛無的，不能存在一個 vector 裡面。若把 NULL 儲存進 vector 裡，它會自動消失掉。

```
> z <- c(1, NULL, 3)
> z

[1] 1 3
```

雖然把 NULL 輸入 vector z，但它並沒有被儲存到 z 裡面。結果，z 的長度為 2，或者只有兩個元素。要檢測 NULL 值的存在，可以使用 is.null。

```
> d <- NULL
> is.null(d)

[1] TRUE

> is.null(7)

[1] FALSE
```

由於 NULL 不能成為 vector 的一部份，因此建議不要用 is.null 來檢測向量(vector)。

4-8 Pipe 管線運算子

目前 R 有一個呼叫函數的新作法，就是使用 pipe (管線) 運算子 - %>%。magrittr 套件中的 pipe 運算子會將其左手邊的值或物件移植到其右邊函數的第一個引數。舉個簡單的例子，我們使用 pipe 將 x 移植到 mean 函數。

```
> library(magrittr)
> x <- 1:10
> mean(x)

[1] 5.5

> x %>% mean

[1] 5.5
```

雖然程式撰寫方式不同，但回傳的結果是相同的。Pipe 在我們需要將一系列的函數串聯在一起的時候最有用。假設我們有一個含有數字與 NA 值的 vector (向量) z，我們要找出裡面有多少個 NA 值。若以傳統的作法，我們可以將函數嵌到另一個函數(巢狀結構)來達到目的。

```
> z <- c(1, 2, NA, 8, 3, NA, 3)
> sum(is.na(z))

[1] 2
```

我們也可以用 pipe 來完成。

```
> z %>% is.na %>% sum

[1] 2
```

Pipe 讀取程式碼的方式是由左到右，能讓讀者較易理解程式碼。使用 pipe其實比將函數寫成巢狀結構來得慢一點點，但幾乎沒什麼差別。Hadley Wickham 也曾說過，pipe 並不會淪為造成程式碼癱瘓的主因。

若要將一個物件移植到一個函數中，且不需要額外的引數時，則不需要使用任何括號。但如果需要使用額外的引數時，則需將其命名並輸入在函數後方的括號內。依此寫法，括號中並不再需要輸入第一個引數，因為 pipe 運算子已將左邊的物件移植到函數中成為第一個引數。

```
> z %>% mean(na.rm=TRUE)

[1] 3.4
```

4-9 小結

資料型別有很多種，R 語言都可以分別好好處理。不僅是簡單的數學運算，R 還可以處理數值、字元，以及和時間相關的資料格式。在 R 中最不同的地方就是 **4-4 節**所提及的向量化運算，這相比其他語言來說是個比較新鮮的概念。這種運算方法可以讓一個 vector 裡的幾個元素同時進行運算，因此所需的指令可以更簡短。

05

進階資料結構

比起相對來說簡單的 vector，有時候資料需要更多元的儲存空間。很慶幸的，R 支援許多種資料結構以對應各型別資料。最常見的資料結構為 data.frame、matrix、list 和 array。在這些當中，data.frame 會是電子試算軟體(spreadsheet)使用者最常見的資料結構。而 matrix(矩陣)則對擅長矩陣運算的人來說最為熟悉，最後程式設計師最熟悉的就是 list (列表)。

5-1 data.frame 資料框

data.frame 是 R 語言特有的資料結構，也因為具備 data.frame，讓 R 在許多方面的操作比其他程式語言或試算軟體方便許多。

Tip Data Frame 的翻譯除了本書採用的「資料框」外，也常翻譯成「資料框架」。

大致來說，data.frame 和 Excel 試算表軟體非常類似，它們都有直排的行(column)和橫排的列(row)。以統計術語來說，每一行代表一個變數，每一列則代表觀測值。在 R 裡，data.frame 的每一行都是由相同長度的 vector 所組成的。這點非常重要，因為這樣可以讓行和行之間儲存不一樣的資料型別 (參考 **4-3 節**)。而在同一行中，資料型別則必需一致，就像 vector。

眾多建立 data.frame 的方法中，最容易的是使用 data.frame 函數。讓我們沿用之前的 vectors (x、y 和 q) 來建立一個簡單的 data.frame。

```
> x <- 10:1
> y <- -4:5
> q <- c("Hockey", "Football", "Baseball", "Curling", "Rugby",
+        "Lacrosse", "Basketball", "Tennis", "Cricket", "Soccer")
> theDF <- data.frame(x, y, q)
> theDF
    x   y          q
1  10  -4     Hockey
2   9  -3   Football
3   8  -2   Baseball
4   7  -1    Curling
5   6   0      Rugby
6   5   1   Lacrosse
7   4   2 Basketball
8   3   3     Tennis
9   2   4    Cricket
10  1   5     Soccer
```

這會建造一個包含那三個 vector 的 10x3 的 data.frame，而且可以注意到 theDF 其實是變數名稱。一般來說，在宣告 data.frame 的過程中最好就將變數命名好。

```
> theDF <- data.frame(First = x, Second = y, Sport = q)
> theDF

   First Second      Sport
1     10     -4     Hockey
2      9     -3   Football
3      8     -2   Baseball
4      7     -1    Curling
5      6      0      Rugby
6      5      1   Lacrosse
7      4      2 Basketball
8      3      3     Tennis
9      2      4    Cricket
10     1      5     Soccer
```

data.frame 是一個擁有很多屬性(attributes)的複雜物件，最常需要查看的屬性為其列和行的數量。R 提供了函數讓我們查看這兩個屬性：nrow 和 ncol，若我們要同時查看這兩個屬性，則可用 dim 函數。

```
> nrow(theDF)

[1] 10

> ncol(theDF)

[1] 3

> dim(theDF)

[1] 10 3
```

我們也可以很輕易地用 names 函數來查看 data.frames 的直行名稱。這會回傳一個列出直行名稱的 character vector(字元或字串向量)。由於回傳的是 vector，我們就可以像查看其他 vector 那樣查看任意元素。

```
> names(theDF)

[1] "First" "Second" "Sport"

> names(theDF)[3]

[1] "Sport"
```

我們也可以查看和指派 data.frame 的列名稱。

```
> rownames(theDF)

[1] "1" "2" "3" "4" "5" "6" "7" "8" "9" "10"

> rownames(theDF) <- c("One", "Two", "Three", "Four", "Five", "Six",
+                      "Seven", "Eight", "Nine", "Ten")
> rownames(theDF)

[1] "One"  "Two" "Three" "Four" "Five" "Six" "Seven" "Eight"
[9] "Nine" "Ten"

> # 把它們設回通用的索引(index)
> rownames(theDF) <- NULL
> rownames(theDF)

[1] "1" "2" "3" "4" "5" "6" "7" "8" "9" "10"
```

通常 data.frame 會有很多列，以致無法全部顯示，head 函數可以讓 data.frame 只顯示首幾列。tail 函數則可顯示最後幾列。

```
> head(theDF)

  First  Second      Sport
1    10      -4     Hockey
2     9      -3   Football
3     8      -2   Baseball
4     7      -1    Curling
5     6       0      Rugby
6     5       1   Lacrosse

> head(theDF, n = 7)

  First  Second      Sport
1    10      -4     Hockey
2     9      -3   Football
3     8      -2   Baseball
4     7      -1    Curling
5     6       0      Rugby
6     5       1   Lacrosse
7     4       2 Basketball

> tail(theDF)

  First  Second      Sport
5     6       0      Rugby
6     5       1   Lacrosse
7     4       2 Basketball
8     3       3     Tennis
9     2       4    Cricket
10    1       5     Soccer
```

我們可以使用 class 函數來查看 data.frame 的資料型別，就像查看其他變數那樣。

```
> class(theDF)

[1] "data.frame"
```

由於 data.frame 的每一行皆為獨立的 vector，因此每個各自擁有自己所屬的資料型別，對此我們也可以逐一查看。同樣的，我們可以透過數個方法查看其中某一行，包括使用運算子 "$" 或者中括號 "[ ]"。執行 theDF$Sport 可讓我們查看 theDF 的第三行，"$" 後是行的名稱，讓我們透過指定名稱來查看某一行的內容。

```
> theDF$Sport

[1] Hockey     Football  Baseball  Curling   Rugby     Lacrosse
[7] Basketball Tennis    Cricket   Soccer
10 Levels: Baseball Basketball Cricket Curling Football ... Tennis
```

和 vector 相同，data.frame 可讓我們透過中括號來查看其元素，只要在中括號裡指定好所要查看的位置即可。但 vector 只要求一個位置，而 data.frame 會要求兩個數字以查看其元素。第一個數字為列號，而第二數字為行號。舉例來說，若要查看第 2 行中的第 3 列之元素，我們可以輸入 theDF[3, 2]。

```
> theDF[3, 2]

[1] -2
```

要指定多於一排，可以使用行或列索引(位置)的向量(vector)。

```
> # 第 3 列, 第 2 到第 3 行
> theDF[3, 2:3]

  Second    Sport
3     -2 Baseball

> # 第 2 行, 第 3 和第 5 列
> # 由於只選了一行, 其將回傳一個向量(vector)
> # 因此行名稱將不被顯示
> theDF[c(3, 5), 2]

[1] -2 0
```

Next

```
> # 第 3 和第 5 列, 第 2 到 3 行
> theDF[c(3, 5), 2:3]

  Second     Sport
3     -2  Baseball
5      0    Rugby
```

要查詢一整列，則可指定該列的列號，行號留空即可；相反的，若要查看某一行，則指定行號並將列號留空。

```
> # 所有第 3 行的元素
> # 由於只是單一行, 因此回傳一個向量(vector)
> theDF[, 3]

[1] Hockey     Football  Baseball  Curling   Rugby     Lacrosse
[7] Basketball Tennis    Cricket   Soccer
10 Levels: Baseball Basketball Cricket Curling Football ... Tennis

> # 所有第 2 到第 3 行的元素
> theDF[, 2:3]

  Second      Sport
1     -4     Hockey
2     -3   Football
3     -2   Baseball
4     -1    Curling
5      0      Rugby
6      1   Lacrosse
7      2 Basketball
8      3     Tennis
9      4    Cricket
10     5     Soccer

> # 所有第 2 列的元素
> theDF[2, ]
```

Next

```
  First  Second      Sport
2     9      -3   Football
```

```
> # 所有第 2 到第 4 列的元素
> theDF[2:4, ]

  First  Second      Sport
2     9      -3   Football
3     8      -2   Baseball
4     7      -1    Curling
```

要使用直行名稱同時查看好幾個行，可將該名稱建立成 character vector(字元或字串向量)作為行引數。

```
> theDF[, c("First", "Sport")]

  First      Sport
1    10     Hockey
2     9   Football
3     8   Baseball
4     7    Curling
5     6      Rugby
6     5   Lacrosse
7     4 Basketball
8     3     Tennis
9     2    Cricket
10    1     Soccer
```

另一個查看特定行的方式就是使用該行的名稱(或者對應的索引/編號)，可把名稱設為中括號裡的第二個引數，或者設為唯一一個中括號裡或雙中括號裡的引數。

```
> # 只顯示"Sport"行
> # 只有單一個行, 所以回傳一個向量 vector(且為因素, factor)
> theDF[, "Sport"]

[1] Hockey     Football  Baseball  Curling   Rugby      Lacrosse
[7] Basketball Tennis    Cricket   Soccer
```

Next

```
10 Levels: Baseball Basketball Cricket Curling Football ... Tennis

> class(theDF[, "Sport"])

[1] "factor"

> # 只指定顯示"Sport"行
> # 回傳單一行的 data.frame
> theDF["Sport"]

       Sport
1     Hockey
2   Football
3   Baseball
4    Curling
5      Rugby
6   Lacrosse
7 Basketball
8     Tennis
9    Cricket
10    Soccer

> class(theDF["Sport"])

[1] "data.frame"

> # 只顯示"Sport"行
> # 此也是 vector(且為因素, factor)
> theDF[["Sport"]]

[1] Hockey     Football Baseball Curling   Rugby      Lacrosse
[7] Basketball Tennis   Cricket  Soccer
10 Levels: Baseball Basketball Cricket Curling Football ... Tennis

> class(theDF[["Sport"]])

[1] "factor"
```

這些方法都會產生一些不同的結果。有些回傳一個 vector，有些回傳單一行的 data.frame。若使用中括號且要保證所回傳的是單一行的 data.frame，則可使用其第 3 個引數:drop=FALSE。這個步驟也可在用編號來指定單一行的時候使用。

```
> theDF[, "Sport", drop = FALSE]

        Sport
1      Hockey
2    Football
3    Baseball
4     Curling
5       Rugby
6    Lacrosse
7 Basketball
8      Tennis
9     Cricket
10     Soccer

> class(theDF[, "Sport", drop = FALSE])

[1] "data.frame"

> theDF[, 3, drop = FALSE]

        Sport
1      Hockey
2    Football
3    Baseball
4     Curling
5       Rugby
6    Lacrosse
7 Basketball
8      Tennis
9     Cricket
10     Soccer
```

Next

```
> class(theDF[, 3, drop = FALSE])

[1] "data.frame"
```

在 **4-4-2 節**，我們可以看到 factor 被特別的方式所儲存。若要查看它們在 data.frame 是怎麼被表示的話，可以使用 model.matrix 來建立一些指標(或虛擬)變數(dummy variable)。這將產生數個直行，每個行代表 factor 的一個 level，若某列存有該 level，則顯示為 1，否則為 0。

```
> newFactor <- factor(c("Pennsylvania", "New York", "New Jersey", "New York",
+                        "Tennessee", "Massachusetts", "Pennsylvania", "New York"))
> model.matrix(~newFactor - 1)

    newFactorMassachusetts  newFactorNew Jerseynew   FactorNew York
1                        0                       0                0
2                        0                       0                1
3                        0                       1                0
4                        0                       0                1
5                        0                       0                0
6                        1                       0                0
7                        0                       0                0
8                        0                       0                1
     newFactorPennsylvania        newFactorTennessee
1                        1                       0
2                        0                       0
3                        0                       0
4                        0                       0
5                        0                       1
6                        0                       0
7                        1                       0
8                        0                       0
attr(, "assign")
[1] 1 1 1 1 1
attr(, "contrasts")
attr(, "contrasts")$newFactor
[1] "contr.treatment"
```

我們將會在 **11-2 節**、**14-3-2 節**、**第 18 章**和**第 19 章**學習到更多的公式或 formula(在這指的是引數，或 model.matrix 的引數)。

5-2 List 列表

有時候我們會需要一個能儲存任意物件(不管資料型別是否一樣)的方法，這時就可以透過 list(列表)達到此目的。list 可儲存任何型別和長度的資料，像是所有 numeric、character 或混合 numeric 和 character 的資料、data.frame 或者是另一個 list。

Tip list 的中文翻譯除了本書採用的「列表」外，也常翻成「清單」。

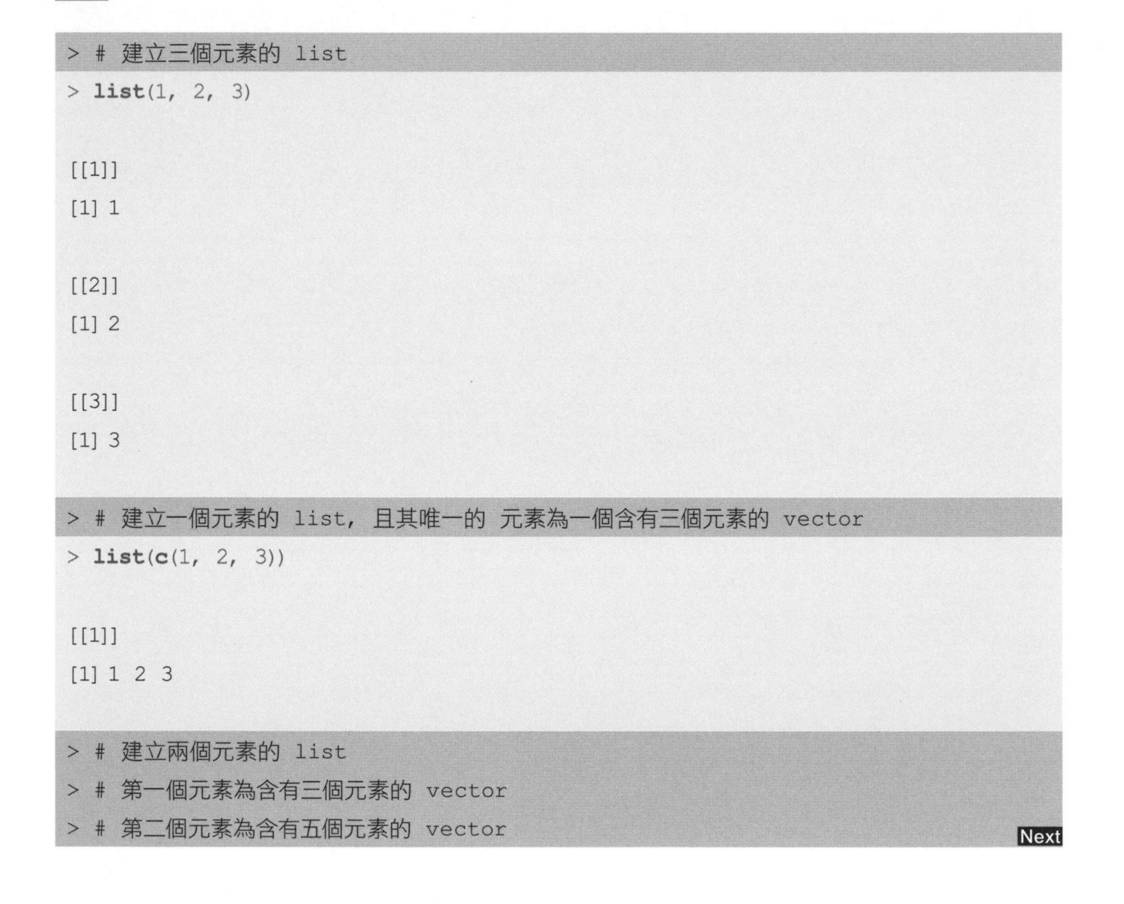

```
> # 建立三個元素的 list
> list(1, 2, 3)

[[1]]
[1] 1

[[2]]
[1] 2

[[3]]
[1] 3

> # 建立一個元素的 list, 且其唯一的 元素為一個含有三個元素的 vector
> list(c(1, 2, 3))

[[1]]
[1] 1 2 3

> # 建立兩個元素的 list
> # 第一個元素為含有三個元素的 vector
> # 第二個元素為含有五個元素的 vector
```

Next

```
> (list3 <- list(c(1, 2, 3), 3:7))

[[1]]
[1] 1 2 3
[[2]]
[1] 3 4 5 6 7

> # 兩個元素的 list
> # 第一元素為 data.frame
> # 第二元素為含有 10 個元素的 vector
> list(theDF, 1:10)

[[1]]
  First Second      Sport
1    10     -4     Hockey
2     9     -3   Football
3     8     -2   Baseball
4     7     -1    Curling
5     6      0      Rugby
6     5      1   Lacrosse
7     4      2 Basketball
8     3      3     Tennis
9     2      4    Cricket
10    1      5     Soccer

[[2]]
 [1]  1  2  3  4  5  6  7  8  9 10

> # 三個元素的 list
> # 第一個為 data.frame
> # 第二個為 vector
> # 第三個為含有兩個 vector 的 list, 名為 list3
> list5 <- list(theDF, 1:10, list3)
> list5
```

Next

```
[[1]]
  First Second      Sport
1    10     -4     Hockey
2     9     -3   Football
3     8     -2   Baseball
4     7     -1    Curling
5     6      0      Rugby
6     5      1   Lacrosse
7     4      2 Basketball
8     3      3     Tennis
9     2      4    Cricket
10    1      5     Soccer

[[2]]
[1]  1  2  3  4  5  6  7  8  9 10

[[3]]
[[3]][[1]]
[1] 1  2  3

[[3]][[2]]
[1] 3  4  5  6  7
```

可以注意到建立 list3 的那一組指令 **(**list3 <- list(c(1, 2, 3), 3:7)**)**，把指令附加在括號裡，可讓 R 在執行該指令後把結果顯示出來。

和 data.frames 相同，lists 也可被命名。其每個元素的名稱皆可由 names 來查詢或指派。

```
> names(list5)

NULL

> names(list5) <- c("data.frame", "vector", "list")
> names(list5)

[1] "data.frame" "vector" "list"
```

Next

```
> list5

$data.frame
  First  Second       Sport
1    10      -4      Hockey
2     9      -3    Football
3     8      -2    Baseball
4     7      -1     Curling
5     6       0       Rugby
6     5       1    Lacrosse
7     4       2  Basketball
8     3       3      Tennis
9     2       4     Cricket
10    1       5      Soccer

$vector

[1]  1  2  3  4  5  6  7  8  9 10

$list
$list[[1]]
[1]  1  2  3

$list[[2]]
[1]  3  4  5  6  7
```

我們也可在建立 list 的時候以 "名稱-值" 的型式指派元素的名字。

```
> list6 <- list(TheDataFrame = theDF, TheVector = 1:10, TheList = list3)
> names(list6)

[1] "TheDataFrame" "TheVector" "TheList"

> list6
```

Next

```
$TheDataFrame
  First Second      Sport
1    10     -4     Hockey
2     9     -3   Football
3     8     -2   Baseball
4     7     -1    Curling
5     6      0      Rugby
6     5      1   Lacrosse
7     4      2 Basketball
8     3      3     Tennis
9     2      4    Cricket
10    1      5     Soccer

$TheVector
[1] 1 2 3 4 5 6 7 8 9 10

$TheList
$TheList[[1]]
[1] 1 2 3

$TheList[[2]]
[1] 3 4 5 6 7
```

可以用 vector 來建立一個某長度的空 list(注意不要跟之前 vector 的用法混淆了)。

```
> (emptyList <- vector(mode = "list", length = 4))

[[1]]
NULL

[[2]]
NULL

[[3]]
NULL

[[4]]
NULL
```

若要查詢 list 中的單一元素，可以使用雙中括號，並指定所要查詢的元素所對應的號碼(位置或索引)或名稱。

```
> list5[[1]]

  First  Second       Sport
1    10      -4      Hockey
2     9      -3    Football
3     8      -2    Baseball
4     7      -1     Curling
5     6       0       Rugby
6     5       1    Lacrosse
7     4       2  Basketball
8     3       3      Tennis
9     2       4     Cricket
10    1       5      Soccer

> list[["data.frame"]]

  First  Second       Sport
1    10      -4      Hockey
2     9      -3    Football
3     8      -2    Baseball
4     7      -1     Curling
5     6       0       Rugby
6     5       1    Lacrosse
7     4       2  Basketball
8     3       3      Tennis
9     2       4     Cricket
10    1       5      Soccer
```

用上述這種方式查詢到的元素，可被當作其他一般的元素來使用，透過巢狀索引(nested indexing)的標示方式，可以再進一步查看當中的元素。

```
> list5[[1]]$Sport

[1] Hockey      Football   Baseball   Curling    Rugby      Lacrosse
[7] Basketball Tennis     Cricket    Soccer
10 Levels: Baseball Basketball Cricket Curling Football ... Tennis

> list5[[1]][, "Second"]

[1] -4 -3 -2 -1  0  1  2  3  4  5

> list5[[1]][, "Second", drop = FALSE]
   Second
1      -4
2      -3
3      -2
4      -1
5       0
6       1
7       2
8       3
9       4
10      5
```

我們也可以在 list 中附加元素，只要輸入新的索引(數字或名稱)即可。

```
> # 查詢其長度
> length(list5)

[1] 3

> # 附加第四個元素，不給予名稱
> list5[[4]] <- 2
> length(list5)

[1] 4

> # 附加第五個元素，並給予名稱
> list5[["NewElement"]] <- 3:6
> length(list5)
```

Next

```
[1] 5

> names(list5)

[1] "data.frame" "vector" "list" "" "NewElement"

> list5

$data.frame
  First Second      Sport
1    10     -4     Hockey
2     9     -3   Football
3     8     -2   Baseball
4     7     -1    Curling
5     6      0      Rugby
6     5      1   Lacrosse
7     4      2 Basketball
8     3      3     Tennis
9     2      4    Cricket
10    1      5     Soccer

$vector
[1]  1  2  3  4  5  6  7  8  9 10

$list
$list[[1]]
[1] 1 2 3

$list[[2]]
[1] 3 4 5 6 7

[[4]]
[1] 2

$NewElement
[1] 3 4 5 6
```

有時候在 list 中附加元素(或在 vector，data.frame 中附加)是沒什麼不妥，但重複地附加將增加運算的負擔。因此，建議在一開始就設定好所要的長度，再使用適當索引來將其填滿。

5-3 Matrix 矩陣

matrix(矩陣)是統計學中很重要的數學結構。它和 data.frame 類似，都是由列和行所構成的。不同的是，matrix 裡的每一個元素，不管是否在同一行裡，都必須是同樣的資料型別，而最常見的是 numeric。和 vector 一樣，matrix 也是以元素對元素作為其背後的運算操作(向量化運算)，無論是在加、減、乘、除法還是要查詢兩個矩陣是否相等都是如此。而之前在 data.frame 上使用過的 nrow、ncol 和 dim 函數，也同樣可被應用在 matrix 上。

```
> # 建立一個 5x2 matrix
> A <- matrix(1:10, nrow = 5)
> # 建立另一個 5x2 matrix
> B <- matrix(21:30, nrow = 5)
> # 建立另一個 5x2 matrix
> C <- matrix(21:40, nrow = 2)
> A

     [,1]  [,2]
[1,]    1     6
[2,]    2     7
[3,]    3     8
[4,]    4     9
[5,]    5    10

> B

     [,1]  [,2]
[1,]   21    26
[2,]   22    27
[3,]   23    28
[4,]   24    29
[5,]   25    30

> C
     [,1]  [,2]  [,3]  [,4]  [,5]  [,6]  [,7]  [,8]  [,9]  [,10]
[1,]   21    23    25    27    29    31    33    35    37     39
[2,]   22    24    26    28    30    32    34    36    38     40
```

Next

```
> nrow(A)

[1] 5

> ncol(A)

[1] 2

> dim(A)

[1] 5 2

> # 把它們加起來
> A + B

      [,1]  [,2]
[1,]    22    32
[2,]    24    34
[3,]    26    36
[4,]    28    38
[5,]    30    40

> # 把它們相乘起來
> A * B

      [,1]  [,2]
[1,]    21   156
[2,]    44   189
[3,]    69   224
[4,]    96   261
[5,]   125   300

> # 查詢元素是否一樣
> A == B

      [,1]  [,2]
[1,] FALSE FALSE
[2,] FALSE FALSE
[3,] FALSE FALSE
[4,] FALSE FALSE
[5,] FALSE FALSE
```

矩陣乘法常被用在數學運算上，其運算規則要求左手邊的矩陣之直行個數必須對上右手邊的矩陣之橫列個數。而 A 和 B 皆為 5×2 矩陣，我們必須轉置(transpose)B 以令它為右手邊的矩陣。

```
> A %*% t(B)

     [,1]  [,2]  [,3]  [,4]  [,5]
[1,]  177   184   191   198   205
[2,]  224   233   242   251   260
[3,]  271   282   293   304   315
[4,]  318   331   344   357   370
[5,]  365   380   395   410   425
```

另外一個 data.frame 和 matrix 的共同點是它們的列和行皆可以被指派名稱。

```
> colnames(A)

NULL

> rownames(A)

NULL

> colnames(A) <- c("Left", "Right")
> rownames(A) <- c("1st", "2nd", "3rd", "4th", "5th")
>
> colnames(B)

NULL

> rownames(B)

NULL

> colnames(B) <- c("First", "Second")
> rownames(B) <- c("One", "Two", "Three", "Four", "Five")
>
> colnames(C)
```

Next

```
NULL

> rownames(C)

NULL

> colnames(C) <- LETTERS[1:10]
> rownames(C) <- c("Top", "Bottom")
```

在 R 語言中有兩個特別的 vector 為 letters 和 LETTERS，它們各代表小寫和大寫的字母，上述 LETTERS[1:10]表示大寫英文字母 A~J。

我們可以注意一下轉置和用 matrix 乘 matrix 時對名稱所帶來的影響。轉置 matrix 自然地把橫列和直行的名稱反轉；而 matrix 乘法保留了左邊 matrix 的列名稱和右邊 matrix 的直行名稱。

```
> t(A)

      1st  2nd  3rd  4th  5th
Left    1    2    3    4    5
Right   6    7    8    9   10

> A %*% C

       A   B   C   D   E   F   G   H   I   J
1st  153 167 181 195 209 223 237 251 265 279
2nd  196 214 232 250 268 286 304 322 340 358
3rd  239 261 283 305 327 349 371 393 415 437
4th  282 308 334 360 386 412 438 464 490 516
5th  325 355 385 415 445 475 505 535 565 595
```

5-4 Array 陣列

Array(陣列) 其實只是一個多維度的 vector。其元素必須皆為同一種資料型式，而查詢元素的方法與之前差別不大，也是使用中括號。中括號裡的第一個元素則代表橫列的索引 (index)，第二個是直行的，而若還有其他維度就接在後面。

```
> theArray <- array(1:12, dim = c(2, 3, 2))
> theArray

, , 1

     [,1] [,2] [,3]
[1,]    1    3    5
[2,]    2    4    6

, , 2

     [,1] [,2] [,3]
[1,]    7    9   11
[2,]    8   10   12

> theArray[1, , ]

     [,1] [,2]
[1,]    1    7
[2,]    3    9
[3,]    5   11

> theArray[1, , 1]

[1] 1 3 5

> theArray[, , 1]

     [,1] [,2] [,3]
[1,]    1    3    5
[2,]    2    4    6
```

array 和 matrix 的主要差別是 matrix 限制只有兩個維度而已，而 array 可以接受任何維度。

5-5 小結

資料可以許多的型式和結構呈現，這對資料分析很可能會造成不少的問題，但是 R 卻能將其處理得很好。最常見的資料結構為 vector，實質上 R 裡所有的東西都是以 vector 為根本。而最強大的資料結構就是 data.frame，這是其他很多程式語言所沒有的特點，它能同時處理不同的資料型式，就像一個試算表軟體所能產生的格式那樣。最後 list 則可以將不同的資料型式存在一起。

06

讀取各類資料

前面我們已經大致了解 R 的基本功能，接著要探討怎麼讀取資料。R 提供了幾種讀取資料的方式，最常見的就是讀取 CSV (comma separated values, 逗點分隔值) 檔案，還有最普遍的 Excel 試算表檔案、應用最廣泛的資料庫連結或是網路應用日漸普及的 JSON，還有其他統計應用軟體檔案等，後續我們會逐一探討各種資料來源的讀取方式。

6-1 讀取 CSV

從 CSV 檔案[1]讀取資料的最佳方法是使用 read.table 函數。許多人也偏好使用 read.csv，此函數實質上是從 read.table 延伸出來的包裝函數 (wrapper function)，也就是等同於將 read.table 中的 sep 引數預設為逗點(,)。read.table 所產生的結果將以 data.frame 呈現。

read.table 的首個引數為要讀取檔案之完整路徑。檔案的位置可以是在本機硬碟或在網際網路上。在本書，我們會從網路上輸入所需要的資料。

任何 CSV 檔皆可被輸入 R 裡，但此處以一個極為簡單的 CSV 檔來做示範 http://www.jaredlander.com/data/TomatoFirst.csv。讓我們用 read.table 將此檔輸入 R。

```
> theUrl <- "http://www.jaredlander.com/data/TomatFirst.csv"
> tomato <- read.table (file = theUrl, header = TRUE, sep = ",")
```

我們可以用 head 來查看檔案。

```
> head(tomato)

 Round             Tomato Price       Source  Sweet  Acid  Color  Texture
1    1        Simpson SM   3.99  Whole Foods    2.8   2.8    3.7      3.4
2    1  Tuttorosso (blue)  2.99      Pioneer    3.3   2.8    3.4      3.0
3    1 Tuttorosso (green)  0.99      Pioneer    2.8   2.6    3.3      2.8
4    1     La Fede SM DOP  3.99    Shop Rite    2.6   2.8    3.0      2.3
5    2      Cento SM DOP   5.49   D Agostino    3.3   3.1    2.9      2.8
6    2     Cento Organic   4.99   D Agostino    3.2   2.9    2.9      3.1
 Overall Avg.of.Totals Total.of.Avg
1    3.4          16.1          16.1
2    2.9          15.3          15.3
3    2.9          14.3          14.3
4    2.8          13.4          13.4
5    3.1          14.4          15.2
6    2.9          15.5          15.1
```

1：CSV 檔案可以保有數值、文字、日期或其他資料格式，而且檔案內容是以純文字格式儲存，任何文字編輯器都可以開啟。

如之前所提到的，第一個引數為檔案的完整路徑(本例為網路上檔案位址)，並加入引號(把它當作是一個 character 變數)。注意我們是怎麼使用 file、header 和 sep 這三個引數。就像在 **4-5 節**所提及，我們可以在不需要輸入引數名稱之下直接指定引數的值(例如只輸入 theUrl, TRUE, ",")，但輸入名稱絕對是個好習慣。第二個引數，header，代表是否將資料的第一橫列設為直行的欄位名稱。第三個引數 sep 則是設定分隔資料格的的分隔符號。把符號換成 "\t"(tab 分隔)或 ";" (分號分隔)可讓函數讀取不同格式的資料。

除此之外，有時候也會用到 stringAsFactors 這個引數；將此引數設為 FALSE(預設為 TRUE)可預防含有 character 的欄位被轉為 factor。這不僅可以節省運算時間，在資料量很大，含有很多 character 欄位且有很多獨特的值的時候特別重要；同時也可以保持 character 欄位為原有的資料型別，讓處理工作變得更容易一些。

stringAsFactors 其實也可以被套用在 data.frame 上，略更改前面的指令，可以讓 "Sport" 欄位更容易地被處理。

```
> x <- 10:1
> y <- -4:5
> q <- c( "Hockey", "Football", "Baseball", "Curling", "Rugby",
+         "Lacrosse", "Basketball", "Tennis", "Cricket", "Soccer")
> theDF <- data.frame(First=x, Second=y, Sport=q, stringsAsFactors=FALSE)
> theDF$Sport

[1] "Hockey"   "Football"   "Baseball" "Curling"   "Rugby"
[6] "Lacrosse" "Basketball" "Tennis"   "Cricket"   "Soccer"
```

其他 read.table 的引數中，最有用處的是 quote 和 colClasses，各為指定儲存格所要用的字元和每個欄位(直行)的資料型別。

Tip 請注意，若發現 CSV 檔(或 tab 分隔值檔)內容有缺漏，例如分隔資料格的分隔符號出現在儲存格內。在這情況下，應該用 read.csv2(或 read.delim2)讀取資料，而不應該再用 read.table。

如同 read.csv，你也可以找到其他 read.table 衍生出來的函數，其主要的差別在於引數 sep 和 dec 的預設值。詳細資訊可參考表 6.1。

不過用 read.table 讀取較大的 CSV 或文件檔案時，速度可能會較慢，所幸有其他替代的讀取方式。最推薦的兩個讀取大檔案時使用的函數包括 readr 套件中的 read_delim 函數 (由 Hadley Wickham 建立) 與 data.table 套件中的 fread 函數 (由 Matt Dowle 建立)，這兩個函數的執行速度快，且都不會自動將 character 資料轉換成 factor 資料，以下分別介紹。

表 6.1 讀取純文字資料的函數與其預設引數

函數	sep	Dec
read.table	<empty>	.
read.csv	,	.
read.csv2	;	,
read.delim	\t	.
read.delim2	\t	,

6-1-1 read_delim

readr 套件提供了一些讀取文字檔的函數。最常用的函數是 read_delim，主要用來讀取具分隔符號的文件，如 CSV。其首要的引數是要讀取的檔案完整名稱或路徑(URL)。函數中的 col_names 引數預設為 TRUE，這將指定把文件檔的第一列視為直行的欄位名稱。

```
> library(readr)
> theUrl <- "http://www.jaredlander.com/data/TomatoFirst.csv"
> tomato2 <- read_delim(file=theUrl, delim=', ')

Parsed with column specification:
    cols(
    Round = col_integer(),
    Tomato = col_character(),
    Price = col_double(),
    Source = col_character(),
    Sweet = col_double(),
    Acid = col_double(),
    Color = col_double(),
    Texture = col_double(),
    Overall = col_double(),
    `Avg of Totals` = col_double(),
    `Total of Avg` = col_double()
    )
```

執行 read_delim 時，程式將顯示資料存取的欄位名稱和資料型別的訊息。要檢視資料可以用 head 函數。read_delim 與其他 readr 套件裡的資料讀取函數，都會回傳一個 tibble，這是 data.frame 一個衍生資料結構，**12-2 節**會再詳細說明。有關此資料結構，第一眼看到最明顯的變化是資料的中繼資料 (metadata) 會被顯示出來，如橫列和直行數、每一直行欄位的資料型別等。tibbles 也會智慧化地依據螢幕大小調整資料的顯示。

```
> tomato2

# A tibble: 16 × 11
   Round                     Tomato  Price             Source  Sweet   Acid
   <int>                      <chr>  <dbl>              <chr>  <dbl>  <dbl>
1      1                 Simpson SM   3.99        Whole Foods    2.8    2.8
2      1        Tuttorosso (blue)     2.99            Pioneer    3.3    2.8
3      1       Tuttorosso (green)     0.99            Pioneer    2.8    2.6
4      1          La Fede SM DOP      3.99          Shop Rite    2.6    2.8
5      2             Cento SM DOP     5.49         D Agostino    3.3    3.1
6      2           Cento Organic      4.99         D Agostino    3.2    2.9
7      2              La Valle SM     3.99          Shop Rite    2.6    2.8
8      2          La Valle SM DOP     3.99             Faicos    2.1    2.7
9      3  Stanislaus Alta Cucina      4.53   Restaurant Depot    3.4    3.3
10     3                     Ciao       NA              Other    2.6    2.9
11     3      Scotts Backyard SM      0.00        Home Grown     1.6    2.9
12     3  Di Casa Barone (organic)   12.80             Eataly    1.7    3.6
13     4        Trader Joes Plum      1.49        Trader Joes    3.4    3.3
14     4         365 Whole Foods      1.49        Whole Foods    2.8    2.7
15     4        Muir Glen Organic     3.19        Whole Foods    2.9    2.8
16     4        Bionature Organic     3.39        Whole Foods    2.4    3.3
# ... with 5 more variables: Color <dbl>, Texture <dbl>,
#   Overall <dbl>, `Avg of Totals` <dbl>, `Total of Avg` <dbl>
```

read_delim 不只是運行速度比 read.table 快，它也省略了將 stringsAsFactors 設為 FALSE 的必要性，實際上該引數也根本不存在於 read_delim 中。函數 read_csv、read_csv2 與 read_tsv 分別是該函數分隔符號為逗點(,)、分號(;)與定位點 (\t) 時的特例。

要補充說明的還有，資料是被讀取進一個 tbl_df 物件，即 tbl 的衍生物件，而 tbl 本身是 data.frame 的衍生物件。Tbl 是 data.frame 的一個特例，這物件可在 dplyr 找到，相關細節會在 **12-2 節**說明。用此函數讀取資料的好處是該資料每一直行的資料型別都會被顯示在欄位名稱下。

readr 套件裡有一些輔助函數是 read_delim 的包裝函數 (分隔符號預設值不同)，如 read_csv 和 read_tsv。

6-1-2 fread

另一個讀取較大資料的函數是 data.table 套件裡的 fread 函數。其第一個引數是要讀取的檔案完整名稱或路徑(URL)。函數中的 header 引數設定把文件檔的第一列視為直行欄位名稱，而 sep 引數設定分隔符號。這函數含有 stingsAsFactors 引數，預設值為 FALSE。

```
> library(data.table)
> theUrl <- "http://www.jaredlander.com/data/TomatoFirst.csv"
> tomato3 <- fread(input=theUrl, sep=',', header=TRUE)
```

於此，head 也可用來檢視資料的前列。

```
> head(tomato3)

   Round                Tomato  Price        Source  Sweet  Acid  Color
1:     1           Simpson SM   3.99  Whole Foods     2.8   2.8    3.7
2:     1    Tuttorosso (blue)   2.99      Pioneer     3.3   2.8    3.4
3:     1   Tuttorosso (green)   0.99      Pioneer     2.8   2.6    3.3
4:     1      La Fede SM DOP    3.99    Shop Rite     2.6   2.8    3.0
5:     2        Cento SM DOP    5.49   D Agostino     3.3   3.1    2.9
6:     2       Cento Organic    4.99   D Agostino     3.2   2.9    2.9
   Texture Overall Avg of Totals Total of Avg
1:     3.4     3.4          16.1         16.1
2:     3.0     2.9          15.3         15.3
3:     2.8     2.9          14.3         14.3
4:     2.3     2.8          13.4         13.4
5:     2.8     3.1          14.4         15.2
6:     3.1     2.9          15.5         15.1
```

此函數運行速度也比 read.table 快，同時也產生 data.table 物件，也就是 data.frame 的衍生，會在 **11-4 節**再做說明。

read_delim 或 fread 都是執行速度快而且很好用的函數，至於實際要用哪個函數，則是看你的資料比較適合使用 dplyr 或 data.table 套件來處理。

6-2 Excel 資料的讀取

Excel 是世界上最著名的資料分析工具，簡單、好學也滿有用的，但 R 的使用者要存取 Excel 檔案仍有不少限制。以往要把 Excel 資料讀入 R，最快的方法是在 Excel (或者其他試算表軟體) 中把 Excel 檔轉換成 CSV 檔，再用 read.csv 讀進 R。這也是 R 語言網站的使用手冊所建議的方法。

目前要讀取 Excel 就來得簡單多了，可以使用 readxl 套件 (由 Hadley Wickham 所建立) 簡易地讀取 Excel 檔，不管是.xls 或.xlsx 檔都適用。readxl 套件中我們要使用的函數為 read_excel，此函數會讀取 Excel 單一表格中的資料。不過我們沒辦法像 read.table，read_delim 與 fread，可以直接從網際網路上讀取資料，要用 read_excel 函數讀取的檔案必須先下載下來。在 R 語言中可以 download.file 函數將檔案下載下來。

```
> download.file(url='http://www.jaredlander.com/data/ExcelExample.xlsx',
+               destfile='data/ExcelExample.xlsx', mode='wb')
```

檔案下載完成後，可以先檢視該文件裡的表格。

```
> library(readxl)
> excel_sheets('data/ExcelExample.xlsx')

[1]  "Tomato"  "Wine"    "ACS"
```

read_excel 預設會讀取第一頁的 Excel 表格 (活頁簿)，在上述範例就是一開頭含有 "tomato" 資料的表格。函數所讀取的資料會存成 tibble，而非一般的 data.frame。

```
> tomatoXL <- read_excel('data/ExcelExample.xlsx')
> tomatoXL

# A tibble: 16 × 11
   Round                    Tomato  Price              Source Sweet  Acid
   <int>                     <chr>  <dbl>               <chr> <dbl> <dbl>
1      1                Simpson SM   3.99         Whole Foods   2.8   2.8
2      1        Tuttorosso (blue)    2.99             Pioneer   3.3   2.8
3      1       Tuttorosso (green)    0.99             Pioneer   2.8   2.6
4      1           La Fede SM DOP    3.99           Shop Rite   2.6   2.8
5      2            Cento SM DOP     5.49          D Agostino   3.3   3.1
6      2           Cento Organic     4.99          D Agostino   3.2   2.9
7      2              La Valle SM    3.99           Shop Rite   2.6   2.8
8      2          La Valle SM DOP    3.99              Faicos   2.1   2.7
9      3  Stanislaus Alta Cucina     4.53  Restaurant Depot   3.4   3.3
10     3                     Ciao      NA               Other   2.6   2.9
11     3       Scotts Backyard SM    0.00         Home Grown   1.6   2.9
12     3 Di Casa Barone (organic)   12.80              Eataly   1.7   3.6
13     4        Trader Joes Plum     1.49         Trader Joes   3.4   3.3
14     4         365 Whole Foods     1.49         Whole Foods   2.8   2.7
15     4        Muir Glen Organic    3.19         Whole Foods   2.9   2.8
16     4        Bionature Organic    3.39         Whole Foods   2.4   3.3
# ... with 5 more variables: Color <dbl>, Texture <dbl>,
#   Overall <dbl>, `Avg of Totals` <dbl>, `Total of Avg` <dbl>
```

由於 tomatoXL 是一個 tibble，只有可容納在畫面中的欄位才會被顯示出來，這全憑視窗寬度而定。若要指定讀取的表格 (活頁簿)，可以在函數提供表格的位置 (數字) 或表格名稱 (字元/字串)。

```
> # 使用表格位置
> wineXL1 <- read_excel('data/ExcelExample.xlsx', sheet=2)
> head(wineXL1)

# A tibble: 6 × 14
  Cultivar Alcohol `Malic acid`   Ash `Alcalinity of ash` Magnesium
     <dbl>   <dbl>        <dbl> <dbl>               <dbl>     <dbl>
1        1   14.23         1.71  2.43                15.6       127
2        1   13.20         1.78  2.14                11.2       100
3        1   13.16         2.36  2.67                18.6       101
4        1   14.37         1.95  2.50                16.8       113
```

Next

```
5          1    13.24            2.59   2.87                       21.0           118
6          1    14.20            1.76   2.45                       15.2           112
# ... with 8 more variables: `Total phenols` <dbl>, Flavanoids <dbl>,
# `Nonflavanoid phenols` <dbl>, Proanthocyanins <dbl>, `Color
# intensity` <dbl>, Hue <dbl>, `OD280/OD315 of diluted
# wines` <dbl>, `Proline ` <dbl>
```

```
> # 使用表格名稱
> wineXL2 <- read_excel('data/ExcelExample.xlsx', sheet='Wine')
> head(wineXL2)

# A tibble: 6 × 14

  Cultivar Alcohol `Malic acid`   Ash  `Alcalinity of ash`  Magnesium
     <dbl>   <dbl>        <dbl> <dbl>                <dbl>      <dbl>
1        1   14.23         1.71  2.43                 15.6        127
2        1   13.20         1.78  2.14                 11.2        100
3        1   13.16         2.36  2.67                 18.6        101
4        1   14.37         1.95  2.50                 16.8        113
5        1   13.24         2.59  2.87                 21.0        118
6        1   14.20         1.76  2.45                 15.2        112
# ... with 8 more variables: `Total phenols` <dbl>, Flavanoids <dbl>,
# `Nonflavanoid phenols` <dbl>, Proanthocyanins <dbl>, `Color
# intensity` <dbl>, Hue <dbl>, `OD280/OD315 of diluted
# wines` <dbl>, `Proline ` <dbl>
```

讀取 Excel 資料原本有點麻煩，但因為 Hadley Wickham 的 readxl 套件，如今讀取 Excel 如同讀取 CSV 般簡便。

6-3 從資料庫讀取資料

絕大多數的資料是用資料庫來儲存的。大部份資料庫，如 PostgreSQL、MySQL、Microsoft SQL Server，或 Microsoft Access，可透過各種不同的驅動程式來使用，通常是透過 ODBC 連結。最著名的開放式資料庫有套件如 RPostgreSQL 和 RMySQL。其他無特定套件的資料庫則可使用一個通用套件 RODBC。連接資料庫並不容易，因此 DBI 套件的建立使得資料庫的連接方式變得統一。

設定資料庫不在本書之範疇裡，因此我們透過一個簡單的 SQLite 例子進行說明，此例子所說明的步驟實質上跟大部份資料庫的操作相似。首先，我們使用 download.file 下載資料庫檔案[2]。

```
> download.file("http://www.jaredlander.com/data/diamonds.db",
+               destfile = "data/diamonds.db", mode='wb')
```

SQLite 有其自身的 R 套件 – RSQLite，我們可以使用這套件來連接到我們的資料庫，不然就要以 RODBC 來連接。

```
> library(RSQLite)
```

要連接到資料庫，我們先使用 dbDriver 指定驅動程式。其首要引數為驅動程式的型別，如 "SQLite" 或 "ODBC" 。

```
> drv <- dbDriver('SQLite')
> class(drv)

[1]  "SQLiteDriver"
attr(, "package")
[1]  "RSQLite"
```

接著用 dbConnect 建立與資料庫的連結。其首要引數是驅動程式(driver)的設定。通常第二個引數是該資料庫的 DSN[3] 連結，或是連到 SQLite 資料庫的文件檔路徑。額外的引數通常包括資料庫用戶名稱、密碼、資料庫主機(host)和網路埠號(port)。

```
> con <- dbConnect(drv, 'data/diamonds.db')
> class(con)

[1]  "SQLiteConnection"
attr(, "package")
[1]  "RSQLite"
```

2：SQLite 的獨特之處在於，它的實體資料是儲存在實體硬碟上的一個檔案中，因此存取上很方便，很適合用於簡單的應用程式。

3：DSN 是一個資料來源連結 (Data Source Name)，每個系統的操作不同，但應該都會有一串文字名稱用來連接資料庫。

我們已連上資料庫，現在可以使用 DBI 套件裡的函數來探索更多該資料庫的相關資訊，如資料庫中的表格名稱和表格性質。

```
> dbListTables(con)

[1]  "DiamondColors" "diamonds" "sqlite_stat1"

> dbListFields(con, name='diamonds')

[1]  "carat" "cut" "color" "clarity" "depth" "table"
[7]  "price" "x" "y" "z"

> dbListFields(con, name='DiamondColors')

[1]  "Color" "Description" "Details"
```

現在我們已經可以透過 dbGetQuery 對資料庫進行查詢(query)，不論要查詢的東西有多複雜，都可以運作。就像其他用來進行查詢的函數，dbGetQuery 所回傳的將會是一個 data.frame。dbGetQuery 裡也可使用在 **6-1 節**所提及的 stringsAsFactors 引數。再次提醒，把它設為 FALSE 可以節省運算時間，同時可將 character(字元)資料保留為原本的資料型別(character)。

```
> # 用 SELECT * 查詢一個表
> diamondsTable <- dbGetQuery(con,
+        "SELECT * FROM diamonds",
+        stringsAsFactors=FALSE)
> # 用 SELECT * 查詢一個表
> colorTable <- dbGetQuery(con,
+        "SELECT * FROM DiamondColors",
+        stringsAsFactors=FALSE)
> # 將兩張表合併起來
> longQuery <- "SELECT * FROM diamonds, DiamondColors
                        WHERE
                        diamonds.color = DiamondColors.Color"
> diamondsJoin <- dbGetQuery(con, longQuery,
                              stringsAsFactors=FALSE)
```

我們可以檢視輸出的 data.frame 來看查詢結果。

```
> head(diamondsTable)

  carat       cut color clarity depth table price    x    y    z
1  0.23     Ideal     E     SI2  61.5    55   326 3.95 3.98 2.43
2  0.21   Premium     E     SI1  59.8    61   326 3.89 3.84 2.31
3  0.23      Good     E     VS1  56.9    65   327 4.05 4.07 2.31
4  0.29   Premium     I     VS2  62.4    58   334 4.20 4.23 2.63
5  0.31      Good     J     SI2  63.3    58   335 4.34 4.35 2.75
6  0.24 Very Good     J    VVS2  62.8    57   336 3.94 3.96 2.48

> head(colorTable)

  Color          Description                      Details
1     D  Absolutely Colorless                     No color
2     E            Colorless      Minute traces of color
3     F            Colorless      Minute traces of color
4     G       Near Colorless  Color is dificult to detect
5     H       Near Colorless  Color is dificult to detect
6     I       Near Colorless   Slightly detectable color

> head(diamondsJoin)

  carat       cut color clarity depth table price    x    y    z
1  0.23     Ideal     E     SI2  61.5    55   326 3.95 3.98 2.43
2  0.21   Premium     E     SI1  59.8    61   326 3.89 3.84 2.31
3  0.23      Good     E     VS1  56.9    65   327 4.05 4.07 2.31
4  0.29   Premium     I     VS2  62.4    58   334 4.20 4.23 2.63
5  0.31      Good     J     SI2  63.3    58   335 4.34 4.35 2.75
6  0.24 Very Good     J    VVS2  62.8    57   336 3.94 3.96 2.48
  Color          Description                      Details
1     E            Colorless      Minute traces of color
2     E            Colorless      Minute traces of color
3     E            Colorless      Minute traces of color
4     I        NearColorless   Slightly detectable color
5     J        NearColorless   Slightly detectable color
6     J        NearColorless   Slightly detectable color
```

雖然 ODBC 連結會在退出 R 或者用 **dbConnect** 做出其他連結時自動關閉，以確保同一時間只開啟一個連結，不過還是建議養成用 **dbDisconnect** 自行把 ODBC 連結關閉的好習慣，以免出現不必要的錯誤狀況。

6-4 其他統計軟體的資料

理論上有了 R 語言，我們不需要用其它統計軟體。但實際上，您可能還有些資料被儲存於其它統計軟體獨有的格式中，比如 SAS、SPSS 或 Octave。foreign 套件裡有幾個函數類似 read.table，它們可以讀取其它軟體的資料。

我們提供了一部份可讀取一些常用統計軟體的資料之函數列表，顯示在表 6.2。函數所用的引數一般來說類似 read.table，這些函數所回傳的結果通常為 data.frame，但不見得每次都會成功。

表 6.2 **讀取常用統計軟體的資料之函數列表**

函數	資料格式
read.spss	SPSS
read.dta	Stata
read.ssd	SAS
read.octave	Octave
read.mtp	Minitab
read.systat	Systa

Tip 雖然 read.ssd 函數可以讀取 SAS 資料，但需要合法有效的 SAS 授權。其實也可以用微軟所提供的 Microsoft R Server 中的 RevoScaleR 套件裡的 RxSasData 函數來處理。

Hadley Wickham 開發了一個功能與 foreign 非常相似的套件 - haven。它最佳化了套件的運行速度和便利性，且輸出結果為 tibble，而非data.frame。haven 套件中讀取其他統計軟體資料的常用函數如表 6.3 所示。

表 6.3 **讀取常用統計軟體的資料之函數列表**

函數	資料格式
read_spss	SPSS
read_sas	Stata
read_stata	Systat

6-5 R 二進位檔 (RData 檔)

當需要與其他 R 使用者傳遞資料 (或任何 R 物件如變數和函數) 可以透過 RData 檔。這是一種可以呈現任何 R 物件的二進位檔，它可以儲存單一個或者數個 R 物件，同時也可以在 Windows、Mac 和 Linux 之間交換資料。

首先，我們建立一個 RData 檔，隨後移除掉建立此檔的物件，然後再從此檔讀取所移除掉的物件。

```
> # 儲存 tomato 這個 data.frame 到硬碟上
> # 此處是儲存到預設的工作目錄下, 通常是 "資料夾文件" (C:\Users\使用者\Documents)
> # 可使用 getwd() 函數來查詢目前的工作目錄
> save(tomato, file = "data/tomato.rdata")
> # 從記憶體移除 tomato
> rm(tomato)
> # 查看 tomate 是否還存在
> head(tomato)

Error: object 'tomato' not found

> # 從 rdata 讀取
> load("data/tomato.rdata")
> # 查看它現在是否存在
> head(tomato)

  Round             Tomato Price        Source Sweet  Acid  Color Texture
1     1         Simpson SM  3.99   Whole Foods   2.8   2.8    3.7     3.4
2     1  Tuttorosso (blue)  2.99       Pioneer   3.3   2.8    3.4     3.0
3     1 Tuttorosso (green)  0.99       Pioneer   2.8   2.6    3.3     2.8
4     1     La Fede SM DOP  3.99    Shop Rite   2.6   2.8    3.0     2.3
5     2        Cento SM DOP  5.49   D Agostino   3.3    3.1   2.9     2.8
6     2      Cento Organic  4.99   D Agostino   3.2    2.9   2.9     3.1
  Overall  Avg.of.Totals  Total.of.Avg
1     3.4           16.1          16.1
2     2.9           15.3          15.3
3     2.9           14.3          14.3
4     2.8           13.4          13.4
5     3.1           14.4          15.2
6     2.9           15.5          15.1
```

現在建立幾個物件以儲存在單一個 RData 檔案，接著移除它們，然後再讀取它們。

```
> # 建立一些物件
> n <- 20
> r <- 1:10
> w <- data.frame(n, r)
> # 查看它們
> n

[1] 20

> r

[1] 1 2 3 4 5 6 7 8 9 10

> w

    n  r
1  20  1
2  20  2
3  20  3
4  20  4
5  20  5
6  20  6
7  20  7
8  20  8
9  20  9
10 20 10

> # 儲存物件
> save(n, r, w, file = "data/multiple.rdata")
> # 刪除物件
> rm(n, r, w)
> # 物件還在嗎?
> n

Error: object 'n' not found

> r
```

Next

```
Error: object 'r' not found

> w

Error: object 'w' not found

> # 把它們再讀取進來
> load("data/multiple.rdata")
> # 再次查看物件的存在
> n

[1] 20

> r

[1] 1 2 3 4 5 6 7 8 9 10

> w

    n  r
1   20  1
2   20  2
3   20  3
4   20  4
5   20  5
6   20  6
7   20  7
8   20  8
9   20  9
10  20 10
```

這些物件現已復原到工作環境中，物件名稱和當初存到 RData 檔的時候是一樣的。這就是為甚麼我們沒有將 load 函數的結果指定到一個物件中。

另外 saveRDS 函數可將一個物件儲存到一個二元 RDS 檔。不同的是，此函數儲存的物件並不會連同物件名稱一併儲存，因此當我們用 readRDS 載入檔案到工作環境時，我們需將它指定到一個物件。

```
> # 建立一個物件
> smallVector <- c(1, 5, 4)
> # 檢視它
> smallVector

[1] 1 5 4

> # 儲存到rds檔'
> saveRDS(smallVector, file='thisObject.rds')
>
> # 讀取檔案,接著儲存到另一個物件
> thatVect <- readRDS('thisObject.rds')
> # 顯示它
> thatVect

[1] 1 5 4

> # 檢查它們是否相同
> identical(smallVector, thatVect)

[1] TRUE
```

6-6 R 內建的資料集

R 和一些套件預設會有內建的資料可以使用，例如 ggplot2 裡就有一個關於鑽石的資料，我們可以用 data 函數來載入此資料。

```
> data(diamonds, package='ggplot2')
> head(diamonds)

# A tibble: 6 × 10
  carat       cut color clarity depth table price     x     y     z
  <dbl>     <ord> <ord>   <ord> <dbl> <dbl> <int> <dbl> <dbl> <dbl>
1  0.23     Ideal     E     SI2  61.5    55   326  3.95  3.98  2.43
2  0.21   Premium     E     SI1  59.8    61   326  3.89  3.84  2.31
3  0.23      Good     E     VS1  56.9    65   327  4.05  4.07  2.31
4  0.29   Premium     I     VS2  62.4    58   334  4.20  4.23  2.63
5  0.31      Good     J     SI2  63.3    58   335  4.34  4.35  2.75
6  0.24 Very Good     J    VVS2  62.8    57   336  3.94  3.96  2.48
```

若要查詢可以使用的資料列表，只要在控制台輸入 data()即可。

6-7 從網路提取資料

網路上有很多資料可以利用，若很幸運找到儲存得很有條理的資料，並以 HTML 表格呈現，可以很方便直接使用；否則，就可能需要從網頁中解析其資料內容。

6-7-1 簡易 HTML 表格

若資料已經很有條理地儲存在 HTML 表格，可以用 XML 套件裡的 readHTMLTable 來進行提取。在以下網頁中，有一個貼文含有三個直行的表格可做為示範。用以下的指令便可輕易完成此工作。

```
> install.packages("XML")
> library(XML)
> theURL <- "http://www.flag.com.tw/data/
+            FT736_sample.html"
> bowlPool <- readHTMLTable(theURL, which = 1, header = FALSE,
+                           stringsAsFactors = FALSE)
> bowlPool
              V1       V2        V3
1   Participant 1  Giant A  Patriot Q
2   Participant 2  Giant B  Patriot R
3   Participant 3  Giant C  Patriot S
4   Participant 4  Giant D  Patriot T
5   Participant 5  Giant E  Patriot U
6   Participant 6  Giant F  Patriot V
7   Participant 7  Giant G  Patriot W
8   Participant 8  Giant H  Patriot X
9   Participant 9  Giant I  Patriot Y
10 Participant 10  Giant J  Patriot Z
```

這裡 readHTMLTable 第一個引數為該資料的網址(URL)，它也可以是在硬碟中的檔案。若網頁中有數個表格，which 引數可讓我們選擇要讀取的列表。在這個例子裡只出現一個表格，但在其它狀況裡卻有可能出現第二個、第三個或第四個。我們把 header 設為 FALSE，這表示列表中並沒有表頭。最後，我們用 stringsAsFactors=FALSE 是要預防 character 直行被轉換到 factor。

6-7-2 過濾網頁資料

網頁資料通常都以不同的方式呈現在網路上，如 tables、divs、span 或其他 HTML 元素。我們嘗試以紐約披薩餐廳 Ribalta 網站中的菜單與餐廳相關資訊為例，餐廳地址和電話號碼儲存在一個 ordered list (排序好的列表) 中，網頁區段標示符(section identifier)以 span 格式儲存，而價格則儲存在 table 裡。

我們使用 Hadley Wickham 的 rvest 套件將這些資料轉換成可用的格式。使用 read_html 函數可直接從 URL 或磁碟中讀取該網頁，然後會建立一個存有所有 HTML 的 xml_document 物件。

```
> library(rvest)
> ribalta <- read_html('http://www.jaredlander.com/data/ribalta.html')
> class(ribalta)
> ribalta

[1] "xml_document" "xml_node"
{xml_document}
<html xmlns="http://www.w3.org/1999/xhtml">
[1] <head>\n<meta http-equiv="Content-Type" content="text/html; cha ...
[2] <body>\r\n<ul>\n<li class="address">\r\n    <span class="street ...
```

你可以試著查看產生的 HTML 檔，會發現餐廳地址是儲存在 span 中，也就是 ordered list 的一個元素。首先，我們使用 html_nodes 來選取 ul 元素中的所有 span 元素。

```
> ribalta %>% html_nodes('ul') %>% html_nodes('span')

{xml_nodeset (6)}
[1] <span class="street">48 E 12th St</span>
[2] <span class="city">New York</span>
[3] <span class="zip">10003</span>
[4] <span>\r\n    \t<span id="latitude" value="40.733384"></span>\r ...
[5] <span id="latitude" value="40.733384"></span>
[6] <span id="longitude" value="-73.9915618"></span>
```

從上例會發現，這個動作會回傳 ul 元素中的所有 span 節點。因 HTML 元素通常是一個高度複雜的巢狀結構，為避免麻煩，我們直接指定類別(class)來辨識我們感興趣的元素，在此處的例子中就是 "street"。

Tip 在 HTML 中，定義類別(class)需使用句點(.)，而定義 ID 則使用井字號(#)。

以下我們將 html_nodes 搜尋的內容從 "span" 改成 "street"，藉此找出任何類別(class)為 "street" 的元素。

```
> ribalta %>% html _ nodes('.street')
{xml _ nodeset (1)}
[1] <span class="street">48 E 12th St</span>
```

我們已擷取出 HTML 元素，但並不包含該元素中的資訊。要獲得該資訊，必須呼叫 html_text 來擷取 span 元素中的文字資訊。

```
> ribalta %>% html _ nodes('.street') %>% html _ text()
[1] "48 E 12th St"
```

若該資訊是儲存為 HTML 元素的屬性，我們就要使用 html_attr，而非 html_text。例子中的經度值儲存為 span 元素的屬性，要找出該值，我們使用其 ID "longitude"。

```
> ribalta %>% html _ nodes('#longitude') %>% html _ attr('value')
[1] "-73.9915618"
```

在這網頁裡，許多資訊是儲存在類別為 "food-items" 的 table 中，因此我們使用 html_nodes 指定搜尋所有類別為 "food-items" 的 table。由於會搜尋出好幾個 table，我們用 magrittr 套件中的 extract2 函數指定尋找第六個 table，最後再用 html_table 將資料萃取出來並儲存在 data.frame 中。在這例子中，table 並沒有標頭，因此 data.frame 的直行會使用通用名稱來代替。

```
> ribalta %>%
+ html _ nodes('table.food-items') %>%
+ magrittr:: extract2(5) %>%
+ html _ table()

                                                          X1
1     Marinara Pizza Rosse
2          Doc Pizza Rosse
3 Vegetariana Pizza Rosse
4    Brigante Pizza Rosse
5     Calzone Pizza Rosse
6      Americana Pizza Rosse
```

Next

```
                                                                  X2  X3
1                                         basil, garlic and oregano.   9
2                                      buffalo mozzarella and basil.  15
3                    mozzarella cheese, basil and baked vegetables.  15
4                           mozzarella cheese, salami and spicy oil.  15
5 ricotta, mozzarella cheese, prosciutto cotto and black pepper.  16
6                               mozzarella cheese, wurstel and fries.  16
```

6-8 讀取 JSON 資料

JSON(JavaScript Object Notation)是一個很普遍的資料格式，尤其是用在 API 與文件資料庫中。JSON 將資料儲存成純文字檔 (plain text) 的資料格式，也適用於巢狀資料(nested data)。讀取 JSON 資料最主要的兩個 R 套件為 rjson 與 jsonlite。

以下是 JSON 檔的一個例子，此檔列出了一些著名的紐約披薩餐廳位置，每家披薩餐廳被列為一個項目。每個項目列出了一個 Name 元素與一個陣列，名為 Details，陣列中則有元素：Address、City、State、Zip 與 Phone。

```
[
    {
        "Name": "Di Fara Pizza",
        "Details": [
            {
                "Address": "1424 Avenue J",
                "City": "Brooklyn",
                "State": "NY",
                "Zip": "11230"
            }
        ]
    },
    {
        "Name": "Fiore's Pizza",
        "Details":[
            {
```

Next

```
                    "Address": "165 Bleecker St",
                    "City": "New York",
                    "State": "NY",
                    "Zip": "10012"
                }
            ]
        },
        {
            "Name": "Juliana's",
            "Details": [
                {
                    "Address": "19 Old Fulton St",
                    "City": "Brooklyn",
                    "State": "NY",
                    "Zip": "11201"
                }
        ]
        }
]
```

fromJSON 函數將該檔案讀入 R，並對 JSON 文字進行解析，預設會嘗試將資料簡化成 data.frame。

```
> library(jsonlite)
> pizza <- fromJSON('http://www.jaredlander.com/data/
                        PizzaFavorites.json')
> pizza

                   Name                                     Details
1          Di Fara Pizza      1424 Avenue J, Brooklyn, NY, 11230
2          Fiore's Pizza     165 Bleecker St, New York, NY, 10012
3              Juliana's   19 Old Fulton St, Brooklyn, NY, 11201
4      Keste Pizza & Vino    271 Bleecker St, New York, NY, 10014
5  L & B Spumoni Gardens       2725 86th St, Brooklyn, NY, 11223
6 New York Pizza Suprema        413 8th Ave, New York, NY, 10001
7           Paulie Gee's  60 Greenpoint Ave, Brooklyn, NY, 11222
8                Ribalta      48 E 12th St, New York, NY, 10003
9             Totonno's   1524 Neptune Ave, Brooklyn, NY, 11224
```

顯示結果為兩個直行欄位的 data.frame，其第一欄為 Name，而第二欄為 Details，而第二欄實際上是由多個單一橫列的 data.frame 所組成的。雖然這看起來有點奇怪，但將物件儲存在 data.frame 的單一儲存格(cell)中已經是越來越常見了。我們可以看到 Details 是一個儲存為 list 的直行欄位，而當中的每個元素是 data.frame。

```
> class(pizza)
[1] "data.frame"
> class(pizza$Name)
[1] "character"
> class(pizza$Details)
[1] "list"
> class(pizza$Details[[1]])
[1] "data.frame"
```

像這樣 data.frame 嵌在另一個 data.frame 的巢狀結構，可透過工具如 dplyr、tidyr 與 purrr 做拆解，這分別會在**第 12、15 與 13 章**說明。

6-9 小結

讀取資料為資料分析的第一步；沒資料則任何事情都沒辦法進行。最常用的資料讀取方法為使用 read.table 把 CSV 檔讀入 R，或使用 read_excel 把 Excel 檔讀進 R。不同的資料庫套件(通常使用 RODBC)，提供了一個可以讀取設有 DSN 的資料庫資料的好方法。讀取 HTML 中的列表則可以通過 XML 套件輕易進行。R 也提供了一個特別的二進位檔 – Rdata，以方便快速地儲存，載入和傳遞 R 物件。

Memo

07

統計繪圖

資料在統計分析後，最好能用一個好的圖來呈現，但要繪出有品質的圖並不容易。所幸 R 內建了很好用的基本繪圖功能，附加的套件如 lattice 和 ggplot2 更是如虎添翼。本章我們會呈現 R 的基本繪圖和其所對應在 ggplot2 的附加繪圖功能。

統計學中需要圖表的主要原因有兩種：探索性資料分析(explanatory data analysis，EDA)和結果呈現。這兩個都很重要，但所要呈現的對象則大有不同。

---

ggplot2 套件和其指令是本書後續章節介紹 R 語言繪圖時的主要工具，再搭配 R 內建的基本繪圖使用。

7-1 內建基本繪圖功能

第一次用 R 語言來繪圖的時候，多數人會從 R 內建的基本繪圖功能開始，而當需求變得更複雜的時候就需要進而使用 ggplot2。雖然 R 基本繪圖已經很不錯了，但我們建議多花一點時間去學習在 **7-2 節**所介紹的 ggplot2。這一節會先介紹 R 基本繪圖，用它來修改由其他函數所產生的圖。

在繪圖之前，我們需要一些資料。由於 R 內建資料的資料筆數太少，要示範繪圖功能略顯不足，因此改用 ggplot2 裡的 diamonds(鑽石)這筆資料來繪圖，要使用這筆資料，請先下載 ggplot2，再進行以下程序。

```
> library(ggplot2)
> data(diamonds)
> head(diamonds)

# A tibble: 6 x 10
  carat       cut color clarity depth table price     x     y     z
1  0.23     Ideal     E     SI2  61.5    55   326  3.95  3.98  2.43
2  0.21   Premium     E     SI1  59.8    61   326  3.89  3.84  2.31
3  0.23      Good     E     VS1  56.9    65   327  4.05  4.07  2.31
4  0.29   Premium     I     VS2  62.4    58   334  4.20  4.23  2.63
5  0.31      Good     J     SI2  63.3    58   335  4.34  4.35  2.75
6  0.24 Very Good     J    VVS2  62.8    57   336  3.94  3.96  2.48
```

7-1-1 基本直方圖

直方圖是用來表現單變量資料最常見的圖，可用來呈現該變數之分佈。要建立直方圖很簡單，**圖 7.1** 所顯示的是 diamonds(鑽石)資料裡 carat(克拉)直行的直方圖。

```
> hist(diamonds$carat, main = "Carat Histogram", xlab = "Carat")
```

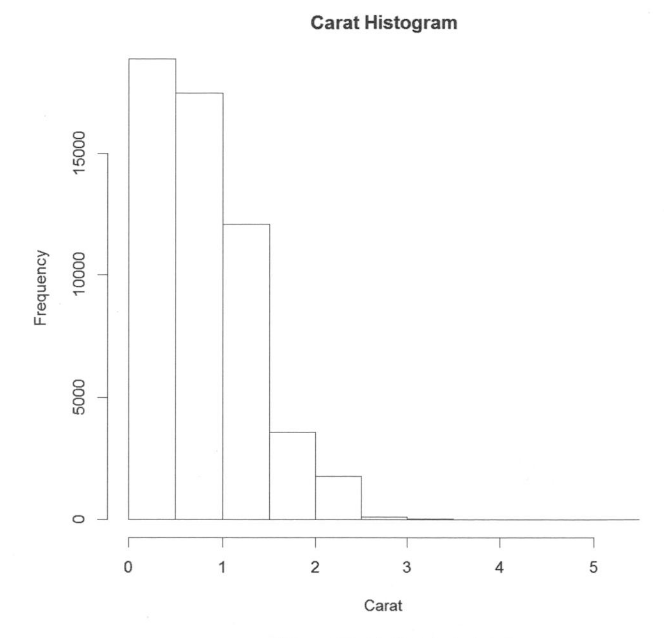

圖 7.1 鑽石重量(克拉)的直方圖

這直方圖顯示的是鑽石重量(單位為克拉)的分佈。可以注意到圖中的標題是以 main 引數來指定的，而 x-軸的名稱則是由 xlab 引數來指定。ggplot2 可以建立更複雜的直方圖，這些附加的功能將在 **7-2-1 節**說明。

直方圖實質上是把資料分群，而每個長條的高度代表的是觀測值落在該群的數量，由於會輕易地被分群數和每群的大小所影響，因此要繪出一個好的圖需要經過一些嘗試。

7-1-2 散佈圖

很多時候我們需要看兩個變數的比較，這時候散佈圖就可以派上用場了。散佈圖中的每個點代表著每對變數的觀測值，x 軸代表其中一個變數，而 y 軸代表另一個變數。我們將使用 formula(公式)來繪出一個鑽石價錢(price)對鑽石重量(carat)的散佈圖(如**圖 7.2**)。

```
> plot(price ~ carat, data = diamonds)
```

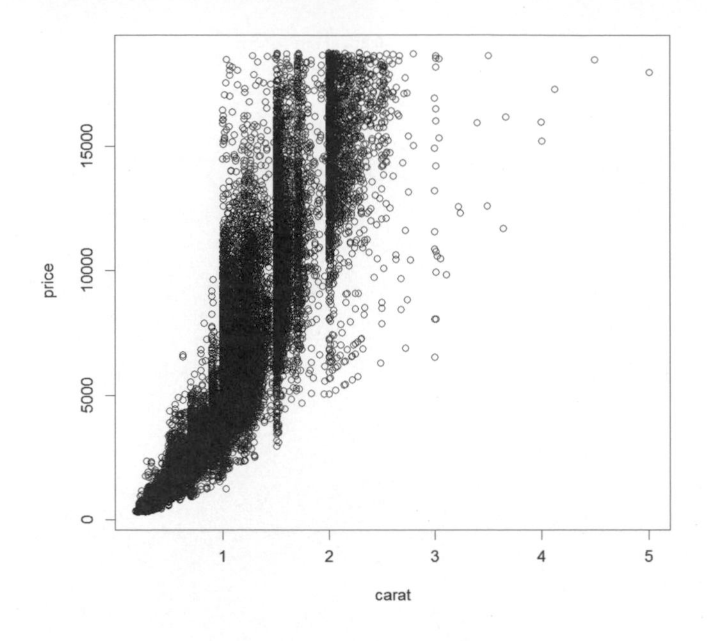

圖 7.2 鑽石價錢(price)對重量(carat)的散佈圖

隔開 price 和 carat 的 '~' 符號代表我們要看鑽石價錢對鑽石重量的關係，其中 price 為 y 值，carat 為 x 值。formula(公式)的操作會在**第 18 章**和**第 19 章**討論得更詳細。

我們不一定要用 formula 來建立散佈圖，只指定 x 和 y 變數也可以達到同樣的目的。因此要用來繪圖的變數不會被限制一定要在 data.frame 的形式。

```
> plot(diamonds$carat, diamonds$price)
```

散佈圖是統計繪圖中最常用的工具之一，在 **7-2-2 節**中的 ggplot2 會討論得更詳細。

7-1-3 箱型圖

在眾多圖表中，箱型圖通常是修統計課時最先學到的圖表。由於它的應用很廣泛[1]，因此學會使用它是很重要的，R 提供了 boxplot 函數可繪製箱型圖(如圖 7.3)。

Tip Boxplot 箱型圖又名盒鬚圖。

```
> boxplot(diamonds$carat)
```

箱型圖中的粗體中線所代表的是中位數，而箱子兩邊的邊界分別為第一和第三個四分位數。這意味著中間 50%的資料(四分位數間距或 Interquartile Range 或 IQR)都被包含在箱子裡，而箱子雙邊的線則延伸到 1.5*IQR 的位置。這兩個位置以外的點則為離群值。雖然在箱子裡的 50%資料是可以被看見的，但這也表示了剩餘的 50%則沒有顯示出來。因此，很多訊息是沒辦法透過箱型圖看到的。

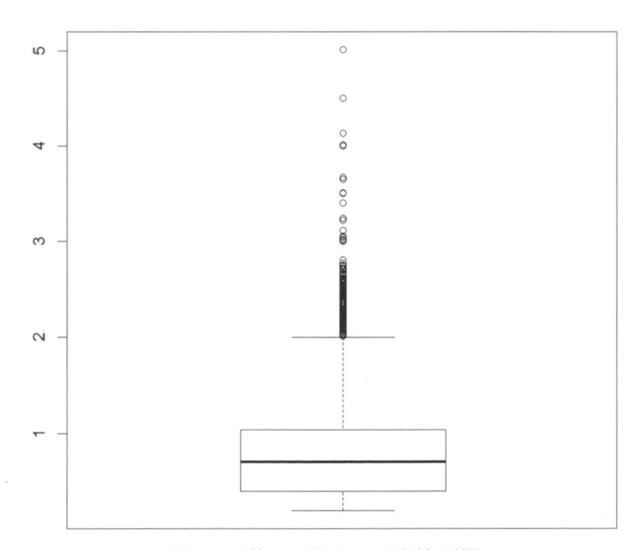

圖 7.3 鑽石重量(carat)的箱型圖

1：箱型圖的使用在統計領域有一些爭論，哥倫比亞大學的 Andrew Gelman 明確聲明了對箱型圖的不滿 (參考 http://andrewgelman.com/2009/02/boxplot_challen/ 和 http://andrewgelman.com/2009/10/better_than_a_b/)；另一方面，Hadley Wickham2 和 John Tukey 則是箱型圖的支持者 (參考 http://vita.had.co.nz/papers/boxplots.pdf)。

和之前所討論的圖一樣，更多關於箱型圖的細節會在 **7-2-3 節**介紹 ggplot2 時討論。許多物件如線性模型和列聯表都有內建的函數，我們之後會在後續章節討論這些函數。

7-2 ggplot2 套件

雖然 R 內建的基本繪圖功能已經很強大，而且大部分細節都可以被設定，但也因此要耗費一點功夫。有兩個套件，ggplot2 和 lattice 可以讓繪圖更容易地被完成，其中 ggplot2 在名氣和功能上都遠遠超越 lattice。本節我們再次繪出所有在 **7-1 節**所介紹過的圖，同時會在圖中加入一些進階的元素作為延伸。

一開始 ggplot2 的程式語法會有點難以學習，但若要繪製複雜一點的圖，像是要以不同的顏色、形式或大小來描繪資料，或要在圖上附加說明等，使用 ggplot2 反而會輕鬆很多，而且繪製圖的速度也會更快。用 R 基本繪圖功能需要 30 行命令才能繪出的圖，可能在 ggplot2 只需要 1 行命令就可以了。

ggplot2 套件的基本架構可從 ggplot 函數[2] 開始看起，而使用此函數最基本的方法就是用資料作為其首個引數，目前我們就以這最基本的形式作為開始，其他引數我們稍後再介紹。

把這基本的物件設好後，我們可以用 '+' 符號來增加一些層次。首先我們只會討論一些幾何的層次，如點、線和直方圖，它們都被涵蓋在像 geom_point、geom_line 和 geom_histogram 的函數裡。這些函數都需要好幾個引數，當中最重要的就是利用 aes 把資料中的變數對應到所要的軸或做出其它外觀上(aesthetic)的調整，而且每一層可以有不一樣的外觀設定，或甚至不同的資料。

2：這套件本來叫作 ggplot，但之前 Hadley 對其做了極大的修改，因此他把這套件改名為 ggplot2。

7-2-1 ggplot2 直方圖與機率密度圖

回到圖 **7-1** 中的直方圖，我們使用 ggplot2 重新繪製了鑽石重量(carat)的分佈圖，過程中使用了 ggplot 和 geom_histogram 來完成。由於直方圖是以一維度的方式呈現資料，因此我們只需要設定它的一項外觀，即其 x 軸。圖 **7.4** 即為顯示的圖。

```
> ggplot(data = diamonds) + geom _ histogram(aes(x = carat))
```

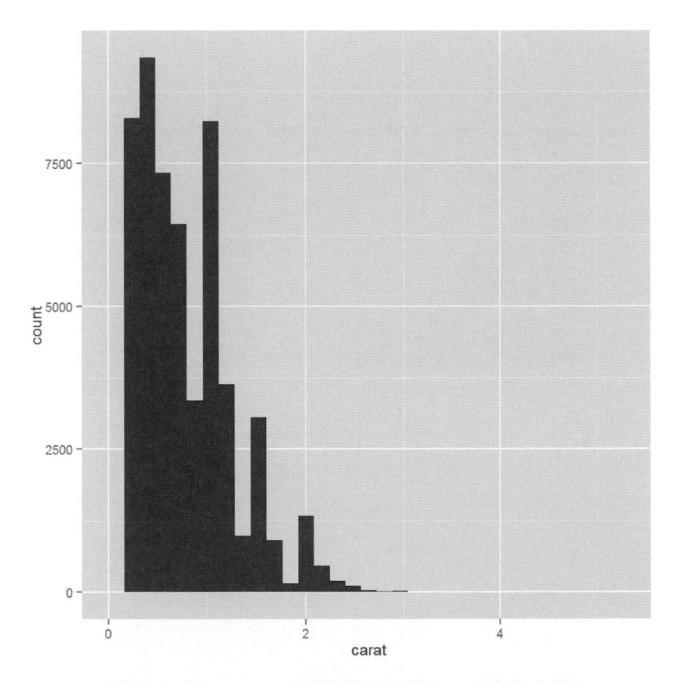

圖 7.4 用 ggplot2 繪製鑽石重量(carat)的直方圖

機率密度(density)圖是類似直方圖的資料呈現方法，它可透過把 geom_histogram 換成 geom_density 來完成。我們也可以利用 fill 引數來讓此圖填上顏色，這引數的效果與 color 引數不同，這部份會在較後的章節討論。可以注意到 fill 引數被擺在 aes 函數外面，這是因為我們要讓整張圖呈現所指定的顏色。我們之後會看到這引數怎麼被用在 aes 裡面。圖的結果顯示在圖 **7.5** 中。

```
> ggplot(data = diamonds) + geom _ density(aes(x = carat), fill = "grey50")
```

直方圖呈現的是觀測值落在群裡的個數，而機率密度圖所呈現的是觀測值會落在變數定義域中任一點的機率。這兩者的差別不是很明顯，但是非常重要。直方圖比較像個離散性的測量，而機率密度圖則比較像一個連續性的測量。

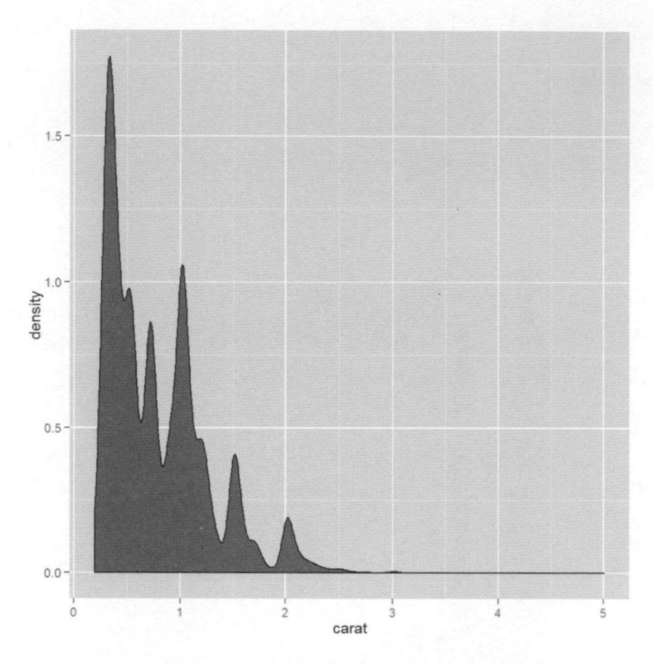

圖 7.5 用 ggplot2 繪製鑽石重量(carat)的機率密度圖

7-2-2 ggplot2 散佈圖

在這一節，我們要呈現的不只是怎麼用 ggplot2 來繪製散佈圖，我們還要讓大家看到 ggplot2 的強大之處。我們以重新繪製如**圖 7.2** 的散佈圖作為開始，但這次我們會把 aes 包含在 ggplot 裡面，而不是把它用在 geom 裡頭。ggplot2 版本的散佈圖如**圖 7.6** 所顯示。

```
> ggplot(diamonds, aes(x = carat, y = price)) + geom_point()
```

在接下去的幾個例子，我們會重複使用 ggplot(diamonds, aes(x=carat, y=price))，因此可能需要一些重複性的輸入。所以我會先把這個 ggplot 物件存入變數 g，然後再加入圖層中。

```
> # 把初始的 ggplot 物件存入變數
> g <- ggplot(diamonds, aes(x = carat, y = price))
```

接下來我們可以對 g 加入一些圖層。執行 g + geom point()可繪製我們所要畫的圖，如圖 7.6。這筆 diamonds 資料裡含有許多有趣的變數可供我們查看。我們先來看其顏色，我們指定(鑽石)顏色為圖的外觀顏色[3](aes 引數)，如圖 7.7 顯示。

```
> g + geom _ point(aes(color = color))
```

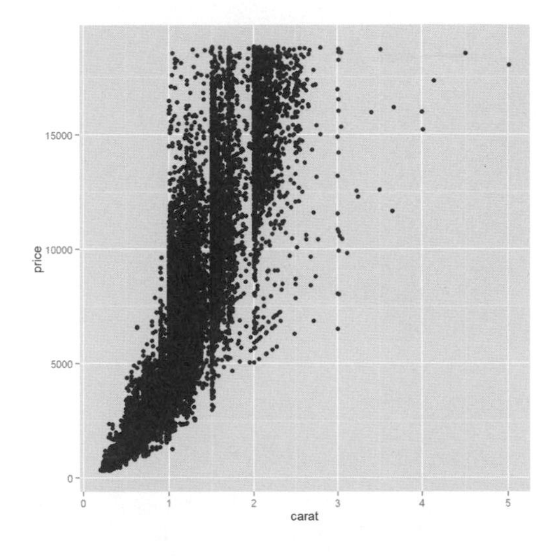

圖 7.6 基本的 ggplot2 散佈圖

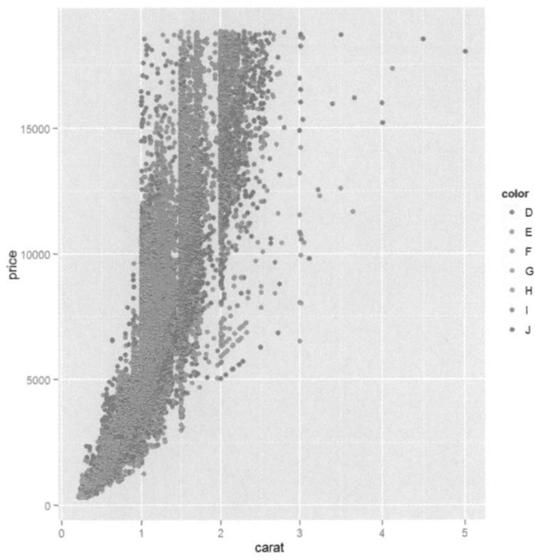

圖 7.7 指定鑽石顏色為外觀顏色的散佈圖

可以注意到我們把 color=color 設在 aes 裡，表示要由 color 這個直行的資料來決定圖表中分佈點的顏色，而且我們可以看到對於顏色的說明圖例也自動在圖的旁邊產生了。最近的 ggplot2 版本已對此說明的外觀增加了調整的空間，我們會在之後討論得更仔細。

3：ggplot 的顏色引數，同時接受美國(color)和英國(colour)的拼法。

ggplot2 也可以繪製出多圖層，要繪製這類圖，需要使用到 facet_wrap 或 facet_grid 函數來完成。facet_wrap 會先找出一個變數的個別圖層，然後據此將資料分群，進而對每一群資料各繪一張小圖，然後把這些小圖彙整並排列在一個大圖內，如**圖 7.8** 所顯示。在這例子裡，每張小圖只是依序擺放，其直行或橫列位置並不具任何特別意義。

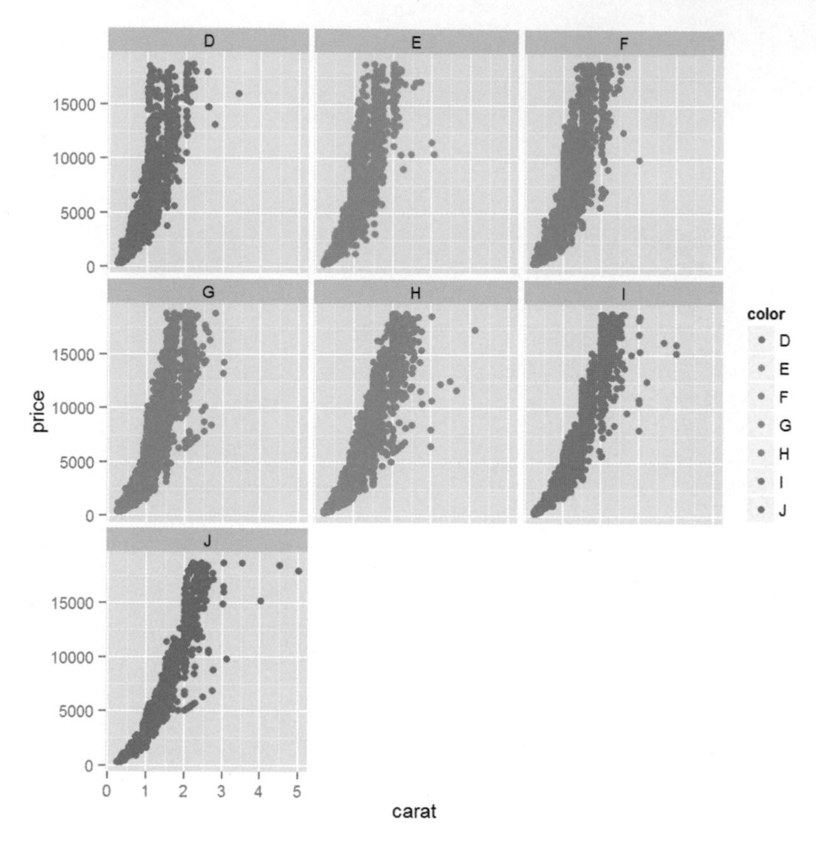

圖 7.8 以顏色來分層的散佈圖

facet_grid 的操作也差不多一樣，但這函數會把變數的所有分層指派到直行或橫列上，如**圖 7.9**。在這例子，左上角所顯示的小圖為鑽石資料是屬於 Fair cut(鑽石切割普通)和 I1 clarity(鑽石淨度等級為 I1)。此小圖的右邊則顯示了屬於 Fair cut 和 SI2 clarity 的鑽石資料散佈圖。第二列第一行的小圖則是屬於 Good cut 和 I1 clarity 鑽石資料的散佈圖。理解了其中的一個小圖之後，剩餘的都可以輕易了解，而且能透過圖表做比較。

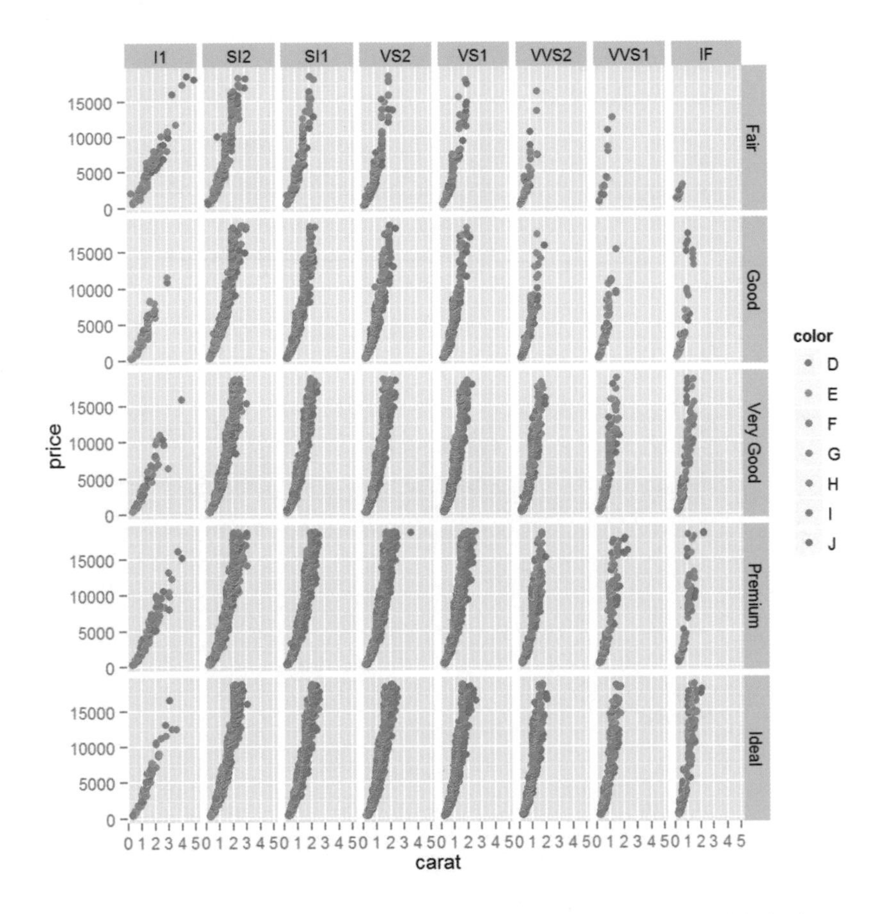

圖 7.9 以鑽石切割(cut)和鑽石淨度(clarity) 來分層的散佈圖。可以注意到鑽石切割的分層是以直行排列，而鑽石淨度的分層是以橫列排列

```
> g + geom_point(aes(color = color)) + facet_wrap(~color)
> g + geom_point(aes(color = color)) + facet_grid(cut ~ clarity)
```

圖層繪製也可被用在繪製直方圖或其他 geom 上，如圖 **7.10**。

```
> ggplot(diamonds, aes(x = carat)) + geom_histogram() + facet_wrap(~color)
```

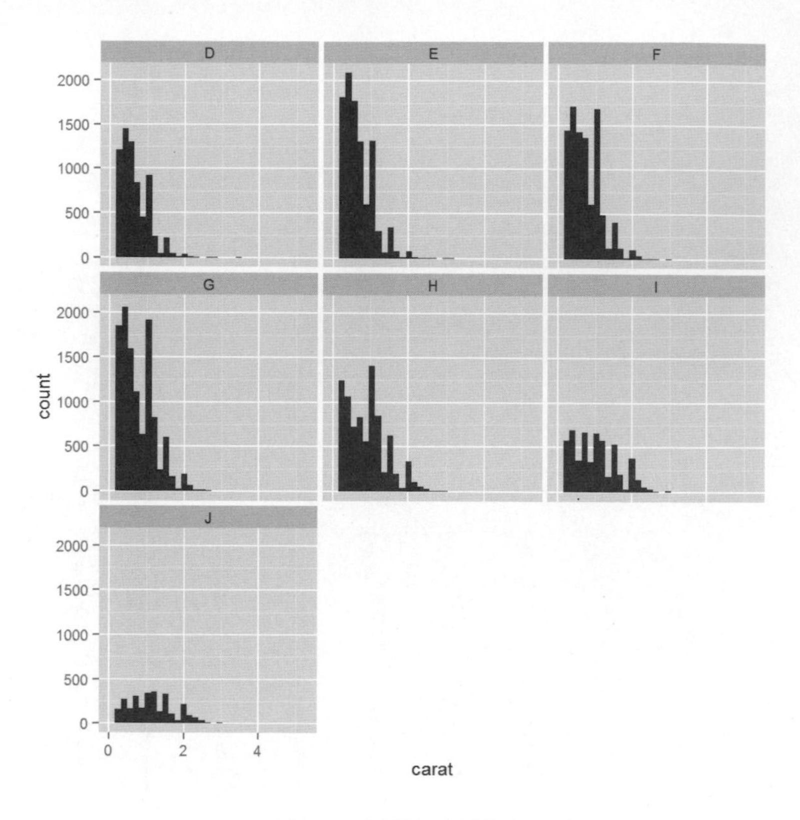

圖 7.10 以顏色分層的直方圖

7-2-3 ggplot2 箱型圖和小提琴圖(Violins plots)

做為一個完整的繪圖套件，ggplot2 提供了 geom_boxplot 以繪製箱型圖。雖然此圖是屬於一維度的，或只需要 y 變數，但還是要指定一個 x 變數，因此我們設 x 為 1。這結果顯示在圖 **7.11**。

```
> ggplot(diamonds, aes(y = carat, x = 1)) + geom _ boxplot()
```

這可以簡單地被延伸成幾張箱型圖，每張代表變數的個別圖層，如圖 **7.12** 所示。

```
> ggplot(diamonds, aes(y = carat, x = cut)) + geom _ boxplot()
```

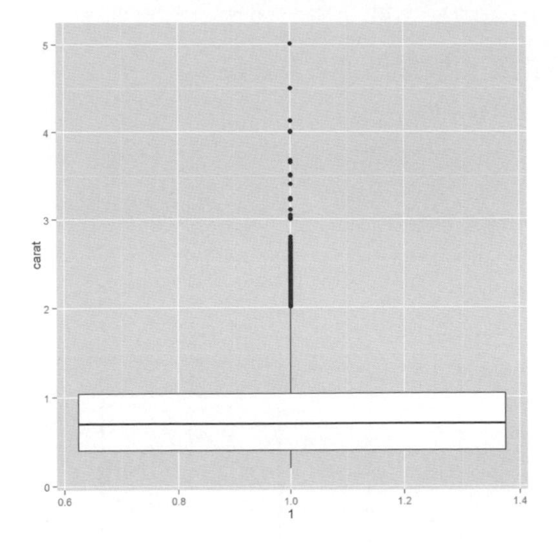

圖 7.11 用 ggplot2 繪出鑽石重量(carat)的箱型圖

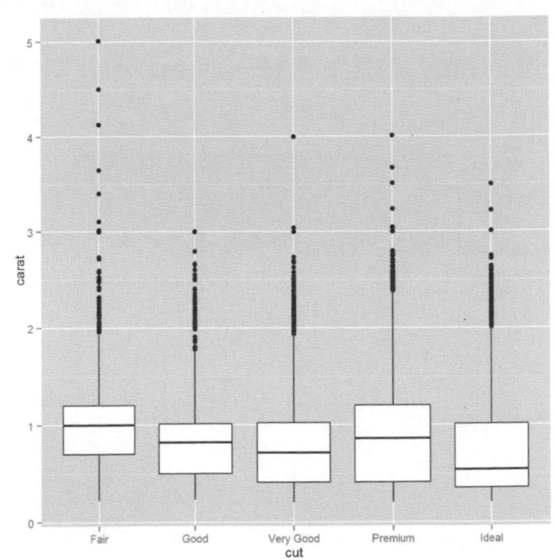

圖 7.12 用 ggplot2 繪出以鑽石切割(cut)分層的鑽石重量(carat)箱型圖

更特別的，我們可以把箱型圖換成小提琴圖，只需用 geom_violin 即可，如圖 **7.13** 所顯示。

```
> ggplot(diamonds, aes(y = carat, x = cut)) + geom_violin()
```

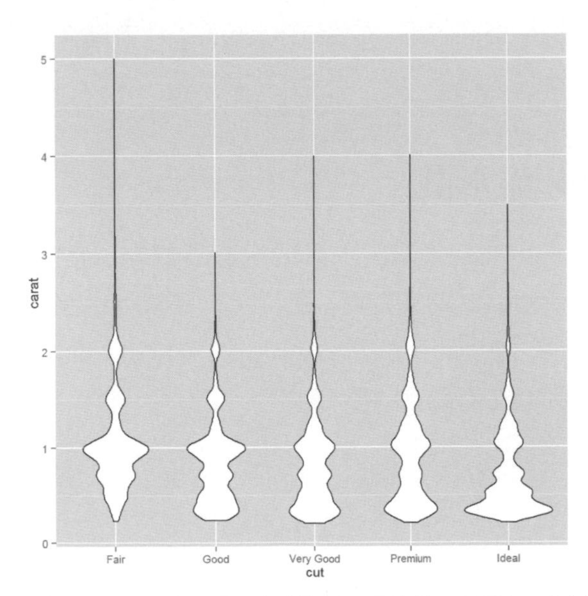

圖 7.13 用 ggplot2 繪出以鑽石切割(cut)分層的鑽石重量(carat)小提琴圖

小提琴圖和箱型圖相似，只是箱子是以曲線呈現的，這是要帶出資料機率密度的感覺。這比一般只顯示直線作為邊界的箱型圖提供了更多資訊。

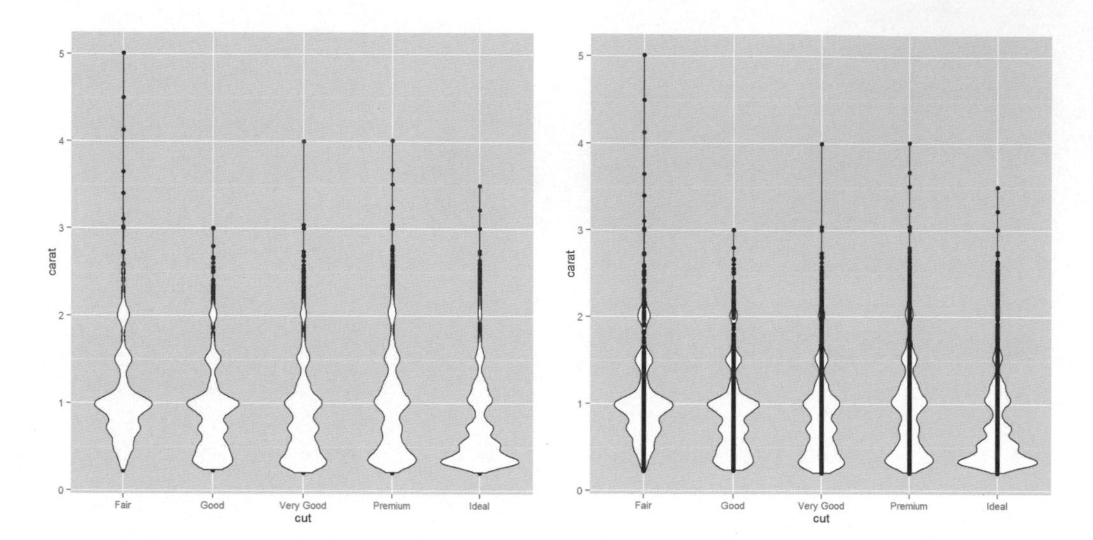

圖 7.14　標上資料點的小提琴圖。左邊圖的建立是先把資料點標上(增加了 points geom)，再畫小提琴圖(violin geom)，而右邊圖的建立次序則是與前者相反。加入 geom 的次序決定了層次的位置

我們在同一張圖上用了不同的圖層(geoms)，如**圖 7.14**。可以注意到以不同次序擺放圖層會帶來不同效果。左邊的圖顯示了資料點在小提琴底下，而右邊圖的資料點則在小提琴上面。

7-2-4　ggplot2 線形圖

線形圖一般會被用在連續變數，但這不是必然的，有時候就算是針對離散資料，我們也可以使用線形圖來表現。**圖 7.15** 所顯示的例子是用 ggplot2 裡的 economics 資料所繪出的線形圖。ggplot2 可以將 date(日期)資料處理的很好，並用合理的比例把它們畫在圖裡。

```
> ggplot(economics, aes(x = date, y = pop)) + geom_line()
```

這行命令通常這樣就可以了，但有時候卻需要加上 aes(group=1)和 geom_line，才能讓命令正常操作，這就像在 **7-2-3 節**中要繪出單個箱型圖的時候那樣。這算是當 ggplot2 不能正常畫線時所需要的小技巧 － 加入 group 引數。

對於一些涵蓋多個年份的資料，有時候我們需要把每一年的資料看得更細，並將其顯現在線形圖裡。對此，我們以 economics 資料作為例子，我們會先用 lubridate 套件裡的一些函數來處理資料裡的 date(日期)。我們需要建立兩個新的變數，year(年份)和 month(月份)，為了簡化例子，我們只採用從 2000 年開始的資料來畫圖。

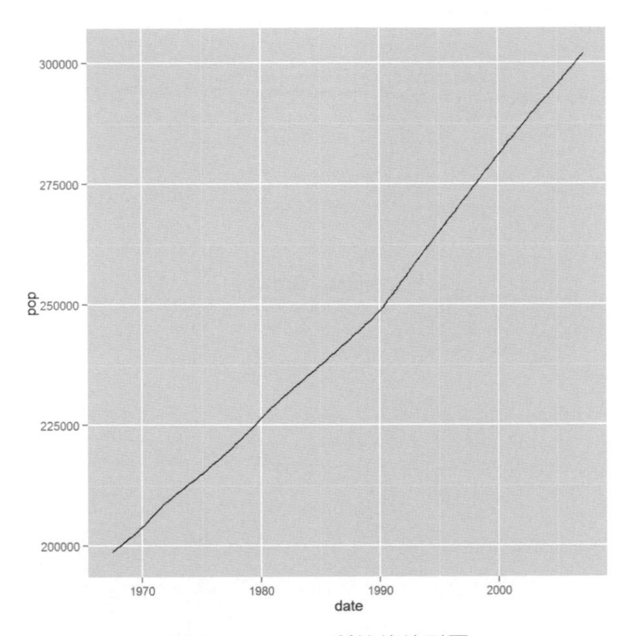

圖 7.15 ggplot2 所繪的線形圖

```
> # 載入 lubridate 套件
> library(lubridate)
>
> ## 建立 year(年份)和 month(月份)變數
> economics$year <- year(economics$date)
> # label 引數設為 TRUE 表示結果中的月份要以月份的名稱顯示, 而非數字
> economics$month <- month(economics$date, label=TRUE)
>
> # 採取部份資料
> # which 函數所回傳的將會是該檢測結果為 TRUE 所對應的位置(或標引)
> # 即年份大於 2000 的觀測值的位置將被回傳
```

Next

```
> econ2000 <- economics[which(economics$year >= 2000), ]
>
> # 載入 scales 套件以更好地格式化圖中的軸
> library(scales)
>
> # 建立圖的底圖
> g <- ggplot(econ2000, aes(x=month, y=pop))
> # 以不同顏色的線來代表不同的年份
> # group 外觀引數將把資料分成很多群
> g <- g + geom_line(aes(color=factor(year), group=year))
> # 把説明命名為"Year"
> g <- g + scale_color_discrete(name="Year")
> # 格式化 y-軸
> g <- g + scale_y_continuous(labels=comma)
> # 新增標題和 x-, y-軸的標籤
> g <- g + labs(title="Population Growth", x="Month", y="Population")
> # 畫圖
> g
```

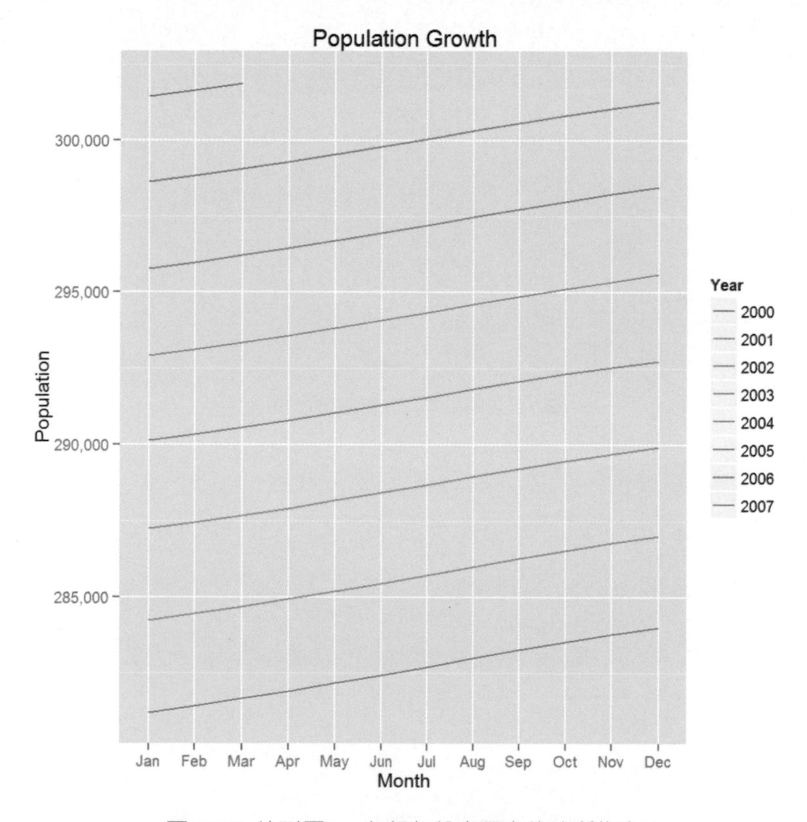

圖 7.16 線形圖 － 每個年份由獨自的線所代表

圖 7.16 涵蓋了許多新的概念。第一個部份，ggplot(econ2000, aes(x=month, y=pop)) + geom_line(aes(color=factor(year), group=year))，是我們曾經用過的命令；它建立的是一個以不同顏色的線代表不同年份的線形圖。可以發現我們把 year 轉為 factor，使得它會得到不同的顏色。而顏色的說明則是以 scale_color_discrete(name="Year")來命名的。y 軸則通過 scale_y_continuous(labels=comma)被格式化成有逗點。最後，圖中的標題，x 軸和 y 軸的標籤都是利用 labs(title="Population Growth", x="Month", y="Population")來設定的。把這些都彙整起來所建立的圖不但看起來專業，而且隨時可以引用來做為報告的圖表。

我們也用了 which 擷取一部份的資料來畫圖。

7-2-5 主題樣式

ggplot2 的一大好處是它提供了一些主題樣式 (Themes)，這樣就可以輕易改變圖表所呈現的樣子。雖然要從頭建立一個主題並不容易，但 ggthemes 套件裡已經內建許多常用的主題樣式，可用來輕鬆建立不同的繪圖風格。在**圖 7.17** 示範了幾個繪圖風格 - The Economist、Excel、 Edward Tufte 和 TheWall Street Journal。

```
> library(ggthemes)
> # 繪圖並存如 g2
> g2 <- ggplot(diamonds, aes(x=carat, y=price)) +
+     geom_point(aes(color=color))
>
> # 使用一些主題
> g2 + theme_economist() + scale_colour_economist()
> g2 + theme_excel() + scale_colour_excel()
> g2 + theme_tufte()
> g2 + theme_wsj()
```

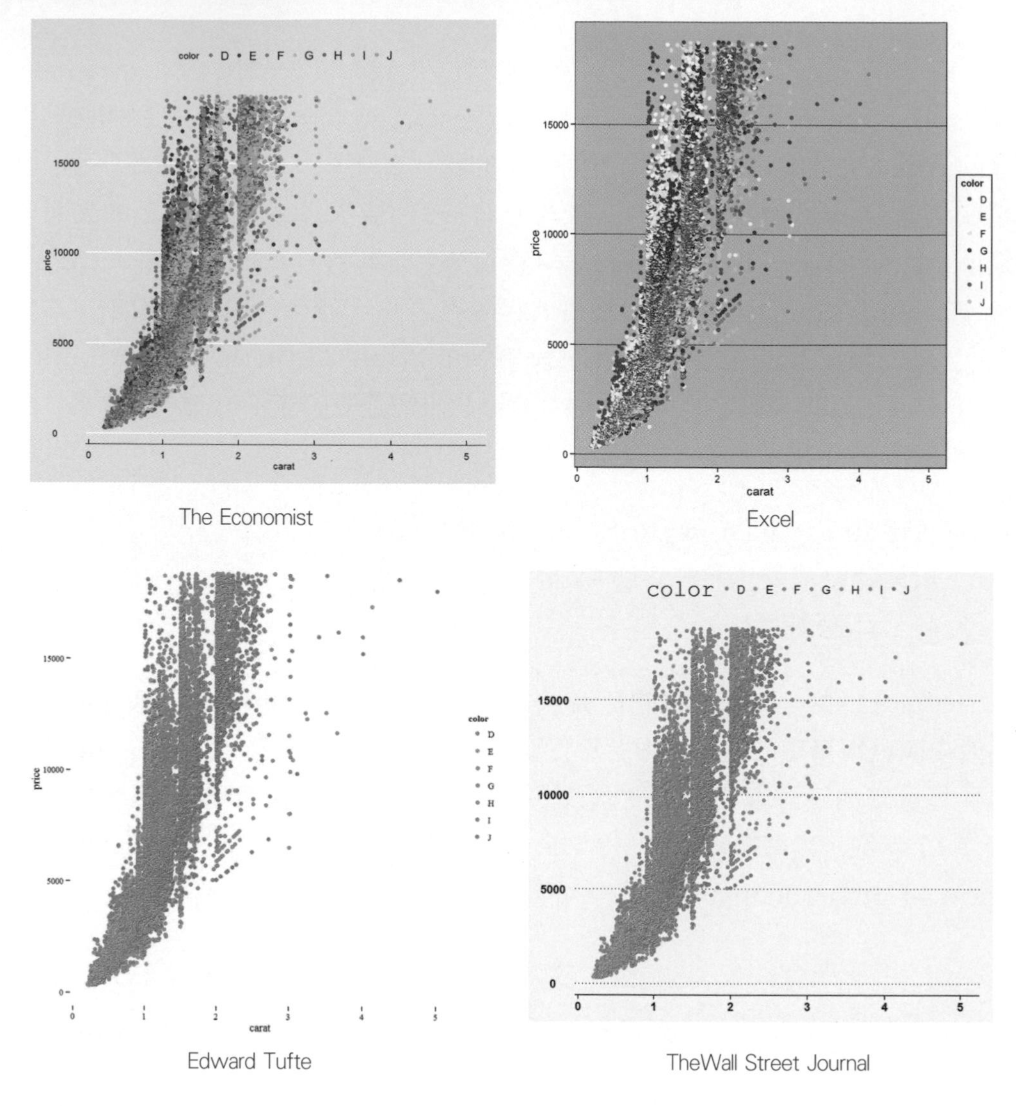

圖 7.17 ggthemes 套件裡不同的主題樣式

7-3 小結

我們已經討論了 R 基本繪圖功能和 ggplot 套件，它們都能簡單的繪製出精美的圖。我們也討論了怎麼繪製直方圖、散佈圖、箱型圖、線形圖和機率密度圖。我們也探討了怎麼用顏色和不同的圖層(small multiples)去將資料分群呈現。ggplot2 其實還提供了將資料製成圖表所需的功能如抖動(jittering)、疊加(stacking)、加亮(dodging)和 alpha(透明度)，這些都會在後續章節中示範。

08

建立 R 函數

如果發現 R 語言中有重複性執行的命令，最好是可以把它們寫成函數(function)，這樣可以方便維護程式碼和日後可以更輕易地重新使用所寫的程式。在 R 建立函數是很容易的，但跟其他程式的建立方法也許不太一樣，所以有可能您要重新調適一下。

8-1 Hello, World!

在其他程式設計一定會舉的 "Hello, World!" 範例，在本書都還沒正式登場過，因此我們將以這例子在控制台建立一個會顯示 "Hello, World!" 的函數。

```
> say.hello <- function()
+ {
+     print("Hello, World!")
+ }
```

首先，以上第一行命令中的句點(.)只是做為函數名稱中的普通字元，並沒有特別的意義[1]，這點和其它程式語言不同。經過上面這段程式碼的宣告，我們就可以使用 say.hello 呼叫此函數。

我們也可以看到這函數被指派到物件的方式跟一般指派變數的方式一樣，都是用 <- 運算子。這對於習慣其它程式語言的人來說是最不一樣的地方。

在 function 之後則是一對括號，括號裡面可被留空(沒有任何引數)，也可以輸入一些引數。我們會在 **8-2 節**將此討論得更詳細。

函數主體則是由大括號 "{ }" 所包含著。若函數只有一行命令的話，是可以不用大括號來包圍住它，不過這並不常見。您還可以注意到函數裡的命令前面都有一些空格，這是按下 Tab 鍵分隔的結果，用來表現程式碼的結構；這雖然不是必要的，但為了方便閱讀，建議您還是養成這習慣。這函數所要執行的指令都應該被包括在這主體裡面，而分號(;)可用在命令的後面作為一行命令的完結，但這也不是必要的。

1：關於句點的使用有個特例要補充說明，R 語言中以句點作為名稱開始的物件可以被使用，但卻是看不見的，因此不能用 ls 來找尋它們。

8-2 函數的引數

很多時候我們需要把引數傳遞到我們的函數裡。引數可輕易被輸入在函數後面的括號裡，這裡我們將使用引數來讓 R 顯示出 "Hello Jared"。

進行到這，我們先學習 sprintf 函數。它的首個引數為一些字串和特殊輸入字元(special input character)，而接下來的引數將會取代該特殊輸入字元。

```
> # 取代一個特殊輸入字元
> sprintf("Hello %s", "Jared")

[1] "Hello Jared"

> # 取代兩個特殊輸入字元
> sprintf("Hello %s, today is %s", "Jared", "Sunday")

[1] "Hello Jared, today is Sunday"
```

我們現在用 sprintf 來建立字串，並以輸入的引數來決定顯示結果。

```
> hello.person <- function(name)
+ {
+     print(sprintf("Hello %s", name))
+ }
> hello.person("Jared")

[1] "Hello Jared"

> hello.person("Bob")

[1] "Hello Bob"

> hello.person("Sarah")

[1] "Hello Sarah"
```

name 引數在函數裡面將被當成變數來使用 (它在函數外面並不存在)，基本上與其它變數無異，同時也可被用在其它函數裡當引數。我們也可以加入第二個想要顯示出來的引數。當呼叫含有多於一個引數的函數時，可以把值輸入到引數的相對位置，或者是直接指定引數名稱。

```
> hello.person <- function(first, last)
+ {
+     print(sprintf("Hello %s %s", first, last))
+ }
> # 透過引數相對位置
> hello.person("Jared", "Lander")

[1] "Hello Jared Lander"

> # 透過引數名稱
> hello.person(first = "Jared", last = "Lander")

[1] "Hello Jared Lander"

> # 把引數反過來
> hello.person(last = "Lander", first = "Jared")

[1] "Hello Jared Lander"

> # 只指定到一個引數名稱
> hello.person("Jared", last = "Lander")

[1] "Hello Jared Lander"

> # 指定另一個引數名稱
> hello.person(first = "Jared", "Lander")

[1] "Hello Jared Lander"

> # 透過引數名稱指定第二個引數, 接著在沒輸入引數名稱下指定第一個引數
> hello.person(last = "Lander", "Jared")

[1] "Hello Jared Lander"
```

可以利用引數名稱來指定引數增添了呼叫函數的彈性。雖然可以只輸入部份引數名稱來做出指定，但這樣使用必須很小心。

```
> hello.person(fir = "Jared", l = "Lander")

[1] "Hello Jared Lander"
```

8-2-1 預設引數值

在遇到需要輸入好幾個引數時，若可以不用每個引數都要輸入值會方便許多。在其它程式語言中，要達到這個目的，需要建立多個不同數量引數的函數，但這樣函數的數量會暴增。而 R 則提供了讓我們預設引數的功能，預設的值可以是 NULL、字元、數字或者 R 的任何有效物件。讓我們以 hello.person 函數為例，將 "Doe" 做為預設的姓氏 (last name)。

```
> hello.person <- function(first, last = "Doe")
+ {
+     print(sprintf("Hello %s %s", first, last))
+ }
>
> # 呼叫函數時不指定姓氏
> hello.person("Jared")

[1] "Hello Jared Doe"

> # 呼叫函數時指定其它的姓氏
> hello.person("Jared", "Lander")

[1] "Hello Jared Lander"
```

8-2-2 附加引數

R 允許使用者輸入任意數量的引數到函數裡，而這些引數並不用事先在定義函數的時候設定，而是透過稱為 dot-dot-dot (…) 的引數來完成。我們先看函數怎麼接受這些附加的函數，您會在稍後函數之間傳遞引數的時候發現它的用處。

```
> # 呼叫 hello.person, 並加入額外的引數
> hello.person("Jared", extra = "Goodbye")

Error in hello.person("Jared", extra = "Goodbye"): unused argument (extra = "Goodbye")

> # 以兩個有效引數呼叫函數, 第三個引數是額外的
> hello.person("Jared", "Lander", "Goodbye")

Error in hello.person("Jared", "Lander", "Goodbye"): unused argument ("Goodbye")


>
> # 現在建立 hello.person, 並加入...引數以接受附加引數
> hello.person <- function(first, last = "Doe", ...)
+ {
+     print(sprintf("Hello %s %s", first, last))
+ }
> # 呼叫 hello.person, 並加入額外的引數
> hello.person("Jared", extra = "Goodbye")

[1] "Hello Jared Doe"

> # 以兩個有效引數呼叫函數, 第三個引數是額外的
> hello.person("Jared", "Lander", "Goodbye")

[1] "Hello Jared Lander"
```

8-3 值的回傳

函數一般是用來計算某些值的，計算好的結果需要一些機制來將它們回傳給函數呼叫者(caller)。這回傳的過程其實也非常簡單，在 R 中有兩種方式可完成此任務。第一是函數主體裡最後一個指令所計算出來的值將會自動地被回傳，但這不是我們建議的方法；另一方式為使用 return 指令，這道指令明確地指定所要回傳的值，同時作為該函數的結束。

此處我們將建立一個僅接受一個引數的函數做為示範，這函數會算出該引數的倍數並進行回傳。

```
> # 建立函數時不使用 return 指令
> double.num <- function(x)
+ {
+     x * 2
+ }
>
> double.num(5)

[1] 10

>
> # 使用 return 指令建立
> double.num <- function(x)
+ {
+     return(x * 2)
+ }
>
> double.num(5)

[1] 10

>
```

Next

```
> # 再次建立函數，這次在 return 後面也放一些指令
> double.num <- function(x)
+ {
+     return(x * 2)
+
+     # 以下指令不會被執行，因為函數已經被退出了
+     print("Hello!")
+     return(17)
+ }
>
> double.num(5)

[1] 10
```

8-4 do.call

do.call 這個函數允許使用者用 character 或者一個物件來指定函數名稱，而所輸入的引數需以列表(list)形式呈現。

```
> do.call("hello.person", args = list(first = "Jared", last = "Lander"))

[1] "Hello Jared Lander"

> do.call(hello.person, args = list(first = "Jared", last = "Lander"))

[1] "Hello Jared Lander"
```

這在建立一個可以讓使用者指定所要做出某動作的函數時特別有用。在接下來的例子裡，使用者需提供一個 vector 和一個所要執行的函數。

```
> run.this <- function(x, func = mean)
+ {
+     do.call(func, args = list(x))
+ }
>
> # 用預設的 mean 函數找平均值
> run.this(1:10)

[1] 5.5

> # 指定要找平均值
> run.this(1:10, mean)

[1] 5.5

> # 計算總和
> run.this(1:10, sum)

[1] 55

> # 計算標準差
> run.this(1:10, sd)

[1] 3.028
```

8-5 小結

函數可讓我們建立可重複使用的命令，對命令的修改變得更容易。這章的重點包括了函數的引數，預設引數，和回傳函數所計算的值。稍後我們會討論到比這章更複雜的函數。

Memo

09

流程控制

控制敘述讓我們可以控制程式的流程，我們可以檢測一些條件，依據不同的檢測結果觸發不同的事情。檢測所帶出來的結果都是以邏輯化的 TRUE 或 FALSE 呈現，這些結果都會被用在 if 相關的控制敘述裡，主要的控制敘述包括了 if、else、ifelse 和 switch。

9-1 if 和 else

最常見的條件檢測為 if 命令。它實質上所代表的是：如果某些條件符合的話則為 TRUE，並執行某些動作；否則的話，不要執行該動作。我們所要檢測的條件內容都包括在 if 命令後的括號裡，最基本的條件檢測是使用等於(==)、小於(<)、小於等於(<=)、大於(>)、大於等於(>=) 和不等於(!=)等符號進行判斷。

若通過這些測試則回傳 TRUE，否則回傳 FALSE。如 **4-3-4 節**所提到的，在數值上 TRUE 等同 1，而 FALSE 等同 0。

```
> as.numeric(TRUE)

[1] 1

> as.numeric(FALSE)

[1] 0
```

等於 (==)、小於 (<)、小於等於 (<=)、大於 (>)、大於等於 (>=) 和不等於(!=) 等判斷符號並不限於在 if 敘述裡面使用，以下我們直接在控制台進行一些簡單的條件判斷。

```
> 1 == 1 # TRUE

[1] TRUE

> 1 < 1 # FALSE

[1] FALSE

> 1 <= 1 # TRUE

[1] TRUE

> 1 > 1 # FALSE
```

Next

```
[1] FALSE
> 1 >= 1 # TRUE
[1] TRUE
> 1 != 1 # FALSE
[1] FALSE
```

接著我們再將條件檢測用在 if 敘述裡面，可以控制接下來所要執行的動作。

```
> # 建立一個含有 1 的變數
> toCheck <- 1
>
> # 若 toCheck 等於 1, 顯示 hello
> if (toCheck == 1)
+ {
+     print("hello")
+ }

[1] "hello"

>
> # 現在如果 toCheck 等於 0, 則顯示 hello
> if (toCheck == 0)
+ {
+     print("hello")
+ }
> # 可以看到結果並沒顯示任何東西
```

可以注意到 if 敘述如同一個函數，所有敘述或命令 (可以是一行或很多行) 都被包括在大括號 "{ }" 裡。現在我們所看到的是在某種關係為 TRUE 的時候就會執行一些動作，但通常條件控制敘述不會簡單到只有一個動作。很多時候在該關係為 FALSE 的時候 (也就是條件不成立)，我們要令它執行一些不同的動作。在接下來的例子裡，我們會在 if 敘述後面再加上 else 敘述，在條件不成立時執行 else 敘述的動作，而我們把這個寫成函數以便可以重複使用。

```
> # 首先先建立函數
> check.bool <- function(x)
+ {
+     if (x == 1)
+ {
+         # 若輸入值為 1 則顯示 hello
+         print("hello")
+     } else
+     {
+         # 否則顯示 goodbye
+         print("goodbye")
+     }
+ }
```

可以注意到 else 和前一個 if 敘述的結束大括號 "}" 出現在同一行；如果不在同一行，則這些命令都不能正常運行。現在我們來使用這函數，看它是否可運行。

```
> check.bool(1)

[1] "hello"

> check.bool(0)

[1] "goodbye"

> check.bool("k")

[1] "goodbye"

> check.bool(TRUE)

[1] "hello"
```

任何除了 1 之外的東西都將使得這函數顯示 "goodbye"。輸入 TRUE 仍顯示出 "hello" 是因為 TRUE 在數值上等同 1。

若需要再延續檢測多個條件，這時候 ifelse 敘述就可以派上用場了。我們首先測試一個敘述，然後再測試另一個敘述，若這些測試都失敗(FALSE)的話，則會執行某個對應的敘述。我們將修改 check.bool 先檢測一個條件，然後再檢測另一個條件。

```
> check.bool <- function(x)
+ {
+     if (x == 1)
+     {
+       # 若輸入值等於 1, 顯示 hello
+       print("hello")
+     } else if (x == 0)
+     {
+       # 若輸入值等於 0, 顯示 goodbye
+       print("goodbye")
+     } else
+     {
+       # 否則顯示 confused
+       print("confused")
+     }
+ }
>
> check.bool(1)

[1] "hello"

> check.bool(0)

[1] "goodbye"

> check.bool(2)

[1] "confused"

> check.bool("k")

[1] "confused"
```

9-2 switch

當我們有好幾個條件要檢測的時候，重複使用 ifelse 會顯得有些繁瑣，而且沒效率，這時候使用 switch 就非常合適。此函數的第一個引數為我們所要檢測的值，接下來的引數則為一些特定的值和其所對應的結果；若最後一個引數沒有給值 (沒有 '=') 只有結果，代表這引數將為預設結果，沒有找到符合的值，就回傳預設結果。

我們建立一個函數做為示範，我們將對此函數輸入值，然後看它所對應的結果。

```
> use.switch <- function(x)
+ {
+     switch(x,
+         "a"="first",
+         "b"="second",
+         "z"="last",
+         "c"="third",
+         "other")
+ }
>
> use.switch("a")

[1] "first"

> use.switch("b")

[1] "second"

> use.switch("c")

[1] "third"

> use.switch("d")

[1] "other"
```

Next

```
> use.switch("e")

[1] "other"

> use.switch("z")

[1] "last"
```

如果給函數的引數為數值的話，代表要對應到第幾個引數，這時候這些引數的名稱會完全被忽略。若這數值比引數的數量還大的話，將會回傳 NULL。

```
> use.switch(1)

[1] "first"

> use.switch(2)

[1] "second"

> use.switch(3)

[1] "last"

> use.switch(4)

[1] "third"

> use.switch(5)

[1] "other"

> use.switch(6) # 沒回傳任何東西
> is.null(use.switch(6))

[1] TRUE
```

Tip 我們在上述程式碼中用到了一個新的函數 - is.null，這函數是用來檢測一個物件是否為 NULL。

9-3 ifelse

R 裡的 if 就像其它傳統程式語言裡的 if 敘述，ifelse 則比較像 Excel 裡的 if 函數的用法。此敘述的首個引數為所要檢測的條件 (就像傳統的 if 敘述)，第二個引數是當檢測結果為 TRUE 時所要回傳的值，第三個引數則是當檢測結果為 FALSE 時所要回傳的值。ifelse 和傳統 if 不同的地方是它可做為向量化運算的引數，如同 R 裡其它的操作一樣，向量化的運算可以避免使用 for 迴圈，這樣可以加快計算速度。關於 ifelse 的細節稍微繁雜，我們將提供幾個例子進行示範。

我們從一個很簡單的例子作為開始。我們將檢測 1 是否等於 1，若結果為 TRUE 則顯示 "Yes"，結果為 FALSE 則顯示 "No"。

```
> # 檢測是否 1 == 1
> ifelse(1 == 1, "Yes", "No")

[1] "Yes"
```

```
> # 檢測是否 1 == 0
> ifelse(1 == 0, "Yes", "No")

[1] "No"
```

顯示的結果如我們所預期的。ifelse 可以用在 **9-1 節**介紹的所有檢測或任何其它的 logical (邏輯) 測試。如果我們只需要檢測一個元素 (一個長度為 1 的 vector 或者一個簡單的 is.na)，用 if 會比用 ifelse 來得高效率。接下來的範例我們將第一個引數向量化。

```
> toTest <- c(1, 1, 0, 1, 0, 1)
> ifelse(toTest == 1, "Yes", "No")

[1] "Yes" "Yes" "No" "Yes" "No" "Yes"
```

若 toTest 中的元素等於 1 就會回傳 "Yes"，若元素不等於 1 則回傳 "No"。所被檢測的元素也可用在第二個和第三個引數的位置作為結果的顯示。

```
> ifelse(toTest == 1, toTest * 3, toTest)

[1] 3 3 0 3 0 3

> # FALSE 引數中的值會在每次檢測結果為 FALSE 的時候顯示
> ifelse(toTest == 1, toTest * 3, "Zero")

[1] "3" "3" "Zero" "3" "Zero" "3"
```

現在我們讓 toTest 包含 NA 元素。在這情況下，其所對應的 ifelse 檢測結果將為 NA。

```
> toTest[2] <- NA
> ifelse(toTest == 1, "Yes", "No")

[1] "Yes" NA "No" "Yes" "No" "Yes"
```

這結果就算在 TRUE 和 FALSE 引數為 vector 的時候也不會改變。

```
> ifelse(toTest == 1, toTest * 3, toTest)

[1] 3 NA 0 3 0 3

> ifelse(toTest == 1, toTest * 3, "Zero")

[1] "3" NA "Zero" "3" "Zero" "3"
```

9-4 複合的條件檢測

前述的 if、ifelse 和 switch 所檢測的條件所產生的結果可以是邏輯的 TRUE 或 FALSE；檢測的條件可以只是一般的相等性檢測，或者是 is.numeric 或 is.na 判斷的結果。有時候我們會想要同時檢測一個或更多個的關係，這時候我們可以用邏輯運算子如 and 和 or。and 的運算子包括 & 和 &&，or 的則包括 |和 ||。單符號和雙符號的邏輯運算子使用上有一些細微的差別，雙符號比較的只是符號兩邊的單一個元素，而單符號比較的則是兩邊的每一個元素，這差別對於運算速度有著極大影響。雙符號形式(&&或||)最好用在 if，而單符號形式(&或|)最好用在 ifelse。

```
> a <- c(1, 1, 0, 1)
> b <- c(2, 1, 0, 1)
>
> # 這檢測 a 和 b 的每一個元素
> ifelse(a == 1 & b == 1, "Yes", "No")

[1] "No" "Yes" "No" "Yes"

>
> # 這只檢測 a 和 b 的頭一個元素，因此只回傳一個結果
> ifelse(a == 1 && b == 1, "Yes", "No")

[1] "No"
```

單符號和雙符號的另一個差別是在於處理條件的過程。當使用單符號的時候，運算子兩邊的條件都會被檢測；而使用雙符號時，有時候只有運算子左邊的條件會被檢測。舉例來說，若檢測 "1 == 0 && 2 == 2"，左邊檢測並不通過，因此可以不用檢測右邊；同樣的，當檢測 "3 == 3 || 0 == 0"，左邊已經通過檢測，因此也沒必要檢測右邊。這遇到當左邊不能通過測試而會令到右邊出錯的時候特別管用。

有時候我們可以測試兩個以上的條件，這些條件都可以使用數個 and 或 or 邏輯運算子串在一起，也可以像數學運算裡那樣用括號組合起來。在沒有括號的情況下，運算次序則類似 PEMDAS(參考 **4-1 節**)，其中 and 等同乘法，而 or 等同加法，因此 and 會比 or 優先處理。

9-5 小結

在命令行內或在函數裡控制程式流程，在資料處理和分析中扮演了一個重要的角色。if 和 else 敘述在檢測單一元素物件時常常用到，而且可以處理得有效率；而 ifelse 能處理向量化的運算而在 R 中很常使用。switch 敘述則比較少人在用，但它其實是很方便的。最後 and(&和&&) 和 or(|和||) 運算子可讓我們把好幾個檢測條件串在一起。

Memo

10

迴圈 - 迭代元素的傳統作法

在您開始使用 R 的時候，或許還是很習慣利用迴圈來對 vector、list 或 data.frame 裡的元素進行迭代 (Iterate)[1]。這在使用其它程式語言是再自然不過了，但在 R 裡我們一般都會使用向量化的運算。雖然如此，使用迴圈有時候還是無法避免的，因此 R 仍提供了 for 和 while 迴圈。

1：Iterate 的中文翻譯除了「迭代」，也有人翻成「疊代」。

10-1 for 迴圈

最常用的迴圈為 for 迴圈，這個迴圈會根據索引(index)進行迭代，然後做出一些運算。使用者需以 vector 提供索引來決定迭代要怎麼進行。以一個簡單的例子作為示範，我們將用迴圈顯示 1~10。

迴圈的建立從 for 開始，它所需要的引數可被分為三個部份，而這引數表面看起來就像英文句子。第三部份為任一含有任何值的 vector，一般為 numeric (數值) 或者 character (字元)。第一部份則是一個變數，這變數將迭代性地被指派於第三部份 vector 裡的每一個值。中間部分則是 "in"，這表示該變數(第一部份)在(in)vector(第三部份)裡。

變數 在 vector

```
> for(i in 1:10)
+ {
+     print(i)
+ }

[1] 1
[1] 2
[1] 3
[1] 4
[1] 5
[1] 6
[1] 7
[1] 8
[1] 9
[1] 10
```

上例我們建立了一個含有數字 1 到 10 的 vector，然後把它們逐一顯示。其實我們也可以用內建的向量化運算，配合 print 函數來完成此事。

```
> print(1:10)

[1] 1 2 3 4 5 6 7 8 9 10
```

當然，它們不完全一樣，不過也只是輸出顯示的差別而已。for 迴圈裡的 vector 可以是非連續性的，也可以是任一 vector。

```
> # 建立一個含有水果名稱的 vector
> fruit <- c("apple", "banana", "pomegranate")
> # 建立一個變數(亦為 vector)以儲存水果名稱的長度, 先儲存 NA 值作為開始
> fruitLength <- rep(NA, length(fruit))
> # 把它顯示出來, 全部為 NA 值
> fruitLength

[1] NA NA NA

> # 替它取名
> names(fruitLength) <- fruit
> # 再次顯示, 還是 NA 值
> fruitLength

    apple    banana    pomegranate
       NA        NA             NA

> # 對 fruit(水果名稱)做出迭代, 每次把名稱長度都存入 vector 裡
> for(a in fruit)
+ {
+     fruitLength[a] <- nchar(a)
+ }
> # 把長度顯示出來
> fruitLength

    apple    banana    pomegranate
        5         6             11
```

再一次的，我們可以看到 R 內建的向量化計算可以把這一切都簡化。

```
> # 只需要呼叫 nchar 函數
> fruitLength2 <- nchar(fruit)
> # 替它取名
> names(fruitLength2) <- fruit
> # 把它顯示出
> fruitLength2

      apple      banana pomegranate
          5           6          11
```

如預期中，它們產生的結果是一樣的。

```
> identical(fruitLength, fruitLength2)

[1] TRUE
```

10-2 while 迴圈

在 R 語言，和 for 迴圈相比，while 迴圈極少被使用，不過我們還是簡單介紹它的操作。只要通過所檢測的條件，它就會重複性地執行 while 迴圈大括號裡的所有命令。在接下來的例子裡，我們把 x 的值顯示出來，直到把它迭代到 5。這是一個非常簡單的例子，正好可以展現迴圈的操作方法。

```
> x <- 1
> while(x <= 5)
+ {
+     print(x)
+     x <- x + 1
+ }

[1] 1
[1] 2
[1] 3
[1] 4
[1] 5
```

10-3 迴圈的強制處理

有時候在一些迴圈裡我們有需要跳過一些迭代過程，或者完全性地退出迴圈。我們可以使用 next 和 break 來完成這件事。我們將使用 for 迴圈來進行示範。

```
> for(i in 1:10)
+ {
+     if(i == 3)
+     {
+         next
+     }
+     print(i)
+ }

[1] 1
[1] 2
[1] 4
[1] 5
[1] 6
[1] 7
[1] 8
[1] 9
[1] 10
```

可以注意到 3 並沒被顯示出來，因為在程式碼中當 i 為 3 的時候，會執行 next 命令，因此會跳過這一次迴圈中 print(i) 的執行，而繼續下一次的迴圈 (i 為 4)。

```
> for(i in 1:10)
+ {
+     if(i == 4)
+     {
+         break
+     }
+     print(i)
+ }

[1] 1
[1] 2
[1] 3
```

在這個例子裡，雖然我們讓 R 迭代整數數字 1~10，但它卻在 3 之後就停止迭代了，這是因為我們加了一個敘述，在 4 的時候就將整個迴圈打斷了。

10-4 小結

for 是最主要的迴圈，它可以對一序列預設好的元素進行迭代。而另一個迴圈為 while，它將一直執行某個迴圈的內容，直到某些條件不再被滿足。之前已經提過，若可以使用向量化計算或矩陣代數來做計算的話，就盡量不要使用迴圈。更重要的是盡量避免使用巢狀迴圈(nested loops)，也就是迴圈中還有迴圈，因為 R 在執行迴圈中的迴圈時是非常慢的。

11

群組資料操作

從經驗上來看，資料分析過程中，分析人員一般花 80% 的功夫在資料操作 (或稱為 "data munging" 資料整理 - Simple 創始人 Josh Reich 所創的詞)。資料操作一般是要在資料分群做出一些重複性的操作，此狀況也被稱作 "split-apply-combine" (拆開-套用-整合)。其意思是首先透過不同基準把資料拆開成獨立群組，接著對每個群組套用一些轉換，最後再把所有群組整合起來。這其實就像 Hadoop[1] 操作架構下的 MapReduce[2]。R 有很多對資料群做出迭代的方法，我們會先介紹一些用起來比較方便的函數。在這章節討論到大部分的資料操作方法都持續地改良中，在第 12 章和第 13 章會介紹更方便的資料操作的工具。

1： Hadoop 是將資料和運算分配到平行電腦的一個架構。

2： MapReduce 會將資料分成獨立群組，然後做出計算，接著再用一些方法將它們整合起來。

11-1 Apply 相關函數

R 提供了內建的 apply 函數，還有和它相關的函數如 tapply、lappy 和 mapply。它們都有其獨特之處和需求，在不同的情況下需要使用不同的函數為佳。

11-1-1 apply

apply 函數的限制性高，它只能被用在 matrix(矩陣)中，這代表所有的元素必須是同一類別，無論它們是 character(字元)、numeric(數值)或者 logical(邏輯)。若用在其它結構的物件，如 data.frame，它就會先被轉換成 matrix。

apply 的第一個引數為我們所要操作的物件或資料。第二個引數決定了函數要怎麼被應用在該物件，1 表示對每一橫列的應用函數，2 則表示對每一直行的應用函數。而第三個引數為所要套用的函數。任何附加引數則會被傳遞到該函數裡。apply 會將指定的函數迭代在 matrix 的每一個列(或行)，並把它們(每一排)當做是該函數首個引數的輸入值。

這裡以一個比較直覺的例子做示範，我們要找出 matrix 的每一行或每一列的數字總和。

```
> # 建立 matrix
> theMatrix <- matrix(1:9, nrow = 3)
> # 每一列的總和
> apply(theMatrix, 1, sum)

[1] 12 15 18

> # 每一行的總和
> apply(theMatrix, 2, sum)

[1] 6 15 24
```

以下示範的另一作法為使用內建的 rowSums 和 colSums 函數，它們的結果都是一樣的。

```
> rowSums(theMatrix)

[1] 12 15 18

> colSums(theMatrix)

[1] 6 15 24
```

現在我們試著把 theMatrix 的其中一個元素設為 NA，看看 na.rm 引數如何處理遺失值，同時也說明附加引數的使用。在 **4-7-1 節**說過，只要 vector (向量) 中存在著一個元素是 NA 值，sum 回傳的結果將會是 NA。要避免這個狀況，可以設定 na.rm=TRUE，就會把 NA 值移除掉，只對其餘的值進行計算。當您合併使用 sum (或其它函數) 和 apply 時，額外的引數 (如 na.rm) 應輸入於該函數 (sum) 之後，任何引數都可使用。這跟直接呼叫該函數的時候，所有引數都必須被命名是不一樣的。

```
> theMatrix[2, 1] <- NA
> apply(theMatrix, 1, sum)

[1] 12 NA 18

> apply(theMatrix, 1, sum, na.rm = TRUE)

[1] 12 13 18

> rowSums(theMatrix)

[1] 12 NA 18

> rowSums(theMatrix, na.rm = TRUE)

[1] 12 13 18
```

11-1-2 lapply 和 sapply

lapply 的功用是對 list(列表) 中的每個元素套用函數，回傳的結果也會是以 list 呈現。

```
> theList <- list(A = matrix(1:9, 3), B = 1:5, C = matrix(1:4, 2), D = 2)
> lapply(theList, sum)

$A
[1] 45

$B
[1] 15

$C
[1] 10

$D
[1] 2
```

使用 list 看來可能有一點繁瑣，若要讓 lapply 的結果以 vector 的形式回傳的話，可以使用 sapply。使用方法其實跟 lapply 一模一樣。

```
> sapply(theList, sum)

 A  B  C  D
45 15 10  2
```

由於 vector 也算是 list 的一種，因此 lapply 和 sapply 也可以用 vector 作為它們引數。

```
> theNames <- c("Jared", "Deb", "Paul")
> lapply(theNames, nchar)

[[1]]
[1] 5

[[2]]
[1] 3

[[3]]
[1] 4
```

11-1-3 mapply

在 apply 相關函數中有一個常被忽略，但很有用的成員為 mapply。它可以對好幾個 list 中的每個元素套用所指定的函數。遇到類似的情況時，多數人都會選擇使用迴圈，但其實只要使用 mapply 就可以做到。

```
> ## 建立兩個 list
> firstList <- list(A = matrix(1:16, 4), B = matrix(1:16, 2), C = 1:5)
> secondList <- list(A = matrix(1:16, 4), B = matrix(1:16, 8), C = 15:1)
> # 元素對元素的檢測，看它們是否相同
> mapply(identical, firstList, secondList)

   A     B     C
TRUE FALSE FALSE

> ## 建立一個簡單的函數把各元素的列的數量(長度)加起來
> simpleFunc <- function(x, y)
+ {
+     NROW(x) + NROW(y)
+ }
> # 把函數應用到那兩個 list
> mapply(simpleFunc, firstList, secondList)

 A  B  C
 8 10 20
```

11-1-4 其他 apply 函數

apply 相關函數裡還有其他許多成員，但多半很少使用，要不就是已經被 plyr、dplyr 和 purrr 套件中的函數所取代了。就連 lapply 和 sapply，也有不少人覺得在 dplyr 與 purrr 套件中可找到功能與它們相似的函數，但實際上功能不盡然相同。這裡大致列舉 apply 其他相關函數如下：

- tapply
- rapply
- eapply
- vapply
- by

11-2 aggregate 聚合資料

SQL 使用者在開始使用 R 語言時，最先想做的是將資料根據某些變數做分群(group by)，然後再依群聚合資料(aggregation)，我們可以使用 aggregate 函數來達到這個目的。在數個呼叫 aggregate 函數的方法中，我們將討論最方便的方法 – 使用 formula(公式)。

formula 由波浪號(~) 分隔成左右兩邊，左邊所放的變數將被用來做計算，而右邊的一個或多個變數則是對左邊變數做分群的依據 [3]。

我們再次使用 ggplot2 中的 diamond 資料來示範 aggregate 函數的用法。

```
> data(diamonds, package='ggplot2')
> head(diamonds)

# A tibble: 6 × 10
  carat       cut  color  clarity  depth  table  price     x     y     z
  <dbl>     <ord>  <ord>    <ord>  <dbl>  <dbl>  <int> <dbl> <dbl> <dbl>
1  0.23     Ideal      E      SI2   61.5     55    326  3.95  3.98  2.43
2  0.21   Premium      E      SI1   59.8     61    326  3.89  3.84  2.31
3  0.23      Good      E      VS1   56.9     65    327  4.05  4.07  2.31
4  0.29   Premium      I      VS2   62.4     58    334  4.20  4.23  2.63
5  0.31      Good      J      SI2   63.3     58    335  4.34  4.35  2.75
6  0.24 Very Good      J     VVS2   62.8     57    336  3.94  3.96  2.48
```

我們要對鑽石的每種切割品質(cut)算出其平均價值(price)。切割品質共分 5 群：普通(Fair)、好(Good)、很好(Very Good)、優等(Premium)和理想(Ideal)。aggregate 的第一個引數為 formula，透過 formula 可將 price 依據(或在 SQL 為 group by 指令) cut 做分群。第二個引數為所要使用的資料，在我們的例子裡就是 diamonds 資料。第三個引數則是一個要被套用到每個資料群的函數，換句話說就是指定要對每個資料群所做出怎麼樣的計算，在我們的例子為 mean。

3：在第 19 章會示範，右邊的變數可以是數值資料，但在 aggregate 函數裡我們只會使用類別變數。

```
> aggregate(price ~ cut, diamonds, mean)

        cut    price
1      Fair 4358.758
2      Good 3928.864
3 Very Good 3981.760
4   Premium 4584.258
5     Ideal 3457.542
```

第一個引數指定了對 price 的計算必須先依據 cut 來分群。可以注意到我們只是輸入了直行的欄位名稱，而沒特別說明它是屬於哪個資料集，這是因為我們在第二個引數已經指定資料集了。第三個引數為所要被套用到分群資料的函數。在輸入了第三個引數之後，我們還可以添加更多的引數，而這些引數將被傳遞到該函數作為引數，比如 aggregate(price ~ cut, diamonds, mean, na.rm=TRUE)。

若要以數個變數為依據來進行分群，我們可以在 formula 的右邊使用加號(+)添加變數。

```
> aggregate(price ~ cut + color, diamonds, mean)

         cut color    price
1       Fair     D 4291.061
2       Good     D 3405.382
3  Very Good     D 3470.467
4    Premium     D 3631.293
5      Ideal     D 2629.095
6       Fair     E 3682.312
7       Good     E 3423.644
8  Very Good     E 3214.652
9    Premium     E 3538.914
10     Ideal     E 2597.550
11      Fair     F 3827.003
12      Good     F 3495.750
13 Very Good     F 3778.820
14   Premium     F 4324.890
15     Ideal     F 3374.939
16      Fair     G 4239.255
17      Good     G 4123.482
```

Next

```
18  Very Good       G    3872.754
19    Premium       G    4500.742
20      Ideal       G    3720.706
21       Fair       H    5135.683
22       Good       H    4276.255
23  Very Good       H    4535.390
24    Premium       H    5216.707
25      Ideal       H    3889.335
26       Fair       I    4685.446
27       Good       I    5078.533
28  Very Good       I    5255.880
29    Premium       I    5946.181
30      Ideal       I    4451.970
31       Fair       J    4975.655
32       Good       J    4574.173
33  Very Good       J    5103.513
34    Premium       J    6294.592
35      Ideal       J    4918.186
```

若要同時對兩個變數進行分群計算(我們暫且只以 cut 來做分群)，該兩個變數則需在 formula 的左邊以 cbind 合併起來。

```
> aggregate(cbind(price, carat) ~ cut, diamonds, mean)

        cut    price     carat
1      Fair 4358.758 1.0461366
2      Good 3928.864 0.8491847
3 Very Good 3981.760 0.8063814
4   Premium 4584.258 0.8919549
5     Ideal 3457.542 0.7028370
```

以上的例子示範了對每個 cut 分群計算 price 和 carat (鑽石質量，以克拉為單位)的平均值。可以看到我們只是提供了單一個所要被套用的函數(在我們的例子為 mean)。若要同時應用多個函數，用 plyr 與 dplyr 套件會比較容易，這些會在 **11-3 節和第 12 章**詳細討論。

當然，我們可以同時對 formula 的左右兩邊提供好幾個變數。

```
> aggregate(cbind(price, carat) ~ cut + color, diamonds, mean)

         cut color    price     carat
1       Fair     D 4291.061 0.9201227
2       Good     D 3405.382 0.7445166
3  Very Good     D 3470.467 0.6964243
4    Premium     D 3631.293 0.7215471
5      Ideal     D 2629.095 0.5657657
6       Fair     E 3682.312 0.8566071
7       Good     E 3423.644 0.7451340
8  Very Good     E 3214.652 0.6763167
9    Premium     E 3538.914 0.7177450
10     Ideal     E 2597.550 0.5784012
11      Fair     F 3827.003 0.9047115
12      Good     F 3495.750 0.7759296
13 Very Good     F 3778.820 0.7409612
14   Premium     F 4324.890 0.8270356
15     Ideal     F 3374.939 0.6558285
16      Fair     G 4239.255 1.0238217
17      Good     G 4123.482 0.8508955
18 Very Good     G 3872.754 0.7667986
19   Premium     G 4500.742 0.8414877
20     Ideal     G 3720.706 0.7007146
21      Fair     H 5135.683 1.2191749
22      Good     H 4276.255 0.9147293
23 Very Good     H 4535.390 0.9159485
24   Premium     H 5216.707 1.0164492
25     Ideal     H 3889.335 0.7995249
26      Fair     I 4685.446 1.1980571
27      Good     I 5078.533 1.0572222
28 Very Good     I 5255.880 1.0469518
29   Premium     I 5946.181 1.1449370
30     Ideal     I 4451.970 0.9130291
31      Fair     J 4975.655 1.3411765
32      Good     J 4574.173 1.0995440
33 Very Good     J 5103.513 1.1332153
34   Premium     J 6294.592 1.2930941
35     Ideal     J 4918.186 1.0635937
```

可惜的是，aggregate 執行速度較慢，還好有其他選擇，像是 plyr、dplyr 與 data.table 在運算上是比較快的。

11-3 plyr 套件

R 最好用的套件之一為 Hadley Wickham 所創建的 plyr[4] 套件，它的使用正好符合資料操作中 "拆開-套用-整合" 的程序。該套件的核心函數包括 ddply、llply 和 ldply，這些用來修整資料的函數名稱都由 5 個字母組成，名稱的後三個字母皆為 ply，第一個和第二個字母分別代表輸入和輸出資料的資料結構。舉例來說，ddply 所用的輸入和輸出資料皆為 data.frame，而 llply 皆用 list 作為輸入和輸出資料，最後 ldply 則以 list 作為輸入資料，data.frame 作為輸出資料。相關函數的完整列表如表 11.1 所顯示。

表 11.1 plyr 函數和其對應的輸入和輸出資料結構

函數	輸入資料	輸出資料
ddply	data.frame	data.frame
llply	list	list
aaply	array/vector/matrix	array/vector/matrix
dlply	data.frame	list
daply	data.frame	array/vector/matrix
d_ply	data.frame	無 (用作邊際效應)
ldply	list	data.frame
laply	list	array/vector/matrix
l_ply	list	無 (用作邊際效應)
adply	array/vector/matrix	data.frame
alply	array/vector/matrix	list
a_ply	array/vector/matrix	無 (用作邊際效應)

11-3-1 ddply

ddply 所用的輸入資料為 data.frame，它會將該資料根據某些變數做分群，然後對這些分群進行各種運算，最後再以 data.frame 形式回傳結果。為了學習 ddply 的操作，我們使用 plyr 套件裡的棒球 (baseball) 資料。

4： 此取名源自 plier(鉗子)一詞，表示它是很好用且常被需要用到的工具。

```
> library(plyr)
> head(baseball)

           id  year  stint  team  lg   g  ab  r  h X2b X3b hr rbi sb cs bb
4   ansonca01  1871      1   RC1      25 120 29 39  11   3  0  16  6  2  2
44  forceda01  1871      1   WS3      32 162 45 45   9   4  0  29  8  0  4
68  mathebo01  1871      1   FW1      19  89 15 24   3   1  0  10  2  1  2
99  startjo01  1871      1   NY2      33 161 35 58   5   1  1  34  4  2  3
102 suttoez01  1871      1   CL1      29 128 35 45   3   7  3  23  3  1  1
106 whitede01  1871      1   CL1      29 146 40 47   6   5  1  21  2  2  4
    so ibb hbp  sh  sf  gidp
4    1  NA  NA  NA  NA    NA
44   0  NA  NA  NA  NA    NA
68   0  NA  NA  NA  NA    NA
99   0  NA  NA  NA  NA    NA
102  0  NA  NA  NA  NA    NA
106  1  NA  NA  NA  NA    NA
```

棒球最常見的統計數據為上壘率(On Base Percentage, OBP)，其公式為：

$$OBP = \frac{H + BB + HBP}{AB + BB + HBP + SF} \quad \text{(公式 11.1)}$$

上述公式中各個英文縮寫所代表的意義如下：

- H = 安打(Hits)
- BB = 保送(Bases on Balls 或 Walks)
- HBP = 觸身球(Times Hit by Pitch)
- AB = 打數(At Bats)
- SF = 高飛犧牲打(Sacrifice Flies)

在 1954 年之前，高飛犧牲打被視為是犧牲觸擊(Sacrifice Hits)的一部份，犧牲觸擊也包括短打(bunts)。因此，在 1954 年之前，選手的高飛犧牲打應該被設為 0，這將是我們對資料做出的第一個改變。HBP(觸身球)的資料裡存在著許多 NA 值，我們也將把它們設為 0。另外，我們也將排除掉在一季裡 AB(打數)少於 50 的選手。

```
> # 用[來抽取資料比用 ifelse 來得快
> baseball$sf[baseball$year < 1954] <- 0
> # 檢查是否已經成功
> any(is.na(baseball$sf))

[1] FALSE

> # 把 HBP 的 NA 值設為 0
> baseball$hbp[is.na(baseball$hbp)] <- 0
> # 檢查是否成功
> any(is.na(baseball$hbp))

[1] FALSE

> # 只保留在一季裡 AB(打數)至少為 50 的選手
> baseball <- baseball[baseball$ab >= 50, ]
```

針對某個選手來計算其 OBP(上壘率)非常簡單，只需一些向量運算即可。

```
> # 計算 OBP
> baseball$OBP <- with(baseball, (h + bb + hbp)/(ab + bb + hbp + sf))
> tail(baseball)

             id year stint team lg   g  ab  r   h X2b X3b hr rbi sb
89499 claytro01 2007     1  TOR AL  69 189 23  48  14   0  1  12  2
89502 cirilje01 2007     1  MIN AL  50 153 18  40   9   2  2  21  2
89521 bondsba01 2007     1  SFN NL 126 340 75  94  14   0 28  66  5
89523 biggicr01 2007     1  HOU NL 141 517 68 130  31   3 10  50  4
89530 ausmubr01 2007     1  HOU NL 117 349 38  82  16   3  3  25  6
89533  aloumo01 2007     1  NYN NL  87 328 51 112  19   1 13  49  3
      cs  bb  so ibb hbp sh sf gidp       OBP
89499  1  14  50   0   1  3  3    8 0.3043478
89502  0  15  13   0   1  3  2    9 0.3274854
89521  0 132  54  43   3  0  2   13 0.4800839
89523  3  23 112   0   3  7  5    5 0.2846715
89530  1  37  74   3   6  4  1   11 0.3180662
89533  0  27  30   5   2  0  3   13 0.3916667
```

我們在這裡用了一個新的函數 - with。這函數讓我們只需指定 data.frame (或資料)的名稱一次，就能任意地直接使用該 data.frame 裡的直行，因此不用重複性地輸入資料名稱。

若要計算某選手整個職棒生涯的 OBP，我們不能直接取其每季的 OBP 並取平均；我們必須把所有的分子做加總，再除以分母的總和。這時候我們需要使用 ddply。首先，我們建立一個函數以處理該計算，然後再使用 ddply 以對每個選手進行計算。

```
> # 此函數假設資料的直行欄位名稱如下
> obp <- function(data)
+ {
+     c(OBP = with(data, sum(h + bb + hbp)/sum(ab + bb + hbp + sf)))
+ }
>
> # 使用 ddply 對每個選手計算其整個棒球職業生涯的 OBP
> careerOBP <- ddply(baseball, .variables = "id", .fun = obp)
> # 依據 OBP 對結果做出排序
> careerOBP <- careerOBP[order(careerOBP$OBP, decreasing = TRUE), ]
> # 查看結果
> head(careerOBP, 10)

            id       OBP
1089 willite01 0.4816861
875   ruthba01 0.4742209
658  mcgrajo01 0.4657478
356  gehrilo01 0.4477848
85   bondsba01 0.4444622
476  hornsro01 0.4339068
184   cobbty01 0.4329655
327    foxxji01 0.4290509
953  speaktr01 0.4283386
191  collied01 0.4251246
```

以上結果顯示了上壘率最高的十個選手，並以上壘率做排序。上述顯示結果生涯上壘率最高的前三名分別為 Ted Williams、Babe Ruth、John McGraw。

11-3-2 llply

在 **11-1-2 節**我們用 lapply 找出 list 中每個元素的總和，如下範例所示。

```
> theList <- list(A = matrix(1:9, 3), B = 1:5, C = matrix(1:4, 2), D = 2)
> lapply(theList, sum)

$A
[1] 45

$B
[1] 15

$C
[1] 10

$D
[1] 2
```

我們也可以使用 llply 完成這件事，它們所產出的結果將會是一樣的。

```
> llply(theList, sum)

$A
[1] 45

$B
[1] 15

$C
[1] 10

$D
[1] 2

> identical(lapply(theList, sum), llply(theList, sum))

[1] TRUE
```

若要以 vector 的形式回傳結果，可以使用和 **11-1-2 節**介紹的 sapply 相似的 laply 函數。

```
> sapply(theList, sum)

 A  B  C  D
45 15 10  2

> lapply(theList, sum)

[1] 45 15 10 2
```

雖然以上顯示的結果都是一樣的，但 laply 並不會包含該 vector 的名稱。這雖然只是些微差異，但可以幫助我們了解使用不同函數的差別。

11-3-3 plyr 輔助函數

plyr 涵蓋了許多有用處的輔助函數，比如 each 函數。它可讓我們將多個函數的功能套用到某個函數中(如 aggregate)，缺點是使用 each 時不能使用函數中額外的引數。

```
> aggregate(price ~ cut, diamonds, each(mean, median))

        cut  price.mean  price.median
1      Fair    4358.758      3282.000
2      Good    3928.864      3050.500
3 Very Good    3981.760      2648.000
4   Premium    4584.258      3185.000
5     Ideal    3457.542      1810.000
```

另一個滿好用的函數為 idata.frame。此函數可讓我們更快速地對 data.frame 做資料抽取，並更節省記憶體。我們對 baseball 資料做出一些簡單的運算以示範此函數的功用，我們將使用一般的 data.frame 和 idata.frame 以作比較。

```
> system.time(dlply(baseball, "id", nrow))

user  system elapsed
 0.27    0.00    0.31

> iBaseball <- idata.frame(baseball)
```

Next

```
> system.time(dlply(iBaseball, "id", nrow))

user  system elapsed
 0.18    0.00    0.19
```

雖然這裡我們只看到運算時間縮短不到一秒，但如果我們所面對的是更複雜的運算，更大量的資料，更多的分群或更多重覆性運算的話，其所累積省下的時間將相當可觀。

11-3-4 速度與便利性

plyr 常因其緩慢的運行速度而遭到批評，因此，是否要使用 plyr，必須要考慮速度與方便性的取捨。大多數 plyr 裡的功能皆可由 R 內建基本功能或其它套件所替代，但還是比不上 plyr 那樣的便利。近來 Hadley Wickham 已下了許多功夫提升 plyr 的運行速度，也最佳化了 R 的程式碼、C++ 程式碼和平行化運算，**第 14 章**介紹 dplyr 套件時會再說明這過程的演變。

11-4 data.table

若需要更快的運行速度，可以嘗試使用由 Matt Dowle 開發的 data.table 套件，此套件是對 data.frame 功能的延伸和強化。其指令與一般 data.frame 有一點不一樣，因此需要一點時間來適應，這也可能是它沒被廣泛使用的主要原因。data.table 的快速源自於它能像資料庫那樣使用索引，這讓資料的搜尋、分群和合併的速度變得更快。建立 data.table 如同建立 data.frame，兩種方法幾乎是一樣的。

```
> library(data.table)
> # 建立一般的 data.frame
> theDF <- data.frame(A=1:10,
+                     B=letters[1:10],
+                     C=LETTERS[11:20],
+                     D=rep(c("One", "Two", "Three"), length.out=10))
> # 建立一個 data.table
> theDT <- data.table(A=1:10,
+                     B=letters[1:10],
+                     C=LETTERS[11:20],
+                     D=rep(c("One", "Two", "Three"), length.out=10))
```

Next

```
> # 把它們顯示出來，再做比較
> theDF

    A  B  C     D
1   1  a  K   One
2   2  b  L   Two
3   3  c  M Three
4   4  d  N   One
5   5  e  O   Two
6   6  f  P Three
7   7  g  Q   One
8   8  h  R   Two
9   9  i  S Three
10 10  j  T   One

> theDT

     A  B  C     D
 1:  1  a  K   One
 2:  2  b  L   Two
 3:  3  c  M Three
 4:  4  d  N   One
 5:  5  e  O   Two
 6:  6  f  P Three
 7:  7  g  Q   One
 8:  8  h  R   Two
 9:  9  i  S Three
10: 10  j  T   One

> # 可以注意到 data.frame 預設會把 character 資料轉換成 factor
> # 而 data.table 不會
> class(theDF$B)

[1] "factor"

> class(theDT$B)

[1] "character"
```

我們可以看到顯示出來的資料是一樣的，除了 data.frame 會把 B 轉為 factor，而 data.table 不會這麼做，兩者也就只有這一丁點的差別。

我們也可以從已建立好的 data.frame 建立出 data.table。

```
> diamondsDT <- data.table(diamonds)
> diamondsDT

 carat             cut color clarity depth table price    x    y    z
     1: 0.23     Ideal     E     SI2  61.5    55   326 3.95 3.98 2.43
     2: 0.21   Premium     E     SI1  59.8    61   326 3.89 3.84 2.31
     3: 0.23      Good     E     VS1  56.9    65   327 4.05 4.07 2.31
     4: 0.29   Premium     I     VS2  62.4    58   334 4.20 4.23 2.63
     5: 0.31      Good     J     SI2  63.3    58   335 4.34 4.35 2.75
   ---
53936: 0.72     Ideal     D     SI1  60.8    57  2757 5.75 5.76 3.50
53937: 0.72      Good     D     SI1  63.1    55  2757 5.69 5.75 3.61
53938: 0.70 Very Good     D     SI1  62.8    60  2757 5.66 5.68 3.56
53939: 0.86   Premium     H     SI2  61.0    58  2757 6.15 6.12 3.74
53940: 0.75     Ideal     D     SI2  62.2    55  2757 5.83 5.87 3.64
```

以往我們想顯示 diamonds 資料時，它都會盡量把全部資料顯示出來，但 data.table 會很巧妙地只把前 5 列和後 5 列顯示出來。使用 data.table 來查看某列資料的方式也如同使用 data.frame 查看的時候一樣。

```
> theDT[1:2, ]

   A  B  C     D
1: 1  a  K   One
2: 2  b  L   Two

> theDT[theDT$A >= 7, ]

    A  B  C     D
1:  7  g  Q   One
2:  8  h  R   Two
3:  9  i  S Three
4: 10  j  T   One

> theDT[A >= 7, ]

    A  B  C     D
1:  7  g  Q   One
2:  8  h  R   Two
3:  9  i  S Three
4: 10  j  T   One
```

本章剛開始時的第二行命令雖然是一個有效的命令，但它並不是有效率的命令。該命令所建立的是一個同時涵蓋 TRUE 和 FALSE 項且長度為 nrow(theDT)=10 的向量，簡單來說它就是一個向量掃描。在我們對 data.table 建立了關鍵詞(key)之後，我們可以使用命令透過搜尋來挑選一些我們想要的列，這樣的搜尋速度更快，我們會在 **11-4-1 節**對此討論得更詳細。第三行命令的計算結果與第二行命令是一樣的，且第三行命令並不需要用到 $ 符號。這是因為 data.table 函數知道如何在 theDT data.table 中搜尋直行 A。

在 data.table 查看個別直行則與 data.frame 稍微不同。如 **5-1 節**所示範，若要在 data.frame 指定查看幾個直行的話，需要把該直行的欄位名稱以 character vector (字元向量)的形式指定。而在 data.table 裡，則需以 list (列表)的方式指定直行，而 list 中所放的是直行的真正名稱，而非 character (即無須加上引號)。

```
> theDT[, list(A, C)]

     A  C
 1:  1  K
 2:  2  L
 3:  3  M
 4:  4  N
 5:  5  O
 6:  6  P
 7:  7  Q
 8:  8  R
 9:  9  S
10: 10  T

> # 只有一個直行
> theDT[, B]

[1] "a" "b" "c" "d" "e" "f" "g" "h" "i" "j"

> # 仍是 data.table 架構的單一直行
> theDT[, list(B)]

    B
 1: a
 2: b
```

Next

```
 3:  c
 4:  d
 5:  e
 6:  f
 7:  g
 8:  h
 9:  i
10:  j
```

若我們非得使用 character 來指定直行名稱(也許它們是被傳遞到某函數的引數)，可以把 with 引數設為 FALSE。

```
> theDT[, "B", with = FALSE]

    B
 1: a
 2: b
 3: c
 4: d
 5: e
 6: f
 7: g
 8: h
 9: i
10: j

> theDT[, c("A", "C"), with = FALSE]

     A  C
 1:  1  K
 2:  2  L
 3:  3  M
 4:  4  N
 5:  5  O
 6:  6  P
 7:  7  Q
 8:  8  R
 9:  9  S
10: 10  T
```

Next

```
> theCols <- c("A", "C")
> theDT[, theCols, with=FALSE]

     A  C
 1:  1  K
 2:  2  L
 3:  3  M
 4:  4  N
 5:  5  O
 6:  6  P
 7:  7  Q
 8:  8  R
 9:  9  S
10: 10  T
```

這次我們以 vector 來保存直行名稱，而不是使用 list。這些細節對於建立一個正規的 data.table 函數來說很重要，但也確實會讓人覺得麻煩。

11-4-1 索引鍵(Keys)

現在我們已在記憶體中存入了一些 data.table，我們也許想要查看關於它們的一些訊息。

```
> # 顯示列表
> tables()

     NAME        NROW   NCOL   MB
[1,] diamondsDT 53,940    10    4
[2,] theDT          10     4    1
[3,] tomato3        16    11    1
     COLS
[1,] carat,cut,color,clarity,depth,table,price,x,y,z
[2,] A,B,C,D
[3,] Round,Tomato,Price,Source,Sweet,Acid,Color,Texture,Overall,Avg of Totals,Total o
     KEY
[1,]
[2,]
[3,]
Total: 6MB
```

這顯示了每個在記憶體裡的 data.table，所顯示的訊息包括了其名字、列數、資料量(以 megabytes，MB 為單位)、直行名稱和索引鍵。我們還沒設定任何的索引鍵，因此該欄位目前都留空。索引鍵是對 data.table 的索引，它能加快搜尋資料的速度。

我們先對 theDT 增添索引鍵。我們將使用直行 D 作為對該 data.table 的索引，可以用 setkey 來進行設定，首個引數為該 data.table 的名稱，而第二個引數則是要作為索引鍵的直行名稱(不需要加上引號，如同查看直行的時候一樣)。

```
> # 設定索引鍵
> setkey(theDT, D)
> # 再次顯示 data.table
> theDT

    A B C     D
 1: 1 a K   One
 2: 4 d N   One
 3: 7 g Q   One
 4: 10 j T  One
 5: 3 c M Three
 6: 6 f P Three
 7: 9 i S Three
 8: 2 b L   Two
 9: 5 e O   Two
10: 8 h R   Two
```

現在資料已依據直行 D 按照字母順序重新排序了。我們可以使用 key 來確認索引鍵已被設定好。

```
> key(theDT)

[1] "D"
```

或者使用 tables。

```
> tables()

     NAME          NROW  NCOL  MB
[1,] diamondsDT  53,940    10   4
[2,] theDT           10     4   1
[3,] tomato3         16    11   1
     COLS
[1,] carat,cut,color,clarity,depth,table,price,x,y,z
[2,] A,B,C,D
[3,] Round,Tomato,Price,Source,Sweet,Acid,Color,Texture,Overall,Avg of Totals,Total o
     KEY
[1,]
[2,] D
[3,]
Total: 6MB
```

此時，我們增添了一個挑選或查看 data.table 橫列的方法。除了使用橫列的位置或一些結果為 TRUE 或 FALSE 的條件敘述來篩選我們要的列，也可以直接使用索引鍵。

```
> theDT["One", ]

     A  B  C    D
1:   1  a  K  One
2:   4  d  N  One
3:   7  g  Q  One
4:  10  j  T  One

> theDT[c("One", "Two"), ]

     A  B  C    D
1:   1  a  K  One
2:   4  d  N  One
3:   7  g  Q  One
4:  10  j  T  One
5:   2  b  L  Two
6:   5  e  O  Two
7:   8  h  R  Two
```

可以設定數個直行為索引鍵。

```
> # 設定索引鍵
> setkey(diamondsDT, cut, color)
```

若要同時根據兩個索引鍵來篩選列，可以使用 J 函數。我們可以輸入好幾個引數進此函數，而每個引數為所要搜尋的索引鍵之 vector。

```
> # 查看一些列
> diamondsDT[J("Ideal", "E"), ]

       cut color carat clarity depth table price    x    y    z
   1: Ideal     E  0.23     SI2  61.5    55   326 3.95 3.98 2.43
   2: Ideal     E  0.26    VVS2  62.9    58   554 4.02 4.06 2.54
   3: Ideal     E  0.70     SI1  62.5    57  2757 5.70 5.72 3.57
   4: Ideal     E  0.59    VVS2  62.0    55  2761 5.38 5.43 3.35
   5: Ideal     E  0.74     SI2  62.2    56  2761 5.80 5.84 3.62
 ---
3899: Ideal     E  0.70     SI1  61.7    55  2745 5.71 5.74 3.53
3900: Ideal     E  0.51    VVS1  61.9    54  2745 5.17 5.11 3.18
3901: Ideal     E  0.56    VVS1  62.1    56  2750 5.28 5.29 3.28
3902: Ideal     E  0.77     SI2  62.1    56  2753 5.84 5.86 3.63
3903: Ideal     E  0.71     SI1  61.9    56  2756 5.71 5.73 3.54

> diamondsDT[J("Ideal", c("E", "D")), ]

       cut color carat clarity depth table price    x    y    z
   1: Ideal     E  0.23     SI2  61.5    55   326 3.95 3.98 2.43
   2: Ideal     E  0.26    VVS2  62.9    58   554 4.02 4.06 2.54
   3: Ideal     E  0.70     SI1  62.5    57  2757 5.70 5.72 3.57
   4: Ideal     E  0.59    VVS2  62.0    55  2761 5.38 5.43 3.35
   5: Ideal     E  0.74     SI2  62.2    56  2761 5.80 5.84 3.62
 ---
6733: Ideal     D  0.51    VVS2  61.7    56  2742 5.16 5.14 3.18
6734: Ideal     D  0.51    VVS2  61.3    57  2742 5.17 5.14 3.16
6735: Ideal     D  0.81     SI1  61.5    57  2748 6.00 6.03 3.70
6736: Ideal     D  0.72     SI1  60.8    57  2757 5.75 5.76 3.50
6737: Ideal     D  0.75     SI2  62.2    55  2757 5.83 5.87 3.64
```

11-4-2 data.table 的資料分群計算

索引最主要的好處是可以更快速地進行資料分群計算。雖然 aggregate 和不同的 d*ply 函數仍可被用在 data.table (可視為進階版的 data.frame)，但運算速度會比 data.table 本身內建的相關函數來得慢。

在 **11-2 節**，我們對每個鑽石切割(cut)的分群計算了各群的平均鑽石價格(price)。

```
> aggregate(price ~ cut, diamonds, mean)

        cut    price
1      Fair 4358.758
2      Good 3928.864
3 Very Good 3981.760
4   Premium 4584.258
5     Ideal 3457.542
```

要使用 data.table 以取得同樣的結果，我們做了以下動作：

```
> diamondsDT[, mean(price), by = cut]

         cut       V1
1:      Fair 4358.758
2:      Good 3928.864
3: Very Good 3981.760
4:   Premium 4584.258
5:     Ideal 3457.542
```

這兩個結果的唯一不同之處是在於它們的直行名稱。若要讓結果的直行顯示名稱，我們可以幫相關函數命名，並以 list 的形式傳遞。

```
> diamondsDT[, list(price = mean(price)), by = cut]

         cut    price
1:      Fair 4358.758
2:      Good 3928.864
3: Very Good 3981.760
4:   Premium 4584.258
5:     Ideal 3457.542
```

若要依據好幾個直行進行資料分群，可以用 list()來指定。

```
> diamondsDT[, mean(price), by = list(cut, color)]

          cut  color       V1
 1:      Fair      D 4291.061
 2:      Fair      E 3682.312
 3:      Fair      F 3827.003
 4:      Fair      G 4239.255
 5:      Fair      H 5135.683
 6:      Fair      I 4685.446
 7:      Fair      J 4975.655
 8:      Good      D 3405.382
 9:      Good      E 3423.644
10:      Good      F 3495.750
11:      Good      G 4123.482
12:      Good      H 4276.255
13:      Good      I 5078.533
14:      Good      J 4574.173
15: Very Good      D 3470.467
16: Very Good      E 3214.652
17: Very Good      F 3778.820
18: Very Good      G 3872.754
19: Very Good      H 4535.390
20: Very Good      I 5255.880
21: Very Good      J 5103.513
22:   Premium      D 3631.293
23:   Premium      E 3538.914
24:   Premium      F 4324.890
25:   Premium      G 4500.742
26:   Premium      H 5216.707
27:   Premium      I 5946.181
28:   Premium      J 6294.592
29:     Ideal      D 2629.095
30:     Ideal      E 2597.550
31:     Ideal      F 3374.939
32:     Ideal      G 3720.706
33:     Ideal      H 3889.335
34:     Ideal      I 4451.970
35:     Ideal      J 4918.186
          cut  color       V1
```

若要對好幾個引數做分群計算，可以把它們都指定在一個 list 裡面。不像 aggregate 函數，data.table 對於直行和直行之間的計算是獨立或可以被分開指定的，因此不同直行可以做出不同的計算。

```
> diamondsDT[, list(price = mean(price), carat = mean(carat)), by = cut]

         cut    price     carat
1:     Ideal 3457.542 0.7028370
2:   Premium 4584.258 0.8919549
3:      Good 3928.864 0.8491847
4: Very Good 3981.760 0.8063814
5:      Fair 4358.758 1.0461366

> diamondsDT[, list(price = mean(price), carat = mean(carat),
+                   caratSum = sum(carat)), by = cut]

         cut    price     carat caratSum
1:     Ideal 3457.542 0.7028370 15146.84
2:   Premium 4584.258 0.8919549 12300.95
3:      Good 3928.864 0.8491847  4166.10
4: Very Good 3981.760 0.8063814  9742.70
5:      Fair 4358.758 1.0461366  1684.28
```

最後，我們可以用很多變數作為依據進行資料分群，然後同時對每一群的好幾個變數，進行不同的計算。

```
> diamondsDT[, list(price = mean(price), carat = mean(carat)),
+            by = list(cut, color)]

          cut color    price     carat
 1:     Ideal     E 2597.550 0.5784012
 2:   Premium     E 3538.914 0.7177450
 3:      Good     E 3423.644 0.7451340
 4:   Premium     I 5946.181 1.1449370
 5:      Good     J 4574.173 1.0995440
 6: Very Good     J 5103.513 1.1332153
 7: Very Good     I 5255.880 1.0469518
 8: Very Good     H 4535.390 0.9159485
```

Next

```
 9:      Fair     E  3682.312  0.8566071
10:     Ideal     J  4918.186  1.0635937
11:   Premium     F  4324.890  0.8270356
12:     Ideal     I  4451.970  0.9130291
13:      Good     I  5078.533  1.0572222
14: Very Good     E  3214.652  0.6763167
15: Very Good     G  3872.754  0.7667986
16: Very Good     D  3470.467  0.6964243
17: Very Good     F  3778.820  0.7409612
18:      Good     F  3495.750  0.7759296
19:      Good     H  4276.255  0.9147293
20:      Good     D  3405.382  0.7445166
21:     Ideal     G  3720.706  0.7007146
22:   Premium     D  3631.293  0.7215471
23:   Premium     J  6294.592  1.2930941
24:     Ideal     D  2629.095  0.5657657
25:   Premium     G  4500.742  0.8414877
26:   Premium     H  5216.707  1.0164492
27:      Fair     F  3827.003  0.9047115
28:     Ideal     F  3374.939  0.6558285
29:     Ideal     H  3889.335  0.7995249
30:      Fair     H  5135.683  1.2191749
31:      Good     G  4123.482  0.8508955
32:      Fair     G  4239.255  1.0238217
33:      Fair     J  4975.655  1.3411765
34:      Fair     I  4685.446  1.1980571
35:      Fair     D  4291.061  0.9201227
          cut color    price     carat
```

11-5 小結

對資料的分群計算在資料分析是重要的一環。有時候這是分析的最終目的，有時候也可能是對一些更進階的分析所做的前置作業。無論什麼原因，這個任務有許多函數可以利用，其中包括了 R 基本功能所包含的 aggregate、apply 和 lapply 函數；plyr 套件的 ddply、llply 和其它函數；還有 data.table 裡的分群功能。

12

更有效率的群組操作-使用 dplyr

dplyr 是 plyr 的衍生版本，由 Hadley Wickham 開發，主要改善了套件運行速度。套件名稱開頭的 'd' 是強調此套件運用在 data.frame 上，而 list 和 vector 則由另一個套件 - purrr 來處理，這會在下一章說明。目前已經有越來越多人使用 dplyr 來整合資料，並已經逐漸取代 plyr。對於 R 使用者來說，dplyr 在速度和便利性取得一個平衡，使用 dplyr 撰寫程式碼來整合資料需要使用「資料的文法」，每個步驟需由單一個函數來完成，而這些函數都代表一個動詞。這種敘述方式其實和存取資料庫使用的 SQL 語法很接近，因此對於學過 SQL 語法的使用者來說理應較為熟悉，select 可用來選取直行、filter 可用來過濾橫列資料、group_by 將資料群組化、而 mutate 可用來變換或增加直行。

若要同時使用 dplyr 和 plyr，我們必須先載入 plyr，之後再載入 dplyr，因為這兩個套件裡有一些函數是有共同名稱的，而在 R 裡，最後載入套件的函數會優先被使用。必要時可用雙冒號明確指定要使用哪個套件中的相關函數，如 plyr::summarize 或 dplyr::summarize。

12-1 Pipe 管線運算

dplyr 不只在運行速度上的表現出色，它與 magrittr 套件一樣支援管線運算的程式撰寫方式。我們不再將一個函數嵌入另一個函數，或把經過步驟暫存在變數內，而是透過 pipe(%>%)運算式將一個函數的結果送到另一個函數。

透過 pipe，我們將物件送到函數的第一個引數。像這樣的運算可以被串聯在一起，也就是可以將一個函數的結果送到另一個函數的第一個引數中。舉例來說，我們將 diamonds 資料送到 head 函數，然後再把結果送到 dim 函數。

```
> library(magrittr)
> data(diamonds, package='ggplot2')
> dim(head(diamonds, n=4))

[1]  4 10

> diamonds %>% head(4) %>% dim

[1]  4 10
```

12-2 tbl 物件

tbl 物件是 data.frame 的衍生，除了保有 data.frame 的特性外，tbl 最特別的是，在檢視時預設只有一部份橫列顯示出來，而顯示的直行數量會依據畫面大小決定[1]。另外資料型別也會顯示在每個直行的名稱下方。

ggplot2 套件最新的幾個版本中的 diamonds 資料，都儲存為 tbl，實質上是儲存為 tbl_df，也就是 tbl 的另一個衍生。若不是使用 dplyr 或以 tbl 為基礎的套件，資料將會以一般 data.frame 形式顯示出來。

1：顯示的直行數量依據控制台的寬度決定。

```
> class(diamonds)

[1] "tbl _ df" "tbl" "data.frame"

> head(diamonds)

# A tibble: 6 × 10
  carat       cut color clarity depth table price     x     y     z
  <dbl>     <ord> <ord>   <ord> <dbl> <dbl> <int> <dbl> <dbl> <dbl>
1  0.23     Ideal     E     SI2  61.5    55   326  3.95  3.98  2.43
2  0.21   Premium     E     SI1  59.8    61   326  3.89  3.84  2.31
3  0.23      Good     E     VS1  56.9    65   327  4.05  4.07  2.31
4  0.29   Premium     I     VS2  62.4    58   334  4.20  4.23  2.63
5  0.31      Good     J     SI2  63.3    58   335  4.34  4.35  2.75
6  0.24 Very Good     J    VVS2  62.8    57   336  3.94  3.96  2.48
```

載入 dplyr 後，資料以 tbl 的方式顯示。

```
> library(dplyr)
> head(diamonds)

# A tibble: 6 × 10
  carat       cut color clarity depth table price     x     y     z
  <dbl>     <ord> <ord>   <ord> <dbl> <dbl> <int> <dbl> <dbl> <dbl>
1  0.23     Ideal     E     SI2  61.5    55   326  3.95  3.98  2.43
2  0.21   Premium     E     SI1  59.8    61   326  3.89  3.84  2.31
3  0.23      Good     E     VS1  56.9    65   327  4.05  4.07  2.31
4  0.29   Premium     I     VS2  62.4    58   334  4.20  4.23  2.63
5  0.31      Good     J     SI2  63.3    58   335  4.34  4.35  2.75
6  0.24 Very Good     J    VVS2  62.8    57   336  3.94  3.96  2.48
```

由於 tbl 會直接顯示前幾列，我們不需要使用 head 函數。

```
> diamonds

# A tibble: 53, 940 × 10
   carat       cut color clarity depth table price     x     y     z
   <dbl>     <ord> <ord>   <ord> <dbl> <dbl> <int> <dbl> <dbl> <dbl>
1   0.23     Ideal     E     SI2  61.5    55   326  3.95  3.98  2.43
2   0.21   Premium     E     SI1  59.8    61   326  3.89  3.84  2.31
3   0.23      Good     E     VS1  56.9    65   327  4.05  4.07  2.31
4   0.29   Premium     I     VS2  62.4    58   334  4.20  4.23  2.63
5   0.31      Good     J     SI2  63.3    58   335  4.34  4.35  2.75
6   0.24 Very Good     J    VVS2  62.8    57   336  3.94  3.96  2.48
7   0.24 Very Good     I    VVS1  62.3    57   336  3.95  3.98  2.47
8   0.26 Very Good     H     SI1  61.9    55   337  4.07  4.11  2.53
9   0.22      Fair     E     VS2  65.1    61   337  3.87  3.78  2.49
10  0.23 Very Good     H     VS1  59.4    61   338  4.00  4.05  2.39
# ... with 53, 930 more rows
```

tbl 物件起源於 dplyr，其後續發展則是在 tibble 套件。因此，它逐漸被稱為 tibble，但它的 class 仍然是 tbl。

12-3 select

select 函數的首個引數是一個 data.frame(或一個 tbl)，而後續的引數則是要處理的直行。這函數如同 dplyr 其他函數，可以採嵌入式(巢狀)的寫法，或是使用 pipe 進行傳送。

```
> select(diamonds, carat, price)

# A tibble: 53, 940 × 2
   Carat  price
   <dbl>  <int>
1   0.23    326
2   0.21    326
3   0.23    327
4   0.29    334
5    0.31   335
```

Next

```
6    0.24    336
7    0.24    336
8    0.26    337
9    0.22    337
10   0.23    338
# ... with 53, 930 more rows

> diamonds %>% select(carat, price)

# A tibble: 53, 940 × 2
   carat   price
   <dbl>   <int>
1   0.23     326
2   0.21     326
3   0.23     327
4   0.29     334
5   0.31     335
6   0.24     336
7   0.24     336
8   0.26     337
9   0.22     337
10  0.23     338
# ... with 53, 930 more rows

> # 也可以使用一個含有直行名稱的向量(vector) 來指定直行
> diamonds %>% select(c(carat, price))

# A tibble: 53, 940 × 2
   carat   price
   <dbl>   <int>
1   0.23     326
2   0.21     326
3   0.23     327
4   0.29     334
5   0.31     335
6   0.24     336
7   0.24     336
8   0.26     337
9   0.22     337
10  0.23     338
# ... with 53, 930 more rows
```

一般標準的 select 函數本是設計來讀取未加單引號的直行名稱，方便使用者互動操作時使用。不過其實使用此函數，可將直行名稱當成單獨引數，也可以用向量的方式輸入。

若需要使用含引號的直行名稱，我們可以使用標準化參數版(standard evaluation version)的 select，此函數在尾端會額外增加一個底線(_)。

```
> diamonds %>% select _ ('carat', 'price')

# A tibble: 53, 940 × 2
   carat   price
   <dbl>   <int>
1   0.23     326
2   0.21     326
3   0.23     327
4   0.29     334
5   0.31     335
6   0.24     336
7   0.24     336
8   0.26     337
9   0.22     337
10  0.23     338
# ... with 53, 930 more rows
```

若直行名稱是儲存在變數裡，則應被傳遞到 .dots 引數。

```
> theCols <- c('carat', 'price')
> diamonds %>% select _ (.dots=theCols)

# A tibble: 53, 940 × 2
   carat   price
   <dbl>   <int>
1   0.23     326
2   0.21     326
3   0.23     327
4   0.29     334
5   0.31     335
6   0.24     336
```

Next

```
7    0.24       336
8    0.26       337
9    0.22       337
10   0.23       338
# ... with 53, 930 more rows
```

從 dplyr 0.6.0 版開始，select_就較少被使用了，不過它還是被保留以兼容舊的程式碼，以利後續版本的發展。另一個與 select_用法相似的替代方法，是將一般的 select 與 one_of 函數合併使用。

```
> diandonds %>% select(one _ of('carat', 'price'))

# A tibble: 53, 940 × 2
   carat    price
   <dbl>    <int>
1    0.23     326
2    0.21     326
3    0.23     327
4    0.29     334
5    0.31     335
6    0.24     336
7    0.24     336
8    0.26     337
9    0.22     337
10   0.23     338
# ... with 53, 930 more rows

> # 當作一個變數
> theCols <- c('carat', 'price')
> diamonds %>% select(one _ of(theCols))

# A tibble: 53, 940 × 2
   carat    price
   <dbl>    <int>
1    0.23     326
2    0.21     326
3    0.23     327
4    0.29     334
```

Next

```
5    0.31       335
6    0.24       336
7    0.24       336
8    0.26       337
9    0.22       337
10   0.23       338
# ... with 53, 930 more rows
```

另外也可以使用傳統 R 語言中括號語法，但結果還是會依照 dplyr 方法顯示。

```
> diamonds[, c('carat', 'price')]

# A tibble: 53, 940 × 2
   carat    price
   <dbl>    <int>
1    0.23     326
2    0.21     326
3    0.23     327
4    0.29     334
5    0.31     335
6    0.24     336
7    0.24     336
8    0.26     337
9    0.22     337
10   0.23     338
# ... with 53, 930 more rows
```

除了使用中括號語法，也可以使用直行位置的索引來指定需要的直行。

```
> select(diamonds, 1, 7)

# A tibble: 53, 940 × 2
   carat    price
   <dbl>    <int>
1    0.23     326
2    0.21     326
3    0.23     327
```

Next

```
4   0.29     334
5   0.31     335
6   0.24     336
7   0.24     336
8   0.26     337
9   0.22     337
10  0.23     338
# ... with 53, 930 more rows

> diamonds %>% select(1, 7)

# A tibble: 53, 940 × 2
   carat   price
   <dbl>   <int>
1   0.23     326
2   0.21     326
3   0.23     327
4   0.29     334
5   0.31     335
6   0.24     336
7   0.24     336
8   0.26     337
9   0.22     337
10  0.23     338
# ... with 53, 930 more rows
```

若要搜尋部份匹配(partial match)的結果，可以使用 dplyr 套件中的 starts_with、ends_with 與 contains。

```
> diamonds %>% select(starts _ with('c'))

# A tibble: 53, 940 × 4
   carat       cut  color  clarity
   <dbl>     <ord>  <ord>    <ord>
1   0.23     Ideal      E      SI2
2   0.21   Premium      E      SI1
3   0.23      Good      E      VS1
4   0.29   Premium     IV       S2
5   0.31      Good      J      SI2
```

Next

```
6   0.24  Very Good     J     VVS2
7   0.24  Very Good     I     VVS1
8   0.26  Very Good     H      SI1
9   0.22       Fair     E      VS2
10  0.23  Very Good     H      VS1
# ... with 53, 930 more rows

> diamonds %>% select(ends _ with('e'))

# A tibble: 53, 940 × 2
   table   price
   <dbl>   <int>
1     55     326
2     61     326
3     65     327
4     58     334
5     58     335
6     57     336
7     57     336
8     55     337
9     61     337
10    61     338
# ... with 53, 930 more rows

> diamonds %>% select(contains('l'))

# A tibble: 53, 940 × 3

   color  clarity  table
   <ord>    <ord>  <dbl>
1      E      SI2     55
2      E      SI1     61
3      E      VS1     65
4      I      VS2     58
5      J      SI2     58
6      J     VVS2     57
7      I     VVS1     57
8      H      SI1     55
9      E      VS2     61
10     H      VS1     61
# ... with 53, 930 more rows
```

matches 可用來進行正規表示法搜尋。以下程式碼將搜尋名稱含有字母 'r'，任意數量的萬用符號，接著是字母 't' 的直行。更多關於正規表示法的說明會在 **16-4 節**說明。

```
> diamonds %>% select(matches('r.+t'))

# A tibble: 53, 940 × 2
   carat  clarity
   <dbl>    <ord>
1   0.23      SI2
2   0.21      SI1
3   0.23      VS1
4   0.29      VS2
5   0.31      SI2
6   0.24     VVS2
7   0.24     VVS1
8   0.26      SI1
9   0.22      VS2
10  0.23      VS1
# ... with 53, 930 more rows
```

要取消選擇特定的直行，可以在該直行的名稱或索引前加上負號(-)。

```
> # 使用直行名稱
> diamonds %>% select(-carat, -price)

# A tibble: 53, 940 × 8
          cut   color  clarity  depth  table      x      y      z
        <ord>   <ord>    <ord>  <dbl>  <dbl>  <dbl>  <dbl>  <dbl>
1       Ideal       E      SI2   61.5     55   3.95   3.98   2.43
2     Premium       E      SI1   59.8     61   3.89   3.84   2.31
3        Good       E      VS1   56.9     65   4.05   4.07   2.31
4     Premium       I      VS2   62.4     58   4.20   4.23   2.63
5        Good       J      SI2   63.3     58   4.34   4.35   2.75
6   Very Good       J     VVS2   62.8     57   3.94   3.96   2.48
7   Very Good       I     VVS1   62.3     57   3.95   3.98   2.47
8   Very Good       H      SI1   61.9     55   4.07   4.11   2.53
```

Next

```
9        Fair     E      VS2     65.1    61    3.87    3.78    2.49
10  Very Good     H      VS1     59.4    61    4.00    4.05    2.39
# ... with 53, 930 more rows

> diamonds %>% select(-c(carat, price))

# A tibble: 53, 940 × 8
          cut   color  clarity   depth   table       x       y       z
        <ord>   <ord>    <ord>   <dbl>   <dbl>   <dbl>   <dbl>   <dbl>
1       Ideal       E      SI2    61.5      55    3.95    3.98    2.43
2     Premium       E      SI1    59.8      61    3.89    3.84    2.31
3        Good       E      VS1    56.9      65    4.05    4.07    2.31
4     Premium       I      VS2    62.4      58    4.20    4.23    2.63
5        Good       J      SI2    63.3      58    4.34    4.35    2.75
6   Very Good       J     VVS2    62.8      57    3.94    3.96    2.48
7   Very Good       I     VVS1    62.3      57    3.95    3.98    2.47
8   Very Good       H      SI1    61.9      55    4.07    4.11    2.53
9        Fair       E      VS2    65.1      61    3.87    3.78    2.49
10  Very Good       H      VS1    59.4      61    4.00    4.05    2.39
# ... with 53, 930 more rows

> # 使用索引
> diamonds %>% select(-1, -7)

# A tibble: 53, 940 × 8
          cut   color  clarity   depth   table       x       y       z
        <ord>   <ord>    <ord>   <dbl>   <dbl>   <dbl>   <dbl>   <dbl>
1       Ideal       E      SI2    61.5      55    3.95    3.98    2.43
2     Premium       E      SI1    59.8      61    3.89    3.84    2.31
3        Good       E      VS1    56.9      65    4.05    4.07    2.31
4     Premium       I      VS2    62.4      58    4.20    4.23    2.63
5        Good       J      SI2    63.3      58    4.34    4.35    2.75
6   Very Good       J     VVS2    62.8      57    3.94    3.96    2.48
7   Very Good       I     VVS1    62.3      57    3.95    3.98    2.47
8   Very Good       H      SI1    61.9      55    4.07    4.11    2.53
9        Fair       E      VS2    65.1      61    3.87    3.78    2.49
10  Very Good       H      VS1    59.4      61    4.00    4.05    2.39
# ... with 53, 930 more rows
```

Next

```
> diameters %>% select(-c(1, 7))

# A tibble: 53, 940 × 8
        cut   color  clarity   depth   table       x       y       z
      <ord>   <ord>    <ord>   <dbl>   <dbl>   <dbl>   <dbl>   <dbl>
1     Ideal       E      SI2    61.5      55    3.95    3.98    2.43
2   Premium       E      SI1    59.8      61    3.89    3.84    2.31
3      Good       E      VS1    56.9      65    4.05    4.07    2.31
4   Premium       I      VS2    62.4      58    4.20    4.23    2.63
5      Good       J      SI2    63.3      58    4.34    4.35    2.75
6 Very Good       J     VVS2    62.8      57    3.94    3.96    2.48
7 Very Good       I     VVS1    62.3      57    3.95    3.98    2.47
8 Very Good       H      SI1    61.9      55    4.07    4.11    2.53
9      Fair       E      VS2    65.1      61    3.87    3.78    2.49
10 Very Good      H      VS1    59.4      61    4.00    4.05    2.39
# ... with 53, 930 more rows
```

若是透過含引號的直行名稱和 .dots 引數取消選取特定的直行，負號應擺在引號裡的直行名稱前。

```
> diamonds %>% select _ (.dots=c('-carat', '-price'))

# A tibble: 53, 940 × 8
        cut   color  clarity   depth   table       x       y       z
      <ord>   <ord>    <ord>   <dbl>   <dbl>   <dbl>   <dbl>   <dbl>
1     Ideal       E      SI2    61.5      55    3.95    3.98    2.43
2   Premium       E      SI1    59.8      61    3.89    3.84    2.31
3      Good       E      VS1    56.9      65    4.05    4.07    2.31
4   Premium       I      VS2    62.4      58    4.20    4.23    2.63
5      Good       J      SI2    63.3      58    4.34    4.35    2.75
6 Very Good       J     VVS2    62.8      57    3.94    3.96    2.48
7 Very Good       I     VVS1    62.3      57    3.95    3.98    2.47
8 Very Good       H      SI1    61.9      55    4.07    4.11    2.53
9      Fair       E      VS2    65.1      61    3.87    3.78    2.49
10 Very Good      H      VS1    59.4      61    4.00    4.05    2.39
# ... with 53, 930 more rows
```

Next

若是使用 one_of 函數，負號應擺在 one_of 函數前。

```
> diamonds %>% select(-one _ of('carat', 'price'))

# A tibble: 53, 940 × 8
         cut   color  clarity    depth   table       x       y       z
       <ord>   <ord>    <ord>    <dbl>   <dbl>   <dbl>   <dbl>   <dbl>
1      Ideal       E      SI2     61.5      55    3.95    3.98    2.43
2    Premium       E      SI1     59.8      61    3.89    3.84    2.31
3       Good       E      VS1     56.9      65    4.05    4.07    2.31
4    Premium       I      VS2     62.4      58    4.20    4.23    2.63
5       Good       J      SI2     63.3      58    4.34    4.35    2.75
6  Very Good       J     VVS2     62.8      57    3.94    3.96    2.48
7  Very Good       I     VVS1     62.3      57    3.95    3.98    2.47
8  Very Good       H      SI1     61.9      55    4.07    4.11    2.53
9       Fair       E      VS2     65.1      61    3.87    3.78    2.49
10 Very Good       H      VS1     59.4      61    4.00    4.05    2.39
#    ...     with  53, 930     more     rows
```

12-4 filter

要透過邏輯運算式篩選橫列，可使用 filter 函數。

```
> diamonds %>% filter(cut == 'Ideal')

# A tibble: 21, 551 × 10
   carat    cut  color clarity   depth  table  price      x      y      z
   <dbl>  <ord>  <ord>   <ord>   <dbl>  <dbl>  <int>  <dbl>  <dbl>  <dbl>
1   0.23  Ideal      E     SI2    61.5     55    326   3.95   3.98   2.43
2   0.23  Ideal      J     VS1    62.8     56    340   3.93   3.90   2.46
3   0.31  Ideal      J     SI2    62.2     54    344   4.35   4.37   2.71
4   0.30  Ideal      I     SI2    62.0     54    348   4.31   4.34   2.68
5   0.33  Ideal      I     SI2    61.8     55    403   4.49   4.51   2.78
6   0.33  Ideal      I     SI2    61.2     56    403   4.49   4.50   2.75
7   0.33  Ideal      J     SI1    61.1     56    403   4.49   4.55   2.76
8   0.23  Ideal      G     VS1    61.9     54    404   3.93   3.95   2.44
9   0.32  Ideal      I     SI1    60.9     55    404   4.45   4.48   2.72
10  0.30  Ideal      I     SI2    61.0     59    405   4.30   4.33   2.63
# ... with 21, 541 more rows
```

若使用傳統 R 語言，則較為冗長，且需要使用中括號。

```
> diamonds[diamonds$cut == 'Ideal', ]

# A tibble: 21, 551 × 10
   carat       cut color clarity depth table price     x     y     z
   <dbl>     <ord> <ord>   <ord> <dbl> <dbl> <int> <dbl> <dbl> <dbl>
1   0.23     Ideal     E     SI2  61.5    55   326  3.95  3.98  2.43
2   0.23     Ideal     J     VS1  62.8    56   340  3.93  3.90  2.46
3   0.31     Ideal     J     SI2  62.2    54   344  4.35  4.37  2.71
4   0.30     Ideal     I     SI2  62.0    54   348  4.31  4.34  2.68
5   0.33     Ideal     I     SI2  61.8    55   403  4.49  4.51  2.78
6   0.33     Ideal     I     SI2  61.2    56   403  4.49  4.50  2.75
7   0.33     Ideal     J     SI1  61.1    56   403  4.49  4.55  2.76
8   0.23     Ideal     G     VS1  61.9    54   404  3.93  3.95  2.44
9   0.32     Ideal     I     SI1  60.9    55   404  4.45  4.48  2.72
10  0.30     Ideal     I     SI2  61.0    59   405  4.30  4.33  2.63
# ... with 21, 541 more rows
```

若橫列篩選條件是要某直行內的值等於其中一個指定的值時，可使用%in%運算子。

```
> diamonds %>% filter(cut %in% c('Ideal', 'Good'))

# A tibble: 26, 457 × 10
   carat       cut color clarity depth table price     x     y     z
   <dbl>     <ord> <ord>   <ord> <dbl> <dbl> <int> <dbl> <dbl> <dbl>
1   0.23     Ideal     E     SI2  61.5    55   326  3.95  3.98  2.43
2   0.23      Good     E     VS1  56.9    65   327  4.05  4.07  2.31
3   0.31      Good     J     SI2  63.3    58   335  4.34  4.35  2.75
4   0.30      Good     J     SI1  64.0    55   339  4.25  4.28  2.73
5   0.23     Ideal     J     VS1  62.8    56   340  3.93  3.90  2.46
6   0.31     Ideal     J     SI2  62.2    54   344  4.35  4.37  2.71
7   0.30     Ideal     I     SI2  62.0    54   348  4.31  4.34  2.68
8   0.30      Good     J     SI1  63.4    54   351  4.23  4.29  2.70
9   0.30      Good     J     SI1  63.8    56   351  4.23  4.26  2.71
10  0.30      Good     I     SI2  63.3    56   351  4.26  4.30  2.71
# ... with 26, 447 more rows
```

所有標準的比較運算子都可用在 filter。

```
> diamonds %>% filter(price >= 1000)

# A tibble: 39, 441 × 10
   carat       cut color clarity  depth  table  price      x      y      z
   <dbl>     <ord> <ord>   <ord>  <dbl>  <dbl>  <int>  <dbl>  <dbl>  <dbl>
1   0.70     Ideal     E     SI1   62.5     57   2757   5.70   5.72   3.57
2   0.86      Fair     E     SI2   55.1     69   2757   6.45   6.33   3.52
3   0.70     Ideal     G     VS2   61.6     56   2757   5.70   5.67   3.50
4   0.71 Very Good     E     VS2   62.4     57   2759   5.68   5.73   3.56
5   0.78 Very Good     G     SI2   63.8     56   2759   5.81   5.85   3.72
6   0.70      Good     E     VS2   57.5     58   2759   5.85   5.90   3.38
7   0.70      Good     F     VS1   59.4     62   2759   5.71   5.76   3.40
8   0.96      Fair     F     SI2   66.3     62   2759   6.27   5.95   4.07
9   0.73 Very Good     E     SI1   61.6     59   2760   5.77   5.78   3.56
10  0.80   Premium     H     SI1   61.5     58   2760   5.97   5.93   3.66
# ... with 39, 431 more rows

> diamonds %>% filter(price != 1000)

# A tibble: 53, 915 × 10
   carat       cut color clarity  depth  table  price      x      y      z
   <dbl>     <ord> <ord>   <ord>  <dbl>  <dbl>  <int>  <dbl>  <dbl>  <dbl>
1   0.23     Ideal     E     SI2   61.5     55    326   3.95   3.98   2.43
2   0.21   Premium     E     SI1   59.8     61    326   3.89   3.84   2.31
3   0.23      Good     E     VS1   56.9     65    327   4.05   4.07   2.31
4   0.29   Premium     I     VS2   62.4     58    334   4.20   4.23   2.63
5   0.31      Good     J     SI2   63.3     58    335   4.34   4.35   2.75
6   0.24 Very Good     J    VVS2   62.8     57    336   3.94   3.96   2.48
7   0.24 Very Good     I    VVS1   62.3     57    336   3.95   3.98   2.47
8   0.26 Very Good     H     SI1   61.9     55    337   4.07   4.11   2.53
9   0.22      Fair     E     VS2   65.1     61    337   3.87   3.78   2.49
10  0.23 Very Good     H     VS1   59.4     61    338   4.00   4.05   2.39
# ... with 53, 905 more rows
```

複合式的篩選可透過逗點(,)或符號(&)將篩選條件分隔。

```
> diamonds %>% filter(carat > 2, price < 14000)

# A tibble: 644 × 10
   carat       cut color clarity depth table price     x     y     z
   <dbl>     <ord> <ord>   <ord> <dbl> <dbl> <int> <dbl> <dbl> <dbl>
1   2.06   Premium     J      I1  61.2    58  5203  8.10  8.07  4.95
2   2.14      Fair     J      I1  69.4    57  5405  7.74  7.70  5.36
3   2.15      Fair     J      I1  65.5    57  5430  8.01  7.95  5.23
4   2.22      Fair     J      I1  66.7    56  5607  8.04  8.02  5.36
5   2.01      Fair     I      I1  67.4    58  5696  7.71  7.64  5.17
6   2.01      Fair     I      I1  55.9    64  5696  8.48  8.39  4.71
7   2.27      Fair     J      I1  67.6    55  5733  8.05  8.00  5.43
8   2.03      Fair     H      I1  64.4    59  6002  7.91  7.85  5.07
9   2.03      Fair     H      I1  66.6    57  6002  7.81  7.75  5.19
10  2.06      Good     H      I1  64.3    58  6091  8.03  7.99  5.15
# ... with 634 more rows

> diamonds %>% filter(carat > 2 & price < 14000)

# A tibble: 644 × 10
   carat       cut color clarity depth table price     x     y     z
   <dbl>     <ord> <ord>   <ord> <dbl> <dbl> <int> <dbl> <dbl> <dbl>
1   2.06   Premium     J      I1  61.2    58  5203  8.10  8.07  4.95
2   2.14      Fair     J      I1  69.4    57  5405  7.74  7.70  5.36
3   2.15      Fair     J      I1  65.5    57  5430  8.01  7.95  5.23
4   2.22      Fair     J      I1  66.7    56  5607  8.04  8.02  5.36
5   2.01      Fair     I      I1  67.4    58  5696  7.71  7.64  5.17
6   2.01      Fair     I      I1  55.9    64  5696  8.48  8.39  4.71
7   2.27      Fair     J      I1  67.6    55  5733  8.05  8.00  5.43
8   2.03      Fair     H      I1  64.4    59  6002  7.91  7.85  5.07
9   2.03      Fair     H      I1  66.6    57  6002  7.81  7.75  5.19
10  2.06      Good     H      I1  64.3    58  6091  8.03  7.99  5.15
# ... with 634 more rows
```

or 運算式則是採用鍵盤上的 '|' 符號 (不是英文字母大寫 I 或小寫 L 喔)。

```
> diamonds %>% filter(carat < 1 | carat > 5)

# A tibble: 34, 881 × 10
   carat       cut color clarity depth table price     x     y     z
   <dbl>     <ord> <ord>   <ord> <dbl> <dbl> <int> <dbl> <dbl> <dbl>
1   0.23     Ideal     E     SI2  61.5    55   326  3.95  3.98  2.43
2   0.21   Premium     E     SI1  59.8    61   326  3.89  3.84  2.31
3   0.23      Good     E     VS1  56.9    65   327  4.05  4.07  2.31
4   0.29   Premium     I     VS2  62.4    58   334  4.20  4.23  2.63
5   0.31      Good     J     SI2  63.3    58   335  4.34  4.35  2.75
6   0.24 Very Good     J    VVS2  62.8    57   336  3.94  3.96  2.48
7   0.24 Very Good     I    VVS1  62.3    57   336  3.95  3.98  2.47
8   0.26 Very Good     H     SI1  61.9    55   337  4.07  4.11  2.53
9   0.22      Fair     E     VS2  65.1    61   337  3.87  3.78  2.49
10  0.23 Very Good     H     VS1  59.4    61   338  4.00  4.05  2.39
# ... with 34, 871 more rows
```

若篩選條件會使用到某個變數的值，需使用 filter_ 和引用的表示法，可透過文字或是在運算式前加上波浪號(~)。有時引用、有時不引用[2]，難免增添程式解讀或學習的困難，但這是讓 dplyr 保有互動式操作的必要功能。

```
> diamonds %>% filter _ ("cut == 'Ideal'")

# A tibble: 21, 551 × 10
   carat   cut color clarity depth table price     x     y     z
   <dbl> <ord> <ord>   <ord> <dbl> <dbl> <int> <dbl> <dbl> <dbl>
1   0.23 Ideal     E     SI2  61.5    55   326  3.95  3.98  2.43
2   0.23 Ideal     J     VS1  62.8    56   340  3.93  3.90  2.46
3   0.31 Ideal     J     SI2  62.2    54   344  4.35  4.37  2.71
4   0.30 Ideal     I     SI2  62.0    54   348  4.31  4.34  2.68
5   0.33 Ideal     I     SI2  61.8    55   403  4.49  4.51  2.78
6   0.33 Ideal     I     SI2  61.2    56   403  4.49  4.50  2.75
7   0.33 Ideal     J     SI1  61.1    56   403  4.49  4.55  2.76
8   0.23 Ideal     G     VS1  61.9    54   404  3.93  3.95  2.44
9   0.32 Ideal     I     SI1  60.9    55   404  4.45  4.48  2.72
10  0.30 Ideal     I     SI2  61.0    59   405  4.30  4.33  2.63
```

2：不引用是非標準化參數 (non-standard evalution)，而引用是標準化參數 (standard evalution)。

```
# ... with 21, 541 more rows

> diamonds %>% filter _ (~cut == 'Ideal')

# A tibble: 21, 551 × 10
   carat       cut color clarity depth table price     x     y     z
   <dbl>     <ord> <ord>   <ord> <dbl> <dbl> <int> <dbl> <dbl> <dbl>
1   0.23     Ideal     E     SI2  61.5    55   326  3.95  3.98  2.43
2   0.23     Ideal     J     VS1  62.8    56   340  3.93  3.90  2.46
3   0.31     Ideal     J     SI2  62.2    54   344  4.35  4.37  2.71
4   0.30     Ideal     I     SI2  62.0    54   348  4.31  4.34  2.68
5   0.33     Ideal     I     SI2  61.8    55   403  4.49  4.51  2.78
6   0.33     Ideal     I     SI2  61.2    56   403  4.49  4.50  2.75
7   0.33     Ideal     J     SI1  61.1    56   403  4.49  4.55  2.76
8   0.23     Ideal     G     VS1  61.9    54   404  3.93  3.95  2.44
9   0.32     Ideal     I     SI1  60.9    55   404  4.45  4.48  2.72
10  0.30     Ideal     I     SI2  61.0    59   405  4.30  4.33  2.63
# ... with 21, 541 more rows

> # 先把條件值存在變數裡
> theCut <- 'Ideal'
> diamonds %>% filter _ (~cut == theCut)

# A tibble: 21, 551 × 10
   carat       cut color clarity depth table price     x     y     z
   <dbl>     <ord> <ord>   <ord> <dbl> <dbl> <int> <dbl> <dbl> <dbl>
1   0.23     Ideal     E     SI2  61.5    55   326  3.95  3.98  2.43
2   0.23     Ideal     J     VS1  62.8    56   340  3.93  3.90  2.46
3   0.31     Ideal     J     SI2  62.2    54   344  4.35  4.37  2.71
4   0.30     Ideal     I     SI2  62.0    54   348  4.31  4.34  2.68
5   0.33     Ideal     I     SI2  61.8    55   403  4.49  4.51  2.78
6   0.33     Ideal     I     SI2  61.2    56   403  4.49  4.50  2.75
7   0.33     Ideal     J     SI1  61.1    56   403  4.49  4.55  2.76
8   0.23     Ideal     G     VS1  61.9    54   404  3.93  3.95  2.44
9   0.32     Ideal     I     SI1  60.9    55   404  4.45  4.48  2.72
10  0.30     Ideal     I     SI2  61.0    59   405  4.30  4.33  2.63
# ... with 21, 541 more rows
```

較複雜的情況是當條件值和直行名稱都儲存在變數裡，這情況很可能發生在 filter_是被用在一個函數裡。最簡單的作法(雖不建議)，是用 sprintf 將整個運算式組合起來。

```
> theCol <- 'cut'
> theCut <- 'Ideal'
> diamonds %>% filter _ (sprintf("%s == '%s'", theCol, theCut))

# A tibble: 21, 551 × 10
   carat       cut  color  clarity  depth  table  price     x     y     z
   <dbl>     <ord>  <ord>    <ord>  <dbl>  <dbl>  <int> <dbl> <dbl> <dbl>
1   0.23     Ideal      E      SI2   61.5     55    326  3.95  3.98  2.43
2   0.23     Ideal      J      VS1   62.8     56    340  3.93  3.90  2.46
3   0.31     Ideal      J      SI2   62.2     54    344  4.35  4.37  2.71
4   0.30     Ideal      I      SI2   62.0     54    348  4.31  4.34  2.68
5   0.33     Ideal      I      SI2   61.8     55    403  4.49  4.51  2.78
6   0.33     Ideal      I      SI2   61.2     56    403  4.49  4.50  2.75
7   0.33     Ideal      J      SI1   61.1     56    403  4.49  4.55  2.76
8   0.23     Ideal      G      VS1   61.9     54    404  3.93  3.95  2.44
9   0.32     Ideal      I      SI1   60.9     55    404  4.45  4.48  2.72
10  0.30     Ideal      I      SI2   61.0     59    405  4.30  4.33  2.63
# ... with 21, 541 more rows
```

建議使用的標準化參數(在 dplyr 0.6.0 版發行前)，是使用 lazyeval 套件中的 interp 將變數建立成一個公式。由於運算式的一部份是由直行欄位名稱組成，這部份須被含在 as.name 函數中。

```
> library(lazyeval)
> # 用變數建立一個公式
> interp(~ a == b, a=as.name(theCol), b=theCut)

~cut == "Ideal"

> # 將該公式設為 filter _ 的引數
> diamonds %>% filter _ (interp(~ a == b, a=as.name(theCol), b=theCut))

# A tibble: 21, 551 × 10
```

Next

```
   carat       cut color clarity depth table price     x     y     z
   <dbl>     <ord> <ord>   <ord> <dbl> <dbl> <int> <dbl> <dbl> <dbl>
1   0.23     Ideal     E     SI2  61.5    55   326  3.95  3.98  2.43
2   0.23     Ideal     J     VS1  62.8    56   340  3.93  3.90  2.46
3   0.31     Ideal     J     SI2  62.2    54   344  4.35  4.37  2.71
4   0.30     Ideal     I     SI2  62.0    54   348  4.31  4.34  2.68
5   0.33     Ideal     I     SI2  61.8    55   403  4.49  4.51  2.78
6   0.33     Ideal     I     SI2  61.2    56   403  4.49  4.50  2.75
7   0.33     Ideal     J     SI1  61.1    56   403  4.49  4.55  2.76
8   0.23     Ideal     G     VS1  61.9    54   404  3.93  3.95  2.44
9   0.32     Ideal     I     SI1  60.9    55   404  4.45  4.48  2.72
10  0.30     Ideal     I     SI2  61.0    59   405  4.30  4.33  2.63
# ... with 21, 541 more rows
```

在 dplyr 0.6.0 版發行後，可以合併使用 filter 函數和 rlang 套件中的 UQE 函數來使用變數進行橫列篩選。其作法是要先將直行欄位名稱存為 character(字元/字串)，接著用 as.name 轉換成 name 物件，最後使用 UQE 把引用去除。

```
> diamonds %>% filter(UQE(as.name(theCol)) == theCut)

# A tibble: 21, 551 × 10
   carat       cut color clarity depth table price     x     y     z
   <dbl>     <ord> <ord>   <ord> <dbl> <dbl> <int> <dbl> <dbl> <dbl>
1   0.23     Ideal     E     SI2  61.5    55   326  3.95  3.98  2.43
2   0.23     Ideal     J     VS1  62.8    56   340  3.93  3.90  2.46
3   0.31     Ideal     J     SI2  62.2    54   344  4.35  4.37  2.71
4   0.30     Ideal     I     SI2  62.0    54   348  4.31  4.34  2.68
5   0.33     Ideal     I     SI2  61.8    55   403  4.49  4.51  2.78
6   0.33     Ideal     I     SI2  61.2    56   403  4.49  4.50  2.75
7   0.33     Ideal     J     SI1  61.1    56   403  4.49  4.55  2.76
8   0.23     Ideal     G     VS1  61.9    54   404  3.93  3.95  2.44
9   0.32     Ideal     I     SI1  60.9    55   404  4.45  4.48  2.72
10  0.30     Ideal     I     SI2  61.0    59   405  4.30  4.33  2.63
# ... with 21, 541 more rows
```

12-5 slice

前面討論的 filter 依據邏輯運算式篩選橫列，而 slice 則是使用橫列索引來選取特定橫列。橫列索引需以 vector(向量)的形式傳遞到 slice 函數。

```
> diamonds %>% slice(1:5)

# A tibble: 5 × 10
  carat       cut color clarity depth table price     x     y     z
  <dbl>     <ord> <ord>   <ord> <dbl> <dbl> <int> <dbl> <dbl> <dbl>
1  0.23     Ideal     E     SI2  61.5    55   326  3.95  3.98  2.43
2  0.21   Premium     E     SI1  59.8    61   326  3.89  3.84  2.31
3  0.23      Good     E     VS1  56.9    65   327  4.05  4.07  2.31
4  0.29   Premium     I     VS2  62.4    58   334  4.20  4.23  2.63
5  0.31      Good     J     SI2  63.3    58   335  4.34  4.35  2.75

> diamonds %>% slice(c(1:5, 8, 15:20))

# A tibble: 12 × 10
   carat       cut colorclarity depth table price     x     y     z
   <dbl>     <ord> <ord>  <ord> <dbl> <dbl> <int> <dbl> <dbl> <dbl>
1   0.23     Ideal     E    SI2  61.5    55   326  3.95  3.98  2.43
2   0.21   Premium     E    SI1  59.8    61   326  3.89  3.84  2.31
3   0.23      Good     E    VS1  56.9    65   327  4.05  4.07  2.31
4   0.29   Premium     I    VS2  62.4    58   334  4.20  4.23  2.63
5   0.31      Good     J    SI2  63.3    58   335  4.34  4.35  2.75
6   0.26 Very Good     H    SI1  61.9    55   337  4.07  4.11  2.53
7   0.20   Premium     E    SI2  60.2    62   345  3.79  3.75  2.27
8   0.32   Premium     E     I1  60.9    58   345  4.38  4.42  2.68
9   0.30     Ideal     I    SI2  62.0    54   348  4.31  4.34  2.68
10  0.30      Good     J    SI1  63.4    54   351  4.23  4.29  2.70
11  0.30      Good     J    SI1  63.8    56   351  4.23  4.26  2.71
12  0.30 Very Good     J    SI1  62.7    59   351  4.21  4.27  2.66
```

要注意的是顯示結果中的左列編號並不會對應到傳遞至 slice 的索引號碼，而是回傳結果的編號。負數的索引號碼表示取消選取該些橫列。

```
> diamonds %>% slice(-1)

# A tibble: 53, 939 × 10
   carat       cut color clarity depth table price     x     y     z
   <dbl>     <ord> <ord>   <ord> <dbl> <dbl> <int> <dbl> <dbl> <dbl>
1   0.21   Premium     E     SI1  59.8    61   326  3.89  3.84  2.31
2   0.23      Good     E     VS1  56.9    65   327  4.05  4.07  2.31
3   0.29   Premium     I     VS2  62.4    58   334  4.20  4.23  2.63
4   0.31      Good     J     SI2  63.3    58   335  4.34  4.35  2.75
5   0.24 Very Good     J    VVS2  62.8    57   336  3.94  3.96  2.48
6   0.24 Very Good     I    VVS1  62.3    57   336  3.95  3.98  2.47
7   0.26 Very Good     H     SI1  61.9    55   337  4.07  4.11  2.53
8   0.22      Fair     E     VS2  65.1    61   337  3.87  3.78  2.49
9   0.23 Very Good     H     VS1  59.4    61   338  4.00  4.05  2.39
10  0.30      Good     J     SI1  64.0    55   339  4.25  4.28  2.73
# ... with 53, 929 more rows
```

12-6 mutate

mutate 函數可用來新增直行，或對既有直行進行變更。舉例來說，若要新增一個顯示 price 對 carat 的比值的直行，只需將該比值的公式輸入為 mutate 的引數便可。

```
> diamonds %>% mutate(price/carat)

# A tibble: 53, 940 × 11
   carat       cut color clarity depth table price     x     y     z
   <dbl>     <ord> <ord>   <ord> <dbl> <dbl> <int> <dbl> <dbl> <dbl>
1   0.23     Ideal     E     SI2  61.5    55   326  3.95  3.98  2.43
2   0.21   Premium     E     SI1  59.8    61   326  3.89  3.84  2.31
3   0.23      Good     E     VS1  56.9    65   327  4.05  4.07  2.31
4   0.29   Premium     I     VS2  62.4    58   334  4.20  4.23  2.63
5   0.31      Good     J     SI2  63.3    58   335  4.34  4.35  2.75
6   0.24 Very Good     J    VVS2  62.8    57   336  3.94  3.96  2.48
7   0.24 Very Good     I    VVS1  62.3    57   336  3.95  3.98  2.47
8   0.26 Very Good     H     SI1  61.9    55   337  4.07  4.11  2.53
9   0.22      Fair     E     VS2  65.1    61   337  3.87  3.78  2.49
10  0.23 Very Good     H     VS1  59.4    61   338  4.00  4.05  2.39
# ... with 53, 930 more rows, and 1 more variables:
# `price/carat` <dbl>
```

基於瀏覽裝置的尺寸，並非所有直行都會被顯示在畫面上。為了確保新增的直行被顯示出來，我們用 select 選取我們感興趣的幾個直行，接著將該結果送到 mutate。

```
> diamonds %>% select(carat, price) %>% mutate(price/carat)

# A tibble: 53, 940 × 3
   carat    price`price/carat`
   <dbl>    <int>         <dbl>
1    0.23      326       1417.391
2    0.21      326      1552.381
3    0.23      327       1421.739
4    0.29      334       1151.724
5    0.31      335      1080.645
6    0.24      336      1400.000
7    0.24      336      1400.000
8    0.26      337      1296.154
9    0.22      337      1531.818
10   0.23      338      1469.565
# ... with 53, 930 more rows
```

新增的直行並無名稱，於是我們將比值的公式(price/carat)指定到一個欄位名稱(Ratio)上。

```
> diamonds %>% select(carat, price) %>% mutate(Ratio=price/carat)

# A tibble: 53, 940 × 3
   carat    price    Ratio
   <dbl>    <int>    <dbl>
1    0.23      326  1417.391
2    0.21      326  1552.381
3    0.23      327  1421.739
4    0.29      334  1151.724
5    0.31      335  1080.645
6    0.24      336  1400.000
7    0.24      336  1400.000
8    0.26      337  1296.154
9    0.22      337  1531.818
10   0.23      338  1469.565
# ... with 53, 930 more rows
```

由 mutate 所建立的直行可以直接被用在同一個 mutate 的呼叫上。

```
> diamonds %>%
+     select(carat, price) %>%
+     mutate(Ratio=price/carat, Double=Ratio*2)

# A tibble: 53, 940 × 4
   carat   price    Ratio   Double
   <dbl>   <int>    <dbl>    <dbl>
1   0.23     326 1417.391 2834.783
2   0.21     326 1552.381 3104.762
3   0.23     327 1421.739 2843.478
4   0.29     334 1151.724 2303.448
5   0.31     335 1080.645 2161.290
6   0.24     336 1400.000 2800.000
7   0.24     336 1400.000 2800.000
8   0.26     337 1296.154 2592.308
9   0.22     337 1531.818 3063.636
10  0.23     338 1469.565 2939.130
# ... with 53, 930 more rows
```

注意前述步驟並不會更改到 diamonds 資料的內容，若需要儲存變更，要將變更結果指定到 diamonds 物件。magrittr 套件中有一個很好用的運算子是指定 pipe(%<>%)，這可同時將左邊的物件送到右邊的函數，並將右邊函數結果指派回左邊。

```
> library(magrittr)
> diamonds2 <- diamonds
> diamonds2
```

Next

```
# A tibble: 53, 940 × 10
   carat       cut color clarity depth table price     x     y     z
   <dbl>     <ord> <ord>   <ord> <dbl> <dbl> <int> <dbl> <dbl> <dbl>
1   0.23     Ideal     E     SI2  61.5    55   326  3.95  3.98  2.43
2   0.21   Premium     E     SI1  59.8    61   326  3.89  3.84  2.31
3   0.23      Good     E     VS1  56.9    65   327  4.05  4.07  2.31
4   0.29   Premium     I     VS2  62.4    58   334  4.20  4.23  2.63
5   0.31      Good     J     SI2  63.3    58   335  4.34  4.35  2.75
6   0.24 Very Good     J    VVS2  62.8    57   336  3.94  3.96  2.48
7   0.24 Very Good     I    VVS1  62.3    57   336  3.95  3.98  2.47
8   0.26 Very Good     H     SI1  61.9    55   337  4.07  4.11  2.53
9   0.22      Fair     E     VS2  65.1    61   337  3.87  3.78  2.49
10  0.23 Very Good     H     VS1  59.4    61   338  4.00  4.05  2.39
# ... with 53, 930 more rows

> diamonds2 %<>%
+     select(carat, price) %>%
+     mutate(Ratio=price/carat, Double=Ratio*2)
> diamonds2

# A tibble: 53, 940 × 4
   carat   price    Ratio   Double
   <dbl>   <int>    <dbl>    <dbl>
1   0.23     326 1417.391 2834.783
2   0.21     326 1552.381 3104.762
3   0.23     327 1421.739 2843.478
4   0.29     334 1151.724 2303.448
5   0.31     335 1080.645 2161.290
6   0.24     336 1400.000 2800.000
7   0.24     336 1400.000 2800.000
8   0.26     337 1296.154 2592.308
9   0.22     337 1531.818 3063.636
10  0.23     338 1469.565 2939.130
# ... with 53, 930 more rows
```

要特別提醒的是，pipe 運算子也可以和傳統指派運算子 (<-) 合併使用。

```
> diamonds2 <- diamonds2 %>%
+     mutate(Quadruple=Double*2)
> diamonds2

# A tibble: 53, 940 × 5
   carat   price     Ratio    Double  Quadruple
   <dbl>   <int>     <dbl>     <dbl>      <dbl>
1   0.23     326  1417.391  2834.783   5669.565
2   0.21     326  1552.381  3104.762   6209.524
3   0.23     327  1421.739  2843.478   5686.957
4   0.29     334  1151.724  2303.448   4606.897
5   0.31     335  1080.645  2161.290   4322.581
6   0.24     336  1400.000  2800.000   5600.000
7   0.24     336  1400.000  2800.000   5600.000
8   0.26     337  1296.154  2592.308   5184.615
9   0.22     337  1531.818  3063.636   6127.273
10  0.23     338  1469.565  2939.130   5878.261
# ... with 53, 930 more rows
```

12-7 summarize

前面討論的 mutate 會對直行套用向量化的函數，而 summarize 函數會回傳長度為 1 的結果，就像 mean、max、median 或其它相似的函數。summarize 函數 (英式拼法為 summarise) 允許直接使用 data.frame 中的直行名稱進行呼叫，這就像 R 的 with 函數。舉例來說，我們現在要計算 diamonds 資料中某直行的平均值。

```
> summarize(diamonds, mean(price))

# A tibble: 1 × 1
`mean(price)`
       <dbl>
1      3932.8
```

Next

```
> # 使用 pipe 語法
> diamonds %>% summarize(mean(price))

# A tibble: 1 × 1
`mean(price)`
        <dbl>
1      3932.8
```

這程式碼看起來比使用 R 基礎語法還要冗長，但如果是撰寫較複雜的式子時，用此函數撰寫的程式碼會較為簡短，且易於理解。使用 sumamrize 另一個好處是可以直接對計算結果命名，且可以在同一個函數的呼叫內進行好幾組計算。

```
> diamonds %>%
+     summarize(AvgPrice=mean(price),
+               MedianPrice=median(price),
+               AvgCarat=mean(carat))

# A tibble: 1 × 3
  AvgPrice  MedianPrice  AvgCarat
     <dbl>        <dbl>     <dbl>
1   3932.8         2401 0.7979397
```

12-8 group_by

搭配 group_by 可以讓 summarize 函數如虎添翼，group_by 先將資料分割成幾個區塊，再將函數應用到每個區塊。要根據一個變數對資料進行分割，再應用 summary 函數到每個區塊，我們先將資料傳遞到 group_by 函數，接著將經分割的 data.frame 或 tbl 傳遞到 summarize，這樣就能令函數應用到單獨直行上。您可以從以下範例中，體驗 pipe 的強大與便捷之處。

```
> diamonds %>%
+      group _ by(cut) %>%
+      summarize(AvgPrice=mean(price))
```

Next

```
# A tibble: 5 × 2
        cut  AvgPrice
      <ord>     <dbl>
1      Fair  4358.758
2      Good  3928.864
3 Very Good  3981.760
4   Premium  4584.258
5     Ideal  3457.542
```

這整合資料的作法比 aggregate 函數更為便捷和快速，且它令多組運算和變數分群的操作更容易進行。

```
> diamonds %>%
+     group_by(cut) %>%
+     summarize(AvgPrice=mean(price), SumCarat=sum(carat))

# A tibble: 5 × 3
        cut  AvgPrice  SumCarat
      <ord>     <dbl>     <dbl>
1      Fair  4358.758   1684.28
2      Good  3928.864   4166.10
3 Very Good  3981.760   9742.70
4   Premium  4584.258  12300.95
5     Ideal  3457.542  15146.84

> diamonds %>%
+     group_by(cut, color) %>%
+     summarize(AvgPrice=mean(price), SumCarat=sum(carat))

Source: local data frame [35 x 4]
Groups: cut [?]

     cut   color AvgPrice SumCarat
   <ord>   <ord>    <dbl>    <dbl>
1   Fair       D 4291.061   149.98
2   Fair       E 3682.312   191.88
3   Fair       F 3827.003   282.27
4   Fair       G 4239.255   321.48
```

Next

```
5   Fair        H 5135.683    369.41
6   Fair        I 4685.446    209.66
7   Fair        J 4975.655    159.60
8   Good        D 3405.382    492.87
9   Good        E 3423.644    695.21
10  Good        F 3495.750    705.32
# ... with 25 more rows
```

在處理已經分群的 data.frame 時，summarize 函數會將最內層的分群捨棄掉，這就是為什麼在先前的程式碼中，第一個式子回傳無分群的 data.frame，而第二個式子回傳只有一群的 data.frame。

12-9 arrange

arrange 函數可用來進行資料排序，它比 R 原生的 order 與 sort 函數更容易理解與使用。

```
> diamonds %>%
+     group_by(cut) %>%
+     summarize(AvgPrice=mean(price), SumCarat=sum(carat)) %>%
+     arrange(AvgPrice)

# A tibble: 5 × 3
         cut  AvgPrice  SumCarat
       <ord>     <dbl>     <dbl>
1      Ideal  3457.542  15146.84
2       Good  3928.864   4166.10
3  Very Good  3981.760   9742.70
4       Fair  4358.758   1684.28
5    Premium  4584.258  12300.95

> diamonds %>%
+     group_by(cut) %>%
+     summarize(AvgPrice=mean(price), SumCarat=sum(carat)) %>%
+     arrange(desc(AvgPrice))
```

Next

```
# A tibble: 5 × 3
         cut  AvgPrice  SumCarat
       <ord>     <dbl>     <dbl>
1    Premium  4584.258  12300.95
2       Fair  4358.758   1684.28
3  Very Good  3981.760   9742.70
4       Good  3928.864   4166.10
5      Ideal  3457.542  15146.84
```

12-10 do

dplyr 套件中除了像 filter、mutate 和 summarize 擁有處理特定群組功能的函數之外，還有另一個函數 do，可用在一般性的運算上，此函數可讓任意的函數套用在資料上。舉例來說，我們要建立一個函數來排序 diamonds 資料，然後回傳前面 N 個橫列的結果。

```
> topN <- function(x, N=5)
+ {
+       x %>% arrange(desc(price)) %>% head(N)
+ }
```

將 do 和 group_by 合併使用，就可以針對鑽石(diamonds)的每個切割品質(cut)，回傳經排序(依價格(price)高低排序)後的前 N 個橫列。使用 pipe 時，左手邊將成為右手邊函數的第一個引數。do 函數的第一個引數原本應該是一個函數，但在我們的例子中，pipe 的左手邊並不是一個函數，而是經分群後的 diamonds 資料，因此不會被傳遞到預設的位置，我們需要一個句點(.)指定它該傳遞的目的地。

```
> diamonds %>% group _ by(cut) %>% do(topN(., N=3))

Source: local data frame [15 x 10]
Groups: cut [5]
```

```
   carat       cut color clarity depth table price     x     y     z
   <dbl>     <ord> <ord>   <ord> <dbl> <dbl> <int> <dbl> <dbl> <dbl>
1   2.01      Fair     G     SI1  70.6    64 18574  7.43  6.64  4.69
2   2.02      Fair     H     VS2  64.5    57 18565  8.00  7.95  5.14
3   4.50      Fair     J      I1  65.8    58 18531 10.23 10.16  6.72
4   2.80      Good     G     SI2  63.8    58 18788  8.90  8.85  0.00
5   2.07      Good     I     VS2  61.8    61 18707  8.12  8.16  5.03
6   2.67      Good     F     SI2  63.8    58 18686  8.69  8.64  5.54
7   2.00 Very Good     G     SI1  63.5    56 18818  7.90  7.97  5.04
8   2.00 Very Good     H     SI1  62.8    57 18803  7.95  8.00  5.01
9   2.03 Very Good     H     SI1  63.0    60 18781  8.00  7.93  5.02
10  2.29   Premium     I     VS2  60.8    60 18823  8.50  8.47  5.16
11  2.29   Premium     I     SI1  61.8    59 18797  8.52  8.45  5.24
12  2.04   Premium     H     SI1  58.1    60 18795  8.37  8.28  4.84
13  1.51     Ideal     G      IF  61.7    55 18806  7.37  7.41  4.56
14  2.07     Ideal     G     SI2  62.5    55 18804  8.20  8.13  5.11
15  2.15     Ideal     G     SI2  62.6    54 18791  8.29  8.35  5.21
```

當 do 只使用到單一個，且未命名的引數時，如同前述例子，其回傳的結果將會是一個 data.frame。若我們對引數命名，該式子回傳的結果將會是 data.frame，其中儲存計算結果的直行會是一個 list。

```
> diamonds %>%
+     # 根據切割品質(cut)對資料分群
+     # 這將建立出分隔開來的資料群
+     group_by(cut) %>%
+     # 套用 topN 函數，第二個引數設定為 3
+     # 這將套用到每群資料
+     do(Top=topN(., 3))

Source: local data frame [5 x 2]
Groups: <by row>

# A tibble: 5 × 2
        cut                Top
*     <ord>             <list>
1      Fair    <tibble [3 × 10]>
2      Good    <tibble [3 × 10]>
```
Next

```
3  Very Good        <tibble[3 × 10]>
4    Premium       <tibble [3 × 10]>
5      Ideal       <tibble [3 × 10]>

> topByCut <- diamonds %>% group_by(cut) %>% do(Top=topN(., 3))
> class(topByCut)

[1]"rowwise_df""tbl_df""tbl""data.frame"

> class(topByCut$Top)

[1]"list"

> class(topByCut$Top[[1]])

[1]"tbl_df""tbl""data.frame"

> topByCut$Top[[1]]

# A tibble: 3 × 10
  carat       cut color clarity depth table price     x     y     z
  <dbl>     <ord> <ord>   <ord> <dbl> <dbl> <int> <dbl> <dbl> <dbl>
1  2.01      Fair     G     SI1  70.6    64 18574  7.43  6.64  4.69
2  2.02      Fair     H     VS2  64.5    57 18565  8.00  7.95  5.14
3  4.50      Fair     J      I1  65.8    58 18531 10.23 10.16  6.72
```

在這例子，儲存計算結果的直行是一個 list，而當中的元素為一個含有前三橫列結果(依 cut 分群，並依 price 排序)的 data.frame。在 data.frame 的直行儲存 list 也許很奇怪，但這也是 data.frame 的內建功能。在 do 函數中使用已命名的引數，實際上等同使用 plyr 套件中的 ldply。

12-11 dplyr 用於資料庫

dplyr 也可用來處理儲存在資料庫的資料，操作方式與處理 data.frame 中的資料非常相似。目前 dplyr 已可運用到 PostgreSQL、MySQL、SQLite、MonetDB、Google Big Query 與 Spark DataFrames 上。

對於資料庫的一些基本運算式，R 的程式碼將被轉換到對應的 SQL 語言，至於無法輕易轉換到 SQL 的 R 程式碼，依照經驗，dplyr 也可把資料分塊放入記憶體，接著進行獨立的運算，這使得原先無法直接載入進記憶體的資料也可以進行整理和分析。處理資料庫資料的速度會比在 data.frame 運行來得慢，但由於該資料原本就不能直接載入記憶體進行運算，因此也不得不這麼做。

以下使用 SQLite 資料庫中含有 diamonds 資料的兩個資料表和另一組額外的相關資料進行示範，我們先使用 download.file 下載此資料庫。

```
> download.file("http://www.jaredlander.com/data/diamonds.db",
+               destfile="data/d iamonds.db", mode='wb')
```

第一步是要與資料庫建立連結。從 dplyr 0.6.0 版發布開始，要使用資料庫前必須先安裝 dbplyr，但可以不必載入它。

```
> diaDBSource <- src _ sqlite("data/diamonds.db")
> diaDBSource

src:sqlite 3.11.1 [data/diamonds.db]
tbls:DiamondColors, diamonds, sqlite _ stat1
```

若是比 dplyr 0.6.0 版更新的版本，也可以直接使用 DBI。

```
> diaDBSource2 <- DBI::dbConnect(RSQLite::SQLite(), "data/diamonds.db")
> diaDBSource2

<SQLiteConnection>
  Path: C:\Users\jared\Documents\Consulting\book\book\
     FasterGroupManipulation\data\diamonds.db
  Extensions: TRUE
```

連接上資料庫後，接著我們要找出需要的資料表。在這例子的資料庫中有兩張名為 diamonds 和 DiamondColors 的資料表，和一個名為 sqlite_stat1 的後設資料(metadata)表。每個要讀取的資料表都必須單獨地進行指定，目前需要的只有 diamonds 資料。

```
> diaTab <- tbl(diaDBSource, "diamonds")
> diaTab

Source: query [?? x 10]
Database: sqlite 3.11.1 [data/diamonds.db]

   carat       cut  color clarity  depth  table  price      x      y      z
   <dbl>     <chr>  <chr>   <chr>  <dbl>  <dbl>  <int>  <dbl>  <dbl>  <dbl>
1   0.23     Ideal      E     SI2   61.5     55    326   3.95   3.98   2.43
2   0.21   Premium      E     SI1   59.8     61    326   3.89   3.84   2.31
3   0.23      Good      E     VS1   56.9     65    327   4.05   4.07   2.31
4   0.29   Premium      I     VS2   62.4     58    334   4.20   4.23   2.63
5   0.31      Good      J     SI2   63.3     58    335   4.34   4.35   2.75
6   0.24 Very Good      J    VVS2   62.8     57    336   3.94   3.96   2.48
7   0.24 Very Good      I    VVS1   62.3     57    336   3.95   3.98   2.47
8   0.26 Very Good      H     SI1   61.9     55    337   4.07   4.11   2.53
9   0.22      Fair      E     VS2   65.1     61    337   3.87   3.78   2.49
10  0.23 Very Good      H     VS1   59.4     61    338   4.00   4.05   2.39
# ... with more rows
```

這看起來就像一般的 data.frame，但它實際上是資料庫裡的資料表，而且顯示的只有前幾列。大部份運算在此 tbl 的運算實際上是由資料庫自行操作的。

```
> diaTab %>% group _ by(cut) %>% dplyr::summarize(Price=mean(price))

Source: query [?? x 2]
Database: sqlite 3.11.1 [data/diamonds.db]

        cut     Price
      <chr>     <dbl>
1      Fair  4358.758
2      Good  3928.864
3     Ideal  3457.542
```

Next

```
4    Premium   4584.258
5  Very Good   3981.760

> diaTab %>% group _ by(cut) %>%
+ dplyr::summarize(Price=mean(price), Carat=mean(Carat))

Source: query [?? x 3]
Database: sqlite 3.11.1 [data/diamonds.db]

        cut       Price       Carat
      <chr>       <dbl>       <dbl>
1      Fair    4358.758   1.0461366
2      Good    3928.864   0.8491847
3     Ideal    3457.542   0.7028370
4   Premium    4584.258   0.8919549
5 Very Good    3981.760   0.8063814
```

12-12 小結

Hadley Wickham 所開發的新一代套件使得資料操作的相關程式碼撰寫更為便捷，且運行速度也較快，其語法是基於處理資料的動作(動詞)，如 select、filter、arrange 與 group_by，讓使用者在撰寫相關程式碼時，來得更直覺、更快速，可讀性也比較高。

13

使用 purrr 迭代的做法

R 語言中有許多可以對一個 list(或 vector)中的元素進行迭代的方法，而 Hadley Wickham 希望藉由 purrr 套件，可以提升與強化標準化迭代的做法。R 植基於函數式的程式設計(functional programming)，也就是函數的輸出只跟輸入的引數有關，這使得每個函數是各自獨立的，也很方便合併使用。purrr 套件在設計上，就套用了這樣的概念，因此我們可以對一個 list 進行迭代，然後獨立地對每個元素套用函數。使用 purrr 迭代的做法主要是運用在 list 上，不過其實也可以將非向量化的函數應用到 vector(向量)上。 purrr 這個名稱有很多含意，主要是要傳達此套件倡導純(pure)函數式設計，也取自貓咪特殊的呼嚕聲，字尾重複是因為 Hadley Wickham 許多套件名稱都是 5 個字母，如 dplyr、readr 與 tidyr，為求一致性所致。

13-1 map

purrr 最基礎的函數為 map，它可以獨立將函數套用到 list 的每個元素，然後回傳的結果長度將會跟 list 的長度一樣。其操作方式與 lapply 一樣，如 **11-1-2 節**所說明，但 map 的設計是以使用 pipe 的概念為基礎。回到 **11-1-2 節**的例子，我們建立一個擁有 4 個元素的 list，接著透過 lapply 套用 sum 函數到每個元素。

```
> theList <- list(A=matrix(1:9, 3), B=1:5, C=matrix(1:4, 2), D=2)
> lapply(theList, sum)

$A
[1]   45
$B
[1]   15
$C
[1]   10
$D
[1]    2
```

使用 map 也可以產生出一樣的結果。

```
> library(purrr)
> theList %>% map(sum)

$A
[1]   45
$B
[1]   15
$C
[1]   10
$D
[1]    2

> identical(lapply(theList, sum), theList %>% map(sum))

[1] TRUE
```

若 theList 中的元素含有遺失值(NA)，我們需要將 sum 函數的 na.rm 引數設為 TRUE。要做此設定，我們可以直接在 map 函數的呼叫中將 sum 包裝在一個匿名函數裡，或者直接在 map 中傳遞 na.rm=TRUE(作為 sum 的額外引數)。

以下我們將 theList 的元素設為 NA 進行示範。

```
> theList2 <- theList
> theList2[[1]][2, 1] <- NA
> theList2[[2]][4] <- NA
```

透過 map 來套用 sum 所回傳的加總結果中，有兩個是 NA。

```
> theList2 %>% map(sum)

$A
[1]  NA
$B
[1]  NA
$C
[1]  10
$D
[1]   2
```

我們先使用一個匿名函數(實質上只是一個 sum 的包裝函數)移除 NA 值。

```
> theList2 %>% map(function(x) sum(x, na.rm=TRUE))

$A
[1]  43
$B
[1]  11
$C
[1]  10
$D
[1]   2
```

換個方式，我們將 na.rm=TRUE(屬於 sum 的額外引數)設為 map 點點點(…)引數的輸入值。

```
> theList2 %>% map(sum, na.rm=TRUE)


$A
[1]   43
$B
[1]   11
$C
[1]   10
$D
[1]    2
```

對於如此簡單的運算，使用匿名函數也許是繁瑣了點，但這在函數式程式設計是很常見的，而且遇到函數的引數不方便直接被使用在 map 的時候特別管用。

13-2 指定 map 回傳的資料型別

使用 map 所回傳的結果將會是一個 list，這雖然讓結果統一，但我們並不是一直都需要 list 做為結果。R 原生的 sapply 會在「可行」的狀況下試圖將結果簡化為 vector，不然就回傳一個 list。這方法雖然可行，但會導致無法預測結果型別。

為了排除這個不確定性，purrr 提供了一些 map 相關函數，可以指定要輸出的結果資料型別；若指定的型別無法產生，該函數也會回傳錯誤。這些相關函數的形式為 map_*，其中*代表所要指定的結果回傳型別，可能的回傳型別和其對應的函數如表 **13.1** 所示。

表 13.1 **purrr 函數與其對應的結果輸出型別)**

函數	結果輸出型別
map	list
map_int	integer
map_dbl	numeric
map_chr	character
map_lgl	logical
map_df	data.frame

要注意的是這些 map_*函數針對每個元素會回傳一個長度為 1 的 vector，任一個元素的長度大於 1 都會造成錯誤。

13-2-1 map_int

map_int 回傳的結果將會是 integer(整數)。例如我們使用 NROW 函數套到 theList 的每個元素，若該元素是一維，該函數將回傳其長度，若是二維，則回傳橫列數量。

```
> theList %>% map _ int(NROW)

A    B    C    D
3    5    2    1
```

若使用的函數是回傳 numeric(數值)，例如 mean，則會造成錯誤。

```
> theList %>% map _ int(mean)

Error: Can't coerce element 1 from a double to a integer
```

13-2-2 map_dbl

若要使用回傳 numeric(數值)的函數， 則用 map_dbl[1]。

```
> theList %>% map _ dbl(mean)

  A    B      C      D
5.0  3.0    2.5    2.0
```

13-2-3 map_chr

若要使用回傳 character(字元/字串)的函數， 則用 map_chr。

```
> theList %>% map _ chr(class)

        A          B           C          D
 "matrix"  "integer"   "matrix"  "numeric"
```

1：此函數名稱所指的資料型別是 double，也就是 numeric 的基礎型別。

若 theList 中的某一個元素同時有好幾種類別，map_chr 將會回傳錯誤，這是因為針對每個 list 的元素，函數所回傳的結果必須是一個長度為 1 的 vector。以下我們加入另一個 ordered factor 元素來做示範。

```
> theList3 <- theList
> theList3[['E']] <- factor(c('A', 'B', 'C'), ordered=TRUE)
>
> class(theList3$E)

[1]"ordered""factor"
```

這個新的元素長度為 2，這在使用 map_chr 就會造成錯誤。

```
> theList3 %>% map _ chr(class)

Error: Result 5 is not a length 1 atomic vector
```

要解決問題最直接的方式就是用 map 將結果回傳為 list。雖然這回傳的結果不再是一個 vector，但也不會看到錯誤。任何 map_*可以處理的運算都可以透過 map 處理。

```
> theList3 %>% map(class)

$A
[1]"matrix"

$B
[1]"integer"

$C
[1]"matrix"

$D
[1]"numeric"

$E
[1]"ordered""factor"
```

13-2-4 map_lgl

logical(邏輯)運算式的結果可以透過 map_lgl 儲存在一個 logical vector (邏輯向量)中。

```
> theList %>% map _ lgl(function(x) NROW(x) < 3)

    A      B      C      D
FALSE  FALSE   TRUE   TRUE
```

13-2-5 map_df

plyr 中有一個著名的函數 - ldply，它可對一個 list 的元素進行函數的迭代，接著把結果整合到一個 data.frame 中。在 purrr 中有著相同功能的函數是 map_df。接著我們設計一個可以建立含有兩個直行的 data.frame 的函數，直行長度則是由函數的引數決定。我們也建立一個數值 list 當做那些長度的輸入值。

```
> buildDF <- function(x)
+ {
+     data.frame(A=1:x, B=x:1)
+ }
>
> listOfLengths <- list(3, 4, 1, 5)
```

對該 list 進行迭代，迭代的每個元素將建立一個 data.frame。使用 map 將回傳一個長度為 4 的 list，而當中的每個元素都會是一個 data.frame。

```
> listOfLengths %>% map(buildDF)

[[1]]
  A  B
1 1  3
2 2  2
3 3  1
```

Next

```
[[2]]
   A  B
1  1  4
2  2  3
3  3  2
4  4  1

[[3]]
   A  B
1  1  1

[[4]]
   A  B
1  1  5
2  2  4
3  3  3
4  4  2
5  5  1
```

若將這結果呈現為 data.frame 會顯得更便利，這可透過 map_df 實行。

```
> listOfLengths %>% map_df(buildDF)

   A  B
1  1  3
2  2  2
3  3  1
4  1  4
5  2  3
6  3  2
7  4  1
8  1  1
9  1  5
10 2  4
11 3  3
12 4  2
13 5  1
```

13-2-6 map_if

有時候我們需要只有在一個條件達成的時候，才對 list 中的元素進行變更。透過 map_if 函數，只有達成條件的元素會被變更，而剩餘的元素將維持不變。以下我們將 theList 中的 matrix(矩陣)元素乘以 2 來做示範。

```
> theList %>% map_if(is.matrix, function(x) x*2)

$A
     [,1]     [,2]     [,3]
[1,]    2        8       14
[2,]    4       10       16
[3,]    6       12       18

$B
[1] 1 2 3 4 5

$C
     [,1]     [,2]
[1,]    2        6
[2,]    4        8

$D
[1]     2
```

前面的結果是透過一個匿名函數所完成的，其實 purrr 提供了另一個方式，用內嵌式的方法指定一個函數。我們可以提供一個 formula(公式)，而非函數，這樣 map_if(或其他的 map 函數)會直接替我們建立一個匿名函數。我們只能提供最多兩個引數，而其形式必須為.x 與.y。

```
> theList %>% map_if(is.matrix, ~ .x*2)

$A
     [,1]     [,2]     [,3]
[1,]    2        8       14
[2,]    4       10       16
[3,]    6       12       18
```

Next

```
$B
[1] 1 2 3 4 5

$C
     [,1]     [,2]
[1,]    2        6
[2,]    4        8

$D
[1]     2
```

13-3 在 data.frame 進行迭代

在 data.frame 中進行迭代也是很簡單的，這是因為 data.frame 從技術上來說也是 list。以下我們計算 diamonds 資料中 numeric(數值)直行的平均值。

```
> data(diamonds, package='ggplot2')
> diamonds %>% map _ dbl(mean)

      carat          cut        color      clarity        depth
  0.7979397           NA           NA           NA   61.7494049
      table        price            x            y            z
 57.4571839 3932.7997219    5.7311572    5.7345260    3.5387338
```

針對 numeric 直行，平均值將被回傳，而針對非 numeric 直行，NA 值將被回傳。回傳的結果也會出現一則警告訊息說明程式無法計算非 numeric 直行的平均值。

這運算也可以透過 dplyr 中的 summarize_each 進行。它們回傳的數值結果會是一樣的，但 map_dbl 回傳的是一個 numeric vector(數值向量)，而 mutate_each 回傳的會是一個單一列的 data.frame。

```
> library(dplyr)
> diamonds %>% summarize _ each(funs(mean))

Warning in mean.default(structure(c(5L, 4L, 2L, 4L, 2L, 3L, 3L, 3L, 1L, :
argument is not numeric or logical: returning NA
Warning in mean.default(structure(c(2L, 2L, 2L, 6L, 7L, 7L, 6L, 5L, 2L, :
argument is not numeric or logical: returning NA
Warning in mean.default(structure(c(2L, 3L, 5L, 4L, 2L, 6L, 7L, 3L, 4L, :
argument is not numeric or logical: returning NA

# A tibble: 1 × 10
      carat       cut     color   clarity     depth     table     price        x
      <dbl>     <dbl>     <dbl>     <dbl>     <dbl>     <dbl>     <dbl>    <dbl>
1 0.7979397        NA        NA        NA   61.7494  57.45718    3932.8 5.731157
# ... with 2 more variables: y <dbl>, z <dbl>
```

執行後，畫面顯示的警告訊息說明了程式無法將 mean 函數套用在非 numeric 資料上。雖然如此，函數的計算仍完成了，並將非 numeric 直行的結果以 NA 值作回傳。

13-4 擁有多個輸入值的 map 相關函數

在 **11-1-3 節**，我們學習到了如何透過 mapply 的兩個引數輸入值將一個函數套用到對應的兩個 list。而在 purrr 中有相似功能的函數為 pmap，而 map2 正是函數只有兩個引數時的特例。

```
> ## 建立兩個 list
> firstList <- list(A=matrix(1:16, 4), B=matrix(1:16, 2), C=1:5)
> secondList <- list(A=matrix(1:16, 4), B=matrix(1:16, 8), C=15:1)
>
```

Next

```
> ## 將對應元素的橫列數量(或長度)加總
> simpleFunc <- function(x, y)
+ {
+     NROW(x) + NROW(y)
+ }
>
```

```
> # 將函數套用到該兩個 list
> map2(firstList, secondList, simpleFunc)

$A
[1]    8

$B

[1]   10

$C
[1]   20
```

```
> # 將函數套用到該兩個 list,並回傳一個 integer(整數)
> map2 _ int(firstList, secondList, simpleFunc)

A     B      C
8    10     20
```

更廣義的 pmap 可對 list 進行迭代，並將結果儲存為一個 list。

```
> # 使用更廣義的 pmap
> pmap(list(firstList, secondList), simpleFunc)

$A
[1]    8

$B
[1]   10
```

Next

```
$C
[1]    20

> pmap_int(list(firstList, secondList), simpleFunc)

A      B       C
8     10      20
```

13-5 小結

使用 purrr 對 list 進行迭代容易多了，雖然 purrr 套件許多計算也可以透過 R 的原生函數完成，如 lapply，但使用 purrr 在計算與撰寫程式碼較為快速。除了速度上的提升，purrr 所回傳的結果是可以預期的，而且其設計也是以 pipe 管線運算的概念為基礎，對於日後普及更添誘因。

Memo

14

資料整理

在第 11 章有提到，在分析資料之前，對資料的整理需花費很大的功夫。我們在這章會探討怎麼對資料重新排序，例如將以直行導向的資料排成橫列導向(或反過來)和如何把一些分開的資料合併起來。

R 的基本功能其實足以完成上述的工作，但這裡我們會以更方便的 plyr、reshape2 和 data.table 來完成。

雖然此章節所說明的技術仍是資料整理的主流，但較新的技術如tidyr和dplyr套件已逐漸取代它們了，這些套件會在第15章作說明。

14-1 cbind 和 rbind 資料合併

先介紹比較單純的狀況，像是我們要整理兩組擁有相同直行(同樣數量和名稱) 或同樣列數的資料，此時我們可以使用 rbind 或者 cbind 對該資料進行合併。

我們先用 cbind 來合併幾個 vector 以建立兩個簡單的 data.frame，然後再用 rbind 將它們疊加起來。

```
> # 建立兩個 vector, 把它們當作 data.frame 裡的欄位合併起來
> sport <- c("Hockey", "Baseball", "Football")
> league <- c("NHL", "MLB", "NFL")
> trophy <- c("Stanley Cup", "Commissioner's Trophy",
+             "Vince Lombardi Trophy")
> trophies1 <- cbind(sport, league, trophy)
> # 利用 data.frame()建立另一個 data.frame
> trophies2 <- data.frame(sport=c("Basketball", "Golf"),
+                         league=c("NBA", "PGA"),
+                         trophy=c("Larry O'Brien Championship Trophy",
+                                  "Wanamaker Trophy"),
+                         stringsAsFactors=FALSE)
> #用 rbind 把它們整合成一個 data.frame
> trophies <- rbind(trophies1, trophies2)
```

rbind 和 cbind 皆可以讀入數個引數，因此可合併任何數量的物件。我們也可以用 cbind 來指定直行的欄位名稱。

```
> cbind(Sport = sport, Association = league, Prize = trophy)

     Sport      Association Prize
[1,] "Hockey"   "NHL"       "Stanley Cup"
[2,] "Baseball" "MLB"       "Commissioner's Trophy"
[3,] "Football" "NFL"       "Vince Lombardi Trophy"
```

14-2 資料連結

未經處理的資料都是比較凌亂的，通常沒辦法直接使用 cbind 進行合併。因此，需要透過一些索引鍵來進行連結，這概念對 SQL 使用者來說應該一點都不陌生。雖然 R 的連結功能不比 SQL 來得有彈性，但它還是資料分析裡不可或缺的一環。

用來進行資料連結最常見的函數為 R 基本程式提供的 merge 函數、plyr 套件的 join 函數和 data.table 的合併功能。它們各自都有自己的優缺點，以下會分別為您說明。

接著我們將會利用美國國際開發署(USAID)的開放政府倡議(Open Government Initiatives)[1] 所提供的資料，來示範這些函數的用法。資料已被壓縮成一個檔，並放在 http://jaredlander.com/data/US_Foreign_Aid.zip。我們可以下載和解壓縮該檔，然後存入我們電腦裡的資料夾。這裡我們會示範怎麼透過 R 來下載和解壓縮。

```
> download.file(url="http://jaredlander.com/data/US_Foreign_Aid.zip",
+               destfile="ForeignAid.zip")
> unzip("ForeignAid.zip", exdir="data12")
```

Tip 若 R 語言是依照本書所建議的位置安裝，這裡下載的資料會存在使用者的文件資料夾下。若需要變更預設的儲存位置，可以執行『Tools / Global Options』命令，更改 Default working directory 的位置即可。

資料共有 8 個檔案，我們會在這些檔案之間做出資料連結。在此之前請利用程式把這些檔都載入 R，可以用 **10-1 節**所介紹的 for 迴圈。我們用 dir 來取得檔案的列表，然後對該列表進行迭代，並透過 assign 函數對每組資料指派名稱。str_sub 函數可以從一個 character vector (字元/字串向量) 萃取出單獨的 character (字元)，相關資訊會在 **16-3 節**說明。

```
> library(stringr)
> # 首先取得檔案的列表
> theFiles <- dir("data12/", pattern="\\.csv")
> ## 對這些檔案進行迭代
> for(a in theFiles)
```

Next

1：相關訊息可到 http://gbk.eads.usaidallnet.gov/查閱。

```
+ {
+       # 建立適合的名稱以指派到資料群
+       nameToUse <- str_sub(string=a, start=12, end=18)
+       # 用 read.table 讀取 csv 檔
+       # 用 file.path 來指定資料夾和檔名很方便
+       temp <- read.table(file=file.path("data12", a),
+                          header=TRUE, sep=",", stringsAsFactors=FALSE)
+       # 把它們指派到工作空間
+       assign(x=nameToUse, value=temp)
+ }
```

14-2-1 用 merge 合併兩個 data.frame

R 有一個內建的 merge 函數，可以用來合併兩個 data.frame，此處以上一小節下載的其中兩個資料做示範。

```
> Aid90s00s <- merge(x=Aid_90s, y=Aid_00s,
+                    by.x=c("Country.Name", "Program.Name"),
+                    by.y=c("Country.Name", "Program.Name"))
> head(Aid90s00s)

  Country.Name                                          Program.Name
1  Afghanistan                             Child Survival and Health
2  Afghanistan             Department of Defense Security Assistance
3  Afghanistan                               Development Assistance
4  Afghanistan Economic Support Fund/Security Support Assistance
5  Afghanistan                                   Food For Education
6  Afghanistan                      Global Health and Child Survival
  FY1990 FY1991 FY1992 FY1993 FY1994 FY1995 FY1996 FY1997 FY1998
1     NA     NA     NA     NA     NA     NA     NA     NA     NA
2     NA     NA     NA     NA     NA     NA     NA     NA     NA
3     NA     NA     NA     NA     NA     NA     NA     NA     NA
4     NA     NA     NA 14178135 2769948  NA     NA     NA     NA
5     NA     NA     NA     NA     NA     NA     NA     NA     NA
6     NA     NA     NA     NA     NA     NA     NA     NA     NA
```

Next

```
      FY1999     FY2000     FY2001     FY2002     FY2003     FY2004     FY2005
1         NA         NA         NA    2586555   56501189   40215304   39817970
2         NA         NA         NA    2964313         NA   45635526  151334908
3         NA         NA    4110478    8762080   54538965  180539337  193598227
4         NA         NA      61144   31827014  341306822 1025522037 1157530168
5         NA         NA         NA         NA    3957312    2610006    3254408
6         NA         NA         NA         NA         NA         NA         NA
      FY2006     FY2007     FY2008     FY2009
1   40856382   72527069   28397435         NA
2  230501318  214505892  495539084  552524990
3  212648440  173134034  150529862    3675202
4 1357750249 1266653993 1400237791 1418688520
5     386891         NA         NA         NA
6         NA         NA   63064912    1764252
```

其中 by.x 指定左邊 data.frame 裡要用來作為索引鍵的直行，而 by.y 則是對右邊的 data.frame 做出同樣的事。merge 最大的特點是可以對每個 data.frame 指定不同名稱的直行進行連結，但是其最大的缺點是它的速度比其它連結方法來得慢。

14-2-2 用 plyr join 合併 data.frame

回到 Hadley Wickham 的 plyr 套件，它所包含的 join 函數跟 merge 是一樣的，但運行速度比較快。而它最大的缺點，是在所要連結的每個列表中，索引鍵的直行名稱必須是一樣的。我們用之前例子的資料來進行示範。

```
> library(plyr)
> Aid90s00sJoin <- join(x = Aid_90s, y = Aid_00s,
+                       by = c("Country.Name","Program.Name"))
> head(Aid90s00sJoin)

  Country.Name                                      Program.Name
1  Afghanistan                         Child Survival and Health
2  Afghanistan         Department of Defense Security Assistance
3  Afghanistan                           Development Assistance
4  Afghanistan Economic Support Fund/Security Support Assistance
5  Afghanistan                                Food For Education
6  Afghanistan                  Global Health and Child Survival
```

Next

```
  FY1990  FY1991  FY1992   FY1993  FY1994  FY1995  FY1996  FY1997  FY1998
1     NA      NA      NA       NA      NA      NA      NA      NA      NA
2     NA      NA      NA       NA      NA      NA      NA      NA      NA
3     NA      NA      NA       NA      NA      NA      NA      NA      NA
4     NA      NA      NA 14178135 2769948      NA      NA      NA      NA
5     NA      NA      NA       NA      NA      NA      NA      NA      NA
6     NA      NA      NA       NA      NA      NA      NA      NA      NA
     FY1999     FY2000     FY2001     FY2002     FY2003     FY2004     FY2005
1        NA         NA         NA    2586555   56501189   40215304   39817970
2        NA         NA         NA    2964313         NA   45635526  151334908
3        NA         NA    4110478    8762080   54538965  180539337  193598227
4        NA         NA      61144   31827014  341306822 1025522037 1157530168
5        NA         NA         NA         NA    3957312    2610006    3254408
6        NA         NA         NA         NA         NA         NA         NA
     FY2006     FY2007     FY2008     FY2009
1  40856382   72527069   28397435         NA
2 230501318  214505892  495539084  552524990
3 212648440  173134034  150529862    3675202
4 1357750249 1266653993 1400237791 1418688520
5    386891         NA         NA         NA
6        NA         NA   63064912    1764252
```

join 的其中一個引數可以指定左連結、右連結、內部或完全(外部)連結。

我們現在有 8 群國際援助相關的資料，皆為 data.frame，希望把它們合併成一個 data.frame，但又不想要逐一手動指定連結，最好的方法是把所有 data.frame 放進一個 list，然後用 Reduce 陸續做連結。

```
> # 先找出 data.frame 的名稱
> frameNames <- str_sub(string = theFiles, start = 12, end = 18)
> # 建立一個空 list
> frameList <- vector("list", length(frameNames))
> names(frameList) <- frameNames
> # 把每個 data.frame 放入 list 裡
> for (a in frameNames)
+ {
+     frameList[[a]] <- eval(parse(text = a))
+ }
```

上述這組命令完成了一部份工作，首先，我們用 Hadley Wickham 的 stringr 套件 (**第 16 章**會更詳細地討論此套件) 中的 str_sub 函數對 data.frame 重新建立了它的名稱。接著我們用 vector 函數(將其模式調為 "list")建立了一個空的 list，長度為該所要連結的 data.frame 個數，在我們的例子裡長度為 8。然後我們對 list 設定合適的名稱。

建立和命名好 list，我們開始對其進行迭代，即對它的每個元素指派一個合適的 data.frame。現在的問題是 data.frame 的名字皆為字元，而<-運算子所需要的是一個變數，不是字元。因此我們解析(parse)該字元，使其轉換為變數。最後查看該 list，可以發現 data.frame 都被放入 list 裡了。

```
> head(frameList[[1]])

   Country.Name                                         Program.Name
1   Afghanistan                          Child Survival and Health
2   Afghanistan          Department of Defense Security Assistance
3   Afghanistan                              Development Assistance
4   Afghanistan Economic Support Fund/Security Support Assistance
5   Afghanistan                                  Food For Education
6   Afghanistan                    Global Health and Child Survival
     FY2000     FY2001     FY2002     FY2003     FY2004     FY2005     FY2006
1        NA         NA    2586555   56501189   40215304   39817970   40856382
2        NA         NA    2964313         NA   45635526   45635526  230501318
3        NA    4110478    8762080   54538965  180539337  193598227  212648440
4        NA      61144   31827014  341306822 1025522037 1157530168 1357750249
5        NA         NA         NA    3957312    2610006    3254408     386891
6        NA         NA         NA         NA         NA         NA         NA
     FY2007     FY2008     FY2009
1  72527069   28397435         NA
2 214505892  495539084  552524990
3 173134034  150529862    3675202
4 1266653993 1400237791 1418688520
5        NA         NA         NA
6        NA   63064912    1764252
```

Next

```
> head(frameList[["Aid_00s"]])

  Country.Name                                             Program.Name
1  Afghanistan                               Child Survival and Health
2  Afghanistan                 Department of Defense Security Assistance
3  Afghanistan                                    Development Assistance
4  Afghanistan Economic Support Fund/Security Support Assistance
5  Afghanistan                                        Food For Education
6  Afghanistan                          Global Health and Child Survival
     FY2000     FY2001     FY2002     FY2003     FY2004     FY2005     FY2006
1        NA         NA    2586555   56501189   40215304   39817970   40856382
2        NA         NA    2964313         NA   45635526  151334908  230501318
3        NA    4110478    8762080   54538965  180539337  193598227  212648440
4        NA      61144   31827014  341306822 1025522037 1157530168 1357750249
5        NA         NA         NA    3957312    2610006    3254408     386891
6        NA         NA         NA         NA         NA         NA         NA
     FY2007     FY2008     FY2009
1  72527069   28397435         NA
2 214505892  495539084  552524990
3 173134034  150529862    3675202
4 1266653993 1400237791 1418688520
5        NA         NA         NA
6        NA   63064912    1764252

> head(frameList[[5]])

  Country.Name                                             Program.Name
1  Afghanistan                               Child Survival and Health
2  Afghanistan                 Department of Defense Security Assistance
3  Afghanistan                                    Development Assistance
4  Afghanistan Economic Support Fund/Security Support Assistance
5  Afghanistan                                        Food For Education
6  Afghanistan                          Global Health and Child Survival
  FY1960 FY1961    FY1962 FY1963 FY1964 FY1965 FY1966 FY1967 FY1968
1     NA     NA        NA     NA     NA     NA     NA     NA     NA
2     NA     NA        NA     NA     NA     NA     NA     NA     NA
3     NA     NA        NA     NA     NA     NA     NA     NA     NA
4     NA     NA 181177853     NA     NA     NA     NA     NA     NA
5     NA     NA        NA     NA     NA     NA     NA     NA     NA
6     NA     NA        NA     NA     NA     NA     NA     NA     NA
```

Next

```
  FY1969
1     NA
2     NA
3     NA
4     NA
5     NA
6     NA

> head(frameList[["Aid _ 60s"]])

  Country.Name                                        Program.Name
1  Afghanistan                        Child Survival and Health
2  Afghanistan            Department of Defense Security Assistance
3  Afghanistan                               Development Assistance
4  Afghanistan Economic Support Fund/Security Support Assistance
5  Afghanistan                                  Food For Education
6  Afghanistan                    Global Health and Child Survival
  FY1960 FY1961    FY1962 FY1963  FY1964 FY1965  FY1966 FY1967 FY1968
1     NA     NA        NA     NA      NA     NA      NA     NA     NA
2     NA     NA        NA     NA      NA     NA      NA     NA     NA
3     NA     NA        NA     NA      NA     NA      NA     NA     NA
4     NA     NA 181177853     NA      NA     NA      NA     NA     NA
5     NA     NA        NA     NA      NA     NA      NA     NA     NA
6     NA     NA        NA     NA      NA     NA      NA     NA     NA
  FY1969
1     NA
2     NA
3     NA
4     NA
5     NA
6     NA
```

現在已經把所有的 data.frame 置入了一個 list 裡，接下來我們可以對該 list 的元素進行迭代，把所有元素連結在一起(或者對每個元素迭代任一函數)。比起使用迴圈，我們偏好使用 Reduce 函數來加快運行速度。

```
> allAid <- Reduce(function(...) {
+     join(..., by = c("Country.Name", "Program.Name"))},
+     frameList)
> dim(allAid)

[1] 2453 67

> library(useful)
> corner(allAid, c = 15)

  Country.Name                                         Program.Name
1  Afghanistan                              Child Survival and Health
2  Afghanistan           Department of Defense Security Assistance
3  Afghanistan                                Development Assistance
4  Afghanistan Economic Support Fund/Security Support Assistance
5  Afghanistan                                    Food For Education
      FY2000     FY2001     FY2002     FY2003     FY2004     FY2005     FY2006
1         NA         NA    2586555   56501189   40215304   39817970   40856382
2         NA         NA    2964313         NA   45635526  151334908  230501318
3         NA    4110478    8762080   54538965  180539337  193598227  212648440
4         NA      61144   31827014  341306822 1025522037 1157530168 1357750249
5         NA         NA         NA    3957312    2610006    3254408     386891
      FY2007     FY2008     FY2009     FY2010     FY1946     FY1947
1   72527069   28397435         NA         NA         NA         NA
2  214505892  495539084  552524990  316514796         NA         NA
3  173134034  150529862    3675202         NA         NA         NA
4 1266653993 1400237791 1418688520 2797488331         NA         NA
5         NA         NA         NA         NA         NA         NA

> bottomleft(allAid, c = 15)

        Country.Name          Program.Name     FY2000    FY2001     FY2002
2449   ZimbabweOther      State Assistance    1341952    322842         NA
2450   ZimbabweOther     USAID Assistance    3033599   8464897    6624408
2451        Zimbabwe            PeaceCorps    2140530   1150732     407834
2452        Zimbabwe               Title I         NA        NA         NA
2453        Zimbabwe              Title II         NA        NA   31019776
```

Next

```
      FY2003    FY2004    FY2005    FY2006    FY2007    FY2008    FY2009
2449        NA    318655     44553    883546   1164632   2455592   2193057
2450  11580999  12805688  10091759   4567577  10627613  11466426  41940500
2451        NA        NA        NA        NA        NA        NA        NA
2452        NA        NA        NA        NA        NA        NA        NA
2453        NA        NA        NA    277468 100053600 180000717 174572685
      FY2010    FY1946    FY1947
2449   1605765        NA        NA
2450  30011970        NA        NA
2451        NA        NA        NA
2452        NA        NA        NA
2453  79545100        NA        NA
```

Reduce 的操作或許比較難以掌握，因此我們用一個簡單的例子來說明。假設有一個包含整數 1~10 的 vector (1:10)，而我們想要找它們的總和 (其實也可以透過 sum(1:10)來計算)。我們可以使用 Reduce(sum, 1:10)，它會先把 1 和 2 加起來；接著它會把 3 加到之前的計算結果，然後再把 4 加到該結果。以此類推，我們得到的結果會是 55。

同理，我們把一個 list 傳遞到一個會把輸入值進行連結的函數。在我們的例子裡，該輸入值為 '...'，這代表針對某國家的援助計畫，每一年的援助金額會被存在不同直行中。利用 '...' 是撰寫 R 語言比較進階的技巧，並不是那麼好掌握。Reduce 會先將 list 中的前兩個 data.frame 做連結，之後它會將接下來的 data.frame 和該結果再做連結。以此類推，直到所有 data.frame 被連結在一起。

14-2-3 data.table 中的資料合併

就像我們之前用 data.table 執行的一些工作，用 data.table 來對資料做連結也需要比較不一樣的指令，甚至需要一些不一樣的想法。首先我們把其中兩組關於國際援助的資料從 data.frame 轉換成 data.tables。

```
> library(data.table)
> dt90 <- data.table(Aid_90s, key = c("Country.Name", "Program.Name"))
> dt00 <- data.table(Aid_00s, key = c("Country.Name", "Program.Name"))
```

接著要對資料做連結就簡單多了。特別提醒做連結的時候需要用到索引鍵，因此上述我們在建立 data.table 的時候就指定了所要的索引鍵。

```
> dt0090 <- dt90[dt00]
```

在這例子裡，dt90 為左邊，而 dt00 為右邊，因此該指令所執行的是左連結。

14-3 用 reshape2 套件置換行、列資料

接著要介紹資料整理很常見的行、列資料的置換[2]，也就是從直行導向轉換成橫列導向或從橫列導向轉換成直行導向。如同其它在 R 中的操作，有很多方法可完成這件事，這裡我們會以 reshape2 套件來做示範。

14-3-1 melt

在您查看 Aid_00s 這個 data.frame，我們可以看到每一年都被儲存在它專屬的直行中。這代表針對某國家的援助計畫，每一年的援助金額會被存在不同直行中。這種表格稱為交叉列表(cross table)，是種很容易理解的資料呈現方法，但它對於使用 ggplot2 來畫圖或者要進行一些分析的時候，就會顯得不太方便。

```
> head(Aid_00s)

  Country.Name                                        Program.Name
1  Afghanistan                          Child Survival and Health
2  Afghanistan          Department of Defense Security Assistance
3  Afghanistan                             Development Assistance
4  Afghanistan Economic Support Fund/Security Support Assistance
5  Afghanistan                                 Food For Education
6  Afghanistan                   Global Health and Child Survival
```

Next

2：行、列資料的置換，從直行導向轉換成橫列導向也稱為 melting data，從橫列導向轉換成直行導向也稱為 casting data。

```
      FY2000      FY2001      FY2002      FY2003      FY2004      FY2005      FY2006
1         NA          NA     2586555    56501189    40215304    39817970    40856382
2         NA          NA     2964313          NA    45635526   151334908   230501318
3         NA     4110478     8762080    54538965   180539337   193598227   212648440
4         NA       61144    31827014   341306822  1025522037  1157530168  1357750249
5         NA          NA          NA     3957312     2610006     3254408      386891
6         NA          NA          NA          NA          NA          NA          NA
      FY2007      FY2008      FY2009
1   72527069    28397435          NA
2  214505892   495539084   552524990
3  173134034   150529862     3675202
4 1266653993  1400237791  1418688520
5         NA          NA          NA
6 NA            63064912     1764252
```

我們要將這資料的每一列以 "國家-援助計畫-年份" (country-program-year)的形式呈現，而所對應的援助金額(Dollars)則被儲存在一個直行裡。我們使用 reshape2 裡的 melt 函數來達到上述結果。

```
> library(reshape2)
> melt00 <- melt(Aid_00s, id.vars=c("Country.Name", "Program.Name"),
+                variable.name="Year", value.name="Dollars")
> tail(melt00, 10)

      Country.Name
24521     Zimbabwe
24522     Zimbabwe
24523     Zimbabwe
24524     Zimbabwe
24525     Zimbabwe
24526     Zimbabwe
24527     Zimbabwe
24528     Zimbabwe
24529     Zimbabwe
24530     Zimbabwe
```

Next

```
                                                         Program.Name    Year
24521                         Migration and Refugee Assistance  FY2009
24522                                        Narcotics Control  FY2009
24523      Nonproliferation, Anti-Terrorism, Demining and Related  FY2009
24524                                 Other Active Grant Programs  FY2009
24525                                     Other Food Aid Programs  FY2009
24526                                    Other State Assistance  FY2009
24527                                    Other USAID Assistance  FY2009
24528                                              Peace Corps  FY2009
24529                                                  Title I  FY2009
24530                                                 Title II  FY2009
        Dollars
24521   3627384
24522        NA
24523        NA
24524   7951032
24525        NA
24526   2193057
24527  41940500
24528        NA
24529        NA
24530 174572685
```

其中 id.vars 引數是用來指定一些可以辨識不同列的直行。在對 Year 直行做了一番操作和處理後，現在的資料可被用來繪圖了，如圖 **14.1** 顯示。此圖用了不同的圖層，可讓我們很快地觀察和了解到每個計畫在不同時間點下的援助金額。

```
> library(scales)
> # 把 Year 欄位名稱的"FY"消除掉, 並把它轉換成 numeric
> melt00$Year <- as.numeric(str_sub(melt00$Year, start=3, 6))
> # 依據年份和援助計畫進行分群
> meltAgg <- aggregate(Dollars ~ Program.Name + Year, data=melt00,
+                      sum, na.rm=TRUE)
> # 只保留援助計畫名稱的前十個字元
> # 這樣名字才能恰到好處地被放入圖中
> meltAgg$Program.Name <- str_sub(meltAgg$Program.Name, start=1,
+                                 end=10)
>
```

Next

```
> ggplot(meltAgg, aes(x=Year, y=Dollars)) +
+     geom_line(aes(group=Program.Name)) +
+     facet_wrap(~ Program.Name) +
+     scale_x_continuous(breaks=seq(from=2000, to=2009, by=2)) +
+     theme(axis.text.x=element_text(angle=90, vjust=1, hjust=0)) +
+     scale_y_continuous(labels=multiple_format(extra=dollar,
+                                               multiple="B"))
```

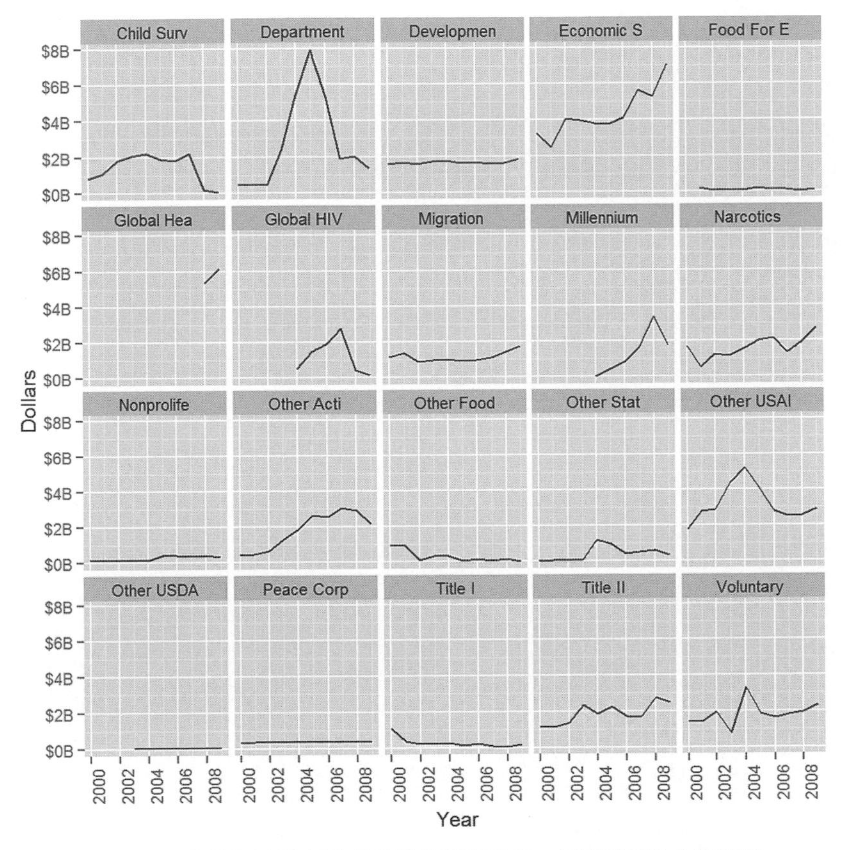

圖 14.1 依據援助計畫進行分群後所畫出每一年國際援助金額的圖

14-3-2 dcast

先前我們已經重新整理了國際援助的資料，若需要再把它還原到本來的表格呈現方式，可以使用 dcast 函數。

dcast 函數所需的引數比 melt 複雜一些，第一個引數為我們所要還原的資料，即 melt00。第二個引數為一個 formula，左邊所放的是要保留的直行，而右邊則指定新直行的名稱。第三個引數所要指定的也是一個直行(以字元形式輸入)，這個直行裡的值將會被分配到新的直行裡，也就是 formula 右邊引數所屬的值。

```
> cast00 <- dcast(melt00, Country.Name + Program.Name ~ Year,
+                 value.var = "Dollars")
> head(cast00)

  Country.Name                                         Program.Name 2000
1  Afghanistan                            Child Survival and Health   NA
2  Afghanistan            Department of Defense Security Assistance   NA
3  Afghanistan                               Development Assistance   NA
4  Afghanistan Economic Support Fund/Security Support Assistance   NA
5  Afghanistan                                   Food For Education   NA
6  Afghanistan                     Global Health and Child Survival   NA
     2001     2002      2003       2004       2005       2006
1      NA  2586555  56501189   40215304   39817970   40856382
2      NA  2964313        NA   45635526  151334908  230501318
3 4110478  8762080  54538965  180539337  193598227  212648440
4   61144 31827014 341306822 1025522037 1157530168 1357750249
5      NA       NA   3957312    2610006    3254408     386891
6      NA       NA        NA         NA         NA         NA
        2007       2008       2009
1   72527069   28397435         NA
2  214505892  495539084  552524990
3  173134034  150529862    3675202
4 1266653993 1400237791 1418688520
5         NA         NA         NA
6         NA   63064912    1764252
```

14-4 小結

資料整理是很耗時的一項工作，但這個動作可以讓資料更方便分析，因此往往是無可避免的。在這章裡，我們探討了怎麼合併一些被拆散的資料群，也討論了怎麼轉換資料的排列方式，從直行導向到橫列導向。我們用了 plyr、reshape2、data.table 和 R 基本程式裡的函數來完成這些工作。

15

Tidyverse 下的資料整理

第 14 章討論了幾種資料整理方式，如橫列或直行的合併、資料的連結(join) 與資料橫列導向和直行導向之間的轉換。之前介紹的不管是 R 原生函數或是 plyr、data.table 與 reshape2 等套件，針對前面這些資料整理的方式都可以應付自如。或者你也可以使用更新的套件如 dplyr 與 tidyr，它們都採用 pipe 管線運算，在某些情況下可以提升運行速度。這些套件和另一些由 Hadley Wickham 所開發的套件，形成了 Tidyverse。

15-1 合併橫列與直行

dplyr 中與 rbind 和 cbind 相似的函數分別是 bind_rows 與 bind_cols。這些函數不完全與 R 原生函數一樣，R 原生函數只能被應用在 data.frame(和 tibble)上，而 rbind 和 cbind 則可以應用在 data.frame 和 matrices 上，它們也可以將 vector 合併成 matrices 或 data.frame。雖然 bind_rows 和 bind_cols 在功能上有限制，但用來處理 data.frame 是不錯的選擇。

我們再次以 **14-1 節**的範例來示範，不過這次我們會使用 tibble 和 dplyr。

```
> # 載入 dplyr
> library(dplyr)
> library(tibble)
>
> # 建立一個擁有兩個直行的 tibble
> sportLeague <- tibble(sport=c("Hockey", "Baseball", "Football"),
+                       league=c("NHL", "MLB", "NFL"))

> # 建立一個擁有一個直行的 tibble
> trophy <- tibble(trophy=c("Stanley Cup", "Commissioner's Trophy",
+                           "Vince Lombardi Trophy"))
>
> # 將它們合併成一個 tibble
> trophies1 <- bind_cols(sportLeague, trophy)
>
> # 使用 tribble 建立另一個 tibble(逐列建立的捷徑)
> trophies2 <- tribble(
+     ~sport, ~league, ~trophy,
+     "Basketball", "NBA", "Larry O'Brien Championship Trophy",
+     "Golf", "PGA", "Wanamaker Trophy"
+ )
>
```

Next

```
> # 將它們合併成一個 tibble
> trophies <- bind _ rows(trophies1, trophies2)
>
> trophies

# A tibble: 5 × 3
        sport      league                              trophy
        <chr>       <chr>                               <chr>
1   HockeyNHL  StanleyCup
2    Baseball         MLB             Commissioner's Trophy
3    Football         NFL              Vince Lombardi Trophy
4  Basketball         NBA Larry O'Brien Championship Trophy
5        Golf         PGA                  Wanamaker Trophy
```

bind_cols 和 bind_rows 都可以合併好幾個 tibble(或 data.frame)。

15-2 使用 dplyr 於資料連結

資料連結在資料整理的過程非常重要。在 **14-2 節**，我們是使用 R 原生函數，如 plyr 和 data.table 來進行資料連結，本節我們則會改使用 dplyr 中的資料連結函數：left_join、 right_join、 inner_join、 full_join、 semi_join 與 anti_join。以下將以 diamonds 資料為例，嘗試找出含有鑽石顏色資料的直行。

鑽石的顏色皆由一個字母代表 ：D、 E、 F、 G、 H、 I 與 J，不過這些代號只有懂的人才知道，因此我們要將鑽石顏色的資訊連結到 diamonds 資料中。首先，我們使用 **6-1-1 節**介紹的 readr 套件中的 read_csv 讀取資料，它可以快速地讀取資料並儲存在純文字檔中，儲存結果為 tibble 物件。

```
> library(readr)
> colorsURL <- 'http://www.jaredlander.com/data/DiamondColors.csv'
> diamondColors <- read _ csv(colorsURL)
> diamondColors
```

Next

```
# A tibble: 10 × 3
  Color          Description                        Details
  <chr>                <chr>                          <chr>
1     D  Absolutely Colorless                      No color
2     E            Colorless        Minute traces of color
3     F            Colorless        Minute traces of color
4     G       Near Colorless   Color is dificult to detect
5     H       Near Colorless   Color is dificult to detect
6     I       Near Colorless    Slightly detectable color
7     J       Near Colorless    Slightly detectable color
8     K          Faint Color             Noticeable color
9     L          Faint Color             Noticeable color
10    M          Faint Color             Noticeable color
```

觀察 diamonds 資料，我們看到下列鑽石顏色的代號。

```
> # 載入 diamonds 資料(在無載入 ggplot2 套件的情況下)
> data(diamonds、 package='ggplot2')
> unique(diamonds$color)

[1] E I J H F G D
Levels: D < E < F < G < H < I < J
```

我們執行一個左連結，這將產生出一個含有所有資料之合併 tibble(也指 data.frame)。我們令 diamonds 資料為左手邊的表，而 Diamond Colors 資料為右手邊的表，由於兩者 data.frame 的索引鍵欄位 (key column) 並不相同 (diamonds 資料中的「color」為小寫 'c'，而 diamondColors 中的「Color」為大寫 'C')，我們需要使用 by 引數來指定我們需要的直行。此引數的輸入值應是一個經命名的 vector，而 vector 名稱應是左手邊表格和右手邊表格索引鍵欄位的名稱。在我們的例子中，這兩張表各只有一個索引鍵欄位，不過其實也可以輸入多個索引鍵欄位名稱，且需使用 vector 來進行指定。

```
> library(dplyr)
> left _ join(diamonds、 diamondColors、 by=c('color'='Color'))

Warning in left _ join _ impl(x、 y、 by$x、 by$y、 suffix$x、 suffix$y): joining character
vector and factor、 coercing into character vector

# A tibble: 53、940 × 12
  carat       cut color clarity depth table price     x     y     z
  <dbl>     <ord> <chr>   <ord> <dbl> <dbl> <int> <dbl> <dbl> <dbl>
1   0.23     Ideal     E     SI2  61.5    55   326  3.95  3.98  2.43
2   0.21   Premium     E     SI1  59.8    61   326  3.89  3.84  2.31
3   0.23      Good     E     VS1  56.9    65   327  4.05  4.07  2.31
4   0.29   Premium     I     VS2  62.4    58   334  4.20  4.23  2.63
5   0.31      Good     J     SI2  63.3    58   335  4.34  4.35  2.75
6   0.24 Very Good     J    VVS2  62.8    57   336  3.94  3.96  2.48
7   0.24 Very Good     I    VVS1  62.3    57   336  3.95  3.98  2.47
8   0.26 Very Good     H     SI1  61.9    55   337  4.07  4.11  2.53
9   0.22      Fair     E     VS2  65.1    61   337  3.87  3.78  2.49
10  0.23 Very Good     H     VS1  59.4    61   338  4.00  4.05  2.39
# ... with 53、930 more rows、 and 2 more variables: Description <chr>、
# Details <chr>
```

畫面中的錯誤訊息顯示兩個 data.frame 的索引鍵欄位資料型別有異(factor 和 character)，這如同將一個 character 欄位連結到一個 integer 欄位，因此 left_join 會自動強制將 factor 轉換為 character。

由於本書的頁面限制，某些欄位無法顯示出來，而實際上顯示的欄位數量應依據控制台畫面大小而定，因此你可以自行調整。若要檢視資料連結的整體結果，我們再次執行之前的指令，並使用 select 選擇我們想要檢視的欄位。

```
> left _ join(diamonds、 diamondColors、 by=c('color'='Color')) %>%
+       select(carat、 color、 price、 Description、 Details)

Warning in left _ join _ impl(x、 y、 by$x、 by$y、 suffix$x、 suffix$y): joining
character vector and factor、 coercing into character vector
```

Next

```
# A tibble: 53、940 × 5
   carat  color  price        Description                          Details
   <dbl>  <chr>  <int>              <chr>                            <chr>
1   0.23      E    326          Colorless         Minute traces of color
2   0.21      E    326          Colorless         Minute traces of color
3   0.23      E    327          Colorless         Minute traces of color
4   0.29      I    334     Near Colorless     Slightly detectable color
5   0.31      J    335     Near Colorless     Slightly detectable color
6   0.24      J    336     Near Colorless     Slightly detectable color
7   0.24      I    336     Near Colorless     Slightly detectable color
8   0.26      H    337     Near Colorless   Color is dificult to detect
9   0.22      E    337          Colorless         Minute traces of color
10  0.23      H    338     Near Colorless   Color is dificult to detect
# ... with 53、930 more rows
```

這是一個左連結，表示所有左手邊表格的橫列(diamonds 資料)將會被保留，而右手邊表格(diamondColors)中只有匹配到左手邊的橫列會被保留。我們可以觀察到 diamondColors 資料中，Color 與 Description 的唯一值數量比連結後的資料還多。

```
> left_join(diamonds、 diamondColors、 by=c('color'='Color')) %>%
+       distinct(color、 Description)
```

```
Warning in left_join_impl(x、 y、 by$x、 by$y、 suffix$x、 suffix$y): joining
character vector and factor、 coercing into character vector
```

```
# A tibble: 7 × 2
   color          Description
   <chr>                <chr>
1      E            Colorless
2      I       Near Colorless
3      J       Near Colorless
4      H       Near Colorless
5      F            Colorless
6      G       Near Colorless
7      D  Absolutely Colorless
```

Next

```
> diamondColors %>% distinct(Color、 Description)

# A tibble: 10 × 2
   Color             Description
   <chr>                   <chr>
1      D   Absolutely Colorless
2      E              Colorless
3      F              Colorless
4      G         Near Colorless
5      H         Near Colorless
6      I         Near Colorless
7      J         Near Colorless
8      K            Faint Color
9      L            Faint Color
10     M            Faint Color
```

右連結保留所有右手邊表格的橫列，而左手邊表格中只有匹配到右手邊的橫列才會被保留。由於 diamondColors 中的 Color 唯一值比 diamonds 資料來得多，因此使用右連結產生的橫列數量會比 diamonds 資料還多。

```
> right_join(diamonds、 diamondColors、 by=c('color'='Color')) %>% nrow

Warning in right_join_impl(x、 y、 by$x、 by$y、 suffix$x、 suffix$y):
joining factor and character vector、 coercing into character vector

[1] 53943

> diamonds %>% nrow

[1] 53940
```

內部連結只會回傳兩個表格中匹配(取交集)的橫列，只要是其中一個表格的橫列與另一個表格的橫列不匹配，該橫列就不會被回傳。針對我們所使用的資料，內部連結的結果將會等同於左連結的結果。

```
> all.equal(
+       left _ join(diamonds、 diamondColors、 by=c('color'='Color'))、
+       inner _ join(diamonds、 diamondColors、 by=c('color'='Color'))
+ )

Warning in left _ join _ impl(x、 y、 by$x、 by$y、 suffix$x、 suffix$y): joining
character vector and factor、 coercing into character vector
Warning in inner _ join _ impl(x、 y、 by$x、 by$y、 suffix$x、 suffix$y): joining
factor and character vector、 coercing into character vector

[1] TRUE
```

完全(外部)連結將回傳兩個表格的所有(取聯集)橫列，就算兩個表格的橫列並不匹配也是如此。此處針對我們示範的資料，完全連結的結果會等同於右連結的結果。

```
> all.equal(
+       right _ join(diamonds、 diamondColors、 by=c('color'='Color'))、
+       full _ join(diamonds、 diamondColors、 by=c('color'='Color'))
+ )

Warning in right _ join _ impl(x、 y、 by$x、 by$y、 suffix$x、 suffix$y): joining
factor and character vector、 coercing into character vector
Warning in full _ join _ impl(x、 y、 by$x、 by$y、 suffix$x、 suffix$y): joining
character vector and factor、 coercing into character vector

[1] TRUE
```

半連結則不將兩個表格合併在一起，而是回傳左邊表格第一個匹配到右邊表格的橫列，這實質上是橫列篩選。若左邊表格的橫列匹配到右邊表格的數個橫列，只有第一個匹配的橫列將會被回傳。

若將 diamondColors 設定為左邊表格，只有顏色 E、 I、 J、 H、 F、 G、 D 存在 diamonds 資料中，因此這些橫列將會被回傳。

```
> semi _ join(diamondColors、 diamonds、 by=c('Color'='color'))

# A tibble: 7 × 3
  Color         Description                     Details
  <chr>               <chr>                       <chr>
1     E           Colorless      Minute traces of color
2     I      Near Colorless  Slightly detectable color
3     J      Near Colorless  Slightly detectable color
4     H      Near Colorless  Color is dificult to detect
5     F           Colorless      Minute traces of color
6     G      Near Colorless  Color is dificult to detect
7     D Absolutely Colorless                   No color
```

反連結則是半連結的相反，它會回傳無法匹配到右邊表格的左邊表格橫列。在 diamondColors 中，顏色 K、 L、 M 無法匹配到 diamonds 資料，因此這些橫列將會被回傳。

```
> anti _ join(diamondColors、 diamonds、 by=c('Color'='color'))

# A tibble: 3 × 3
  Color   Description           Details
  <chr>         <chr>             <chr>
1     K   Faint Color  Noticeable color
2     L   Faint Color  Noticeable color
3     M   Faint Color  Noticeable color
```

另外可以透過 filter 和 unique 達到 semi_join 和 anti_join 所產生結果。雖然這些命令在處理 data.frame 的時候很方便，但若是要使用 dplyr 來操作資料庫時，semi_join 和 anti_join 將會是較好的選擇。

```
> diamondColors %>% filter(Color %in% unique(diamonds$color))

# A tibble: 7 × 3
    Color              Description                           Details
    <chr>                    <chr>                             <chr>
1       D    Absolutely Colorless                           No color
2       E                Colorless          Minute traces of color
3       F                Colorless          Minute traces of color
4       G           Near Colorless       Color is dificult to detect
5       H           Near Colorless       Color is dificult to detect
6       I           Near Colorless         Slightly detectable color
7       J           Near Colorless         Slightly detectable color

> diamondColors %>% filter(!Color %in% unique(diamonds$color))

# A tibble: 3 × 3
  Color     Description             Details
  <chr>           <chr>               <chr>
1     K     Faint Color    Noticeable color
2     L     Faint Color    Noticeable color
3     M     Faint Color    Noticeable color
```

15-3 轉換資料格式

如 **14-3 節**所說，R 原生函數與 Hadley Wickham reshape2 套件中的 melt 和 dcast 都可以用來處理橫列導向(wide format)資料和直行導向(long format)資料之間的轉換。tidyr 就像是 reshape2 的進階版，Hadley Wickham 開發 tidyr 的目的是要比 reshape2 更容易使用(也可以搭配 pipe 使用)，而非強化執行效率，所以此套件的運行速度並無大幅提升。

以下我們採用哥倫比亞大學的實驗資料為例，這是一項關於情緒反應和調節的實驗，此資料已經過匿名化，且加入了隨機雜訊以確保無法偵測到任何個人資訊。此文件以 tab 作分隔，並儲存為文字檔(text)，因此我們使用 readr 套件中的 read_tsv 讀取資料，並儲存在記憶體為 tibble。readr 中的資料讀取函數預設會顯示一則訊息以標示每個直行所儲存的資料型別為何。

```
> library(readr)
> emotion <- read_tsv('http://www.jaredlander.com/data/reaction.txt')

Parsed with column specification:
  cols(
       ID = col_integer()、
       Test = col_integer()、
       Age = col_double()、
       Gender = col_character()、
       BMI = col_double()、
       React = col_double()、
       Regulate = col_double()
  )

> emotion

# A tibble: 99 × 7
      ID    Test     Age  Gender    BMI     React    Regulate
   <int>   <int>   <dbl>   <chr>  <dbl>    <dbl>       <dbl>
1      1       1    9.69       F  14.71     4.17        3.15
2      1       2   12.28       F  14.55     3.89        2.55
3      2       1   15.72       F  19.48     4.39        4.41
4      2       2   17.62       F  19.97     2.03        2.20
5      3       1    9.52       F  20.94     3.38        2.65
6      3       2   11.84       F  23.97     4.00        3.63
7      4       1   16.29       M  25.13     3.15        3.59
8      4       2   18.85       M  27.96     3.02        3.54
9      5       1   15.78       M  28.35     3.08        2.64
10     5       2   18.25       M  19.57     3.17        2.29
# ... with 89 more rows
```

我們可以觀察到 tibble 是橫列導向的，因此我們使用 gather[1](類似 reshape2 中的 melt)將資料轉為直行導向。我們將 Age、 React 與 Regulate 直行收集並置入一個稱為 Measurement 的欄位，而另一個 Type 直行，則儲存原本的欄位名稱。

1：gather 會把數個直行的資料收集起來，並儲存為獨立一行。

gather 的首要引數是我們要轉換的 tibble(或 data.frame)。key 指定的新建直行是用來儲存原本欄位名稱。value 引數指定的新建直行則是用來儲存所收集的直行資料。這兩個引數的指定都不需加上引號。提供完這兩個引數後，後續就是提供要收集並轉置到 value 的直行名稱(無須加引號)。

```
> library(tidyr)
> emotion %>%
+       gather(key=Type、 value=Measurement、 Age、 BMI、 React、 Regulate)

# A tibble: 396 × 5
       ID     Test  Gender     TypeMeasurement
    <int>    <int>   <chr>   <chr>       <dbl>
1       1        1       F     Age        9.69
2       1        2       F     Age       12.28
3       2        1       F     Age       15.72
4       2        2       F     Age       17.62
5       3        1       F     Age        9.52
6       3        2       F     Age       11.84
7       4        1       M     Age       16.29
8       4        2       M     Age       18.85
9       5        1       M     Age       15.78
10      5        2       M     Age       18.25
# ... with 386 more rows
```

資料會依據新建的 Type 直行排序，很難觀察到資料有甚麼變化。因此，我們依資料 ID 進行排序。

```
> library(tidyr)
> emotionLong <- emotion %>%
+      gather(key=Type、 value=Measurement、 Age、 BMI、 React、 Regulate) %>%
+      arrange(ID)
>
> head(emotionLong、 20)
```

Next

```
# A tibble: 20 × 5
      ID    Test  Gender      Type   Measurement
   <int>   <int>   <chr>     <chr>         <dbl>
1      1       1       F       Age          9.69
2      1       2       F       Age         12.28
3      1       1       F       BMI         14.71
4      1       2       F       BMI         14.55
5      1       1       F     React          4.17
6      1       2       F     React          3.89
7      1       1       F  Regulate          3.15
8      1       2       F  Regulate          2.55
9      2       1       F       Age         15.72
10     2       2       F       Age         17.62
11     2       1       F       BMI         19.48
12     2       2       F       BMI         19.97
13     2       1       F     React          4.39
14     2       2       F     React          2.03
15     2       1       F  Regulate          4.41
16     2       2       F  Regulate          2.20
17     3       1       F       Age          9.52
18     3       2       F       Age         11.84
19     3       1       F       BMI         20.94
20     3       2       F       BMI         23.97
```

在原本的資料中，每個 ID 會出現在兩個橫列，每個橫列都會有 Age、BMI、React 與 Regulate 直行。轉換後的資料中，原本的每一橫列都將變成四個橫列，每個橫列會有一個 Type 直行(可能值為 Age、BMI、React 或 Regulate)與一個 Measurement 直行(儲存對應到 Type 的值)。剩下的 ID、Test 與 Gender 等欄位，則不會被轉置進 value。

我們可以指定我們要轉置的直行，也可以透過增加一個負號(-)來指定我們不想要轉置的直行。

```
> emotion %>%
+ gather(key=Type、 value=Measurement、 -ID、 -Test、 -Gender)

# A tibble: 396 × 5
      ID     Test   Gender     Type  Measurement
   <int>    <int>    <chr>    <chr>        <dbl>
1      1        1        F      Age         9.69
2      1        2        F      Age        12.28
3      2        1        F      Age        15.72
4      2        2        F      Age        17.62
5      3        1        F      Age         9.52
6      3        2        F      Age        11.84
7      4        1        M      Age        16.29
8      4        2        M      Age        18.85
9      5        1        M      Age        15.78
10     5        2        M      Age        18.25
# ... with 386 more rows

> identical(
+ emotion %>%
+       gather(key=Type、 value=Measurement、 -ID、 -Test、 -Gender)、
+ emotion %>%
+       gather(key=Type、 value=Measurement、 Age、 BMI、 React、 Regulate)
+ )

[1] TRUE
```

與 gather 相反的函數為 spread[2](與 reshape2 中的 dcast 相似)，這會將資料轉換成橫列導向。函數中的 key 引數指定含有新欄位名稱之直行，而 value 引數用來指定儲存新欄位值的直行。

2：spread 會將一個直行分散到數個欄位中。

```
> emotionLong %>%
+         spread(key=Type、 value=Measurement)

# A tibble: 99 × 7
        ID     Test  Gender      Age      BMI    React  Regulate
     <int>    <int>   <chr>    <dbl>    <dbl>    <dbl>     <dbl>
1        1        1       F     9.69    14.71     4.17      3.15
2        1        2       F    12.28    14.55     3.89      2.55
3        2        1       F    15.72    19.48     4.39      4.41
4        2        2       F    17.62    19.97     2.03      2.20
5        3        1       F     9.52    20.94     3.38      2.65
6        3        2       F    11.84    23.97     4.00      3.63
7        4        1       M    16.29    25.13     3.15      3.59
8        4        2       M    18.85    27.96     3.02      3.54
9        5        1       M    15.78    28.35     3.08      2.64
10       5        2       M    18.25    19.57     3.17      2.29
# ... with 89 more rows
```

15-4 小結

在過去幾年，資料整理技術的提升使得資料整理變得更簡單，其中 dplyr 中的 bind_rows、bind_cols、left_join 與 inner_join 和 tidyr 中的 gather 與 spread 提升了資料處理的便利性。雖然這些功能早就存在於 R 原生函數或其它套件中，但這些新套件、新功能更容易使用，而且運行速度也較快。

Memo

16

字串處理

我們很常需要建立或拆解字串(character 資料) 做為觀測值的辨識、文字的事前處理、訊息彙總或是要滿足任何其它需求。R 語言提供了如 paste 和 sprintf 之類的函數用來建立字串，也內建了一些基本函數用在正規表示法(regular expression)和檢驗文字資料，但其實還是使用 Hadley Wickham 的 stringr 套件會比較方便。

16-1 用 paste 建立字串

一般 R 初學者學習第一個用來建立字串的函數為 paste。此函數所需的引數為一連串的字串或者是會被解析成字串的表達式，而 paste 函數會把它們串連成單一字串。我們先合併 3 個簡單的字串來做示範。

```
> paste("Hello", "Jared", "and others")

[1] "Hello Jared and others"
```

可以注意到字串之間會自行加入空格，這是因為 paste 的引數 sep 所造成的，此引數決定了字串之間的分隔字元。所指定的可以是任何的文字，包括空白(" ")。

```
> paste("Hello", "Jared", "and others", sep = "/")

[1] "Hello/Jared/and others"
```

如同其它的函數，paste 也允許向量化運算，可以將所要合併的字串以 vector 傳遞。

```
> paste(c("Hello", "Hey", "Howdy"), c("Jared", "Bob", "David"))

[1] "Hello Jared" "Hey Bob" "Howdy David"
```

在這例子裡，兩個 vector 的長度相同，因此它裡面的元素可以一對一配對顯示出來。若它們的長度不相同，長度比較短的就會被循環使用。

```
> paste("Hello", c("Jared", "Bob", "David"))

[1] "Hello Jared" "Hello Bob" "Hello David"

> paste("Hello", c("Jared", "Bob", "David"), c("Goodbye", "Seeya"))

[1] "Hello Jared Goodbye" "Hello Bob Seeya" "Hello David Goodbye"
```

利用 paste 的 collapse 引數可以將 vector 裡的所有文字摺疊(collapse)成單一的 vector，並以任意的分隔符號隔開每串文字。

```
> vectorOfText <- c("Hello", "Everyone", "out there", ".")
> paste(vectorOfText, collapse = " ")

[1] "Hello Everyone out there ."

> paste(vectorOfText, collapse = "*")

[1] "Hello*Everyone*out there*."
```

16-2 用 sprintf 建立含有變數的字串

雖然 paste 在合併較簡短的字串時很方便，但它在合併很多文字時，尤其文字中間還夾雜了一些變數的時候，就不是那麼方便了。舉例來說，我們有一長段的文字 "Hello Jared, your party of eight will be seated in 25 minutes"，其中 "Jared"、"eight" 和 "25" 希望可以由其它資訊來代替，再串成一個字串。

用 paste 要達到這個結果，要撰寫一些程式碼，命令看起來會有點複雜。一開始我們先建立幾個變數以儲存上述的訊息。

```
> person <- "Jared"
> partySize <- "eight"
> waitTime <- 25
```

現在我們撰寫 paste 命令的內容。

```
> paste("Hello ", person, ", your party of ", partySize,
+       " will be seated in ", waitTime, " minutes.", sep=" ")

[1] "Hello Jared, your party of eight will be seated in 25 minutes."
```

上述程式的麻煩在於若要修改內容，我們需要確認逗點位置是否正確。若使用 sprintf 函數就不會有此煩惱了，我們可以建立一整個句子，而要加入變數的位置則以一些特別的記號表示。

```
> sprintf("Hello %s, your party of %s will be seated in %s minutes",
+         person, partySize, waitTime)

[1] "Hello Jared, your party of eight will be seated in 25 minutes"
```

我們可以看到每個 %s 都被其對應的變數所取代了。雖然這樣撰寫命令很方便，但一定要注意 %s 和變數的排序。

sprintf 也允許向量化運算，只是要注意 vector 與 vector 的長度必須是倍數關係。

```
> sprintf("Hello %s, your party of %s will be seated in %s minutes",
+        c("Jared", "Bob"), c("eight", 16, "four", 10), waitTime)

[1] "Hello Jared, your party of eight will be seated in 25 minutes"
[2] "Hello Bob, your party of 16 will be seated in 25 minutes"
[3] "Hello Jared, your party of four will be seated in 25 minutes"
[4] "Hello Bob, your party of 10 will be seated in 25 minutes"
```

16-3 擷取文字

通常文字必須被拆開後，比較能派上用場，雖然 R 本身就有一套函數可以完成這件事，但使用 stringr 套件可以讓工作更輕鬆。此處我們將使用 XML 套件從維基百科(Wikipedia)下載了歷屆美國總統的表格資料來做示範。

```
> library(XML)
```

接著我們用 readHTMLTable 來解析該列表。

```
> load("data/presidents.rdata")
> theURL <- "http://www.loc.gov/rr/print/list/057 _ chron.html"
> presidents <- readHTMLTable(theURL, which=3, as.data.frame=TRUE,
+                             skip.rows=1, header=TRUE,
+                             stringsAsFactors=FALSE)
```

現在我們來查看資料。

```
> head(presidents)

       YEAR          PRESIDENT
1  1789-1797   George Washington
2  1797-1801          John Adams
3  1801-1805    Thomas Jefferson
4  1805-1809    Thomas Jefferson
5  1809-1812       James Madison
6  1812-1813       James Madison
                                     FIRST LADY      VICE PRESIDENT
1                             Martha Washington          John Adams
2                                 Abigail Adams    Thomas Jefferson
3 Martha Wayles Skelton Jefferson\n (no image)          Aaron Burr
4 Martha Wayles Skelton Jefferson\n (no image)      George Clinton
5                                Dolley Madison      George Clinton
6                                Dolley Madison       office vacant
```

更進一步查看此資料，發現我們不需要最後幾列的訊息，因此我們只保留了前 64 列的資料。

```
> tail(presidents$YEAR)

[1] "2001-2009"
[2] "2009-"
[3] "Presidents: Introduction (Rights/Ordering\n     Info.) |
        Adams\n          - Cleveland |
        Clinton - Harding Harrison\n - Jefferson |
        Johnson - McKinley |
        Monroe\n          - Roosevelt |
        Taft - Truman |
        Tyler\n           - WilsonList of names, Alphabetically"
[4] "First Ladies: Introduction\n          (Rights/Ordering Info.) |
        Adams\n                          - Coolidge |
        Eisenhower - HooverJackson\n     - Pierce |
        \n                               Polk - Wilson |
        List\n                   of names, Alphabetically"
[5] "Vice Presidents: Introduction (Rights/Ordering Info.) |
        Adams - Coolidge | Curtis - Hobart Humphrey - Rockefeller |
        Roosevelt - WilsonList of names, Alphabetically"
[6] "Top\n              of Page"

> presidents <- presidents[1:64, ]
```

首先，我們建立兩個新的直行，一個用來儲存總統上任的年份，另一行為卸任的年份。為此，我們得把 Year 那行以橫線(-)做為分割點把字串拆兩半。stringr 套件裡有個 str_split 函數可以根據某些值對字串做分隔，它會以 list 的形式回傳結果，而 list 中的每個元素皆為一個 vector，而該 vector 的長度則依據對字串做了多少的分隔而定。在我們的例子中，vector 的元素可以是兩個(上任和卸任年份)或一個(若總統上任少於一年)。

```
> library(stringr)
> # 拆開字串
> yearList <- str_split(string = presidents$YEAR, pattern = "-")
> head(yearList)

[[1]]
[1] "1789" "1797"

[[2]]
[1] "1797" "1801"

[[3]]
[1] "1801" "1805"

[[4]]
[1] "1805" "1809"

[[5]]
[1] "1809" "1812"

[[6]]
[1] "1812" "1813"

> # 把它們合併成一個 matrix(矩陣)
> yearMatrix <- data.frame(Reduce(rbind, yearList))
> head(yearMatrix)
```

Next

```
      X1      X2
1   1789    1797
2   1797    1801
3   1801    1805
4   1805    1809
5   1809    1812
6   1812    1813

> # 對直行命名
> names(yearMatrix) <- c("Start", "Stop")
> # 把新的直行合併到 data.frame
> presidents <- cbind(presidents, yearMatrix)
> # 把上任和卸任年份轉換成 numeric
> presidents$Start <- as.numeric(as.character(presidents$Start))
> presidents$Stop <- as.numeric(as.character(presidents$Stop))
> # 看做了什麼改變
> head(presidents)

       YEAR            PRESIDENT
1 1789-1797   George Washington
2 1797-1801          John Adams
3 1801-1805    Thomas Jefferson
4 1805-1809    Thomas Jefferson
5 1809-1812       James Madison
6 1812-1813       James Madison
                                  FIRST LADY      VICE PRESIDENT
1                          Martha Washington          John Adams
2                      Abigail Adams Thomas            Jefferson
3 Martha Wayles Skelton Jefferson\n (no image)         Aaron Burr
4 Martha Wayles Skelton Jefferson\n (no image)     George Clinton
5                             Dolley Madison     George Clinton
6                             Dolley Madison      office vacant
  Start   Stop
1  1789   1797
2  1797   1801
3  1801   1805
4  1805   1809
5  1809   1812
6  1812   1813
```

Next

```
> tail(presidents)

        YEAR          PRESIDENT                   FIRST LADY          VICE PRESIDENT
59 1977-1981      Jimmy Carter              Rosalynn Carter     Walter F. Mondale
60 1981-1989     Ronald Reagan                 Nancy Reagan           George Bush
61 1989-1993       George Bush                 Barbara Bush            Dan Quayle
62 1993-2001      Bill Clinton  Hillary Rodham Clinton              Albert Gore
63 2001-2009    George W. Bush                   Laura Bush        Richard Cheney
64     2009-      Barack Obama               Michelle Obama       Joseph R. Biden
   Start  Stop
59   1977  1981
60   1981  1989
61   1989  1993
62   1993  2001
63   2001  2009
64   2009    NA
```

在這個例子裡，有一個地方是要稍加注意的。若要把 president$Start 這個 factor 轉換為 numeric，我們必須先把它轉換為 character，因為 factor 只是一些整數的標籤而已，這在 **4-4-2 節**已經討論過。因此，當我們把 as.numeric 應用到 factor 上，它就會自動被轉換到對應的數字。

我們也可以用 str_sub 指定擷取出字串中的一些字元。

```
> # 擷取前三個字元
> str_sub(string = presidents$PRESIDENT, start = 1, end = 3)

 [1] "Geo" "Joh" "Tho" "Tho" "Jam" "Jam" "Jam" "Jam" "Jam" "Joh" "And"
[12] "And" "Mar" "Wil" "Joh" "Jam" "Zac" "Mil" "Fra" "Fra" "Jam" "Abr"
[23] "Abr" "And" "Uly" "Uly" "Uly" "Rut" "Jam" "Che" "Gro" "Gro" "Ben"
[34] "Gro" "Wil" "Wil" "Wil" "The" "The" "Wil" "Wil" "Woo" "War" "Cal"
[45] "Cal" "Her" "Fra" "Fra" "Fra" "Har" "Har" "Dwi" "Joh" "Lyn" "Lyn"
[56] "Ric" "Ric" "Ger" "Jim" "Ron" "Geo" "Bil" "Geo" "Bar"
```

Next

```
> # 擷取第四到第八個字元
> str_sub(string = presidents$PRESIDENT, start = 4, end = 8)

 [1] "rge W" "n Ada" "mas J" "mas J" "es Ma" "es Ma" "es Ma" "es Ma"
 [9] "es Mo" "n Qui" "rew J" "rew J" "tin V" "liam " "n Tyl" "es K."
[17] "hary " "lard " "nklin" "nklin" "es Bu" "aham " "aham " "rew J"
[25] "sses " "sses " "sses " "herfo" "es A." "ster " "ver C" "ver C"
[33] "jamin" "ver C" "liam " "liam " "liam " "odore" "odore" "liam "
[41] "liam " "drow " "ren G" "vin C" "vin C" "bert " "nklin" "nklin"
[49] "nklin" "ry S." "ry S." "ght D" "n F. " "don B" "don B" "hard "
[57] "hard " "ald R" "my Ca" "ald R" "rge B" "l Cli" "rge W" "ack O"
```

透過類似的方法，要找出在年份結尾為 1 時上任的總統不算太難。

```
> presidents[str_sub(string = presidents$Start, start = 4, end = 4) == 1,
+           c("YEAR", "PRESIDENT", "Start", "Stop")]

        YEAR                PRESIDENT  Start  Stop
3  1801-1805         Thomas Jefferson   1801  1805
14      1841  William Henry Harrison   1841  1841
15 1841-1845               John Tyler   1841  1845
22 1861-1865          Abraham Lincoln   1861  1865
29      1881        James A. Garfield   1881  1881
30 1881-1885        Chester A. Arthur   1881  1885
37      1901         William McKinley   1901  1901
38 1901-1905       Theodore Roosevelt   1901  1905
43 1921-1923        Warren G. Harding   1921  1923
48 1941-1945    Franklin D. Roosevelt   1941  1945
53 1961-1963          John F. Kennedy   1961  1963
60 1981-1989            Ronald Reagan   1981  1989
63 2001-2009           George W. Bush   2001  2009
```

16-4 正規表示法

篩選文字需要先找出文字重複出現的規則，而這些規則通常都是有概括性和彈性的。對此，正規表示法將顯得非常好用。

正規表示法[1]是用來搜尋字串的一種特定語法，可利用規定的符號代表各種形式的資料，例如：一個數字、連續數字、幾個字元、特定字元開頭的字串...等。正規表示法並非 R 的專屬語法，許多程式語言 (支援最廣泛的是 Perl)、文書編輯工具也都有支援正規表示法，本節會舉幾個實際應用的例子，搭配 R 的函數進行示範。

假設我們要找出名字裡有 "John" 的總統，不管是姓氏還是名字，由於我們並不知道 "John" 會出現在什麼地方，因此我們不能用 str_sub，這時候需要的是 str_detect。

```
> # 回傳 TRUE/FALSE 以表示是否在名字找到 "John"
> johnPos <- str_detect(string = presidents$PRESIDENT, pattern = "John")
> presidents[johnPos, c("YEAR", "PRESIDENT", "Start", "Stop")]

        YEAR            PRESIDENT  Start   Stop
2  1797-1801          John Adams   1797   1801
10 1825-1829   John Quincy Adams   1825   1829
15 1841-1845          John Tyler   1841   1845
24 1865-1869      Andrew Johnson   1865   1869
53 1961-1963      John F. Kennedy  1961   1963
54 1963-1965    Lyndon B. Johnson  1963   1965
55 1963-1969    Lyndon B. Johnson  1963   1969
```

我們找到了 John Adams、John Quincy Adams、John Tyler、Andrew Johnson、John F.Kennedy 和 Lyndon B. Johnson。正規表示法的大小寫是有區別的，若我們要它忽略大小寫，我們需要在規則中加入 ignore.case。

1：Raguler Expressions 的中文也常翻成「正則表達式」、「常規表示法」等。

```
> badSearch <- str_detect(presidents$PRESIDENT, "john")
> goodSearch <- str_detect(presidents$PRESIDENT, ignore.case("John"))
> sum(badSearch)

[1] 0

> sum(goodSearch)

[1] 7
```

為了示範更多正規表示法的例子，我們會以維基百科的另一個關於美國戰爭的表格來做示範。由於我們只需要一個直行，對此我們得處理一些程式撰寫的問題，因此我們在 http://www.jaredlander.com/data/warTimes.rdata 上傳了該欄位的 Rdata 檔。我們用 load 將該檔載入 R，接著我們可以看得到我們的 R 出現了一個新的物件，稱為 warTimes。

實際上從 URL(網址)載入 rdata 檔並沒有從 URL 載入 CSV 檔來得直接，我們使用 url 對該檔做個連結，再用 load 載入該連結，最後用 close 將連結關閉。

```
> con <- url("http://www.jaredlander.com/data/warTimes.rdata")
> load(con)
> close(con)
```

這個 vector 涵蓋的是關於戰爭開始和結束時間的訊息。有時候它所記錄的只是年份，有時候則包括了月份，甚至是日期，其中有一些戰爭只維持了一年。因此，這資料正好供我們使用不同的字串處理函數來仔細查看。資料的前幾項如以下顯示。

```
> head(warTimes, 10)

 [1] "September 1, 1774 ACAEA September 3, 1783"
 [2] "September 1, 1774 ACAEA March 17, 1776"
 [3] "1775ACAEA1783"
 [4] "June 1775 ACAEA October 1776"
 [5] "July 1776 ACAEA March 1777"
 [6] "June 14, 1777 ACAEA October 17, 1777"
```

Next

```
 [7] "1777ACAEA1778"
 [8] "1775ACAEA1782"
 [9] "1776ACAEA1794"
[10] "1778ACAEA1782"
```

我們要建立一個儲存戰爭開始時間的直行，對此我們必須拆開 Time 這一行。慶幸的是維基百科編碼所用的分隔符號一般為 "ACAEA"，而不是原本的 "Ã¢Â€Â''"，這樣要轉為字元來處理會輕鬆許多。我們發現資料有兩種情況會出現 "-"，第一種情況是作為一個分隔符號，而另一種則是含該符號的文字。我們用以下的指令查看該兩種情況。

```
> warTimes[str_detect(string = warTimes, pattern = "-")]

[1] "6 June 1944 ACAEA mid-July 1944"
[2] "25 August-17 December 1944"
```

因此當要拆開字串時，必須搜尋 "ACAEA" 或 "-"。我們透過 str_split 裡的 pattern 引數可以搜尋這些正規表示法(或規則)。在我們的例子為 "(ACAEA)|-"，這可以讓程式在字串裡對 "(ACAEA)" 或 "-" 進行搜尋。若要避免前述橫線被用在 "mid-July" 的情況，我們要把引數 n 設為 2，讓每個 vector 輸入值的每個元素只回傳最多兩個值 (也就是最多把文字拆散成兩個部份或者不拆散)。而包含著 ACAEA 的括號是要把 "ACAEA" 併在一起搜尋 [2]，不會被納入搜尋範圍內。「把文字併在一起」在進階的文字取代過程非常重要，稍後會再提到。

```
> theTimes <- str_split(string = warTimes, pattern = "(ACAEA)|-", n = 2)
> head(theTimes)

[[1]]
[1] "September 1, 1774 " " September 3, 1783"

[[2]]
[1] "September 1, 1774 " " March 17, 1776"
```

Next

2：若要連括號也一起搜尋，需在括號前加上反斜線(\)。

```
[[3]]
[1] "1775" "1783"

[[4]]
[1] "June 1775 " " October 1776"

[[5]]
[1] "July 1776 " " March 1777"

[[6]]
[1] "June 14, 1777 " " October 17, 1777"
```

我們可以看到前幾項資料已經被成功拆開了，現在我們也查看之前所提到用橫線作為分隔符號的兩個情況。

```
> which(str_detect(string = warTimes, pattern = "-"))

[1] 147 150

> theTimes[[147]]

[1] "6 June 1944 " " mid-July 1944"

> theTimes[[150]]

[1] "25 August" "17 December 1944"
```

結果看起來並無錯誤，可以發現第一項的 "mid-July" 仍連在一起，而第二項的兩個日期也被成功拆開了。我們的目的是要看戰爭開始的時間，因此我們建立一個函數，在某些情況擷取 list 中每個 vector 的第一個元素。

```
> theStart <- sapply(theTimes, FUN = function(x) x[1])
> head(theStart)

[1] "September 1, 1774 " "September 1, 1774 " "1775"
[4] "June 1775 " "July 1776 " "June 14, 1777 "
```

原始資料中，有一些分隔符號前後也許會存在著空格，有些則沒有。這表示這些空格會落在拆開之後的日期裡。移除這些空格最好的方法就是使用 str_trim 函數。

```
> theStart <- str _ trim(theStart)
> head(theStart)

[1] "September 1, 1774" "September 1, 1774" "1775"
[4] "June 1775" "July 1776" "June 14, 1777"
```

若要從資料中擷取出任何含有 "January" 字串的地方，我們可以使用 str_extract。不包含此字串的地方將會以 NA 顯示。

```
> # 擷出任何含有'January'的地方，否則回傳 NA
> str _ extract(string = theStart, pattern = "January")

  [1]  NA        NA        NA         NA    NA         NA
  [7]  NA        NA        NA         NA    NA         NA
 [13]  "January" NA        NA         NA    NA         NA
 [19]  NA        NA        NA         NA    NA         NA
 [25]  NA        NA        NA         NA    NA         NA
 [31]  NA        NA        NA         NA    NA         NA
 [37]  NA        NA        NA         NA    NA         NA
 [43]  NA        NA        NA         NA    NA         NA
 [49]  NA        NA        NA         NA    NA         NA
 [55]  NA        NA        NA         NA    NA         NA
 [61]  NA        NA        NA         NA    NA         NA
 [67]  NA        NA        NA         NA    NA         NA
 [73]  NA        NA        NA         NA    NA         NA
 [79]  NA        NA        NA         NA    NA         NA
 [85]  NA        NA        NA         NA    NA         NA
 [91]  NA        NA        NA         NA    NA         NA
 [97]  NA        NA        "January"  NA    NA         NA
[103]  NA        NA        NA         NA    NA         NA
[109]  NA        NA        NA         NA    NA         NA
[115]  NA        NA        NA         NA    NA         NA
[121]  NA        NA        NA         NA    NA         NA
[127]  NA        NA        NA         NA    "January"  NA
```

Next

```
[133] NA        NA        "January" NA NA NA
[139] NA        NA        NA        NA NA NA
[145] "January" "January" NA        NA NA NA
[151] NA        NA        NA        NA NA NA
[157] NA        NA        NA        NA NA NA
[163] NA        NA        NA        NA NA NA
[169] "January" NA        NA        NA NA NA
[175] NA        NA        NA        NA NA NA
[181] "January" NA        NA        NA NA "January"
[187] NA        NA
```

若要找出含有 "January" 的元素並將整項回傳 (不只是回傳 "January" 字串)，我們可以用 str_detect 建立條件敘述，進而用這敘述的結果從 theStart 找出我們想要的子集合。

```
> # 只回傳偵測到'January'的元素
> theStart[str_detect(string = theStart, pattern = "January")]

[1] "January"          "January 21"        "January 1942"
[4] "January"          "January 22, 1944"  "22 January 1944"
[7] "January 4, 1989"  "15 January 2002"   "January 14, 2010"
```

若要擷取年份，我們要找出四個數字一起出現的情況。由於我們不知道那些會是什麼數字，因此我們需要用到正規表示法的樣版 (pattern) 語法。在正規表示法的搜尋，"[0-9]" 表示搜尋任何數字，於是我們用 "[0-9][0-9][0-9][0-9]" 來搜尋 4 個連在一起的數字。

```
> # 搜尋四個連在一起的數字
> head(str_extract(string = theStart, "[0-9][0-9][0-9][0-9]"), 20)

 [1] "1774" "1774" "1775" "1775" "1776" "1777" "1777" "1775" "1776"
[10] "1778" "1775" "1779" NA     "1785" "1798" "1801" NA     "1812"
[19] "1812" "1813"
```

重複輸入 "[0-9]" 難免顯得沒效率，尤其在於尋找很多數字的時候。把包含在大括號裡的 "4" 擺在 "[0-9]" 後方可讓程式自動搜尋任何由四位數組成的數字。

```
> # 以更聰明的方法來找尋四個數字
> head(str_extract(string = theStart, "[0-9]{4}"), 20)

 [1]  "1774" "1774" "1775" "1775" "1776" "1777" "1777" "1775" "1776"
[10]  "1778" "1775" "1779" NA     "1785" "1798" "1801" NA     "1812"
[19]  "1812" "1813"
```

使用 "[0-9]" 還不夠簡潔，我們可以使用特殊字元來做簡化。在 R 裡，我們還可以用含有兩條反斜線的 "\\d" 代表任何整數 (其他多數程式語言則是使用 "\d" 代表任何整數)。

```
> # \\d 是"[0-9]"的簡化
> head(str_extract(string = theStart, "\\d{4}"), 20)

 [1]  "1774" "1774" "1775" "1775" "1776" "1777" "1777" "1775" "1776"
[10]  "1778" "1775" "1779" NA     "1785" "1798" "1801" NA     "1812"
[19]  "1812" "1813"
```

而大括號的功能也不僅可用來補充幾位數，我們還可以利用它來對某個數字搜尋 1~3 次。

```
> # 這會搜尋任何一個出現過一次, 兩次或三次的數字
> str_extract(string = theStart, "\\d{1, 3}")

  [1] "1"   "1"   "177" "177" "177" "14"  "177" "177" "177" "177"
 [11] "177" "177" NA    "178" "179" "180" NA    "18"  "181" "181"
 [21] "181" "181" "181" "181" "181" "181" "181" "181" "181" "181"
 [31] "22"  "181" "181" "5"   "182" "182" "182" NA    "6"   "183"
 [41] "23"  "183" "19"  "11"  "25"  "184" "184" "184" "184" "184"
 [51] "185" "184" "28"  "185" "13"  "4"   "185" "185" "185" "185"
 [61] "185" "185" "6"   "185" "6"   "186" "12"  "186" "186" "186"
 [71] "186" "186" "17"  "31"  "186" "20"  "186" "186" "186" "186"
 [81] "186" "17"  "1"   "6"   "12"  "27"  "187" "187" "187" "187"
 [91] "187" "187" NA    "30"  "188" "189" "22"  "189" "21"  "189"
[101] "25"  "189" "189" "189" "189" "189" "189" "2"   "189" "28"
[111] "191" "21"  "28"  "191" "191" "191" "191" "191" "191" "191"
[121] "191" "191" "191" "7"   "194" "194" NA    NA    "3"   "7"
[131] "194" "194" NA    "20"  NA    "1"   "16"  "194" "8"   "194"
[141] "17"  "9"   "194" "3"   "22"  "22"  "6"   "6"   "15"  "25"
[151] "25"  "16"  "8"   "6"   "194" "195" "195" "195" "195" "197"
[161] "28"  "25"  "15"  "24"  "19"  "198" "15"  "198" "4"   "20"
[171] "2"   "199" "199" "199" "19"  "20"  "24"  "7"   "7"   "7"
[181] "15"  "7"   "6"   "20"  "16"  "14"  "200" "19"
```

正規表示法也可以搜尋固定在某部位的文字，搜尋文字前端可使用 "^"，而搜尋後端則用 "$"。

```
> # 在文字前端搜尋四個數字
> head(str_extract(string = theStart, pattern = "^\\d{4}"), 30)

 [1] NA     NA     "1775" NA     NA     NA     "1777" "1775" "1776"
[10] "1778" "1775" "1779" NA     "1785" "1798" "1801" NA     NA
[19] "1812" "1813" "1812" "1812" "1813" "1813" "1813" "1814" "1813"
[28] "1814" "1813" "1815"

> # 在文字後端搜尋四個數字
> head(str_extract(string = theStart, pattern = "\\d{4}$"), 30)

 [1] "1774" "1774" "1775" "1775" "1776" "1777" "1777" "1775" "1776"
[10] "1778" "1775" "1779" NA     "1785" "1798" "1801" NA     "1812"
[19] "1812" "1813" "1812" "1812" "1813" "1813" "1813" "1814" "1813"
[28] "1814" "1813" "1815"

> # 在文字前端和後端搜尋四個數字
> head(str_extract(string = theStart, pattern = "^\\d{4}$"), 30)

 [1] NA     NA     "1775" NA     NA     NA     "1777" "1775" "1776"
[10] "1778" "1775" "1779" NA     "1785" "1798" "1801" NA     NA
[19] "1812" "1813" "1812" "1812" "1813" "1813" "1813" "1814" "1813"
[28] "1814" "1813" "1815"
```

挑選一些文字來進行取代也是正規表示法的功能之一。我們先以固定的值取代數字作為示範。

```
> # 將第一個數字取代為"x"
> head(str_replace(string=theStart, pattern="\\d", replacement="x"), 30)

 [1] "September x, 1774"   "September x, 1774"   "x775"
 [4] "June x775"           "July x776"           "June x4, 1777"
 [7] "x777"                "x775"                "x776"
[10] "x778"                "x775"                "x779"
[13] "January"             "x785"                "x798"
[16] "x801"                "August"              "June x8, 1812"
[19] "x812"                "x813"                "x812"
[22] "x812"                "x813"                "x813"
[25] "x813"                "x814"                "x813"
[28] "x814"                "x813"                "x815"
```

Next

```
> # 將所有看得到的數字取代為"x"
> # 這意味著"7" -> "x"和"382" -> "xxx"
> head(str _ replace _ all(string=theStart, pattern="\\d", replacement="x"),
+      30)

 [1]  "September x, xxxx" "September x, xxxx"  "xxxx"
 [4]  "June xxxx"         "July xxxx"          "June xx, xxxx"
 [7]  "xxxx"              "xxxx"               "xxxx"
[10]  "xxxx"              "xxxx"               "xxxx"
[13]  "January"           "xxxx"               "xxxx"
[16]  "xxxx"              "August"             "June xx, xxxx"
[19]  "xxxx"              "xxxx"               "xxxx"
[22]  "xxxx"              "xxxx"               "xxxx"
[25]  "xxxx"              "xxxx"               "xxxx"
[28]  "xxxx"              "xxxx"               "xxxx"
```

```
> # 取代任何由一位數到四位數組成的數字字串為"x"
> # 這意思是"7" -> "x"和"382" -> "x"
> head(str replace all(string=theStart, pattern="nndf1, 4g",
+                        replacement="x"), 30)

 [1] "September x, x"    "September x, x"     "x"
 [4] "June x" "July x"   "June x, x"
 [7] "x"                 "x"                  "x"
[10] "x"                 "x"                  "x"
[13] "January"           "x"                  "x"
[16] "x"                 "August"             "June x, x"
[19] "x"                 "x"                  "x"
[22] "x"                 "x"                  "x"
[25] "x"                 "x"                  "x"
[28] "x"                 "x"                  "x"
```

正規表示法不只是能將文字取代為固定的值，它還能將搜尋的規則做部份的取代。這裡我們建立了一個含有 HTML 語法的 vector 來做示範。

```
> # 建立一個 HTML 語法的 vector
> commands <- c("<a href=index.html>The Link is here</a>",
+               "<b>This is bold text</b>")
```

現在我們要擷取 HTML 標籤之間的文字(即包含在兩對角括號 "<>" 之間的文字)。而我們所要設定的樣版(pattern)由三個部份組成：第一部份是由左右角括號，裡面加上標籤名稱的文字所組成(以"<.+?>"表示)；第二部份則是標籤之間的文字(以"(.+?)"表示)；而第三部份和第一部份一樣("<.+?>")。其中 "." 代表搜尋任何文字，而 "+" 代表搜尋至少一次，"?" 則代表它採非貪婪搜尋[4]。

由於我們不知道標籤之間的文字是什麼，而這些文字也是我們所要擷取出來並取代回去的，因此我們用括號把它們併在一起，然後用回溯引用的符號("\\1")[3] 將所搜尋的規則取代掉。這裡的 "1" 代表使用搜尋的第一組文字(括號裡的文字)做取代，若要用其它組，則用其他數字指定，最大的數字為 9。

```
> # 取得 HTML 標籤之間的文字
> # 在(.+?)裡的內容將被(第一組文字)取代
> str replace(string=commands, pattern="<.+?>(.+?)<.+>",
+             replacement="\\1")

[1] "The Link is here" "This is bold text"
```

正規表示法的內容當然不只這樣，這裡示範的只是最基本的應用，而且 R 本身的正規表示法也有其獨有的用法，完整的介紹請自行參考其操作說明 ?regex。

3：其他程式語言用的符號是 "$" 而非 "\\" 。

4：貪婪搜尋是指，若字串中有多組符合的匹配結果儘可能擷取，但可能會抓到額外的內容。

16-5 小結

R 提供了很多功能來處理字串，其中包括了建立、擷取和調整字串內容。若要建立字串，最好使用 sprintf，若有需求也可以使用 paste。對於其它字串處理的需求，建議使用 Hadley Wickham 的 stringr 套件，其中包括了指定字元位置(str_sub)擷取字串、正規表示法(str_detect、str_extract、str_replace)和分割字串(str_split)。

17

機率分佈

做為統計程式語言，R 可以輕易地應付所有統計的基本需求，本章會先介紹生成隨機變數和計算一些分佈值，下一章再說明期望值、變異數、極大和極小值、相關係數和 t 檢定。

17-1 常態分佈(Normal Distribution)

機率分佈是統計學的核心，R 自然會提供一些函數讓我們使用這些分佈，包括了生成隨機變數和計算分佈和分位數的函數。

最有名也最常被用到的統計分佈就是常態分佈，也稱為高斯分佈(Gaussian Distribution)，其公式為：

$$f(x;\mu,\sigma)=\frac{1}{\sqrt{2\pi}\sigma}e^{\frac{-(x-\mu)^2}{2\sigma^2}} \quad \text{(公式17.1)}$$

μ 其中為期望值，而 σ 為標準差，這是一個可以形容許多生活現象的鐘形曲線。若要從常態分佈抽取隨機變數，可以用 rnorm 函數。我們可以選擇指定自己偏好的期望值和標準差。

```
> # 從標準 0-1 常態分佈抽取 10 個值
> rnorm(n = 10)

[1] -2.1654005  0.7044448  0.1545891  1.3325220 -0.1965996 1.3166821
[7]  0.2055784  0.7698138  0.4276115 -0.6209493

> # 從期望值為 100, 標準差為 20 的常態分配抽取 10 個值
> rnorm(n = 10, mean = 100, sd = 20)

[1]   99.50443   86.81502   73.57329  113.36646   70.55072   95.70594
[7]   67.10154   99.49917  111.02245  114.16694
```

常態分佈的機率密度 (對於某個值的機率) 可由 dnorm 計算。

```
> randNorm10 <- rnorm(10)
> randNorm10

[1] -1.2376217  0.2989008  1.8963171 -1.1609135  -0.9199759  0.4251059
[7] -1.1112031 -0.3353926 -0.5533266 -0.5985041

> dnorm(randNorm10)

[1] 0.18548296 0.38151338 0.06607612 0.20335569  0.26129210 0.36447547
[7] 0.21517046 0.37712348 0.34231507 0.33352345
```

Next

```
> dnorm(c(-1, 0, 1))
[1] 0.2419707 0.3989423 0.2419707
```

dnorm 所回傳的是對某數的發生機率。從數學上來說，我們是沒辦法直接從連續的分佈找到某個數的準確發生機率，因此求出來的值只是一個估計值。和 rnorm 一樣，我們也可以對 dnorm 指定期望值和標準差。

為了畫出這結果，我們先生成一些常態分佈的變數，然後計算它們的分佈，再把它繪製出來。這結果會是一個漂亮的鐘形圖，如**圖 17.1**。

```
> # 生成常態變數
> randNorm <- rnorm(30000)
> # 計算它們的分佈
> randDensity <- dnorm(randNorm)
> # 載入 ggplot2
> library(ggplot2)
> # 把它們畫出來
> ggplot(data.frame(x = randNorm, y = randDensity)) + aes(x = x, y = y) +
+     geom_point() + labs(x = "Random Normal Variables", y = "Density")
```

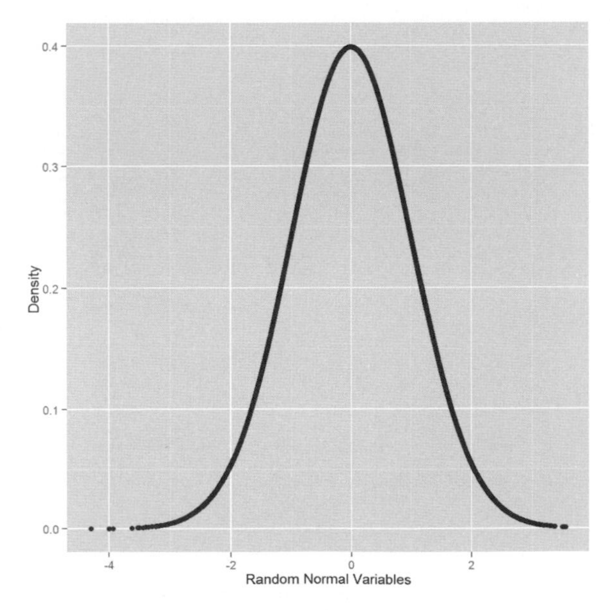

圖 17.1 常態隨機變數和其機率密度圖，可以看到它是一個鐘形圖

我們也可以使用 pnorm 來計算常態分佈的累積分佈；即某個數，或比它更小的數的累積發生機率。其定義如下：

$$\Phi(a) = P\{X \le a\} = \int_{-\infty}^{a} \frac{1}{\sqrt{2\pi}\sigma} e^{\frac{-(x-\mu)^2}{2\sigma^2}} dx \quad \text{(公式17.2)}$$

```
> pnorm(randNorm10)

[1]   0.1079282  0.6174921  0.9710409  0.1228385   0.1787927  0.6646203
[7]   0.1332405  0.3686645  0.2900199  0.2747518

> pnorm(c(-3, 0, 3))

[1]0.001349898    0.500000000    0.998650102

> pnorm(-1)

[1] 0.1586553
```

此函數預設是計算左尾的累積機率。若要計算變數掉在任意兩個點之間的機率，我們必須計算該兩個點的機率，再取它們的差。

```
> pnorm(1) - pnorm(0)

[1] 0.3413447

> pnorm(1) - pnorm(-1)

[1] 0.6826895
```

曲線下的面積代表了該機率，如以下指令所繪製出的圖 17.2。

```
> # 第一行命令就做了不少事情
> # 其做法是要建立一個 ggplot2 物件，以方便之後再加上其它圖層
> # 這就是為何我們把它存入 p
> # 我們將 randNorm 和 randDensity 存入一個 data.frame
> # 在函數外面宣告 x 和 y 軸以給予更大的彈性
> # 之後我們用 geom _ line()加入線條
> # x 和 y 軸則由 labs(x="x", y="Density")標籤或命名
```

Next

```
> p <- ggplot(data.frame(x=randNorm, y=randDensity)) + aes(x=x, y=y) +
+         geom_line() + labs(x="x", y="Density")
>
> # 繪製 p 所帶來的會是一個漂亮的分佈圖
> # 為了要建立曲線下的陰影面積，我們先計算該面積
> # 生成從最左邊到-1，一連串的數字
> neg1Seq <- seq(from=min(randNorm), to=-1, by=.1)
>
> # 對該序列建立 data.frame，並設為 x
> # 該序列的分佈則被設為 y
> lessThanNeg1 <- data.frame(x=neg1Seq, y=dnorm(neg1Seq))
>
> head(lessThanNeg1)

          x            y
1 -3.873328  0.0002203542
2 -3.773328  0.0003229731
3 -3.673328  0.0004686713
4 -3.573328  0.0006733293
5 -3.473328  0.0009577314
6 -3.373328  0.0013487051

>
> # 將此與最左邊和最右邊的終點做合併
> # 其高度為 0
> lessThanNeg1 <- rbind(c(min(randNorm), 0),
+                       lessThanNeg1,
+                       c(max(lessThanNeg1$x), 0))
>
> # 以幾何(polygon)定義該陰影部份
> p + geom_polygon(data=lessThanNeg1, aes(x=x, y=y))
>
> # 建立從-1 到 1 的序列
> neg1Pos1Seq <- seq(from=-1, to=1, by=.1)
>
> # 將該序列建立為 data.frame，並設為 x
> # 該序列的分佈則為 y
> neg1To1 <- data.frame(x=neg1Pos1Seq, y=dnorm(neg1Pos1Seq))
```

Next

```
>
> head(neg1To1)
      x          y
1   -1.0     0.2419707
2   -0.9     0.2660852
3   -0.8     0.2896916
4   -0.7     0.3122539
5   -0.6     0.3332246
6   -0.5     0.3520653
>
> # 將此與最左邊和最右邊的終點做合併
> # 其高度為 0
> neg1To1 <- rbind(c(min(neg1To1$x), 0),
+                  neg1To1,
+                  c(max(neg1To1$x), 0))
>
> # 以幾何(polygon)定義該陰影部份
> p + geom_polygon(data=neg1To1, aes(x=x, y=y))
```

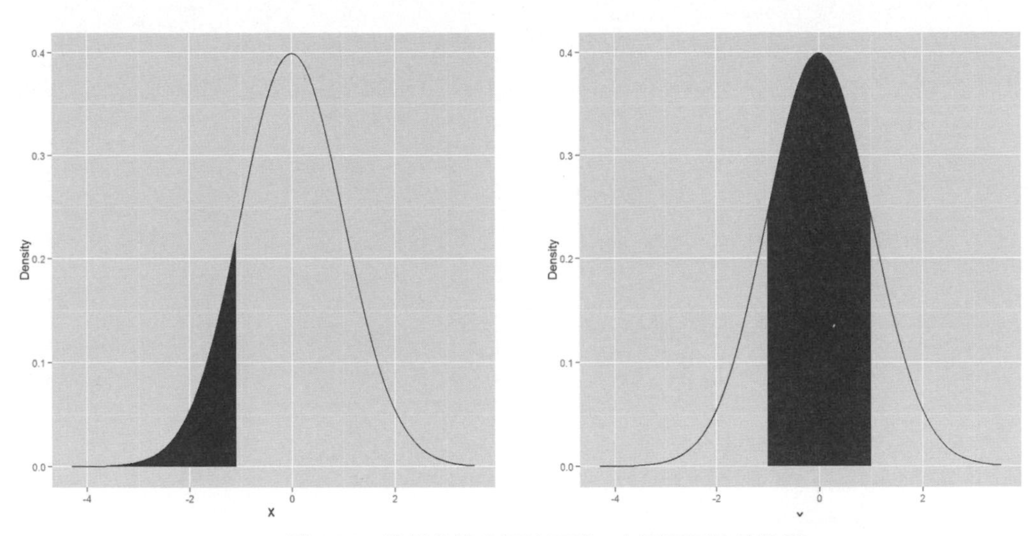

圖 17.2 常態曲線底下的面積。左圖顯示的是從最左邊到 -1 的面積，而右圖是 -1 到 1 之間的面積

其累積分佈則會呈現一個非遞減的形狀，如**圖 17.3**。此圖所要表達的訊息和**圖 17.2** 所要表達的是一樣的，只是以不同的方式呈現而已。這意思是**圖 17.2** 以陰影部份展示累積機率，而**圖 17.3** 則是以沿著 y-軸的點展示。

```
> randProb <- pnorm(randNorm)
> ggplot(data.frame(x=randNorm, y=randProb)) + aes(x=x, y=y) +
+       geom_point() + labs(x="Random Normal Variables", y="Probability")
```

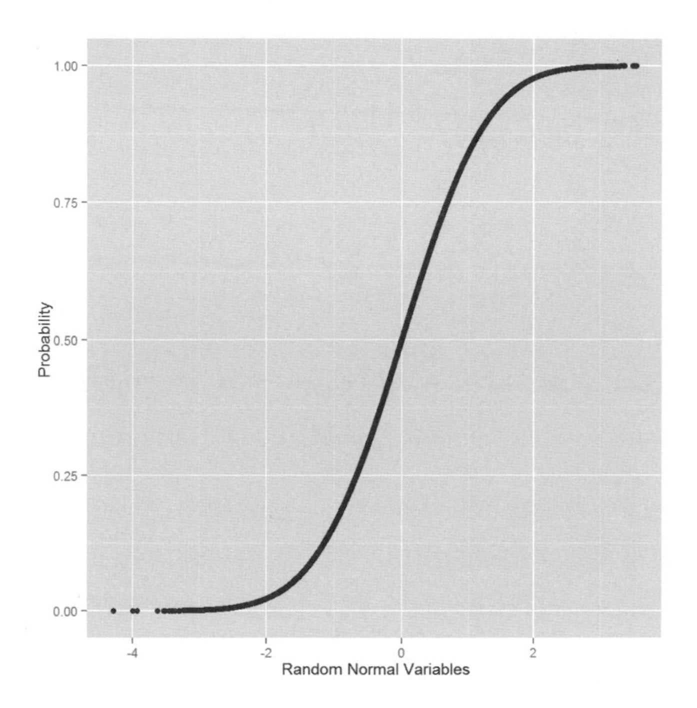

圖 17.3 常態累積分佈函數

qnorm 函數的使用和 pnorm 正好相反，只要給定累積機率，qnorm 就會回傳對應這個機率的分位數。

```
> randNorm10

[1]  -1.2376217  0.2989008  1.8963171  -1.1609135  -0.9199759  0.4251059
[7]  -1.1112031 -0.3353926 -0.5533266  -0.5985041

> qnorm(pnorm(randNorm10))

[1]  -1.2376217  0.2989008  1.8963171  -1.1609135  -0.9199759  0.4251059
[7]  -1.1112031 -0.3353926 -0.5533266  -0.5985041

> all.equal(randNorm10, qnorm(pnorm(randNorm10)))

[1] TRUE
```

17-2 二項分佈(Binomial Distribution)

就像常態分佈，二項分佈在 R 中的也建構的也很完善。其機率質量函數(probability mass function)為：

$$p(x;n,p)=\binom{n}{x}p^{x}(1-p)^{n-x} \qquad \text{(公式17.3)}$$

其中，

$$\binom{n}{x}=\frac{n!}{x!(n-x)!} \qquad \text{(公式17.4)}$$

n 是伯努利試驗的次數，而 p 則為試驗成功的機率。其期望值為 np，變異數為 np(1-p)。當 n=1，此分佈將簡化為伯努利分佈(Bernoulli Distribution)。

從二項分佈生成隨機變數不只是單純的生成變數而已，而是生成獨立試驗的成功次數。若要模擬十次試驗的成功次數，而每次成功機率為 0.4，我們使用 rbinom，引數為 n=1(只對所有試驗進行一次)，size=10(試驗次數為 10)和 prob=0.4(成功機率為 0.4)。

```
> rbinom(n = 1, size = 10, prob = 0.4)
[1] 6
```

這意思是做了 10 次試驗，每次試驗成功機率為 0.4，生成出來的數字代表有多少次試驗成功了。由於這數字是隨機生成的，因此每次生成的數字會不一樣。若將 n 設為大於 1 的數字，R 會對這 n 組試驗生成 n 個成功次數，其中每組試驗的次數則以 size 設定。

```
> rbinom(n = 1, size = 10, prob = 0.4)
[1] 3
> rbinom(n = 5, size = 10, prob = 0.4)
[1] 5 3 6 5 4
> rbinom(n = 10, size = 10, prob = 0.4)
[1] 5 3 4 4 5 3 3 5 3 3
```

Next

將 size 設為 1 則將生成的數字變為伯努利隨機變數，即只有兩種可能性的變數，1 代表成功、0 代表失敗。

```
> rbinom(n = 1, size = 1, prob = 0.4)

[1] 1

> rbinom(n = 5, size = 1, prob = 0.4)

[1] 0 0 1 1 1

> rbinom(n = 10, size = 1, prob = 0.4)

[1] 0 0 0 1 0 1 0 0 1 0
```

為了畫出二項分佈的結果，我們隨機生成了 10,000 組的試驗，每組包含 10 個試驗，每個試驗成功機率為 0.3。從圖 17.4 可以發現最常看到的成功次數為 3，這也是我們所預期的結果。

```
> binomData <- data.frame(Successes = rbinom(n = 10000, size = 10, prob = 0.3))
> ggplot(binomData, aes(x = Successes)) + geom_histogram(binwidth = 1)
```

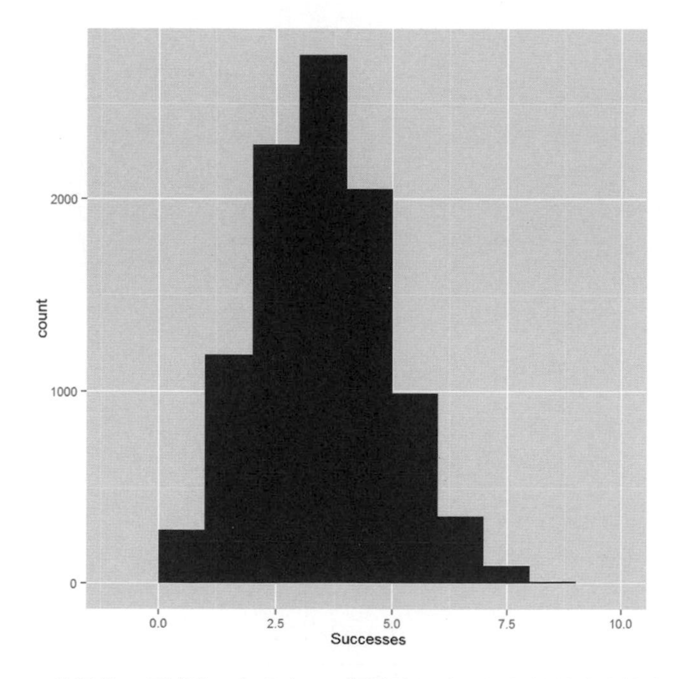

圖 17.4 一萬組的二項試驗，每組由 10 個試驗組成，每個試驗成功機率為 0.3

當試驗次數被提高的時候，二項分佈會近似於常態分佈。這裡我們生成類似的試驗來做示範，這次會以不同的試驗次數來生成變數。我們把結果繪製成圖，如圖 17.5 顯示。

```
> # 建立一個有兩個直行和 10,000 橫列的 data.frame
> # 第一行是 Successes, 記錄的是 10,000 組試驗的成功次數
> # 第二行記錄每組試驗次數(Size), 每組次數為 5
> binom5 <- data.frame(Successes=rbinom(n=10000, size=5,
+                        prob=.3), Size=5)
> dim(binom5)

[1] 10000 2

> head(binom5)

  Successes  Size
1         1     5
2         1     5
3         2     5
4         2     5
5         3     5
6         0     5

>
> # 跟之前的一樣, 還是 10,000 橫列
> # 這次從不同試驗次數的分佈抽取成功次數
> # 現在 10,000 橫列的 Size 皆為 10
> binom10 <- data.frame(Successes=rbinom(n=10000, size=10,
+                         prob=.3), Size=10)
> dim(binom10)

[1] 10000 2

> head(binom10)

  Successes  Size
1         1    10
2         3    10
3         3    10
4         3    10
5         0    10
6         3    10
```

Next

```
>
> binom100 <- data.frame(Successes=rbinom(n=10000, size=100,
+                          prob=.3), Size=100)
>
> binom1000 <- data.frame(Successes=rbinom(n=10000, size=1000,
+                          prob=.3), Size=1000)
>
> # 把它們都合併在一起
> binomAll <- rbind(binom5, binom10, binom100, binom1000)
> dim(binomAll)

[1] 40000 2

> head(binomAll, 10)

   Successes  Size
1          1     5
2          1     5
3          2     5
4          2     5
5          3     5
6          0     5
7          1     5
8          1     5
9          1     5
10         1     5

> tail(binomAll, 10)

       Successes  Size
39991        316  1000
39992        311  1000
39993        296  1000
39994        316  1000
39995        288  1000
39996        286  1000
39997        264  1000
39998        291  1000
39999        300  1000
40000        302  1000
```

Next

```
> # 現在繪圖
> # 直方圖只需設定 x 軸
> # 圖的分層(拆解)依據為 Size 的值
> # 這些值為 5, 10, 100, 1000
> ggplot(binomAll, aes(x=Successes)) + geom_histogram() +
+     facet_wrap(~ Size, scales="free")
```

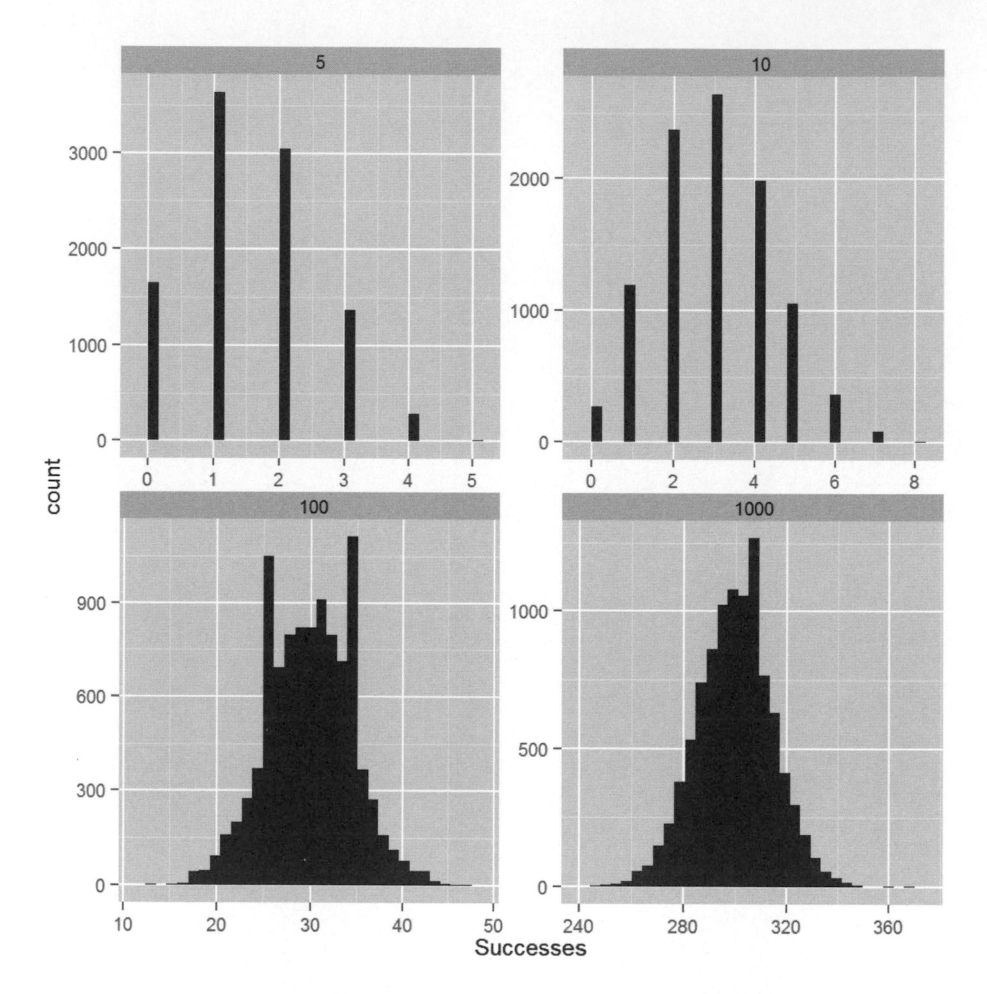

圖 17-5　由試驗次數做分層的二項隨機變數直方圖。儘管不完美，但我們還是可以觀察到當試驗次數提升，分佈顯得更接近常態分佈。也可以注意到每張圖中的 x 和 y 軸的刻度單位都不一樣

二項分佈的累積分佈函數為：

$$F(a;n,p)=P\{X\le a\}=\sum_{i=0}^{a}\binom{n}{i}p^{i}(1-p)^{n-i} \quad \text{(公式 17.5)}$$

其中 n 和 p 為試驗次數和試驗成功機率，就跟之前定義的一樣。

如同常態分佈函數，dbinom 和 pbinom 各提供了二項分佈的機率密度(某值的真正發生機率)和累積機率。

```
> # 10 次試驗裡三次成功的機率
> dbinom(x = 3, size = 10, prob = 0.3)

[1] 0.2668279

> # 10 次試驗裡三次或更少次成功的機率
> pbinom(q = 3, size = 10, prob = 0.3)

[1] 0.6496107

> # 這兩個函數也可以執行向量化運算
> dbinom(x = 1:10, size = 10, prob = 0.3)

[1] 0.1210608210 0.2334744405 0.2668279320 0.2001209490 0.1029193452
[6] 0.0367569090 0.0090016920 0.0014467005 0.0001377810 0.0000059049

> pbinom(q = 1:10, size = 10, prob = 0.3)

[1] 0.1493083    0.3827828   0.6496107    0.8497317    0.9526510    0.9894079
[7] 0.9984096    0.9998563   0.9999941   1.0000000
```

當我們給予 qbinom 某個機率，它可以對該機率回傳對應的分位數。針對二項分佈的話，該分位數代表的是成功次數。

```
> qbinom(p = 0.3, size = 10, prob = 0.3)

[1] 2

> qbinom(p = c(0.3, 0.35, 0.4, 0.5, 0.6), size = 10, prob = 0.3)

[1] 2 2 3 3 3
```

17-3 泊松分佈(Poisson Distribution)

另一個有名的分佈為泊松分佈 (也稱為卜松分布、卜瓦松分佈或布瓦松分佈等)，此分佈針對的是計數資料(count data)。其機率質量函數為：

$$p(x;\lambda)=\frac{\lambda^x e^{-\lambda}}{x!} \qquad \text{(公式 17.6)}$$

而累積分佈函數為：

$$F(a;\lambda)=P\{X\le a\}=\sum_{i=0}^{a}\frac{\lambda^i e^{-\lambda}}{i!} \qquad \text{(公式 17.7)}$$

其中 λ 同時為它的期望值和變異數。

Rpois、dpois、ppois 和 qpois 各可用來生成隨機計數資料，計算機率密度、累積機率和分位數。當 λ 的值越大，泊松分佈越接近常態分佈。我們從泊松分佈模擬 10,000 個樣本做為範例，繪製其直方圖，並觀察其形狀。

```
> # 從 5 個不同的泊松分佈各生成 10, 000 個樣本
> pois1 <- rpois(n=10000, lambda=1)
> pois2 <- rpois(n=10000, lambda=2)
> pois5 <- rpois(n=10000, lambda=5)
> pois10 <- rpois(n=10000, lambda=10)
> pois20 <- rpois(n=10000, lambda=20)
> pois <- data.frame(Lambda.1=pois1, Lambda.2=pois2,
+                    Lambda.5=pois5, Lambda.10=pois10, Lambda.20=pois20)
> # 載入 reshape2 套件以溶化資料, 讓繪圖的工作容易一些
> library(reshape2)
> # 將資料轉為長格式
> pois <- melt(data=pois, variable.name="Lambda", value.name="x")
> # 載入 stringr 套件以處理新直行的名稱
> library(stringr)
> # 處理 Lambda(清除掉不必要的字元), 讓它只顯示 Lambda 的數值
> pois$Lambda <- as.factor(as.numeric(str_extract(string=pois$Lambda,
+                                                  pattern="\\d+")))
> head(pois)

  Lambda  x
1      1  0
```

Next

```
2       1  2
3       1  0
4       1  1
5       1  2
6       1  0

> tail(pois)

      Lambda  x
49995     20 26
49996     20 14
49997     20 26
49998     20 22
49999     20 20
50000     20 23
```

現在我們可以對不同的泊松分佈繪製不同 λ 的直方圖，如圖 **17.6** 顯示。

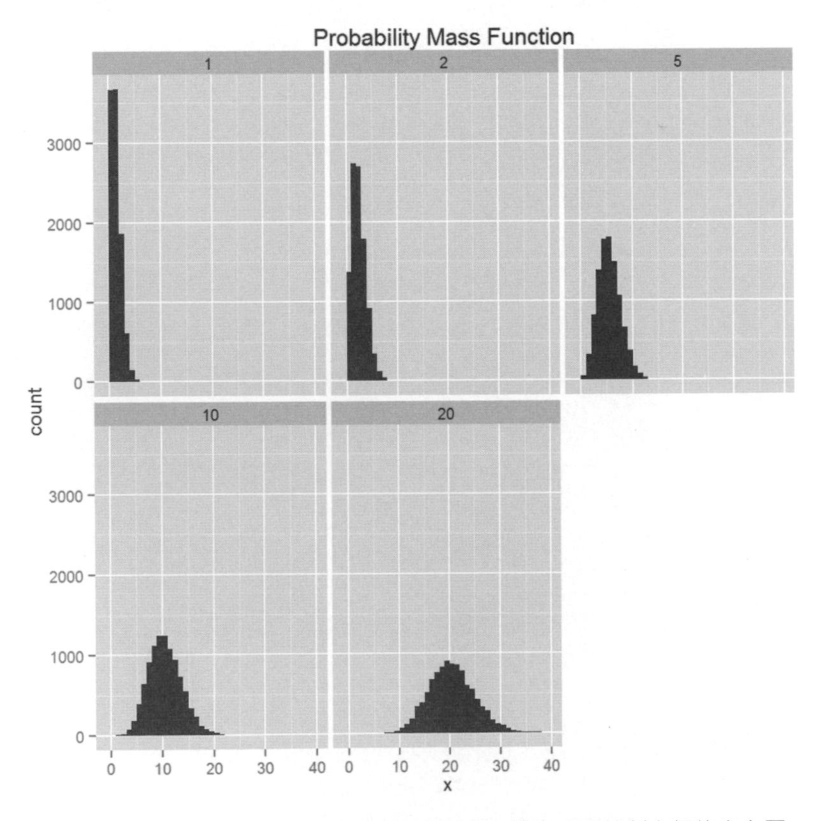

圖 17-6 用 5 個不同的泊松分佈各抽出 10,000 樣本，再繪製它們的直方圖。可以觀察到直方圖怎麼樣越來越貼近常態分佈

```
> library(ggplot2)
> ggplot(pois, aes(x=x)) + geom_histogram(binwidth=1) +
+         facet_wrap(~ Lambda) + ggtitle("Probability Mass Function")
```

要畫出常態的收斂過程，把幾張機率密度圖重疊在一起會是比較好的做法，如圖 17.7 顯示。

```
> ggplot(pois, aes(x=x)) +
+     geom_density(aes(group=Lambda, color=Lambda, fill=Lambda),
+                         adjust=4, alpha=1/2) +
+     scale_color_discrete() + scale_fill_discrete() +
+     ggtitle("Probability Mass Function")
```

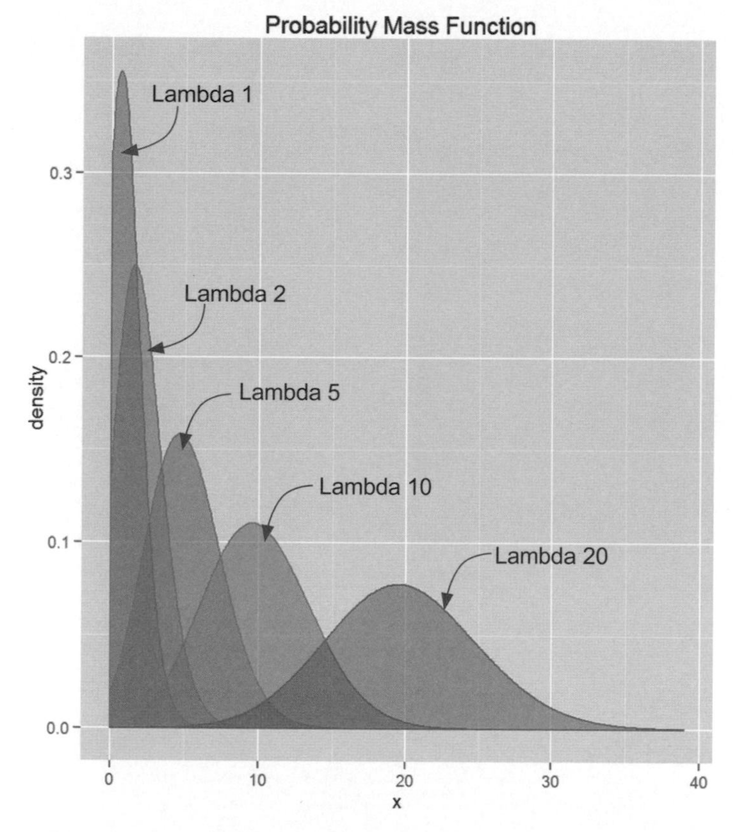

圖 17-7 用 5 個不同的泊松分佈各抽出 10,000 樣本，再繪製它們的機率密度圖。可以觀察到機率密度圖越來越貼近常態分佈

編註：上圖中 Lambda 的標示是排版時加上去方便辨識，R 語言顯示的原圖並沒有。

17-4 其他分佈

R 還內建支援許多其他分佈讓使用者使用，我們將它們陳列在表 17.1；而對應的數學公式、期望值和變異數則呈現在表 17.2。

表 17.1 **統計分佈與它們在 R 中的函數**

分佈	隨機變數	機率密度	累積機率	分位數
常態(Normal)	rnorm	dnorm	pnorm	qnorm
二項(Binomial)	rbinom	dbinom	pbinom	qbinom
泊松(Poisson)	rpois	dpois	ppois	qpois
t	rt	dt	pt	qt
F	rf	df	pf	qf
卡方(Chi-Squared)	rchisq	dchisq	pchisq	qchisq
伽瑪(Gamma)	rgamma	dgamma	pgamma	qgamma
幾何(Geometric)	rgeom	dgeom	pgeom	qgeom
負二項(Negative Binomial)	rnbinom	dnbinom	pnbinom	qnbinom
指數(Exponential)	rexp	dexp	pexp	qexp
韋伯(Weibull)	rweibull	dweibull	pweibull	qweibull
連續均勻(Uniform (Continuous))	runif dunif	punif	qunif	
貝塔(Beta)	rbeta	dbeta	pbeta	qbeta
柯西(Cauchy)	rcauchy	dcauchy	pcauchy	qcauchy
多項(Multinomial)	rmultinom	dmultinom	pmultinom	qmultinom
超幾何(Hypergeometric)	rhyper	dhyper	phyper	qhyper
對數常態(Log-normal)	rlnorm	dlnorm	plnorm	qlnorm
羅吉斯(Logistic)	rlogis	dlogis	plogis	qlogis

表 17.2 不同統計分佈的公式，期望值和變異數。(F 分佈裡的 B 為 $B(x,y)=\int_0^1 t^{x-1}(1-t)^{y-1}dt$)

分佈	公式	期望值	變異數
常態(Normal)	$f(x;\mu,\sigma)=\frac{1}{\sqrt{2\pi}\sigma}e^{\frac{-(x-\mu)^2}{2\sigma^2}}$	μ	σ^2
二項(Binomial)	$p(x;n,p)=\binom{n}{x}p^x(1-p)^{n-x}$	np	$np(1-p)$
泊松(Poisson)	$p(i)=\binom{n}{i}p^i(1-p)^{n-i}$	λ	λ
t	$f(x;n)=\frac{\Gamma\left(\frac{n+1}{2}\right)}{\sqrt{n\pi}\Gamma\left(\frac{n}{2}\right)}\left(1+\frac{x^2}{n}\right)^{-\frac{n+1}{2}}$	0	$\frac{n}{n-2}$
F	$f(x;\lambda,s)=\frac{\sqrt{\frac{(n_1x)^{n_1}n_2^{n_2}}{(n_1x+n_2)^{n_1+n_2}}}}{xB\left(\frac{n_1}{2},\frac{n_2}{2}\right)}$	$\frac{n_2}{n_2-2}$	$\frac{2n_2^2(n_1+n_2-2)}{n_1(n_2-2)^2(n_2-4)}$
卡方 (Chi-Squared)	$f(x;n)=\frac{e^{-\frac{\gamma}{2}}\gamma^{\left(\frac{n}{2}\right)-1}}{2^{\frac{n}{2}}\Gamma\left(\frac{n}{2}\right)}$	n	$2n$
伽瑪 (Gamma)	$f(x;\lambda,s)=\frac{\lambda e^{-\lambda x}(\lambda x)^{s-1}}{\Gamma(s)}$	$\frac{s}{\lambda}$	$\frac{s}{\lambda^2}$
幾何 (Geometric)	$p(x;p)=p(1-p)^{x-1}$	$\frac{1}{\lambda}$	$\frac{1}{\lambda^2}$
負二項 (Negative Binomial)	$p(x;r,p)=\binom{x-1}{r-1}p^r(1-p)^{x-r}$	$\frac{r}{p}$	$\frac{r(1-p)}{p^2}$

分佈	公式	期望值	變異數
指數 (Exponential)	$f(x;\lambda)=\lambda e^{-\lambda x}$	$\frac{1}{\lambda}$	$\frac{1}{\lambda^2}$
韋伯 (Weibull)	$f(x;\lambda,k)=\frac{k}{\lambda}\left(\frac{x}{\lambda}\right)^{k-1} e^{-(x/\lambda)^k}$	$\lambda\Gamma\left(1+\frac{1}{k}\right)$	$\lambda^2\Gamma\left(1+\frac{2}{k}\right)-\mu^2$
連續均勻 (Uniform (Continuous))	$f(x;a,b)=\frac{1}{b-a}$	$\frac{a+b}{2}$	$\frac{(b-a)^2}{12}$
貝塔 (Beta)	$f(x;\alpha,\beta)=\frac{1}{B(\alpha,\beta)}x^{\alpha-1}(1-x)^{\beta-1}$	$\frac{\alpha}{\alpha+\beta}$	$\frac{\alpha\beta}{(\alpha+\beta)^2(\alpha+\beta+1)}$
柯西 (Cauchy)	$f(x;s,t)=\frac{s}{\pi(s^2+(x-t)^2)}$	未定義	未定義
多項 (Multinomial)	$p(x_1,\ldots,x_k;n,p_1,\ldots,p_k)=$ $\frac{n!}{x_1!\cdots x_k!}p_1^{x_1}\cdots p_k^{x_k}$	np_i	$np_i(1-p_i)$
超幾何 (Hypergeometric)	$p(x;N,n,m)=\frac{\binom{m}{x}\binom{N-m}{n-x}}{\binom{N}{n}}$	$\frac{nm}{N}$	$\frac{nm}{N}\left[\frac{(n-1)(m-1)}{N-1}+1-\frac{nm}{N}\right]$
對數常態 (Log-normal)	$f(x;\mu,\sigma)=\frac{1}{x\sigma\sqrt{2\pi}}e^{-\frac{(\ln x-\mu)^2}{2\sigma^2}}$	$e^{\mu+\frac{\sigma^2}{2}}$	$(e^{\sigma^2}-1)e^{2\mu+\sigma^2}$
羅吉斯 (Logistic)	$f(x;\mu,s)=\frac{e^{-\frac{x-\mu}{s}}}{s\left(1+e^{-\frac{x-\mu}{s}}\right)^2}$	$\propto$	$\frac{1}{3}s^2\neq^2$

17-5 小結

R 提供了許多關於機率分佈的函數，包括了生成隨機變數和計算機率密度，累積機率和分位數的函數，如表 17.1 所顯示。我們只詳細討論了最常被用到的三個分佈 – 常態、伯努利和泊松分佈，而 R 基本套件能處理的所有分佈的公式、期望值和變異數，也都陳列在表 17.2 中。

18

基本統計分析

統計學最常計算的數字包括了期望值、變異數、相關係數和 t 檢定。它們在 R 中所代表的函數各為 mean、var、cor 和 t.test。

18-1 摘要統計(Summary Statistics)

很多人對統計的第一印象就是平均數 (average，或更正統的稱呼 mean)。我們先用一些簡單的數字來做示範，之後我們會在這章探討更大量的資料。首先，我們從 1 到 100 隨機生成 100 個數字。

```
> x <- sample(x = 1:100, size = 100, replace = TRUE)
> x

 [1]  93  98  84  62  18  12  40  13  30   4  95  18  55  46   2  24
[17]  54  91   9  57  74   6  11  38  67  13  40  87   2  85   4   6
[33]  61  28  37  61  10  87  41  10  11   4  37  84  54  69  21  33
[49]  37  44  46  78   6  50  88  74  76  31  67  68   1  23  31  51
[65]  22  64 100  12  20  56  74  61  52   4  28  62  90  66  34  11
[81]  21  78  17  94   9  80  92  83  72  43  20  44   3  43  46  72
[97]  32  61  16  12
```

sample 函數均勻地從 x 裡抽取樣本，樣本數以 size 指定。設定 replace=TRUE 表示我們允許同一個數字可以被抽取好幾次。現在有了一個 vector 的資料，我們可以計算它的平均值。

```
> mean(x)

[1] 44.51
```

此計算為基本的算術平均值(arithmetic mean)。

$$E[X]=\frac{\sum_{i=1}^{N} x_i}{N} \quad \text{(公式 18.1)}$$

計算平均值非常簡單，不過用於統計應用，就要考慮資料含有遺失值的情況。為此，我們隨機將 x 中 20%的元素設為 NA。

```
> # 複製 x
> y <- x
> # 用 sample 隨機挑選 20 個元素, 把值設為 NA
> y[sample(x = 1:100, size = 20, replace = FALSE)] <- NA
```

Next

```
> y

 [1]  93  98  84  62  18  12  40  NA  30   4  95  18  55  46   2  24
[17]  54  91  NA  57  NA   6  11  38  67  NA  40  87   2  NA   4   6
[33]  61  28  37  NA  10  NA  41  10  11   4  37  84  54  69  21  33
[49]  37  44  46  78   6  50  88  74  76  NA  67  68  NA  23  31  51
[65]  22  64 100  12  20  56  74  NA  52   4  NA  62  90  NA  34  11
[81]  21  78  17  NA   9  80  NA  83  NA  NA  20  44  NA  NA  46  NA
[97]  32  61  NA  12
```

若對 y 用 mean 將回傳 NA，因為 mean 預設只要遇到一個 NA 值，就直接回傳 NA 值作為結果，避免產生一些誤導性的訊息。

```
> mean(y)

[1] NA
```

若要在計算平均值之前把 NA 值移除掉，可以設 na.rm 為 TRUE。

```
> mean(y, na.rm = TRUE)

[1] 43.5875
```

若要對一組數字計算加權平均值，可以用 weighted.mean 函數。這函數的引數分別為該組數字的 vector 和權重的 vector，它也接受一個非必要的引數 na.rm，即是設定是否在計算平均值之前把 NA 值移除掉。若此引數設為 FALSE，同時 vector 裡有 NA 值，它將回傳 NA。

```
> grades <- c(95, 72, 87, 66)
> weights <- c(1/2, 1/4, 1/8, 1/8)
> mean(grades)

[1] 80

> weighted.mean(x = grades, w = weights)

[1] 84.625
```

公式 18.2 顯示了 weighted.mean 的公式，和計算隨機變數期望值的公式是一樣的。

$$E[X] = \frac{\sum_{i=1}^{N} w_i x_i}{\sum_{i=1}^{N} w_i} = \sum_{i=1}^{N} p_i x_i \quad \text{(公式 18.2)}$$

另一個很重要的統計量為變異數，在 R 中可以用 var 來計算。

```
> var(x)

[1] 865.5049
```

計算變異數(variance)的公式為：

$$Var(x) = \frac{\sum_{i=1}^{N} (x_i - \bar{x})^2}{N-1} \quad \text{(公式 18.3)}$$

我們在 R 中手動計算來驗證這公式。

```
> var(x)

[1] 865.5049

> sum((x - mean(x))^2)/(length(x) - 1)

[1] 865.5049
```

標準差(standard deviation)可由變異數開根號取得，在 R 中可以用 sd 來計算。就像 mean，na.rm 引數也可被用在 var 和 sd 以便在做出任何計算之前把 NA 值移除掉；否則，它將導致回傳的答案為 NA。

```
> sqrt(var(x))

[1] 29.41947

> sd(x)
```

Next

```
[1] 29.41947
> sd(y)
[1] NA
> sd(y, na.rm = TRUE)
[1] 28.89207
```

其它摘要統計量常用的函數包括 min(極小值)、max(極大值)和 median(中位數)。當然，na.rm 引數也可被用在這些函數。

```
> min(x)
[1] 1
> max(x)
[1] 100
> median(x)
[1] 43
> min(y)
[1] NA
> min(y, na.rm = TRUE)
[1] 2
```

中位數(median)是數字經過排序後的中間值。舉例來說，5、2、1、8 和 6 的中位數為 5。若樣本數為偶數，其中位數為數字排序後中間兩個數的平均值。對於 5、1、7、4、3、8、6 和 2，其中位數為 4.5。

summary 函數可以同時計算平均值、極小值、極大值和中位數。對此函數，若資料包含 NA 值會自動被移除掉，可以不必輸入 na.rm，同時 NA 值的個數也會被包括在結果中。

```
> summary(x)

Min.   1st Qu.   Median     Mean  3rd Qu.     Max.
1.00     17.75    43.00    44.51    68.25   100.00

> summary(y)

Min.   1st Qu.   Median     Mean  3rd Qu.     Max.    NA's
2.00     18.00    40.50    43.59    67.00   100.00      20
```

這摘要表還包括了第一和第三個四分位數(quartile)或第 25 和 75 個百分位數 (percentile)。而這些統計量可以透過 quantile 來計算。

```
> # 計算第 25 和 75 百分位數
> quantile(x, probs = c(0.25, 0.75))

  25%    75%
17.75  68.25

> # 也對 y 計算同樣的統計量
> quantile(y, probs = c(0.25, 0.75))

Error: missing values and NaN's not allowed if 'na.rm' is FALSE

> # 這次設 na.rm=TRUE
> quantile(y, probs = c(0.25, 0.75), na.rm = TRUE)

 25%  75%
 18   67

> # 計算其它分位數
> quantile(x, probs = c(0.1, 0.25, 0.5, 0.75, 0.99))

 10%    25%    50%    75%    99%
6.00  17.75  43.00  68.25  98.02
```

分位數意指其在一組數字裡，該組有某個百分比的數字是低於該分位數的。舉例來說，在一組從 1 到 200 的數字裡，其第 75 百分位數為 150.25，這數字表示它比該組 75%的數字來得大。

18-2 相關係數(correlation)和共變異數(covariace)

當我們所面對的資料多於一個變數時，我們需要查看它們的關係。檢測關係最直接的兩個方法為使用相關係數和共變異數。我們以 ggplot2 套件中的 economics 資料來示範這兩個方法的概念。

```
> library(ggplot2)
> head(economics)

# A tibble: 6 x 8
        date    pce     pop psavert uempmed unemploy  year month
      <date>  <dbl>   <int>   <dbl>   <dbl>    <int> <dbl> <ord>
1 1967-07-01  507.4  198712    12.5     4.5     2944  1967   Jul
2 1967-08-01  510.5  198911    12.5     4.7     2945  1967   Aug
3 1967-09-01  516.3  199113    11.7     4.6     2958  1967   Sep
4 1967-10-01  512.9  199311    12.5     4.9     3143  1967   Oct
5 1967-11-01  518.1  199498    12.5     4.7     3066  1967   Nov
6 1967-12-01  525.8  199657    12.1     4.8     3018  1967   Dec
```

在 economics 資料裡，pce 為個人消費支出(personal consumption expenditures)，而 psavert 為個人儲蓄率(personal savings rate)。我們用 cor 計算它們的相關係數。

```
> cor(economics$pce, economics$psavert)

[1] -0.837069
```

這高度負相關的結果似乎合情合理，這是因為消費和儲蓄的關係本來就應該是反向的。相關係數的定義為：

$$r_{xy} = \frac{\sum_{i=1}^{n}(x_i - \overline{x})(y_i - \overline{y})}{(n-1)s_x s_y} \quad \text{(公式 18.4)}$$

其中 $\overline{x}$ 和 $\overline{y}$ 為 x 和 y 的平均數，而 S_x 和 S_y 為 x 和 y 的標準差。相關係數的範圍介於 -1 到 1 之間，越接近 1 就表示該兩個變數的正向關係越密切，越接近-1 則表示它們的反向關係越強，若靠近 0 則表示沒有關係。我們可以用公式 18.4 來驗證這些關係。

```
> # 用 cor 計算相關係數
> cor(economics$pce, economics$psavert)

[1] -0.837069

>
> ## 計算用來找出相關係數的每個部份
> xPart <- economics$pce - mean(economics$pce)
> yPart <- economics$psavert - mean(economics$psavert)
> nMinusOne <- (nrow(economics) - 1)
> xSD <- sd(economics$pce)
> ySD <- sd(economics$psavert)
> # 應用相關係數的公式
> sum(xPart * yPart) / (nMinusOne * xSD * ySD)

[1] -0.837069
```

若要同時比較好幾個變數，可以把 matrix(只能用在 numeric 變數)用在 cor 裡。

```
> cor(economics[, c(2, 4:6)])

                pce    psavert    uempmed   unemploy
pce       1.0000000 -0.8370690  0.7273492  0.6139997
psavert  -0.8370690  1.0000000 -0.3874159 -0.3540073
uempmed   0.7273492 -0.3874159  1.0000000  0.8694063
unemploy  0.6139997 -0.3540073  0.8694063  1.0000000
```

由於這只是結果的列表，用圖來呈現結果會更有幫助。我們用 GGally 套件(含有許多由 ggplot2 建立的圖)中的 ggpairs 函數來繪圖，如圖 18.1 顯示，該圖顯示的是兩兩變數的散佈圖。由於載入 GGally 同時會載入 reshape 套件，這會對比較新的 reshape2 套件造成一些 namespace 的問題；因此我們不直接載入 GGally，而是用::運算子來呼叫它的函數，這樣不需要載入套件就可使用該套件裡的函數。

```
> GGally::ggpairs(economics[, c(2, 4:6)])
```

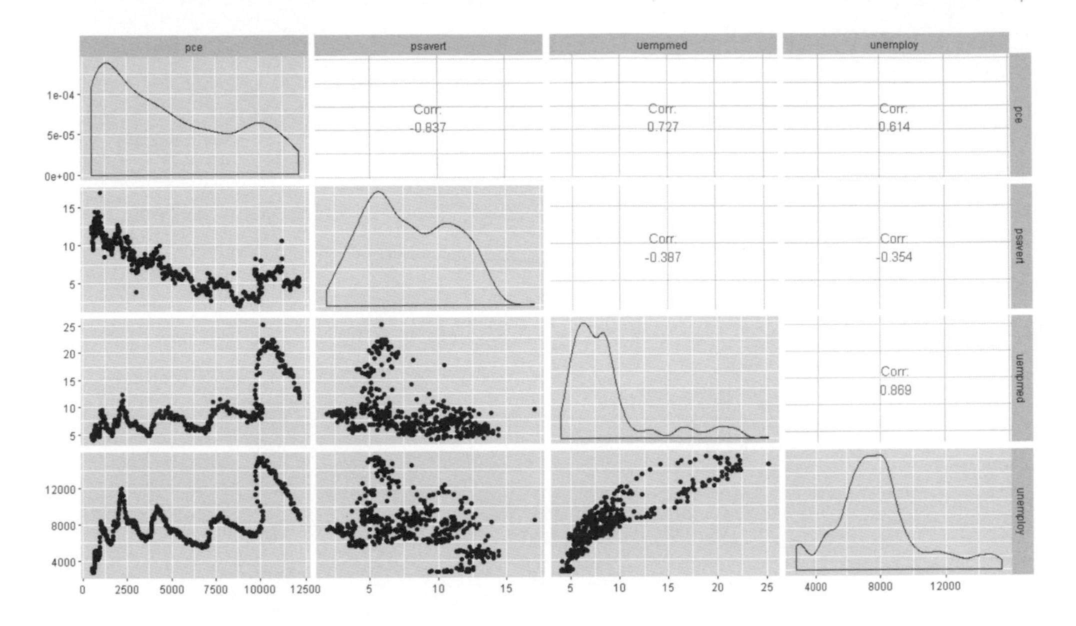

圖18.1 economics 資料的成對圖，其透過每對變數的散佈圖和相關係數(以數字表示)來顯示兩兩變數的關係

這類似之前提過的 small multiples(一頁多圖)，只是它們有不同的 x 軸和 y 軸。雖然這圖呈現的是原始資料，但看不出資料間的相關性；若要看相關性，我們可用它們的相關係數來繪製一個熱力圖(heatmap) ，如圖 18.2 顯示。正數且很大的相關係數表示變數之間有很高的正向關係，負數且很接近 -1 的相關係數則表示有很高的負向關係，接近 0 的相關係數則表示沒有很強的關係。

```
> # 載入 reshape 套件來轉換資料
> library(reshape2)
> # 載入 scales 套件以增添繪圖功能
> library(scales)
> # 建立相關係數矩陣
> econCor <- cor(economics[, c(2, 4:6)])
> # 轉成長的格式
> econMelt <- melt(econCor, varnames=c("x", "y"), value.name="Correlation")
> # 依據相關係數做排序
> econMelt <- econMelt[order(econMelt$Correlation), ]
> # 顯示轉換後的資料
> econMelt
          x        y Correlation
2   psavert      pce  -0.8370690
5       pce  psavert  -0.8370690
7   uempmed  psavert  -0.3874159
10  psavert  uempmed  -0.3874159
8  unemploy  psavert  -0.3540073
14  psavert unemploy  -0.3540073
4  unemploy      pce   0.6139997
13      pce unemploy   0.6139997
3   uempmed      pce   0.7273492
9       pce  uempmed   0.7273492
12 unemploy  uempmed   0.8694063
15  uempmed unemploy   0.8694063
1       pce      pce   1.0000000
6   psavert  psavert   1.0000000
11  uempmed  uempmed   1.0000000
16 unemploy unemploy   1.0000000

> ## 用 ggplot 繪圖
> # 用 x 和 y 設為 x 和 y 軸作為圖的初始建立
> ggplot(econMelt, aes(x=x, y=y)) +
+     # 畫上磚塊(方塊), 依據相關係數(Correlation)填上顏色
+     geom_tile(aes(fill=Correlation)) +
+     # 以三層色彩漸層(color gradient)的顏色對磚塊填上顏色
+     # 黑色作為最低點, 白色為中間, 鋼鐵藍作為最高點
```

Next

```
+       # 顏色說明為一條不設有刻度(ticks)的色帶(colorbar), 其高度為 10 行
+       # limits 則指定所填上的尺度範圍為從-1 到 1
+       scale_fill_gradient2(low="black", mid="white",
+               high="steelblue",
+               guide=guide_colorbar(ticks=FALSE, barheight=10),
+               limits=c(-1, 1)) +
+       # 使用最簡單的主題(minimal theme)以確保圖中沒多餘的東西
+       theme_minimal() +
+       # 將 x 和 y 標籤留空
+       labs(x=NULL, y=NULL)
```

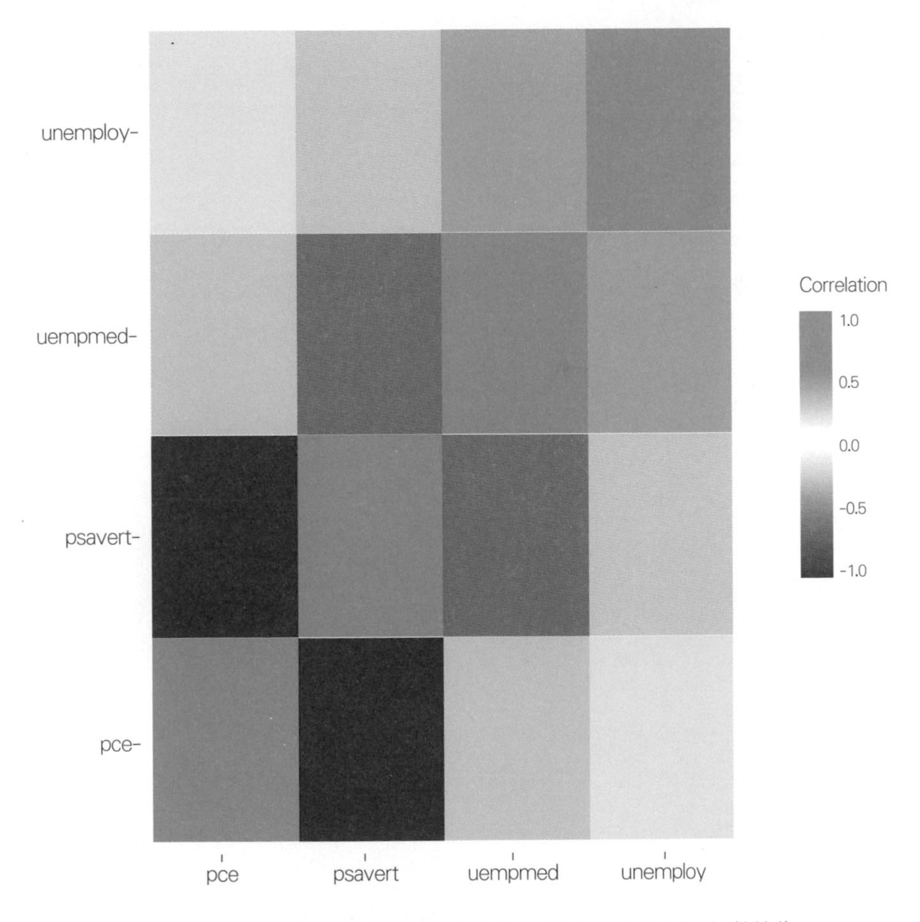

圖 18.2 economics 資料相關係數的熱力圖。對角線中的相關係數皆為 1，這是因為每個元素都與它自己是完全正相關的。紅色(黑色)表示高度正相關，藍色表示高度負相關，而白色表示無相關。

編註：您所繪製出來的圖表，應為紅、藍套色，此處礙於印刷限制，改用黑色代替紅色顯示。

如同使用 mean 和 var，使用 cor 也會面對遺失值的問題，但因為其同時牽涉到好幾行，處理手法會有所不同。這次我們不再設定 na.rm=TRUE 來移除 NA 值，而是從 "all.obs"、"complete.obs"、"pairwise.complete.obs"、"everything"、"na.or.complete" 之間選用一個作為 use 引數的輸入值。為了進行示範，我們建立了一個 5 行的矩陣，其中只有第四和第五行沒有 NA 值，其它的則有 1 至 2 個 NA 值。

```
> m <- c(9, 9, NA, 3, NA, 5, 8, 1, 10, 4)
> n <- c(2, NA, 1, 6, 6, 4, 1, 1, 6, 7)
> p <- c(8, 4, 3, 9, 10, NA, 3, NA, 9, 9)
> q <- c(10, 10, 7, 8, 4, 2, 8, 5, 5, 2)
> r <- c(1, 9, 7, 6, 5, 6, 2, 7, 9, 10)
> # 把它們合併在一起
> theMat <- cbind(m, n, p, q, r)
```

若輸入 "everything" 作為 use 引數，用來計算相關係數的任一行若有 NA 值，結果將是 NA 值。若用我們的例子來說明的話，我們預期看到的結果應該是一個全部為 NA 值的矩陣，除了對角線上將顯示 1(因為一個 vector 總是跟它自己完全正相關)和 q 和 r 之間的相關係數(它們不包含 NA 值)。若使用 "all.obs"，只要有一個 NA 值在資料裡就會回傳錯誤訊息。

```
> cor(theMat, use = "everything")

   m  n  p          q          r
m  1 NA NA         NA         NA
n NA  1 NA         NA         NA
p NA NA  1         NA         NA
q NA NA NA  1.0000000 -0.4242958
r NA NA NA -0.4242958  1.0000000

> cor(theMat, use = "all.obs")

Error: missing observations in cov/cor
```

另外兩個選項 - "complete.obs" 和 "na.or.complete" 處理 NA 的手法類似，它們只保留不包含任何 NA 的橫列。若應用在我們的例子裡，我們所建立的 matrix 會被簡化到剩下第 1、4、7、9 和 10 列，cor 函數接著依據這簡化後的 matrix 計算相關係數。它們的差異在於若完全找不到任何一個有完整資料的列，"complete.obs" 會回傳錯誤訊息，而 "na.or.complete" 會回傳 NA 值。

```
> cor(theMat, use = "complete.obs")
           m          n          p          q          r
m  1.0000000 -0.5228840 -0.2893527  0.2974398 -0.3459470
n -0.5228840  1.0000000  0.8090195 -0.7448453  0.9350718
p -0.2893527  0.8090195  1.0000000 -0.3613720  0.6221470
q  0.2974398 -0.7448453 -0.3613720  1.0000000 -0.9059384
r -0.3459470  0.9350718  0.6221470 -0.9059384  1.0000000
> cor(theMat, use = "na.or.complete")
           m          n          p          q          r
m  1.0000000 -0.5228840 -0.2893527  0.2974398 -0.3459470
n -0.5228840  1.0000000  0.8090195 -0.7448453  0.9350718
p -0.2893527  0.8090195  1.0000000 -0.3613720  0.6221470
q  0.2974398 -0.7448453 -0.3613720  1.0000000 -0.9059384
r -0.3459470  0.9350718  0.6221470 -0.9059384  1.0000000
> # 只用含有完整資料的橫排計算相關係數
> cor(theMat[c(1, 4, 7, 9, 10), ])
           m          n          p          q          r
m  1.0000000 -0.5228840 -0.2893527  0.2974398 -0.3459470
n -0.5228840  1.0000000  0.8090195 -0.7448453  0.9350718
p -0.2893527  0.8090195  1.0000000 -0.3613720  0.6221470
q  0.2974398 -0.7448453 -0.3613720  1.0000000 -0.9059384
r -0.3459470  0.9350718  0.6221470 -0.9059384  1.0000000
> # 比較"complete.obs"和手動用指定的橫列來計算相關係數
> # 結果應該是要一樣的
> identical(cor(theMat, use = "complete.obs"),
+           cor(theMat[c(1, 4, 7, 9, 10), ]))
[1] TRUE
```

最後一個選項為 "pairwise.complete.obs"，這選項所用的資料也是最多的。它在一個時間點只比較兩行，對於該行只保留兩兩都沒 NA 值的列。這實質上就是逐一對每兩行用 "complete.obs" 去計算相關係數。

```
> # 完整的相關係數矩陣
> cor(theMat, use = "pairwise.complete.obs")
            m           n          p          q          r
m  1.00000000 -0.02511812 -0.3965859  0.4622943 -0.2001722
n -0.02511812  1.00000000  0.8717389 -0.5070416  0.5332259
p -0.39658588  0.87173889  1.0000000 -0.5197292  0.1312506
q  0.46229434 -0.50704163 -0.5197292  1.0000000 -0.4242958
r -0.20017222  0.53322585  0.1312506 -0.4242958  1.0000000

> # 只算 m 對 n 的結果，再跟該矩陣的結果做比較
> cor(theMat[, c("m", "n")], use = "complete.obs")
            m           n
m  1.00000000 -0.02511812
n -0.02511812  1.00000000

> # 只算 m 對 p 的結果，再跟該矩陣的結果做比較
> cor(theMat[, c("m", "p")], use = "complete.obs")
           m          p
m  1.0000000 -0.3965859
p -0.3965859  1.0000000
```

為了要探討 ggpairs 更多的功能，我們使用了 reshape2 套件裡的 tips 資料，如圖 **18.3** 顯示。此圖以不同的方式展示兩兩變數之間的相關性，依照變數是離散或是連續會以直方圖、箱型圖或散佈圖來呈現。雖然像這樣把資料全用圖表的方式呈現看起來不錯，但若要從資料中挖掘更多資訊，應該有更好的方法。

```
> data(tips, package = "reshape2")
> head(tips)

    otal _ bill    tip      sex  smoker   day    time  size
1        16.99    1.01   Female      No   Sun  Dinner     2
2        10.34    1.66     Male      No   Sun  Dinner     3
3        21.01    3.50     Male      No   Sun  Dinner     3
4        23.68    3.31     Male      No   Sun  Dinner     2
5        24.59    3.61   Female      No   Sun  Dinner     4
6        25.29    4.71     Male      No   Sun  Dinner     4

> GGally::ggpairs(tips)
```

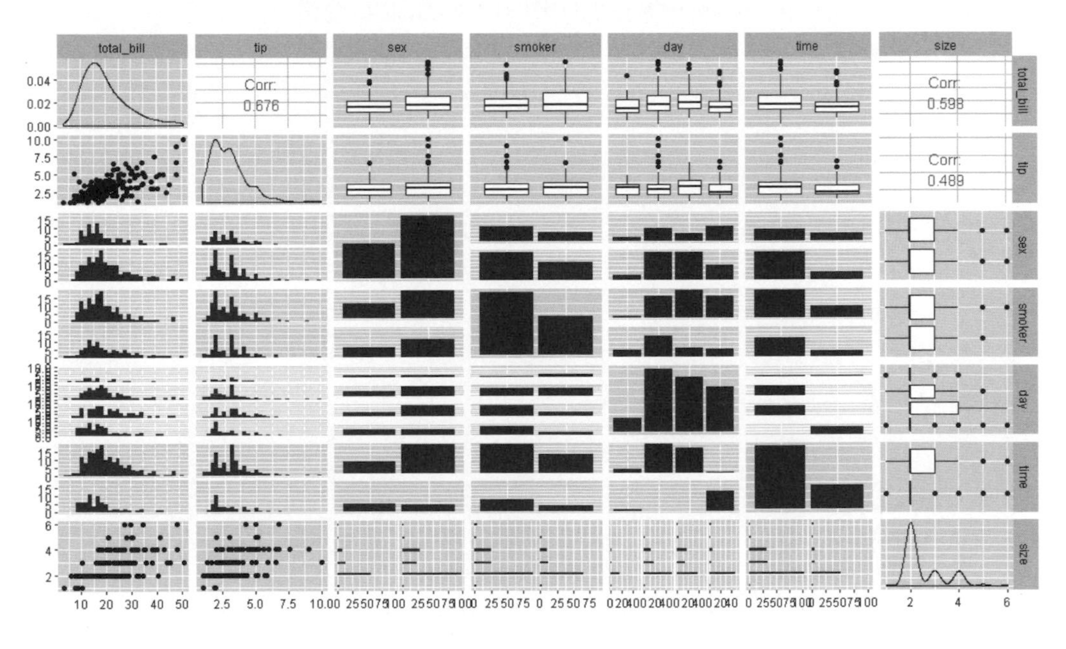

圖 18.3 用 ggpairs 畫出 tips 資料裡連續性和離散性變數之間的關係

要讓相關性的討論顯得完整，我們必須提起一個傳統概念 － "相關性不蘊含因果關係"，意思是，若兩個變數之間存在著相關性，並不表示它們會對對方有所影響。

共變異數是一個類似於相關係數的統計量，這統計量就像變數之間的變異數；其公式顯示在公式 18.5。我們也可以發現和公式 18.4(相關係數)及公式 18.3(變異數)都有相似處。

$$cov(X,Y) = \frac{1}{N-1}\sum_{i=1}^{N}(x_i - \overline{x})(y_i - \overline{y}) \quad \text{(公式 18.5)}$$

cov 函數和 cor 函數的操作方法類似，處理遺失值所用的引數也相同，若您分別輸入 ?cor 和 ?cov，會發現所顯示的操作說明也會一模一樣。

```
> cov(economics$pce, economics$psavert)

[1] -8412.231

> cov(economics[, c(2, 4:6)])

                 pce       psavert     uempmed     unemploy
pce      6810308.380  -8412.230823  2202.786256 1573882.2016
psavert    -8412.231     12.088756    -2.061893    -493.9304
uempmed     2202.786     -2.061893     2.690678    2391.6039
unemploy 1573882.202   -493.930390  2391.603889 3456013.5176

> # 檢測 cov 和 cor*sd*sd 的結果是否一樣
> identical(cov(economics$pce, economics$psavert),
+           cor(economics$pce, economics$psavert) *
+               sd(economics$pce) * sd(economics$psavert))

[1] TRUE
```

18-3 t 檢定

在傳統的統計課程裡，t 檢定是用來對資料的平均數做檢定，或被用來比較兩組資料。我們繼續用 **18-2 節**所介紹的 tips(小費)資料來示範這檢定。

```
> head(tips)

   total_bill  tip    sex smoker  day   time size
1       16.99 1.01 Female     No  Sun Dinner    2
2       10.34 1.66   Male     No  Sun Dinner    3
3       21.01 3.50   Male     No  Sun Dinner    3
4       23.68 3.31   Male     No  Sun Dinner    2
5       24.59 3.61 Female     No  Sun Dinner    4
6       25.29 4.71   Male     No  Sun Dinner    4

> # 服務員的性別
> unique(tips$sex)

[1] Female Male
Levels: Female Male

> # 每周各天
> unique(tips$day)

[1] Sun Sat Thur Fri
Levels: Fri Sat Sun Thur
```

18-3-1 單一樣本 t 檢定

首先，我們用單一樣本 t 檢定來檢測平均小費(tip)是否等於$2.50，此檢定實質上只是計算資料的平均值和建立一個信賴區間。若我們想要檢測的值落在該信賴區間裡，我們就可以下結論說該值就是資料真正的平均值；否則的話，我們以該值並非其真正的平均值作為結論。

```
> t.test(tips$tip, alternative = "two.sided", mu = 2.5)

One Sample t-test

data: tips$tip
t = 5.6253, df = 243, p-value = 5.08e-08
alternative hypothesis: true mean is not equal to 2.5
95 percent confidence interval:
 2.823799 3.172758
sample estimates:
mean of x
 2.998279
```

從以上的報表可以看到整個檢定的建構和檢定假設平均值為$2.50 的結果，它還顯示了 t 統計量、自由度和 p 值，也提供了 95%信賴區間和變數的平均數估計值。這裡的 p 值示意了我們應該要拒絕虛無假設(null hypothesis)[1]，引致我們要下結論說平均值並不等於$2.50。

我們在這裡探討了好幾個新的概念。t 統計量是一個比值，其分子為平均數估計值和虛無假設平均數的差，而分子則為平均數估計值的標準誤差(standard error)。我們以公式 18.6 定義該統計量。

$$t - statistic = \frac{(\bar{x} - \mu_0)}{s_{\bar{x}} / \sqrt{n}} \qquad (公式 18.6)$$

在這裡 $\bar{x}$ 為平均數估計值，μ_0 為假設的平均數和 $\frac{s_{\bar{x}}}{\sqrt{n}}$ 則為 $\bar{x}$ 的標準誤差[2]。

若所假設的平均數是對的，我們理應預期 t 統計量會落在 t 分佈中間的附近 － 大概在平均數左右兩個標準差之內。如**圖 18.4** 顯示，黑實線代表的是 t 統計量，可以看到它座落的地方離分佈有一段距離，因此我們以平均數不等於$2.50 作為結論。

1：在進行檢定的時候會先把虛無假設當作是對的，我們的例子裡的虛無假設就是把平均值當作等於 $2.50。

2：$s_{\bar{x}}$ 為標準差，而 n 為觀測值的個數。

```
> ## 建立一個 t 分佈
> randT <- rt(30000, df=NROW(tips)-1)
>
> # 得到 t 統計量和其它相關訊息
> tipTTest <- t.test(tips$tip, alternative="two.sided", mu=2.50)
>
> # 繪製圖
> ggplot(data.frame(x=randT)) +
+     geom density(aes(x=x), fill="grey", color="grey") +
+     geom vline(xintercept=tipTTest$statistic) +
+     geom vline(xintercept=mean(randT) + c(-2, 2)*sd(randT), linetype=2)
```

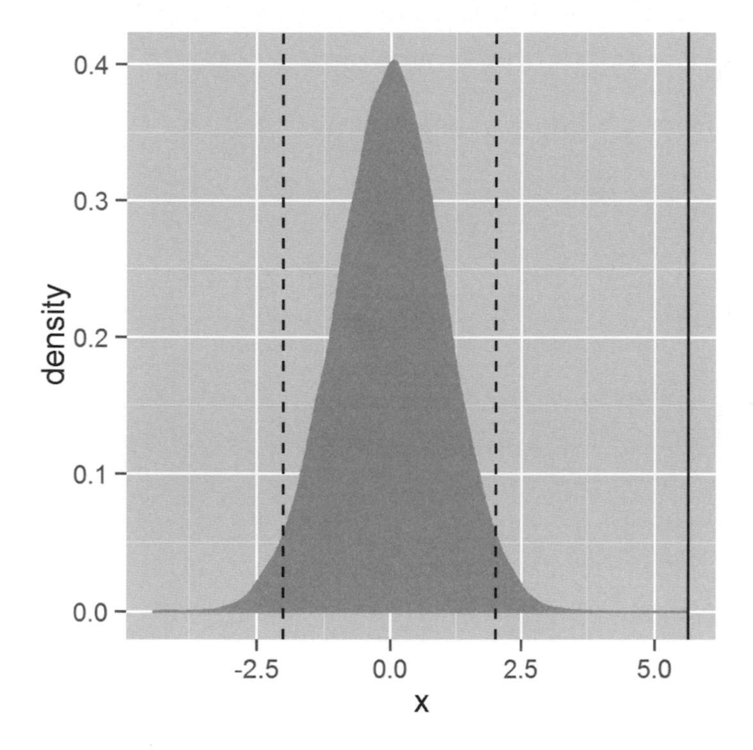

圖 18.4 tip(小費)資料的 t 分佈和 t 統計量。虛線為平均數左右兩個標準差。黑實線為 t 統計量，可以看到它離開分佈有一段距離，因此我們拒絕虛無假設並下結論說它真實平均值不等於$2.50

p 值的概念經常被誤解。雖然如此，p 值實質上是在虛無假設為真實得到目前觀察結果或更極端結果的機率，它測量的是統計量的極端性(在我們的例子就是平均數估計值的極端性)。若該統計量非常極端(p 值很小)，我們則拒絕虛無假設。但問題是要決定多小的 p 值，該統計量才算是屬於極端的。現代統計學之父 Ronald A. Fisher，建議如果 p 值小於 0.10、0.05 或 0.01 的話，那就是屬於極端的。雖然這些標準已經被使用了好幾十年，但它們都是隨性地被挑選的，許多人懷疑這些標準是否真的有用。在我們的例子，由於 p 值為 5.0799885×10^{-8}，其小於 0.01，因此我們拒絕虛無假設。

自由度是另一個較難掌握的概念，但我們經常在統計學中接觸到它，其代表的是觀測值的有效個數。一般來說，一些統計量或分佈的自由度為觀測值個數扣除被估計的參數個數，以 t 分佈作為例子，只有一個參數是被估計的，就是其標準誤差。我們例子中的自由度為 nrow(tips)-1=243。

接下來我們進行一個單邊 t 檢定來檢定平均值是否大於$2.50。

```
> t.test(tips$tip, alternative = "greater", mu = 2.5)

One Sample t-test

data: tips$tip
t = 5.6523, df = 243, p-value = 2.54e-08
alternative hypothesis: true mean is greater than 2.5
95 percent confidence interval:
 2.852023 Inf
sample estimates:
mean of x
 2.998279
```

p 值再一次地表示我們應該拒絕虛無假設，並下結論說平均值是大於$2.50 的，這和信賴區間所帶來的結果是一致的。

18-3-2 雙樣本 t 檢定

t 檢定還常常被用來比較兩組樣本。我們仍使用 tips(小費)資料來說明此檢定，這次我們要比較男性和女性服務員所收到的小費是否有差別。在進行 t 檢定之前，我們必須檢測兩組樣本的變異數。傳統的 t 檢定要求兩組的變異數必須一樣，而 Welch 雙樣本 t 檢定則可以處理變異數不同的樣本群。我們從數值上和圖表上來探討這些檢定，如圖 **18.5** 顯示。

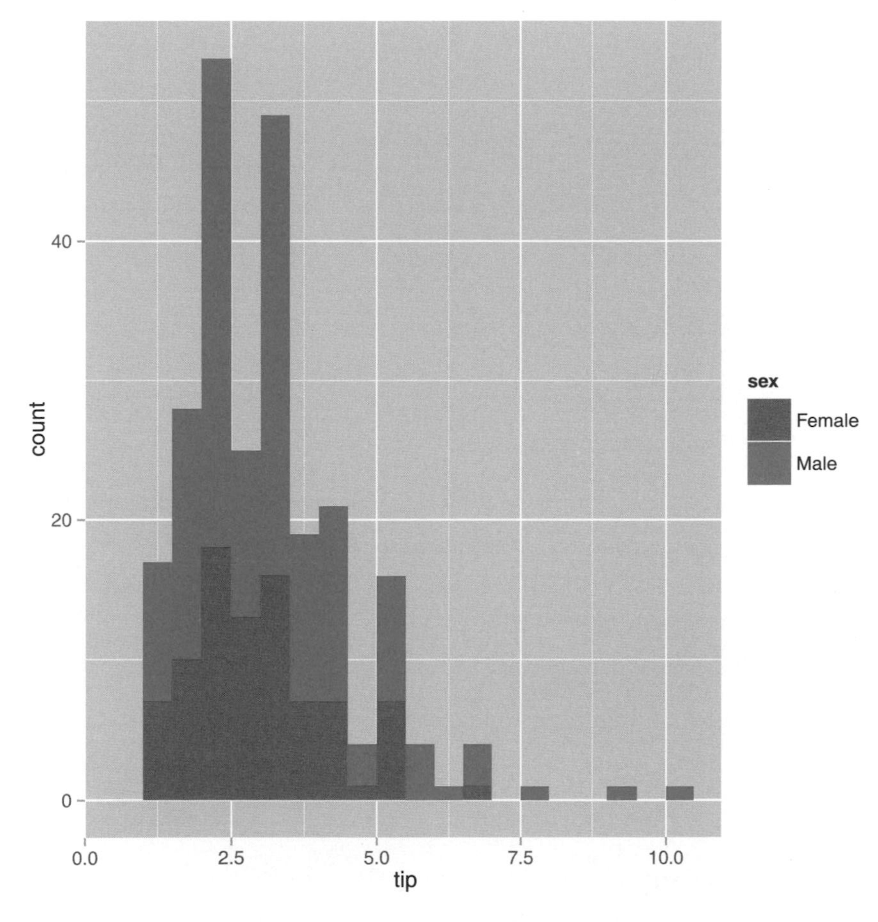

圖 18.5 以性別來做分類的小費額直方圖，可以注意到兩個分佈都沒有呈現常態

```
> # 首先對各組計算變異數;
> # 使用 formula 介面
> # 計算每個性別小費的變異數
> aggregate(tip ~ sex, data=tips, var)

     sex       tip
1 Female  1.3444282
2   Male   2.217424

> # 現在檢測小費的分佈是否為常態
> shapiro.test(tips$tip)

Shapiro-Wilk normality test

data: tips$tip
W = 0.8978, p-value = 8.2e-12

> shapiro.test(tips$tip[tips$sex == "Female"])

Shapiro-Wilk normality test

data: tips$tip[tips$sex == "Female"]
W = 0.9568, p-value = 0.005448

> shapiro.test(tips$tip[tips$sex == "Male"])

Shapiro-Wilk normality test

data: tips$tip[tips$sex == "Male"]
W = 0.8759, p-value = 3.708e-10

> # 用目測可以判斷所有檢測都不通過
> ggplot(tips, aes(x=tip, fill=sex)) +
+     geom histogram(binwidth=.5, alpha=1/2)
```

由於資料都不呈現常態分佈，標準的 F 檢定(通過 var.test 函數)和 Bartlett 檢定(通過 bartlett.test 函數)都不能被使用。因此，我們用無母數 Ansari-Bradley 檢定來檢測變異數是否相等。

```
> ansari.test(tip ~ sex, tips)

Ansari-Bradley test

data: tip by sex
AB = 5582.5, p-value = 0.376
alternative hypothesis: true ratio of scales is not equal to 1
```

檢定結果顯示兩組樣本的變異數相等，因此我們可以用最標準的雙樣本 t 檢定。

```
> # 設定 var.equal=TRUE 將進行標準的雙樣本 t 檢定
> # 設定 var.equal=FALSE(預設)則進行 Welch 檢定
> t.test(tip ~ sex, data = tips, var.equal = TRUE)

Two Sample t-test

data: tip by sex
t = -1.3879, df = 242, p-value = 0.1665
alternative hypothesis: true difference in means is not equal to 0
95 percent confidence interval:
 -0.6197558 0.1074167
sample estimates:
mean in group Female mean in group Male
            2.833448           3.089618
```

根據此檢定，結果為不顯著的，因此結論為男性和女性服務員所收到的小費額是差不多一樣的。雖然用精確的統計方法進行檢測是很不錯的，但也可以用過去經驗來做判斷。我們可以觀察兩組樣本的平均數是否互相落在對方的兩個標準差之內來進行判斷。

```
> library(plyr)
> tipSummary <- ddply(tips, "sex", summarize,
+                     tip.mean=mean(tip), tip.sd=sd(tip),
+                     Lower=tip.mean - 2*tip.sd/sqrt(NROW(tip)),
+                     Upper=tip.mean + 2*tip.sd/sqrt(NROW(tip)))
> tipSummary

     sex  tip.mean   tip.sd    Lower    Upper
1 Female  2.833448 1.159495 2.584827 3.082070
2   Male  3.089618 1.489102 2.851931 3.327304
```

此組命令包含了好幾個動作。首先，ddply 以 sex(性別)的 levels 對資料進行分群，之後它把 summarize 函數應用在每一群的資料上。此函數會將所指定的函數應用到資料上，接著建立一個新的 data.frame。

如以往，我們偏好將結果畫出來勝於數字上的比較。對此，我們需要稍微整理一下資料。如**圖 18.6** 顯示，它們的信賴區間重疊了，表示不同性別的小費平均數是差不多一樣的。

```
> ggplot(tipSummary, aes(x=tip.mean, y=sex)) + geom_point() +
+     geom_errorbarh(aes(xmin=Lower, xmax=Upper), height=.2)
```

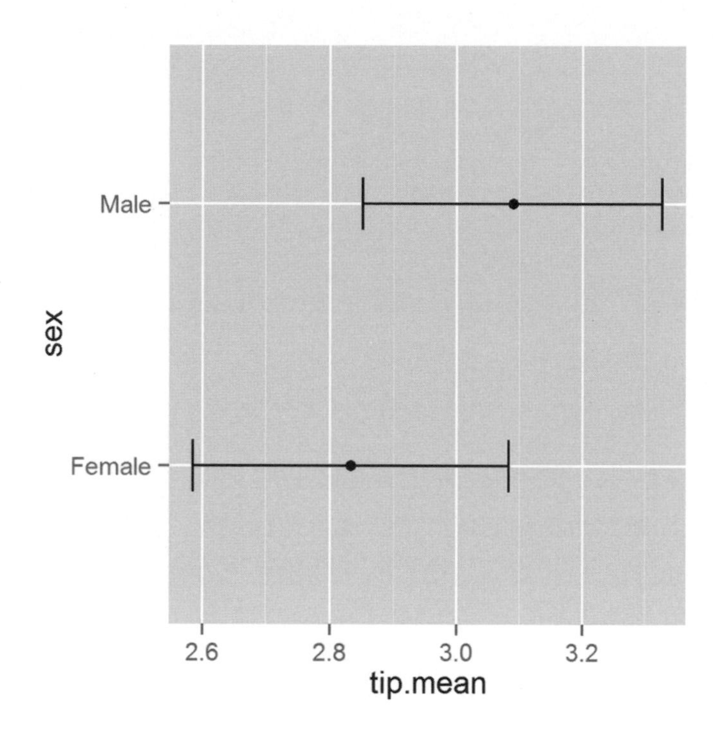

圖 18.6 以用餐者性別做分群，對每個性別的小費平均數及加減兩個標準誤差所繪出的圖

18-3-3 成對雙樣本 t 檢定

若要檢定成對樣本(例如對雙胞胎的一些測量、接受治療前後的效果、父子的比較等)，我們需要成對雙樣本 t 檢定。對此，我們只需要在 t.test 的 paired 引數設為 TRUE 即可。我們使用 Karl Pearson 所收集的資料來做示範，此資料放置在 UsingR 套件裡，該資料為父親和兒子的高度。一般來說高度是服從常態分佈的，因此我們跳過檢測分佈是否為常態和檢測變異數是否相等的檢定。

```
> data(father.son, package='UsingR')
> head(father.son)

   fheight  sheight
1  65.04851 59.77827
2  63.25094 63.21404
3  64.95532 63.34242
4  65.75250 62.79238
5  61.13723 64.28113
6  63.02254 64.24221

> t.test(father.son$fheight, father.son$sheight, paired = TRUE)

Paired t-test

data: father.son$fheight and father.son$sheight
t = -11.7885, df = 1077, p-value < 2.2e-16
alternative hypothesis: true difference in means is not equal to 0
95 percent confidence interval:
 -1.1629160 -0.8310296
sample estimates:
mean of the differences
             -0.9969728
```

檢定結果顯示我們應該要拒絕虛無假設，並總結父親和兒子(至少對於此樣本來說)的高度是不相等的。我們畫出父子高度差別的機率密度圖，如圖 18.7 顯示。我們可以看到分佈中的平均數不為 0，同時 0 也沒有被包括在信賴區間裡，這跟之前的結果都一致。

```
> heightDiff <- father.son$fheight - father.son$sheight
> ggplot(father.son, aes(x=fheight - sheight)) +
+     geom density() +
+     geom vline(xintercept=mean(heightDiff)) +
+     geom vline(xintercept=mean(heightDiff) +
+                    2*c(-1, 1)*sd(heightDiff)/sqrt(nrow(father.son)),
+              linetype=2)
```

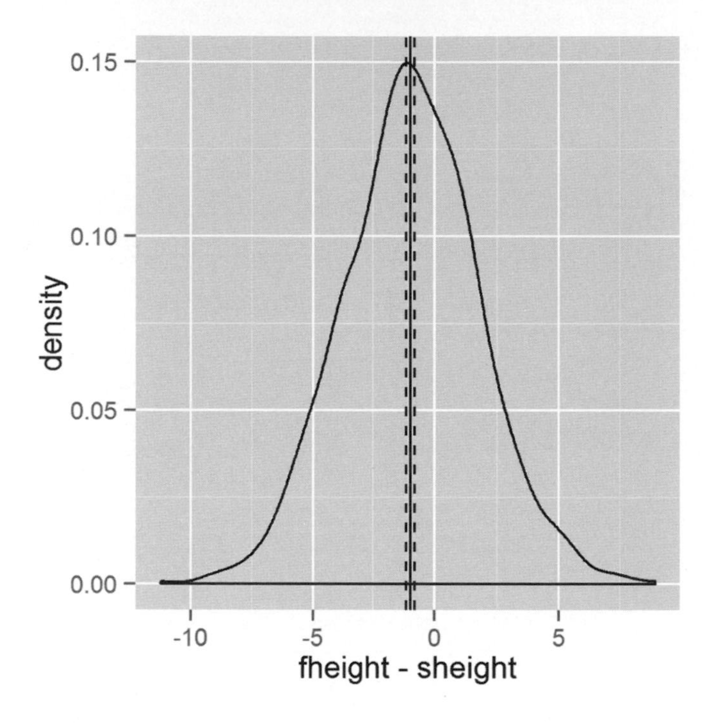

圖 18.7 父親和兒子高度差別的機率密度圖

18-4 變異數分析(ANOVA)

比較完兩群資料後，我們現在來看怎麼比較更多群的資料。每一年有許多學生在修統計學課程時，一定會學到變異數分析(ANOVA)，還要硬記其公式，該公式為：

$$F = \frac{\sum_{i} n_i(\bar{Y}_i - \bar{Y})^2 / (K-1)}{\sum_{ij}(Y_{ij} - \bar{Y}_i)^2 / (N-K)} \quad \text{(公式 18.7)}$$

其中 n_i 為 i 第群的觀測值個數，$\bar{Y}_i$ 為第群的平均數，$\bar{Y}$ 為整體平均數，Y_{ij} 為第 i 群裡的第 j 個觀測值，N 為觀測值總個數和 K 為群組個數。

不只是此公式的複雜性讓許多學生對統計學卻步，變異數分析其實已經是屬於一個比較傳統的方法來比較多群資料。儘管如此，R 提供了一個函數(雖然很少被使用)來進行 ANOVA 檢定，此函數用的也是 formula 介面，左邊放的是我們感興趣的變數，而右邊放的是控制分群的變數。我們比較一週裡小費額在不同天是否有差，其中 levels 包括了 Thur(週四)、Fri(週五)、Sat(週六)和 Sun(週日)。

```
> tipAnova <- aov(tip ~ day - 1, tips)
```

formula 的右邊為 day - 1。這乍看起來很奇怪，但將它和沒有 - 1 的情況比較下，就會看起來比較合理了。

```
> tipIntercept <- aov(tip ~ day, tips)
> tipAnova$coefficients

 dayFri    daySat    daySun   dayThur
2.734737  2.993103  3.255132  2.771452

> tipIntercept$coefficients

(Intercept)      daySat      daySun     dayThur
 2.73473684  0.25836661  0.52039474  0.03671477
```

從這裡我們可以看到使用 tip ~ day 的結果包括週六、週日、週四和一個截距項。而 tip ~ day - 1 則比較了週五、週六、週日和週四，並不包含截距項。截距項的重要性會在**第 19 章**討論，現在我們先忽略截距項，先直接分析結果。

ANOVA 檢定的用處是要檢測是否有任一群組跟其它群組不一樣，但它並不能告訴我們是哪個群組不一樣。因此，檢定的摘要表只會顯示單一個 p 值。

```
> summary(tipAnova)

          Df  Sum Sq  Mean Sq  F value   Pr(>F)
day        4  2203.0    550.8    290.1   <2e-16 ***
Residuals 240   455.7      1.9
---
Signif. codes: 0 '***' 0.001 '**' 0.01 '*' 0.05 '.' 0.1 ' ' 1
```

由於此檢定有顯著的 p 值，我們現在想要看哪一組跟其它組別不同。對此，最簡單的方法就是把每一組個別的平均數和信賴區間繪出，然後看有哪些是重疊的。如圖 18.8 顯示，我們發現週日(Sunday)跟週四(Thursday)和週五(Friday)的小費不同(從 90%信賴區間來看則只是稍微不同)。

```
> tipsByDay <- ddply(tips, "day", summarise,
+                    tip.mean=mean(tip), tip.sd=sd(tip),
+                    Length=NROW(tip),
+                    tfrac=qt(p=.90, df=Length-1),
+                    Lower=tip.mean - tfrac*tip.sd/sqrt(Length),
+                    Upper=tip.mean + tfrac*tip.sd/sqrt(Length)
+                    )
>
> ggplot(tipsByDay, aes(x=tip.mean, y=day)) + geom point() +
+     geom errorbarh(aes(xmin=Lower, xmax=Upper), height=.3)
```

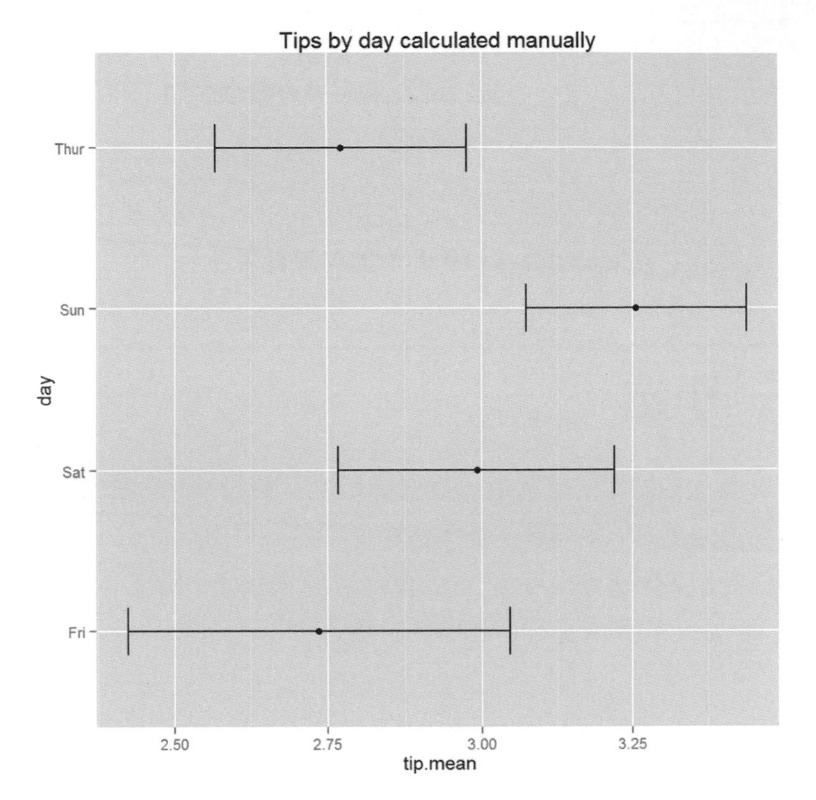

圖 18.8　不同天的小費平均值和信賴區間。圖中顯示了週日的小費跟週四和週五的小費不同

使用 NROW 而非 nrow 是要確保它會進行運算，nrow 只對 data.frame 和 matrices 起作用，而 NROW 可以回傳只有一維度物件的長度。

```
> nrow(tips)

[1] 244

> NROW(tips)

[1] 244

> nrow(tips$tip)

NULL

> NROW(tips$tip)

[1] 244
```

若要確保 ANOVA 的結果無誤，我們可以對每兩組資料進行 t 檢定，如 **18-3-2 節**所示範的方法那樣。傳統的統計學用書會鼓勵調整 p 值以進行多重比較，不過也有一些學者建議不需要做該調整。

另外還有一個可以替代 ANOVA 的選擇是以一個類別變數建立線性迴歸模型，並且不加入截距項，我們會在 **19-1-1 節**討論此方法。

18-5 小結

不管是計算一些簡單的統計數值摘要還是進行假設檢定，R 都有提供對應的函數來處理這些事情。平均數、變異數和標準差各可由 mean、var 和 sd 來計算，相關係數和共變異數則可由 cor 和 cov 來計算。最後 t.test 可用來進行 t 檢定，而 aov 可用來進行 ANOVA 檢定。

19

線性模型

線性模型是統計分析的核心工具之一，其中最常用的是迴歸模型。此模型是由 Francis Galton 發明，原先用來研究父母和孩子之間的關係，他將這個關係解釋為迴歸到平均值。如今線性模型已成為一個最廣泛被使用的建模技巧，也發展出其他模型如廣義線性模型、分類迴歸樹、懲罰迴歸模型等模型。在這章裡，我們會把重點放在簡單和多元(複)迴歸模型，還有一些簡單的廣義線性模型。

19-1 簡單線性迴歸模型

迴歸模型最簡單的形式可用來探討兩個變數之間的關係，我們稱它為簡單線性迴歸模型。只要給定一個變數，該模型可以讓我們預期對另一個變數應該有著什麼樣的變化，是統計上一個很強大的工具。

在進行更多討論之前，我們先介紹一些專有名詞。輸出變數也稱為**反應變數**，是指我們所要預測的結果；而輸入變數則稱為**預測變數**，也就是我們要拿來做預測的依據。統計學以外的領域也許會對反應變數有其他的說法，例如測量變數、輸出變數和實驗變數；對預測變數則可能使用共變數、功能變數或解釋變數。其中我們比較不建議採用因變數(反應變數)和自變數(預測變數) 的說法。根據機率論，若變數 y 依變數 x 改變，那變數 x 則不會獨立於 y。本書我們會固定使用預測變數和反應變數來說明。

簡單線性迴歸模型背後的要領是使用預測變數來找出反應變數的平均值。此關係可由以下式子定義：

$$y = a + bx + \epsilon \qquad \text{(公式 19.1)}$$

其中，

$$b = \frac{\sum_{i=1}^{n}(x_i - \overline{x})(y_i - \overline{y})}{\sum_{i=1}^{n}(x_i - \overline{x})^2} \qquad \text{(公式 19.2)}$$

$$a = \overline{y} - b \qquad \text{(公式 19.3)}$$

而且，

$$\epsilon \sim N(0,1) \qquad \text{(公式 19.4)}$$

這表示誤差項服從常態分佈。

公式 19.1 實質上所形容的是一條貫穿資料的直線，其中 a 為 y 截距，而 b 為斜度。我們用父親和兒子身高的資料來作為示範，如圖 **19.1**。在這例子，我們把父親的身高用作預測變數，而兒子身高作為反應變數。貫穿資料點的藍線為迴歸線，而圍繞著它的灰帶為模型契合的不確定性。

```
> data(father.son, package='UsingR')
> library(ggplot2)
> head(father.son)

   fheight    sheight
1  65.04851   59.77827
2  63.25094   63.21404
3  64.95532   63.34242
4  65.75250   62.79238
5  61.13723   64.28113
6  63.02254   64.24221

> ggplot(father.son, aes(x=fheight, y=sheight)) + geom _ point() +
+      geom _ smooth(method="lm") + labs(x="Fathers", y="Sons")
```

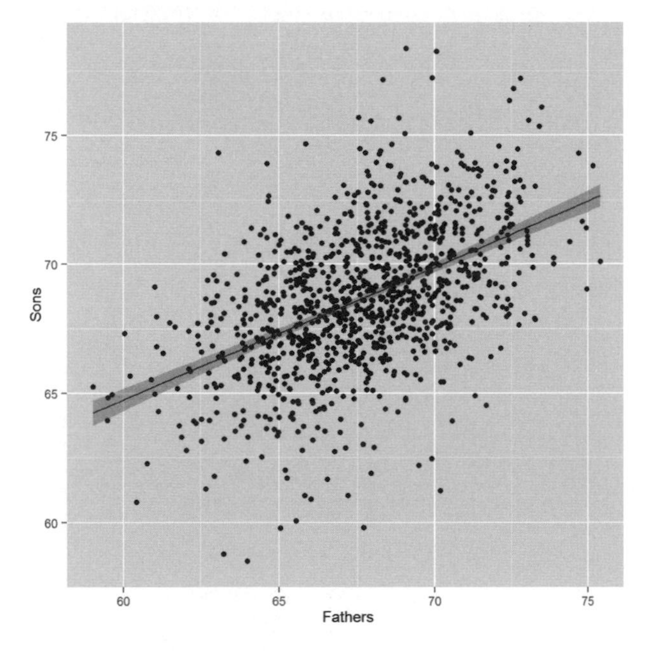

圖 19.1　以簡單線性迴歸模型來用父親高度預測兒子身高。父親身高為預測變數，兒子身高為反應變數。貫穿資料點的藍線為迴歸線，而圍繞著它的灰帶為模型契合的不確定性

雖然該指命令可以用圖來呈現迴歸的結果(由 geom_smooth(method="lm") 建立)，但它並不能告訴我們該迴歸的(數值)結果。若要計算迴歸結果，我們要用 lm 函數。

```
> heightsLM <- lm(sheight ~ fheight, data = father.son)
> heightsLM

Call:
lm(formula = sheight ~ fheight, data = father.son)

Coefficients:
(Intercept)    fheight
    33.8866     0.5141
```

從這裡我們可以再次看到 formula 被用於將 sheight(反應變數)迴歸於 fheight(預測變數)，其使用的資料為 father.son 資料，並自動加入截距項。結果顯示了(Intercept)(截距項)和 fheight 的係數，fheight 係數實質上就是預測變數的斜度。我們可以將此結果解釋成當父親身高每增加 1 英吋，我們將預期看到兒子的身高增加半英吋。這例子裡的截距項並不具有合理的意義，因為它代表的是父親身高為 0 時所對應的兒子身高，這很明顯地不會在現實發生。

雖然這些係數的點估計有些幫助，但考慮其標準誤差對分析結果的幫助會更大。標準誤差告訴我們估計值的不確定性，它和標準差很相似。我們用 summary 來勘查模型的完整結果。

```
> summary(heightsLM)

Call:
lm(formula = sheight ~ fheight, data = father.son)

Residuals:
    Min       1Q   Median       3Q      Max
-8.8772  -1.5144  -0.0079   1.6285   8.9685

Coefficients:
            Estimate Std. Error t value Pr(>|t|)
(Intercept) 33.88660    1.83235   18.49   <2e-16 ***
   fheight   0.51409    0.02705   19.01   <2e-16 ***
---
Signif. codes: 0 '***' 0.001 '**' 0.01 '*' 0.05 '.' 0.1 ' ' 1
```

Next

```
Residual standard error: 2.437 on 1076 degrees of freedom
Multiple R-squared: 0.2513, Adjusted R-squared: 0.2506
F-statistic: 361.2 on 1 and 1076 DF, p-value: <2.2e-16
```

我們可以看到更多關於模型的結果被顯示出來了，其中包括標準誤差(Std. Error)、t 檢定值(t value)、針對迴歸係數的 p 值(Pr(>|t|))、自由度(degrees of freedom)、殘差(Residual)的摘要統計和 F 檢定結果。這些都是檢驗模型適合度的一些資訊，我們會在 **19-2 節**介紹多元(複)迴歸模型時將此討論得更詳細。

使用一個類別變數來建立迴歸模型，而且不加入截距項，可以代替 ANOVA 檢定(如 **18-4 節**所討論)的工具。這裡我們用 reshape2 套件裡的 tips 資料來建立迴歸模型以作示範。

```
> data(tips, package = "reshape2")
> head(tips)

    total_bill   tip    sex  smoker  day   time  size
1        16.99  1.01  Female     No  Sun  Dinner    2
2        10.34  1.66    Male     No  Sun  Dinner    3
3        21.01  3.50    Male     No  Sun  Dinner    3
4        23.68  3.31    Male     No  Sun  Dinner    2
5        24.59  3.61  Female     No  Sun  Dinner    4
6        25.29  4.71    Male     No  Sun  Dinner    4

> tipsAnova <- aov(tip ~ day - 1, data = tips)
> # 把-1 放在 formula 裡是不要讓截距項涵蓋在模型裡;
> # 類別變數將自動地被設定成每個 level 都會有一個迴歸係數
> tipsLM <- lm(tip ~ day - 1, data = tips)
> summary(tipsAnova)

           Df  Sum Sq  Mean Sq  F value   Pr(>F)
day         4  2203.0    550.8    290.1   <2e-16   ***
Residuals 240   455.7      1.9
---
```

Next

```
Signif. codes: 0 '***' 0.001 '**' 0.01 '*' 0.05 '.' 0.1 ' ' 1

> summary(tipsLM)

Call:
lm(formula = tip ~ day - 1, data = tips)

Residuals:
    Min        1Q    Median       3Q      Max
  -2.2451   -0.9931   -0.2347   0.5382   7.0069

Coefficients:
         Estimate Std. Error  t value    Pr(>|t|)
dayFri     2.7347     0.3161    8.651   7.46e-16    ***
daySat     2.9931     0.1477   20.261    < 2e-16    ***
daySun     3.2551     0.1581   20.594    < 2e-16    ***
dayThur    2.7715     0.1750   15.837    < 2e-16    ***
---
Signif. codes: 0 '***' 0.001 '**' 0.01 '*' 0.05 '.' 0.1 ' ' 1

Residual standard error: 1.378 on 240 degrees of freedom
Multiple R-squared: 0.8286, Adjusted R-squared: 0.8257
F-statistic: 290.1 on 4 and 240 DF, p-value: <2.2e-16
```

可以注意到兩個結果裡的 F 值(F-value)或 F 統計量(F-statistic)是一樣的，也可以看到它們的自由度也是一樣的。這證明了 ANOVA 和迴歸結果都是從一樣的線(模型)推導出來的，這也表示它們可以達到同樣的分析結果。用 ANOVA 公式來計算和畫出迴歸係數和標準誤差的話，結果理應和迴歸一樣，如**圖 19.2** 所顯示。它們平均數的點估計是一樣的，而信賴區間也只有一點小差別，這差別是源自於它們使用稍微不同的方式來計算。

```
> library(dplyr)
> tipsByDay <- tips %>%
+     group_by(day) %>%
+     dplyr::summarize(
+         tip.mean=mean(tip), tip.sd=sd(tip),
+         Length=NROW(tip),
+         tfrac=qt(p=.90, df=Length-1),
```

Next

```
+         Lower=tip.mean - tfrac*tip.sd/sqrt(Length),
+         Upper=tip.mean + tfrac*tip.sd/sqrt(Length)
+     )
>
> # 現在從 tipsLM 的摘要表(summary)把它們抽取出來
> tipsInfo <- summary(tipsLM)
> tipsCoef <- as.data.frame(tipsInfo$coefficients[, 1:2])
> tipsCoef <- within(tipsCoef, {
+     Lower <- Estimate - qt(p=0.90, df=tipsInfo$df[2]) * `Std. Error`
+     Upper <- Estimate + qt(p=0.90, df=tipsInfo$df[2]) * `Std. Error`
+     day <- rownames(tipsCoef)
+ })
> # 把它們繪製出來
> ggplot(tipsByDay, aes(x=tip.mean, y=day)) + geom_point() +
+     geom_errorbarh(aes(xmin=Lower, xmax=Upper), height=.3) +
+     ggtitle("Tips by day calculated manually")
>
> ggplot(tipsCoef, aes(x=Estimate, y=day)) + geom_point() +
+     geom_errorbarh(aes(xmin=Lower, xmax=Upper), height=.3) +
+     ggtitle("Tips by day calculated from regression model")
```

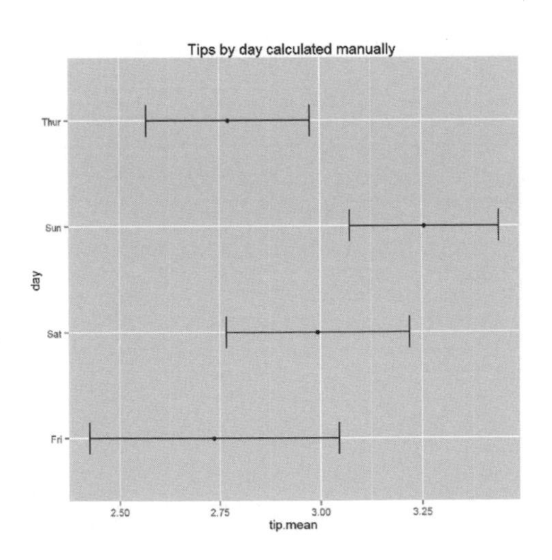

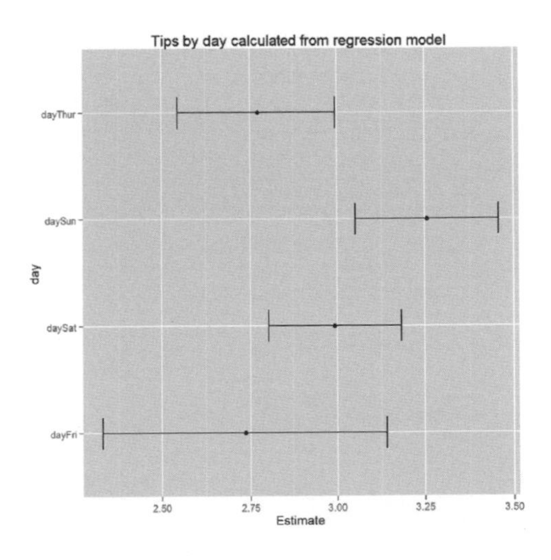

圖 19.2　分別從迴歸模型和手動計算找出迴歸係數和信賴區間。它們平均數的點估計是一樣的，而信賴區間也只有一點小差別，這差別是源自於它們使用稍微不同的方式來計算。y 軸的標籤(名稱)也不一樣，這是因為當 lm 處理 factor 的時候，它會自動使用變數每個 level 的值作為標籤

我們在這裡用了一個新的函數和新的功能。我們首先介紹 within[1]，與 with 相似，within 能讓我們直接透過直行的欄位名稱來套用某 data.frame 裡的直行欄位，但它跟 with 不同的地方是它允許我們直接在該 data.frame 裡建立新的直行，也建立新的名稱。接著可以發現到其中一行的名稱為 Std. Error，裡面存在著一個空格。若要讀取一個名稱裡有空格的變數，就算是 data.frame 裡的直行，我們必須加上反引號(`)。

19-2 多元(複)迴歸模型

簡單線性迴歸很自然的可以延伸為多元迴歸模型，顧名思義這模型允許加入更多的預測變數。此模型所用的概念是一樣的；我們還是對反應變數做出預測或推論[2]，只是現在我們因為有好幾個預測變數而多了一些資訊。使用此模型需要到矩陣代數來進行計算，還好可以直接用 lm 函數處理。

在這模型裡，反應變數和 p 個預測變數(p-1 個預測變數和一個截距項)之間的關係可由以下模型來形容：

$$\mathbf{Y} = \mathbf{X}\boldsymbol{\beta} + \boldsymbol{\epsilon} \qquad \text{(公式 19.5)}$$

其中 Y 為 n×1 反應變數，

$$\mathbf{Y} = \begin{bmatrix} Y_1 \\ Y_2 \\ Y_3 \\ \vdots \\ Y_n \end{bmatrix} \qquad \text{(公式 19.6)}$$

1：目前這個函數的功能已被 dplyr 套件中的 mutate 所取代，不過對於一般初學者還是熟悉一下會比較好。

2：預測是用已知的預測變數來預測未知的反應變數，而推論是找出預測變數怎麼影響反應變數。

X 為 n×p 矩陣(n 列和 p-1 個預測變數，加上一個截距項)，

$$\mathbf{X} = \begin{bmatrix} 1 & X_{11} & X_{12} & \cdots & X_{1,p-1} \\ 1 & X_{21} & X_{22} & \cdots & X_{2,p-1} \\ \vdots & \vdots & \vdots & \ddots & \vdots \\ 1 & X_{n1} & X_{n1} & \cdots & X_{n,p-1} \end{bmatrix} \quad \text{(公式 19.7)}$$

β 為含有係數的 p×1 向量(vector)(每個預測變數和截距項皆有一個係數)，

$$\beta = \begin{bmatrix} \beta_0 \\ \beta_1 \\ \beta_2 \\ \vdots \\ \beta_{p-1} \end{bmatrix} \quad \text{(公式 19.8)}$$

和 ε 含有服從常態分佈的誤差項的 n×1 向量，

$$\boldsymbol{\epsilon} = \begin{bmatrix} \epsilon_1 \\ \epsilon_2 \\ \epsilon_3 \\ \vdots \\ \epsilon_n \end{bmatrix} \quad \text{(公式 19.9)}$$

其中，

$$\epsilon_i \sim N(0,1) \quad \text{(公式 19.10)}$$

這些看起來比簡單迴歸模型來得複雜，不過其代數形式就簡單多了。

係數的解為：

$$\hat{\boldsymbol{\beta}} = (\mathbf{X}^T\mathbf{X})^{-1}\mathbf{X}^T\mathbf{Y} \quad \text{(公式 19.11)}$$

我們使用從紐約市開放資料(NYC Open Data)取得的紐約市公寓評價資料做示範，我們只針對財政年度 2011～2012 年的資料做分析。紐約市開放資料提供政府對市民所做出的各種服務的相關資料以供分析、審查和建立應用程式(透過 http://nycbigapps.com/)，讓市政更透明化並可增加其工作效率。紐約市開放資料出乎意料地受到大眾的歡迎，也被許許多多的應用程式所引用，其他城市如芝加哥(Chicago)和華盛頓(Washington，DC)也陸續跟進效仿。紐約市開放資料網站為 https://data.cityofnewyork.us/。

原資料根據不同鎮區被分成了 5 個檔[3]，每個鎮區，包括曼哈頓(Manhattan)、布魯克林(Brooklyn)、皇后區(Queens)、布朗克斯(Bronx) 和史坦頓島（Staten Island）各自有一個專屬檔案。由於這些檔案中也包含了一些我們不需要的多餘訊息，因此筆者先把這 5 個檔合併在一起，並處理好直行的名稱，您可以在以下網址下載到處理好的檔案：

```
http://www.jaredlander.com/data/housing.csv
```

要使用這筆資料，我們可以從此 URL 下載，然後用 read.table 從電腦讀取文件，或者直接從 URL 讀取。

```
> housing <- read.table("http://www.jaredlander.com/data/housing.csv",
+                       sep = ", ", header = TRUE,
+                       stringsAsFactors = FALSE)
```

針對這命令有幾個地方有注意：sep 告訴程式該文件是用逗號來分隔資料的；header 則指定第一列是用來儲存直行的欄位名稱；和 stringAsFactors 則是保留 character 直行的原有資料類別，並不把它們轉換成 factor，這可縮短資料載入時間，也讓我們可以更輕易地處理資料。我們可以看到資料裡有許多的行，一些直行的名稱並不太恰當，因此我們重新對它們命名。

3：這 5 個檔案原始位置分別在：

- https://data.cityofnewyork.us/Finances/DOF-Condominium-Comparable-Rental-Income-Manhattan/dvzp-h4k9
- https://data.cityofnewyork.us/Finances/DOF-Condominium-Comparable-Rental-Income-Brooklyn-/bss9-579f
- https://data.cityofnewyork.us/Finances/DOF-Condominium-Comparable-Rental-Income-Queens-FY/jcih-dj9q
- https://data.cityofnewyork.us/Property/DOF-Condominium-Comparable-Rental-Income-Bronx-FY-/3qfc-4tta
- https://data.cityofnewyork.us/Finances/DOF-Condominium-Comparable-Rental-Income-Staten-Is/tkdy-59zg

```
> names(housing) <- c("Neighborhood", "Class", "Units", "YearBuilt",
+                     "SqFt", "Income", "IncomePerSqFt", "Expense",
+                     "ExpensePerSqFt", "NetIncome", "Value",
+                     "ValuePerSqFt", "Boro")
> head(housing)

    Neighborhood            Class  Units  YearBuilt     SqFt    Income
1      FINANCIAL  R9-CONDOMINIUM     42       1920    36500   1332615
2      FINANCIAL  R4-CONDOMINIUM     78       1985   126420   6633257
3      FINANCIAL  RR-CONDOMINIUM    500         NA   554174  17310000
4      FINANCIAL  R4-CONDOMINIUM    282       1930   249076  11776313
5        TRIBECA  R4-CONDOMINIUM    239       1985   219495  10004582
6        TRIBECA  R4-CONDOMINIUM    133       1986   139719   5127687
  IncomePerSqFt  Expense ExpensePerSqFt NetIncome     Value
1         36.51   342005           9.37    990610   7300000
2         52.47  1762295          13.94   4870962  30690000
3         31.24  3543000           6.39  13767000  90970000
4         47.28  2784670          11.18   8991643  67556006
5         45.58  2783197          12.68   7221385  54320996
6         36.70  1497788          10.72   3629899  26737996
  ValuePerSqFt      Boro
1       200.00 Manhattan
2       242.76 Manhattan
3       164.15 Manhattan
4       271.23 Manhattan
5       247.48 Manhattan
6       191.37 Manhattan
```

針對此資料，反應變數為每平方呎的價格(ValuePerSqFt)，而預測變數則為其他所有的資料。不過我們將忽略掉收入(income)和花費(expense)這兩個變數，因為這兩個項目只是為了要評估公寓租金所估算而來。進行探索性的資料分析，第一步就是將資料圖表化。我們先從 ValuePerSqFt 的直方圖開始，如**圖 19.3** 顯示。

```
> ggplot(housing, aes(x=ValuePerSqFt)) +
+       geom_histogram(binwidth=10) + labs(x="Value per Square Foot")
```

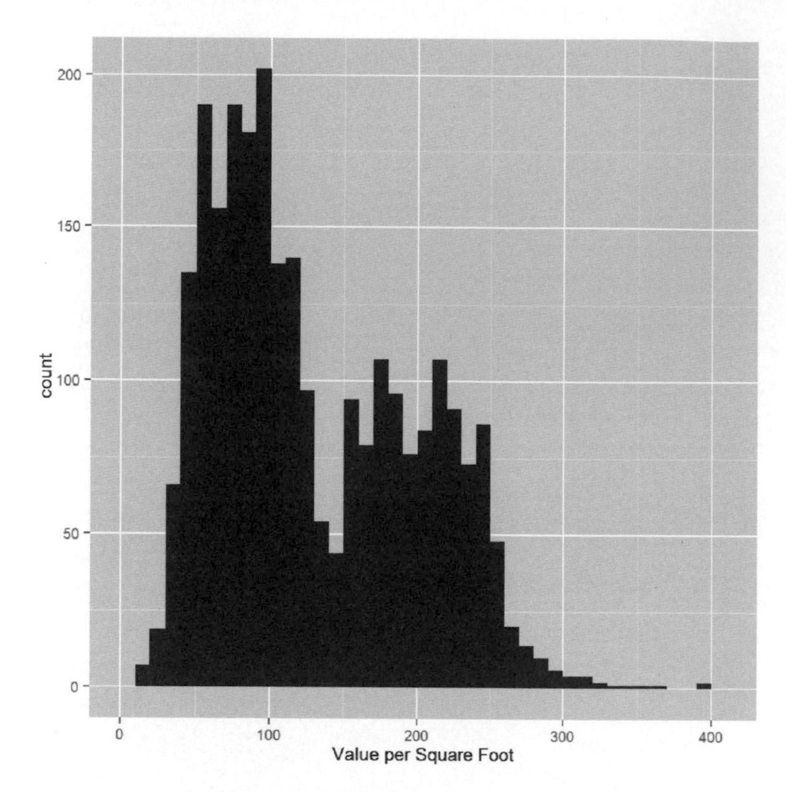

圖 19.3 紐約市公寓每平方呎價格的直方圖，可以觀察到分佈呈現雙峰的形態

直方圖呈現雙峰的現象表示了資料裡含有一些資訊，我們根據 Boro(鎮區，Borough)將直方圖填上顏色，如圖 **19.4(a)**，接著根據 Boro 對資料做分層畫成好幾張圖，如圖 **19.4(b)** 顯示。從這兩張圖，我們可以觀察到布魯克林(Brooklyn)和皇后區(Queens)這兩個地區形成一個峰，而曼哈頓(Manhattan)形成另一個峰，其於的地區如布朗克斯(Bronx)和史坦頓島(Staten Island)則資料不足。

```
> ggplot(housing, aes(x=ValuePerSqFt, fill=Boro)) +
+       geom _ histogram(binwidth=10) + labs(x="Value per Square Foot")
> ggplot(housing, aes(x=ValuePerSqFt, fill=Boro)) +
+       geom _ histogram(binwidth=10) + labs(x="Value per Square Foot") +
+       facet _ wrap(~Boro)
```

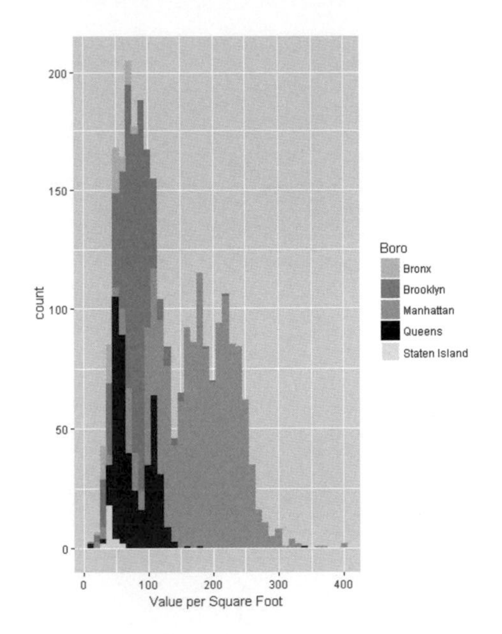

(a) 由顏色區分不同的鎮區(Boro)

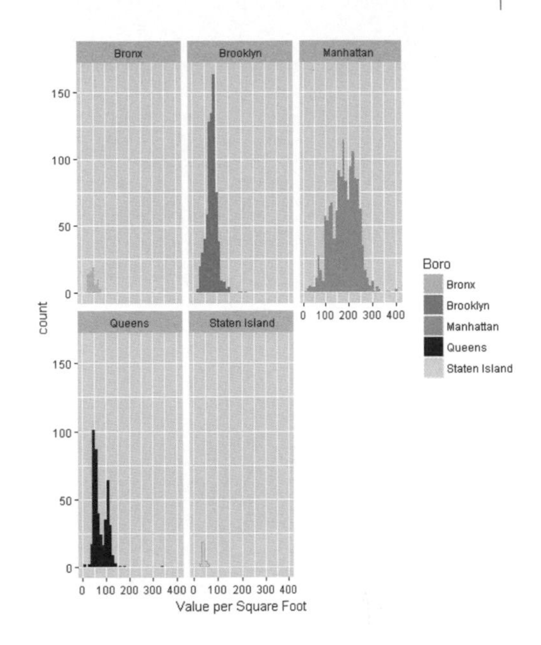

(b) 由顏色和分層來區分不同的鎮區(Boro)

圖 19.4 每平方呎價格的直方圖。從圖中可以看到資料的結構，比如布魯克林和皇后區這兩個地區形成一個峰，曼哈頓形成另一個峰，而其於地區如布朗克斯和史坦頓島則資料不足

接下來我們來看面積(平方呎，SqFt)和單位個數(Units)的直方圖。

```
> ggplot(housing, aes(x=SqFt)) + geom_histogram()
> ggplot(housing, aes(x=Units)) + geom_histogram()
> ggplot(housing[housing$Units < 1000, ],
+        aes(x=SqFt)) + geom_histogram()
> ggplot(housing[housing$Units < 1000, ],
+        aes(x=Units)) + geom_histogram()
```

圖 19.5 顯示某些建築的單位個數(Units)出乎意料地多。**圖 19.6** 所顯示的則是每平方呎價格(ValuePerSqFt)對單位個數和對面積(平方呎，SqFt)的散佈圖。我們還將單位個數過多的建築移除掉，再重畫這些圖，這可幫助我們決定是否先把它們移除掉才分析資料。

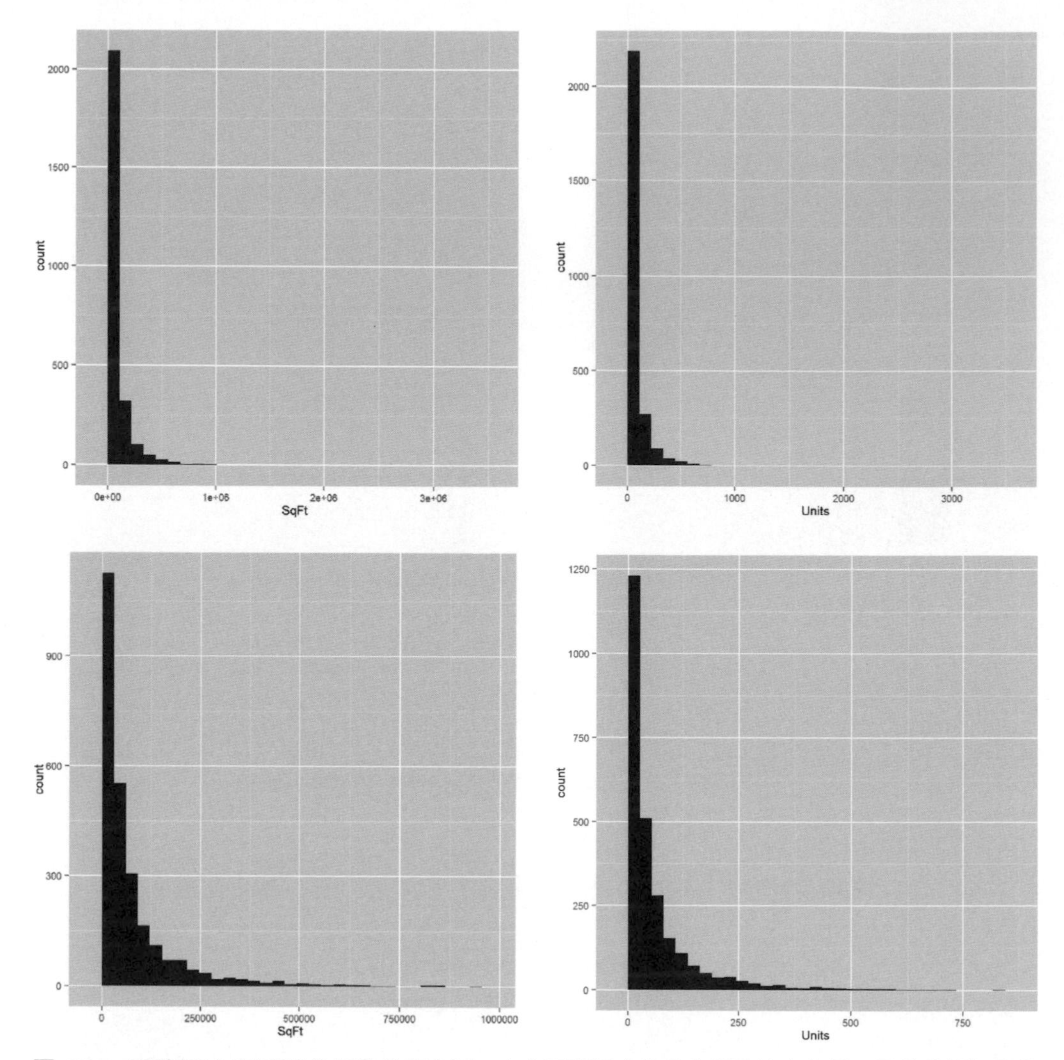

圖 19.5　面積(平方呎)和單位個數的直方圖。上方兩張圖中的分佈嚴重地向右偏，因此我們把單位個數多於 1000 的建築移除掉，再重畫直方圖

```
> ggplot(housing, aes(x = SqFt, y = ValuePerSqFt)) + geom_point()
> ggplot(housing, aes(x = Units, y = ValuePerSqFt)) + geom_point()
> ggplot(housing[housing$Units < 1000, ], aes(x = SqFt,
+      y = ValuePerSqFt)) + geom_point()
> ggplot(housing[housing$Units < 1000, ], aes(x = Units,
+      y = ValuePerSqFt)) + geom_point()
```

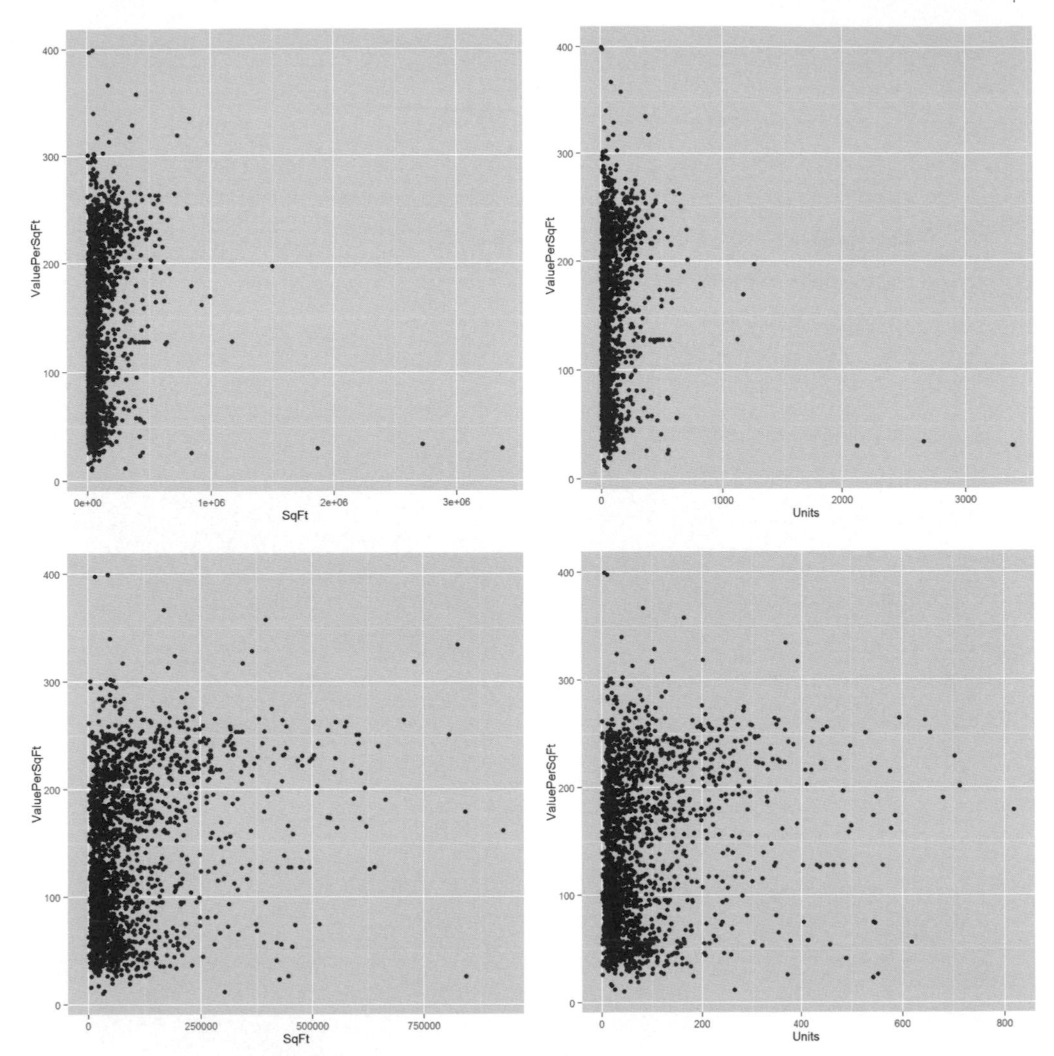

圖 19.6 每平方呎價格對面積和對單位個數的散佈圖，上方的圖包含單位個數超過 1000 的建築，而下方的圖則不包含該建築。

```
> # 有多少種建築是要被移除的?
> sum(housing$Units >= 1000)

[1] 6

> # 把它們(單位個數超過 1000 的建築)移除掉
> housing <- housing[housing$Units < 1000, ]
```

把離群值移除掉後，我們發現對一些資料做對數轉換應該會有幫助。**圖 19.7** 和**圖 19.8** 顯示將面積和單位個數做對數轉換也許會有幫助，這些圖也顯示了對該值取了對數後會發生甚麼事。

```
> # 繪製 ValuePerSqFt 對 SqFt 的散佈圖
> ggplot(housing, aes(x=SqFt, y=ValuePerSqFt)) + geom_point()
> ggplot(housing, aes(x=log(SqFt), y=ValuePerSqFt)) + geom_point()
> ggplot(housing, aes(x=SqFt, y=log(ValuePerSqFt))) + geom_point()
> ggplot(housing, aes(x=log(SqFt), y=log(ValuePerSqFt))) +
+     geom_point()
```

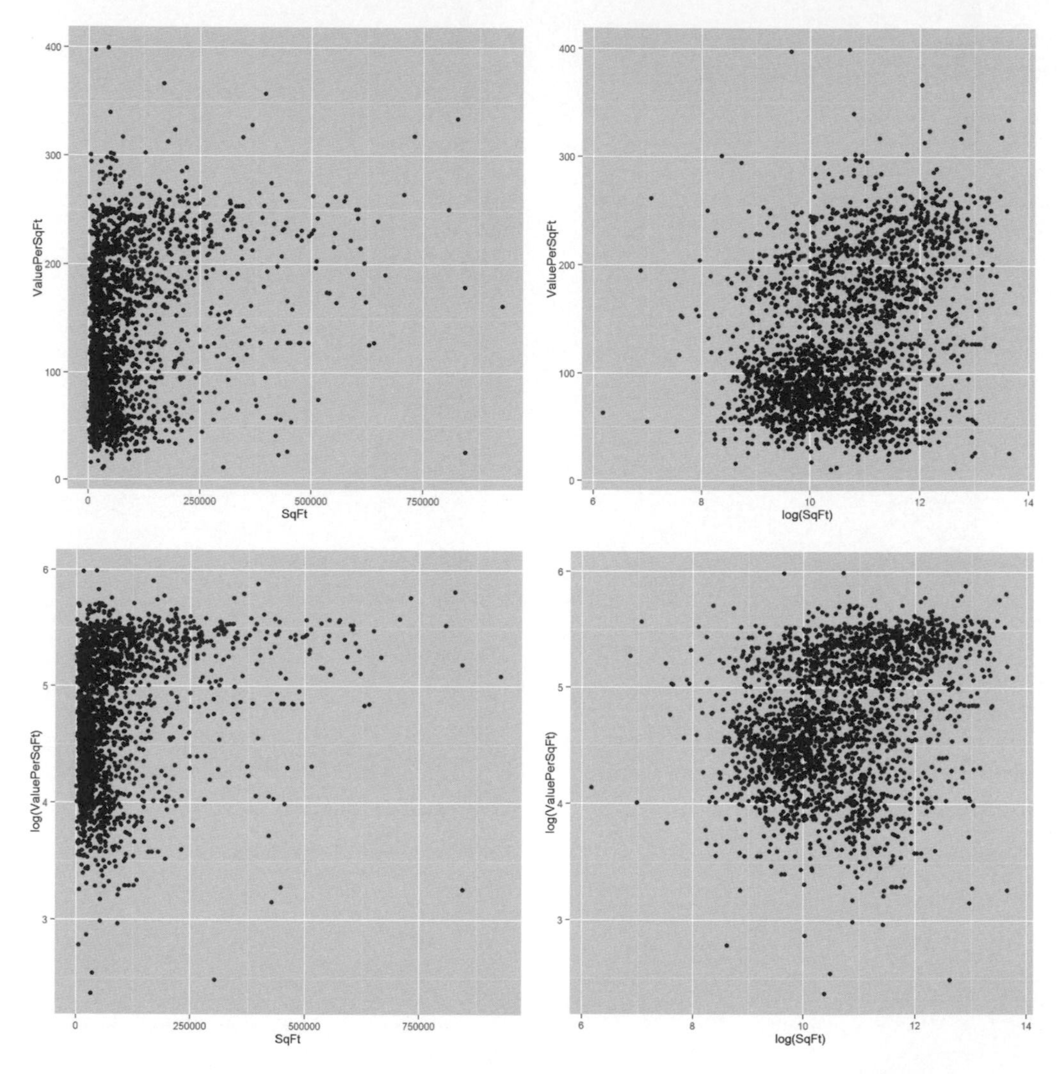

圖 19.7 每平方呎價格對面積(平方呎)的散佈圖，此圖顯示將 SqFt 取對數對建模也許會有幫助

```
> # 繪製 ValuePerSqFt 對 Units 的散佈圖
> ggplot(housing, aes(x=Units, y=ValuePerSqFt)) + geom_point()
> ggplot(housing, aes(x=log(Units), y=ValuePerSqFt)) + geom_point()
> ggplot(housing, aes(x=Units, y=log(ValuePerSqFt))) + geom_point()
> ggplot(housing, aes(x=log(Units), y=log(ValuePerSqFt))) +
+     geom_point()
```

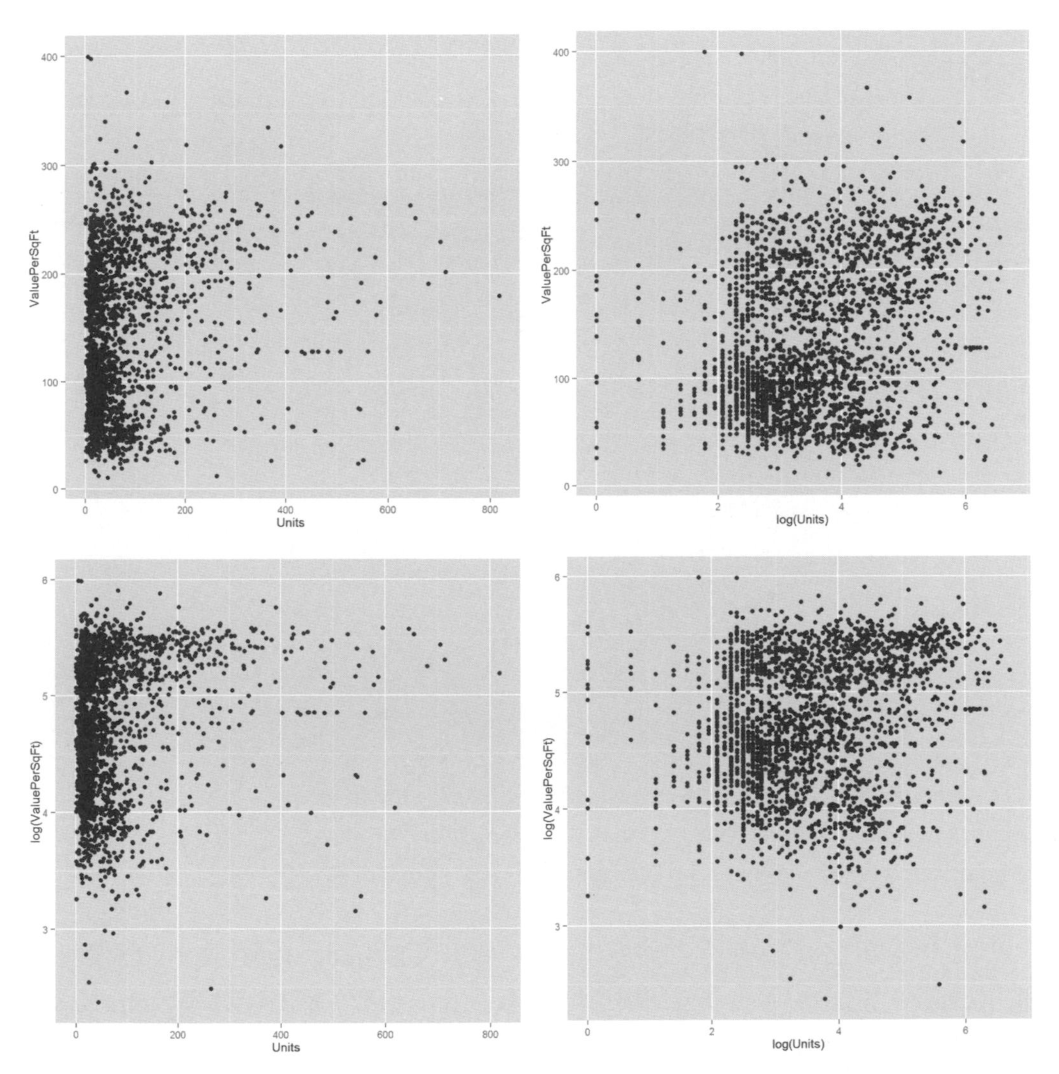

圖 19.8 每平方呎價格對單位個數的散佈圖，此時我們不確定將 Units 取對數是否對建模有幫助

我們已透過好幾種方法來查看資料，接著就要建立模型了。從圖 19.4 可以發現我們的模型必須考慮不同的鎮區 (Boro)，而從所畫的散佈圖中，可以發現 Units 和 SqFt 也將會很重要。

我們用 lm 裡的 formula 介面來建立模型。這次我們有數個預測變數，我們在 formula 的右邊用加號(+)將它們分開。

```
> house1 <- lm(ValuePerSqFt ~ Units + SqFt + Boro, data = housing)
> summary(house1)

Call:
lm(formula = ValuePerSqFt ~ Units + SqFt + Boro, data = housing)

Residuals:
     Min        1Q    Median       3Q        Max
  -168.458   -22.680     1.493   26.290     261.761
Coefficients:
                       Estimate Std. Error t value    Pr(>|t|)
(Intercept)           4.430e+01   5.342e+00    8.293     <2e-16 ***
Units                -1.532e-01   2.421e-02   -6.330   2.88e-10 ***
SqFt                  2.070e-04   2.129e-05    9.723     <2e-16 ***
BoroBrooklyn          3.258e+01   5.561e+00    5.858   5.28e-09 ***
BoroManhattan         1.274e+02   5.459e+00   23.343     <2e-16 ***
BoroQueens            3.011e+01   5.711e+00    5.272   1.46e-07 ***
BoroStaten  Island   -7.114e+00   1.001e+01   -0.711      0.477
---
Signif. codes: 0 '***' 0.001 '**' 0.01 '*' 0.05 '.' 0.1 ' ' 1

Residual standard error: 43.2 on 2613 degrees of freedom
Multiple R-squared: 0.6034, Adjusted R-squared: 0.6025
F-statistic: 662.6 on 6 and 2613 DF, p-value: < 2.2e-16
```

第一個要注意的事項是某些版本的 R 會出現警告訊息提醒 Boro 已被轉換成 factor。原因在於 Boro 本來被儲存為 character，而為了建模，character 必須以指標(虛擬)變數來表示，這也是用來建模的函數處理 factor 的方式，我們曾在 **5-1 節**討論過相關操作。

summary 函數顯示了關於模型的訊息，其中包括函數怎麼被呼叫(call)、殘差的分位數、每個迴歸係數的估計值、標準誤差和 p 值，和模型的自由度、p 值和 F 統計量。布朗克斯(Bronx)並無係數，因為它是作為 Boro 的基準(baseline) level，而所有其他 Boro 係數將參照該基準。

迴歸係數代表的是預測變數對反應變數的影響，而標準誤差則是該係數估計的不確定性。每個係數的 t 值(t 統計量)和 p 值則是該值顯著性的一個數值測量。雖然應該小心地對這些值做出分析，但許多現代資料科學的學者偏好對整個模型做整體評論，而不喜歡只看單一個係數的顯著性。

模型的 p 值和 F 值則是對模型適合度的一些測量。迴歸模型自由度的計算為觀測值個數扣除係數個數。在此例子裡，自由度為 nrow(housing)-length(coef(house1))=2613。使用 coef 函數可以快速抽取模型係數，也可以對模型物件使用$運算子。

```
> house1$coefficients

      (Intercept)             Units              SqFt
     4.430325e+01     -1.532405e-01      2.069727e-04
     BoroBrooklyn     BoroManhattan       BoroQueens
     3.257554e+01      1.274259e+02      3.011000e+01
BoroStaten Island
    -7.113688e+00

> coef(house1)

      (Intercept)             Units              SqFt
     4.430325e+01     -1.532405e-01      2.069727e-04
     BoroBrooklyn     BoroManhattan       BoroQueens
     03.257554e+01     1.274259e+02      3.011000e+01
BoroStaten Island
    -7.113688e+00

> # 跟使用 coef 的結果一樣
> coefficients(house1)

      (Intercept)             Units              SqFt
     4.430325e+01     -1.532405e-01      2.069727e-04
     BoroBrooklyn     BoroManhattan       BoroQueens
     3.257554e+01      1.274259e+02      3.011000e+01
BoroStaten Island
    -7.113688e+00
```

一如既往，比起表格型式的訊息，畫成圖會更容易閱讀，而畫出迴歸結果的最佳方法就是像**圖 19.2** 那樣把係數圖畫出來。比起像之前從無到有地建立，使用作者所撰寫的 coefplot 套件可以更快地建立圖表。結果顯示在**圖 19.9**，其中每個係數被畫成一個點，而粗線代表一個標準誤差的信賴區間，比較細的線代表兩個標準誤差的信賴區間。圖中的垂直線為 0 的指標。一般來說，若兩個標準誤差的信賴區間不包含 0，那就意味著該係數是顯著的。

```
> library(coefplot)
> coefplot(house1)
```

從**圖 19.9** 的結果顯示座落在曼哈頓的建築對每平方呎價格有著最大的影響，單位個數和建築面積(平方呎)則出乎意料地對價格只有一點影響。這是一個單純的加性模型 (additive model)，變數之間的交互作用也可能會帶來影響。

若要在 formula 加入交互作用，我們可以將相關的變數以星號(*)隔開，而不再是用加號(+)，這會使得模型將同時包含個別變數和交互作用項；若要求模型只持有交互作用項，而不包含任何個別變數，則可使用冒號(:)。**圖 19.10** 顯示了加入 Units 和 SqFt 交互作用的結果。

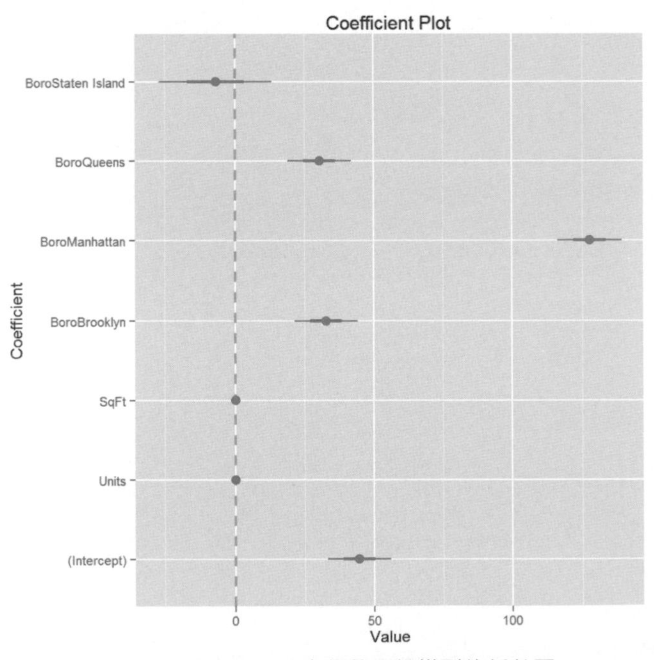

圖 19.9 公寓價值迴歸模型的係數圖

```
> house2 <- lm(ValuePerSqFt ~ Units * SqFt + Boro, data = housing)
> house3 <- lm(ValuePerSqFt ~ Units:SqFt + Boro, data = housing)
> house2$coefficients

      (Intercept)            Units             SqFt
     4.093685e+01    -1.024579e-01     2.362293e-04
     BoroBrooklyn    BoroManhattan      BoroQueens
     3.394544e+01     1.272102e+02     3.040115e+01
BoroStaten Island       Units:SqFt
    -8.419682e+00    -1.809587e-07

> house3$coefficients

      (Intercept)      BoroBrooklyn     BoroManhattan
     4.804972e+01      3.141208e+01      1.302084e+02
       BoroQueens BoroStaten Island        Units:SqFt
     2.841669e+01     -7.199902e+00      1.088059e-07

> coefplot(house2)
> coefplot(house3)
```

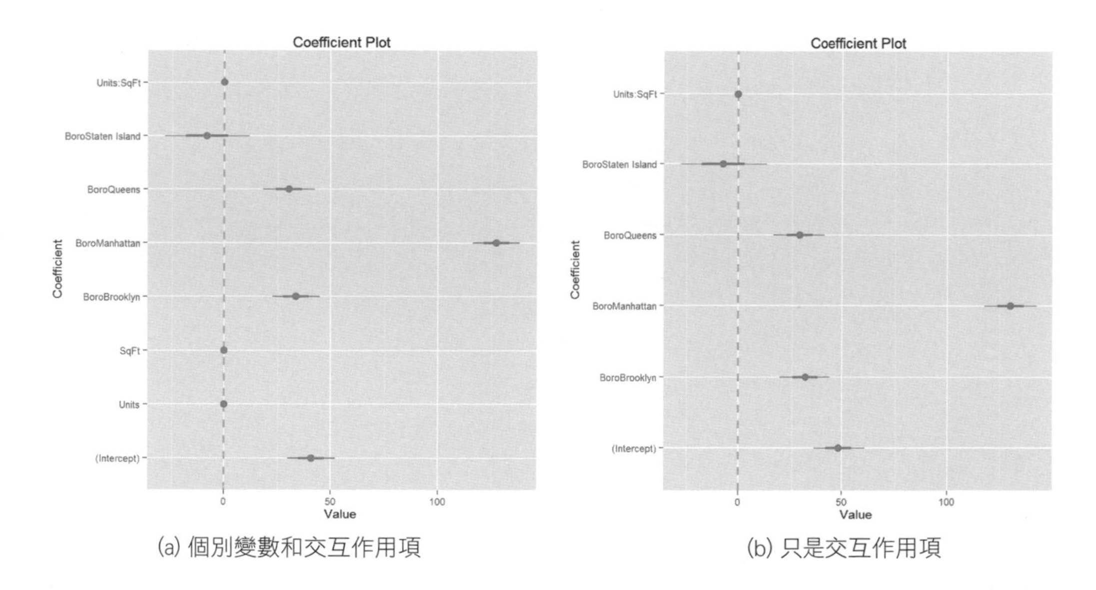

(a) 個別變數和交互作用項

(b) 只是交互作用項

圖 19.10 含有交互作用項的模型的係數圖，(a)含有個別變數和交互作用項，而(b)只是含有交互作用項

若考慮三個變數之間的交互作用，結果將包含這三個個別變數的係數，三個雙向交互作用項和一個三向交互作用項。

```
> house4 <- lm(ValuePerSqFt ~ SqFt * Units * Income, housing)
> house4$coefficients

   (Intercept)              SqFt             Units
  1.116433e+02     -1.694688e-03      7.142611e-03
        Income        SqFt:Units       SqFt:Income
  7.250830e-05      3.158094e-06     -5.129522e-11
  Units:Income SqFt:Units:Income
 -1.279236e-07      9.107312e-14
```

若考慮像 SqFt 的連續變數和像 Boro 的 factor 之間的交互作用(從現在開始，若無特別聲明，*運算子將代表交互作用)，其結果將包含該連續變數項，該 factor 的每個非基準(baseline)level，和該連續變數和 factor 每個非基準 level 的交互作用項。若要考慮兩個(或更多個)factor 之間的交互作用，結果則將包括這兩個 factor 的每個非基準(baseline)level 和 factor 裡每個非基準 level 之間的組合項。

```
> house5 <- lm(ValuePerSqFt ~ Class * Boro, housing)
> house5$coefficients

                    (Intercept)
                      47.041481
           ClassR4-CONDOMINIUM
                       4.023852
           ClassR9-CONDOMINIUM
                      -2.838624
           ClassRR-CONDOMINIUM
                       3.688519
                  BoroBrooklyn
                      27.627141
                 BoroManhattan
                      89.598397
                    BoroQueens
                      19.144780
```

Next

```
                 BoroStaten Island
                         -9.203410
    ClassR4-CONDOMINIUM:BoroBrooklyn
                          4.117977
    ClassR9-CONDOMINIUM:BoroBrooklyn
                          2.660419
    ClassRR-CONDOMINIUM:BoroBrooklyn
                        -25.607141
   ClassR4-CONDOMINIUM:BoroManhattan
                         47.198900
   ClassR9-CONDOMINIUM:BoroManhattan
                         33.479718
   ClassRR-CONDOMINIUM:BoroManhattan
                         10.619231
      ClassR4-CONDOMINIUM:BoroQueens
                         13.588293
      ClassR9-CONDOMINIUM:BoroQueens
                         -9.830637
      ClassRR-CONDOMINIUM:BoroQueens
                         34.675220
ClassR4-CONDOMINIUM:BoroStaten
                            Island
                                NA
ClassR9-CONDOMINIUM:BoroStaten
                            Island
                                NA
ClassRR-CONDOMINIUM:BoroStaten
                            Island
                                NA
```

從係數圖觀察得知，SqFt 與 Units 在所有模型中皆不顯著。雖然如此，若將圖放大，如圖 **19.11** 顯示，我們可以發現 Units 和 SqFt 都非零。

```
> coefplot(house1, sort='mag') + scale_x_continuous(limits=c(-.25, .1))
> coefplot(house1, sort='mag') + scale_x_continuous(limits=c(-.0005, .0005))
```

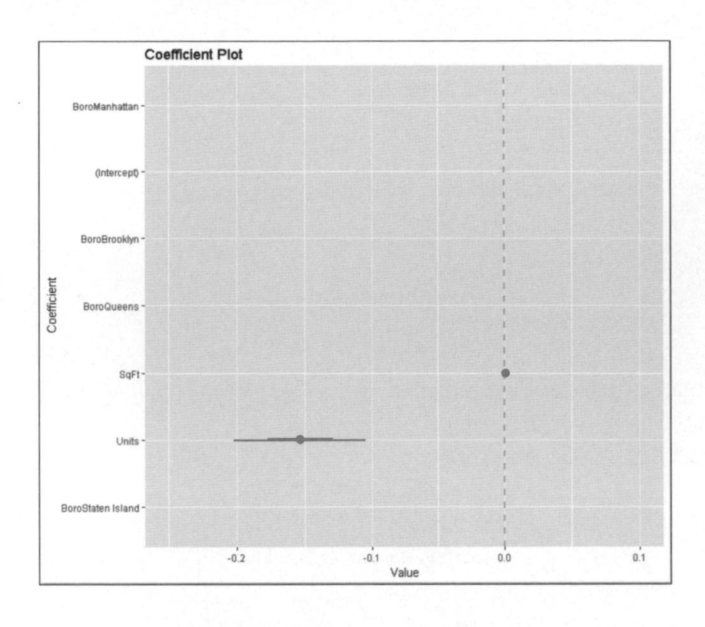

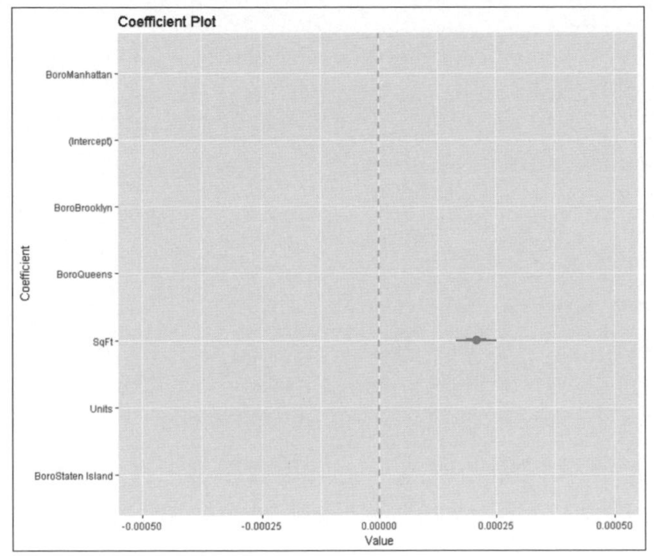

圖 19.11 放大 house1 模型的係數圖以檢視 Units 和 SqFt 的係數

指標變數 Boro 所使用的刻度只有 0 和 1 兩個值，但 Units 值的範圍則是在 1 和 818 之間，而 SqFt 則是在 478 和 925, 645 之間，這很可能是刻度的問題。要解決這問題，我們可以將變數標準化，或進行縮放。也就是將每個值扣除其平均值後，再除以其標準差。雖然模型結果從數學的角度上是一樣的，但係數會有不同的值和不同的詮釋方法。

在變數轉換前，係數可解釋為預測變數一單位的變化所造成的反應變數變化，而轉換後，係數則可解釋為預測變數一個標準差的變化所造成的反應變數變化。標準化可以透過 formula 中的 scale 函數來進行。

```
> house1.b <- lm(ValuePerSqFt ~ scale(Units) + scale(SqFt) + Boro,
+                data=housing)
> coefplot(house1.b, sort='mag')
```

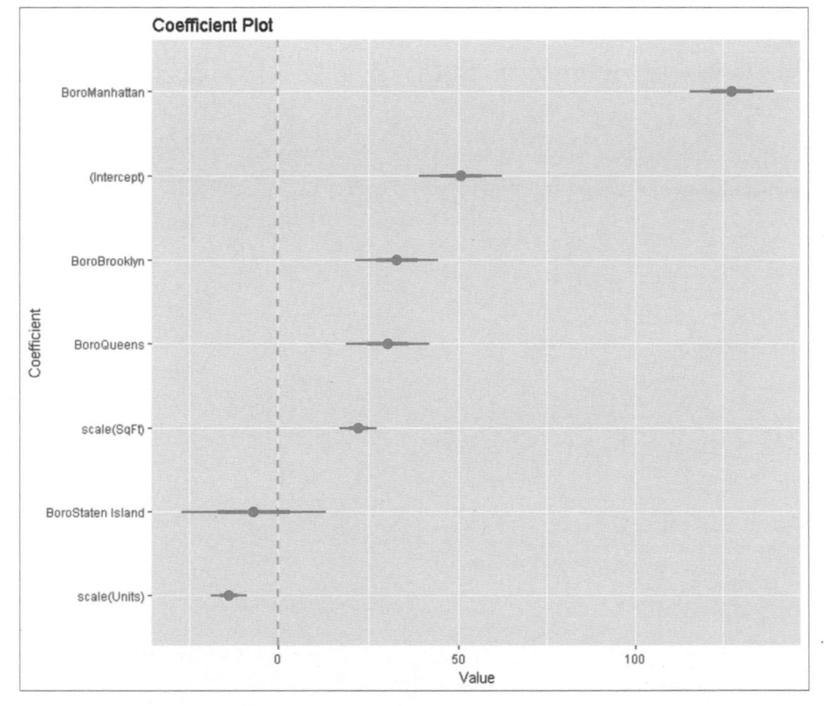

圖 19.12 將 Units 和 SqFt 標準化後所繪製的係數圖，可以從圖觀察到單位個數少、且面積大的建築會有較高的價值

圖 19.12 顯示了 SqFt 一個標準差的變化會造成 ValuePerSqFt 21.95 的變化。我們也觀察到 Units 和 ValuePerSqFt 呈現負相關的關係。這表示單位個數少、且面積大的建築會有較高的價值。

另外一個不錯的檢定是加入 Units 對 SqFt 的比值做為一個新的變數。要在 formula 中將一個變數除以另一個變數，該運算式必須包含在 I 函數裡。

```
> house6 <- lm(ValuePerSqFt ~ I(SqFt/Units) + Boro, housing)
> house6$coefficients

    (Intercept)   I(SqFt/Units)         BoroBrooklyn
    43.754838763     0.004017039         30.774343209
  BoroManhattan       BoroQueens   BoroStaten Island
   130.769502685    29.767922792         -6.134446417
```

I 函數是用來保留 formula 裡的數學關係式，避免關係式改以 formula 的規則來解讀。舉例來說，在 formula 使用(Units + SqFt)^2 和 Units * SqFt 的結果是一樣的，而 I(Units + SqFt)^2 則將兩個變數之和的平方當成一項來處理。

```
> house7 <- lm(ValuePerSqFt ~ (Units + SqFt)^2, housing)
> house7$coefficients

   (Intercept)          Units           SqFt      Units:SqFt
   1.070301e+02  -1.125194e-01   4.964623e-04   -5.159669e-07

> house8 <- lm(ValuePerSqFt ~ Units * SqFt, housing)
> identical(house7$coefficients, house8$coefficients)

[1] TRUE

> house9 <- lm(ValuePerSqFt ~ I(Units + SqFt)^2, housing)
> house9$coefficients

   (Intercept)   I(Units + SqFt)
   1.147034e+02       2.107231e-04
```

我們建了好幾個模型，現在要從這些模型當中選一個「最好」的。我們先將這幾個模型的係數畫成圖表，幫助我們判斷哪一個比較好。圖 19.13 顯示了 house1、house2 和 house3 模型的係數圖。

```
> # 也是來自於 coefplot 套件
> multiplot(house1, house2, house3)
```

迴歸模型一般被用來做預測，而我們可以透過 R 的 predict 函數來完成。對此例子，我們用新資料(可從 http://www.jaredlander.com/data/housingNew.csv 獲得)來做預測。

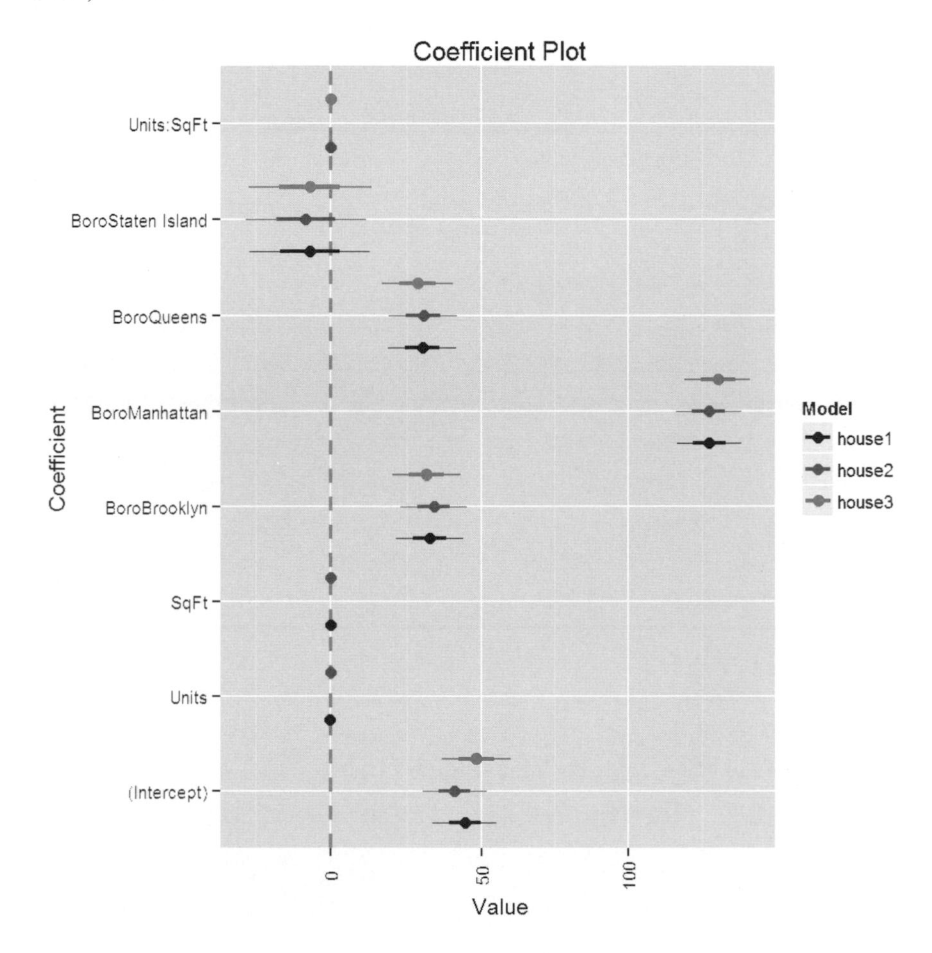

圖 19.13 幾個模型的係數圖。每個模型的係數都被畫在 y 軸的同一個地方，若模型不含有某個係數，該係數則不會被畫出來

```
> housingNew <- read.table("http://www.jaredlander.com/data/housingNew.csv",
+                          sep = ",", header = TRUE, stringsAsFactors = FALSE)
```

要進行預測可以呼叫 predict 來完成，但我們遇到預測變數為 factor 時要特別小心，因為我們要確保新資料裡的 level 和用來建模的 level 是一樣的。

```
> # 用新資料來做預測和建立 95%信賴區間
> housePredict <- predict(house1, newdata = housingNew, se.fit = TRUE,
+                             interval = "prediction", level = .95)
> # 顯示預測值和根據標準誤差建立的信賴區間上界和下界
> head(housePredict$fit)

        fit         lwr        upr
1  74.00645  -10.813887   158.8268
2  82.04988   -2.728506   166.8283
3 166.65975   81.808078   251.5114
4 169.00970   84.222648   253.7968
5  80.00129   -4.777303   164.7799
6  47.87795  -37.480170   133.2361

> # 顯示預測值的標準誤差
> head(housePredict$se.fit)

       1        2        3        4        5        6
2.118509 1.624063 2.423006 1.737799 1.626923 5.318813
```

19-3 小結

迴歸模型也許是統計分析裡一個最有彈性的工具，我們可以輕易透過 R 語言的 lm 函數處理它。lm 函數所用的是 formula 界面，可以透過一組預測變數來對反應變數建立模型。該函數的其他引數包括了 weights (可用來把權重指派到觀測值、機率或計數權重皆可) 和 subset (用來指定只用某部份的資料來建立模型)。

本書做為 R 語言的入門書籍，受限於篇幅，無法更深入介紹統計分析的應用，若對於大數據應用或進階的統計分析有興趣，可以參考**旗標**出版的其他相關書籍。

20

廣義線性模型

並非所有資料類別都適合以一般線性迴歸模型來建模，如二元資料(TRUE/FALSE) 、計數資料等資料類別就不適用，廣義的線性模型則可以對這兩種資料建模。廣義線性模型仍使用預測變數的線性組合 $X\beta$ 來建模，但會事先以連結函數（link function）做出一些轉換。對於 R 使用者來說，使用廣義線性模型和使用一般迴歸模型建模所需花費的功夫並沒有很大差別。

20-1 羅吉斯迴歸 (Logistic Regression)

羅吉斯迴歸 (又譯作邏輯斯迴歸) 是一個非常強大和常見的模型，尤其是在市場行銷和醫學領域上。在本章中，我們會使用 2010 年在紐約州所進行的美國社區問卷調查（American Community Survey，ACS）的一部份資料作為範例[1]。由於 ACS 資料涵蓋非常多資訊，我們只抽取資料中的 22,745 列和 18 個欄位(行)來做分析。此資料可從 http://jaredlander.com/data/acs_ny.csv 取得。

```
> acs <- read.table("http://jaredlander.com/data/acs _ ny.csv", sep = ",",
+                   header = TRUE, stringsAsFactors = FALSE)
```

羅吉斯迴歸模型的公式如下：

$$p(y_i = 1) = logit^{-1}(\mathbf{X}_i\boldsymbol{\beta}) \qquad \text{(公式 20.1)}$$

其中 y_i 為第 i 個反應變數，而 $X_i\beta$ 則為預測變數的線性組合。而羅吉反函數(inverse logit function)則為：

$$logit^{-1}(x) = \frac{e^x}{1+e^x} = \frac{1}{1+e^{-x}} \qquad \text{(公式 20.2)}$$

會將預測變數線性組合所產生的連續結果轉換成處於 0 到 1 之間的值。此函數為連結函數的反函數。

假若我們現在要探討一戶家庭的收入是否大於$150,000 (見圖 **20.1**) ，我們必須建立一個新的二元變數，即 TRUE 為收入大於$150,000，而 FALSE 為收入小於$150,000。

1：ACS 是一個龐大的調查，有點類似台灣的人口普查，但 ACS 的調查頻率較高。

```
> acs$Income <- with(acs, FamilyIncome >= 150000)
> library(ggplot2)
> library(useful)
> ggplot(acs, aes(x=FamilyIncome)) +
+     geom _ density(fill="grey", color="grey") +
+     geom _ vline(xintercept=150000) +
+     scale _ x _ continuous(label=multiple.dollar, limits=c(0, 1000000))
```

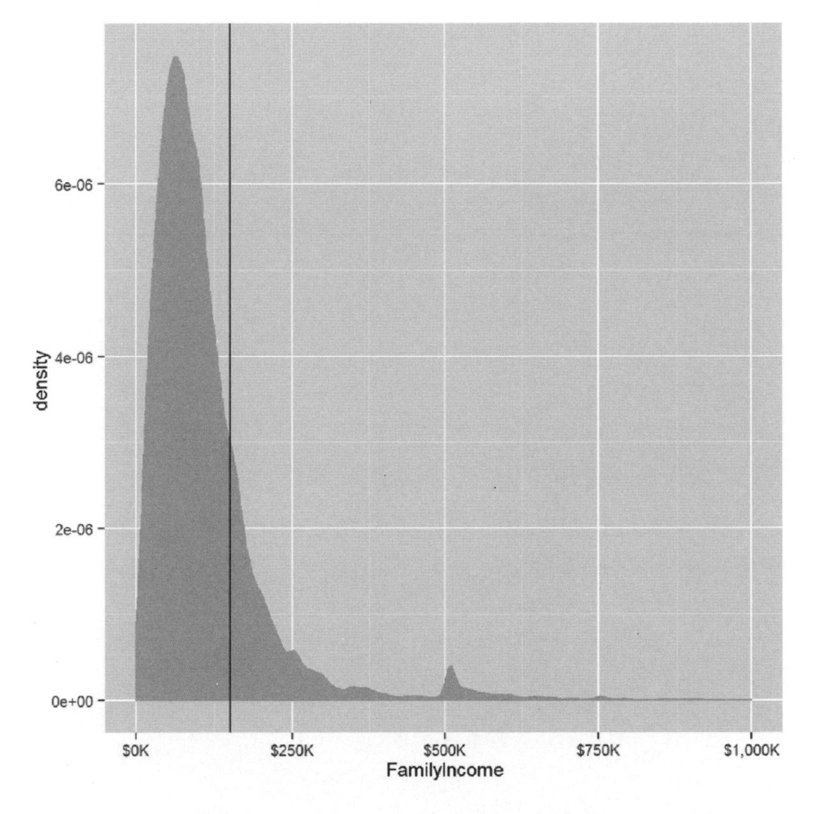

圖 20.1 家庭收入的機率密度分佈圖，垂直線為$150, 000 指標

```
> head(acs)

    Acres  FamilyIncome  FamilyType  NumBedrooms  NumChildren  NumPeople
1    1-10           150     Married            4            1          3
2    1-10           180 Female Head            3            2          4
3    1-10           280 Female Head            4            0          2
4    1-10           330 Female Head            2            1          2
5    1-10           330   Male Head            3            1          2
6    1-10           480   Male Head            0            3          4
```

Next

```
  NumRooms          NumUnits NumVehicles   NumWorkers         OwnRent
1        9   Single detached           1            0        Mortgage
2        6   Single detached           2            0          Rented
3        8   Single detached           3            1        Mortgage
4        4   Single detached           1            0          Rented
5        5   Single attached           1            0        Mortgage
6        1   Single detached           0            0          Rented
    YearBuilt HouseCosts ElectricBill FoodStamp HeatingFuel Insurance
1   1950-1959       1800           90        No         Gas      2500
2 Before 1939        850           90        No         Oil         0
3   2000-2004       2600          260        No         Oil      6600
4   1950-1959       1800          140        No         Oil         0
5 Before 1939        860          150        No         Gas       660
6 Before 1939        700          140        No         Gas         0
          Language  Income
1          English   FALSE
2          English   FALSE
3   Other European   FALSE
4          English   FALSE
5          Spanish   FALSE
6          English   FALSE
```

在 R 裡建立羅吉斯迴歸的方式和建立線性迴歸模型類似。建立羅吉斯迴歸依然使用 R 的 formula 界面，只是不是用在 lm 函數，而是 glm 函數裡 (glm 函數也可以用來建立線性迴歸模型)。使用 glm 函數前必須先設定函數內的一些選項：

```
> income1 <- glm(Income ~ HouseCosts + NumWorkers + OwnRent +
+                NumBedrooms + FamilyType,
+                data=acs, family=binomial(link="logit"))
> summary(income1)

Call:
glm(formula = Income ~ HouseCosts + NumWorkers + OwnRent + NumBedrooms +
    FamilyType, family = binomial(link = "logit"), data = acs)

Deviance Residuals:
    Min       1Q   Median       3Q      Max
-2.8452  -0.6246  -0.4231  -0.1743   2.9503
```

Next

```
Coefficients:
                       Estimate  Std. Error  z value  Pr(>|z|)
(Intercept)          -5.738e+00   1.185e-01  -48.421   <2e-16   ***
HouseCosts            7.398e-04   1.724e-05   42.908   <2e-16   ***
NumWorkers            5.611e-01   2.588e-02   21.684   <2e-16   ***
OwnRentOutright       1.772e+00   2.075e-01    8.541   <2e-16   ***
OwnRentRented        -8.886e-01   1.002e-01   -8.872   <2e-16   ***
NumBedrooms           2.339e-01   1.683e-02   13.895   <2e-16   ***
FamilyTypeMale Head   3.336e-01   1.472e-01    2.266   0.0235     *
FamilyTypeMarried     1.405e+00   8.704e-02   16.143   <2e-16   ***
---
Signif. codes: 0 '***' 0.001 '**' 0.01 '*' 0.05 '.' 0.1 ' ' 1

(Dispersion parameter for binomial family taken to be 1)
Null      deviance:  22808  on  22744  degrees  of  freedom
Residual  deviance:  18073  on  22737  degrees  of  freedom

AIC: 18089
Number of Fisher Scoring iterations: 6

> library(coefplot)
> coefplot(income1)
```

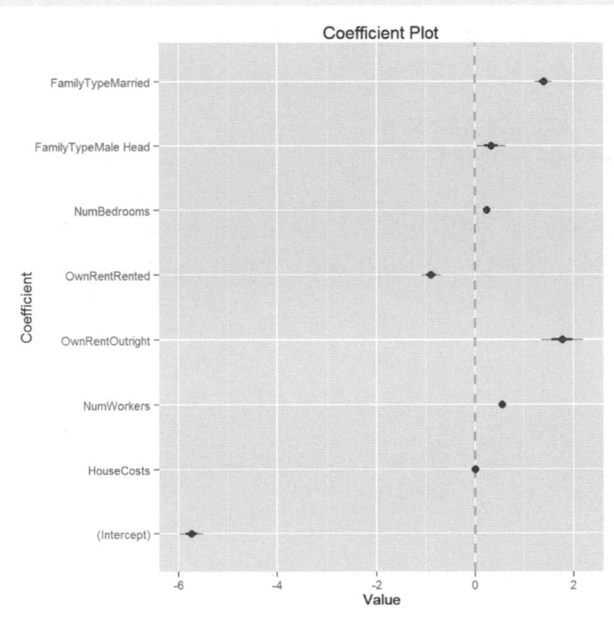

圖 20.2　對家庭收入超過$150, 000 用羅吉斯迴歸建模後所產生的係數圖，資料為美國社區問卷調查結果

對 glm 使用 summary 和 coefplot 所產生的結果，和對 lm 使用相同函數所產生的結果是一樣的。結果內容包括係數估計值、標準誤差、p 值（整體模型和所有係數）和準確度的測量，在這例子裡為偏差平方和(deviance)和 AIC。一般來說，在模型中加入一個變數（或某一 factor 裡的一個 level）會降低偏差平方和；如果偏差平方和沒有降低則表示此變數對模型無顯著用途。同理，交互作用和其他 formula 相關的概念亦如此。

要解讀羅吉斯迴歸中的係數需要先用羅吉反函數對係數做出轉換：

```
> invlogit <- function(x)
+ {
+     1/(1 + exp(-x))
+ }
> invlogit(income1$coefficients)

         (Intercept)           HouseCosts          NumWorkers
         0.003211572          0.500184950         0.636702036
     OwnRentOutright        OwnRentRented         NumBedrooms
         0.854753527          0.291408659         0.558200010
FamilyTypeMale Head    FamilyTypeMarried
         0.582624773          0.802983719
```

20-2 泊松迴歸模型

另一個廣義線性模型底下常用的成員為泊松迴歸模型。泊松迴歸類似於泊松分佈，皆適合運用在計數資料上。與其他廣義線性模型相同，在 R 建立泊松迴歸需要用到的函數為 glm。以下我們同樣使用 ACS 資料中的小孩數量(NumChildren)為反應變數來做示範。

泊松迴歸的公式為：

$$y_i \sim pois(\theta_i) \quad \text{(公式 20.3)}$$

其中 y_i 為第 i 個反應變數，而 θ_i 為第 i 個觀察值的分佈期望值：

$$\theta_i = e^{X_i \beta} \quad \text{(公式 20.4)}$$

在建模之前，我們先觀察每個家庭小孩數量的直方圖。

```
> ggplot(acs, aes(x = NumChildren)) + geom_histogram(binwidth = 1)
```

雖然圖 20.3 顯示資料分佈不完全服從泊松分佈，但它足以被用來建立一個很好的模型。係數圖則顯示在圖 20.4。

```
> children1 <- glm(NumChildren ~ FamilyIncome + FamilyType + OwnRent,
+                  data=acs, family=poisson(link="log"))
> summary(children1)

Call:
glm(formula = NumChildren ~ FamilyIncome + FamilyType + OwnRent,
    family = poisson(link = "log"), data = acs)

Deviance Residuals:
    Min       1Q    Median      3Q      Max
 -1.9950  -1.3235  -1.2045  0.9464   6.3781

Coefficients:
                       Estimate  Std. Error  z value   Pr(>|z|)
(Intercept)          -3.257e-01   2.103e-02  -15.491    <2e-16   ***
FamilyIncome          5.420e-07   6.572e-08    8.247    <2e-16   ***
FamilyTypeMale Head  -6.298e-02   3.847e-02   -1.637     0.102
FamilyTypeMarried     1.440e-01   2.147e-02    6.707  1.98e-11   ***
OwnRentOutright      -1.974e+00   2.292e-01   -8.611    <2e-16   ***
OwnRentRented         4.086e-01   2.067e-02   19.773    <2e-16   ***
---
Signif. codes: 0 '***' 0.001 '**' 0.01 '*' 0.05 '.' 0.1 ' ' 1

(Dispersion parameter for poisson family taken to be 1)

    Null  deviance:  35240  on  22744  degrees  of  freedom
 Residual deviance:  34643  on  22739  degrees  of  freedom
AIC: 61370

Number of Fisher Scoring iterations: 5

> coefplot(children1)
```

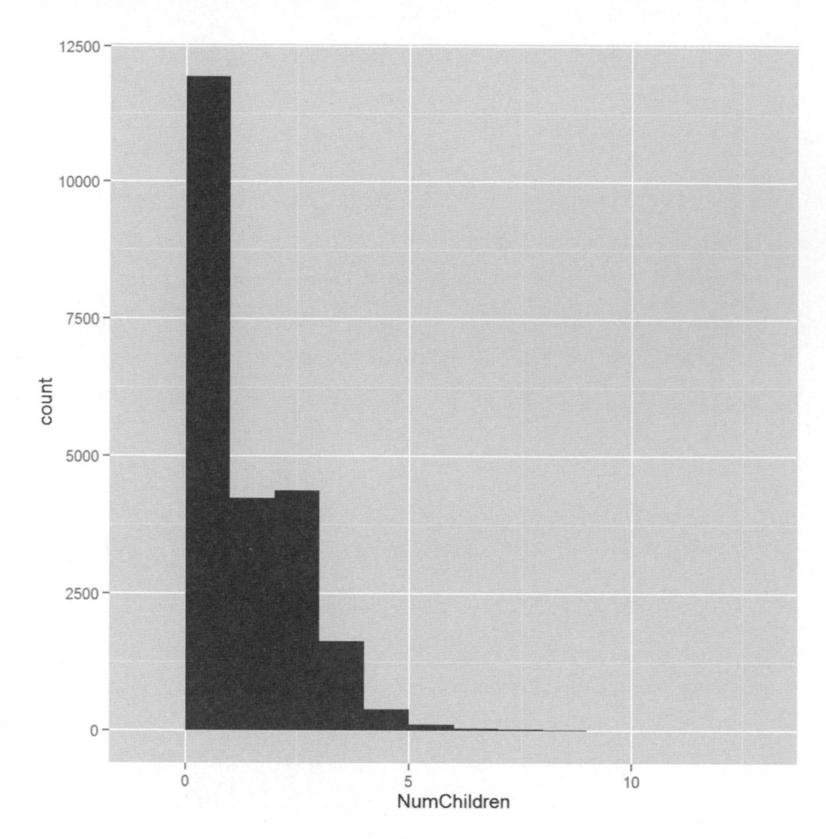

圖 20.3　ACS 資料中每個家庭小孩數量的直方圖。此資料分佈雖不完全服從泊松分佈，但足以使用泊松迴歸來建模

解讀以上結果和解讀用羅吉斯迴歸模型所產生出來的結果類似。同樣的，怎麼利用偏差平方和來判斷變數在模型中的顯著性亦與前章節所提到的一樣。泊松迴歸可能存在著一個過度離散(overdispersion)的問題，意思就是從資料所觀察到的變異大於泊松分佈理論上的變異（理論上泊松分佈期望值等於其變異數）。

過度離散率的定義為：

$$OD = \frac{1}{n-p}\sum_{i=1}^{n} z_i^2 \qquad \text{(公式 20.5)}$$

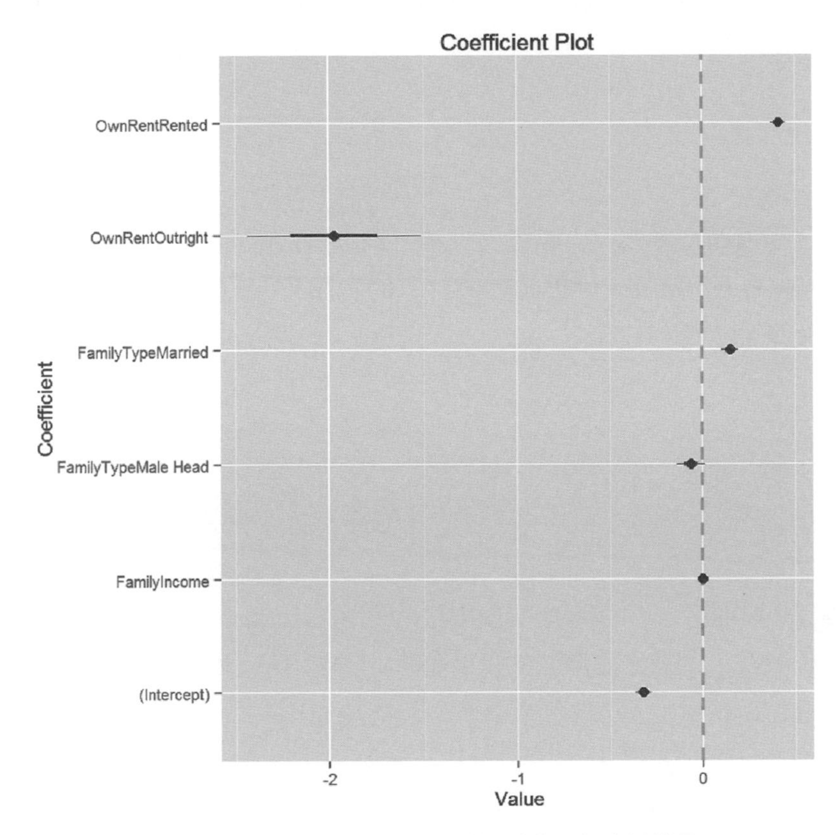

圖 20.4 ACS 資料羅吉斯迴歸的係數圖

其中 Z_i 為 t 化殘差(studentized residuals, 也譯為學生化殘差)：

$$z_i = \frac{y_i - \hat{y}_i}{sd(\hat{y}_i)} = \frac{y_i - u_i\hat{\theta}_i}{\sqrt{u_i\hat{\theta}_i}} \qquad \text{(公式 20.6)}$$

用 R 計算過度離散率(OD)的示範如下：

```
> # 標準化的殘差
> z <- (acs$NumChildren - children1$fitted.values) /
+     sqrt(children1$fitted.values)
> # 過度離散因數
> sum(z^2) / children1$df.residual

[1] 1.469747
```

Next

```
> # 過度離散 p 值
> pchisq(sum(z^2), children1$df.residual)

[1] 1
```

一般來說，過度離散率為 2 或更大表示有過度離散的問題存在。若此比率小於 2，同時其 p 值為 1，則表示有統計上的證據證明有顯著的過度離散問題。因此我們用準泊松分佈(quasi poisson)或負二項分佈(negative binomial)重新建模。

```
> children2 <- glm(NumChildren ~ FamilyIncome + FamilyType + OwnRent,
+                  data=acs, family=quasipoisson(link="log"))
> multiplot(children1, children2)
```

下頁的**圖 20.5** 顯示了一個考慮過度離散的問題和一個不考慮此問題的模型所產生出來的係數圖。由於過度離散的程度不大，其對第二個模型的係數只增添了一些不確定性。

20-3 其他廣義線性模型

其他 glm 支援的廣義線性模型還包括了伽瑪(Gamma)、反高斯(inverse gaussian)和準二項迴歸(quasibinomial)。我們還可以對它們使用不同的連結函數(link functions)，比如：對二項迴歸可以用 logit、probit、cauchit、log 和 cloglog 函數；對伽瑪可以用 inverse、identity 和 log 函數；對泊松可以用 log、identity 和 sqrt 函數；而對反高斯可以用 1/mu^2、inverse、identity 和 log 函數。

多項迴歸模型可以用來對幾種類別進行分類，我們可以執行好幾個羅吉斯迴歸模型以得到同樣的結果或使用 nnet 套件裡的 polr 函數或 multinom 函數。

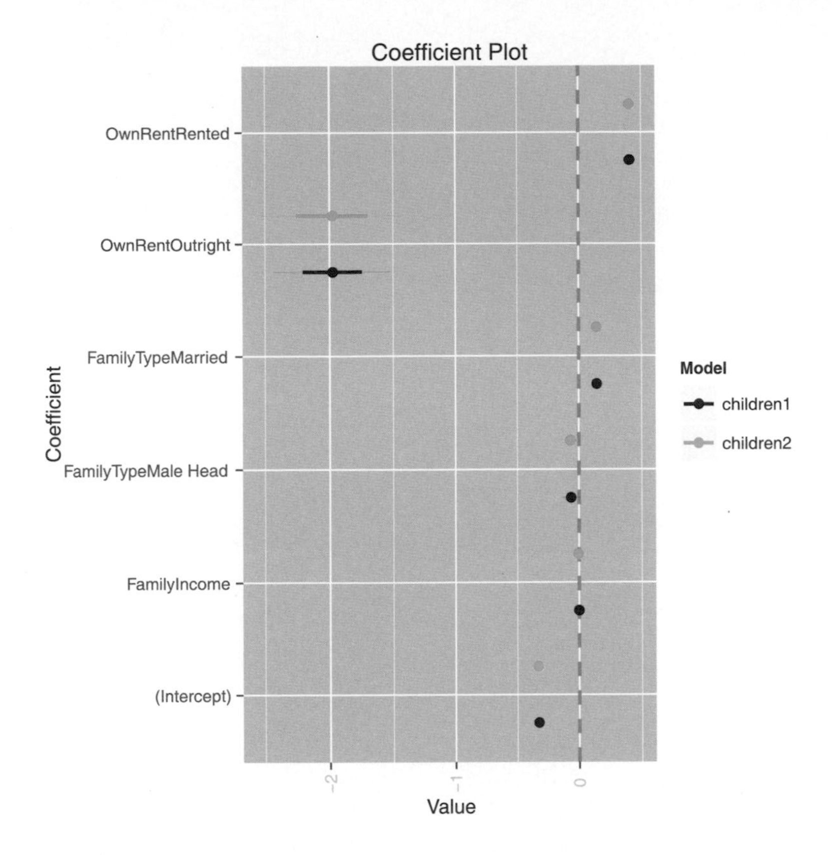

圖 20.5 泊松模型的係數圖。第一個模型，children1 並不考慮過度離散的問題，而 children2 則有考慮該問題。由於過度離散的程度不嚴重，其對第二個模型的係數估計只增添了少許的不確定性

20-4 倖存分析

基本上倖存分析不是廣義線性模型家族的一份子，但它是迴歸模型的一個重要延伸。倖存分析被應用在許多領域，如醫療臨床實驗、伺服器失效次數、意外次數和治療或發病後直到死亡的時間長短。

倖存分析所用到的資料跟其他資料不太一樣，因為這些資料一般都會被設限 (censored)，也就是說其中有些訊息是未知的，而這些未知的訊息通常是我們不知道受試者在一段時間後會發生什麼事。我們用 survival 套件中的 bladder 資料作為例子。

```
> library(survival)
> head(bladder)

  id rx number size stop event enum
1  1  1      1    3    1     0    1
2  1  1      1    3    1     0    2
3  1  1      1    3    1     0    3
4  1  1      1    3    1     0    4
5  2  1      2    1    4     0    1
6  2  1      2    1    4     0    2
```

該特別注意的直行包括 stop(事件發生或病人離開研究的時間)和 event(在該時間是否有發生事件)。就算 event 為 0，我們也不知道在之後是否會有事件發生；資料因此而被設限了。我們可以用 Surv 函數來處理這種資料。

```
> # 首先查看一部份資料
> bladder[100:105, ]

    id rx number size stop event enum
100 25  1      2    1   12     1    4
101 26  1      1    3   12     1    1
102 26  1      1    3   15     1    2
103 26  1      1    3   24     1    3
104 26  1      1    3   31     0    4
105 27  1      1    2   32     0    1

> # 現在查看透過 Surv 所建立的反應變數
> survObject <- with(bladder[100:105, ], Surv(stop, event))
> # 把它顯示出來
> survObject

[1] 12 12 15 24 31+ 32+

> # 以 matrix(矩陣)呈現它們
> survObject[, 1:2]

     time status
[1,]   12      1
[2,]   12      1
[3,]   15      1
[4,]   24      1
```

Next

```
[5,]     31        0
[6,]     32        0
```

結果顯示首兩列為有事件發生的資料，其發生時間為 12，而最後兩列則顯示沒事件發生，但事件有可能在該時間後發生，因此該資料的發生時間被設限了。

在倖存分析中最常使用的模型為 Cox 比例風險模型(Proportional Hazard Model)，其在 R 的函數為 coxph。建立該模型也只需在 coxph 使用我們所熟悉的 formula 介面即可。而 survfit 函數可以被用來建立倖存曲線並把它畫出，如圖 **20.6** 顯示。倖存曲線顯示的是在某個時間點有多少比例的受試者仍存活。模型結果摘要(summary)則與其他模型摘要相似，只不過它是為倖存分析量身打造的。

```
> cox1 <- coxph(Surv(stop, event) ~ rx + number + size + enum,
+               data=bladder)
> summary(cox1)

Call:
coxph(formula = Surv(stop, event) ~ rx + number + size + enum,
    data = bladder)

  n= 340, number of events= 112

           coef  exp(coef)  se(coef)       z   Pr(>|z|)
rx     -0.59739    0.55024   0.20088  -2.974    0.00294    **
number  0.21754    1.24301   0.04653   4.675   2.93e-06   ***
size   -0.05677    0.94481   0.07091  -0.801    0.42333
enum   -0.60385    0.54670   0.09401  -6.423   1.34e-10   ***
---
Signif. codes: 0 '***' 0.001 '**' 0.01 '*' 0.05 '.' 0.1 ' ' 1

        exp(coef)  exp(-coef)  Lower .95   upper .95
rx         0.5502      1.8174     0.3712      0.8157
number     1.2430      0.8045     1.1347      1.3617
size       0.9448      1.0584     0.8222      1.0857
enum       0.5467      1.8291     0.4547      0.6573

Concordance= 0.753  (se = 0.029 )
```

Next

```
Rsquare= 0.179  (max possible= 0.971 )
Likelihoo  ratio  d   =   67.21   on   4   df,    p=8.804e-14
             test
          Wald test   =   64.73   on   4   df,    p=2.932e-13
Score (logrank) test  =   69.42   on   4   df,    p=2.998e-14

> plot(survfit(cox1), xlab="Days", ylab="Survival Rate",
+      conf.int=TRUE)
```

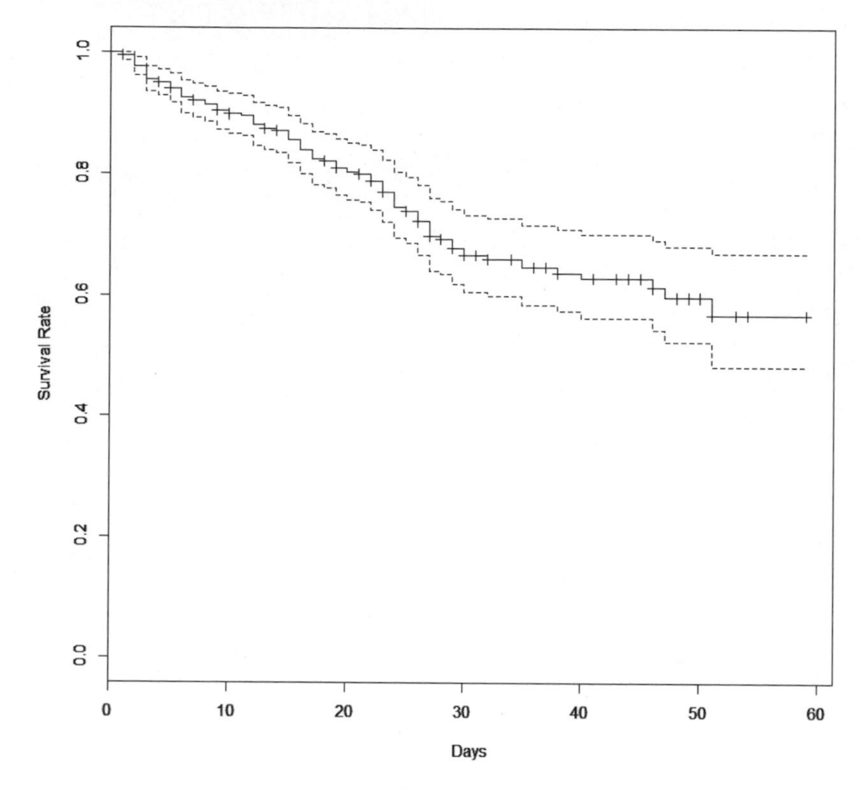

圖 20.6　用膀胱(bladder)資料建立 Cox 比例風險模型並畫出倖存曲線。

資料裡的 rx 變數是病人接受治療(treatment)或安慰劑(placebo)的一個指標，這樣對病人做分群是最自然而然的。在 formula 中將 rx 傳遞到 strata 可將資料分成兩群來分析，它也將產生兩條倖存曲線，如圖 **20.7** 顯示。

```
> cox2 <- coxph(Surv(stop, event) ~ strata(rx) + number + size + enum,
+               data=bladder)
> summary(cox2)

Call:
coxph(formula = Surv(stop, event) ~ strata(rx) + number + size +
    enum, data = bladder)

  n= 340, number of events= 112

           coef  exp(coef)  se(coef)       z   Pr(>|z|)
number  0.21371    1.23826   0.04648   4.598   4.27e-06    ***
size   -0.05485    0.94662   0.07097  -0.773       0.44
enum   -0.60695    0.54501   0.09408  -6.451   1.11e-10    ***
---
Signif. codes: 0 '***' 0.001 '**' 0.01 '*' 0.05 '.' 0.1 ' ' 1

       exp(coef)  exp(-coef)  lower .95   upper .95
number    1.2383      0.8076     1.1304      1.3564
size      0.9466      1.0564     0.8237      1.0879
enum      0.5450      1.8348     0.4532      0.6554

Concordance= 0.74  (se = 0.04 )
Rsquare= 0.166  (max possible= 0.954 )
Likelihood ratio test  = 61.84  on 3  df,   p=2.379e-13
Wald test              = 60.04  on 3  df,   p=5.751e-13
Score-(logrank) test   = 65.05  on 3  df,   p=4.896e-14

> plot(survfit(cox2), xlab="Days", ylab="Survival Rate",
+      onf.int=TRUE, col=1:2)
> legend("bottomleft", legend=c(1, 2), lty=1, col=1:2,
+        text.col=1:2, title="rx")
```

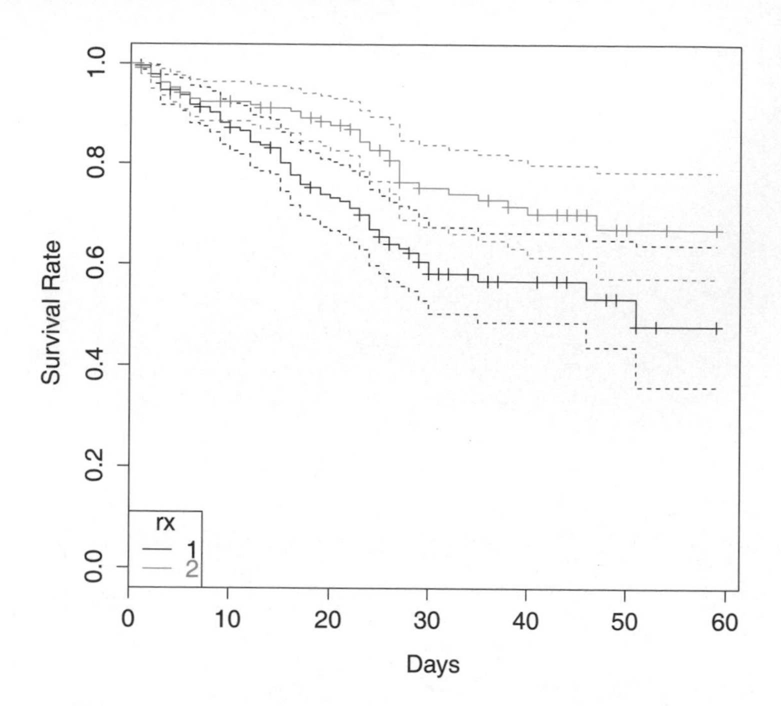

圖 20.7　由 rx 將膀胱資料分群來建立 Cox 比例風險模型並畫出倖存曲線

順帶一提，建立圖中的說明(legend)是相對來說比較簡單的，若是使用 ggplot2 則需要花費更多力氣來建立了。我們可以用 cox.zph 來檢測比例風險模型的假設。

```
> cox.zph(cox1)

           rho   chisq        p
rx      0.0299  0.0957 7.57e-01
number  0.0900  0.6945 4.05e-01
size   -0.1383  2.3825 1.23e-01
enum    0.4934 27.2087 1.83e-07
GLOBAL      NA 32.2101 1.73e-06

> cox.zph(cox2)

           rho  chisq        p
number  0.0966  0.785 3.76e-01
size   -0.1331  2.197 1.38e-01
enum    0.4972 27.237 1.80e-07
GLOBAL      NA 32.101 4.98e-07
```

Andersen-Gill 分析和倖存分析相似，其不同之處在於它處理的是區間資料，而且可以處理多個事件的發生，例如它不僅可處理一間急診室是否有人求診，還能計算出急診室求診個數。建立該模型也是用 coxph 函數，除了要傳遞一個附加變數到 Surv，而且必須根據用來識別資料的欄位(id)對資料做分群，以確保我們看到多個事件的發生。其對應的倖存曲線被畫在圖 20.8。

```
> head(bladder2)

  id rx  number  size start  stop  event   enum
1  1  1       1     3     0     1      0      1
2  2  1       2     1     0     4      0      1
3  3  1       1     1     0     7      0      1
4  4  1       5     1     0    10      0      1
5  5  1       4     1     0     6      1      1
6  5  1       4     1     6    10      0      2

> ag1 <- coxph(Surv(start, stop, event) ~ rx + number + size + enum +
+                  cluster(id), data=bladder2)
> ag2 <- coxph(Surv(start, stop, event) ~ strata(rx) + number + size +
+                  enum + cluster(id), data=bladder2)
> plot(survfit(ag1), conf.int=TRUE)
> plot(survfit(ag2), conf.int=TRUE, col=1:2)
> legend("topright", legend=c(1, 2), lty=1, col=1:2,
+        text.col=1:2, title="rx")
```

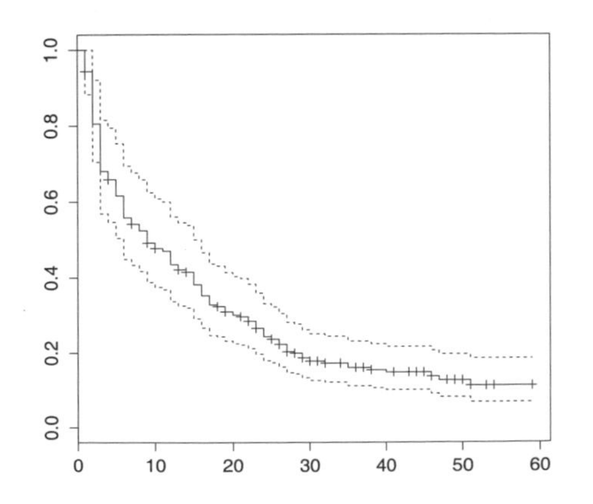

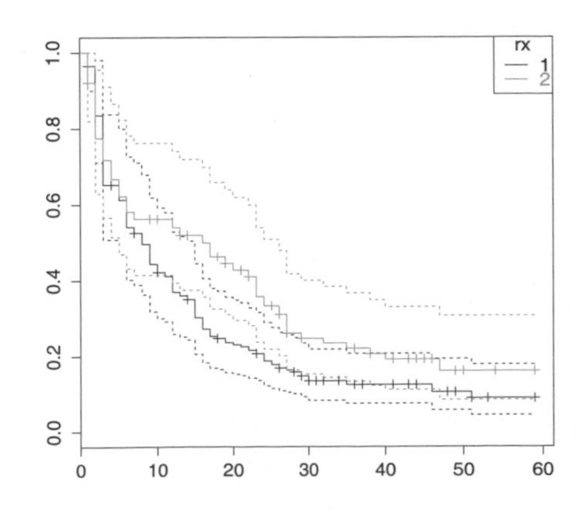

圖 20.8 對 bladder2 資料建立的 Andersen-Gill 倖存曲線

20-5 小結

廣義線性模型對預測變數和反應變數之間的線性迴歸關係做了一個延伸。其中最常用的幾個模型包括了針對二元資料的羅吉斯迴歸，針對計數資料的泊松模型和倖存分析。

21

模型診斷

建模可以是一個永無止境的過程，因為我們可以透過增加交互作用項、移除變數、對變數做轉換和其他動作來不斷改善模型。正因如此，我們會需要判斷怎麼樣才是一個好的模型，或進一步確認是不是最佳模型。

但是，要怎麼判斷一個模型的好壞呢？這就是本章的主題。我們將透過殘差(Residuals)分析、ANOVA 檢定或 Wald 檢定結果，或者加入變數後的偏差平方和(deviance)改變、AIC 或 BIC 分數、交差驗證(Cross Validation)的誤差和自助抽樣法(Bootstrapping)來診斷模型。

21-1 殘差(Residuals)

首先要介紹第一個檢視模型好壞的方法為殘差分析。殘差是原始反應變數和估計值(從模型估計出來的值，fitted value)之間的差，我們也可以從**第 19 章**公式 19.1 導出這結果，其中裡面的誤差 (類似殘差) 服從常態分佈。其背後的要領是，如果模型可以很好地配適到資料上，那殘差應該要服從常態分佈。我們使用 housing 資料作為例子，以該資料來建立迴歸模型，然後將其係數用圖表來呈現，如圖 **21.1**。

```
> # 讀取資料
> housing <- read.table("data/housing.csv", sep=",", header=TRUE,
+                       stringsAsFactors=FALSE)
> # 替資料取名
> names(housing) <- c("Neighborhood", "Class", "Units", "YearBuilt",
+       "SqFt", "Income", "IncomePerSqFt", "Expense",
+       "ExpensePerSqFt", "NetIncome", "Value",
+       "ValuePerSqFt", "Boro")
> # 移除一些離群值
> housing <- housing[housing$Units < 1000, ]
> head(housing)

  Neighborhood           Class Units YearBuilt   SqFt   Income
1    FINANCIAL R9-CONDOMINIUM    42      1920  36500  1332615
2    FINANCIAL R4-CONDOMINIUM    78      1985 126420  6633257
3    FINANCIAL RR-CONDOMINIUM   500        NA 554174 17310000
4    FINANCIAL R4-CONDOMINIUM   282      1930 249076 11776313
5      TRIBECA R4-CONDOMINIUM   239      1985 219495 10004582
6      TRIBECA R4-CONDOMINIUM   133      1986 139719  5127687
  IncomePerSqFt Expense ExpensePerSqFt NetIncome    Value
1         36.51  342005           9.37    990610  7300000
2         52.47 1762295          13.94   4870962 30690000
3         31.24 3543000           6.39  13767000 90970000
4         47.28 2784670          11.18   8991643 67556006
5         45.58 2783197          12.68   7221385 54320996
6         36.70 1497788          10.72   3629899 26737996
  ValuePerSqFt      Boro
1       200.00 Manhattan
2       242.76 Manhattan
3       164.15 Manhattan
```

Next

```
4          271.23    Manhattan
5          247.48    Manhattan
6          191.37    Manhattan

>
> # 建立模型
> house1 <- lm(ValuePerSqFt ~ Units + SqFt + Boro, data=housing)
> summary(house1)

Call:
lm(formula = ValuePerSqFt ~ Units + SqFt + Boro, data = housing)

Residuals:
    Min        1Q       Median   3Q Max
-168.458   -22.680   1.493 26.290   261.761

Coefficients:
                          Estimate     Std. Error   t value      Pr(>|t|)
(Intercept)              4.430e+01      5.342e+00     8.293      < 2e-16   ***
Units                   -1.532e-01      2.421e-02    -6.330      2.88e-10  ***
SqFt                     2.070e-04      2.129e-05     9.723      < 2e-16   ***
BoroBrooklyn             3.258e+01      5.561e+00     5.858      5.28e-09  ***
BoroManhattan            1.274e+02      5.459e+00    23.343      < 2e-16   ***
BoroQueens               3.011e+01      5.711e+00     5.272      1.46e-07  ***
BoroStaten Island       -7.114e+00      1.001e+01    -0.711         0.477
---
Signif. codes: 0 '***' 0.001 '**' 0.01 '*' 0.05 '.' 0.1 ' ' 1

Residual standard error: 43.2 on 2613 degrees of freedom
Multiple R-squared: 0.6034, Adjusted R-squared: 0.6025
F-statistic: 662.6 on 6 and 2613 DF, p-value: <2.2e-16

>
> # 畫出模型
> library(coefplot)
> coefplot(house1)
```

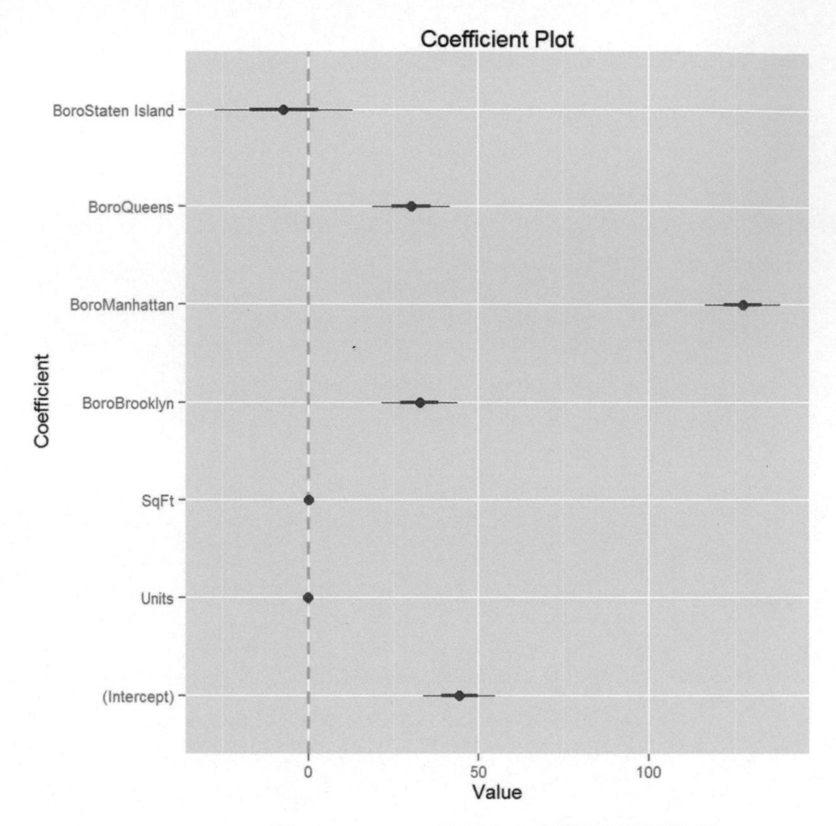

圖 21.1 house1 資料的公寓價格迴歸係數圖

線性迴歸有三個重要的殘差圖要知道，分別為估計值對殘差的圖、QQ 圖和殘差的直方圖。第一種圖可輕易由 ggplot2 繪製。ggplot2 提供了一些方便的功能來處理 lm 模型，我們可以將模型設為資料源，接著 ggplot2 將「鞏固」(fortify)它，這將建立新的直行欄位以方便繪圖。

```
> library(ggplot2)
> # 檢視被鞏固後的 lm 模型長什麼樣子
> head(fortify(house1))

  ValuePerSqFt Units    SqFt      Boro          .hat   .sigma
1       200.00    42   36500 Manhattan 0.0009594821 43.20952
2       242.76    78  126420 Manhattan 0.0009232393 43.19848
3       164.15   500  554174 Manhattan 0.0089836758 43.20347
4       271.23   282  249076 Manhattan 0.0035168641 43.17583
```

Next

```
5         247.48    239    219495    Manhattan     0.0023865978      43.19289
6         191.37    133    139719    Manhattan     0.0008934957      43.21225
        .cooksd      .fitted       .resid       .stdresid
1    5.424169e-05   172.8475     27.15248       0.6287655
2    2.285253e-04   185.9418     56.81815       1.3157048
3    1.459368e-03   209.8077    -45.65775      -1.0615607
4    2.252653e-03   180.0672     91.16278       2.1137487
5    8.225193e-04   180.5341     66.94589       1.5513636
6    8.446170e-06   180.2661     11.10385       0.2571216

> # 儲存一張圖到一個物件
> # 可以發現到我們用新建立的直行作為 x 和 y 軸
> # x 軸為.fitted 和 y 軸為.resid
> h1 <- ggplot(aes(x=.fitted, y=.resid), data = house1) +
+     geom_point() +
+     geom_hline(yintercept = 0) +
+     geom_smooth(se = FALSE) +
+     labs(x="Fitted Values", y="Residuals")
>
> # 顯示該圖
> h1
```

圖 21.2 顯示殘差對估計值的圖，乍看此圖，從殘差的散佈形式來看，並沒如預期中的隨機散開。更深入查看可以發現，該現象是 Boro 對資料所帶來的結構所造成的，如圖 **21.3**。

```
> h1 + geom_point(aes(color = Boro))
```

這些圖也可以輕易地經由內建繪圖函數來繪製，但畫出來的圖可能不會那麼美觀，如圖 **21.4** 所示。

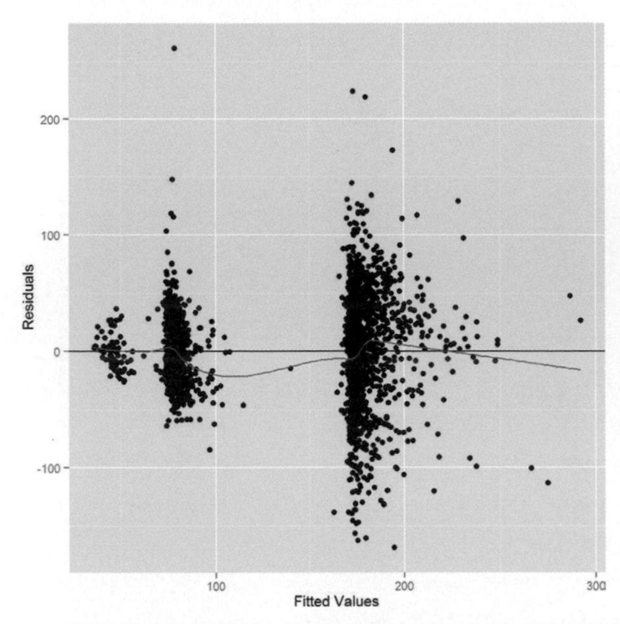

圖 21.2　house1 殘差對估計值的圖。此圖明顯顯示殘差資料點並沒隨機地散佈

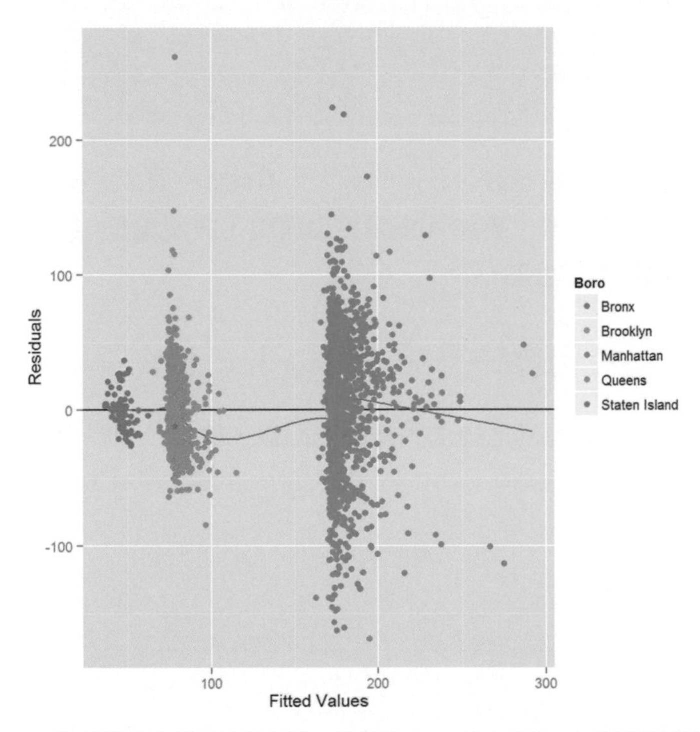

圖 21.3　針對 house1 殘差對估計值所繪製的圖，並依據 Boro 填上顏色。可以發現殘差所呈現的散佈形式是由模型裡的 Boro 造成的。此外，可以發現資料點同時覆蓋了 x 軸和平滑曲線，這是因為 geom_point 被附加在其他的 geoms 之後，這表示資料點會被擺在最高的一層

```
> # 使用內建函數繪圖
> plot(house1, which=1)
> # 同樣的圖, 但根據 Boro 填上了顏色
> plot(house1, which=1, col=as.numeric(factor(house1$model$Boro)))
> # 對圖的一些說明
> legend("topright", legend=levels(factor(house1$model$Boro)), pch=1,
+        col=as.numeric(factor(levels(factor(house1$model$Boro)))),
+        text.col=as.numeric(factor(levels(factor(house1$model$Boro)))),
+        title="Boro")
```

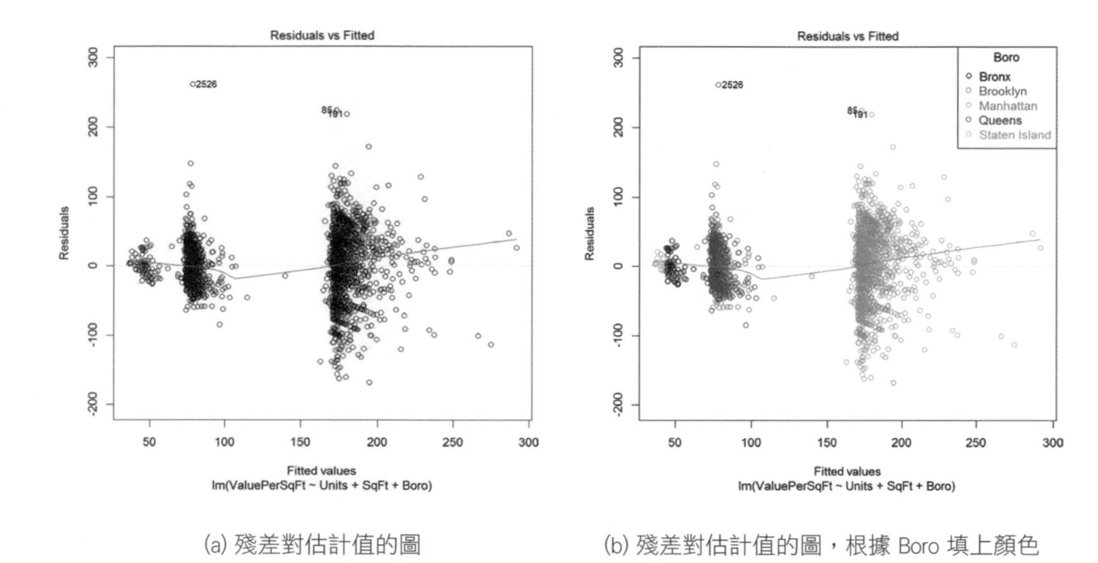

(a) 殘差對估計值的圖

(b) 殘差對估計值的圖，根據 Boro 填上顏色

圖 21.4 使用內建函數繪製殘差對估計值的基本圖

接下來我們介紹 QQ 圖。QQ 圖就是標準化殘差對常態分佈分位數理論值的圖。若模型配適良好，該標準化殘差將沿著一條直線落在線上。我們各使用內建函數和 ggplot2 繪製 QQ 圖，如圖 21.5 所示。

```
> plot(house1, which = 2)
> ggplot(house1, aes(sample = .stdresid)) + stat_qq() + geom_abline()
```

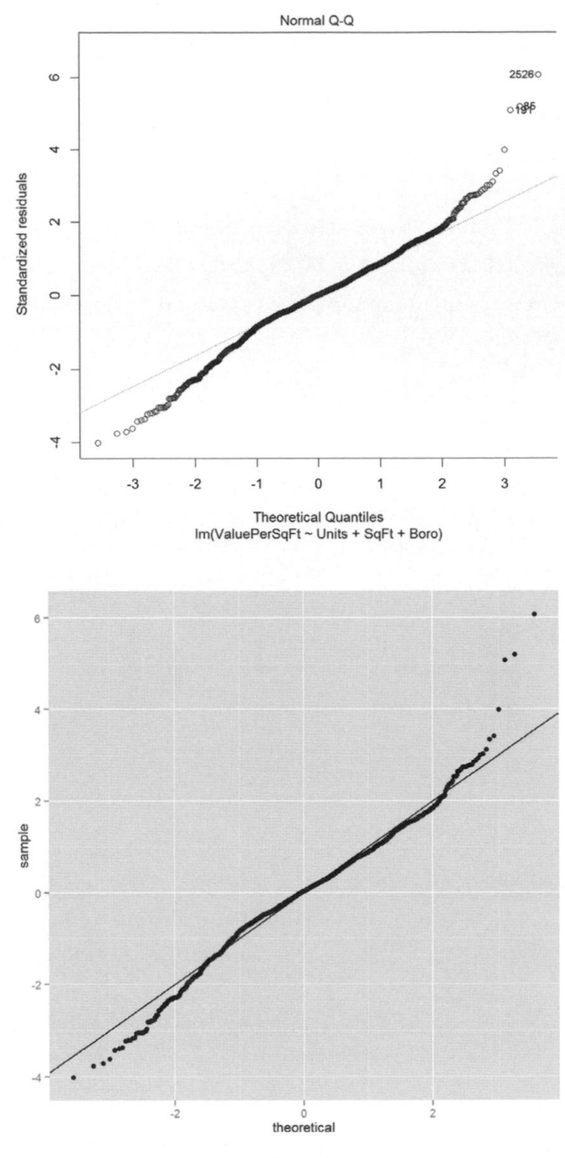

圖 21.5 house1 的 QQ 圖。尾巴偏離理想情況中的理論直線，因此表示模型配適並不是最好的

另一個診斷模型的方法是透過殘差的直方圖來判斷。前面已經多次示範怎麼用內建函數來繪圖，這裡就不再示範。圖 **21.6** 中的直方圖顯示殘差並沒服從常態分佈，這表示著我們的模型規格並不健全。

```
> ggplot(house1, aes(x = .resid)) + geom_histogram()
```

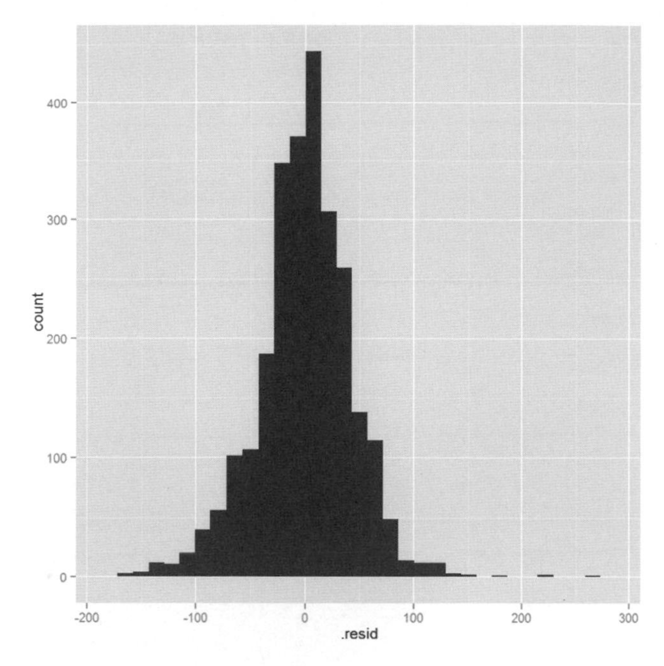

圖 21.6 house1 殘差的直方圖。此圖看起來不像常態分佈，證明了模型規格不健全

21-2 模型比較

之前介紹用來測量模型配適度的方式只在比較數個模型時才顯得合理，這是因為這些測量都是相對性的。因此我們多建立幾個模型以做比較。

```
> house2 <- lm(ValuePerSqFt ~ Units * SqFt + Boro, data=housing)
> house3 <- lm(ValuePerSqFt ~ Units + SqFt * Boro + Class,
+              data=housing)
> house4 <- lm(ValuePerSqFt ~ Units + SqFt * Boro + SqFt*Class,
+              data=housing)
> house5 <- lm(ValuePerSqFt ~ Boro + Class, data=housing)
```

一如既往，我們用 coefplot 套件裡的 multiplot 函數同時將幾個模型視覺化。**圖 21.7** 為其結果，其中我們發現 Boro 是唯一對 ValuePerSqFt 有顯著影響的變數，而某些公寓類別也對它有些影響。

```
> multiplot(house1, house2, house3, house4, house5, pointSize = 2)
```

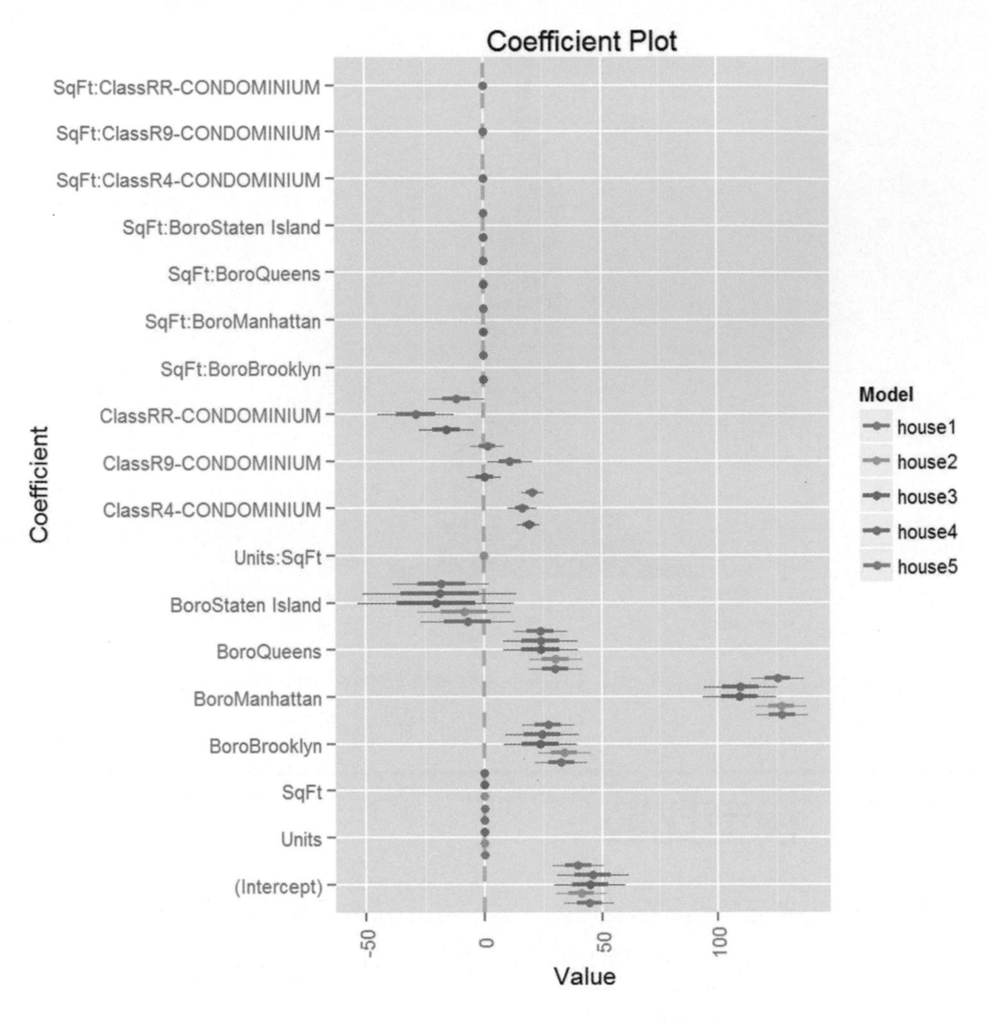

圖 21.7　對 housing(公寓)資料建立不同的模型和係數圖。
結果顯示只有 Boro 和一些公寓類別會帶來影響

雖然我們不建議使用 ANOVA 來做多樣本檢定，但用來做不同模型的比較倒是很有用。我們把幾個模型物件傳遞到 anova 函數，其將回傳一個含有各個模型殘差平方和(Residual Sum of Squares，RSS)的訊息。RSS 為誤差的測量，越低表示越好。

```
> anova(house1, house2, house3, house4, house5)

Analysis of Variance Table

Model 1: ValuePerSqFt ~ Units + SqFt + Boro
Model 2: ValuePerSqFt ~ Units * SqFt + Boro
Model 3: ValuePerSqFt ~ Units + SqFt * Boro + Class
Model 4: ValuePerSqFt ~ Units + SqFt * Boro + SqFt * Class
Model 5: ValuePerSqFt ~ Boro + Class

  Res.Df     RSS  Df  Sum of Sq        F     Pr(>F)
1   2613 4877506
2   2612 4847886   1      29620  17.0360  3.783e-05  ***
3   2606 4576769   6     271117  25.9888  < 2.2e-16  ***
4   2603 4525783   3      50986   9.7749  2.066e-06  ***
5   2612 4895630  -9    -369847  23.6353  < 2.2e-16  ***

---
Signif. codes: 0 '***' 0.001 '**' 0.01 '*' 0.05 '.' 0.1 ' ' 1
```

結果顯示第 4 個模型，house4 的 RSS 是最低的，這表示了在這群模型裡它是最好的。但問題是通常把一個新變數增添到模型裡，RSS 就會降低，將導致模型變得複雜和模型過適(overfitting)的現象。另一個用來測量模型配適度的量為 Akaike 訊息準則(Akaike Information Criterion，簡稱 AIC)，此測量會對模型的複雜度做出適當的懲罰。跟 RSS 一樣，擁有最低 AIC(就算是負值)的模型為佳；而 BIC(貝氏訊息準則，Bayesian Information Criterion)跟 AIC 相似，也是越低越好。

AIC 的公式為：

$$AIC = -2\ln(L) + 2p \qquad \text{(公式 21.1)}$$

其中 ln(L)為極大化對數概似(maximized log-likelihood)，而 p 為模型裡的係數個數。當模型被改進時，它的對數概似也會跟著提高，但由於該項為負的，這將使得 AIC 降低。雖然如此，添加係數將提高 AIC；這是對模型複雜度所做出的懲罰。BIC 的公式相似於 AIC，只是 AIC 以 2 乘以係數個數，而 BIC 則以列數的自然對數乘以係數個數。BIC 公式為：

$$BIC = -2\ln(L) + \ln(n) \cdot p$$ (公式 21.2)

各模型的 AIC 和 BIC 各可經由 AIC 和 BIC 函數來計算。

```
> AIC(house1, house2, house3, house4, house5)

        df       AIC
house1   8  27177.78
house2   9  27163.82
house3  15  27025.04
house4  18  27001.69
house5   9  27189.50

> BIC(house1, house2, house3, house4, house5)

        df       BIC
house1   8  27224.75
house2   9  27216.66
house3  15  27113.11
house4  18  27107.37
house5   9  27242.34
```

當呼叫 glm 模型，anova 將回傳該模型的偏差平方和(deviance)，即另一種誤差的測量。根據 Andrew Gelman 的經驗來看，在模型每增添一個變數，偏差平方和應該會下降兩個單位。若是加入類別(factor)變數，則該變數的每個 level 都會令偏差平方和下降兩個單位。我們從 ValuePerSqFt 建造一個新的二元變數來做示範，然後建立幾個羅吉斯迴歸模型：

```
> # 建立新的二元變數，其為 ValuePerSqFt 是否大於 150 的指標變數
> housing$HighValue <- housing$ValuePerSqFt >= 150
>
> # 建立幾個模型
> high1 <- glm(HighValue ~ Units + SqFt + Boro,
+              data=housing, family=binomial(link="logit"))
> high2 <- glm(HighValue ~ Units * SqFt + Boro,
+              data=housing, family=binomial(link="logit"))
> high3 <- glm(HighValue ~ Units + SqFt * Boro + Class,
+              data=housing, family=binomial(link="logit"))
```

Next

```
> high4 <- glm(HighValue ~ Units + SqFt * Boro + SqFt*Class,
+              data=housing, family=binomial(link="logit"))
> high5 <- glm(HighValue ~ Boro + Class,
+              data=housing, family=binomial(link="logit"))
>
> # 用 ANOVA(偏差平方和, deviance), AIC 和 BIC 來診斷模型
> anova(high1, high2, high3, high4, high5)

Analysis of Deviance Table

Model 1: HighValue ~ Units + SqFt + Boro
Model 2: HighValue ~ Units * SqFt + Boro
Model 3: HighValue ~ Units + SqFt * Boro + Class
Model 4: HighValue ~ Units + SqFt * Boro + SqFt * Class
Model 5: HighValue ~ Boro + Class
  Resid. Df Resid. Dev Df Deviance
1      2613     1687.5
2      2612     1678.8  1    8.648
3      2606     1627.5  6   51.331
4      2603     1606.1  3   21.420
5      2612     1662.3 -9  -56.205

> AIC(high1, high2, high3, high4, high5)

      df      AIC
high1  7 1701.484
high2  8 1694.835
high3 14 1655.504
high4 17 1640.084
high5  8 1678.290

> BIC(high1, high2, high3, high4, high5)

      df      BIC
high1  7 1742.580
high2  8 1741.803
high3 14 1737.697
high4 17 1739.890
high5  8 1725.257
```

結果再次顯示第 4 個模型是最好的。可以看到第 4 個模型增添了 3 個變數(Class 的 3 個指標變數和 SqFt 的交互作用)，偏差平方和降低了 21，這表示每增加一個變數，所降低的偏差平方和是大於 2 的。

21-3 交叉驗證(Cross Validation)

殘差分析和 ANOVA、AIC 模型檢定方法，早在電腦出現之前就存在了，因此以現代的運算能力來看，已經算是有點落伍的方法了。目前更常用來檢視模型品質的方法之一是交叉驗證，也稱為 K 折(K-fold)交叉驗證。

此法是將資料拆成 k 個(一般為 5 或 10)沒交集的群組，接著用 k-1 群的資料來建模，再用第 k 群資料來做預測。重複這步驟 k 次，直到每一群都被用來做一次預測和被用來建 k-1 次模型。交叉驗證可以測量模型預測的準確度，這對於檢視模型品質會很有幫助。

有很多套件和函數都可以進行交叉驗證，不過都有其各自的限制或獨特的操作方法，與其探討好幾個不健全的函數，我們倒不如示範一個可以被用在廣義線性模型(包括線性迴歸)的函數，接著建立一個可以用於任意模型的架構。

```
> library(boot)
> # 用 glm 重新對 house1 建立模型，而不再用 lm
> houseG1 <- glm(ValuePerSqFt ~ Units + SqFt + Boro,
+                data=housing, family=gaussian(link="identity"))
>
> # 確保它跟 lm 的結果是一樣的
> identical(coef(house1), coef(houseG1))

[1] TRUE

>
> # 執行 5 折(群)的交叉驗證
> houseCV1 <- cv.glm(housing, houseG1, K=5)
> # 檢視誤差
> houseCV1$delta

[1] 1878.596 1876.691
```

cv.glm 的結果包括了 delta，而 delta 裡有兩種數字。第一種是根據成本函數(cost function) 對所有資料群計算出來的原始交叉驗證誤差，在這例子為均方誤差(mean squared error，MSE)，是被用來測量估計值準確度，其定義如公式 21.3 顯示。第二種數字為調整後的交叉驗證誤差，其所做的調整是對沒使用留一(leave-one-out)交叉驗證的補償，而這驗證法其實就是 k 折交叉驗證，除了每一群的一個資料點會被保留下來。此測量非常精準，但其需要的計算量也比較大。

$$MSE = \frac{1}{n}\sum_{i=1}^{n}(\hat{y}_i - y_i)^2 \quad \text{(公式 21.3)}$$

雖然現在我們可以把誤差都計算出來，但它在被用來比較好幾個模型的時候才是有幫助的，因此我們對其他所建立的模型執行同樣的程序，不過我們首先用 glm 重新建立那些模型。

```
> # 用 glm 重新建立模型
> houseG2 <- glm(ValuePerSqFt ~ Units * SqFt + Boro, data=housing)
> houseG3 <- glm(ValuePerSqFt ~ Units + SqFt * Boro + Class,
+                data=housing)
> houseG4 <- glm(ValuePerSqFt ~ Units + SqFt * Boro + SqFt*Class,
+                data=housing)
> houseG5 <- glm(ValuePerSqFt ~ Boro + Class, data=housing)
>
> # 執行交叉驗證
> houseCV2 <- cv.glm(housing, houseG2, K=5)
> houseCV3 <- cv.glm(housing, houseG3, K=5)
> houseCV4 <- cv.glm(housing, houseG4, K=5)
> houseCV5 <- cv.glm(housing, houseG5, K=5)
>
> ## 檢視誤差結果
> # 給結果建立一個 data.frame
> cvResults <- as.data.frame(rbind(houseCV1$delta, houseCV2$delta,
+                                  houseCV3$delta, houseCV4$delta,
+                                  houseCV5$delta))
```

Next

```
> ## 進行一些處理以更好地呈現結果
> # 替直行取更好的名稱
> names(cvResults) <- c("Error", "Adjusted.Error")
> # 加入模型名稱
> cvResults$Model <- sprintf("houseG%s", 1:5)
>
> # 檢視結果
> cvResults

     Error  Adjusted.Error     Model
1  1878.596       1876.691   houseG1
2  1862.247       1860.900   houseG2
3  1767.268       1764.953   houseG3
4  1764.370       1760.102   houseG4
5  1882.631       1881.067   houseG5
```

我們再一次發現第四個模型，houseG4 為最好的模型。**圖 21.8** 顯示了使用 ANOVA、AIC 和交叉驗證對幾個模型所計算出來的模型測量結果。雖然幾個方法算出來的測量尺度不一樣，但圖形卻是一致的。

```
> # 畫出結果
> # 用 ANOVA 檢定
> cvANOVA <-anova(houseG1, houseG2, houseG3, houseG4, houseG5)
> cvResults$ANOVA <- cvANOVA$`Resid. Dev`
> # 用 AIC 測量
> cvResults$AIC <- AIC(houseG1, houseG2, houseG3, houseG4, houseG5)$AIC
>
> # 處理 data.frame 以便繪圖
> library(reshape2)
> cvMelt <- melt(cvResults, id.vars="Model", variable.name="Measure",
+                value.name="Value")
> cvMelt

      Model       Measure       Value
  1  houseG1        Error    1878.596
  2  houseG2        Error    1862.247
  3  houseG3        Error    1767.268
  4  houseG4        Error    1764.370
  5  houseG5        Error    1882.631
```

Next

```
6   houseG1 Adjusted.Error     1876.691
7   houseG2 Adjusted.Error     1860.900
8   houseG3 Adjusted.Error     1764.953
9   houseG4 Adjusted.Error     1760.102
10  houseG5 Adjusted.Error     1881.067
11  houseG1          ANOVA  4877506.411
12  houseG2          ANOVA  4847886.327
13  houseG3          ANOVA  4576768.981
14  houseG4          ANOVA  4525782.873
15  houseG5          ANOVA  4895630.307
16  houseG1            AIC    27177.781
17  houseG2            AIC    27163.822
18  houseG3            AIC    27025.042
19  houseG4            AIC    27001.691
20  houseG5            AIC    27189.499

>
> ggplot(cvMelt, aes(x=Model, y=Value)) +
+     geom_line(aes(group=Measure, color=Measure)) +
+     facet_wrap(~Measure, scales="free_y") +
+     theme(axis.text.x=element_text(angle=90, vjust=.5)) +
+     guides(color=FALSE)
```

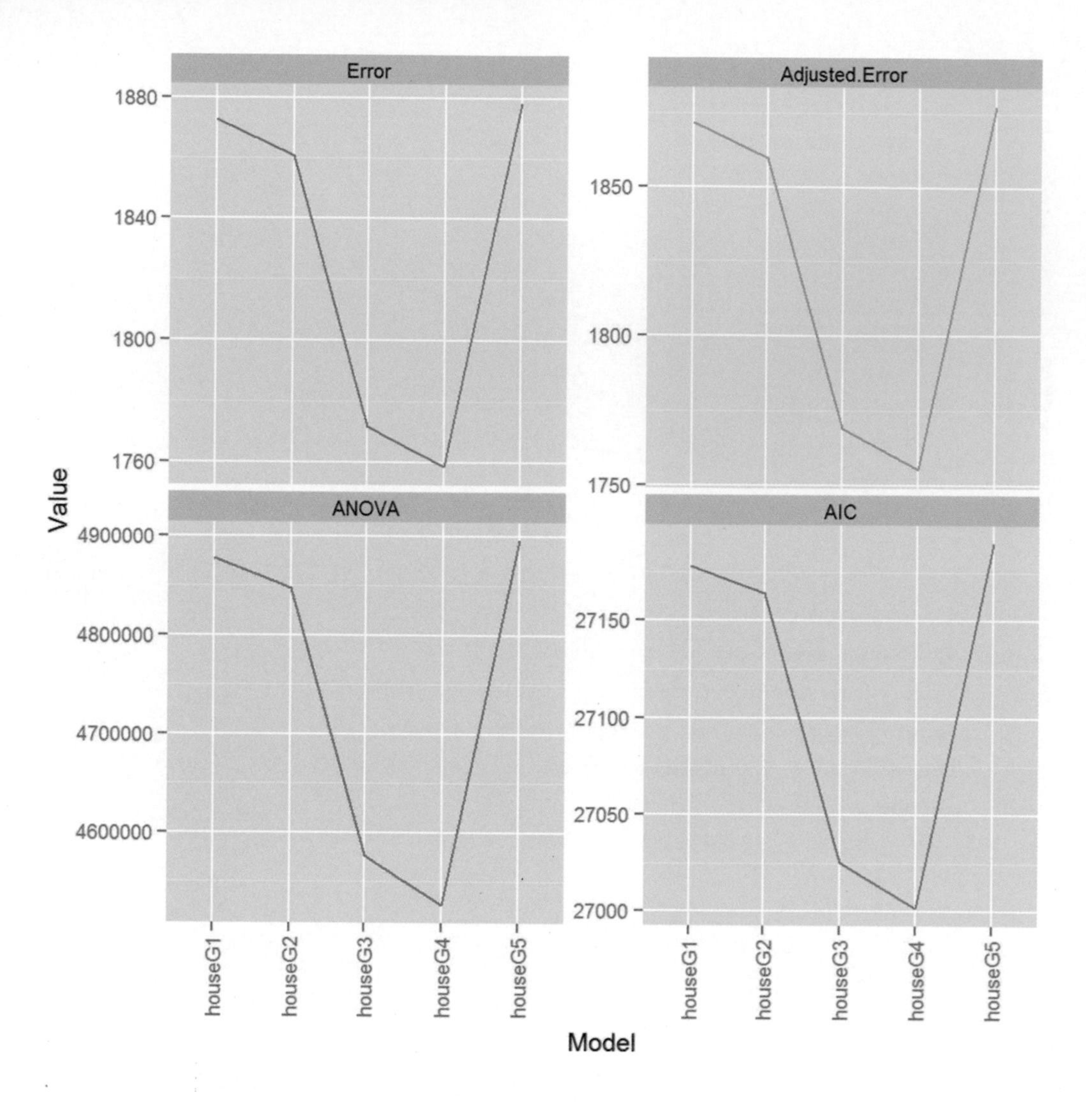

圖 21.8 針對幾個模型算出的交叉驗證誤差(原始和調整後)，ANOVA 和 AIC 的模型測量結果所繪出的圖。雖然這些測量的尺度都不一樣，但圖形一致，同時反映了 houseG4 模型真的是最好的

我們現在呈現一個一般架構(大約參照 cv.glm 所建立的)以對任意模型(不僅限於 glm)進行交叉驗證。但這不會是個萬能的模型，無法適用所有模型，但它能提供一個交叉驗證的總體概念讓我們參考。在實務上，應該再分成多個小部份，並把它建立得更健全。

```
> cv.work <- function(fun, k = 5, data,
+                     cost = function(y, yhat) mean((y - yhat)^2),
+                     response="y", ...)
+   {
+   # 生成資料群
+   folds <- data.frame(Fold=sample(rep(x=1:k, length.out=nrow(data))),
+                       Row=1:nrow(data))
+
+   # 讓誤差的初始值為 0
+   error <- 0
+
+   ## 對每群資料進行迭代
+   ## 其中對每一群資料:
+   ## 用訓練資料(training data)建立模型
+   ## 用測試資料(testing data)進行預測
+   ## 計算誤差並把它累積起來
+   for(f in 1:max(folds$Fold))
+   {
+       # 抽取測試資料的橫列索引
+       theRows <- folds$Row[folds$Fold == f]
+
+       ## 對 data[-theRows, ]應用 fun 函數
+       ## 對 data[theRows, ]做預測
+       mod <- fun(data=data[-theRows, ], ...)
+       pred <- predict(mod, data[theRows, ])
+
+       # 累積誤差, 並以群中的橫列個數當權重
+       error <- error +
+           cost(data[theRows, response], pred) *
+           (length(theRows)/nrow(data))
+   }
+
+   return(error)
+ }
```

將此函數應用到不同的模型，取得它們交叉驗證的誤差。

```
> cv1 <- cv.work(fun=lm, k=5, data=housing, response="ValuePerSqFt",
+               formula=ValuePerSqFt ~ Units + SqFt + Boro)
> cv2 <- cv.work(fun=lm, k=5, data=housing, response="ValuePerSqFt",
+               formula=ValuePerSqFt ~ Units * SqFt + Boro)
> cv3 <- cv.work(fun=lm, k=5, data=housing, response="ValuePerSqFt",
+               formula=ValuePerSqFt ~ Units + SqFt * Boro + Class)
> cv4 <- cv.work(fun=lm, k=5, data=housing, response="ValuePerSqFt",
+               formula=ValuePerSqFt ~ Units + SqFt * Boro + SqFt*Class)
> cv5 <- cv.work(fun=lm, k=5, data=housing, response="ValuePerSqFt",
+               formula=ValuePerSqFt ~ Boro + Class)
> cvResults <- data.frame(Model=sprintf("house%s", 1:5),
+                        Error=c(cv1, cv2, cv3, cv4, cv5))
> cvResults

    Model      Error
  1 house1   1875.582
  2 house2   1859.388
  3 house3   1766.066
  4 house4   1764.343
  5 house5   1880.926
```

這帶來的結果類似於 cv.glm 的結果，它們都表示了第四個模型為最佳模型。不同的測量方法不一定會帶來同樣的結果，但如果它們若結果一致，那就可以除去許多麻煩。

21-4 自助抽樣法(Bootstrap)

在一些特定情況下，可能會找不到適當的方法求得理想的分析結果，例如要測量信賴區間的不確定性。Bradley Efron 在 1979 年發表了自助抽樣法，可以解決這個問題，此法的發展也對現代統計帶來了革命性的變化。

為了介紹此方法，我們先假設有 n 列的資料，我們可以從該資料計算一些統計量 (例如平均數、迴歸或其他函數)。接著從資料抽樣而建立一個新的資料組，取樣後新的資料仍維持 n 列，不過有些資料不會出現在新資料中 (因此部份資料是重複的)。之後對取樣後的新資料再次計算同樣的統計量。上述步驟將被重複 R 次 (一般大約 1200 次)，這將產生該統計量的分佈，而由此分佈，我們就可以計算出該統計量的平均數和信賴區間(一般為 95%)。

boot 套件裡有一套完整的工具可以讓我們輕易地使用自助抽樣法。使用該套件裡的函數有一些注意事項，但都很好處理，以下我們以一個簡單的例子來示範。我們將分析自 1990 年美國職棒大聯盟(Major League Baseball)的整體打擊率，baseball 資料裡含有我們需要的相關資訊如打數(at bats, 簡稱 ab)和安打數(hits, 簡稱 h)供我們使用。

```
> library(plyr)
> baseball <- baseball[baseball$year >= 1990, ]
> head(baseball)

             id year stint team lg   g  ab  r   h X2b X3b hr rbi sb
67412 alomasa02 1990     1  CLE AL 132 445 60 129  26   2  9  66  4
67414 anderbr01 1990     1  BAL AL  89 234 24  54   5   2  3  24 15
67422 baergca01 1990     1  CLE AL 108 312 46  81  17   2  7  47  0
67424 baineha01 1990     1  TEX AL 103 321 41  93  10   1 13  44  0
67425 baineha01 1990     2  OAK AL  32  94 11  25   5   0  3  21  0
67442 bergmda01 1990     1  DET AL 100 205 21  57  10   1  2  26  3
      cs bb so ibb hbp sh sf gidp       OBP
67412  1 25 46   2   2  5  6   10 0.3263598
67414  2 31 46   2   5  4  5    4 0.3272727
67422  2 16 57   2   4  1  5    4 0.2997033
67424  1 47 63   9   0  0  3   13 0.3773585
67425  2 20 17   1   0  0  4    4 0.3813559
67442  2 33 17   3   0  1  2    7 0.3750000
```

計算打擊率的正統方法是將總安打數除以總打數。因此並不能直接用 mean(h/ab)和 sd(h/ab)來取得平均數和標準差，而是應由 sum(h)/sum(ab)來計算打擊率，但其標準差就不是那麼容易可以取得了，這個問題恰好可以用自助抽樣法解決。

我們先用原資料計算整體的打擊率，接著我們在允許重複抽樣(sample with replacement)下抽取 n 列資料，再計算打擊率，然後重複這些步驟直到形成打擊率的分佈。以下我們將利用 boot 來做到。

Boot 的第 1 個引數為資料，第 2 個引數則是要套用到資料上的函數，而且必須是至少有兩個引數的函數 (除非設定 sim="parametric"，那就只需要第一個引數)。其中函數的第一引數為原資料，而第二個則可以是索引(indices)、頻率(frequencies)或權重(weights)的 vector。任何附加引數可透過 boot 傳遞到該函數。

```
> ## 建立函數以計算打擊率
> # data 為原資料
> # boot 將傳遞不同組的索引(indices)
> # 在單一次傳遞裡，有些橫列的索引會出現幾次
> # 有些則完全不會出現
> # 平均來說 63%的橫列會出現
> # boot 將重複性地呼叫此函數
> bat.avg <- function(data, indices=1:NROW(data), hits="h",
+                     at.bats="ab")
+ {
+     sum(data[indices, hits], na.rm=TRUE) /
+         sum(data[indices, at.bats], na.rm=TRUE)
+ }
>
> # 用原資料來測試該函數
> bat.avg(baseball)

[1] 0.2745988

>
> # 開始自助抽樣
> # 所用的資料為 baseball 資料，其將呼叫 bat.avg 1,200 次
> # 每次會把索引傳遞到函數
> avgBoot <- boot(data=baseball, statistic=bat.avg, R=1200, stype="i")
>
> # 顯示對原資料的測量(original)、估計值的偏差(bias)和標準誤差
> avgBoot

ORDINARY NONPARAMETRIC BOOTSTRAP
```

Next

```
Call:
boot(data = baseball, statistic = bat.avg, R = 1200, stype = "i")


Bootstrap Statistics :
        original          bias      std. error
  t1*   0.2745988    1.071011e-05    0.0006843765
> # 顯示信賴區間
> boot.ci(avgBoot, conf=.95, type="norm")


BOOTSTRAP CONFIDENCE INTERVAL CALCULATIONS
Based on 1200 bootstrap replicates


CALL :
boot.ci(boot.out = avgBoot, conf = 0.95, type = "norm")


Intervals :
Level           Normal
95%      (0.2732,  0.2759)


Calculations and Intervals on Original Scale
```

要畫出分佈的結果，我們可以用重複複製出來的結果畫一個直方圖。**圖 21.9** 顯示打擊率的直方圖，兩條垂直線各別為原本估計值加減兩個標準誤差。這些線實質上就是(大約是)該估計值的 95%信賴區間。

```
> ggplot() +
+     geom_histogram(aes(x=avgBoot$t), fill="grey", color="grey") +
+     geom_vline(xintercept=avgBoot$t0 + c(-1, 1)*2*sqrt(var(avgBoot$t)),
+                linetype=2)
```

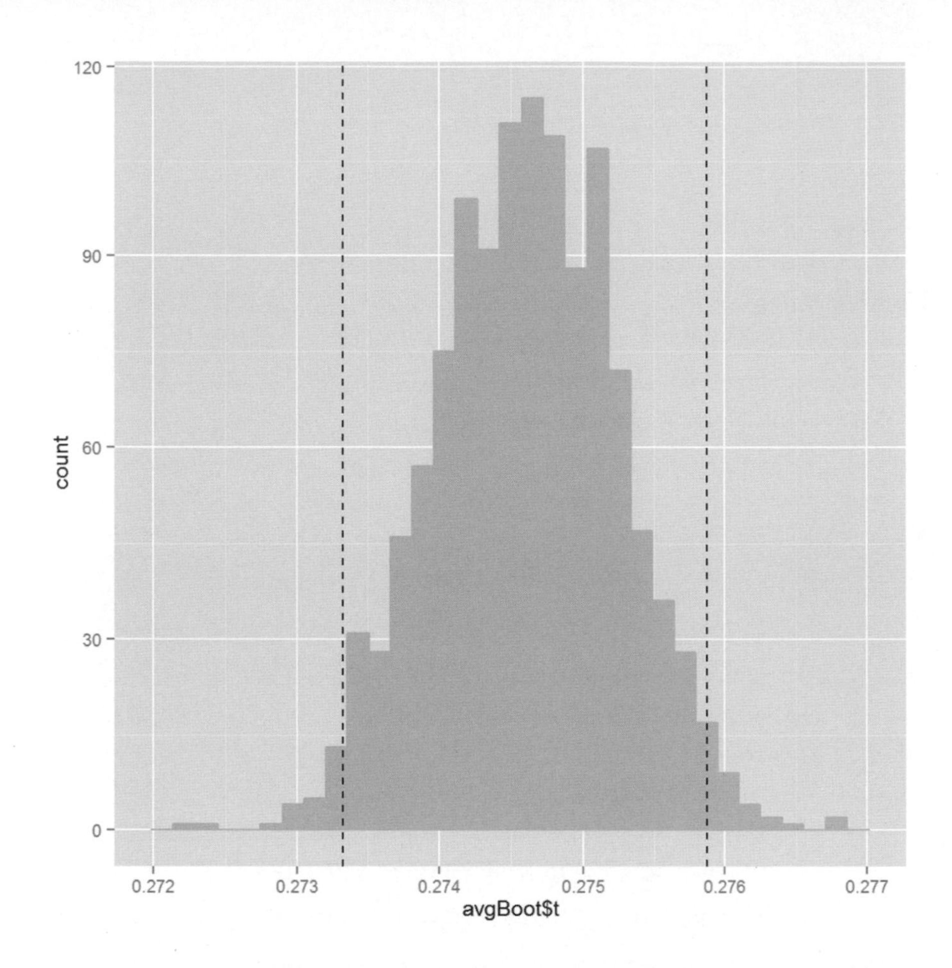

圖 21.9　從自助抽樣得到的打擊率直方圖。兩條垂直線各別為原本估計值的加減兩個標準誤差，其為自助抽樣法的 95%信賴區間

自助抽樣法是一個很強大的工具，它可以被用來處理許多問題。而 boot 套件所提供的功能遠多於此處所示範的，其中包括可以對時間序列和被設限的資料做自助抽樣法。當我們遇到一些問題沒有或者很難找出解析解時，自助抽樣法就可以派上用場了。自助抽樣法在一些情況裡是不適用的，比如要測量有偏估計量的不確定性，就像從 lasso 取得的估計量那樣，但這些情況是很罕見的。

21-5 逐步向前變數選取 (Stepwise Variable Selection)

逐步向前變數選取法也是很常用的模型變數選取方法，但慢慢的不被專家們推薦使用 (原因後述)。這個方法是一個一直從模型增添和移除變數的迭代過程，模型在過程中的每一步都會透過 AIC 不斷檢測。

step 函數可以用來對所有可能模型進行迭代。它的 scope 引數可以用來指定可以接受的最小和最大模型。而 direction 引數可以指定是要在模型增添變數(forward)，或者只是要從模型移除變數(backward)，或根據情況來增添或移除變數(both)。當執行這函數，它將把所有的迭代過程顯示出來，直到它挑出最佳模型顯示出來為止。

```
> # 最小的模型為虛無模型, 基本上就是一個直線平均
> nullModel <- lm(ValuePerSqFt ~ 1, data=housing)
> # 我們能接受的最大模型
> fullModel <- lm(ValuePerSqFt ~ Units + SqFt*Boro + Boro*Class,
+                 data=housing)
> # 嘗試不同的模型
> # 從 nullModel 開始
> # 不能超越 fullModel
> # 運行一個雙向(both)的迭代
> houseStep <- step(nullModel,
+                   scope=list(lower=nullModel, upper=fullModel),
+                   direction="both")

Start:  AIC=22151.56
ValuePerSqFt ~ 1

          Df  Sum of Sq       RSS    AIC
+ Boro     4    7160206   5137931  19873
+ SqFt     1    1310379  10987758  21858
+ Class    3    1264662  11033475  21873
+ Units    1     778093  11520044  21982
<none>                   12298137  22152
```

Next

```
Step:  AIC=19872.83
ValuePerSqFt  ~  Boro

            Df  Sum of Sq        RSS     AIC
+ Class      3     242301    4895630   19752
+ SqFt       1     185635    4952296   19778
+ Units      1      83948    5053983   19832
<none>                       5137931   19873
- Boro       4    7160206   12298137   22152

Step:  AIC=19752.26
ValuePerSqFt  ~  Boro  +  Class

                 Df  Sum of Sq        RSS     AIC
+ SqFt            1     182170    4713460   19655
+ Units           1     100323    4795308   19700
+ Boro:Class      9     111838    4783792   19710
<none>                            4895630   19752
- Class           3     242301    5137931   19873
- Boro            4    6137845   11033475   21873

Step:  AIC=19654.91
ValuePerSqFt  ~  Boro  +  Class  +  SqFt

                 Df  Sum of Sq        RSS     AIC
+ SqFt:Boro       4     113219    4600241   19599
+ Boro:Class      9      94590    4618870   19620
+ Units           1      37078    4676382   19636
<none>                            4713460   19655
- SqFt            1     182170    4895630   19752
- Class           3     238836    4952296   19778
- Boro            4    5480928   10194388   21668

Step:  AIC=19599.21
ValuePerSqFt  ~  Boro  +  Class  +  SqFt  +  Boro:SqFt

                 Df  Sum of Sq       RSS     AIC
+ Boro:Class      9      68660   4531581   19578
+ Units           1      23472   4576769   19588
<none>                           4600241   19599
- Boro:SqFt       4     113219   4713460   19655
```

Next

```
- Class          3     258642   4858883    19737

Step:  AIC=19577.81
ValuePerSqFt ~ Boro + Class + SqFt + Boro:SqFt + Boro:Class

              Df  Sum of Sq      RSS     AIC
+Units         1      20131  4511450   19568
<none>                       4531581   19578
-Boro:Class    9      68660  4600241   19599
-Boro:SqFt     4      87289  4618870   19620

Step:  AIC=19568.14
ValuePerSqFt ~ Boro + Class + SqFt + Units + Boro:SqFt + Boro:Class

              Df  Sum of Sq      RSS     AIC
<none>                       4511450   19568
- Units        1      20131  4531581   19578
- Boro:Class   9      65319  4576769   19588
- Boro:SqFt    4      75955  4587405   19604

> # 顯示被挑選的模型
> houseStep

Call:
lm(formula = ValuePerSqFt ~ Boro + Class + SqFt + Units + Boro:SqFt +
    Boro:Class, data = housing)

Coefficients:
                      (Intercept)
                        4.848e+01
                     BoroBrooklyn
                        2.655e+01
                    BoroManhattan
                        8.672e+01
                       BoroQueens
                        1.999e+01
                BoroStaten Island
                       -1.132e+01
             ClassR4-CONDOMINIUM
                        6.586e+00
             ClassR9-CONDOMINIUM
                        4.553e+00
```

Next

```
                     ClassRR-CONDOMINIUM
                              8.130e+00
                                   SqFt
                              1.373e-05
                                  Units
                             -8.296e-02
                      BoroBrooklyn:SqFt
                              3.798e-05
                     BoroManhattan:SqFt
                              1.594e-04
                        BoroQueens:SqFt
                              2.753e-06
                 BoroStaten Island:SqFt
                              4.362e-05
       BoroBrooklyn:ClassR4-CONDOMINIUM
                              1.933e+00
      BoroManhattan:ClassR4-CONDOMINIUM
                              3.436e+01
         BoroQueens:ClassR4-CONDOMINIUM
                              1.274e+01
  BoroStaten Island:ClassR4-CONDOMINIUM
                                     NA
       BoroBrooklyn:ClassR9-CONDOMINIUM
                             -3.440e+00
      BoroManhattan:ClassR9-CONDOMINIUM
                              1.497e+01
         BoroQueens:ClassR9-CONDOMINIUM
                             -9.967e+00
  BoroStaten Island:ClassR9-CONDOMINIUM
                                     NA
       BoroBrooklyn:ClassRR-CONDOMINIUM
                             -2.901e+01
      BoroManhattan:ClassRR-CONDOMINIUM
                             -6.850e+00
         BoroQueens:ClassRR-CONDOMINIUM
                              2.989e+01
  BoroStaten Island:ClassRR-CONDOMINIUM
                                     NA
```

step 最終挑選了 fullModel 為最佳模型，因為它的 AIC 是最低的。雖然逐步向前變數選取這個方法可行，但它其實有點暴力法 (Brute force) 的味道，而且它的理論上還有一些爭議。Lasso 迴歸會是更好的變數選取方法，我們會在 **22-1 節**討論此方法。

21-6 小結

檢視模型品質是建模過程重要的一環。我們可以使用傳統 ANOVA 之類的檢定方法，或目前使用較廣的交叉驗證來檢視模型的配適度。自助抽樣法也是可以用來檢視模型不確定性的方法之一，尤其在於信賴區間沒辦法被估計的時候。這些都可以幫助我們決定什麼變數要被放在模型或什麼變數應該從模型中被移除掉。

Memo

22

正規化和壓縮方法

現在是高維度資料(很多變數)的時代，我們需要一些方法來預防模型過度配適(overfitting)的問題。以傳統的做法來說，我們可以使用像第 21 章所介紹的變數挑選方法，不過在遇到很大量的變數時，計算過程會困難許多。其他可以採用的方法還有很多種，而本章主要會著重使用正規化(regularization)和壓縮(shrinkage)方法。對此，我們也將使用 glmnet 套件裡的 glmnet 函數和 arm 套件裡的 bayesglm 函數。

22-1 Elastic Net

在過去幾年，Elastic Net 的發展應該是最令人驚喜的演算法，它是 lasso (最小絕對壓縮挑選機制)和脊(岭)迴歸(ridge regression)的綜合體。lasso 採用 L1 懲罰來挑選變數和降低維度，而脊迴歸則用 L2 懲罰來壓縮係數以達到更穩定的預測。Elastic Net 的公式為：

$$\min_{\beta_0,\beta\in\mathbb{R}^{p+1}}\left[\frac{1}{2N}\sum_{i=1}^{N}\left(y_i-\beta_0-x_i^T\beta\right)^2+\lambda P_\alpha(\beta)\right] \quad \text{(公式 22.1)}$$

其中,

$$P_\alpha(\beta)=(1-\alpha)\frac{1}{2}\|\Gamma\beta\|_{l_2}^2+\alpha\|\Gamma\beta\|_{l_1} \quad \text{(公式 22.2)}$$

λ 為控制壓縮程度的複雜性參數(0 為無懲罰，而∞為完全懲罰)，而 α 則調整結果偏向脊迴歸或 lasso 的程度 (其中 α=0 代表完全的脊迴歸，而 α=1 代表完全使用 lasso)。在上述公式中未出現的 Γ 是一個懲罰因子的向量，其包含每個變數專屬的懲罰因子，這些因子將被用來乘以 λ 以調整對每個變數的懲罰(同樣的，0 代表無懲罰，而∞代表完全懲罰)。

我們將使用一個較新的套件 (也採用較新的演算法) - glmnet。此套件可讓我們使用 Elastic Net 來建立廣義線性模型。由於 glmnet 是用來更快速地處理資料，而且是用來針對較大量和稀疏度較大的資料，因此會比使用 R 中其它用來建模的函數麻煩一些。函數如 lm 和 glm 用 formula 介面來指定所要用的模型，而 glmnet 則要求輸入預測變數的 matrix (截距項除外，它將會自動被附加到模型) 和反應變數的 matrix。

我們將使用紐約州美國社區問卷調查(ACS)資料作為範例，我們將把所有預測變數都放入模型，然後看哪些變數是會被選上的。

```
> acs <- read.table("http://jaredlander.com/data/acs_ny.csv", sep = ",",
+                   header = TRUE, stringsAsFactors = FALSE)
```

由於 glmnet 要求的是預測變數的 matrix，所以我們使用了 model.matrix，只要輸入一個 formula 和一個 data.frame，該函數就可以回傳一個設計矩陣(design matrix)了。我們隨意建立一些假資料，然後對其使用 model.matrix：

```
> # 建立一個前三個欄位為 numeric 的 data.frame
> testFrame <-
+ data.frame(First=sample(1:10, 20, replace=TRUE),
+            Second=sample(1:20, 20, replace=TRUE),
+            Third=sample(1:10, 20, replace=TRUE),
+            Fourth=factor(rep(c("Alice", "Bob", "Charlie", "David"),
+                              5)),
+            Fifth=ordered(rep(c("Edward", "Frank", "Georgia",
+                                "Hank", "Isaac"), 4)),
+            Sixth=rep(c("a", "b"), 10), stringsAsFactors=F)
> head(testFrame)

  First  Second  Third  Fourth   Fifth   Sixth
1     3       8      6   Alice  Edward       a
2     3      16      4     Bob   Frank       b
3     9      14      6 Charlie Georgia       a
4     9       2      2   David    Hank       b
5     5      17      6   Alice   Isaac       a
6     6       3      4     Bob  Edward       b


>
> head(model.matrix(First ~ Second + Fourth + Fifth, testFrame))

  (Intercept)   Second  FourthBob FourthCharlie   FourthDavid     Fifth.L
1           1        8          0             0             0  -0.6324555
2           1       16          1             0             0  -0.3162278
3           1       14          0             1             0   0.0000000
4           1        2          0             0             1   0.3162278
5           1       17          0             0             0   0.6324555
6           1        3          1             0             0  -0.6324555
     Fifth.Q         Fifth.C       Fifth^4
1  0.5345225   -3.162278e-01     0.1195229
2 -0.2672612    6.324555e-01    -0.4780914
3 -0.5345225   -4.095972e-16     0.7171372
4 -0.2672612   -6.324555e-01    -0.4780914
5  0.5345225    3.162278e-01     0.1195229
6  0.5345225   -3.162278e-01     0.1195229
```

我們可以看到此函數的執行結果還不錯，也很簡單，不過其中有一些地方要注意。正如預期中的，Fourth 已被轉換成指標變數，一行一個變數，變數看似包含了 Fourth 的所有 level，實則少了一個。另一方面我們發現 Fifth 在參數化後有點奇怪，雖然直行變數依然是比其 level 個數少一個，但裡面的值卻不只是 1 和 0。原因是 Fifth 是一個 ordered factor，其 level 之間是有大小關係的。

在建立許多線性模型時，不對 factor 的 base level 建立指標變數是很重要的，這可以預防多重共線性的問題 [1]。通常使用 Elastic Net 時，預測變數矩陣不應該不對 base level 建立指標變數。我們其實可以讓 model.matrix 回傳 factor 裡所有 level 的指標變數，對此我們需要在指令撰寫上動些手腳 [2]，這裡我們利用了 useful 套件裡的 build.x 函數，讓相關操作變得更簡單些。

```
> library(useful)
> # 對所有變數使用其所有 level
> head(build.x(First ~ Second + Fourth + Fifth, testFrame,
+              contrasts=FALSE))

  (Intercept)  Second FourthAlice  FourthBob FourthCharlie FourthDavid
1           1       8           1          0             0           0
2           1      16           0          1             0           0
3           1      14           0          0             1           0
4           1       2           0          0             0           1
5           1      17           1          0             0           0
6           1       3           0          1             0           0
  FifthEdward FifthFrank FifthGeorgia  FifthHank  FifthIsaac
1           1          0            0          0           0
2           0          1            0          0           0
3           0          0            1          0           0
4           0          0            0          1           0
5           0          0            0          0           1
6           1          0            0          0           0
```

Next

1：這是線性代數的矩陣特徵之一，這表示矩陣行和行之間並不是線性獨立的。雖然這是一個很重要的概念，但這不是本書的重點。

2 ：本書作者在 Stack Overflow 發表了此問題，從中也看到了這問題的困難度：
http://stackoverflow.com/questions/4560459/all-levels-of-a-factor-in-a-model-matrix-in-r/15400119

```
> # 只對 Fourth 使用所有 level
> head(build.x(First ~ Second + Fourth + Fifth, testFrame,
+              contrasts=c(Fourth=FALSE, Fifth=TRUE)))

  (Intercept)  Second  FourthAlice  FourthBob  FourthCharlie  FourthDavid
1           1       8            1          0              0            0
2           1      16            0          1              0            0
3           1      14            0          0              1            0
4           1       2            0          0              0            1
5           1      17            1          0              0            0
6           1       3            0          1              0            0
    Fifth.L     Fifth.Q        Fifth.C    Fifth^4
1 -0.6324555   0.5345225  -3.162278e-01  0.1195229
2 -0.3162278  -0.2672612   6.324555e-01 -0.4780914
3  0.0000000  -0.5345225  -4.095972e-16  0.7171372
4  0.3162278  -0.2672612  -6.324555e-01 -0.4780914
5  0.6324555   0.5345225   3.162278e-01  0.1195229
6 -0.6324555   0.5345225  -3.162278e-01  0.1195229
```

將 build.x 使用在 acs 資料可以建立一個完善的預測變數 matrix 以供 glmnet 使用。我們透過 formula 對該 matrix 做調整可以得到我們想要的模型，這跟之前使用 lm 時加上交互作用項一樣。

```
> # 對 Income 變數建立一個新的二元變數以建立羅吉斯迴歸
> acs$Income <- with(acs, FamilyIncome >= 150000)
>
> head(acs)

   Acres FamilyIncome  FamilyType NumBedrooms NumChildren  NumPeople
1   1-10          150     Married           4           1          3
2   1-10          180 Female Head           3           2          4
3   1-10          280 Female Head           4           0          2
4   1-10          330 Female Head           2           1          2
5   1-10          330   Male Head           3           1          2
6   1-10          480   Male Head           0           3          4
    NumRooms        NumUnits  NumVehicles  NumWorkers     OwnRent
1          9 Single detached            1           0    Mortgage
2          6 Single detached            2           0      Rented
3          8 Single detached            3           1    Mortgage
4          4 Single detached            1           0      Rented
5          5 Single attached            1           0    Mortgage
6          1 Single detached            0           0      Rented
```

Next

```
    YearBuilt HouseCosts ElectricBill  FoodStamp HeatingFuel Insurance
1   1950-1959       1800           90         No         Gas      2500
2  Before1939        850           90         No         Oil         0
3   2000-2004       2600          260         No         Oil      6600
4   1950-1959       1800          140         No         Oil         0
5  Before1939        860          150         No         Gas       660
6  Before1939        700          140         No         Gas         0
        Language   Income
1        English    FALSE
2        English    FALSE
3 Other European    FALSE
4        English    FALSE
5        Spanish    FALSE
6        English    FALSE

> # 建立預測函數矩陣
> # 不需要加入截距項，因為 glmnet 會自動加入它
> acsX <- build.x(Income ~ NumBedrooms + NumChildren + NumPeople +
+                     NumRooms + NumUnits + NumVehicles + NumWorkers +
+                     OwnRent + YearBuilt + ElectricBill + FoodStamp +
+                     HeatingFuel + Insurance + Language - 1,
+                 data=acs, contrasts=FALSE)

> # 檢視 class(資料結構)和 dim(維度)
> class(acsX)

[1] "matrix"

> dim(acsX)

[1] 22745 44

> # 檢視左上(top left)和右上(top right)的資料
> topleft(acsX, c=6)

  NumBedrooms   NumChildren  NumPeople    NumRooms   NumUnitsMobile home
1           4             1          3           9                     0
2           3             2          4           6                     0
3           4             0          2           8                     0
4           2             1          2           4                     0
5           3             1          2           5                     0
```

Next

```
   NumUnitsSingle attached
1                        0
2                        0
3                        0
4                        0
5                        1

> topright(acsX, c=6)

  Insurance  LanguageAsian Pacific  LanguageEnglish        LanguageOther
1      2500                      0                1                    0
2         0                      0                1                    0
3      6600                      0                0                    0
4         0                      0                1                    0
5       660                      0                0                    0
   LanguageOther  European    LanguageSpanish
1                        0                  0
2                        0                  0
3                        1                  0
4                        0                  0
5                        0                  1

>
> # 建立反應變數
> acsY <- build.y(Income ~ NumBedrooms + NumChildren + NumPeople +
+                     NumRooms + NumUnits + NumVehicles + NumWorkers +
+                     OwnRent + YearBuilt + ElectricBill + FoodStamp +
+                     HeatingFuel + Insurance + Language - 1, data=acs)
>
> head(acsY)

[1] FALSE FALSE FALSE FALSE FALSE FALSE

> tail(acsY)

[1] TRUE TRUE TRUE TRUE TRUE TRUE
```

現在資料可以被用在 glmnet 了。如公式 22.1 顯示，λ 控制的是壓縮程度。glmnet 預設用 100 個不同的 λ 值來建立正規化的路徑。而決定最佳模型的指標將參照交叉驗證的值。很慶幸的，glmnet 套件中的 cv.glmnet 函數可以自動計算交叉驗證的值。預設的 α 為 1，這表示只計算 lasso。挑選最佳 α 則需要另一層的交叉驗證。

```
> library(glmnet)
> set.seed(1863561)
> # 執行附有交叉驗證的 glmnet
> acsCV1 <- cv.glmnet(x = acsX, y = acsY, family = "binomial", nfold = 5)
```

cv.glmnet 所回傳的結果中，最重要的數據為交叉驗證誤差值和極小化交叉驗證誤差的 λ。除此之外，它還會從該最小交叉驗證誤差的一個標準誤差內對應的所有 λ 值中，挑出一個最大值來回傳。理論上，為了滿足簡約(parsimonious)模型的性質，我們應該挑一個比較簡單的模型，當然這樣的模型或許是會有一點不準確。不同 λ 所對應的交叉驗證誤差皆顯示在圖 **22.1**。圖中最上排的數字代表的是每個 log(λ)值所對應的模型變數個數 (factor 的每個 level 都被當作是一個單獨變數)。圖中的點代表在該點的交叉驗證值，而垂直線則是該誤差的信賴區間。最左邊的垂直線為極小化誤差的 λ 值，而最右邊的垂直線則是該最小交叉驗證誤差的一個標準誤差內對應的所有 λ 值中最大的 λ 值。

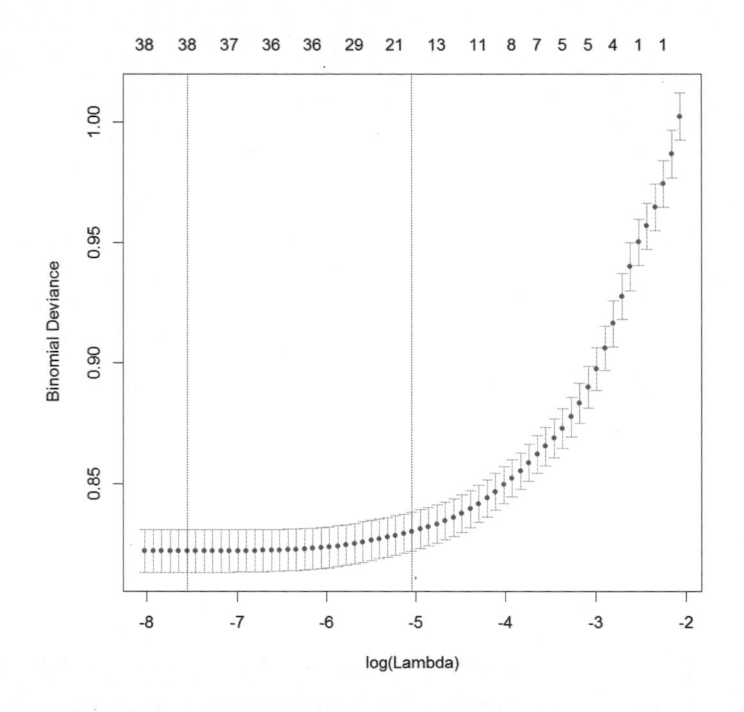

圖 22.1 用 glmnet 對美國社區問卷調查資料建立模型，並繪出交叉驗證曲線圖。圖中最上排的數字代表的是每個 log(λ)值所對應的模型變數個數(factor 的每個 level 都被當作是一個單獨變數)。圖中的點代表在該點的交叉驗證誤差值，而垂直線則是該誤差的信賴區間。最左邊的垂直線為極小化誤差的 λ 值，而最右邊的垂直線則是該最小交叉驗證誤差的一個標準誤差內對應的所有 λ 值中最大的 λ 值

```
> acsCV1$lambda.min

[1] 0.0005258299

> acsCV1$lambda.1se

[1] 0.006482677

> plot(acsCV1)
```

抽取係數的方式跟以往一樣，可以使用 coef 來完成，唯一不同的是要指定某個 λ 值；否則，其將回傳整個路徑。報表中的點代表沒被選中的變數。

```
> coef(acsCV1, s = "lambda.1se")

45 x 1 sparse Matrix of class "dgCMatrix"
                                        1
(Intercept)                 - 5.0552170103
NumBedrooms                   0.0542621380
NumChildren                   .
NumPeople                     .
NumRooms                      0.1102021934
NumUnitsMobile home         - 0.8960712560
NumUnitsSingle attached       .
NumUnitsSingle detached       .
NumVehicles                   0.1283171343
NumWorkers                    0.4806697219
OwnRentMortgage               .
OwnRentOutright               0.2574766773
OwnRentRented               - 0.1790627645
YearBuilt15                   .
YearBuilt1940-1949          - 0.0253908040
YearBuilt1950-1959            .
YearBuilt1960-1969            .
YearBuilt1970-1979          - 0.0063336086
YearBuilt1980-1989            0.0147761442
YearBuilt1990-1999            .
YearBuilt2000-2004            .
YearBuilt2005                 .
YearBuilt2006                 .
YearBuilt2007                 .
YearBuilt2008                 .
```

Next

```
YearBuilt2009                  .
YearBuilt2010                  .
YearBuiltBefore1939          - 0.1829643904
ElectricBill                   0.0018200312
FoodStampNo                    0.7071289660
FoodStampYes                   .
HeatingFuelCoal              - 0.2635263281
HeatingFuelElectricity         .
HeatingFuelGas                 .
HeatingFuelNone                .
HeatingFuelOil                 .
HeatingFuelOther               .
HeatingFuelSolar               .
HeatingFuelWood              - 0.7454315355
Insurance                      0.0004973315
LanguageAsian Pacific          0.3606176925
LanguageEnglish                .
LanguageOther                  .
LanguageOther European         0.0389641675
LanguageSpanish                .
```

結果顯示一些 factor 的 level 沒被選中，但同一 factor 的其它 level 卻被包括在模型裡了，這看起來或許會有一點奇怪，不過其實合乎常理，因為 lasso 會把高度相關的變數排除掉。

另一個值得一提的事情是結果並不包含標準誤差，因此就不會有係數的信賴區間，用 glmnet 模型來做預測也不會包含這些數據。原因是 lasso 和脊迴歸的一些理論性質所造成的。近期的發展已使得我們可以對 lasso 迴歸進行顯著性檢定了，但以目前的 R 套件來說，還是要求用 lars 套件來建立模型，而非 glmnet，這個狀況至少要等到以後可以對 Elastic Net 做檢定為止。

用圖表來探討變數怎麼沿著 λ 路徑進入模型可以望圖生義，如圖 **22.2** 顯示。每一條線代表的是係數在不同 λ 值時會呈現什麼值。最左邊的垂直線代表極小化誤差的 λ 值，而最右邊的垂直線則是該最小誤差的一個標準誤差內對應的所有 λ 值中最大的 λ 值。

```
> # 把路徑畫出
> plot(acsCV1$glmnet.fit, xvar = "lambda")
> # 對極佳化的 lambda 值加入垂直線
> abline(v = log(c(acsCV1$lambda.min, acsCV1$lambda.1se)), lty = 2)
```

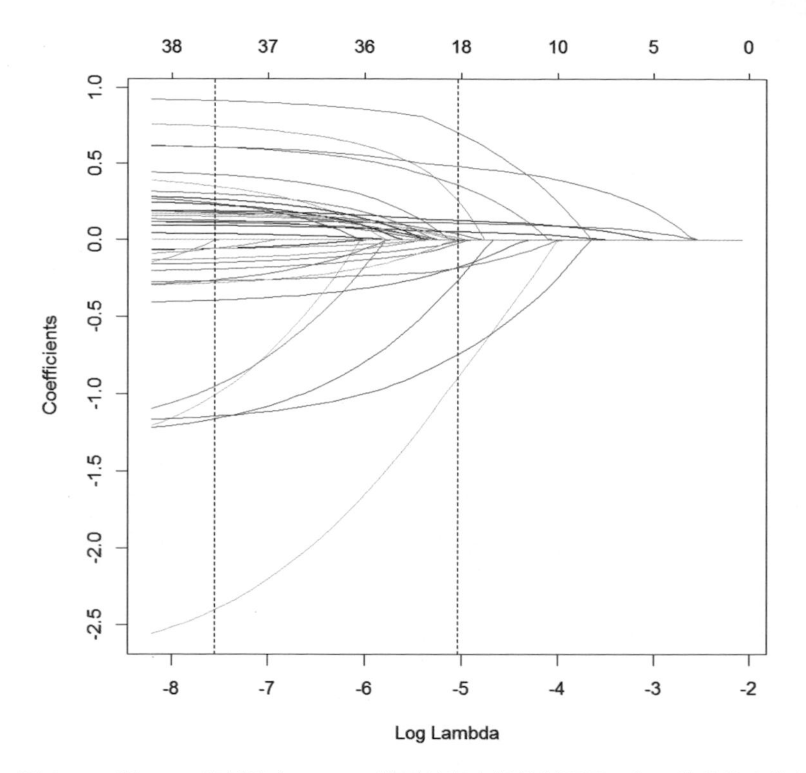

圖 22.2 對 ACS 資料建立 glmnet 模型並畫出係數剖面圖。每一條線代表的是係數在不同 λ 值時會呈現什麼值。最左邊的垂直線代表極小化誤差的 λ 值，而最右邊的垂直線則是該最小誤差的一個標準誤差內對應的所有 λ 值中最大的 λ 值

將 α 設為 0 代表結果是由脊迴歸所產生的。在這例子裡，每個變數都會被保留在模型裡，只是它們會被壓縮至接近 0。**圖 22.3** 顯示該交叉驗證曲線圖。而**圖 22.4** 顯示對於每個 λ 值，模型皆含有所有變數，只是大小不一樣。

```
> # 建立脊迴歸模型
> set.seed(71623)
> acsCV2 <- cv.glmnet(x = acsX, y = acsY, family = "binomial", nfold = 5,
+                     alpha = 0)
> # 檢視 lambda 值
> acsCV2$lambda.min

[1] 0.01272576

> acsCV2$lambda.1se
```

Next

```
[1] 0.04681018

>
> # 檢視係數
> coef(acsCV2, s = "lambda.1se")

45 x 1 sparse Matrix of class "dgCMatrix"
                                        1
(Intercept)                 - 4.8197810188
NumBedrooms                   0.1027963294
NumChildren                   0.0308893447
NumPeople                   - 0.0203037177
NumRooms                      0.0918136969
NumUnitsMobile home         - 0.8470874369
NumUnitsSingle attached       0.1714879712
NumUnitsSingle detached       0.0841095530
NumVehicles                   0.1583881396
NumWorkers                    0.3811651456
OwnRentMortgage               0.1985621193
OwnRentOutright               0.6480126218
OwnRentRented               - 0.2548147427
YearBuilt15                 - 0.6828640400
YearBuilt1940-1949          - 0.1082928305
YearBuilt1950-1959            0.0602009151
YearBuilt1960-1969            0.0081133932
YearBuilt1970-1979          - 0.0816541923
YearBuilt1980-1989            0.1593567244
YearBuilt1990-1999            0.1218212609
YearBuilt2000-2004            0.1768690849
YearBuilt2005                 0.2923210334
YearBuilt2006                 0.2309044444
YearBuilt2007                 0.3765019705
YearBuilt2008               - 0.0648999685
YearBuilt2009                 0.2382560699
YearBuilt2010                 0.3804282473
YearBuiltBefore 1939        - 0.1648659906
ElectricBill                  0.0018576432
FoodStampNo                   0.3886474609
FoodStampYes                - 0.3886013004
HeatingFuelCoal             - 0.7005075763
HeatingFuelElectricity      - 0.1370927269
HeatingFuelGas                0.0873505398
HeatingFuelNone             - 0.5983944720
```

Next

```
HeatingFuelOil                    0.1241958119
HeatingFuelOther                - 0.1872564710
HeatingFuelSolar                - 0.0870480957
HeatingFuelWood                 - 0.6699727752
Insurance                         0.0003881588
LanguageAsian Pacific             0.3982023046
LanguageEnglish                 - 0.0851389569
LanguageOther                     0.1804675114
LanguageOther European            0.0964194255
LanguageSpanish                 - 0.1274688978

> # 繪製交叉驗證誤差路徑
> plot(acsCV2)
> # 繪製係數路徑
> plot(acsCV2$glmnet.fit, xvar = "lambda")
> abline(v = log(c(acsCV2$lambda.min, acsCV2$lambda.1se)), lty = 2)
```

尋找極佳化的 α 值需要附加一層的交叉驗證，很不幸的，glmnet 並不會自動完成此事。所以我們必須對不同的 α 執行 cv.glmnet，若一個接一個地執行將耗費很多時間，這時候平行運算就可以被派上用場了。要平行化地執行指令的最直接方法就是使用 parallel、doParallel 和 foreach 套件。

```
> library(parallel)
> library(doParallel)

Loading required package: iterators
```

首先，我們建立一些輔助物件來加快執行過程。當一個兩層的交叉驗證在運行時，一個觀測值應該每次會落在同一層，因此我們建立一個 vector 以指定層別。我們也指定一連續的 α 值以讓 foreach 對其進行迭代。一般來說讓結果傾向於 lasso 總好過於脊迴歸，所以我們只考慮大於 0.5 的 α 值。

```
> # 設定種子以讓隨機結果可以被重複
> set.seed(2834673)
>
> # 建立層別, 我們要觀測值在每次執行時都會落在同一層'
> theFolds <- sample(rep(x = 1:5, length.out = nrow(acsX)))
>
> # 產生連續的 alpha 值
> alphas <- seq(from = 0.5, to = 1, by = 0.05)
```

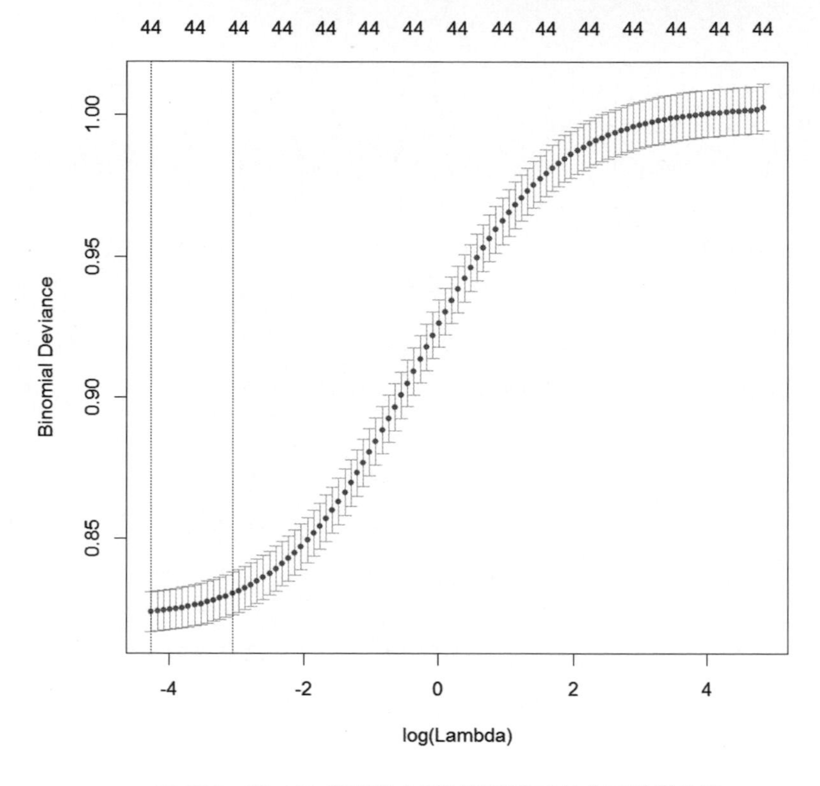

圖 22.3　對 ACS 資料建立脊迴歸所畫出的交叉驗證曲線

- 雖然是在同一部電腦中執行平行化運算，不過我們還是必須先啟動一個叢集 (cluster)，接著透過 makeCluster 和 registerDoParallel 把它設為暫存器 (register)。完成所有事情後，則需要用 stopCluster 將該叢集終止。
- 將.errorhandling 設為"remove"表示若有錯誤發生，該迭代將被跳過。

- 將.inorder 設為 FALSE 則表示結果整合的先後次序並不重要，因此可以根據結果被回傳的次序進行整合，這可令運行速度變得更快。
- 由於我們所用的是預設的整合函數 list，它能同時接受好幾個引數，我們可以將.multicombine 設為 TRUE 以加快運行速度。
- 我們在.packages 指定每個 worker 都應載入 glmnet，以增進運算過程。
- 運算子%dopar%可讓 foreach 以平行運算的方式執行。
- 平行運算跟 environment 息息相關，因此我們將幾個變數通過.export，如 acsX、acsY、alphas 和 theFolds 載入 foreach environment。

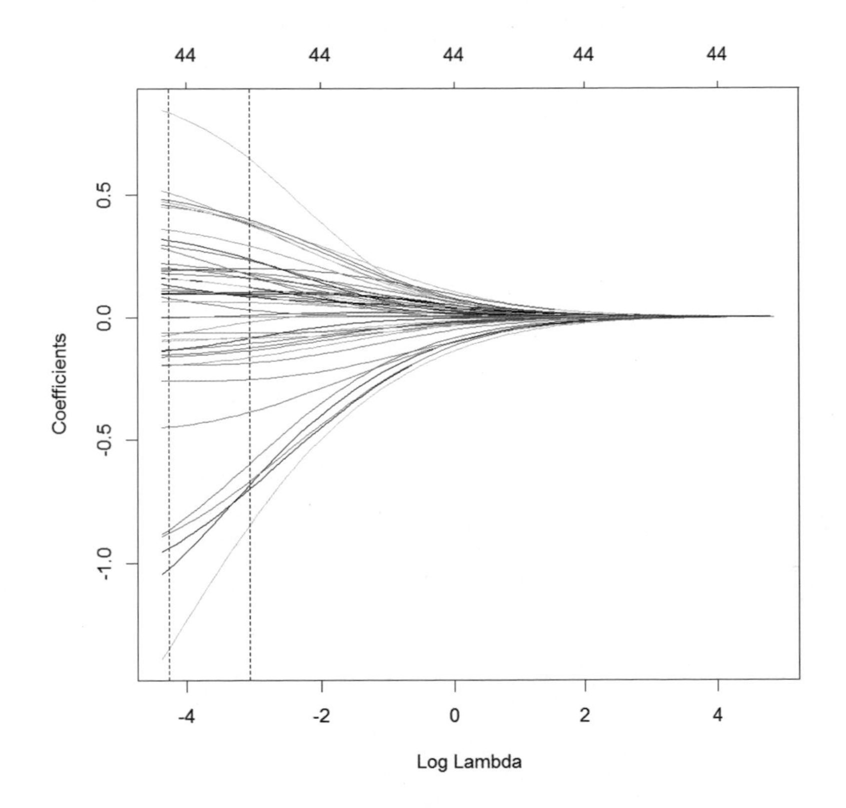

圖 22.4 對 ACS 資料建立脊迴歸所畫出的係數剖面圖

```
> # 設定種子以讓隨機結果可以被重複
> set.seed(5127151)
>
> # 啟動一個擁有兩個 worker 的叢集
> cl <- makeCluster(2)
> # 設 worker 為暫存器(register)
> registerDoParallel(cl)
>
> # 對過程計時
> before <- Sys.time()
>
> # 建立 foreach 迴圈並以平行運算的方式執行
> ## 一些引數的設定
> acsDouble <- foreach(i=1:length(alphas), .errorhandling="remove",
+                      .inorder=FALSE, .multicombine=TRUE,
+                      .export=c("acsX", "acsY", "alphas", "theFolds"),
+                      .packages="glmnet") %dopar%
+ {
+    print(alphas[i])
+    cv.glmnet(x=acsX, y=acsY, family="binomial", nfolds=5,
+              foldid=theFolds, alpha=alphas[i])
+ }
>
> # 停止計時
> after <- Sys.time()
>
> # 確保在所有過程完成後將叢集終止
> stopCluster(cl)
>
> # 過程所耗的時間
> # 這因電腦速度, 記憶體和核心個數而異
> after - before

Time difference of 1.443783 mins
```

acsDouble 的結果應該是一個擁有 11 個 cv.glmnet 物件的列表(list)。我們可以用 sapply 來檢測該 list 中每個元素的 class。

```
> sapply(acsDouble, class)

 [1] "cv.glmnet" "cv.glmnet" "cv.glmnet" "cv.glmnet" "cv.glmnet"
 [6] "cv.glmnet" "cv.glmnet" "cv.glmnet" "cv.glmnet" "cv.glmnet"
[11] "cv.glmnet"
```

我們的目的是要找出 λ 和 α 的最佳組合，因此我們需要建立一些執令從 list 中的每個元素抽取交叉驗證誤差(包括信賴區間)和 λ。

```
> # 用來抽取 cv.glmnet 物件訊息的函數
> extractGlmnetInfo <- function(object)
+ {
+      # 找出被選中的 lambda
+      lambdaMin <- object$lambda.min
+      lambda1se <- object$lambda.1se
+
+      # 找出那些 lambda 落在路徑的什麼地方
+      whichMin <- which(object$lambda == lambdaMin)
+      which1se <- which(object$lambda == lambda1se)
+
+      # 建立一個只有一行的 data.frame, 裡面含有被選中的 lambda
+      # 和它相關的錯誤訊息
+      data.frame(lambda.min=lambdaMin, error.min=object$cvm[whichMin],
+                 lambda.1se=lambda1se, error.1se=object$cvm[which1se])
+ }
>
> # 將該函數應用到 list 中的每個元素
> # 把結果都整合到一個 data.frame 裡
> alphaInfo <- Reduce(rbind, lapply(acsDouble, extractGlmnetInfo))
>
> # 也可以通過 plyr 套件中的 ldply 來完成
> alphaInfo2 <- plyr::ldply(acsDouble, extractGlmnetInfo)
> identical(alphaInfo, alphaInfo2)

[1] TRUE
```

Next

```
> # 建立一個直行以列出 alpha
> alphaInfo$Alpha <- alphas
> alphaInfo

     lambda.min    error.min   lambda.1se   error.1se    Alpha
 1   0.0009582333  0.8220267   0.008142621  0.8275331    0.50
 2   0.0009560545  0.8220226   0.007402382  0.8273936    0.55
 3   0.0008763832  0.8220197   0.006785517  0.8272771    0.60
 4   0.0008089692  0.8220184   0.006263554  0.8271786    0.65
 5   0.0008244253  0.8220168   0.005816158  0.8270917    0.70
 6   0.0007694636  0.8220151   0.005428414  0.8270161    0.75
 7   0.0007213721  0.8220139   0.005585323  0.8276118    0.80
 8   0.0006789385  0.8220130   0.005256774  0.8275519    0.85
 9   0.0006412197  0.8220123   0.004964731  0.8274993    0.90
10   0.0006074713  0.8220128   0.004703430  0.8274524    0.95
11   0.0005770977  0.8220125   0.004468258  0.8274120    1.00
```

如今我們有了這組有待分析的數字，我們應該將結果製成圖以便更容易地選出 α 和 λ 的最佳組合，換言之就是要找出誤差最小的地方。**圖 22.5** 用的是一個標準誤差的方式，最佳 α 和 λ 各為 0.75 和 0.0054284。

```
> ## 建立 data.frame 以方便將不同的訊息繪製出來
> library(reshape2)
> library(stringr)
>
> # 將資料轉長的格式
> alphaMelt <- melt(alphaInfo, id.vars="Alpha", value.name="Value",
+                   variable.name="Measure")
> alphaMelt$Type <- str_extract(string=alphaMelt$Measure,
+                               pattern="(min)|(1se)")
>
> # 做出一些處理讓它更整齊
> alphaMelt$Measure <- str_replace(string=alphaMelt$Measure,
+                                  pattern="//.(min|1se)",
+                                  replacement="")
> alphaCast <- dcast(alphaMelt, Alpha + Type ~ Measure,
+                    value.var="Value")
```

Next

```
>
> ggplot(alphaCast, aes(x=Alpha, y=error)) +
+     geom _ line(aes(group=Type)) +
+     facet _ wrap(~Type, scales="free _ y", ncol=1) +
+     geom _ point(aes(size=lambda))
```

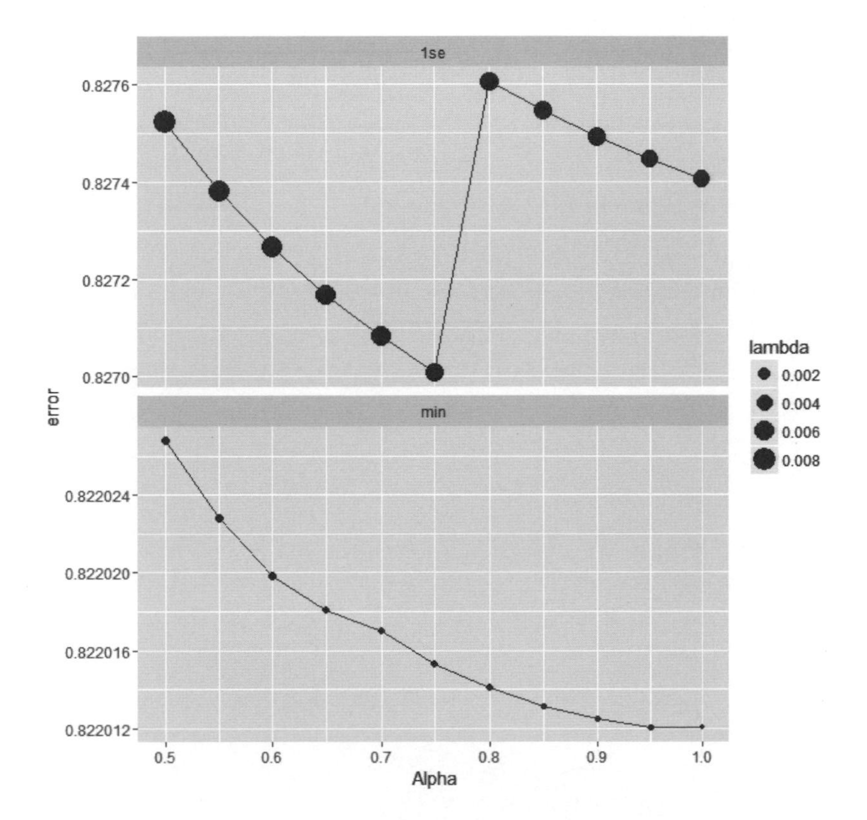

圖 22.5 ACS 資料 glmnet 交叉驗證誤差對 α 的圖。誤差越小表示越好。點的大小代表了 lambda 值。上圖顯示的誤差是使用一個標準誤差方式(0.0054)所計算的，下圖的誤差則是最小誤差，所選的 λ 為 6e-04。上圖令誤差最低的 α 為 0.75，而下圖的極佳 α 為 0.95

現在我們的極佳 α 為 0.75，我們重新建立模型並檢視結果。

```
> set.seed(5127151)
>     acsCV3 <- cv.glmnet(x = acsX, y = acsY, family = "binomial", nfold = 5,
+                          alpha = alphaInfo$Alpha[which.min(alphaInfo$error.1se)])
```

建立模型後，我們用圖 **22.6** 和圖 **22.7** 來診斷模型。

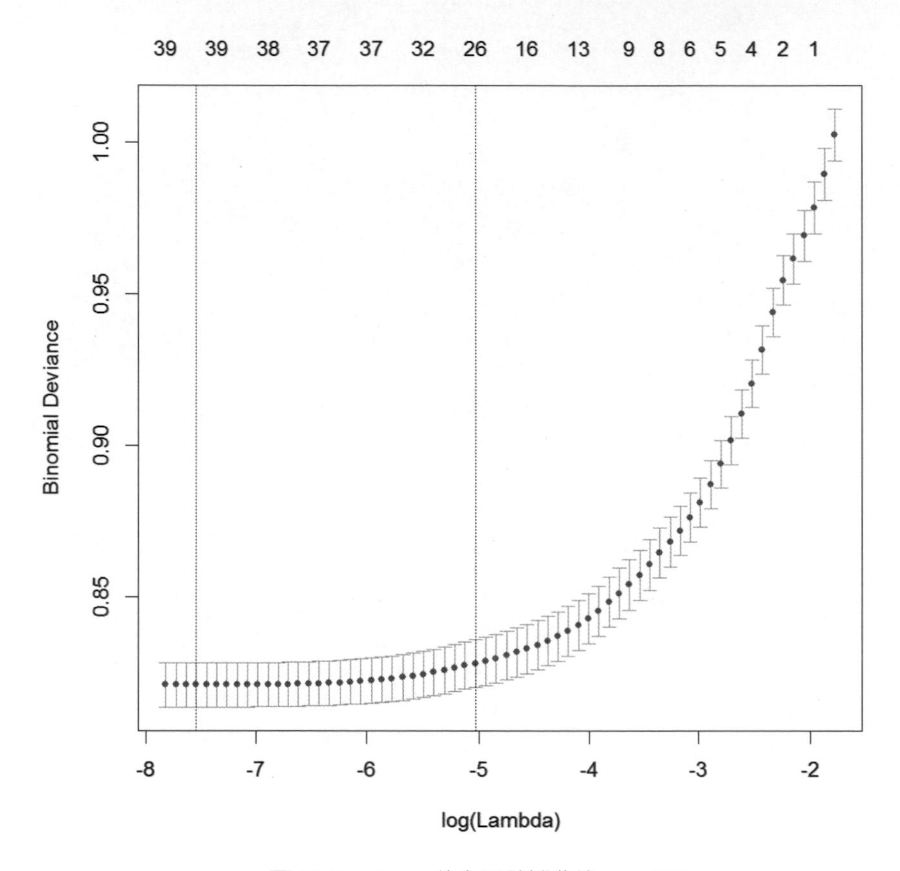

圖 22.6 glmnet 的交叉驗證曲線，α =0.75

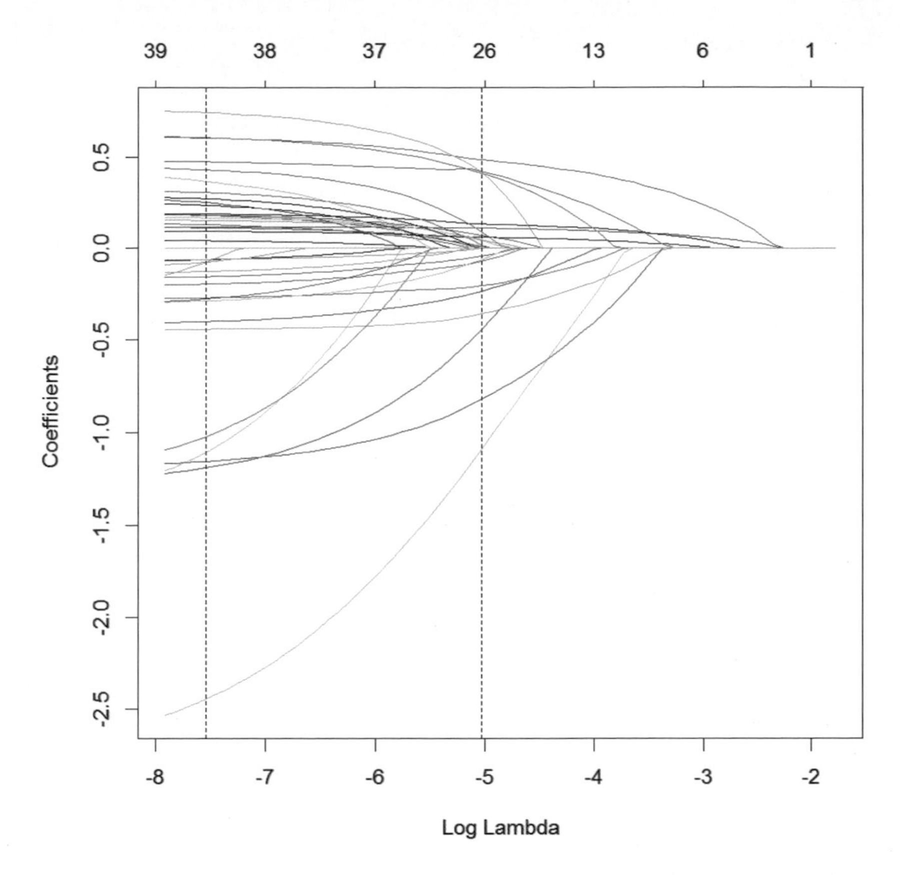

圖 22.7 glmnet 的係數路徑，α =0.75

```
> plot(acsCV3)
> plot(acsCV3$glmnet.fit, xvar = "lambda")
> abline(v = log(c(acsCV3$lambda.min, acsCV3$lambda.1se)), lty = 2)
```

我們尚不能使用 coefplot 來檢視 glmnet 物件的係數圖，因此我們手動繪製它。**圖 22.8** 顯示一個家庭的在職人數和不依賴食品優惠券(foodstamp)都是有高收入的重要指標，而使用燃煤和居無定所則是低收入的重要指標。結果並無顯示標準誤差，因為 glmnet 並不會把它們計算出來。

```
> theCoef <- as.matrix(coef(acsCV3, s = "lambda.1se"))
> coefDF <- data.frame(Value = theCoef,
+                         Coefficient = rownames(theCoef))
> coefDF <- coefDF[nonzeroCoef(coef(acsCV3, s = "lambda.1se")), ]
> ggplot(coefDF, aes(x = X1, y = reorder(Coefficient, X1))) +
+     geom _ vline(xintercept = 0, color = "grey", linetype = 2) +
+     geom _ point(color = "blue") + labs(x = "Value",
+     y = "Coefficient", title = "Coefficient Plot")
```

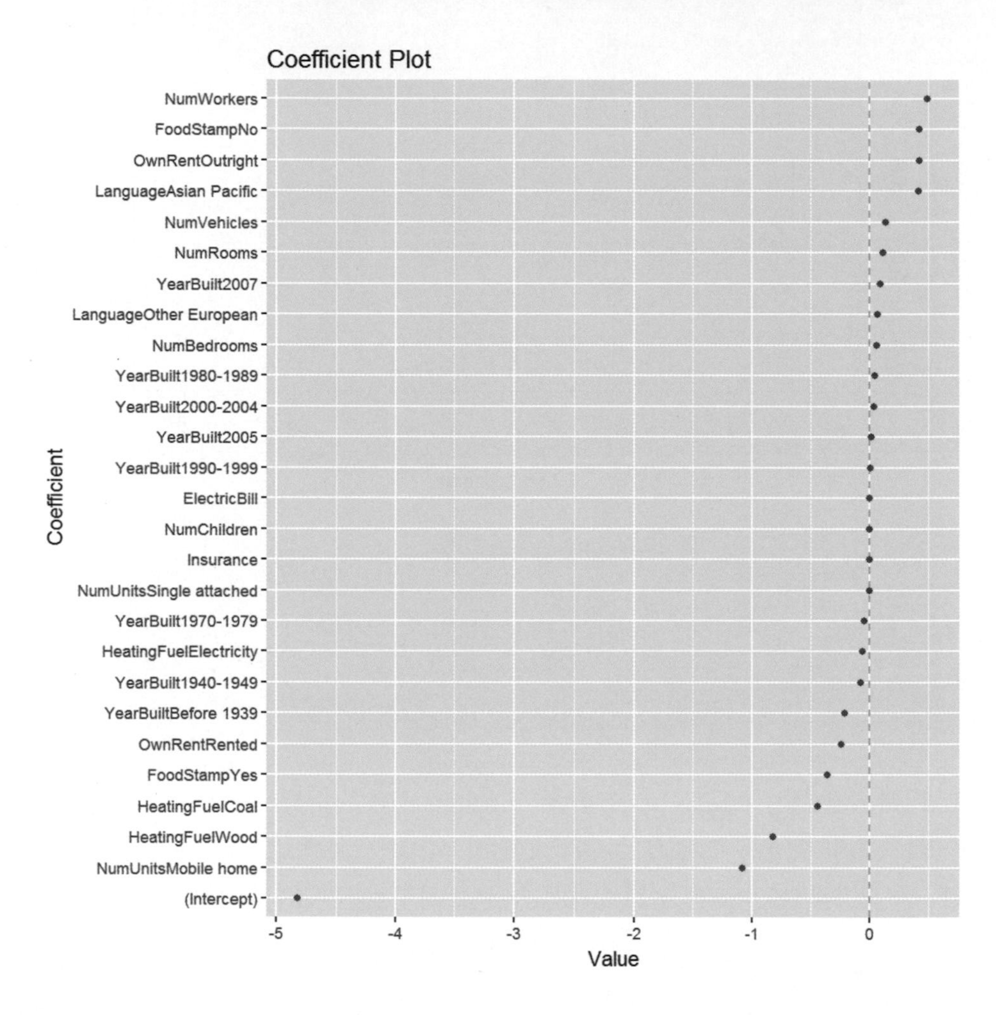

圖 22.8　ACS 資料 glmnet 的係數圖。結果顯示一個家庭裡有工作的人數和不依賴食品優惠券(foodstamp)的是有高收入的重要指標，而使用燃煤和居無定所則是低收入的重要指標。結果並無顯示標準誤差，因為 glmnet 並不會把它們計算出來

22-2 貝氏壓縮法

在貝氏的環境裡，壓縮法可以以微弱訊息先驗的形式呈現[3]，這在當你把模型建立在對一些變數的組合不含有足夠多列的資料時特別管用。對於這方法的例子，這裡將使用了一個選舉投票偏好的資料[4]，我們把資料處理好並將它放在 http://jaredlander.com/data/ideo.rdata。

```
> download.data('http://jaredlander.com/data/ideo.rdata', 'data/ideo.rdata')
> load("data/ideo.rdata")
> head(ideo)
     Year        Vote   Age   Gender   Race
1    1948    democrat    NA     male  white
2    1948  republican    NA   female  white
3    1948    democrat    NA   female  white
4    1948  republican    NA   female  white
5    1948    democrat    NA     male  white
6    1948  republican    NA   female  white
                             Education                  Income
1      grade school of less (0-8 grades)    34 to 67 percentile
2   high school (12 grades or fewer, incl   96 to 100 percentile
3   high school (12 grades or fewer, incl    68 to 95 percentile
4 some college(13 grades or more, but no    96 to 100 percentile
5 some college(13 grades or more, but no     68 to 95 percentile
6   high school (12 grades or fewer, incl   96 to 100 percentile
                  Religion
1               protestant
2               protestant
3 catholic (roman catholic)
4               protestant
5 catholic (roman catholic)
6               protestant
```

3：從貝氏的觀點來說，Elastic Net 的懲罰項可以被當作是先驗的對數(log-prior)。

4：Andrew Gelman 和 Jennifer Hill 所撰寫的書 -「Data Analysis Using Regression and Multilevel/Hierarchical Models」裡的一個例子。

為了展示壓縮的需要，我們獨立對每個選舉年度建立模型，然後顯示出 Race 的 black level 係數結果。我們使用 dplyr 來達到此目的，這將回傳一個含有兩個直行的 data.frame，其中第二直行是一個 list 直行。

```
> ## 建立一些模型
> library(dplyr)
> results <- ideo %>%
+ # 依年度對資料分群
+ group _ by(Year) %>%
+ # 對每群資料建立模型
+ do(Model=glm(Vote ~ Race + Income + Gender + Education,
+              data =.,
+              family = binomial(link = "logit")))
+
> # 模型儲存在一個 list 直行中，因此我們視它為一個直行
> # 對直行命名
> names(results$Model) <- as.character(results$Year)
>
> results

Source: local data frame [14 x 2]
Groups: <by row>

# A tibble: 14 × 2
    Year     Model
*  <dbl>    <list>
1   1948  <S3: glm>
2   1952  <S3: glm>
3   1956  <S3: glm>
4   1960  <S3: glm>
5   1964  <S3: glm>
6   1968  <S3: glm>
7   1972  <S3: glm>
8   1976  <S3: glm>
9   1980  <S3: glm>
10  1984  <S3: glm>
11  1988  <S3: glm>
12  1992  <S3: glm>
13  1996  <S3: glm>
14  2000  <S3: glm>
```

現在我們已經有了這些模型，我們可以用 multiplot 將係數畫出來。**圖 22.9** 顯示了每個模型裡 Race 的 black level 係數，可以看到 1964 年的結果顯然與其它模型不同。**圖 22.9** 也顯示了標準誤差，可以發現必須先把圖的比例做個大調整才能把其它結果的變化顯示出來。像這樣建立一系列的模型和畫出係數對時間的圖被 Gelman 稱為其「秘密武器」，因為這些工具既有用又簡單。

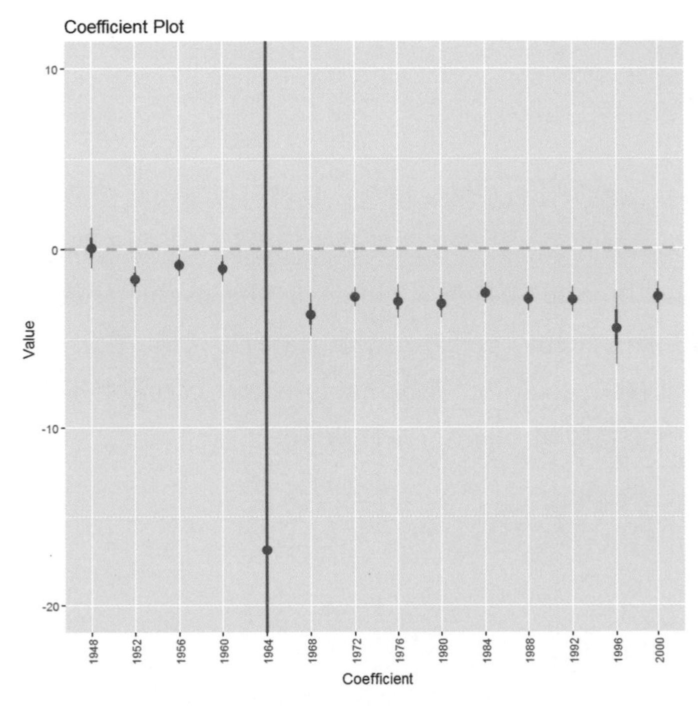

圖 22.9 每個模型裡 Race 的 black level 係數。1964 年模型係數的標準差顯然比其它年份大很多。這造成我們必須截圖才能把其它資料點的變異顯現出來

```
> library(coefplot)
> # 得到係數的訊息
> voteInfo <- multiplot(results, coefficients="Raceblack", plot=FALSE)
> head(voteInfo)

        Value  Coefficient   HighInner     LowInner   HighOuter
1  0.07119541   Raceblack   0.6297813   -0.4873905   1.1883673
2 -1.68490828   Raceblack  -1.3175506   -2.0522659  -0.9501930
3 -0.89178359   Raceblack  -0.5857195   -1.1978476  -0.2796555
4 -1.07674848   Raceblack  -0.7099648   -1.4435322  -0.3431811
5 -16.85751152  Raceblack 382.1171424 -415.8321655 781.0917963
6 -3.65505395   Raceblack  -3.0580572   -4.2520507  -2.4610605
```

Next

```
      LowOuter    Model
1      -1.045976    1948
2      -2.419624    1952
3      -1.503912    1956
4      -1.810316    1960
5    -814.806819    1964
6      -4.849047    1968
>
> # 將視窗限制到(-20, 10)才繪圖
> multiplot(results$Model, coefficients="Raceblack", secret.weapon=TRUE) +
+     coord_flip(xlim=c(-20, 10))
```

若用 1964 的模型比較於其它模型，我們可以發現其實是估計值出現了一些問題。為解決這個問題，我們在該模型的係數加入一個先驗，而這個步驟最簡單的方法就是使用 arm 套件裡 Gelman 的 bayesglm 函數。bayesglm 函數預設為柯西先驗(Cauchy prior)，比例(scale)為 2.5。由於 arm 套件裡的 namespace 會干擾到 coefplot 裡的 namespace，因此我們不載入該套件，而是使用::運算子來直接呼叫 bayesglm 函數。

```
> resultsB <- ideo %>%
+ # 依年度對資料進行分群
+ group_by(Year) %>%
+ # 對每群資料建立模型
+ do(Model=arm::bayesglm(Vote ~ Race + Income + Gender + Education,
+                        data =.,
+                        family = binomial(link = "logit"),
+                        prior.scale = 2.5, prior.df = 1))
> # 對 list 命名
> names(resultsB$Model) <- as.character(resultsB$Year)
> # 建立係數圖
> multiplot(resultsB, coefficients="Raceblack", secret.weapon=TRUE)
```

加入柯西先驗大幅度地壓縮了該估計值和係數標準誤差，如圖 **22.10** 顯示。要記得，模型是獨立建立的，因此解決該問題的是先驗而非其它年份的訊息。最終結果顯示 1964 年所進行的調查中，黑人受訪者的回應有欠代表性，令結果顯得非常不準確。

預設的先驗為柯西(scale 為 2.5)，這和 1 個自由度的 t 分佈一樣。引數如 prior.scale 和 prior.df 可以被用來設定不同自由度的 t 分佈。把這兩個引數設為無窮大(Inf)則可令它成為常態先驗，這就和執行一般 glm 一樣。

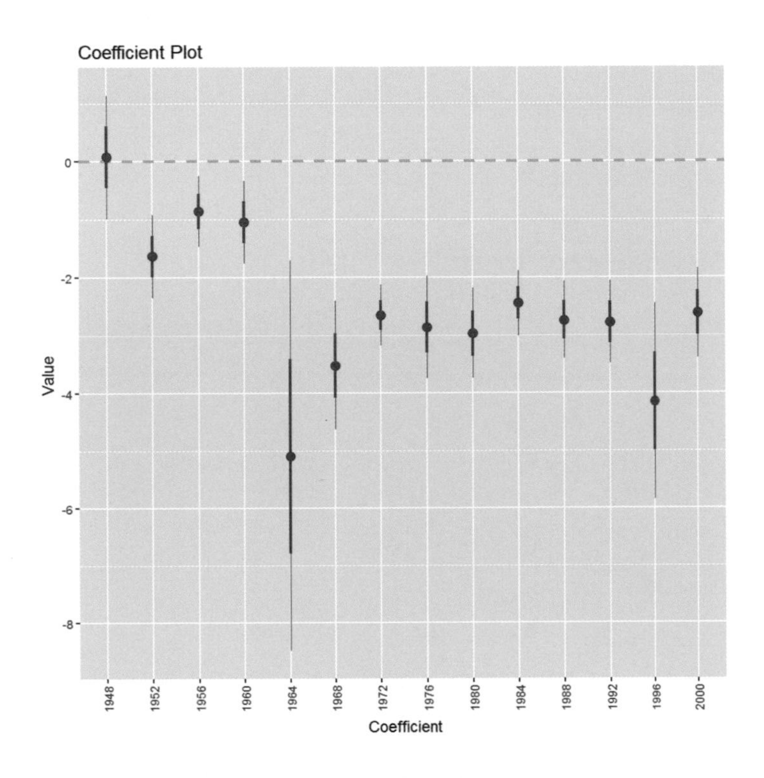

圖 22.10 每個模型 Race 的 black level 係數圖(秘密武器)，這次加入了柯西先驗。只需要做出一點小改變，如加入先驗，就可以重度改變點估計和標準誤差

22-3 小結

正規化和壓縮法在現代統計學扮演了一個重要的角色，可以讓我們對一些型態不怎麼好的資料建模，也可以預防模型過度配適的問題。前者可透過貝氏方法完成，即我們所介紹的 bayesglm；後者則可通過 glmnet 用 lasso、脊迴歸和 Elastic Net 完成。這些都是很有用的工具。

Memo

23

非線性模型

線性模型的用處是用來形容線性關係的，而這關係是被反映在係數，而非預測變數。在現實中我們常會遇到非線性關係，還好以目前的電腦運算能力，要建立非線性模型如同建立線性模型般簡單。

常用的非線性模型包括了非線性最小平方法、樣條(splines)、決策樹、隨機森林(random forest)以及廣義加性模型(generalized additive models，GAMs)。

23-1 非線性最小平方法

非線性最小平方模型使用平方誤差損失來找尋在預測變數中，通用(非線性)函數裡的極佳參數。

$$y_i = f(x_i, \beta) \quad \text{(公式 23.1)}$$

像是我們在筆電或手機上，透過圖形化的介面找尋 WiFi 熱點的位置，就是非線性模型的例子。像這樣的問題，我們知道筆電或手機的位置，而這位置會以二維網格(grid)的形式呈現，我們也會知道裝置位置和熱點間的距離，但這距離會因為訊號強度的不穩定而參雜了一些隨機雜訊。我們可以從"http://jaredlander.com/data/wifi.rdata"得到範例資料。

```
> load("data/wifi.rdata")
> head(wifi)

   Distance        x          y
1  21.87559 28.60461  68.429628
2  67.68198 90.29680  29.155945
3  79.25427 83.48934   0.371902
4  44.73767 61.39133  80.258138
5  39.71233 19.55080  83.805855
6  56.65595 71.93928  65.551340
```

我們可以用 ggplot2 把這些資料畫出來。**圖 23.1** 中的 x 軸和 y 軸為裝置在二維網格中的位置，而不同的顏色代表該裝置和熱點的不同距離，藍色代表距離較近，而紅色代表距離較遠。

```
> library(ggplot2)
> ggplot(wifi, aes(x=x, y=y, color=Distance)) + geom_point() +
+     scale_color_gradient2(low="blue", mid="white", high="red",
+                           midpoint=mean(wifi$Distance))
```

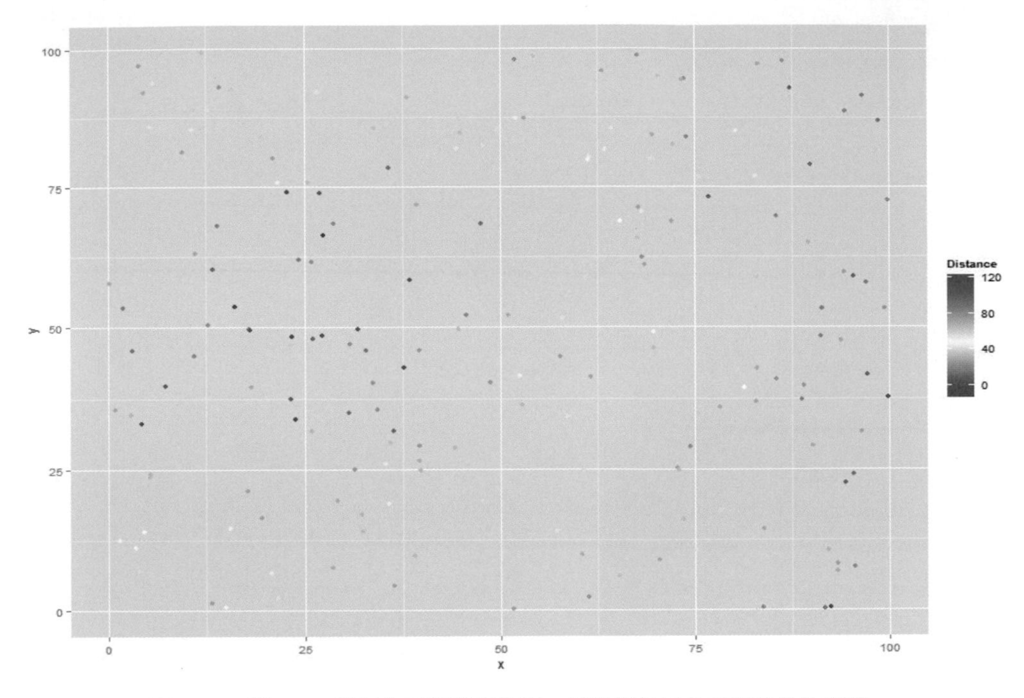

圖 23.1 對 WiFi 裝置位置所繪出的圖，並以顏色區分其和熱點的距離。藍點代表距離較近，而紅點代表距離較遠

裝置和熱點的距離可被定義為：

$$d_i = \sqrt{(\beta_x - x_i)^2 + (\beta_y - y_i)^2} \qquad \text{(公式 23.2)}$$

其中 β_x 和 β_y 分別為熱點位置的 x 和 y 座標。

一般遇到要用到非線性模型的問題都會很棘手，並需要用到數值方法，而數值方法很容易受到起始值影響，因此務必確保有良好的起始值設定。在 R 裡，最常被用來計算非線性最小平方的函數為 nls，nls 函數要需要使用 formula 介面，就像 lm 那樣，只是必須明確地輸入方程式和係數，而對係數所設的起始值則可以透過一個 list 傳遞。

```
> # 指定用根號模型
> # 以網格的中心作為起始值
> wifiMod1 <- nls(Distance ~ sqrt((betaX - x)^2 + (betaY - y)^2),
+                 data = wifi, start = list(betaX = 50, betaY = 50))
> summary(wifiMod1)

Formula: Distance ~ sqrt((betaX - x)^2 + (betaY - y)^2)

Parameters:
      Estimate Std. Error t value Pr(>|t|)
betaX   17.851      1.289   13.85   <2e-16   ***
betaY   52.906      1.476   35.85   <2e-16   ***
---
Signif. codes: 0 '***' 0.001 '**' 0.01 '*' 0.05 '.' 0.1 ' ' 1

Residual standard error: 13.73 on 198 degrees of freedom

Number of iterations to convergence: 6
Achieved convergence tolerance: 3.846e-06
```

熱點位置的估計值為 17.8506668, 52.9056438。將此位置畫在圖 **23.2**，可以看到此點 (綠點) 落在代表距離較近的藍點群中，這表示估計得還不錯。

```
> ggplot(wifi, aes(x = x, y = y, color = Distance)) + geom_point() +
+     scale_color_gradient2(low = "blue", mid = "white", high = "red",
+                           midpoint = mean(wifi$Distance)) +
+     geom_point(data = as.data.frame(t(coef(wifiMod1))),
+                aes(x = betaX, y = betaY), size = 5, color = "green")
```

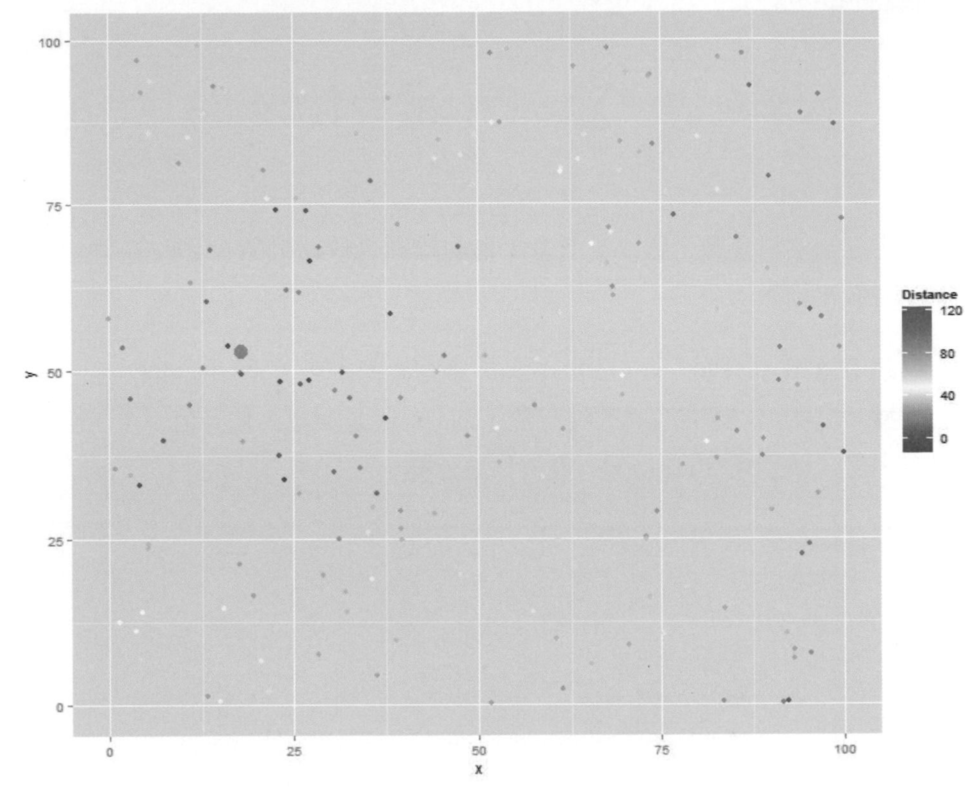

圖 23.2 對 WiFi 裝置位置所繪出的圖。熱點位置的估計值為圖中的大綠點。它座落在藍點群之間，這表示估計的結果還不錯

23-2 樣條(Splines)

透過樣條可以讓一些非線性的資料有比較平滑的分布，甚至可以用來對新資料做預測。樣條實質上是由 N 個變數 x 的轉換函數所組成 (每個資料點都有專屬的函數)，即為函數 f。

$$f(x) = \sum_{j=1}^{N} N_J(x)\theta_j \qquad \text{(公式 23.3)}$$

我們的目的是要找出 f 的極小化：

$$RSS(f,\lambda)=\sum_{i=1}^{N}\{y_i-f(x_i)\}^2+\lambda\int\{f''(t)\}^2dt \qquad \text{(公式 23.4)}$$

其中 λ 為平滑參數，數字小會令平滑曲線顯得較為粗糙，而數字大會使平滑曲線顯得較平滑。

我們可以用 R 裡的 smooth.spline 來對資料進行平滑。此函數將回傳一列表的數據，其中 x 持有資料的唯一值，而 y 則是對應的估計值，df 則是所使用的自由度。我們用 diamonds 資料作為示範。

```
> data(diamonds)
> # 用不同的自由度來做平滑
> # 自由度必須大於 1
> # 但小於資料中 x 的唯一值個數
> diaSpline1 <- smooth.spline(x=diamonds$carat, y=diamonds$price)
> diaSpline2 <- smooth.spline(x=diamonds$carat, y=diamonds$price,
+                              df=2)
> diaSpline3 <- smooth.spline(x=diamonds$carat, y=diamonds$price,
+                              df=10)
> diaSpline4 <- smooth.spline(x=diamonds$carat, y=diamonds$price,
+                              df=20)
> diaSpline5 <- smooth.spline(x=diamonds$carat, y=diamonds$price,
+                              df=50)
> diaSpline6 <- smooth.spline(x=diamonds$carat, y=diamonds$price,
+                              df=100)
```

為了製作圖表，我們需要從這些物件抽取一些訊息，接著建立一個 data.frame，最後在 diamonds 資料的散佈圖上附加一個新的層次，如圖 **23.3** 所示。較小的自由度使得平滑曲線傾向於直線，而高自由度則傾向於插值線。

```
> get.spline.info <- function(object)
+ {
+     data.frame(x=object$x, y=object$y, df=object$df)
+ }
>
> library(plyr)
> # 將結果整合到一個 data.frame
> splineDF <- ldply(list(diaSpline1, diaSpline2, diaSpline3,
+                         diaSpline4, diaSpline5, diaSpline6),
                        get.spline.info)
> head(splineDF)

     x         y        df
1  0.20  361.9112  101.9053
2  0.21  397.1761  101.9053
3  0.22  437.9095  101.9053
4  0.23  479.9756  101.9053
5  0.24  517.0467  101.9053
6  0.25  542.2470  101.9053
>
> g <- ggplot(diamonds, aes(x=carat, y=price)) + geom_point()
> g + geom_line(data=splineDF,
+               aes(x=x, y=y, color=factor(round(df, 0)),
+    group=df)) + scale_color_discrete("Degrees of \nFreedom")
```

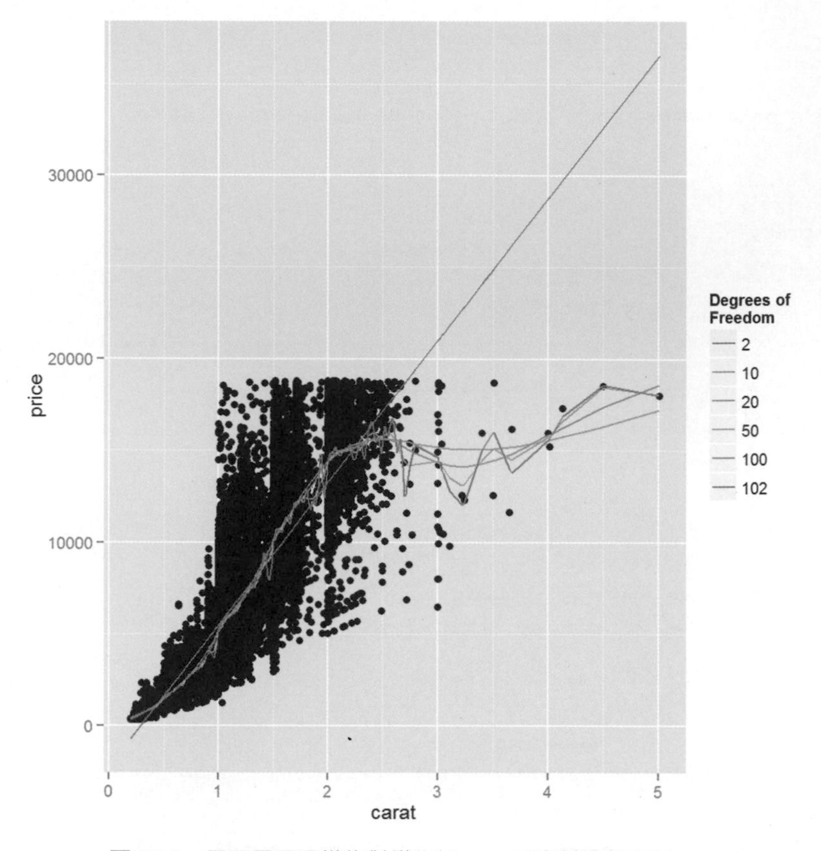

圖 23.3　用不同平滑樣條對鑽石(diamonds)資料進行平滑

跟之前一樣，我們可以透過 predict 來對新資料做預測。另一種樣條為基底樣條(basis spline)，此樣條會對原始預測函數做轉換，並建立新的預測函數。其中最好的樣條為三次自然樣條，這是因為它在切點可以製造平滑的轉折點，並在輸入資料的端點後面製造線性的現象。擁有 K 切點(knot)的三次樣條是由 K 個基底函數形成的，

$$N_1(X)=1, N_2(X)=X, N_{k+2}=d_k(X)-d_{K-1}(X) \qquad \text{(公式 23.5)}$$

其中，

$$d_k(X)=\frac{(X-\xi_k)_+^3-(X-\xi_K)_+^3}{\xi_K-\xi_k} \qquad \text{(公式 23.6)}$$

ξ 為切點的位置，而 t_+ 代表為 t 正數的部份。

雖然其數學操作看起來很複雜，但我們可以用 splines 套件裡的 ns 輕易地建立三次自然樣條。該函數要求的引數包括預測變數和所需回傳的新變數個數。

```
> library(splines)
> head(ns(diamonds$carat, df = 1))
              1
[1,]  0.00500073
[2,]  0.00166691
[3,]  0.00500073
[4,]  0.01500219
[5,]  0.01833601
[6,]  0.00666764

> head(ns(diamonds$carat, df = 2))
               1            2
[1,] 0.013777685 -0.007265289
[2,] 0.004593275 -0.002422504
[3,] 0.013777685 -0.007265289
[4,] 0.041275287 -0.021735857
[5,] 0.050408348 -0.026525299
[6,] 0.018367750 -0.009684459

> head(ns(diamonds$carat, df = 3))
               1          2           3
[1,] -0.03025012 0.06432178 -0.03404826
[2,] -0.01010308 0.02146773 -0.01136379
[3,] -0.03025012 0.06432178 -0.03404826
[4,] -0.08915435 0.19076693 -0.10098109
[5,] -0.10788271 0.23166685 -0.12263116
[6,] -0.04026453 0.08566738 -0.04534740

> head(ns(diamonds$carat, df = 4))
                1           2          3           4
[1,] 3.214286e-04 -0.04811737 0.10035562 -0.05223825
[2,] 1.190476e-05 -0.01611797 0.03361632 -0.01749835
[3,] 3.214286e-04 -0.04811737 0.10035562 -0.05223825
[4,] 8.678571e-03 -0.13796549 0.28774667 -0.14978118
[5,] 1.584524e-02 -0.16428790 0.34264579 -0.17835789
[6,] 7.619048e-04 -0.06388053 0.13323194 -0.06935141
```

這些新的預測變數就像一般預測變數那樣可被用在任何一個模型，增加切點的數量可以讓平滑曲線傾向於插值線。然後可以用 ggplot2，將三次自然樣條畫在原資料上，用 6 個切點的三次自然樣條對 diamonds 資料做平滑的圖為**圖 23.4(a)**，而用三個切點的則顯示為**圖 23.4(b)**。從圖可以發現用 6 個切點會使平滑曲線顯得更平滑。

```
> g + stat_smooth(method = "lm", formula = y ~ ns(x, 6), color = "blue")
> g + stat_smooth(method = "lm", formula = y ~ ns(x, 3), color = "red")
```

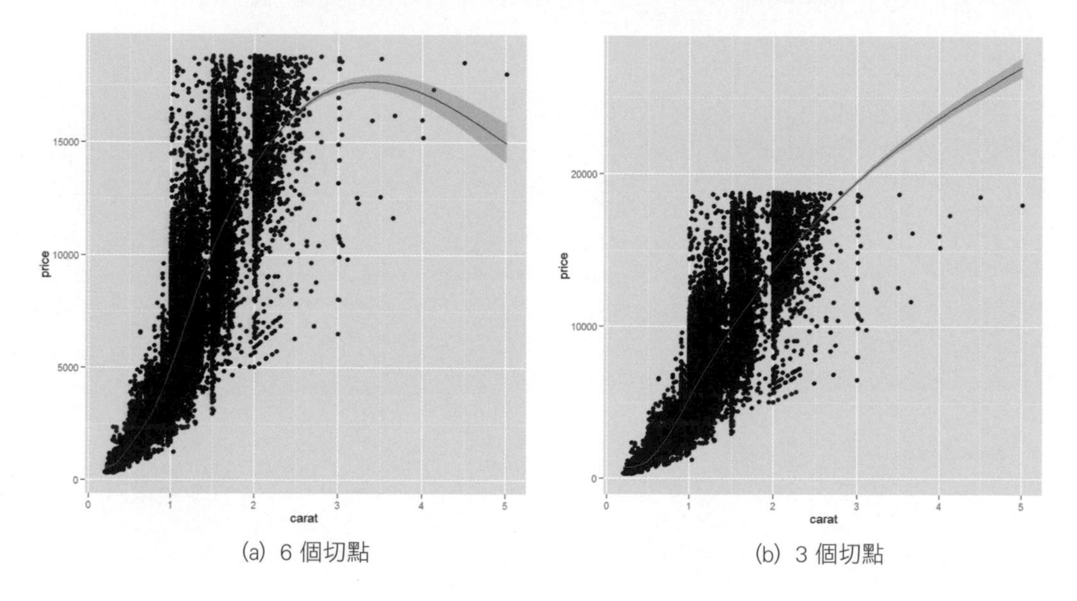

(a) 6 個切點　　(b) 3 個切點

圖 23.4　鑽石價格(price)對鑽石質量(carat)的散佈圖，曲線為使用三次自然樣條建立的迴歸線

23-3 廣義加性模型

另一個建立非線性模型的方法可以是使用廣義加性模型(GAMs)，此模型獨立地對每個預測函數建立不同的平滑函數。顧名思義，它是一個一般性的模型，可以被運用在好幾種迴歸方法，這表示反應變數可以是連續的、二元的、計數或其它類別。就像許多現代的機器學習技巧，此模型也是 Trevor Hastie 和 Robert Tibshirani 從 John Chambers(S 的發明人，S 為 R 的前身)的作品中所得到的想法。

該模型可被定義為：

$$E[Y \mid X_1, X_2, \ldots, X_p] = \alpha + f_1(X_1) + f_2(X_2) + \cdots + f_p(X_p) \quad \text{(公式 23.7)}$$

其中 $X_1, X_2, \ldots, X_p$ 為一般的預測變數，而 f_j 則為平滑函數。

用 mgcv 套件建立 GAMs 的指令與 glm 非常相似。我們從美國加州大學爾灣分校的機器學習資料集(UCI Machine Learning Repository)取得信用報告的資料作為範例，資料可在 "http://archive.ics.uci.edu/ml/datasets/Statlog+(German+Credit+Data)" 取得。資料被儲存在一個以空格作為資料間隔的文字檔(text file)，沒有標題名稱(header)，而類別變數也以非顯性編碼(non-obvious code)作代表。這樣的資料儲存方式應該在以前資料儲存容量比較有限時才會出現的，不過目前還是偶爾會看到這樣的資料。

我們的第一步是要讀取資料，方法如同讀取其它文件檔一樣，只是我們必須替直行取名。

```
> # 建立直行名稱的 vector
> creditNames <- c("Checking", "Duration", "CreditHistory",
+                  "Purpose", "CreditAmount", "Savings", "Employment",
+                  "InstallmentRate", "GenderMarital", "OtherDebtors",
+                  "YearsAtResidence", "RealEstate", "Age",
+                  "OtherInstallment", "Housing", "ExistingCredits", "Job",
+                  "NumLiable", "Phone", "Foreign", "Credit")
>
```

Next

```
> # 用 read.table 讀取文件
> # 指定原本不包括在資料裡的直行名稱
> # col.names 的輸入值是從 creditNames 來的
> theURL <- "http://archive.ics.uci.edu/ml/
+           machine-learning-databases/statlog/german/german.data"
> credit <- read.table(theURL,sep = " ", header = FALSE,
+                      col.names = creditNames,
+                      stringsAsFactors = FALSE)
>
> head(credit)

  Checking  Duration  CreditHistory  Purpose  CreditAmount      Savings
1      A11         6            A34      A43          1169          A65
2      A12        48            A32      A43          5951          A61
3      A14        12            A34      A46          2096          A61
4      A11        42            A32      A42          7882          A61
5      A11        24            A33      A40          4870          A61
6      A14        36            A32      A46          9055          A65
   Employment  InstallmentRate  GenderMarital   OtherDebtors
1         A75                4            A93           A101
2         A73                2            A92           A101
3         A74                2            A93           A101
4         A74                2            A93           A103
5         A73                3            A93           A101
6         A73                2            A93           A101
  YearsAtResidence  RealEstate  Age  OtherInstallment   Housing
1                4        A121   67              A143      A152
2                2        A121   22              A143      A152
3                3        A121   49              A143      A152
4                4        A122   45              A143      A153
5                4        A124   53              A143      A153
6                4        A124   35              A143      A153
 ExistingCredits   Job   NumLiable  Phone  Foreign   Credit
1              2  A173           1   A192     A201        1
2              1  A173           1   A191     A201        2
3              1  A172           2   A191     A201        1
4              1  A173           2   A191     A201        1
5              2  A173           2   A191     A201        2
6              1  A172           2   A192     A201        1
```

接著比較麻煩的是要把這些非顯性編碼轉換為有意義的資料。為了節省時間和力氣，我們只是對我們所關心的變數進行解碼，以建立一個較為簡單的模型。

解碼最簡單的方法就是建立 vector 並對其命名，名稱為那些編碼，而裡面的值為新資料。

```
> # 之前
> head(credit[, c("CreditHistory", "Purpose", "Employment", "Credit")])

  CreditHistory  Purpose   Employment   Credit
1           A34      A43          A75        1
2           A32      A43          A73        2
3           A34      A46          A74        1
4           A32      A42          A74        1
5           A33      A40          A73        2
6           A32      A46          A73        1
>
> creditHistory <- c(A30 = "All Paid", A31 = "All Paid This Bank",
+                    A32 = "Up To Date", A33 = "Late Payment",
+                    A34 = "Critical Account")
>
> purpose <- c(A40 = "car (new)", A41 = "car (used)",
+              A42 = "furniture/equipment", A43 = "radio/television",
+              A44 = "domestic appliances", A45 = "repairs",
+              A46 = "education", A47 = "(vacation - does not exist?)",
+              A48 = "retraining", A49 = "business", A410 = "others")
>
> employment <- c(A71 = "unemployed", A72 = "< 1 year",
+                 A73 = "1 - 4 years", A74 = "4 - 7 years", A75 = ">= 7 years")
>
> credit$CreditHistory <- creditHistory[credit$CreditHistory]
> credit$Purpose <- purpose[credit$Purpose]
> credit$Employment <- employment[credit$Employment]
>
> # 將信用重新編成好(good)/差(bad)
> credit$Credit <- ifelse(credit$Credit == 1, "Good", "Bad")
> # 將信用好(good)設為基層
> credit$Credit <- factor(credit$Credit, levels = c("Good", "Bad"))
>
> # 之後重新檢視資料
> head(credit[, c("CreditHistory", "Purpose", "Employment",
      "Credit")])
```

Next

```
     CreditHistory              Purpose    Employment   Credit
1 Critical Account     radio/television    >= 7 years     Good
2       Up To Date     radio/television   1 - 4 years      Bad
3 Critical Account            education   4 - 7 years     Good
4       Up To Date furniture/equipment    4 - 7 years     Good
5     Late Payment            Car (new)   1 - 4 years      Bad
6       Up To Date            education   1 - 4 years     Good
```

檢視資料可以讓我們對變數之間的關係有更進一步的了解。**圖 23.5** 和**圖 23.6** 顯示了變數之間沒有很明顯的線性關係，因此使用 GAM 來建模會比較合適。

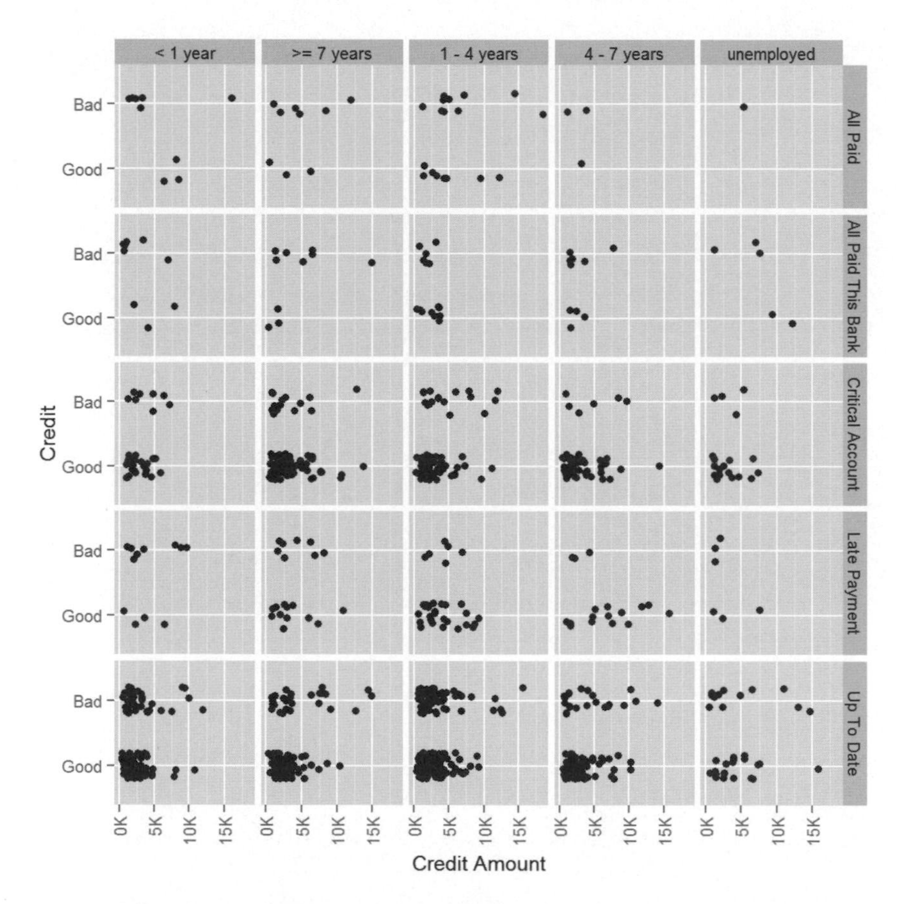

圖 23.5　以信用紀錄(Credit history)和就業狀況(employment status)作分層，畫出好(good)和差(bad)信用對信用金額(Credit Amount)的圖

```
> library(useful)
> ggplot(credit, aes(x=CreditAmount, y=Credit)) +
+     geom_jitter(position = position_jitter(height = .2)) +
+     facet_grid(CreditHistory ~ Employment) +
+     xlab("Credit Amount") +
+     theme(axis.text.x=element_text(angle=90, hjust=1, vjust=.5)) +
+     scale_x_continuous(labels=multiple)
>
> ggplot(credit, aes(x=CreditAmount, y=Age)) +
+     geom_point(aes(color=Credit)) +
+     facet_grid(CreditHistory ~ Employment) +
+     xlab("Credit Amount") +
+     theme(axis.text.x=element_text(angle=90, hjust=1, vjust=.5)) +
+     scale_x_continuous(labels=multiple)
```

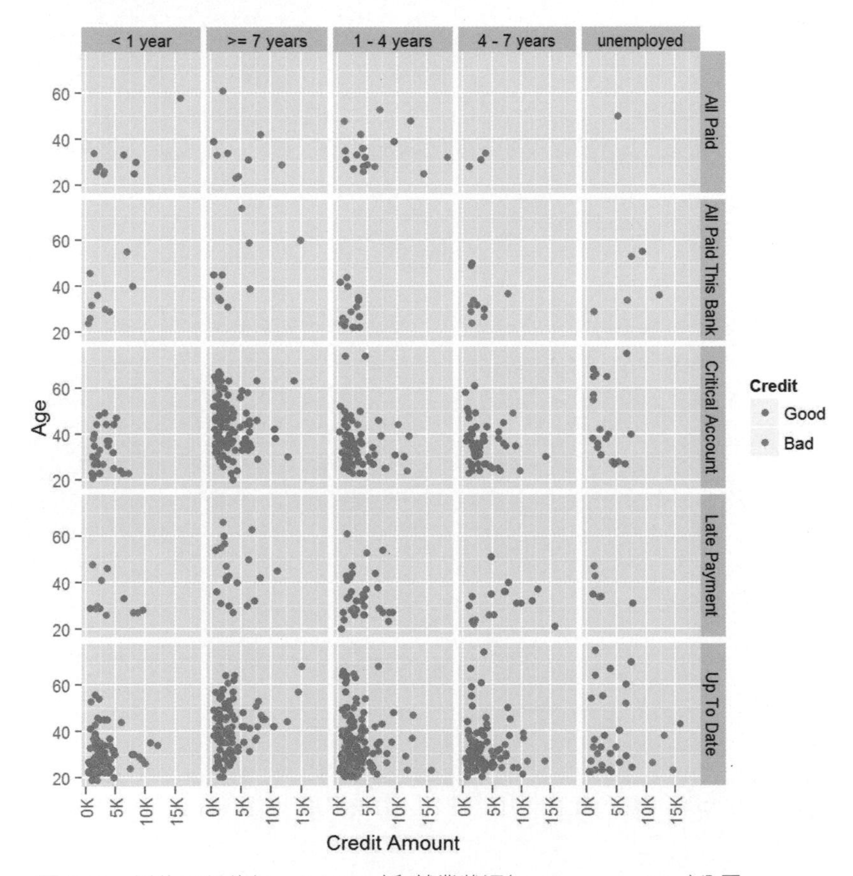

圖 23.6　以信用紀錄(Credit history)和就業狀況(employment status)分層，畫出年齡(Age)對信用金額(Credit amount)的圖，並以顏色分別信用好壞

使用 glm 如同使用其它的用來建模的函數如 lm 和 glm，它們都使用 formula 引數。其中比較不一樣的地方是我們可以用無母數平滑函數 (例如樣條和張量積 (tensor product)[1]) 將連續變數 (如 CreditAmount(信用金額)和 Age(年齡)) 做出轉換。

```
> library(mgcv)
> # 建立一個羅吉斯 GAM
> # 把張量積運用在 CreditAmount, 而將樣條運用在 Age
> creditGam <- gam(Credit ~ te(CreditAmount) + s(Age) + CreditHistory +
+                         Employment,
+                   data=credit, family=binomial(link="logit"))
> summary(creditGam)

Family: binomial
Link function: logit

Formula:
Credit ~ te(CreditAmount) + s(Age) + CreditHistory + Employment

Parametric coefficients:
                                   Estimate Std. Error  z value       Pr(>|z|)
(Intercept)                         0.662840    0.372377    1.780        0.07507
CreditHistoryAll Paid This Bank     0.008412    0.453267    0.019        0.98519
CreditHistoryCritical Account      -1.809046    0.376326   -4.807       1.53e-06
CreditHistoryLate Payment          -1.136008    0.412776   -2.752        0.00592
CreditHistoryUp To Date            -1.104274    0.355208   -3.109        0.00188
Employment>=7 years                -0.388518    0.240343   -1.617        0.10598
Employment1 - 4 years              -0.380981    0.204292   -1.865        0.06220
Employment4 - 7 years              -0.820943    0.252069   -3.257        0.00113
Employmentunemployed               -0.092727    0.334975   -0.277        0.78192

(Intercept)                       .
CreditHistoryAll Paid This Bank
CreditHistoryCritical Account     ***
CreditHistoryLate Payment         **
CreditHistoryUp To Date           **
Employment>= 7 years
Employment1 - 4 years             .
```

Next

1：張量積是一個用來表示預測變數的轉換函數的方式，這些預測函數很可能是以不同的單位所測量的。

```
Employment4 - 7 years              **
Employmentunemployed

---
Signif. codes: 0 '***' 0.001 '**' 0.01 '*' 0.05 '.' 0.1 ' ' 1

Approximate significance of smooth terms:
                      edf   Ref.df  Chi.sq    p-value
te(CreditAmount)     2.415   2.783   20.79   0.000112 ***
s(Age)               1.932   2.435    6.13   0.068957 .
---
Signif. codes: 0 '***' 0.001 '**' 0.01 '*' 0.05 '.' 0.1 ' ' 1

R-sq.(adj) = 0.0922 Deviance explained = 8.57%
UBRE score = 0.1437 Scale est. = 1     n = 1000
```

平滑曲線會在模型被建立的時候自動地被建立起來，**圖 23.7** 顯示了套用到 CreditAmount 和 Age 的平滑曲線，即分別為張量積和樣條，而灰色的陰影面積則代表該平滑曲線的信賴區間。

```
> plot(creditGam, select = 1, se = TRUE, shade = TRUE)
> plot(creditGam, select = 2, se = TRUE, shade = TRUE)
```

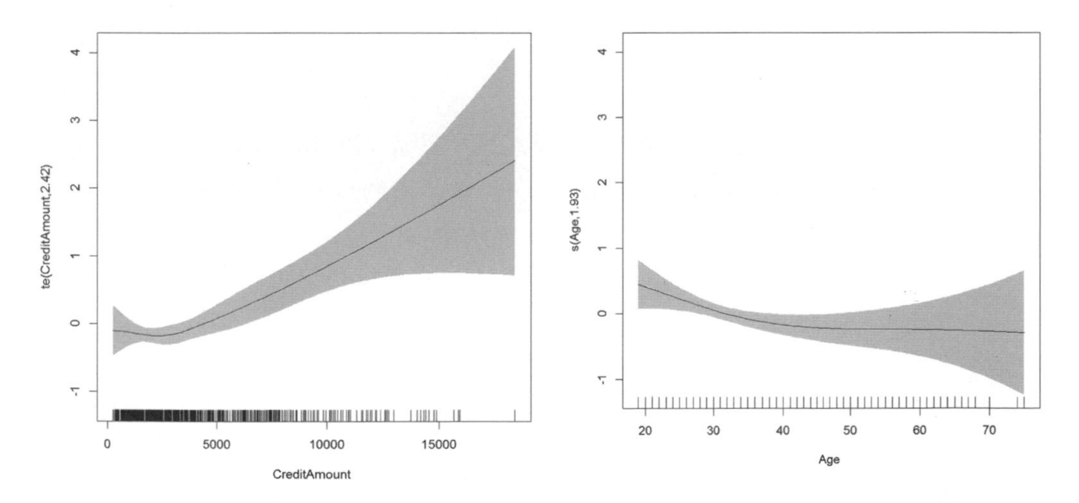

圖 23.7　對信用資料建立 GAM 模型並畫出平滑曲線。陰影部份以逐點計算的兩個標準差

23-4 決策樹

決策樹可用來建立非線性模型，通常被用在迴歸，也可以用在對於遞迴預測變數做二元分類。

對於迴歸樹，預測變數將被分割入 M 個區域 $R_1, R_2, ..., R_M$ 而對其回應 y 的處理則是取其在一個區域裡的平均，即：

$$\hat{f}(X) = \sum_{m=1}^{M} \hat{c}_m I(x \in R_m) \quad \text{(公式 23.8)}$$

其中，

$$\hat{c}_m = avg(y_i \mid x_i \in R_m) \quad \text{(公式 23.9)}$$

是對該區域的平均 y 值。

分類樹的操作方法和以上相似。預測變數會被分割入 M 個區域，而每個區域裡每個類別的比例，$\hat{p}_{mk}$ 則被計算為：

$$\hat{p}_{mk} = \frac{1}{N_m} \sum_{x_i \in R_m} I(y_i = k) \quad \text{(公式 23.10)}$$

其中為區域 N_m 的項目個數，而公式裡所計算的總和為類別 k 落在區域 m 的觀測值個數。這些樹都可以經由 rpart 套件裡的 rpart 函數建立，這個函數也使用 formula 介面，只是不接受交互作用項。

```
> library(rpart)
> creditTree <- rpart(Credit ~ CreditAmount + Age +
+                       CreditHistory + Employment, data = credit)
```

若要顯示這個物件，R 將以文字的形式把樹呈現出來：

```
> creditTree

n= 1000

node), split, n, loss, yval, (yprob)
* denotes terminal node

1) root 1000 300 Good (0.7000000 0.3000000)
  2) CreditHistory=Critical Account, Late Payment, Up To
    Date 911 247 Good (0.7288694 0.2711306)
    4) CreditAmount< 7760.5 846 211 Good (0.7505910 0.2494090) *
    5) CreditAmount>=7760.5 65 29 Bad (0.4461538 0.5538462)
     10) Age>=29.5 40 17 Good (0.5750000 0.4250000)
       20) Age< 38.5 19 4 Good (0.7894737 0.2105263) *
       21) Age>=38.5 21 8 Bad (0.3809524 0.6190476) *
     11) Age< 29.5 25 6 Bad (0.2400000 0.7600000) *
  3) CreditHistory=All Paid, All Paid This Bank 89 36
    Bad (0.4044944 0.5955056) *
```

結果中的每一行代表樹的每一個節點(node)。第一個節點為所有資料的 root(根)，其顯示了總共有 1000 個觀測值，其中 300 個的信用被認為是 "Bad" 的。下一個被縮進的層次則代表第一個分支，而它是對 CreditHistory 的一個分類。分支的其中一個方向為當 CreditHistory 等於 "Critical Amount"、"Late Payment" 或 "Up To Date" 的時候，其包含 911 個觀測值，其中 247 個的信用被認為是 "Bad" 的。另一個方向為當 CreditHistory 等於 "All Paid" 或 "All Paid This Bank" 的時候，被分到這裡的有 60%的機率是信用差的。而接下去被縮進的層次則代表了下一個分支。

繼續解讀該結果會非常耗費力氣，因此把結果畫成圖會更好。**圖 23.8** 顯示了樹的分支。從節點向左延伸代表滿足節點裡的條件，否則則是不滿足該條件。每個終端的節點則註明了所估計的類別，即 "Good" 或 "Bad"。其中百分比的解讀方向則是從左到右，即信用為 "Good" 的在左邊。

```
> library(rpart.plot)
> rpart.plot(creditTree, extra = 4)
```

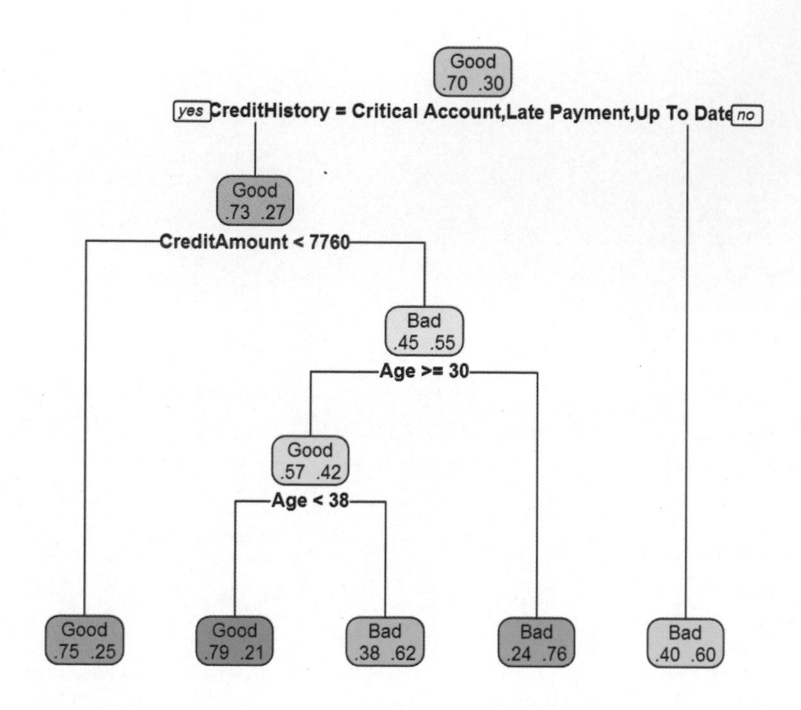

圖 23.8　根據信用資料所畫出的決策樹。從節點向左延伸代表滿足節點裡的條件，否則則是不滿足該條件。每個終端的節點則註明了所估計的類別，即 "Good" 或 "Bad"。其中百分比的解讀方向則是從左到右，即信用為 "Good" 的在左邊

雖然解讀決策樹的方法很簡單，而且樹對資料的配適度也很高，但是它們會因為過度配適而引致很高的變異，也就是說模型會很不穩定。資料略有改變就會對模型造成相當大的影響。

23-5 提升樹模型

Boosting 是一個用來提升預測準確率的方法，尤其針對決策樹。此模型的主要概念是透過連續性地建立模型來進行學習。其第一個步驟是對所有觀測值建立一個模型，而每個觀測值所被給予的權重都相等。接著提高造成模型配適不良的觀測值權重，反之則降低權重；重複幾次這過程後，最終模型將是這些小模型累積而得的成品。

建立提升樹模型最常用的函數包含 gbm 套件中的 gbm 與 xgboost 套件中的 xgboost，而最近證實了 xgboost 的知名度較高。我們使用 credit 資料作為範例，不像 rpart，我們這次不能直接使用 formula 介面，而需要建立一個預測變數矩陣 (predictor matrix) 和一個反應變數向量 (response vector)。不像 glm，該模型反應變數必須是 0 或 1，而不是一個邏輯向量 (logical vector)。

```
> library(useful)
> # 形容模型的 formula(公式)
> # 因為是建立樹模型,我們不需要截矩項
> creditFormula <- Credit ~ CreditHistory + Purpose + Employment +
+     Duration + Age + CreditAmount - 1
> # 因為是建立樹模型,我們使用所有 level 的類別變數
> creditX <- build.x(creditFormula, data = credit, contrasts = FALSE)
> creditY <- build.y(creditFormula, data = credit)
> # 將 logical vector(邏輯向量)轉換為[0, 1]
> creditY <- as.integer(relevel(creditY, ref = 'Bad')) - 1
```

預測變數矩陣和一個反應變數向量分別被傳遞到 data 與 label 引數。nrounds 引數決定要對資料建模幾次，太高的次數可能會造成過度配適，所以挑選此數需要一些考量。學習速度則是由 eta 控制，而設定較小的數字表示會導致較少的模型過度配適。樹的深度(depth)則是由 max.depth 所控制。若有 OpenMP，平行運算將自動啟動，而決定平行運算的執行緒則是由 nthread 引數控制。objective 引數則是用來指定模型類別。

```
> library(xgboost)
> creditBoost <- xgboost(data = creditX, label = creditY, max.depth = 3,
+                        eta = .3, nthread = 4, nrounds = 3,
+                        objective = "binary:logistic")

[1] train-error:0.261000
[2] train-error:0.262000
[3] train-error:0.255000
```

xgboost 預設會將每次運行的模型評估結果顯示出來，而建立的模型越多，評估結果越好。

```
> creditBoost20 <- xgboost(data = creditX, label = creditY, max.depth = 3,
+                          eta = .3, nthread = 4, nrounds = 20,
+                          objective = "binary:logistic")

[1]  train-error:0.261000
[2]  train-error:0.262000
[3]  train-error:0.255000
[4]  train-error:0.258000
[5]  train-error:0.260000
[6]  train-error:0.257000
[7]  train-error:0.256000
[8]  train-error:0.248000
[9]  train-error:0.246000
[10] train-error:0.227000
[11] train-error:0.230000
[12] train-error:0.230000
[13] train-error:0.227000
[14] train-error:0.223000
[15] train-error:0.223000
[16] train-error:0.218000
[17] train-error:0.217000
[18] train-error:0.216000
[19] train-error:0.211000
[20] train-error:0.211000
```

xgboost 會將模型以二元文件檔的格式存入磁碟，而 xgboost.model 則為其預設名稱。若要自定義名稱，則可使用 save_name 函數。要將提升樹視覺化，則需使用以 htmlwidgets 為基礎的 diagrammeR 套件中的 xgb.plot.multi.trees。這函數將嘗試把幾顆樹混合在一起，以創造出一個統一的視覺化結果。feature_name 引數可被用來提供截點的名稱。**圖 23.9** 顯示在每個截點上會有一個或多個問答，這將依樹的建立方式而有差異。

```
> xgb.plot.multi.trees(creditBoost, feature _ names = colnames(creditX))
```

圖 23.9 以一棵樹呈現提升樹的預測

此圖也許不好判讀，較好的呈現方式是透過變數重要性圖 (variable importance plot)，這將顯示出每個變數對模型的重要性有多少。**圖 23.10** 顯示了 Duration 與 CreditAmount 是模型中最重要的變數。

```
> xgb.plot.importance(xgb.importance(creditBoost,
+                                    feature_names = colnames(creditX)))
```

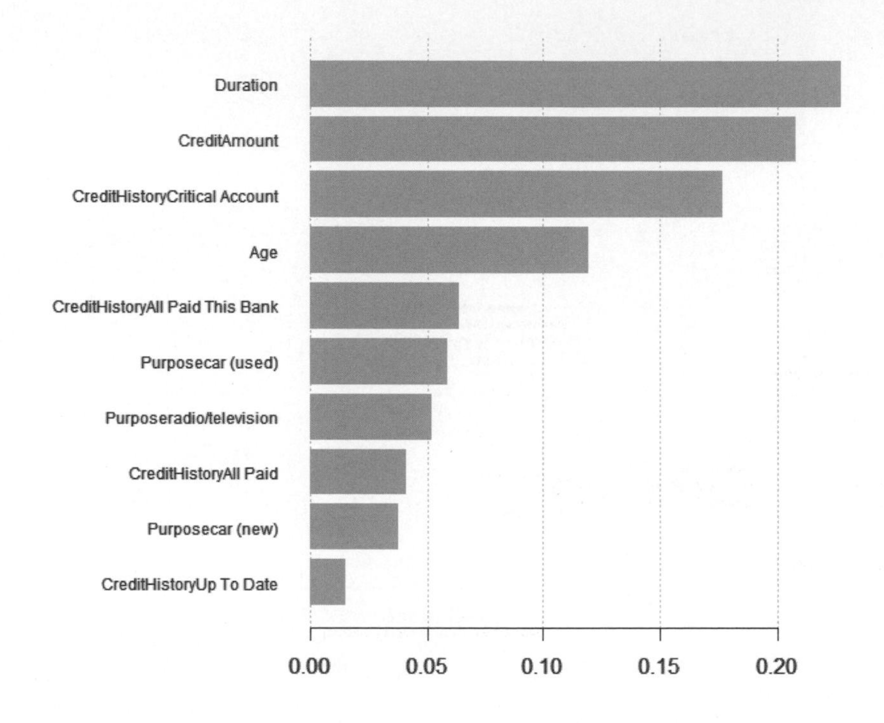

圖 23.10 使用 credit 資料建立的提升樹所產生的變數重要性圖。
此圖顯示了 Duration 與 CreditAmount 都是模型最重要的變數

提升樹提供了一個方式來取得比一般決策數更好的結果，這可透過 xgboost 來完成。

23-6 隨機森林(Random Forest)

隨機森林是一個集成方法，它是將幾個建立好的模型結果整合在一起，以提升預測的準確性。雖然這方法提供比較好的預測，但它在推論和解釋度方面就會有所限制。隨機森林由好幾個決策樹組成，而不同決策樹是由不同隨機抽取的預測變數與觀測值形成的，也正是因為由隨機建立的樹所組成的森林而得名。

我們用信用資料裡的 CreditHIstory、Purpose、Employment、Duration、Age 和 CreditAmount 作為範例。部份建立起來的樹只包含 CreditHistory 和 Employment，部份則可能包含 Purpose、Employment 和 Age，還有些會包含 CreditHistory、Purpose、Employment 和 Age。所有這些不同的樹涵蓋所有基層，因而組成隨機森林，這應該會有很強的預測能力。

我們可以用 randomForest 套件裡的 randomForest 來建立隨機森林。一般來說，formula 可以被用在 randomForest 上，但其中的類別變數必須儲存為 factor。為了避免變數轉換的需要，我們講傳遞獨立的預測邊變數與反應變數 matrices(矩陣)。要將類別變數儲存為 factor 的原因是因為 randomForest 開發者(Andy Liaw)針對使用 formula 介面所需的特別處理。他甚至預計將會將 formula 介面移除掉。我們也見證了針對此函數，使用 matrices 在運行速度上一般都比使用 formula 快。

```
> library(randomForest)
> creditFormula <- Credit ~ CreditHistory + Purpose + Employment +
+     Duration + Age + CreditAmount - 1
> # 因為是樹的建立，我們使用類別變數的所有 level
> creditX <- build.x(creditFormula, data=credit, contrasts=FALSE)
> creditY <- build.y(creditFormula, data=credit)
> # 建立隨機森林樹
> creditForest <- randomForest(x=creditX, y=creditY)
> creditForest
```

Next

```
Call:
  randomForest(x = creditX, y = creditY)
               Type of random forest: classification
                 Number of trees: 500
 No. of variables tried at each split: 4


     OOB estimate of error rate: 27.4%
Confusion matrix:
     Good  Bad  class.error
Good  644   56    0.0800000
Bad   218   82    0.7266667
```

結果顯示建立了 500 顆樹，而樹的每個分支會對 4 個變數做出評估。結果中的混淆矩陣(Confusion matrix)表示這結果並不是最好的，還有進步的空間。

由於提升樹和隨機森林有許多相似之處，我們可以更改 xgboost 中的幾個變數來建立隨機森林。我們平行建立 1000 顆樹(num_parallel_tree = 1000)，並設定隨機抽樣的橫列(subsample = 0.5)與直行(colsample_bytree = 0.5)。

```
> #建立反應變數 matrix(矩陣)
> creditY2 <- as.integer(relevel(creditY, ref = 'Bad')) - 1
>
> # 建立隨機森林
> boostedForest <- xgboost(data = creditX, label = creditY2, max_depth = 4,
+                          num_parallel_tree = 1000,
+                          subsample = 0.5, colsample_bytree = 0.5,
+                          nrounds = 3, objective = "binary:logistic")

[1] train-error:0.282000
[2] train-error:0.283000
[3] train-error:0.279000
```

例子中使用建立提升樹的方式所建立的隨機森林所產生的錯誤率與 randomForest 的結果差不多。將 nrounds 引數提高可以提升錯誤率，但這也可能造成過度配適。使用 xgboost 的好處是隨機森林的結果可以用單一棵樹呈現，如圖 **23.11** 顯示。

```
> xgb.plot.multi.trees(boostedForest, feature_names=colnames(creditX))
```

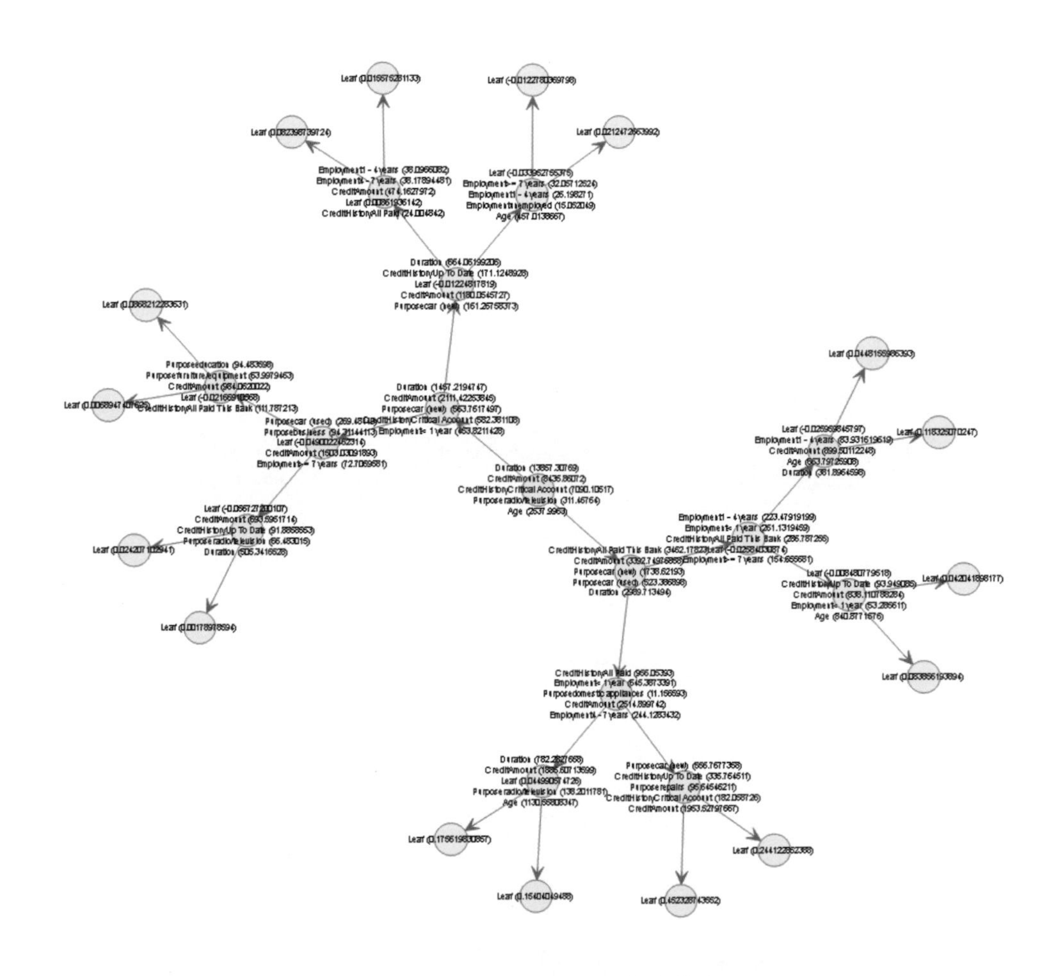

圖 23.11　以一棵樹呈現提升隨機森林的預測

23-7 小結

以往為了簡化模型而設定的線性和常態假設，在現今電腦運算能力大幅提升，漸漸要讓位給無母數的技巧了。其中包括非線性最小平方法、樣條、廣義加性模型、決策樹和隨機森林，這些方法各有其特色與不足之處，端看您的使用情境來做選擇。

Memo

24

時間序列與自相關性

在統計領域，會遇到很多情況需要分析時間序列 (time series)，也就是隨著時間自我相關(autocorrelate)的資料，尤其是針對金融和計量經濟資料。這種資料的觀測值和其較早之前的觀測值是相關的，而其中的先後次序也很重要。在 R 裡有不少內建函數和套件，讓時間序列資料的處理過程變得更簡單。

24-1 自迴歸移動平均模型 (Autoregressive Moving Average)

在各種時間序列模型中，最常用的是自迴歸模型(autoregressive，AR)、移動平均模型(moving average，MA)，或兩者的綜合體(ARMA)。這些模型都可以透過 R 來建立，而且步驟很簡單。ARMA(p, q)的公式為：

$$X_t - \Phi_1 X_{t-1} - \cdots - \Phi_p X_{t-p} = Z_t + \theta_1 Z_{t-1} + \cdots + \theta_q Z_{t-q} \quad \text{(公式 24.1)}$$

其中 Z_t 為白噪音(white noise)，即為一些隨機資料。

$$Z_t \sim WN(0, \sigma^2) \quad \text{(公式 24.2)}$$

AR 模型可以想成是用時間序列的現值和其之前的值做線性迴歸。同樣的，MA 模型則是用時間序列的現值與其現在和之前的殘差做線性迴歸。

我們從世界銀行 API 下載一些國家從 1960 到 2011 年的國內生產總值(GDP)資料作為範例。

```
> # 載入世界銀行 API 套件
> library(WDI)
> # 抽取資料
> gdp <- WDI(country=c("US", "CA", "GB", "DE", "CN", "JP", "SG", "IL"),
+            indicator=c("NY.GDP.PCAP.CD", "NY.GDP.MKTP.CD"),
+            start=1960, end=2011)
> # 對其命名
> names(gdp) <- c("iso2c", "Country", "Year", "PerCapGDP", "GDP")
```

下載後，檢視資料的儲存方式為 "國家-年度" 的長格式，而人均 GDP 圖則顯示在圖 **24.1(a)**。圖 **24.1(b)**顯示 GDP 絕對值，從圖中可以看到中國大陸(China)的 GDP 在過去十年有很大的跳躍，而其人均 GDP 則只是略有增加。

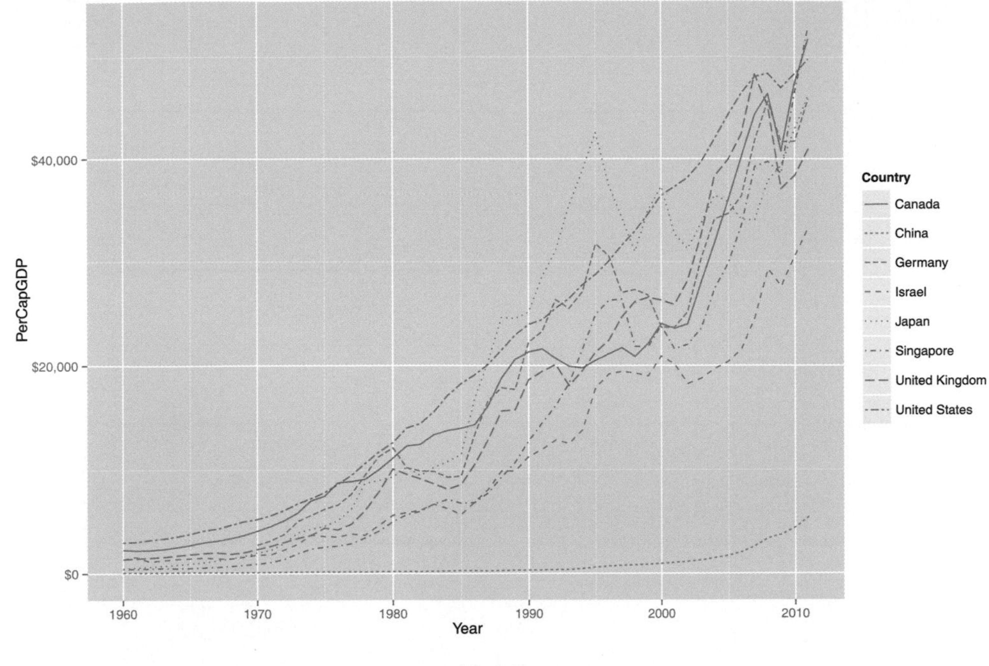

(a) 人均 GDP

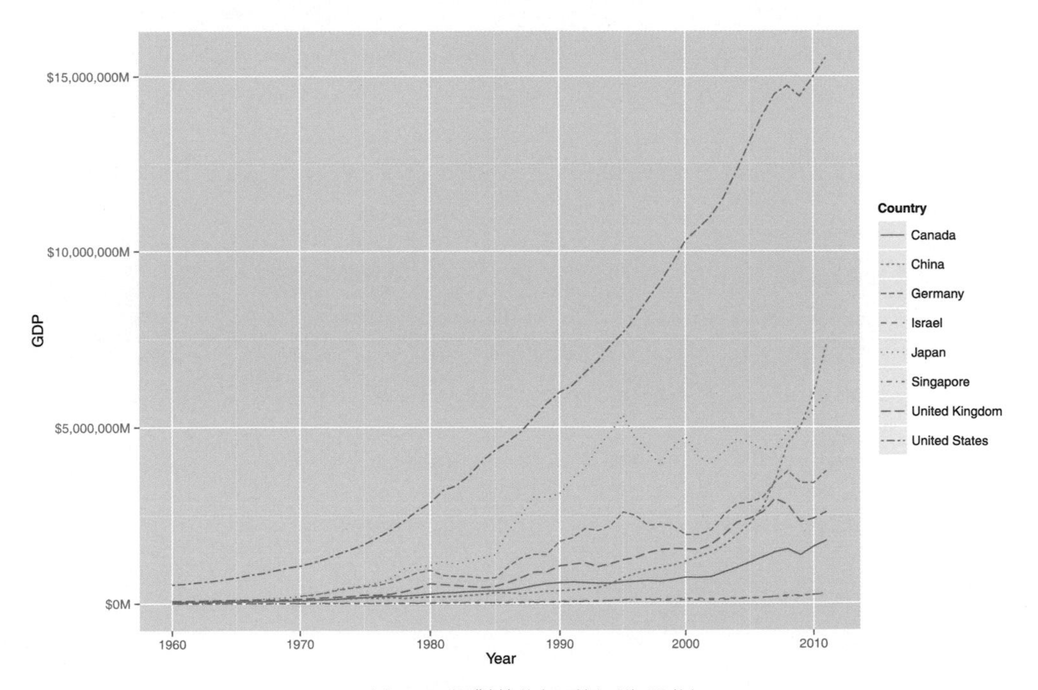

(b) GDP 絕對值(以百萬(M)為單位)

圖 24.1 一些國家從 1960 年到 2011 年的 GDP

```
> head(gdp)

  iso2c  Country   Year   PerCapGDP           GDP
1    CA   Canada   1960    2294.569   41093453545
2    CA   Canada   1961    2231.294   40767969454
3    CA   Canada   1962    2255.230   41978852041
4    CA   Canada   1963    2354.839   44657169109
5    CA   Canada   1964    2529.518   48882938810
6    CA   Canada   1965    2739.586   53909570342

> library(ggplot2)
> library(scales)
> # 人均 GDP
> ggplot(gdp, aes(Year, PerCapGDP, color=Country, linetype=Country)) +
+     geom_line() + scale_y_continuous(label=dollar)
>
> library(useful)
> # GDP 絕對值
> ggplot(gdp, aes(Year, GDP, color=Country, linetype=Country)) +
+     geom_line() +
+     scale_y_continuous(label=multiple_format(extra=dollar,
+                                              multiple="M"))
```

首先我們只單看一個時間序列，對此我們抽取美國(US)的資料，如圖 24.2。

```
> # 抽取美國的資料
> us <- gdp$PerCapGDP[gdp$Country == "United States"]
> # 將它轉換為時間序列
> us <- ts(us, start = min(gdp$Year), end = max(gdp$Year))
> us

Time Series:
Start = 1960
End = 2011
Frequency = 1
```

Next

```
 [1]     2881.100     2934.553     3107.937     3232.208     3423.396     3664.802
 [7]     3972.123     4152.020     4491.424     4802.642     4997.757     5360.178
[13]     5836.224     6461.736     6948.198     7516.680     8297.292     9142.795
[19]    10225.307    11301.682    12179.558    13526.187    13932.678    15000.086
[25]    16539.383    17588.810    18427.288    19393.782    20703.152    22039.227
[31]    23037.941    23443.263    24411.143    25326.736    26577.761    27559.167
[37]    28772.356    30281.636    31687.052    33332.139    35081.923    35912.333
[43]    36819.445    38224.739    40292.304    42516.393    44622.642    46349.115
[49]    46759.560    45305.052    46611.975    48111.967

> plot(us, ylab = "Per Capita GDP", xlab = "Year")
```

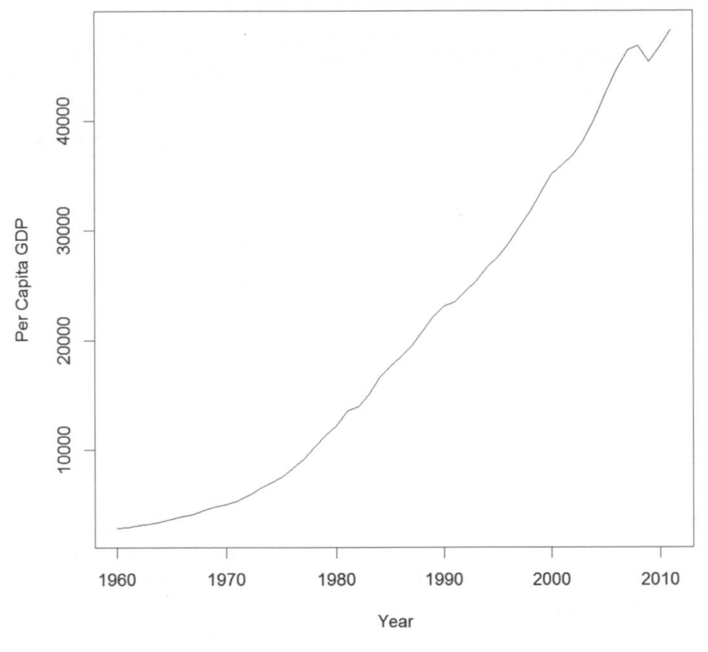

圖 24.2 美國人均 GDP 時間序列圖

另一個時間序列的分析方法為檢視其自相關函數(autocorrelation function，ACF)和偏自相關函數(partial autocorrelation function，PACF)。我們可以透過 R 裡的 acf 和 pacf 函數來檢視這些資訊。

ACF 顯示的是一個時間序列和它自己在不同期差(lags)時的相關性。換句話說，它讓我們看到該時間序列和它自己在於一個期差、兩個期差、或更多期差的相關性。PACF 則稍微複雜一些，期差 1 的自相關性可以對期差 2 或更後面期差的自相關性有所影響。而偏自相關性同樣是一個時間序列和它在於某個期差之間的相關性，但這相關性僅僅隱含沒有被前面期差所解釋到的關係。因此，在期差 2 的偏自相關性呈現的僅僅是時間序列現值和其第二個期差之間的相關性，而這關係是沒有被第一個期差所解釋到的(不包含第一期差的影響)。美國人均 GDP 的 ACF 和 PACF 皆顯示在**圖 24.3**。超越橫線的垂直線表示在該期差的自相關性或偏自相關性是顯著的。

```
> acf(us)
> pacf(us)
```

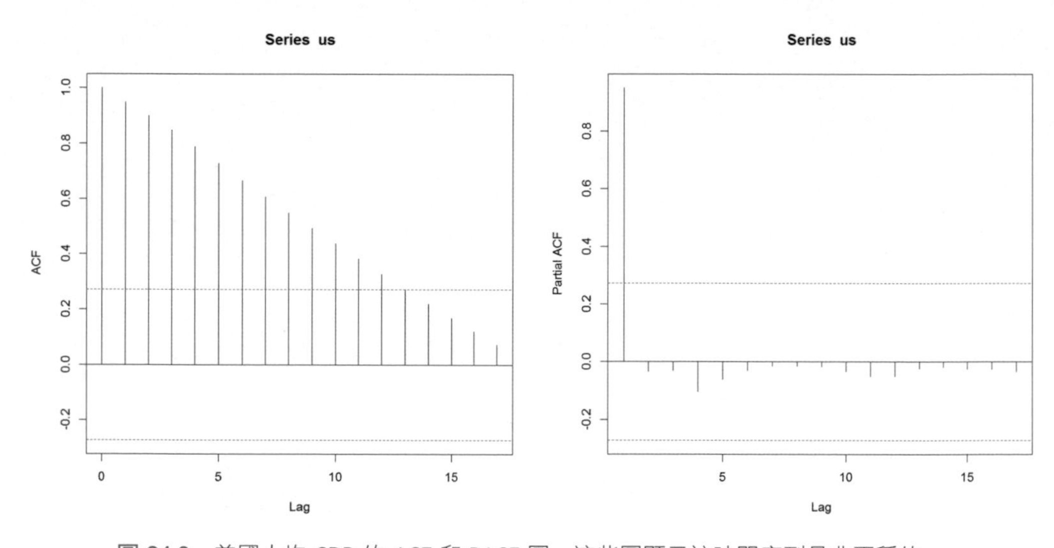

圖 24.3 美國人均 GDP 的 ACF 和 PACF 圖。這些圖顯示該時間序列是非平穩的

我們需要對這時間序列做出一些轉換，才能對它建模。可以看到它往上的趨勢代表了它不是一個平穩(non-stationary)的時間序列 [1](資料的單位為美金，因此造成此現象的原因不會是通貨膨脹)。對此，我們可以對該序列做差分

1：若要滿足平穩的條件，整個時間序列的平均值和變異數都必須是固定的。

(diffing)或做出一些轉換。做差分就是找出兩個觀測值的差的過程，這不管觀測值個數多寡都適用。我們以 x = [1 4 8 2 6 6 5 3] 作為例子。其一階差分結果為 $x^{(1)}$ = [3 4 -6 4 0 -1 -2]，可以看到它其實就是找出每個元素和其之前元素的差；二階差分則是找出差分的差分，因此 $x^{(2)}$ = [1 -10 10 -4 -1 -1]。可以觀察到每做一階層的差分，元素就會減少一個。我們可以透過 R 的 diff 函數找出差分，其中 differences 引數可用來控制要做多少階層的差分，而 lag 引數決定要找出哪些元素的差。將 lag(期差)設為 1 就是找出元素和其前一個元素的差，而將 lag 設為 2 則是找出元素和其之前第二個元素的差。

```
> x <- c(1, 4, 8, 2, 6, 6, 5, 3)
> # 一階差分
> diff(x, differences = 1)

[1] 3 4 -6 4 0 -1 -2

> # 二階差分
> diff(x, differences = 2)

[1] 1 -10 10 -4 -1 -1

> # 等同一階差分
> diff(x, lag = 1)

[1] 3 4 -6 4 0 -1 -2

> # 找出元素和其之前第二個元素的差
> diff(x, lag = 2)

[1] 7 -2 -2 4 -1 -3
```

要找出做幾階層差分才是合適的，並不容易，可以利用 forecast 套件裡的一些函數讓時間序列的處理過程變得更簡單，包括找出最佳的差分階層數。結果顯示在圖 **24.4**。

```
> library(forecast)
> ndiffs(x = us)

[1] 2

> plot(diff(us, 2))
```

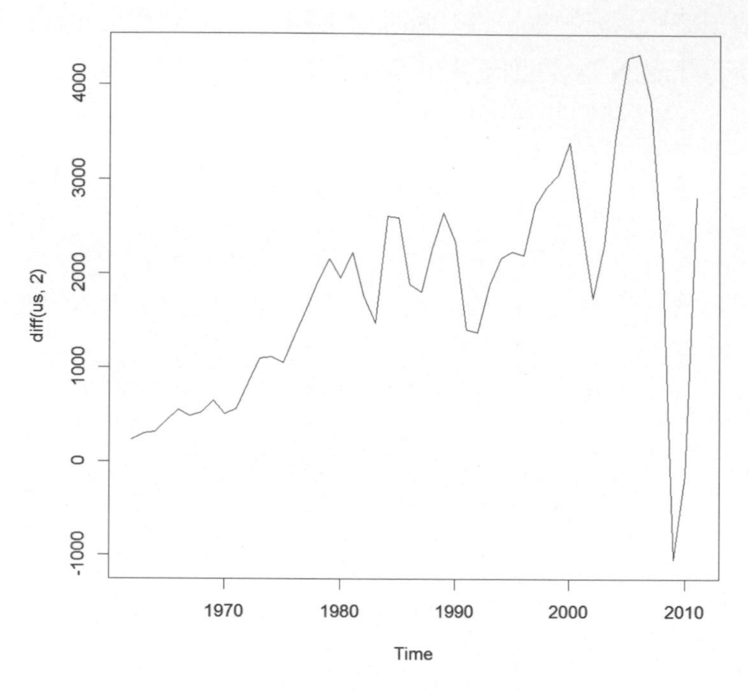

圖 24.4 美國人均 GDP 二階差分圖

儘管 R 提供了 ar 和 ma 函數，但還是建議用 arima 函數來建立 AR 和 MA 模型、或兩者的綜合體 ARMA 模型。這是因為 arima 函數的功能比較完整，它不僅可以做差分，也可以用來描述季節效應(seasonal effect)。傳統的作法我們是分析 ACF 和 PACF 來決定模型的階數(order)或參數，但這個方法完全依靠個人判斷，我們也可以利用 forcast 裡的 auto.arima 幫我們找出這些資訊。

```
> usBest <- auto.arima(x = us)
> usBest
```

Next

```
Series: us
ARIMA(2, 2, 1)

Coefficients:
         ar1      ar2      ma1
      0.4181  -0.2567  -0.8102
s.e.  0.1632   0.1486   0.1111

sigma^2 estimated as 269726: log likelihood=-384.05
AIC=776.1 AICc=776.99 BIC=783.75
```

該函數挑選了做了兩階差分的 ARMA(2,1) 模型(由 AR(2) 和 MA(1) 組成) 為最佳模型，挑選基準為最小 AICC (其為經過「矯正」的 AIC 以對模型複雜度給予更大的懲罰)。兩階差分實質上令該模型成為 ARIMA 模型，而非 ARMA 模型，其中的 I 代表了整合(Integrated)。若模型建立得好，其殘差應該呈現白噪音的特性。**圖 24.5** 顯示了最佳模型殘差的 ACF 和 PACF。可以觀察到它顯現了白噪音的特性，這代表所選擇的模型是好的。

```
> acf(usBest$residuals)
> pacf(usBest$residuals)
```

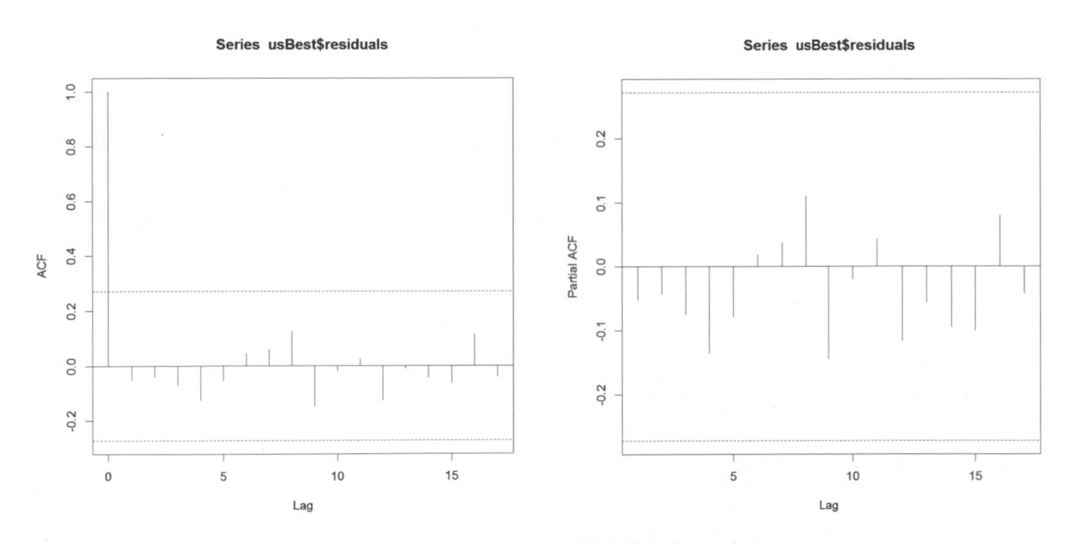

圖 24.5 最佳模型(由 auto.arima 所選)殘差的 ACF 和 PACF

ARIMA 模型的係數由 AR 和 MA 的部份組成。

```
> coef(usBest)

       ar1          ar2           ma1
 0.4181109   -0.2567494    -0.8102419
```

用 ARIMA 模型來做預測和用其它模型做預測相似，它們都需要用到 predict 函數。

```
> # 估計未來 5 年的 GDP，並將其標準差包含在結果裡
> predict(usBest, n.ahead = 5, se.fit = TRUE)

$pred
Time Series:
Start = 2012
End = 2016
Frequency = 1
[1] 49292.41 50289.69 51292.41 52344.45 53415.70

$se
Time Series:
Start = 2012
End = 2016
Frequency = 1
[1] 519.3512 983.3778 1355.0380 1678.3930 2000.3464
```

將結果製作成圖表不是一件難事，這裡我們是使用了 forecast 函數讓相關步驟更簡單一些，如圖 **24.6** 所示。

```
> # 估計未來 5 年的結果
> theForecast <- forecast(object = usBest, h = 5)
> # 將其畫出
> plot(theForecast)
```

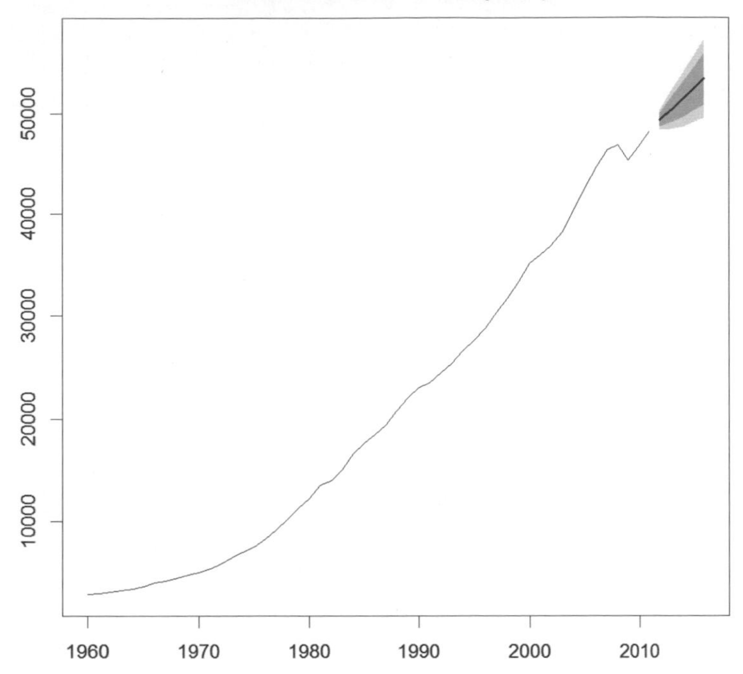

圖 24.6　估計未來五年的美國 GDP。實線代表點估計，而陰影部份代表其信賴區間

24-2 VAR 向量自我迴歸

當需要處理好幾個時間序列，而每個時間序列與其自身的過去，與其它序列的現值和過去都有所關聯時，事情就會變得很複雜。我們首先要把所有 GDP 資料轉換為多變量時間序列，我們先把 data.frame 資料轉換為寬的格式，再用 ts 對它轉換為時間序列。結果顯示在圖 **24.7**。

```
> # 載入 reshape2
> library(reshape2)
> # 將 data.frame 轉換為寬的格式
> gdpCast <- dcast(Year ~ Country,
+                  data=gdp[, c("Country", "Year", "PerCapGDP")],
+                  value.var="PerCapGDP")
> head(gdpCast)

  Year   Canada    China Germany   Israel    Japan Singapore
1 1960 2294.569 92.01123      NA 1365.683 478.9953  394.6489
2 1961 2231.294 75.87257      NA 1595.860 563.5868  437.9432
3 1962 2255.230 69.78987      NA 1132.383 633.6403  429.5377
4 1963 2354.839 73.68877      NA 1257.743 717.8669  472.1830
5 1964 2529.518 83.93044      NA 1375.943 835.6573  464.3773
6 1965 2739.586 97.47010      NA 1429.319 919.7767  516.2622
  United Kingdom United States
1       1380.306      2881.100
2       1452.545      2934.553
3       1513.651      3107.937
4       1592.614      3232.208
5       1729.400      3423.396
6       1850.955      3664.802

> # 將它轉換為時間序列
> gdpTS <- ts(data=gdpCast[, -1], start=min(gdpCast$Year),
+             end=max(gdpCast$Year))
>
> # 用內建繪圖功能來畫圖和加入說明
> plot(gdpTS, plot.type="single", col=1:8)
> legend("topleft", legend=colnames(gdpTS), ncol=2, lty=1,
+        col=1:18, cex=.9)
```

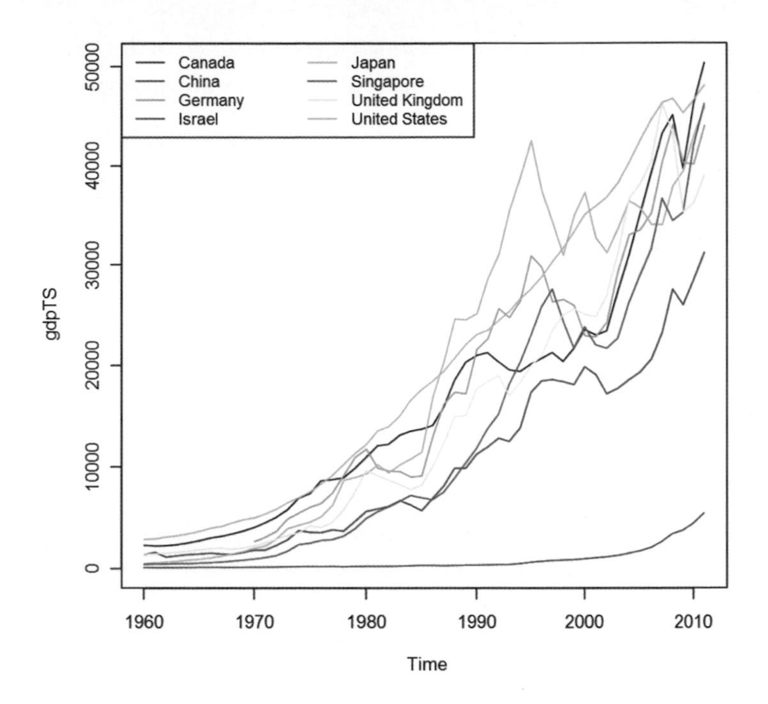

圖 24.7 所有國家 GDP 資料的時間序列圖。此圖表達的訊息和圖 24.1(a) 一樣，只是這次是用內建的繪圖功能來畫圖

我們現在要先處理德國(Germany)的 NA 值。世界銀行提供的資料並沒有 1970 年前德國的 GDP 資料，我們是可以從其它資源，如美國聖路易斯聯邦儲備經濟資料庫(St. Louis Federal Reserve Economic Data，FRED)取得相關資料，但其資料和世界銀行的資料不符，因此我們這裡先將德國的部份從資料移除掉。

```
> gdpTS <- gdpTS[, which(colnames(gdpTS) != "Germany")]
```

建立幾個時間序列最常用的方法為向量自我迴歸(VAR)模型。VAR 的公式為：

$$\mathbf{X}_t = \Phi_1 \mathbf{X}_{t-1} + \cdots + \Phi_p \mathbf{X}_{t-p} + \mathbf{Z}_t \quad \text{(公式 24.3)}$$

其中 Z_t 為白噪音。

$$\{\mathbf{Z}_t\} \sim WN(0, \Sigma) \quad \text{(公式 24.4)}$$

雖然 ar 可以用來計算 VAR，但當 AR 的位階(order)太高時，其用到的奇異矩陣(singular matrix)就會出現一些問題。因此建議用 vars 套件裡的 VAR 取而代之。我們對 gdpTS 用 ndiffs 函數來找出資料所需的差分階層數。經過差分後的資料顯示在圖 **24.8**，圖中顯示了資料的平穩性比圖 **24.7** 高。

```
> numDiffs <- ndiffs(gdpTS)
> numDiffs

[1] 1

> gdpDiffed <- diff(gdpTS, differences=numDiffs)
> plot(gdpDiffed, plot.type="single", col=1:7)
> legend("bottomleft", legend=colnames(gdpDiffed), ncol=2, lty=1,
+         col=1:7, cex=.9)
```

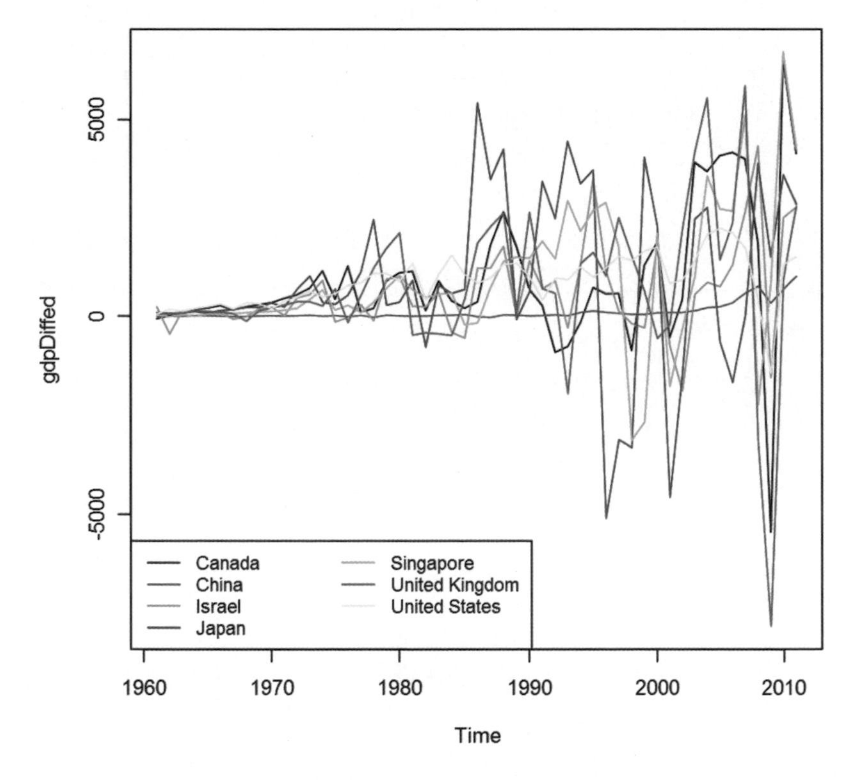

圖 24.8　經過差分後的 GDP 資料

如今資料已被處理好，我們可以用 VAR 來建立 VAR 了。這實質上是透過 lm 將每個時間序列對其期差和其它時間序列建立獨立的迴歸。我們可以透過針對加拿大(Canada)和日本(Japan)的係數圖看到此原理，如圖 24.9 顯示。

```
> library(vars)
> # 建立模型
> gdpVar <- VAR(gdpDiffed, lag.max = 12)
> # 所挑選的位階(order)
> gdpVar$p

AIC(n)
     6


>
> # 每個模型的名稱
> names(gdpVar$varresult)

[1]  "Canada"          "China"        "Israel"
[4]  "Japan"           "Singapore"    "United.Kingdom"
[7]  "United.States"
>
> # 每個模型其實都是 lm 物件
> class(gdpVar$varresult$Canada)

[1] "lm"

> class(gdpVar$varresult$Japan)

[1] "lm"


>
> # 每個模型都有各自的係數
> head(coef(gdpVar$varresult$Canada))

   Canada.l1      China.l1             Israel.l1
 -1.07854513   -7.28241774            1.06538174
    Japan.l1  Singapore.l1     United.Kingdom.l1
 -0.45533608   -0.03827402            0.60149182
```

Next

```
> head(coef(gdpVar$varresult$Japan))

    Canada.l1       China.l1               Israel.l1
    1.8045012    -19.7904918              -0.1507690
     Japan.l1   Singapore.l1     United.Kingdom.l1
    1.3344763      1.5738029               0.5707742


>
> library(coefplot)
> coefplot(gdpVar$varresult$Canada)
> coefplot(gdpVar$varresult$Japan)
```

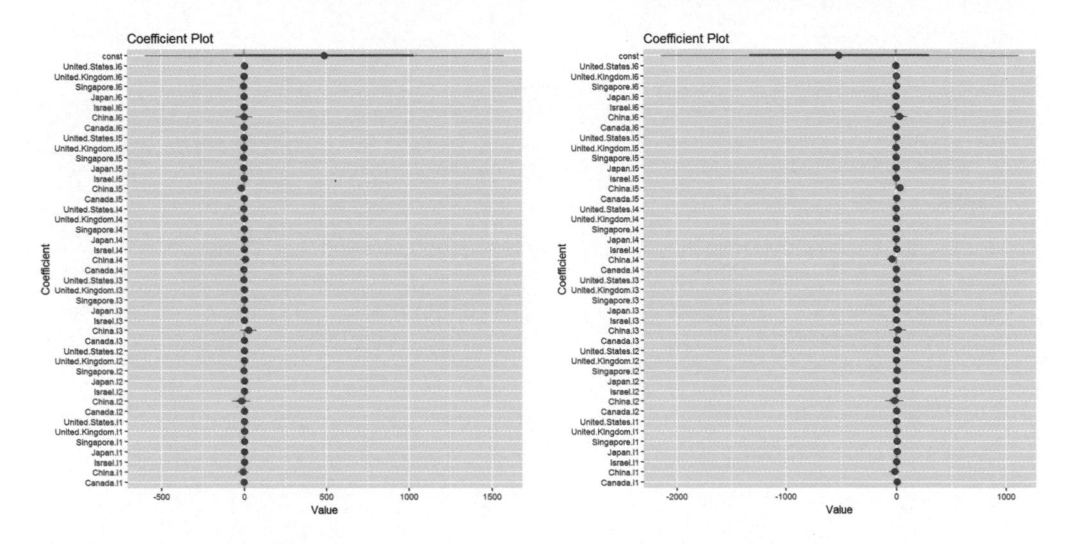

圖 24.9　針對加拿大(Canada)和日本(Japan)的 VAR 模型係數圖，資料為國家 GDP

用此模型來做預測和用其它模型做預測相似，它們都需要用到 predict 函數。

```
> predict(gdpVar, n.ahead = 5)

$Canada
            fcst       lower       upper        CI
[1,]   -12459.46   -13284.63   -11634.30  825.1656
[2,]    15067.05    14106.02    16028.08  961.0344
[3,]    20632.99    19176.30    22089.69 1456.6943
[4,]  -103830.42  -105902.11  -101758.73 2071.6904
[5,]   124483.19   119267.39   129699.00 5215.8046
```

Next

```
$China
            fcst      lower      upper        CI
[1,]   -470.5917  -523.6101  -417.5733  53.01843
[2,]    899.5380   826.2362   972.8399  73.30188
[3,]   1730.8087  1596.4256  1865.1918 134.38308
[4,]  -3361.7713 -3530.6042 -3192.9384 168.83288
[5,]   2742.1265  2518.9867  2965.2662 223.13974
$Israel
           fcst       lower      upper        CI
[1,]  -6686.711   -7817.289  -5556.133  1130.578
[2,] -39569.216  -40879.912 -38258.520  1310.696
[3,]  62192.139   60146.978  64237.300  2045.161
[4,] -96325.105 -101259.427 -91390.783  4934.322
[5,] -12922.005  -24003.839  -1840.171 11081.834
$Japan
             fcst       lower       upper       CI
[1,]  -14590.8574  -15826.761  -13354.954 1235.903
[2,]  -52051.5807  -53900.387  -50202.775 1848.806
[3,]    -248.4379   -3247.875    2750.999 2999.437
[4,]  -51465.6686  -55434.880  -47496.457 3969.212
[5,] -111005.8032 -118885.682 -103125.924 7879.879
$Singapore
          fcst      lower     upper        CI
[1,] -35923.80  -36071.93 -35775.67  148.1312
[2,]  54502.69   53055.85  55949.53 1446.8376
[3,] -43551.08  -47987.48 -39114.68 4436.3991
[4,] -99075.95 -107789.86 -90362.04 8713.9078
[5,] 145133.22  135155.64 155110.81 9977.5872
$United.Kingdom
          fcst     lower     upper       CI
[1,] -19224.96 -20259.35 -18190.56 1034.396
[2,]  31194.77  30136.87  32252.67 1057.903
[3,]  27813.08  24593.47  31032.68 3219.604
[4,] -66506.90 -70690.12 -62323.67 4183.226
[5,]  93857.98  88550.03  99165.94 5307.958
$United.States
           fcst     lower      upper        CI
[1,]  -657.2679 -1033.322  -281.2137  376.0542
[2,] 11088.0517 10614.924 11561.1792  473.1275
[3,]  2340.6277  1426.120  3255.1350  914.5074
[4,] -5790.0143 -7013.843 -4566.1855 1223.8288
[5,] 24306.5309 23013.525 25599.5373 1293.0064
```

24-3 GARCH

使用 ARMA 模型的其中一個問題是它不能處理極端事件或者高波動度的資料。解決此問題的一個方法為使用廣義自我迴歸條件異質變異數或 GARCH 家族裡的模型，這類模型除了對過程的平均數建模，其還對變異數建立模型。

GARCH(m, s)中的變異數模型為：

$$\epsilon_t = \sigma_t e_t \quad \text{(公式 24.5)}$$

其中，

$$\sigma_t^2 = \alpha_0 + \alpha_1 \epsilon_{t-1}^2 + \cdots + \alpha_m \epsilon_{t-m}^2 + \beta_1 \sigma_{t-1}^2 + \cdots + \beta_s \sigma_{t-s}^2 \quad \text{(公式 24.6)}$$

$$e \sim GWN(0,1) \quad \text{(公式 24.7)}$$

e 為廣義白噪音。

我們以 quantmod 套件裡的 AT&T 股票資料作為例子。

```
> library(quantmod)
> load("data/att.rdata")

> library(quantmod)
> att <- getSymbols("T", auto.assign = FALSE)
```

以下指令這將把資料從 xts 套件載入 xts 物件。它是一個較為健全的時間序列物件，這是因為在眾多對時間序列的改進中，它能處理不規則間距的事件。這些物件也提升了對 ts 的繪圖功能，如圖 **24.10** 顯示。

```
> require(xts)
> # 顯示資料
> head(att)

           T.Open  T.High  T.Low  T.Close  T.Volume        T.Adjusted
2007-01-03  35.67   35.78  34.78    34.95  33694300             25.06
2007-01-04  34.95   35.24  34.07    34.50  44285400             24.74
```

Next

```
2007-01-05    34.40    34.54    33.95    33.96    36561800        24.35
2007-01-08    33.40    34.01    33.21    33.81    40237400        24.50
2007-01-09    33.85    34.41    33.66    33.94    40082600        24.59
2007-01-10    34.20    35.00    31.94    34.03    29964300        24.66

> plot(att)
```

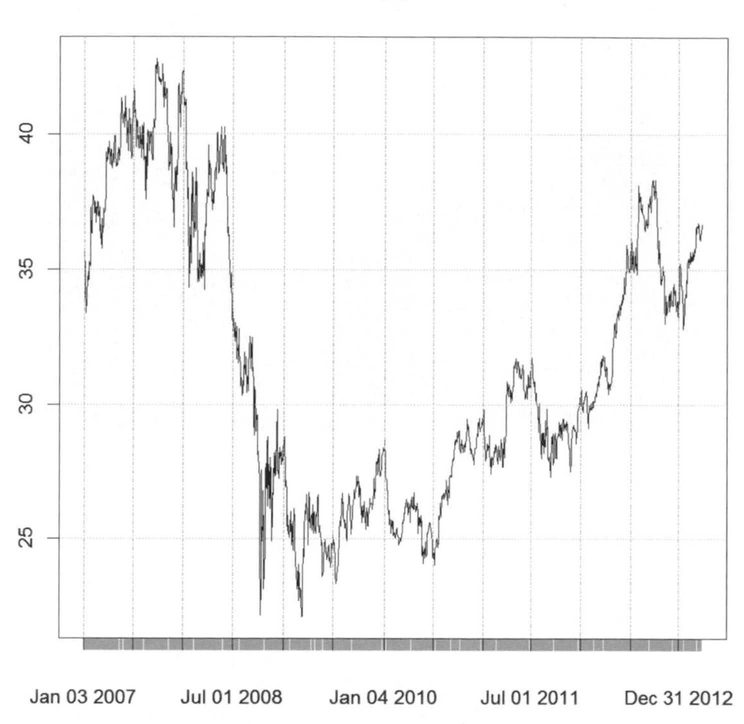

圖 24.10 AT&T 股票資料的時間序列圖

對於喜歡使用金融終端圖表的人，chartSeries 函數或許幫得上忙。它能繪製像圖 **24.11** 的圖。

```
> chartSeries(att)
> addBBands()
> addMACD(32, 50, 12)
```

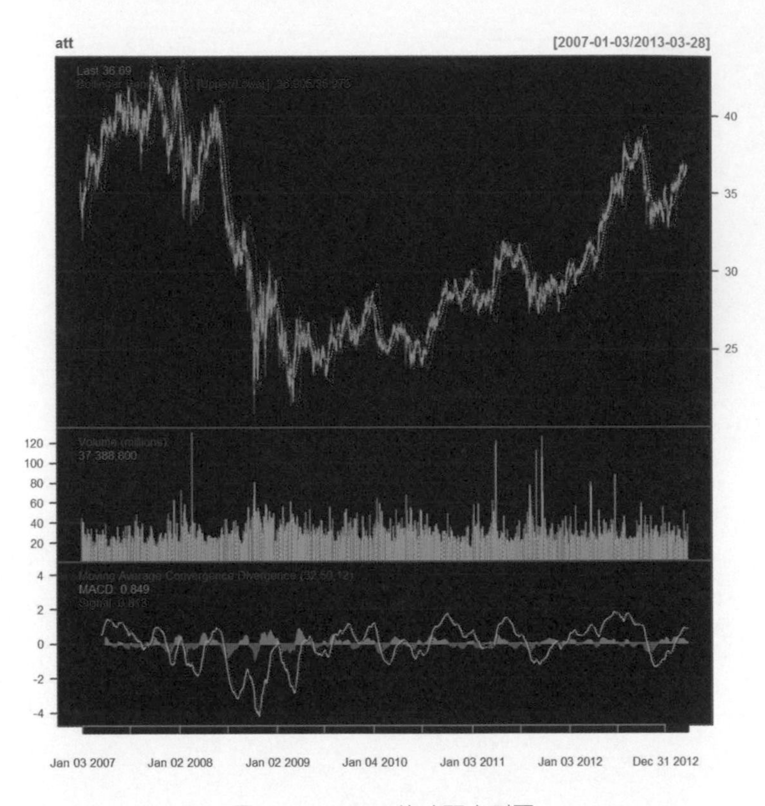

圖 **24.11** AT&T 的時間序列圖

我們只對收盤價有興趣，因此我們建立一個變數來儲存該資訊。

```
> attClose <- att$T.Close
> class(attClose)

[1] "xts" "zoo"

> head(attClose)


             T.Close
2007-01-03     34.95
2007-01-04     34.50
2007-01-05     33.96
2007-01-08     33.81
2007-01-09     33.94
2007-01-10     34.03
```

建立 GARCH 模型最適合的套件也許是 rugarch。也有其它用來建立 GARCH 模型的套件，如 tseries、fGarch 和 bayesGARCH，但我們著重在 rugarch。

一般來說 GARCH(1, 1)就已經很足夠，因此我們會用資料來建立此模型。首先我們用 ugarchspec 來設定模型規格。我們指定以 GARCH(1, 1)對波動度建模，同時以 ARMA(1, 1)對平均值建模。我們也指定創新分佈為 t 分佈。

```
> library(rugarch)
> attSpec <- ugarchspec(variance.model=list(model="sGARCH",
+                                           garchOrder=c(1, 1)),
+                       mean.model=list(armaOrder=c(1, 1)),
+                       distribution.model="std")
```

接下來我們用 ugarchfit 來建立模型。

```
> attGarch <- ugarchfit(spec = attSpec, data = attClose)
```

顯示模型提供了許多資訊，其中包括係數、標準差、AIC 和 BIC。其中多數資訊如關於殘差的統計量、檢定結果、AIC 和 BIC 都是模型配適度的測量。而在接近結果報表上方的極佳參數(optimal parameters)為模型的關鍵。

```
> attGarch

*---------------------------------------------------*
*                  GARCH Model Fit                  *
*---------------------------------------------------*
Conditional Variance Dynamics
----------------------------------------------------
GARCH Model : sGARCH(1, 1)
Mean Model : ARFIMA(1, 0, 1)
Distribution : std

Optimal Parameters
----------------------------------------------------
        Estimate    Std. Error     t value      Pr(>|t|)
mu      35.017027     0.331811  105.533034     0.000000
ar1      0.996977     0.001183  842.439721     0.000000
ma1     -0.001016     0.019268   -0.052713     0.957960
omega    0.001518     0.000671    2.263200     0.023623
alpha1   0.049359     0.011250    4.387372     0.000011
beta1    0.943017     0.013337   70.705815     0.000000
shape    5.820955     0.613710    9.484859     0.000000
```

Next

```
Robust Standard Errors:
         Estimate   Std. Error    t value    Pr(>|t|)
mu       35.017027   0.088450   395.897749   0.000000
ar1       0.996977   0.001104   903.278441   0.000000
ma1      -0.001016   0.020231    -0.050204   0.959960
omega     0.001518   0.000921     1.648264   0.099298
alpha1    0.049359   0.017396     2.837279   0.004550
beta1     0.943017   0.020778    45.385520   0.000000
shape     5.820955   0.625846     9.300936   0.000000

LogLikelihood : -1238.961

Information Criteria
------------------------------------


Akaike          0.88492
Bayes           0.89969
Shibata         0.88490
Hannan-Quinn    0.89025

Weighted Ljung-Box Test on Standardized Residuals
------------------------------------


                         statistic  p-value
Lag[1]                     0.05489   0.8148
Lag[2*(p+q)+(p+q)-1][5]    2.91741   0.5244
Lag[4*(p+q)+(p+q)-1][9]    4.40476   0.5942
d.o.f=2
H0 : No serial correlation

Weighted Ljung-Box Test on Standardized Squared Residuals
------------------------------------
                         statistic  p-value
Lag[1]                       1.416   0.2340
Lag[2*(p+q)+(p+q)-1][5]      2.245   0.5618
Lag[4*(p+q)+(p+q)-1][9]      3.864   0.6119
d.o.f=2

Weighted ARCH LM Tests
------------------------------------
```

Next

```
             Statistic      Shape      Scale    P-Value
ARCH Lag[3]     0.5522      0.500      2.000     0.4574
ARCH Lag[5]     0.8185      1.440      1.667     0.7875
ARCH Lag[7]     2.5722      2.315      1.543     0.5977

Nyblom stability test
------------------------------------
Joint Statistic:  3.2945
Individual Statistics:
mu         0.46850
ar1        0.06382
ma1        0.14117
omega      0.09919
alpha1     0.73121
beta1      0.38483
shape      1.06710

Asymptotic Critical Values (10% 5% 1%)
Joint Statistic:         1.69 1.9 2.35
Individual Statistic:    0.35 0.47 0.75

Sign Bias Test
------------------------------------
                   t-value      prob  sig
Sign Bias           1.0579    0.2902
Negative Sign Bias  0.7587    0.4481
Positive Sign Bias  0.6027    0.5467
Joint Effect        1.2245    0.7471


Adjusted Pearson Goodness-of-Fit Test:
------------------------------------
  group  statistic  p-value(g-1)
1    20      25.21        0.1538
2    30      31.87        0.3256
3    40      38.43        0.4956
4    50      53.71        0.2987


Elapsed time : 0.5183759
```

圖 24.12 顯示了模型殘差的時間序列圖和 ACF 圖。

```
> # attGarch 是一個 S4 物件，裡面的資料需透過@來對它進行套用
> # 該資料儲存格式為 list，因此需通過$來讀取
> plot(attGarch@fit$residuals, type="l")
> plot(attGarch, which=10)
```

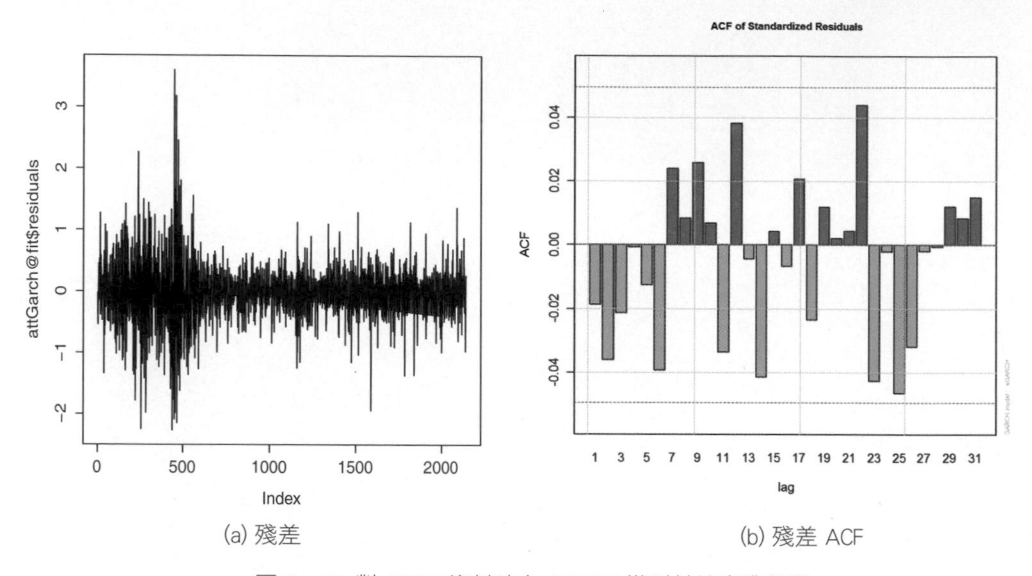

(a) 殘差 (b) 殘差 ACF

圖 24.12 對 AT&T 資料建立 GARCH 模型並繪出殘差圖

為了評估模型的配適度，我們以不同規格設定平均數的假設並建立幾個模型(所有皆為 GARCH(1, 1)模型)，然後比較它們的 AIC。

```
> # ARMA(1, 1)
> attSpec1 <- ugarchspec(variance.model=list(model="sGARCH",
+                                            garchOrder=c(1, 1)),
+                        mean.model=list(armaOrder=c(1, 1)),
+                        distribution.model="std")
> # ARMA(0, 0)
> attSpec2 <- ugarchspec(variance.model=list(model="sGARCH",
+                                            garchOrder=c(1, 1)),
+                        mean.model=list(armaOrder=c(0, 0)),
+                        distribution.model="std")
> # ARMA(0, 2)
> attSpec3 <- ugarchspec(variance.model=list(model="sGARCH",
+                                            garchOrder=c(1, 1)),
```

Next

```
+                        mean.model=list(armaOrder=c(0, 2)),
+                        distribution.model="std")
> # ARMA(1, 2)
> attSpec4 <- ugarchspec(variance.model=list(model="sGARCH",
+                                            garchOrder=c(1, 1)),
+                        mean.model=list(armaOrder=c(1, 2)),
+                        distribution.model="std")
>
> attGarch1 <- ugarchfit(spec=attSpec1, data=attClose)
> attGarch2 <- ugarchfit(spec=attSpec2, data=attClose)
> attGarch3 <- ugarchfit(spec=attSpec3, data=attClose)
> attGarch4 <- ugarchfit(spec=attSpec4, data=attClose)
>
> infocriteria(attGarch1)

Akaike         0.9974974
Bayes          1.0213903
Shibata        0.9974579
Hannan-Quinn   1.0063781

> infocriteria(attGarch2)

Akaike          5.108533
Bayes           5.125600
Shibata         5.108513
Hannan-Quinn    5.114877

> infocriteria(attGarch3)

Akaike          3.406478
Bayes           3.430371
Shibata         3.406438
Hannan-Quinn    3.415359

> infocriteria(attGarch4)

Akaike         0.9963163
Bayes          1.0236224
Shibata        0.9962647
Hannan-Quinn   1.0064656
```

根據 AIC 和 BIC 和其它標準，結果顯示第一和第四個模型為最佳模型。我們可以透過 ugarchboot 函數來對 rugarch 的物件做預測，接著把結果繪出，如圖 **24.13** 顯示。

```
> attPred <- ugarchboot(attGarch, n.ahead=50,
+                       method = c("Partial", "Full")[1])
> plot(attPred, which=2)
```

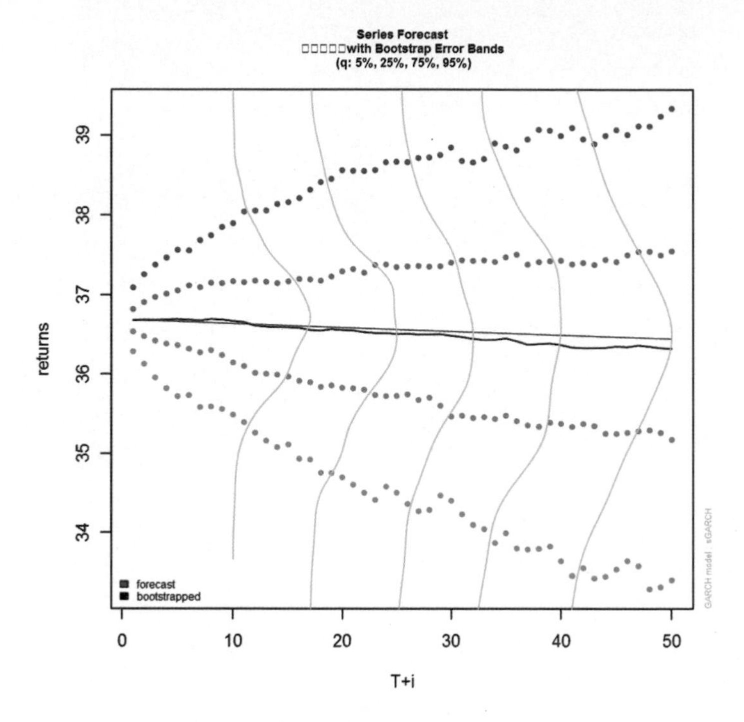

圖 24.13 GARCH 模型的預測，資料為 AT&T 股票

由於這是股票資料，我們也應該對其對數報酬率建模，而不應該只用收盤價。

```
> # 對對數報酬率做差分，並把第一個變成 NA 值的資料移除掉
> attLog <- diff(log(attClose))[-1]
> # 建立模型規格
> attLogSpec <- ugarchspec(variance.model=list(model="sGARCH",
+                          garchOrder=c(1, 1)),
+                                          mean.model=list(armaOrder=c(1, 1)),
+                                          distribution.model="std")
> # 建立模型
> attLogGarch <- ugarchfit(spec=attLogSpec, data=attLog)
> infocriteria(attLogGarch)

Akaike          -5.870043
Bayes           -5.846138
Shibata         -5.870083
Hannan-Quinn    -5.861158
```

這令 AIC 下降了許多。要切記 GARCH 模型的目的不是要對訊號(signal)建立更好的模型，而是要更好地捕捉波動度(volatility)的行為。

24-4 小結

時間序列在許多領域扮演了一個重要的角色，尤其在金融界和自然科學界。在 R 裡建立時間序列的基本工具包括了 ts 物件和進一步改良的 xts。時間序列最常用到的模型包括了 ARMA、VAR 和 GARCH 模型，它們分別可由 arima、VAR 和 ugarchfit 函數建立。

Memo

25

資料分群

資料分群(clustering)是將資料分割成數個組別的方法，它在機器學習的研究上扮演很重要的角色。分群方法有很多種，其中最出名的是 K-means 分群法和階層分群法(hierarchical clustering)。以 data.frame 而言，分群演算法會找出相似的列，被歸在同一群的列相似度應該會非常高，而群外的列相似度則會非常低。

25-1 K-means 分群法

分群演算法裡最出名的是 K-means 分群法。此法根據一些距離的測量將觀測值分成個別的群組。對此，我們以美國加州大學爾灣分校的機器學習數據集(UCI Machine Learning Repository)取得的葡萄酒資料作為例子。

```
> wineUrl <- 'http://archive.ics.uci.edu/ml/machine-learning-databases/wine/wine.data'
> wine <- read.table(wineUrl, header = FALSE, sep = ',',
+                    stringsAsFactors = FALSE,
+                    col.names = c('Cultivar', 'Alcohol', 'Malic.acid',
+                                  'Ash', 'Alcalinity.of.ash',
+                                  'Magnesium', 'Total.phenols',
+                                  'Flavanoids', 'Nonflavanoid.phenols',
+                                  'Proanthocyanin', 'Color.intensity',
+                                  'Hue', 'OD280.OD315.of.diluted.wines',
+                                  'Proline'
+                                  ))
> head(wine)

  Cultivar Alcohol Malic.acid  Ash Alcalinity.of.ash     Magnesium
1        1   14.23       1.71 2.43              15.6           127
2        1   13.20       1.78 2.14              11.2           100
3        1   13.16       2.36 2.67              18.6           101
4        1   14.37       1.95 2.50              16.8           113
5        1   13.24       2.59 2.87              21.0           118
6        1   14.20       1.76 2.45              15.2           112
  Total.phenols Flavanoids    Nonflavanoid.phenols    Proanthocyanins
1          2.80       3.06                    0.28               2.29
2          2.65       2.76                    0.26               1.28
3          2.80       3.24                    0.30               2.81
4          3.85       3.49                    0.24               2.18
5          2.80       2.69                    0.39               1.82
6          3.27       3.39                    0.34               1.97
  Color.intensity     Hue   OD280.OD315.of.diluted.wines      Proline
1            5.64    1.04                           3.92         1065
2            4.38    1.05                           3.40         1050
3            5.68    1.03                           3.17         1185
4            7.80    0.86                           3.45         1480
5            4.32    1.04                           2.93          735
6            6.75    1.05                           2.85         1450
```

資料的第一行為栽培品種(cultivar)，其實和組別非常相似，因此我們將它從我們的分析中排除掉。

```
> wineTrain <- wine[, which(names(wine) != "Cultivar")]
```

對於 K-means，我們需要先設定群數，接著該演算法將把觀測值分派到那些群組裡。後面會再討論到其他各種分群數挑選規則。作為範例，我們先選擇 3 群在 R 裡，我們可以用 kmeans 函數來執行 K-means 分群法。其第一個引數為被進行分群的資料，而全部資料必須是 numeric(K-means 不處理類別資料)。第二個引數則為分群數(群組中間值的個數)。由於此分群法含有隨機的成份，我們設定種子(seed)以使得結果可以被重新產生。

```
> set.seed(278613)
> wineK3 <- kmeans(x = wineTrain, centers = 3)
```

K-means 物件的結果將顯示分群數、每一行的群組平均數和每一列的群別和相似度的測量。

```
> wineK3

K-means clustering with 3 clusters of sizes 62, 47, 69

Cluster means:
   Alcohol   Malic.acid       Ash  Alcalinity.of.ash   Magnesium
1 12.92984     2.504032  2.408065           19.89032   103.59677
2 13.80447     1.883404  2.426170           17.02340   105.51064
3 12.51667     2.494203  2.288551           20.82319    92.34783
  Total.phenols  Flavanoids    Nonflavanoid.phenols    Proanthocyanins
1      2.111129    1.584032               0.3883871           1.503387
2      2.867234    3.014255               0.2853191           1.910426
3      2.070725    1.758406               0.3901449           1.451884
  Color.intensity       Hue   OD280.OD315.of.diluted.wines    Proline
1        5.650323 0.8839677                       2.365484   728.3387
2        5.702553 1.0782979                       3.114043  1195.1489
3        4.086957 0.9411594                       2.490725   458.2319
```
Next

```
Clustering vector:
  [1] 2 2 2 2 1 2 2 2 2 2 2 2 2 2 2 2 2 2 2 1 1 1 2 2 1 1 2 2 1 2 2 2
 [33] 2 2 2 1 1 2 2 1 1 2 2 1 1 2 2 2 2 2 2 2 2 2 2 2 2 2 2 2 3 1 3 1 3
 [65] 3 1 3 3 1 1 1 3 3 2 1 3 3 3 1 3 3 1 1 3 3 3 3 3 1 1 3 3 3 3 3 1
 [97] 1 3 1 3 1 3 3 3 1 3 3 3 3 1 3 3 1 3 3 3 3 3 3 3 1 3 3 3 3 3 3 3
[129] 3 3 1 3 3 1 1 1 1 3 3 3 1 1 3 3 1 1 3 1 1 3 3 3 3 1 1 1 3 1 1 1
[161] 3 1 3 1 1 3 1 1 1 1 3 3 1 1 1 1 1 3

Within cluster sum of squares by cluster:
[1] 566572.5 1360950.5 443166.7
 (between_SS / total_SS = 86.5 %)
Available components:
[1]  "cluster"       "centers"       "totss"        "withinss"
[5]  "tot.withinss"  "betweenss"     "size"         "iter"
[9]  "ifault"
```

由於資料維度高，要畫出 K-means 的圖並不容易。我們可以使用 useful 中的 plot.kmeans 函數來執行多維度尺度調整以將資料投影到二維空間，接著根據群別用顏色標記資料點，如圖 **25.1** 所示。

```
> library(useful)
> plot(wineK3, data = wineTrain)
```

我們接著以葡萄酒資料裡的 Cultivar 作為真正的群別，根據 Cultivar 用不同的形狀標記資料點，並將此結果與顏色作標記的結果做比較，如圖 **25.2**。若顏色和形狀的相關性很高，那就表示分群做得很好。

```
> plot(wineK3, data = wine, class = "Cultivar")
```

由於 K-means 是從一個隨機條件作為開始的，因此建議用不同的隨機初始條件多進行幾次分群。我們可以用 nstart 引數來完成這件事。

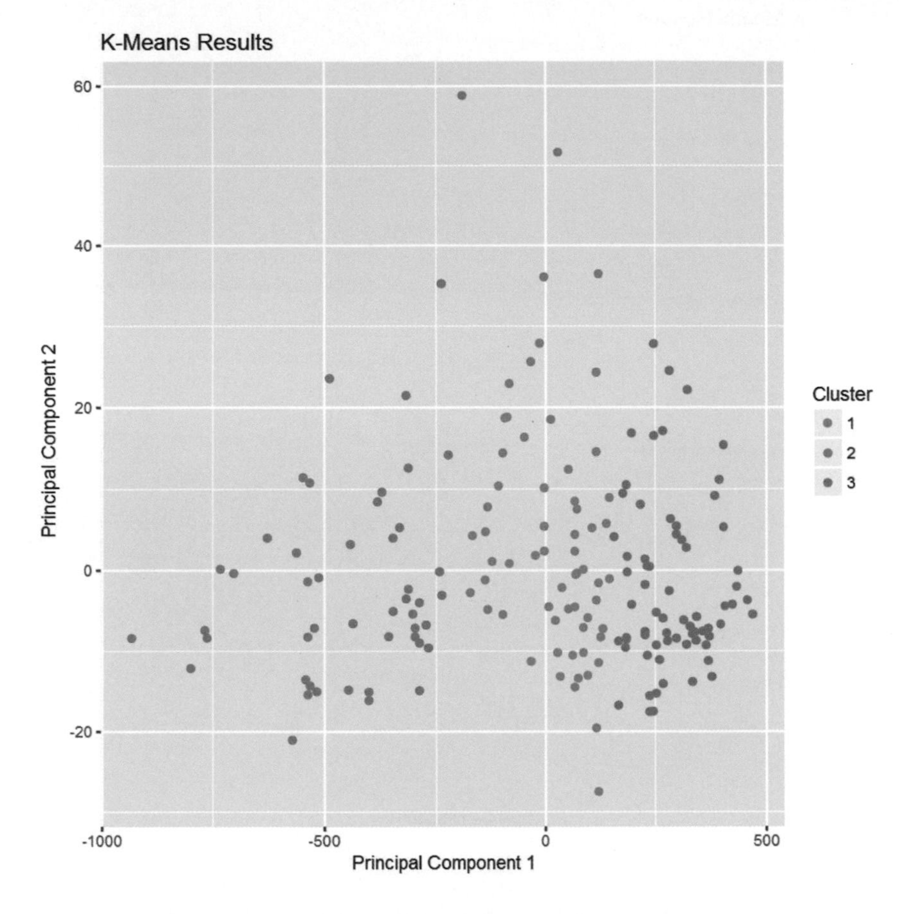

圖 25.1　將葡萄酒的資料尺度做調整並畫在二維的圖，根據 K-means 分群結果以顏色區分資料點群別

```
> set.seed(278613)
> wineK3N25 <- kmeans(wineTrain, centers = 3, nstart = 25)
> # 以一個初始條件做分群
> wineK3$size

[1] 62 47 69

> # 以 25 個初始條件做分群
> wineK3N25$size

[1] 62 47 69
```

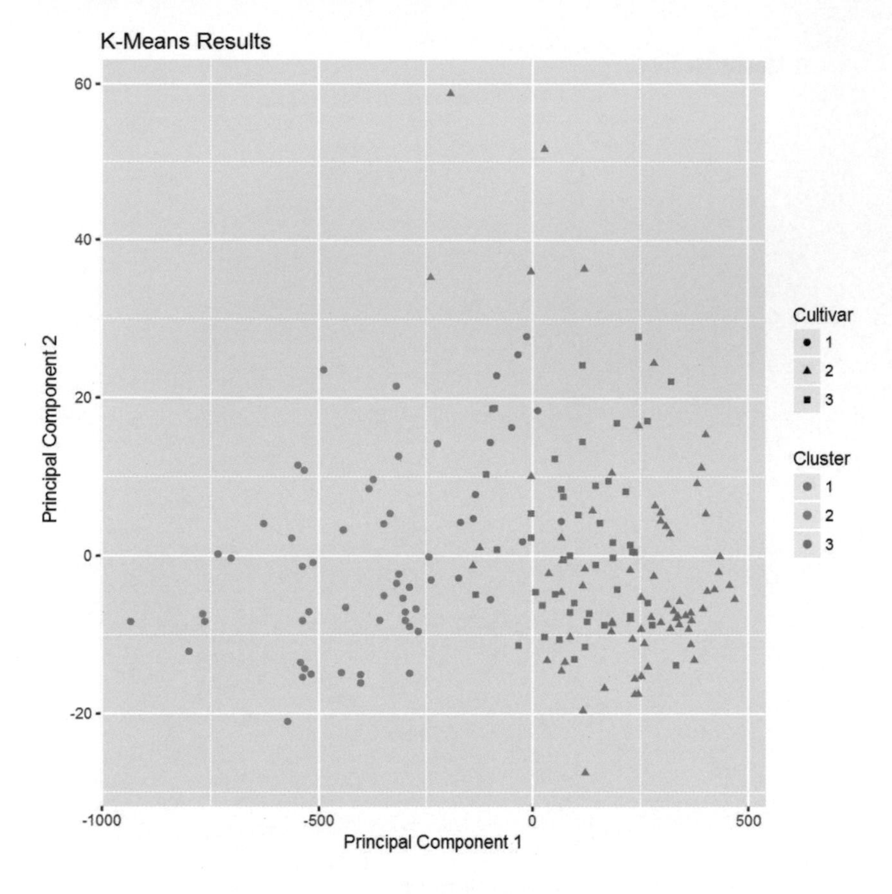

圖 25.2　將葡萄酒的資料尺度做調整並畫在二維的圖，根據 K-means 分群結果以顏色區分資料點群別。不同的形狀為根據 cultivar 的分群標記。若顏色和形狀的相關性很高，那就表示分群做得很好

對於這裡示範的資料來說，是否有使用多個初始條件並沒帶來明顯差異，但對於其它資料則會有顯著的影響。

選對分群數對資料分群來說是很重要的。哥倫比亞大學統計系 David Madigan 教授認為，Hartigan 法則(K-means 演算法的作者之一所提出)是一個不錯的選擇最佳分群數的測量方法。它實質比較的是 k 個分群群內平方和與 k+1 個分群群內平方和的比例，藉此把列數和群數考慮在內。比例大於 10 表示使用 k+1 群比較合適。要重複上述運算過程有點繁瑣，這裡我們借助 useful 套件裡的 FitKMeans 函數來計算該值。結果如圖 **25.3** 所示。

```
> wineBest <- FitKMeans(wineTrain, max.clusters=20, nstart=25,
+                        seed=278613)
> wineBest

   Clusters   Hartigan  AddCluster
 1        2 505.429310        TRUE
 2        3 160.411331        TRUE
 3        4 135.707228        TRUE
 4        5  78.445289        TRUE
 5        6  71.489710        TRUE
 6        7  97.582072        TRUE
 7        8  46.772501        TRUE
 8        9  33.198650        TRUE
 9       10  33.277952        TRUE
10       11  33.465424        TRUE
11       12  17.940296        TRUE
12       13  33.268151        TRUE
13       14   6.434996       FALSE
14       15   7.833562       FALSE
15       16  46.783444        TRUE
16       17  12.229408        TRUE
17       18  10.261821        TRUE
18       19 -13.576343       FALSE
19       20  56.373939        TRUE

> PlotHartigan(wineBest)
```

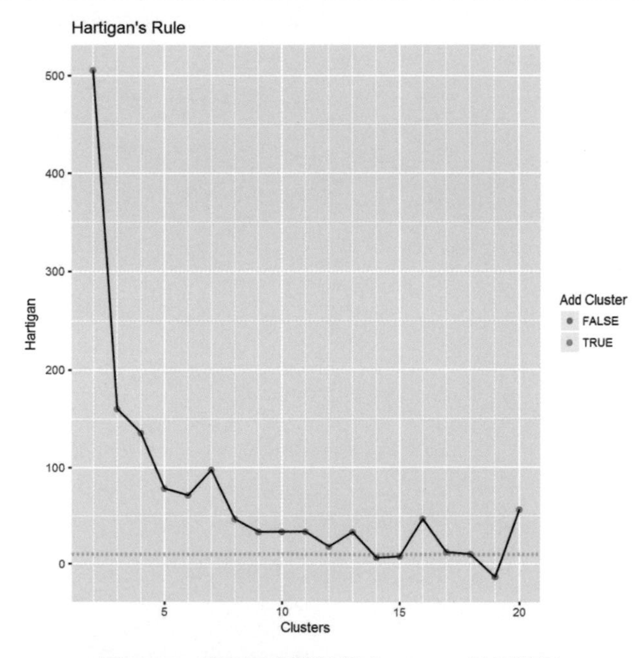

圖 25.3　用不同分群數畫出 Hartigan 法則的圖

根據測量結果，最佳群數為 13。但這僅僅是從過往經驗所定下的規則，並不需要很嚴謹地服從。由於我們知道資料中有三個栽培品種(cultivars)，因此選擇三群作為分群數也是合乎常理的；可是結果再一次顯示了以此作分群數並沒有很好地將群組分到所屬的栽培品種，因此把資料分為三群也不是那麼好。**圖 25.4** 的橫向代表栽培品種(Cultivar)，而縱向代表被分到的群別。被分回 Cultivar 1 的資料點並不多，而 Cultivar 2 的部份更糟糕，最後 Cultivar 3 的分群結果也很差。好的分群結果理應使得圖中對角線的部份都占最大一塊。

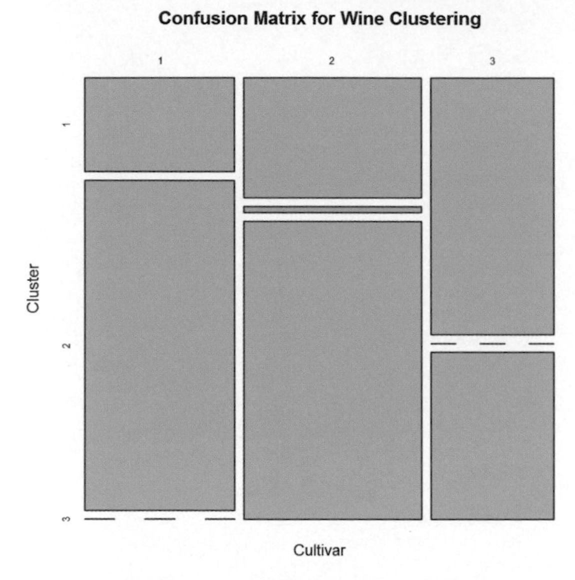

圖 25.4 根據 cultivars 將葡萄酒資料分群的混淆矩陣

```
> table(wine$Cultivar, wineK3N25$cluster)

     1   2    3
1   13  46    0
2   20   1   50
3   29   0   19

> plot(table(wine$Cultivar, wineK3N25$cluster),
+      main="Confusion Matrix for Wine Clustering",
+      xlab="Cultivar", ylab="Cluster")
```

除了 Hartigan 法則，另一個挑選最佳群數的測量為 Gap(差距)統計量，此統計量是比較分群資料與自助抽樣法所抽出的資料樣本之間的群內相異度。它測量的是觀測和預期之間的差距，我們可以透過 cluster 裡的 clusGap 來計算(只針對數值資料)該統計量。這過程因需要做許多模擬而會用到好一些時間來進行運算。

```
> library(cluster)
> theGap <- clusGap(wineTrain, FUNcluster = pam, K.max = 20)
> gapDF <- as.data.frame(theGap$Tab)
> gapDF

       logW    E.logW       gap     SE.sim
1  9.655294  9.947093 0.2917988 0.03367473
2  8.987942  9.258169 0.2702262 0.03498740
3  8.617563  8.862178 0.2446152 0.03117947
4  8.370194  8.594228 0.2240346 0.03193258
5  8.193144  8.388382 0.1952376 0.03243527
6  7.979259  8.232036 0.2527773 0.03456908
7  7.819287  8.098214 0.2789276 0.03089973
8  7.685612  7.987350 0.3017378 0.02825189
9  7.591487  7.894791 0.3033035 0.02505585
10 7.496676  7.818529 0.3218525 0.02707628
11 7.398811  7.750513 0.3517019 0.02492806
12 7.340516  7.691724 0.3512081 0.02529801
13 7.269456  7.638362 0.3689066 0.02329920
14 7.224292  7.591250 0.3669578 0.02248816
15 7.157981  7.545987 0.3880061 0.02352986
16 7.104300  7.506623 0.4023225 0.02451914
17 7.054116  7.469984 0.4158683 0.02541277
18 7.006179  7.433963 0.4277835 0.02542758
19 6.971455  7.401962 0.4305071 0.02616872
20 6.932463  7.369970 0.4375070 0.02761156
```

圖 25.5 顯示了不同分群數的 Gap 統計量。最佳群數被挑選為一個最小數，而此數所產生的差距必須在致使最小差距的分群數的一個標準差之內。

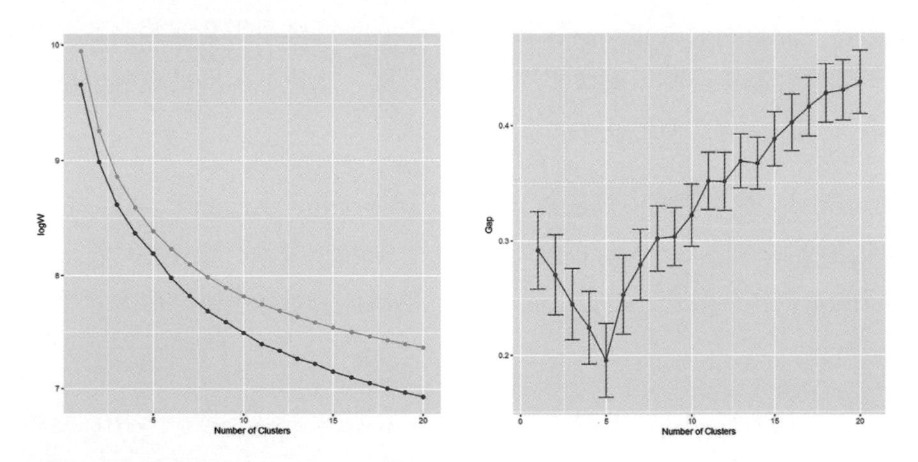

圖 25.5 葡萄酒資料的差距曲線。左圖下方曲線代表觀測到的群內相異度，而上方曲線代表期望的群內相異度。右圖曲線代表 Gap 統計量(預測-觀測)，而誤差條則代表差距的標準差

```
> require(ggplot2)
> # logW 曲線
> ggplot(gapDF, aes(x=1:nrow(gapDF))) +
+   geom_line(aes(y=logW), color="blue") +
+   geom_point(aes(y=logW), color="blue") +
+   geom_line(aes(y=E.logW), color="green") +
+   geom_point(aes(y=E.logW), color="green") +
+   labs(x="Number of Clusters")
>
> # 差距曲線
> ggplot(gapDF, aes(x=1:nrow(gapDF))) +
+   geom_line(aes(y=gap), color="red") +
+   geom_point(aes(y=gap), color="red") +
+   geom_errorbar(aes(ymin=gap-SE.sim, ymax=gap+SE.sim), color="red") +
+   labs(x="Number of Clusters", y="Gap")
```

例子中造成差距(gap)最小的分群方式為分 5 群(gap 值為 0.1952376)。而我們也找不到更少的分群數所產生的差距是在最小差距的一個標準誤差內的。因此根據 Gap 統計量，5 個分群對此資料來說是最佳的。

25-2 PAM 分割環繞物件法

使用 K-means 的兩個限制包括了：它不能被用在類別資料，而且很容易被離群值影響。而 K-medoids 演算法是將群中心設為群內的某個觀測值，而不是用群內平均值作為中心點，就像使用中位數一樣，比較不容易被離群值影響，可以用來取代 K-means 演算法。

K-medoids 最常用的演算法為 PAM(Partitioning Around Medoids, 分割環繞物件法)，在 cluster 套件裡就有 pam 函數可用來執行環繞物件法。我們用世界銀行的資料作為例子，內容包括 GDP 的數值測量和各區域收入水平的類別資料等。

現在我們利用國家地區編碼，透過 WDI 從國家銀行下載一些指標變數：

```
> indicators <- c("BX.KLT.DINV.WD.GD.ZS", "NY.GDP.DEFL.KD.ZG",
+                 "NY.GDP.MKTP.CD", "NY.GDP.MKTP.KD.ZG",
+                 "NY.GDP.PCAP.CD", "NY.GDP.PCAP.KD.ZG",
+                 "TG.VAL.TOTL.GD.ZS")
> library(WDI)
>
> # 將所有國家的指標變數的資訊抽出放入列表
> # 不是所有國家都有每個指標變數的資訊
> # 一些國家完全無任何資料
> wbInfo <- WDI(country="all", indicator=indicators, start=2011,
+               end=2011, extra=TRUE)
> # 將 Aggregates 資訊移除掉
> wbInfo <- wbInfo[wbInfo$region != "Aggregates", ]
> # 將所有指標變數為 NA 的國家移除掉
> wbInfo <- wbInfo[which(rowSums(!is.na(wbInfo[, indicators])) > 0), ]
> # 將 iso 為遺失值的橫列移除掉
> wbInfo <- wbInfo[!is.na(wbInfo$iso2c), ]
```

資料裡有一些遺失值，幸好 pam 也可以很好地處理遺失值。在我們運行分群演算法之前，我們需要先將資料再進行一些處理，例如要將國家名稱設為 data.frame 的橫列名稱並確保類別變數為 factor，以保持正規的 level。

```
> # 由於我們不依據國家做分群
> # 設定橫列名稱可以讓我們知道橫列所屬國家
> rownames(wbInfo) <- wbInfo$iso2c
> # 重新因數化區域(region), 收入(income)和借貸(lending)
> # 這樣它們的 level 有任何變化都能被考量在內
> wbInfo$region <- factor(wbInfo$region)
> wbInfo$income <- factor(wbInfo$income)
> wbInfo$lending <- factor(wbInfo$lending)
```

接著要使用 cluster 套件裡的 pam 來做分群。**圖 25.6** 顯示結果的側影圖 (Silhouette plot)。如同 K-means，使用 PAM 時需指定分群數。我們可以使用像 Gap 統計量的方法來決定分群數，不過現在我們將設定分成 12 群數，因為這是略小於資料橫列數量開根號的數字，這是選取分群數的一個直觀方法。每條線代表一個觀測值，而每組線代表一個群組。若一條直線處於正數且值很大，那表示該觀測值被分派的合適的群組；若直線所屬的值很小或甚至負數則表示對該觀測值的分群做得不太好。整個群集的平均寬度越大表示分群做得越好。

```
> # 找出要保留的直行
> keep.cols <- which(!names(wbInfo) %in% c("iso2c", "country", "year",
+                                         "capital", "iso3c"))
> # 分群
> wbPam <- pam(x=wbInfo[, keep.cols], k=12, keep.diss=TRUE,
+              keep.data=TRUE)
>
> # 顯示 medoid 觀測值
> wbPam$medoids

   BX.KLT.DINV.WD.GD.ZS NY.GDP.DEFL.KD.ZG NY.GDP.MKTP.CD
PT          5.507851973         0.6601427   2.373736e+11
HT          2.463873387         6.7745103   7.346157e+09
BY          7.259657119        58.3675854   5.513208e+10
BE         19.857364384         2.0299163   5.136611e+11
MX          1.765034004         5.5580395   1.153343e+12
GB          1.157530889         2.6028860   2.445408e+12
IN          1.741905033         7.9938177   1.847977e+12
CN          3.008038634         7.7539567   7.318499e+12
DE          1.084936891         0.8084950   3.600833e+12
NL          1.660830419         1.2428287   8.360736e+11
JP          0.001347863        -2.1202280   5.867154e+12
US          1.717849686         2.2283033   1.499130e+13
   NY.GDP.MKTP.KD.ZG NY.GDP.PCAP.CD NY.GDP.PCAP.KD.ZG
PT        -1.6688187     22315.8420       -1.66562016
HT         5.5903433       725.6333        4.22882080
BY         5.3000000      5819.9177        5.48896865
BE         1.7839242     46662.5283        0.74634396
MX         3.9106137     10047.1252        2.67022734
GB         0.7583280     39038.4583        0.09938161
IN         6.8559233      1488.5129        5.40325582
CN         9.3000000      5444.7853        8.78729922
DE         3.0288866     44059.8259        3.09309213
NL         0.9925175     50076.2824        0.50493944
JP        -0.7000000     45902.6716       -0.98497734
US         1.7000000     48111.9669        0.96816270
```

Next

```
    TG.VAL.TOTL.GD.ZS region  longitude latitude income lending
PT           58.63188      2  -9.135520  38.7072      2       4
HT           49.82197      3 -72.328800  18.5392      3       3
BY          156.27254      2  27.576600  53.9678      6       2
BE          182.42266      2   4.367610  50.8371      2       4
MX           61.62462      3 -99.127600  19.4270      6       2
GB           45.37562      2  -0.126236  51.5002      2       4
IN           40.45037      6  77.225000  28.6353      4       1
CN           49.76509      1 116.286000  40.0495      6       2
DE           75.75581      2  13.411500  52.5235      2       4
NL          150.41895      2   4.890950  52.3738      2       4
JP           28.58185      1 139.770000  35.6700      2       4
US           24.98827      5 -77.032000  38.8895      2       4

> # 繪製側影圖
> plot(wbPam, which.plots=2, main="")
```

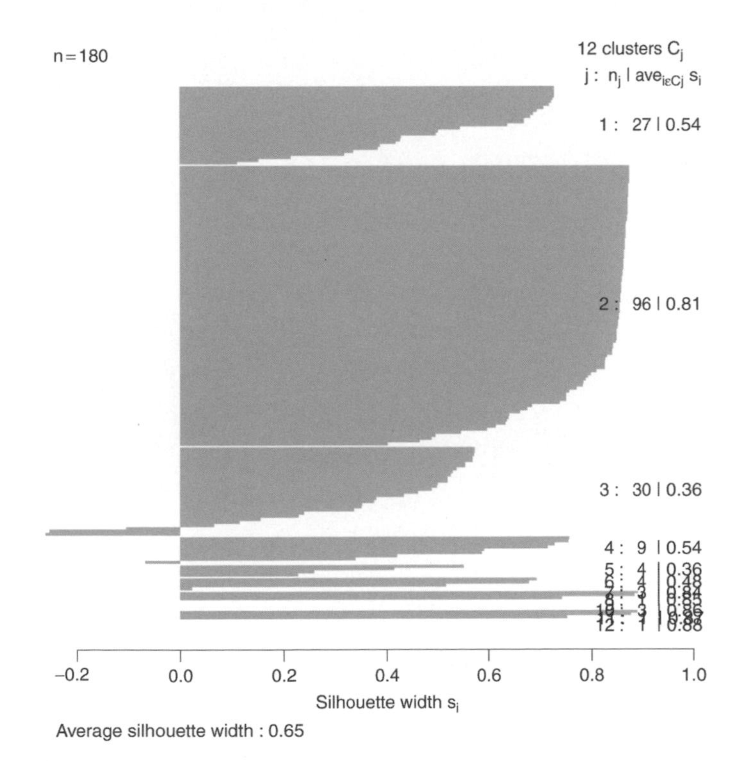

圖 25.6 國家分群的側影圖。每條線代表一個觀測值，而每組線代表一個群組。若一條直線處於正數且值很大，那表示該觀測值被分派的合適的群組。若直線所屬得值很小或甚至負數則表示對該觀測值的分群做得不太好。整個群集的平均寬度越大表示分群做得越好

由於我們現在處理的是國家級的資訊，可以將群集畫在世界地圖上，地域關係會更加清楚。以下我們將使用世界銀行提供的 shapefile 地理資訊檔案，您可從 http://jaredlander.com/data/worldmap.zip 取得。

```
> download.file(url="http://jaredlander.com/data/worldmap.zip",
+               destfile="worldmap.zip")
```

文件需要解壓縮，同樣可以在 R 裡完成：

```
> unzip(zipfile = "worldmap.zip", exdir = "data")
```

解壓縮的四個檔案中，我們只需要存取副檔名是 .shp 的檔案，其他檔案 R 自會處理。我們用 maptools 中的 readShapeSpatial 讀取該檔。

```
> library(maptools)
> world <- readShapeSpatial(
+     "data/world_country_admin_boundary_shapefile_with_fips_codes.shp"
+     )
> head(world@data)

             name               CntryName          FipsCntry
0     Fips Cntry:                   Aruba                 AA
1     Fips Cntry:       Antigua & Barbuda                 AC
2     Fips Cntry:    United Arab Emirates                 AE
3     Fips Cntry:             Afghanistan                 AF
4     Fips Cntry:                 Algeria                 AG
5     Fips Cntry:              Azerbaijan                 AJ
6     Fips Cntry:                 Albania                 AL
7     Fips Cntry:                 Armenia                 AM
8     Fips Cntry:                 Andorra                 AN
9     Fips Cntry:                  Angola                 AO
10    Fips Cntry:          American Samoa                 AQ
11    Fips Cntry:               Argentina                 AR
12    Fips Cntry:               Australia                 AU
13    Fips Cntry:                 Austria                 AT
(以下略)
```

可以發現到世界銀行 shapefile 和 WDI 的世界銀行資料中的兩碼國家編碼有差異。其中奧地利應為 "AT"，澳洲應為 "AU"，緬甸應為 "MM"，越南應為 "VN"。

```
> library(dplyr)
> world@data$FipsCntry <- as.character(
+   recode(world@data$FipsCntry,
+           AU="AT", AS="AU", VM="VN", BM="MM", SP="ES",
+           PO="PT", IC="IL", SF="ZA", TU="TR", IZ="IQ",
+           UK="GB", EI="IE", SU="SD", MA="MG", MO="MA",
+           JA="JP", SW="SE", SN="SG")
+ )
```

為了要使用 ggplot2，我們需要把 shapefile 物件轉換為 data.frame，這需要一些步驟。首先我們建立一個名為 id 的直行，而內含的是資料的橫列名稱。接著我們使用 broom 套件(David Robinson 所開發)中的 tidy 函數將其轉換成一個 data.frame。broom 套件是一個用來轉換 R 物件的通用性工具，如將 lm 模型和 k-means 分群轉換成長方的 data.frame。

```
> # 用橫列名稱建立一個 id 直行
> world@data$id <- rownames(world@data)
> # 把它轉換成 data.frames
> library(broom)
> world.df <- tidy(world, region = "id")
> head(world.df)

       long      lat order  hole piece group id
1 -69.88223 12.41111     1 FALSE     1   0.1  0
2 -69.94695 12.43667     2 FALSE     1   0.1  0
3 -70.05904 12.54021     3 FALSE     1   0.1  0
4 -70.05966 12.62778     4 FALSE     1   0.1  0
5 -70.03320 12.61833     5 FALSE     1   0.1  0
6 -69.93224 12.52806     6 FALSE     1   0.1  0
```

在我們將此結合到分群之前，我們需要先把 FipsCntry 重新結合到 world.df。

```
> world.df <- left-join(world.df,
+                      world@data[, c("id", "CntryName", "FipsCntry")],
+                      by="id")
> head(world.df)

       long      lat order  hole piece  group  id  CntryName  FipsCntry
1   -69.88223 12.41111     1 FALSE     1    0.1   0      Aruba         AA
2   -69.94695 12.43667     2 FALSE     1    0.1   0      Aruba         AA
3   -70.05904 12.54021     3 FALSE     1    0.1   0      Aruba         AA
4   -70.05966 12.62778     4 FALSE     1    0.1   0      Aruba         AA
5   -70.03320 12.61833     5 FALSE     1    0.1   0      Aruba         AA
6   -69.93224 12.52806     6 FALSE     1    0.1   0      Aruba         AA
```

現在我們可以開始將分群資料和原本的世界銀行資料做結合了。

```
> clusterMembership <- data.frame(FipsCntry=names(wbPam$clustering),
+                                 Cluster=wbPam$clustering,
+                                 stringsAsFactors=FALSE)
> head(clusterMembership)

   FipsCntry  Cluster
AE        AE        1
AF        AF        2
AG        AG        2
AL        AL        2
AM        AM        2
AO        AO        3

> world.df <- join(world.df, clusterMembership, by="FipsCntry")
> world.df$Cluster <- as.character(world.df$Cluster)
> world.df$Cluster <- factor(world.df$Cluster, levels=1:12)
```

圖的繪製需要好一些 ggplot2 指令才能將圖的規格設定好。**圖 25.7** 顯示了所繪製的地圖，其中的顏色是根據群別填上的。灰色的國家代表世界銀行沒其資訊，或者是我們沒有很恰當地將兩組資料做結合。

```
> ggplot() +
+     geom_polygon(data=world.df, aes(x=long, y=lat, group=group,
+                                     fill=Cluster, color=Cluster)) +
+     labs(x=NULL, y=NULL) + coord_equal() +
+     theme(panel.grid.major=element_blank(),
+           panel.grid.minor=element_blank(),
+           axis.text.x=element_blank(), axis.text.y=element_blank(),
+           axis.ticks=element_blank(), panel.background=element_blank())
```

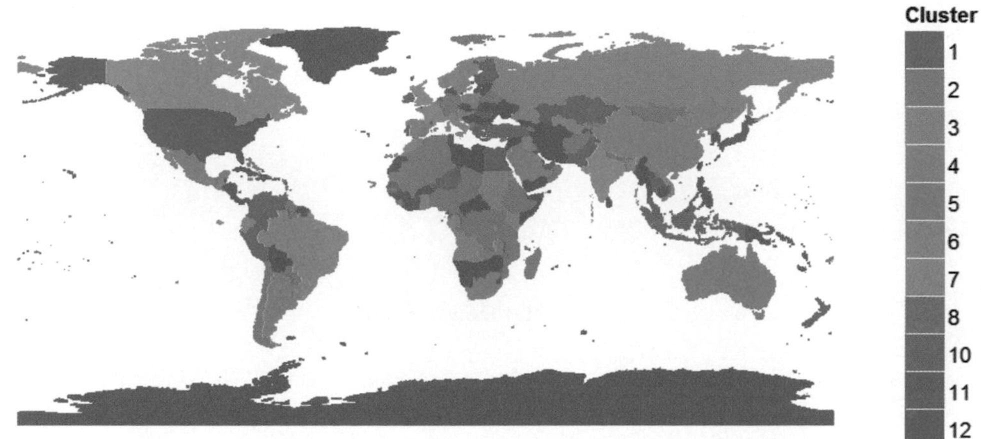

圖 25.7　世界銀行資料的 PAM 分群世界圖。灰色的國家可以代表世界銀行沒其資訊，或者是我們沒有很好地將兩組資料做結合

就像 K-means，K-medoids 分群法也要求設定分群數。我們可以從 pam 提供的相異度資訊建立一些類似 Hartigan 法則的統計。

```
> wbPam$clusinfo

      size      max_diss       av_diss      diameter    separation
 [1,]   27  122871463849   46185193372  200539326122  1.967640e+10
 [2,]   96   22901202940    7270137217   31951289020  3.373324e+09
 [3,]   30   84897264072   21252371506  106408660458  3.373324e+09
 [4,]    9  145646809734   59174398936  251071168505  4.799168e+10
 [5,]    4  323538875043  146668424920  360634547126  2.591686e+11
 [6,]    4  327624060484  152576296819  579061061914  3.362014e+11
 [7,]    3  111926243631   40573057031  121719171093  2.591686e+11
 [8,]    1             0             0             0  1.451345e+12
 [9,]    1             0             0             0  8.278012e+11
[10,]    3   61090193130   23949621648   71848864944  1.156755e+11
[11,]    1             0             0             0  1.451345e+12
[12,]    1             0             0             0  7.672801e+12
```

25-3 階層分群法

階層分群法的概念是在分群裡建立分群，它並不要求預先設定分群數，這和 K-means 和 K-medoids 很不一樣。您可以把階層分群想成是一棵樹，用樹狀圖(dendrogram)來描述它：樹的頂端為一個含有所有觀測值的分群，而最底層則是由很多群組成，每群都由一個觀測值形成。

這裡我們繼續使用葡萄酒資料，我們可以用 hclust 來做分群，結果由圖 25.8 的樹狀圖呈現。雖然圖中的文字幾乎沒辦法檢視，它實質上只是觀測值在尾端節點的標籤。

```
> wineH <- hclust(d = dist(wineTrain))
> plot(wineH)
```

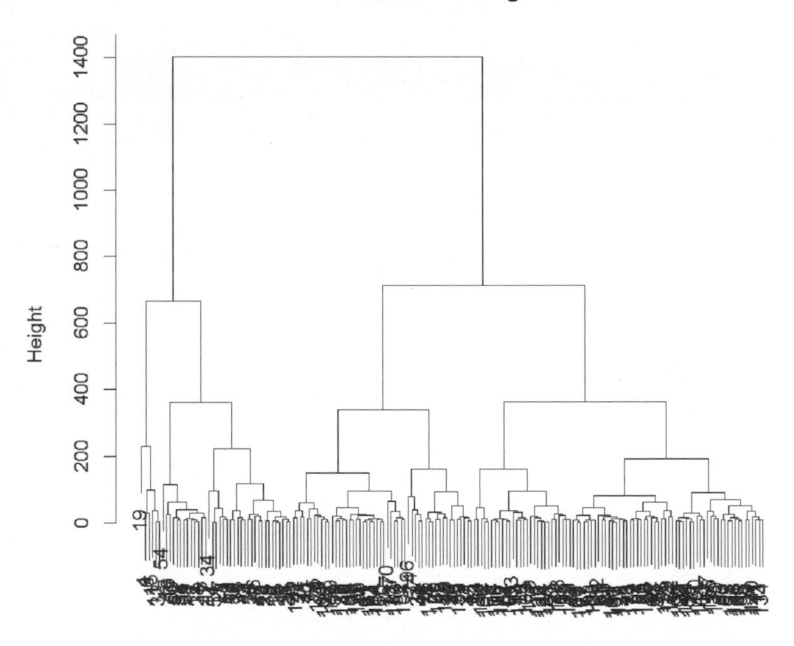

圖 25.8　葡萄酒資料的階層分群

階層分群也可被用在類別資料，如關於國家資訊的資料。雖然如此，它的相異度 matrix(矩陣)的計算稍微不同。**圖 25.9** 顯示該樹狀圖。

```
> # 計算距離
> keep.cols <- which(!names(wbInfo) %in% c("iso2c", "country", "year",
+                                          "capital", "iso3c"))
> wbDaisy <- daisy(x=wbInfo[, keep.cols])
>
> wbH <- hclust(wbDaisy)
> plot(wbH)
```

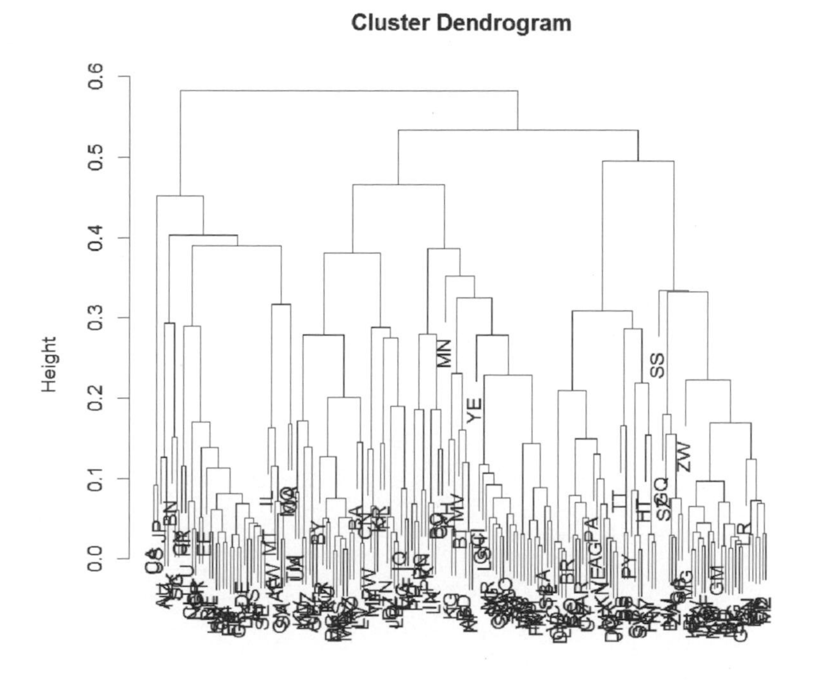

圖 25.9 國家資訊資料的階層分群

計算分群之間距離的方法有很多種，不同方法對階層分群結果將有極大的影響。**圖 25.10** 顯示了以不同連結方法計算的樹：single(單一)、complete(完整)、average(平均)和 centroid(中心)，其中 average(平均)連結方法被認為是最合適的。

```
> wineH1 <- hclust(dist(wineTrain), method = "single")
> wineH2 <- hclust(dist(wineTrain), method = "complete")
> wineH3 <- hclust(dist(wineTrain), method = "average")
> wineH4 <- hclust(dist(wineTrain), method = "centroid")
>
> plot(wineH1, labels = FALSE, main = "Single")
> plot(wineH2, labels = FALSE, main = "Complete")
> plot(wineH3, labels = FALSE, main = "Average")
> plot(wineH4, labels = FALSE, main = "Centroid")
```

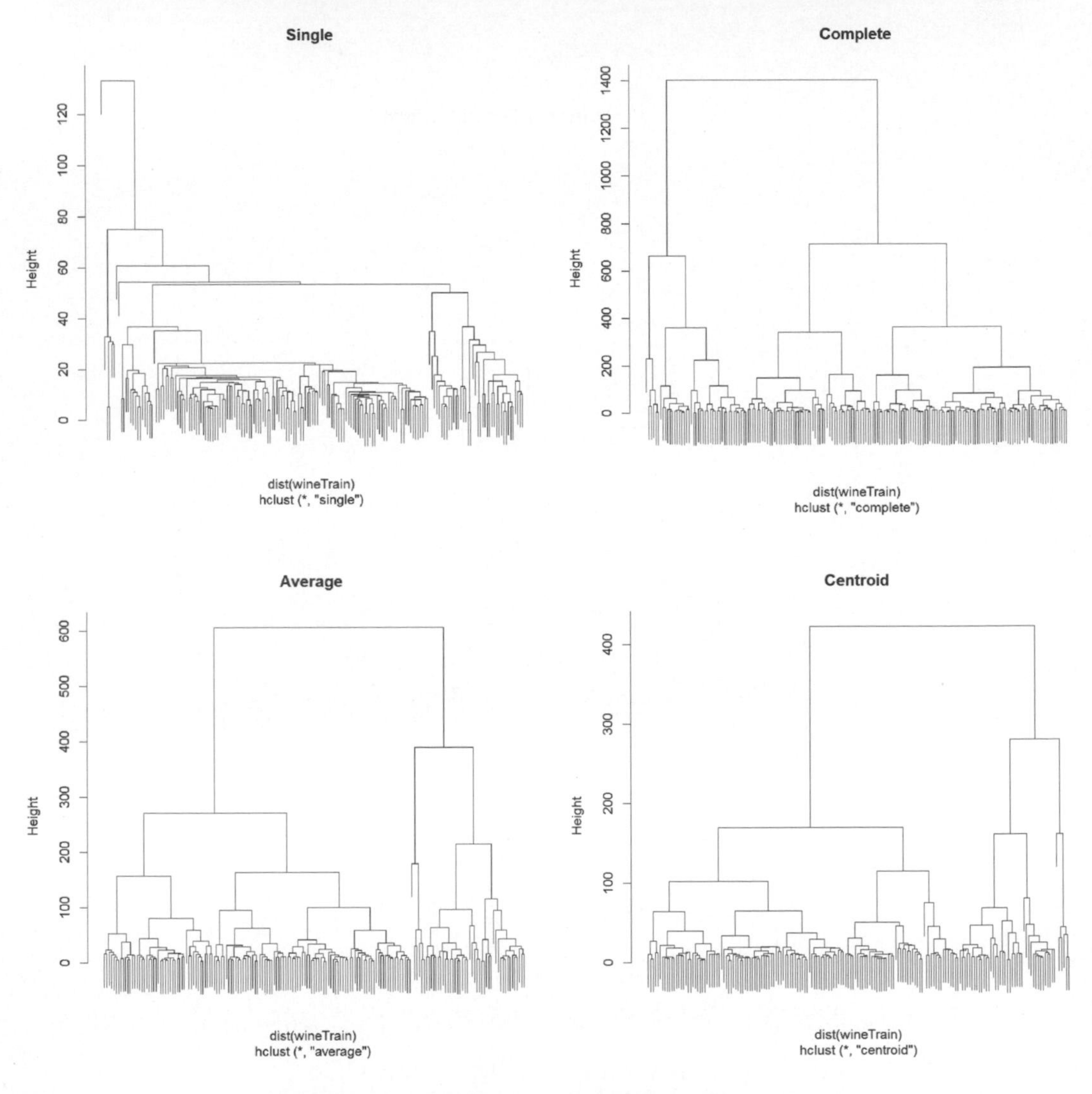

圖 25.10 以不同的連結方法對葡萄酒資料進行階層分群。
順時鐘從左上開始：single、complete、centroid、average

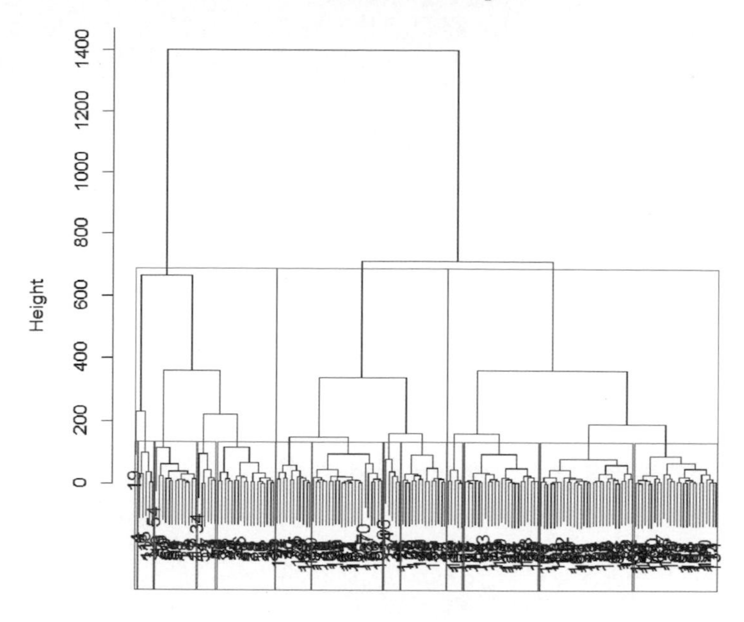

圖 25.11 用階層分群將葡萄酒資料分成 3 群(中間)和 13 群(下方)

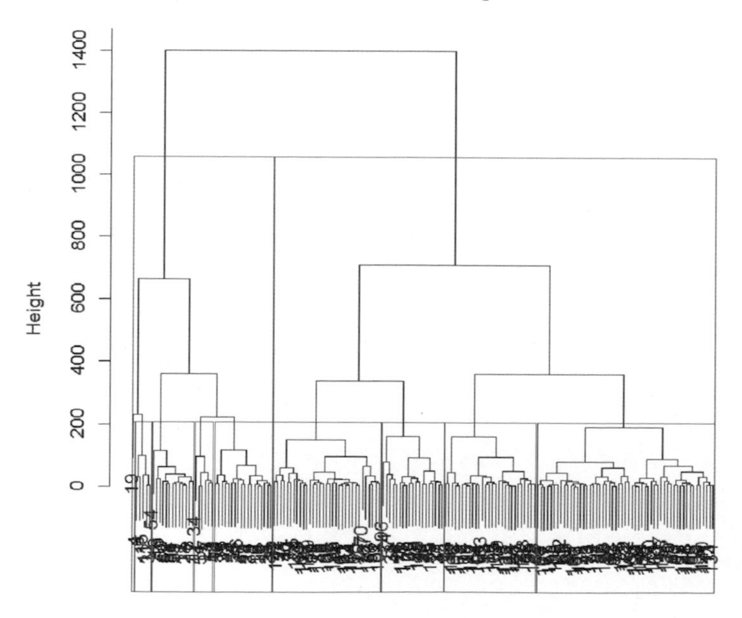

圖 25.12 用階層分群將葡萄酒資料分群，以截枝高度決定分群數

對階層分群所產生的樹進行截枝可將觀測值分成好幾群。截枝方法有兩種，一種是指定所要的分群數，這決定要在樹的哪個地方截枝，另一種為指定截枝的位置，這決定分群數。**圖 25.11** 顯示了以指定分群數來截枝的結果。

```
> # 繪製樹
> plot(wineH)
> # 將資料分為 3 群
> rect.hclust(wineH, k = 3, border = "red")
> # 將資料分為 13 群
> rect.hclust(wineH, k = 13, border = “blue")
```

圖 25.12 顯示了以指定截枝高度來進行截枝的結果。

```
> plot(wineH)
> rect.hclust(wineH, h = 200, border = "red")
> rect.hclust(wineH, h = 800, border = "blue")
```

25-4 小結

分群演算法是很普遍切割資料的方法。R 裡主要的分群選項包括了 kmeans(K-means 分群)、cluster 的 pam 函數(K-medoids)和 hclust(階層分群)。運算速度是選擇分群法不可忽略的一個問題，尤其是在做階層分群時，因此可以考慮其它套件如 fastcluster，此套件中的 hclust 函數，執行上比一般 hclust 函數更有效率。

26

Caret - 模型配適

建立模型經常要強硬地對參數迭代不同的值，以建立出 "最佳" 模型。雖然這可透過常用的指令完成，但 caret 提供了一個可以自動選取參數的功能。此外，對於支援的模型，它提供了一個標準的介面使得建模過程更為便捷。

26-1 Caret 基礎

許多人對 caret 的拼音會產生疑問，因為它既不像蔬菜名稱，也不像重量的測量單位。caret 其實是 **C**lassification **A**nd **RE**gression **T**raining 的簡寫，由 Max Kuhn 所研發。

雖然 caret 有許多功能—包含資料前置處理、資料分群與資料視覺化，我們會將重點放在它根據一些模型配適衡量指標來挑選參數的功能。如 **21-3 節**所討論，交叉驗證是決定模型配適的一個著名方式。我們將使用 caret 建立不同的模型，每個模型有不同的參數設定，接著使用交叉驗證來評估模型的配適。獲得最佳交叉驗證分數的參數值所對應的模型將被挑選為最佳模型。

大部份模型的參數挑選都可以由 caret 進行。實質上任何 R 中的模型函數都可以透過 caret 來選取參數，且其中的數百個模型已建立於 caret 中。這些函數都可以透過 formula 介面採用。這在使用需要 matrices 作為輸入值的函數(如 glmnet)時會顯得特別管用。

26-2 Caret 選項

模型訓練可透過 caret 中的 train 函數執行。在該函數輸入的資料形式可以是一個預測變數與一個反應變數，或者是一個 formula 與一個 data.frame。Max Kuhn 花了許多時間來研究不同模型的資料輸入方式[1]。舉例來說，對類別資料的處理方式不同(如將它輸入為指標變數 matrix(矩陣)或為 factor vector)，模型配適的效果也會不同。使用 train 建立模型時，使用 formula 會將類別變數轉換成指標變數 matrix，否則資料將會是 factor 變數的形式。

1：他在 2016 年紐約 R 研討會的影片可透過 https://youtu.be/ul2zLF61CyY 瀏覽。

輸入資料後，接下來的 method 引數讀取的是要訓練的模型[1](以 character vector(字串向量)形式輸入)。metric 引數則指定決定最佳模型的統計量，例如迴歸模型使用 "RMSE"，分類模型則使用"Accuracy"。

計算相關的操控則是透過 trainControl 函數設定，該函數的結果需被傳遞到 train 的 trControl 引數。除了 train 本身的引數，屬於模型函數的引數則可透過 train 傳遞到模型函數中。雖然如此，要選取的模型參數則不能直接傳遞到 train 函數，必須先被存入 data.frame，再傳遞到 tuneGrid 引數。

26-2-1 caret 訓練操控

trainControl 函數設定選項攸關模型建立與評估相關計算，雖然有許多的預設項目要設定，我們還是建議設定它們。此函數有許多的引數，此處不會一一介紹，但理應足以操控整個建模過程。模型配適的評估會透過重複的模型建立(採某種重新抽樣方式)，並使用一些模型配適衡量標準來進行比較。method 引數可用來指定重新抽樣的方式(以 character 形式輸入)，最常見的方式包括 bootstrap 法("boot")與交叉驗證("repeatedcv")。使用 bootstrap 時，number 引數可用來指定迭代次數。而使用交叉驗證時，number 引數則是指定執行 k-折交叉驗證的次數。模型配適的評估方式則是透過傳遞一個函數到 summaryFunction 引數來決定，例如傳遞 twoClassSummary 函數表示指定使用曲線底下的面積(Area Under the Curve, AUC)來評估二元分類模型，而傳遞 postResample 函數則是透過方均根誤差(RMSE)來評估迴歸模型。

平行執行 train 並不難，只要將 allowParallel 引數設定為 TRUE，並載入一個平行後端，train 將自動平行運算。模型建立的計算設定舉例如下：

```
> library(caret)
> ctrl <- trainControl(method = "repeatedcv",
+                      repeats = 3,
+                      number = 5,
+                      summaryFunction = defaultSummary,
+                      allowParallel = TRUE)
```

1:可以輸入的模型列表可參考 https://topepo.github.io/caret/available-models.html。

26-2-2 Caret 網格搜尋

使用 caret 的最大好處是可以選取最佳模型參數。針對 xgboost，這可能是樹最大的深度與壓縮(shrinkage)程度。若針對 glmnet，這可能是懲罰項的大小或者是脊迴歸與 lasso 的混合。train 函數會對一群可能的參數進行迭帶(這些參數以 data.frame 形式傳遞到 tuneGrid 引數)，過程中使用每組參數建立模型，並評估其配適。這稱為網格搜尋。

data.frame 的直行為個別要調整的參數，而每橫列則為一組參數。以廣義可加模型(Generalized additive models, GAMs)為例，透過 mgcv 建立此模型需要兩個參數：select 指定是否對每項參數增加額外的懲罰項，而 method 指定參數估計方法。該 gam 函數的網格搜尋舉例如下：

```
> gamGrid <- data.frame(select = c(TRUE, TRUE, FALSE, FALSE),
+                       method = c('GCV.Cp', 'REML', 'GCV.Cp', 'REML'),
+                       stringsAsFactors = FALSE)
> gamGrid

  select  method
1   TRUE  GCV.Cp
2   TRUE    REML
3  FALSE  GCV.Cp
4  FALSE    REML
```

這網格將令 train 建立了四個模型。第一個模型為 select = TRUE 與 method = 'GCV.Cp'。第二個模型為 select = TRUE 與 method = 'REML'，以此類推。

26-3 建立提升樹

我們使用 caret 建立的第一個模型例子為提升樹，此模型如 **23-5 節**所說明。這章節的例子將全數使用美國社區調查(American Community Survey (ACS))資料。

```
> acs <- tibble::as_tibble(
+     read.table(
+         "http://jaredlander.com/data/acs_ny.csv",
+         sep = ",", header = TRUE, stringsAsFactors = FALSE
+     )
+ )
```

我們建立一個變數 Income，儲存為 factor，其 level 為 "Below"(低於)與 "Above"(高於)$150, 000。由於 train 將載入 plyr，我們應在載入 dplyr 前先將其載入，即便我們不會使用到該套件。

```
> library(plyr)
> library(dplyr)
> acs <- acs %>%
+     mutate(Income = factor(FamilyIncome >= 150000,
+                            levels = c(FALSE, TRUE),
+                            labels = c('Below', 'Above')))
```

使用 xgboost 需輸入一個預測變數的 matrix 與一個反應變數的 vector，但由於可以在 caret 使用 formula 介面 (即便模型本身不能使用此介面表示)，我們以此介面舉例如下：

```
> acsFormula <- Income ~ NumChildren +
+             NumRooms + NumVehicles + NumWorkers + OwnRent +
+             ElectricBill + FoodStamp + HeatingFuel
```

要找出最佳參數，我們使用五-折交叉驗證，重複兩次。我們將 summaryFunction 設定為 twoClassSummary，classProb 設定為 TRUE，這將指定以 AUC 來評估模型。雖然使用 caret 建立模型時可以輕易啟用平行運算，但 xgboost 本身有其平行運算的模式，因此我們將 allowParallel 設定為 FALSE。

```
> ctrl <- trainControl(method = "repeatedcv",
+                      repeats = 2,
+                      number = 5,
+                      summaryFunction = twoClassSummary,
+                      classProbs = TRUE,
+                      allowParallel = FALSE)
```

在 2017 年初時，xgboost 有 7 個需要選取的參數。nrounds 引數指定提升(boosting)迭代次數，max_depth 設定樹的最高深度。學習率由 eta 指定，這將決定壓縮(shrinkage)程度。樹的分支則由 gamma 與 min_child_weight 決定。直行和橫列的抽樣率分別由 colsample_bytree 與 subsample 指定。我們將各種可能參數組合輸入 expand.grid，舉例如下：

```
> # nrounds : 最高迭代次數
> # eta : 壓縮程度
> boostGrid <- expand.grid(nrounds = 100,
+                          max_depth = c(2, 6, 10),
+                          eta = c(0.01, 0.1),
+                          gamma = c(0),
+                          colsample_bytree = 1,
+                          min_child_weight = 1,
+                          subsample = 0.7)
```

完成計算相關的操控設定與參數網格後，我們可以開始訓練模型。我們將 formula 與資料輸入到 train 函數，並將 method 設定為 "xgbTree"。之後，我們也輸入計算相關的設定與參數網格。傳遞到 xgboost 的 nthread 引數設定平行運算執行所需的處理器線程數量。即便是平行運算，建立模型的整個運算流程仍需要一些時間進行。在這過程中含有一些隨機的元素，因此我們設定一個隨機種子以確保結果能重新生成。

```
> set.seed(73615)
> boostTuned <- train(acsFormula, data = acs,
+                     method = "xgbTree",
+                     metric = "ROC",
+                     trControl = ctrl,
+                     tuneGrid = boostGrid, nthread = 4)
```

回傳的物件有許多網格，其中包含網格搜尋和附加在後的模型配適測量結果。

```
> boostTuned$results %>% arrange(ROC)

   eta max_depth gamma colsample_bytree min_child_weight subsample
1 0.01         2     0                1                1       0.7
2 0.10        10     0                1                1       0.7
3 0.01        10     0                1                1       0.7
4 0.01         6     0                1                1       0.7
5 0.10         6     0                1                1       0.7
6 0.10         2     0                1                1       0.7
  nrounds       ROC      Sens      Spec       ROCSD      SensSD
1     100 0.7261711 1.0000000 0.0000000 0.010465376 0.000000000
2     100 0.7377721 0.9522002 0.1818182 0.009782476 0.003538260
3     100 0.7486185 0.9679318 0.1521358 0.009455179 0.004366311
4     100 0.7504831 0.9807206 0.1059146 0.009736577 0.004450671
5     100 0.7560484 0.9666667 0.1599124 0.009505135 0.004260313
6     100 0.7602718 0.9766227 0.1292442 0.008331900 0.002959298
      SpecSD
1 0.00000000
2 0.01345420
3 0.01342891
4 0.01177458
5 0.01555843
6 0.01080588
```

用圖呈現結果會更令人易懂。**圖 26.1** 顯示了 max_depth 為 2 和 eta 為 0.1 時將呈現最好的接受者操作特性(ROC)。

```
> plot(boostTuned)
```

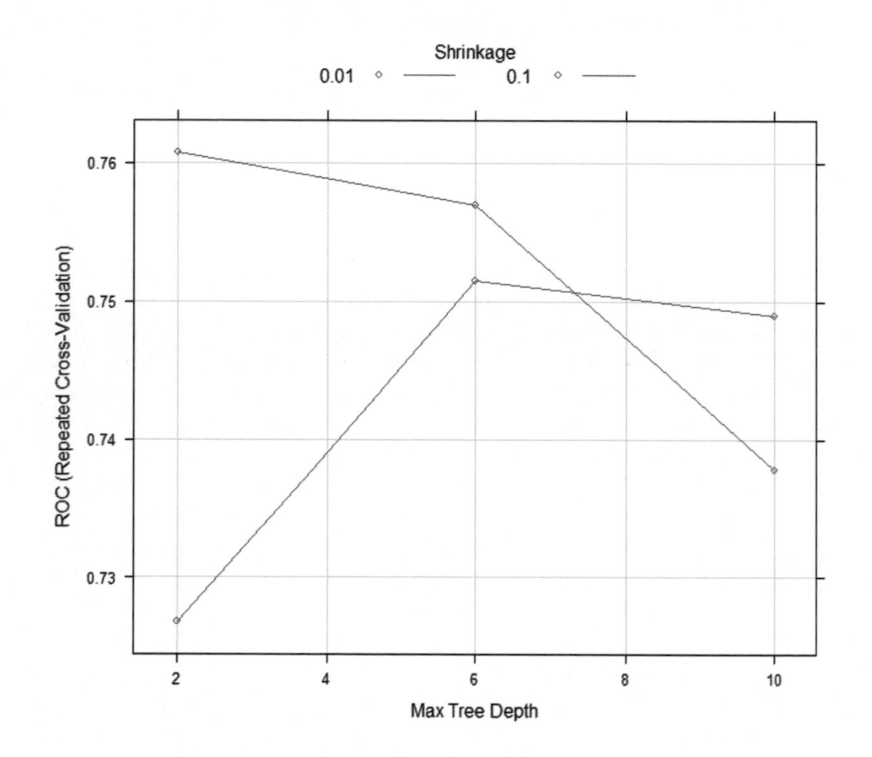

圖 26.1 上圖顯示針對美國社區調查，max_depth=2 與 eta=0.1 將引致最佳的 ROC

對於多數模型，caret 會在 finalModel 網格提供最佳模型。雖不建議直接使用當中的模型，但作為例子，我們將模型繪出，如圖 **26.2** 顯示。

```
> xgb.plot.multi.trees(boostTuned$finalModel,
+                      feature_names = boostTuned$coefnames)
```

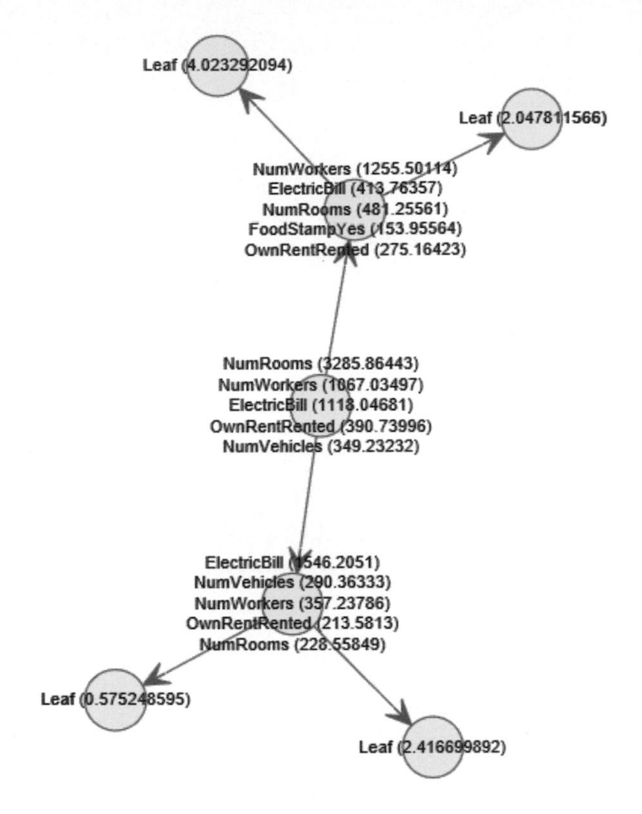

圖 26.2 提升樹最佳模型的圖，模型係通過提供參數網格到 caret 進行建模而得

模型的操作最好直接在 caret 提供的介面執行。舉例來說，caret 中的 predict 函數可用來進行預估。若使用 caret 的 predict 函數，它會直接適當地處理類別變數，而 xgboost 則需先處理資料方能使用，這顯示了使用 caret 中的 predict 函數優於使用 xgboost。作為範例，我們讀取另一筆 ACS 資料，並使用 caret 進行預測。

```
> acsNew <- read.table('http://www.jaredlander.com/data/acsNew.csv',
+                      header = TRUE, sep = ',', stringsAsFactors = FALSE)
```

若變數只有兩種類別，使用 caret 可以預測哪個為主導的類別，或者是每個類別的機率。我們的例子中大部份被預估為 "Below"。

```
> predict(boostTuned, newdata = acsNew, type = 'raw') %>% head

[1] Above Below Below Below Below Below
Levels: Below Above

> predict(boostTuned, newdata = acsNew, type = 'prob') %>% head

      Below      Above
1 0.4974915 0.50250852
2 0.5924829 0.40751714
3 0.5721835 0.42781645
4 0.9204149 0.07958508
5 0.8550579 0.14494210
6 0.7603117 0.23968834
```

26-4 小結

R 雖有良好的統計建模功能，但若搭配 caret 的使用可以讓建模經驗更統一，因為 caret 對數百個模型提供了一個統一的介面來操作。使用 caret 更顯著的好處是它提供了交叉驗證和挑選參數以建立最佳模型的功能。除此之外，caret 也提供了一個可以建立測試與訓練資料的機制，其中還涵蓋了一些模型驗證指標的使用。這種種使得 caret 成為一個模型建立的好選擇。

27

用 knitr 套件將分析結果轉製成報表

先前我們利用 R 進行了一連串的資料分析，最後如何用有效的方式將分析結果和執行分析傳達出來也非常重要。傳達方式可以透過書面報告、網頁呈現結果，也可以採用投影片或儀表板(dashboard)呈現。此章將介紹比較普通的書面報告呈現方式，而這些都能通過 Yihui Xie 所開發的套件，knitr 完成。第 28 章將介紹使用 RMarkdown 創作網頁和投影片，而第 29 章將介紹 Shiny 儀表板。knitr 原本是被建立來代替 Sweave，以將 R 編碼及其產生的結果穿插在 LATEX 語言裡，進而建立 PDF 文件。而目前它還新增了許多可以搭配 Markdown 語言的功能，因此可以建立各式各樣的文件。

RStudio 和 knitr 之間的結合很強大，因為我們甚至可以在 RStudio IDE 撰寫整本書，本書英文版中的 R 指令和繪圖都是經過 RStudio IDE 和 knitr 來加入和執行的。

27-1 安裝 LATEX 程式

LATEX (發音為 "lay-tech") 是以 Donald Knuth 設計的 TeX 排版系統作為基礎的標示(markup)語言，通常被用來撰寫科學論文和書籍。不同的操作系統使用不同的 LATEX 發行版本，表 **27.1** 列出了針對不同操作系統的發行版和相關下載位置。

表 27.1 LATEX 發行版和其下載位置

操作系統	發行版	網址
Windows	MiKTeX	http://miktex.org/
Mac	MacTeX	http://www.tug.org/mactex/
Linux	TeX Live	http://www.tug.org/texlive/

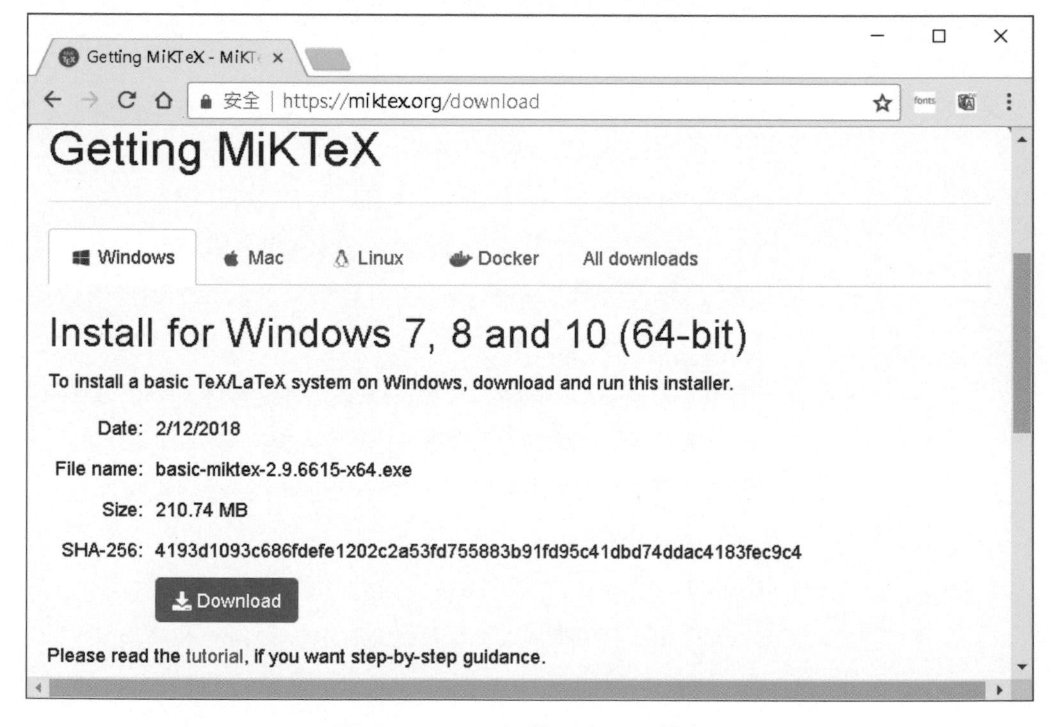

圖 27.1 Windows 版 MiKTeX 下載頁面

27-2 LATEX 入門

雖然 RStudio 本來是為 R 設計的操作介面，但它也是一個合適的 LATEX 文字編輯器，接著我們會在 RStudio 中建立 LATEX 文件。

LATEX 文件的第一行指令將宣告文件類別，最常見的類別為 "article" (文章) 和 "book" (書本)，只需要將 \documentclass{...} 中的 ... 設為我們想要的文件類別即可。其他著名的文件類別還包括了 "report"(報告)、"beamer"、"memoir"(實錄)與 "letter"(信件)。宣告 documentclass 後就是設定文件檔頭(preamble)的部份了，我們要加入會影響整個文件的一些指令，例如：透過\usepackage{...}輸入所要載入的套件(LATEX 套件) 和透過\makeindex 製造索引。

若要在文件加入圖，建議使用 graphicx 套件，可以輸入\DeclareGraphicsExtensions{.png,.jpg}指定可能使用的圖檔格式，該指令意味著 LATEX 會先搜尋以 .png 為副檔名的檔案，接著才搜尋以 .jpg 為副檔名的檔案。我們會在之後處理圖檔時將此解釋得更詳細。

我們也可以在檔頭的部份利用\title、\author 和\date 宣告標題、作者和日期。捷徑(shortcut)也可以在此部份建立，比如\newcommand{\dataframe}{\texttt{data.frame}}，當每次輸入\dataframe{}時，它將以 data.frame 形式呈現，且\texttt{...}會令它以 Typewriter 字體顯示出來。

檔案內容則從\begin{document}開始，並以\end{document}結尾，目前我們的 LATEX 文件就像以下的例子。建立或編輯完 LATEX 文件應以.tex 副檔名存檔才能辨識(如圖**27.2**)。

```
\documentclass{article}
% 這是註解
% 出現在%後的都會被當成註解, 就像它從來沒出現過在 latex 一樣

\usepackage{graphicx} % 使用圖
\DeclareGraphicsExtensions{.png, .jpg} % 先找 png 再找 jpg

% 替 dataframe 建立捷徑
\newcommand{\dataframe}{\texttt{data.frame}}

\title{這是一篇簡單的文章}
\author{Jared P. Lander\\ Lander Analytics}
% 將\\後面的文字擺在下一行
\date{April 14th, 2013}

\begin{document}
\maketitle
一些內容
\end{document}
```

也可以透過\section{章節名稱}把內容分成幾個章節，所有在此指令後面的文字都將歸屬到該章節直到出現另一行\section{...}為止，LATEX 會自動對每個章節(和小單元)編號。若使用\label{...}建立標籤的話，則可使用\ref{...}參照該標籤。而目錄則可透過\tableofcontents 建立，其中的內容也會自動被編號。我們現在可以對之前的文件加入一些章節和內容。

```
\documentclass{article}
% 這是註解
% 出現在%後的都會被當成註解

\usepackage{graphicx} % 使用圖
\DeclareGraphicsExtensions{.png, .jpg} % 先找 png 再找 jpg

% 替 dataframe 建立捷徑
\newcommand{\dataframe}{\texttt{data.frame}}
```

Next

```
\title{這是一篇簡單的文章}
\author{Jared P. Lander\\ Lander Analytics}
% 將\\後面的文字擺在下一行
\date{April 14th, 2013}

\begin{document}
\maketitle % 建立首頁
\tableofcontents % 建立目錄

\section{入門}
\label{sec:GettingStarted}
這是我們文章的第一章(section)。它唯一要討論的是關於\dataframe{}的建立，別無它意。

只需要空行就可以開始新的一段。它將會自動進行文字縮排。

\section{更多資訊}
\label{sec:MoreInfo}
這是另一章。在之前一章~\ref{sec:GettingStarted}，假若這一章太長，我們應該把它切成很多小節。

\subsection{第一節}
\label{FirstSub}
第一節的內容。

\subsection{第二節}
\label{SecondSub}
在~\ref{sec:MoreInfo}巢狀區塊裡可以做更多內容的補充

\section{最後一章}
\label{sec:LastBit}
建立此章的用意是要呈現怎麼將之前的章節做收尾。

\makeindex % 建立索引

\end{document}
```

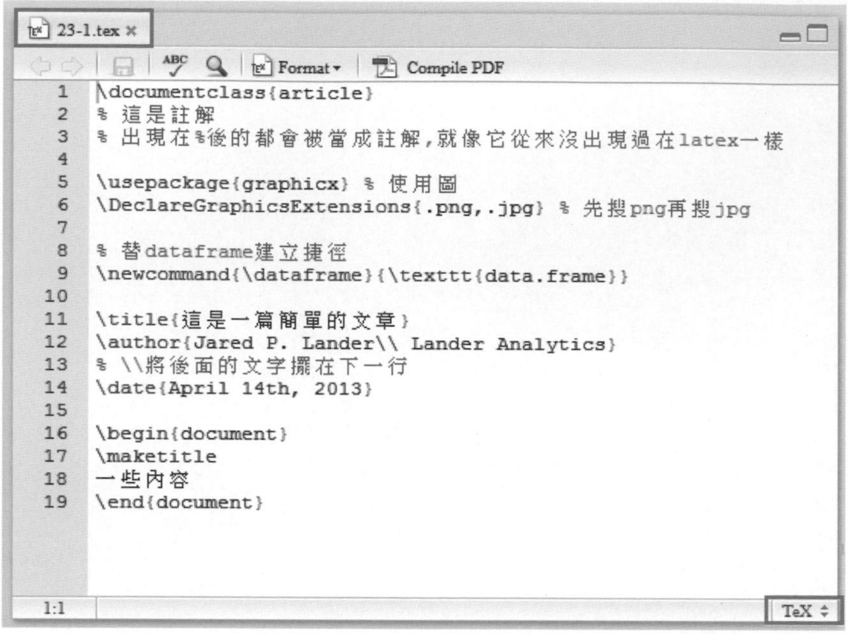

23-1.tex

Format ▾ Compile PDF

```
\documentclass{article}
% 這是註解
% 出現在%後的都會被當成註解,就像它從來沒出現過在latex一樣

\usepackage{graphicx} % 使用圖
\DeclareGraphicsExtensions{.png,.jpg} % 先搜png再搜jpg

% 替dataframe建立捷徑
\newcommand{\dataframe}{\texttt{data.frame}}

\title{這是一篇簡單的文章}
\author{Jared P. Lander\\ Lander Analytics}
% \\將後面的文字擺在下一行
\date{April 14th, 2013}

\begin{document}
\maketitle
一些內容
\end{document}
```

1:1 TeX

圖 27.2 最後文件要儲存成 TeX 類型，才能編譯成 LaTeX

這裡我們只針對稍後在 knitr 會用到的 LaTeX 語法做說明，若想對 LaTeX 了解更多，請參考 http://tobi.oetiker.ch/lshort/lshort.pdf 這份文件的內容。

27-3 將 knitr 使用在 LaTeX

在 LaTeX 文件裡撰寫 R 程式還蠻直覺的。一般文字由一般 LaTeX 撰寫，而 R 程式則由一些特別的指令撰寫。請先在 RStudio 新增 **R Sweave** 的文件類型(如圖 **27.3**)，在文件中所有 R 程式碼都由**<<label-name, option1='value1', option2='value2'>>=**開始(中間不能換行)，並由**@**作結尾。進行編輯時，RStudio 將根據所寫的指令，LaTeX 或 R 程式，對編輯器背景填上顏色，如圖 **27.4** 顯示。這部份被稱為 "區塊" 或 "chunk"。

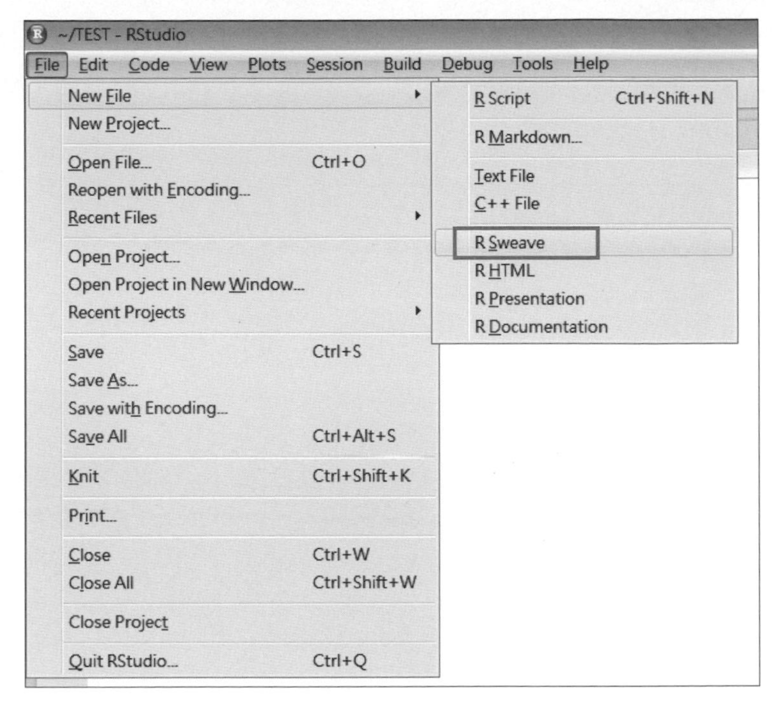

圖 27.3 在 RStudio 中新增 **R Sweave** 類型文件，
才能處理 LATEX 語法和 R 程式內容

```
master.Rnw × knitr.Rnw × LinearModels.Rnw × Loops.Rnw ×
Format▾ Compile PDF                                    Run  Chunks▾
13 \section{\texttt{For} Loops}
14 \label{sec:ForLoops}
15 The most commonly used loop\general{loop} is the \function{for} loop\general{loop}.  It iterates over an index--provided as a \Vector{}
   --and performs some operations.  For a first simple example we will print out the first ten numbers.
16
17 The loop\general{loop} is declared using \function{for} which takes one English seeming argument in three parts.  The third part is any
   \Vector{} of values of any kind, most commonly \concept{numeric} or \concept{character}.  The first part is the variable that is iterativel
   y assigned the values in the \Vector{} from the third part.  The middle part is simply the word ``in'' indicating that the variable (the
   first part) is in the \Vector{} (the third part).
18
19 <<simple-forloop>>=
20 for(i in 1:10)
21 {
22     print(i)
23 }
24 @
25 \func{for}\func{print}\Colon{}
26
27 Here we generated a \Vector{} holding the numbers $1$ through $10$ then printed each.  Notice this could have been performed simply using
1:1  (Top Level)                                                                                                              R Sweave
```

圖 27.4 在 RStudio 文字編輯器新增 **R Sweave** 文件，就可
以撰寫 LATEX 和 R 程式，其中程式部份的背景是灰色的

這些文件將被儲存為.Rnw 文件。在處理過程中，.Rnw 文件將被轉換為.tex 文件，接著被編譯成 PDF 檔。若使用 R base 控制台則可以透過 knit 函數完成此事，只要將.Rnw 文件設為函數的第一個引數即可。若使用 RStudio 則只需要在工具箱點擊 Compile PDF 或按 Ctrl + Shift + K 鍵即可。

區塊為 knitr 的要領，一般用在顯示 R 指令和其結果，也可被設定成只顯示指令，或只顯示結果，或兩者都不顯示，但目前我們先著重在顯示該兩者。假設我們現在要示範載入 ggplot2，顯示 diamonds 資料的前幾列，最後建立一個迴歸模型。第一步是要先建立一個區塊。

```
<<load-and-model-diamonds>>=

# 載入 ggplot
library(ggplot2)

# 載入和檢視 diamonds 資料
data(diamonds)
head(diamonds)

# 建立模型
mod1 <- lm(price ~ carat + cut, data=diamonds)

# 檢視摘要表
summary(mod1)

@
```

這將把指令和結果都顯示在最終的文件裡，如以下顯示。

```
> # 載入 ggplot
> library(ggplot2)
>
> # 載入和檢視 diamonds 資料
> data(diamonds)
> head(diamonds)

# A tibble:6×10
  carat       cut  color  clarity  depth  table  price     x     y     z
  <dbl>     <ord>  <ord>    <ord>  <dbl>  <dbl>  <int> <dbl> <dbl> <dbl>
1  0.23     Ideal      E      SI2   61.5     55    326  3.95  3.98  2.43
2  0.21   Premium      E      SI1   59.8     61    326  3.89  3.84  2.31
3  0.23      Good      E      VS1   56.9     65    327  4.05  4.07  2.31
4  0.29   Premium      I      VS2   62.4     58    334  4.20  4.23  2.63
5  0.31      Good      J      SI2   63.3     58    335  4.34  4.35  2.75
6  0.24      Very   Good   J VVS2   62.8     57    336  3.94  3.96  2.48
```

Next

```
> # 建立模型
> mod1 <- lm(price ~ carat + cut, data = diamonds)
> # 檢視摘要表
> summary(mod1)

Call:
lm(formula = price ~ carat + cut, data = diamonds)

Residuals:
     Min       1Q    Median      3Q       Max
  -17540.7   -791.6     -37.6   522.1   12721.4
Coefficients:
              Estimate Std. Error   t value    Pr(>|t|)
(Intercept)   -2701.38      15.43  -175.061    < 2e-16    ***
     carat     7871.08      13.98   563.040    < 2e-16    ***
     cut.L     1239.80      26.10    47.502    < 2e-16    ***
     cut.Q     -528.60      23.13   -22.851    < 2e-16    ***
     cut.C      367.91      20.21    18.201    < 2e-16    ***
     cut^4       74.59      16.24     4.593   4.37e-06    ***
---
Signif. codes: 0 '***' 0.001 '**' 0.01 '*' 0.05 '.' 0.1 ' ' 1

Residual standard error: 1511 on 53934 degrees of freedom
Multiple R-squared: 0.8565, Adjusted R-squared: 0.8565
F-statistic: 6.437e+04 on 5 and 53934 DF, p-value: < 2.2e-16
```

以目前來說，唯一擺在區塊裡的東西為 label(標籤)，即 "diamonds-model"。盡可能在區塊的 label 裡避免句點和空格。可以在區塊裡設定一些 option(選項)來控制指令和其結果的顯示，這些 option 都可以附加在 label 後方，以逗點隔開即可。表 **27.2** 列出了一些 knitr 常用的區塊 option，這些 option 可以是字串、數字、TRUE/FALSE 或任何將產生這些的 R 物件。

用 knitr 顯示圖是非常容易的。只需要執行一個產生圖的指令，該圖即將被安插在該指令後面，而其它的指令和結果則會相繼顯示在其後方。

以下的區塊將顯示 1+1 和其結果，plot(1:10)和其產生的圖，和 2+2 與其結果。

表 27.2 **常用的 knitr 區塊 option(選項)**

Option(選項)	效果
eval	TRUE 的時候將顯示指令執行結果。
echo	TRUE 的時候將顯示指令。
include	FALSE 的時候將執行指令，但指令和其結果都不會被顯示出來。
cache	若沒修改任何指令，其將保存原本的結果並不再執行該指令以節省編譯時間。
fig.cap	圖的標題。圖將自動地被放到特殊圖形環境並根據區塊的 label 對其附加標籤。
fig.scap	簡短版的圖標題以便用在標題的列表裡。
out.width	圖的寬度。
fig.show	控制什麼時候顯示圖。'as.is'將圖顯示在指令後面，'hold'將所有圖顯示在文件的最後端。
dev	顯示的圖檔格式，如.png, .jpg 等．
engine	knitr 可以處理其它程式語言如 Python, BASH, Perl, C++ and SAS。
prompt	指定指令前的提示字符。設為 FALSE 則將不會有任何提示。
comment	結果將被設為註釋以方便做複製。

以下程式碼將產生出下頁結果：

- 1. 式子 1 + 1
- 2. 前行式子的結果， 2
- 3. 指令 plot(1:10)
- 4. 前行指令產生的圖片
- 5. 式子 2 + 2
- 6. 前行式子的結果， 4

```
<<inline-plot-knitr>>=

1 + 1
plot(1:10)
2 + 2

@
```

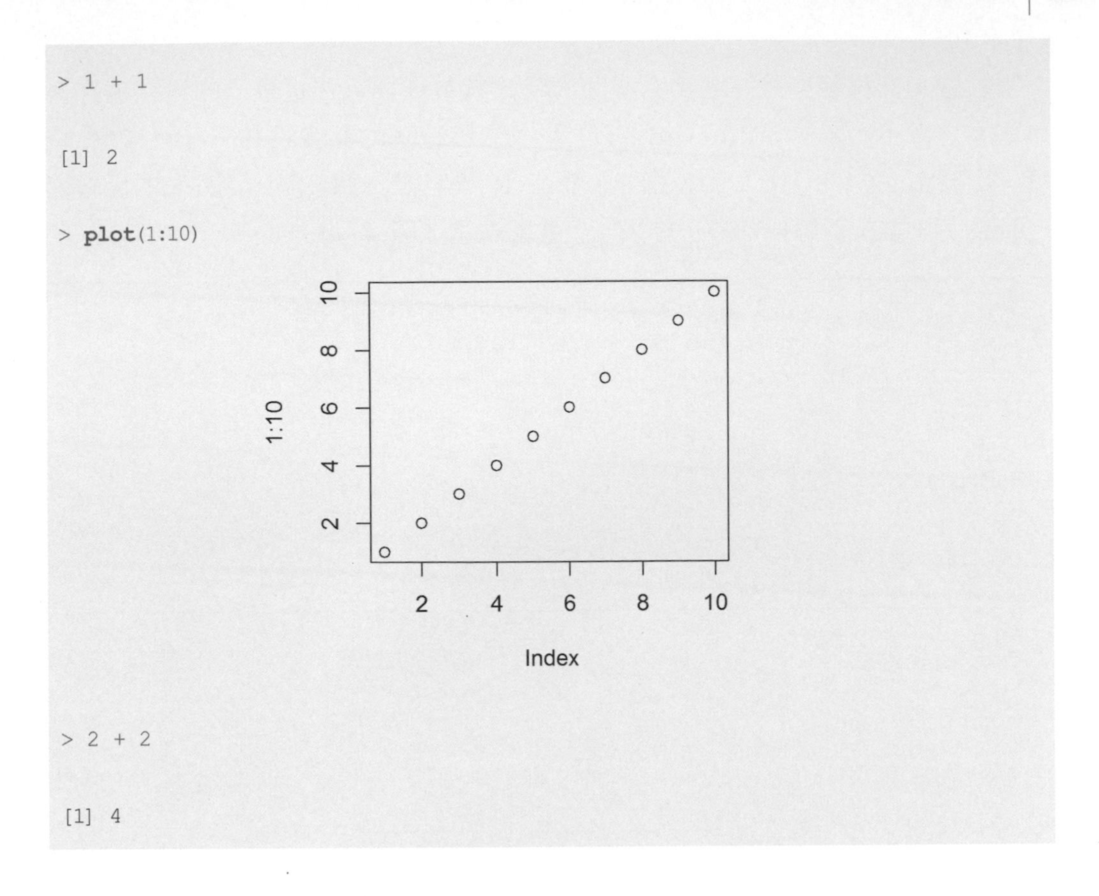

加入 fig.cap 選項將把圖檔放入一個圖形環境，並連同其標題被擺在某個方便的地點。執行跟之前同樣的區塊並將 fig.cap 設為 "Simple plot of the numbers 1 through 10." 將顯示其結果：

- 1. 式子 1 + 1
- 2. 前行式子的結果， 2
- 3. 指令 plot(1:10)
- 4. 式子 2 + 2
- 5. 前行式子的結果， 4

該圖和其標題則將在遇到有空間的時候就會被插入，這插入的地點也許會是指令之間。設定'.75\\linewidth'(包括引號)將把圖的寬度設為一行的 75%寬度。由於\linewidth 是 LaTeX 指令，而在 R 裡它是一個字串，因此它的反斜線(\)需由另一條反斜線排除掉，結果產出的圖顯示在**圖 27.5**。

```
<<figure-plot, fig.cap="Simple plot of the numbers 1 through 10.",
fig.scap="Simple plot of the numbers 1 through 10",
out.width='.75\\linewidth'>>=

1 + 1
plot(1:10)
2 + 2

@
```

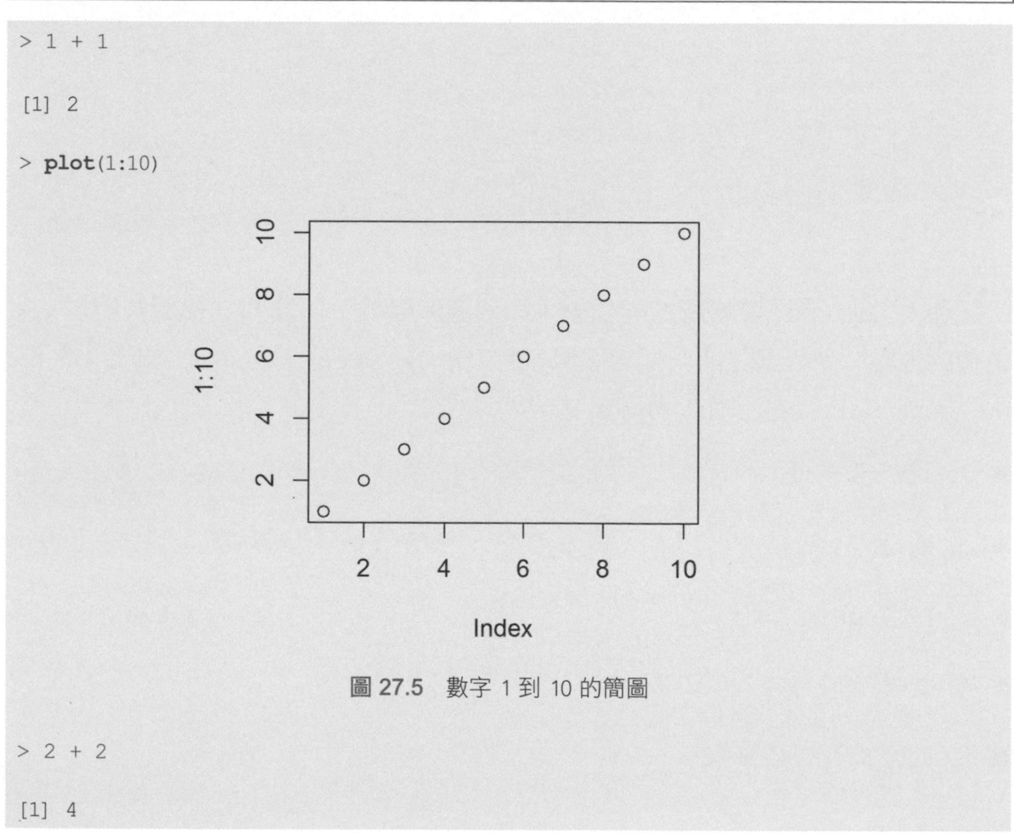

圖 27.5　數字 1 到 10 的簡圖

目前這些只是 LATEX 和 knitr 最基本的介紹。欲知詳情，可以參考 Yihui 的網站，http://yihui.name/knitr/。若使用 knitr，建議正式地引用 Yihui Xie(2013). knitr: A general-purpose package for dynamic report generation in R.R package version 1.2.。一些套件的引用方法可以通過 citation 函數查找。

```
> citation(package = "knitr")

To cite the 'knitr' package in publications use:

  Yihui Xie (2013). knitr: A general-purpose package for
  dynamic report generation in R. R package version 1.4.1.

Yihui Xie (2013) Dynamic Documents with R and knitr. Chapman
and Hall/CRC. ISBN 978-1482203530
Yihui Xie (2013) knitr: A Comprehensive Tool for
Reproducible Research in R. In Victoria Stodden, Friedrich
Leisch and Roger D. Peng, editors, Implementing Reproducible
Computational Research. Chapman and Hall/CRC. ISBN
978-1466561595
```

27-4 小結

利用 knitr 套件，可以撰寫可複製且容易維護的文件，它將 R 程式與其結果(包括圖)，和 LATEX 或 Markdown 語言做了一個無縫的結合。

除此之外，RStudio IDE 是一個很奇妙的文字編輯器，甚至可以用來編排一整本書 (本書的原文書就是在 RStudio 中利用 knitr 套件所撰寫)。

Memo

28

用 Rmarkdown 製作富文本

RMarkdown 很快速地成了用來交流 R 成果的首要選擇，且還逐漸取代了 LATEX，其原因主要是 RMarkdown 較易撰寫，且可編譯成許多不同的格式，包括 HTML、PDF、Microsoft Word、投影片與 Shiny 程式。RMarkdown 格式方便延伸並易於製作樣板，使得它可以根據喜好定制文本。RMarkdown 撰寫流程與 LATEX 相似，如**第 27 章**所說明：其包含一般文字撰寫和 R 程式碼的區塊(chunk)。雖然程式碼區塊的風格會有不同，但其背後的概念是一樣的。一般 Rmarkdown 文件會儲存為.Rmd 檔。

28-1 文本彙集

RMarkdown 依靠 knitr 來處理 R 程式碼，靠 pandoc 來進行格式轉換，這些都會與 RMarkdown 同時安裝。在彙集的時候，knitr 會將程式碼區塊轉換成純文字，並暫存為 Markdown 文件；接著 pandoc 將此文件轉換並產生出輸出文件。

文本彙集則是通過 rmarkdown 套件中的 render 函數進行，若使用 RStudio，可以使用 Knit 按鈕或是 Ctrl + Shift + K。

每個文本格式將對應到一個 R 函數。最常見的文本格式一般使用 rmarkdown 套件中的 html_document、pdf_document、word_document 與 ioslides_presentation 產生，其他套件如 rticles、tufte 與 resumer 則提供了一些額外的函數可用來產生其他文本格式。

28-2 文本標頭

RMarkdown 文件的第一個部份是 yaml[1] 標頭，其提供文本的一些資訊。yaml 標頭前後由三條短橫線包圍。其內容每一列為文本的關鍵資訊如標題(title)、作者(author)、日期(date)與輸出格式(output)。Yaml 標頭舉例如下：

```
---
title: "Play Time"
author: "Jared P. Lander"
date: "December 22, 2016"
output: html_document
---
```

1：原是"Yet another markup language"(另一種標記式語言)的縮寫，但現已成了"YAML Ain't Markup Language"(YAML 非標記式語言)的縮寫。

不同的輸出文本格式可以有不同的 yaml 標籤。通常編輯 yaml 比較困擾的地方是要決定使用的標籤。慶幸地是使用 rmarkdown 套件時，如同函數的引數，yaml 標籤也必須被文件化，才會被 CRAN 接受。文本格式的標籤，如 html_document，也等同於其函數名稱。若是 rmarkdown 套件的函數，可以直接用其名稱進行參照。若是其他套件的函數，如 rticles 中的 jss_article，則需在函數名稱前附上套件名稱。

```
---
title: "Play Time"
author: "Jared P. Lander"
date: "December 22, 2016"
output: rticles::jss_article
---
```

文本特定的引數則將落在 output 標籤中為子標籤。內縮 yaml 特定內容是很重要的，這可以透過空兩格(不應用 tab)來完成。以下例子為 HTML 文件的 yaml 標頭，標籤內容顯示文件中的章節會有編號，且文件中會有一個目錄表。

```
---
title: "Play Time"
author: "Jared P. Lander"
date: "December 22, 2016"
output:
  html_document:
    number_sections: yes
    toc: yes
---
```

28-3 Markdown 入門

Markdown 語法較為簡約。它不如 LaTeX 或 HTML 來得彈性，但撰寫比較快速。除此之外，學習 Markdown 也很快，以下指南就足以掌握 Markdown 的基礎。

若要空行，可以在文字區塊間留下一個空行，或是在文字後方留下兩個或以上的空格。斜體的產生可以透過文字前後兩端附上下底線(_)，粗體則是在文字前後兩端附上兩條下底線。三條下底線則將產生粗斜體文字。區塊引用則可在文字前端附上向右的尖括號(>)。

要建立無序列表，可以在其每個元素前端附上短橫線(-)或星號(*)。排序列表則是在元素前附上序號(任意數字或字母)與一個句點(.)。建立巢狀列表則只需將相關項目內縮便可。

標頭(Markdown 中的 header 與 HTML header 不同)建立可在文字前端附上井號(#)。井號數量決定標頭的層級(從第一到第六)。這則跟 HTML 的標頭標籤是相等的。

將文本匯出為 PDF 時，標頭層級將決定章節類別，如第一層級標頭為章，第二層級的標頭為節。

若要建立連結，則可在要顯示的文字附上中括號，而 URL 連結放入小括號(())。插入圖檔也是透過中括號和小括號，但需在前方附上驚嘆號(!)。Markdown 文件例子舉例如下。

方程式需在前後兩端附上兩個錢字號($)。這些符號需在方程式同一行中附上，或在可以在符號和方程式間留下至少一個空格。方程式可以標準的 LaTeX 數學語言撰寫。若要將方程式嵌入內文，則在方程式兩側附上單一個錢字號，且無須留任何空格。

```
# 標題 - 也是標頭 1

_ 這文字將是斜體 _

_ _ 這文字將是粗體 _ _

## 標頭 2

建立無序列表

- 項目 1
- 項目 2
- 項目 3

建立排序列表，並附加上無序列表

1. 一個項目
1. 另一個項目
   - 子項目
   - 另一子項目
   - 再一個項目
1. 另一個排序列表項目

接下來為連結建立

[我的網址](http://www.jaredlander.com)

## 另一個標頭 2

這將插入圖檔

![圖檔說明](圖檔路徑.png)

#### 標頭 4
一般的方程式
$$
    \boldsymbol{\hat{\beta}} = (X^TX)^{-1}X^TY
$$

內嵌式的方程式: $\bar{x}=\frac{1}{n}\sum _ {i=1}^n$ with no spaces

### 標頭 3
> 區塊引用的開端
>
> 區塊引用接下來的文字
```

RStudio 提供了 Markdown 的簡易指南，可以透過 Help 選單參考。

28-4 Markdown 程式碼區塊

Markdown 文件中的 R 程式碼區塊稱為 RMarkdown，儲存於.Rmd 文件。RMarkdown 的程式碼區塊與 knitr 文件中的很類似，只是以不同的方式劃界，且還添加了一些彈性。區塊以三個反引號(`)、一個開弧括({)、一個 r 字母、一個區塊的標籤、一些以逗點分隔的選項與一個關弧括(})作為開端。而區塊結束則是以三個反引號(`)標示。兩者中間的所有程式碼和註解將被視為 R 程式碼處理。

````
```{r simple-math-ex}

# 這是註解
1 + 1

```
````

這將產生以下結果：

```
# 這是註解
1 + 1

##  [1]  2
```

標準的區塊選項可參考表 **27.2**。

若在程式碼中加入繪製圖表的程式碼，該圖表將自動產生在結果上。若有提供 fig.cap 引數，圖表的標題也會被顯示出來。文本的其中一個好處是它將所有文檔包含在一起，因此即便輸出結果是 HTML，圖檔(base 64 編碼)也會嵌入該文本中，因此只需要一個文件檔，而不需要一個圖檔建立一個獨立的文件檔。

若在程式碼中加入繪製圖表的程式碼，該圖表將自動產生在結果上。若有提供 fig.cap 引數，圖表的標題也會被顯示出來。文本的其中一個好處是它將所有文檔包含在一起，因此即便輸出結果是 HTML，圖檔(base 64 編碼)也會嵌入該文本中，因此只需要一個文件檔，而不需要一個圖檔建立一個獨立的文件檔。

接著的程式碼區塊將顯示 1+1 的式子，並顯示結果，2，接著顯示出程式碼 plot(1:10)與其所產生出的圖，最後將顯示 2+2 及其結果，4。

```
```{r code-and-plot}
1 + 1
plot(1:10)
2 + 2
```
```

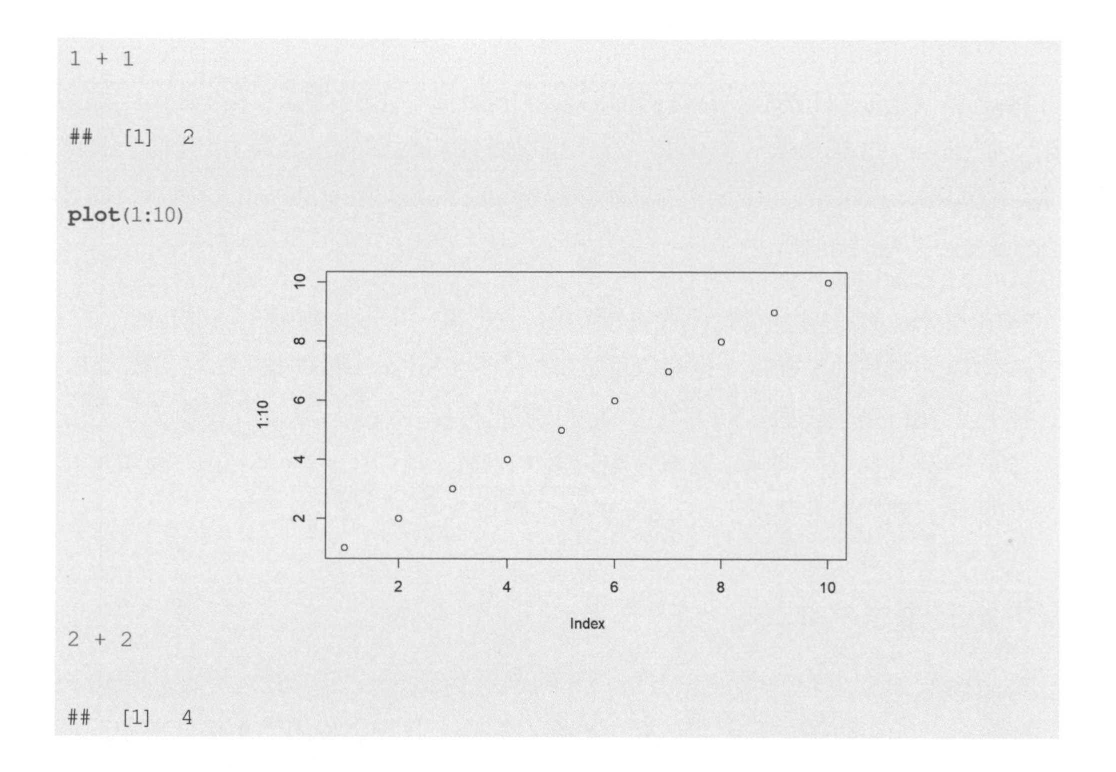

針對 LATEX 文件，knitr 會將程式碼前方附上提示符(**>**)，續行則在前端附上正號(**+**)，然後直接將結果顯示出來。針對 RMarkdown 文件，其預設不會附上提示符，結果也會以註解的方式呈現。這是因為一般輸出的結果都是用於數位消費，這將使得將程式碼複製並貼到 R 控制台更簡便。此書的程式碼包含了提示符，且結果也不是以註解的形式呈現，這是讓它與 R 的操作是一致的，只是代價是不能直接複製與貼上。

28-5 htmlwidgets 套件

htmlwidgets 套件可以建立 R 套件，以連接 R 到 JavaScript 程式庫。這令 R 使用者可以使用到許多 JavaScript 程式庫以將資料視覺化，這都可以在 R 中完成，且無須學習 JavaScript。著名的套件包括用來製表的 DT，用來編輯地圖的 leaflet，製造 3D 散佈圖和地球儀的 threejs，繪製熱圖的 d3heatmap 和繪製時間序列圖的 dygraphs。

這些以 htmlwidgets 為基礎的套件會產生 HTML 與 JavaScript 輸出，在輸出類型是以 HTML 為基礎的時候才能發揮完全的功能。在 yaml 標頭附上標籤 always_allow_html: yes 可以將輸出類型(如 PDF)以圖檔方式產生。這需要 webshot 套件，且只能在透過 webshot::install_phantomjs 安裝 PhantomJS 後才能執行。

htmlwidgets 套件中的函數搭配 JavaScript，可以大幅強化 RMarkdown 文件功能，尤其是互動性，也可以用於控制台與 Shiny 程式上。若在 RStudio 控制台上執行這些函數，該工具(widget)將直接顯示在 Viewer 視窗上。若在終端的控制台執行，則該工具將在瀏覽器中啟動。這些工具因 Shiny 而變得格外有用，它們的互動性搭上 Shiny 的靈活性令文本製作經驗更佳。

28-5-1 datatables

有時候以圖呈現資料不一定是最好的表達方式，反而以表格呈現效果會更好。knitr 套件中的 kable 可以產生出好看的表，且會隨輸出文本格式調整成適用的樣式。以下指令將產生 PDF 形式的表 **28.1**。若文本輸出格式為 HTML，其所產生的表格設計會很類似，只是外觀上會有些許差異。

```
> knitr::kable(head(iris), caption = 'Tabular data printed using kable.')
```

表 28.1 Tabular data printed using kable

Sepal.Length	Sepal.Width	Petal.Length	Petal.Width	Species
5.1	3.5	1.4	0.2	setosa
4.9	3.0	1.4	0.2	setosa
4.7	3.2	1.3	0.2	setosa
4.6	3.1	1.5	0.2	setosa
5.0	3.6	1.4	0.2	setosa
5.4	3.9	1.7	0.4	setosa

DT 套件通過 DataTables Java Script 程式庫提供了一個互動式的建表經驗。由於 DT 以 htmlwidgets 為基礎，若要完全使用其互動性，就只能在 HTML 為基礎的輸出格式時才可以操作，但 DataTables 結果的截圖會自動由以 PDF 為基礎的輸出格式所捕捉。以下程式碼將產生圖 **28.1**，圖中顯示了首 100 橫列 diamonds 資料的 DataTable。

```
> library(DT)
> data(diamonds, package = 'ggplot2')
> datatable(head(diamonds, 100))
```

Show 10 entries　　Search:

	carat	cut	color	clarity	depth	table	price	x	y	z
1	0.23	Ideal	E	SI2	61.5	55	326	3.95	3.98	2.43
2	0.21	Premium	E	SI1	59.8	61	326	3.89	3.84	2.31
3	0.23	Good	E	VS1	56.9	65	327	4.05	4.07	2.31
4	0.29	Premium	I	VS2	62.4	58	334	4.2	4.23	2.63
5	0.31	Good	J	SI2	63.3	58	335	4.34	4.35	2.75
6	0.24	Very Good	J	VVS2	62.8	57	336	3.94	3.96	2.48
7	0.24	Very Good	I	VVS1	62.3	57	336	3.95	3.98	2.47
8	0.26	Very Good	H	SI1	61.9	55	337	4.07	4.11	2.53
9	0.22	Fair	E	VS2	65.1	61	337	3.87	3.78	2.49
10	0.23	Very Good	H	VS1	59.4	61	338	4	4.05	2.39

Showing 1 to 10 of 100 entries　　Previous 1 2 3 4 5 … 10 Next

圖 28.1 DT 套件所產生的 JavaScript DataTable

DataTable 程式庫中的擴充程式、外掛和選項大多都可透過 DT 套件使用。為了另我們的表格更好看，我們關閉 rownames；使用 filter 引數以令每個直行都可搜尋；開啟 Scroller 插件以令垂直滾動更為方便；用 scrollX 開啟表格的水平滾動；以及設定顯示元素，dom 為表格本身(t)、表格資訊(i)與 Scroller 功能(S)。前述的幾項會列為 datatable 函數的引數，而其他則以 list 的形式提供於 options 函數，如以下程式碼所示。這程式碼所產生的結果為**圖 28.2**。要只要哪些引數要設定在函數的哪一個部份，只能參考 DT 與 DataTables 的相關說明文件。

```
> datatable(head(diamonds, 100),
+           rownames = FALSE, extensions = 'Scroller', filter = 'top',
+           options = list(
+               dom = "tiS", scrollX = TRUE,
+               scrollY = 400,
+               scrollCollapse = TRUE
+           ))
```

carat	cut	color	clarity	depth	table	price	x	y	z
All	All	All	All	All	All	All	All	All	All
0.23	Ideal	E	SI2	61.5	55	326	3.95	3.98	2.43
0.21	Premium	E	SI1	59.8	61	326	3.89	3.84	2.31
0.23	Good	E	VS1	56.9	65	327	4.05	4.07	2.31
0.29	Premium	I	VS2	62.4	58	334	4.2	4.23	2.63
0.31	Good	J	SI2	63.3	58	335	4.34	4.35	2.75
0.24	Very Good	J	VVS2	62.8	57	336	3.94	3.96	2.48
0.24	Very Good	I	VVS1	62.3	57	336	3.95	3.98	2.47
0.26	Very Good	H	SI1	61.9	55	337	4.07	4.11	2.53
0.22	Fair	E	VS2	65.1	61	337	3.87	3.78	2.49
0.23	Very Good	H	VS1	59.4	61	338	4	4.05	2.39
0.3	Good	J	SI1	64	55	339	4.25	4.28	2.73

Showing 1 to 12 of 100 entries

圖 28.2　DataTable 與一些選項設定

datatables 物件可以通過管線運算(pipe)傳遞到用來進行格式化的函數，以設定輸出結果樣式。以下程式碼將產生一個 datatables 物件，接著將 price 直行格式化成近似到整數的幣值，接著根據 cut 直行的值進行背景顏色的設定，如圖 28.3 顯示。

```
> datatable(head(diamonds, 100),
+           rownames = FALSE, extensions = 'Scroller', filter = 'top',
+           options = list(
+               dom = "tiS", scrollX = TRUE,
+               scrollY = 400,
+               scrollCollapse = TRUE
+           )) %>%
+     formatCurrency('price', digits = 0) %>%
+     formatStyle(columns = 'cut', valueColumns = 'cut', target = 'row',
+                 backgroundColor = styleEqual(levels = c('Good', 'Ideal'),
+                                              values = c('red', 'green')
+                 )
+     )
```

carat	cut	color	clarity	depth	table	price	x	y	z
All	All	All	All	All	All	All	All	All	All
0.23	Ideal	E	SI2	61.5	55	$326	3.95	3.98	2.43
0.21	Premium	E	SI1	59.8	61	$326	3.89	3.84	2.31
0.23	Good	E	VS1	56.9	65	$327	4.05	4.07	2.31
0.29	Premium	I	VS2	62.4	58	$334	4.2	4.23	2.63
0.31	Good	J	SI2	63.3	58	$335	4.34	4.35	2.75
0.24	Very Good	J	VVS2	62.8	57	$336	3.94	3.96	2.48
0.24	Very Good	I	VVS1	62.3	57	$336	3.95	3.98	2.47
0.26	Very Good	H	SI1	61.9	55	$337	4.07	4.11	2.53
0.22	Fair	E	VS2	65.1	61	$337	3.87	3.78	2.49
0.23	Very Good	H	VS1	59.4	61	$338	4	4.05	2.39
0.3	Good	J	SI1	64	55	$339	4.25	4.28	2.73

Showing 1 to 12 of 100 entries

圖 28.3　DataTable 與一些選項和格式設定

28-5-2 leaflet

如圖 **25.7** 顯示，R 可以產生出一些詳細且美觀的靜態地圖。leaftlet 套件將此功能衍生成互動式的地圖。此套件以 OpenStreetMap(或其他地圖供應者)建立可以滾動和縮放的地圖。它也可以使用 shapefiles、GeoJSON、TopoJSON 與 raster images 來建立地圖。作為例子，我們在一個地圖上標示出我們喜歡的披薩餐廳地點。首先，我們讀取含有披薩餐廳地點的 JSON 資料檔。

```
> library(jsonlite)
> pizza <- fromJSON('http://www.jaredlander.com/data/PizzaFavorites.json')
> pizza
                    Name                                    Details
1          Di Fara Pizza       1424 Avenue J, Brooklyn, NY, 11230
2         Fiore's Pizza     165 Bleecker St, New York, NY, 10012
3              Juliana's   19 Old Fulton St, Brooklyn, NY, 11201
4     Keste Pizza & Vino     271 Bleecker St, New York, NY, 10014
5   L & B Spumoni Gardens       2725 86th St, Brooklyn, NY, 11223
6   New York Pizza Suprema        413 8th Ave, New York, NY, 10001
7           Paulie Gee's  60 Greenpoint Ave, Brooklyn, NY, 11222
8                Ribalta      48 E 12th St, New York, NY, 10003
9              Totonno's   1524 Neptune Ave, Brooklyn, NY, 11224
> class(pizza$Details)

[1] "list"

> class(pizza$Details[[1]])

[1] "data.frame"

> dim(pizza$Details[[1]])

[1] 1 4
```

我們可以觀察到 Details 這欄是一個 list 直行，其中每個元素是一個含有四個直行的 data.frame。我們要解開像這樣的巢狀結構，以建立一個名為 pizza 的 data.frame，其每個橫列將會儲存巢狀 data.frame 中的所有直行。要取得披薩餐廳地點的緯度和經度，我們要建立一個 character 直行以儲存餐廳地址(地址為組合所有直行而得)。

```
> library(dplyr)
> library(tidyr)
> pizza <- pizza %>%
+     # 解開巢狀 data.frame
+     unnest() %>%
+     # 重新命名 Address 直行為 Street
+     rename(Street = Address) %>%
+     # 建立一個新的直行以儲存整個地址
+     unite(col = Address,
+           Street, City, State, Zip,
+           sep = ', ', remove = FALSE)
> pizza

                     Name                                Address
1           Di Fara Pizza        1424 Avenue J, Brooklyn, NY, 11230
2          Fiore's Pizza       165 Bleecker St, New York, NY, 10012
3               Juliana's      19 Old Fulton St, Brooklyn, NY, 11201
4       Keste Pizza & Vino      271 Bleecker St, New York, NY, 10014
5   L & B Spumoni Gardens         2725 86th St, Brooklyn, NY, 11223
6   New York Pizza Suprema          413 8th Ave, New York, NY, 10001
7             Paulie Gee's    60 Greenpoint Ave, Brooklyn, NY, 11222
8                 Ribalta         48 E 12th St, New York, NY, 10003
9               Totonno's     1524 Neptune Ave, Brooklyn, NY, 11224
             Street City             State          Zip
1      1424 Avenue J       Brooklyn NY          11230
2    165 Bleecker St       New York NY          10012
3   19 Old Fulton St       Brooklyn NY          11201
4    271 Bleecker St       New York NY          10014
5       2725 86th St       Brooklyn NY          11223
6        413 8th Ave       New York NY          10001
7  60 Greenpoint Ave       Brooklyn NY          11222
8       48 E 12th St       New York NY          10003
9   1524 Neptune Ave       Brooklyn NY          11224
```

RDSTK 提供的 street2coordinates 函數可以找出地址的位置。我們建立一個輔助函數來找出地址的位置，並將緯度和經度抽取出來。

```
> getCoords <- function(address)
+ {
+       RDSTK::street2coordinates(address) %>%
+                   dplyr::select _ ('latitude', 'longitude')
+ }
```

接著我們將此函數應用到每個地址，並將結果合併到原來的 pizza data.frame。

```
> library(dplyr)
> library(purrr)
> pizza <- bind _ cols(pizza, pizza$Address %>% map _ df(getCoords))
> pizza

                       Name                                   Address
1              Di Fara Pizza      1424 Avenue J, Brooklyn, NY, 11230
2             Fiore's Pizza     165 Bleecker St, New York, NY, 10012
3                 Juliana's    19 Old Fulton St, Brooklyn, NY, 11201
4        Keste Pizza & Vino     271 Bleecker St, New York, NY, 10014
5    L & B Spumoni Gardens        2725 86th St, Brooklyn, NY, 11223
6   New York Pizza Suprema         413 8th Ave, New York, NY, 10001
7              Paulie Gee's  60 Greenpoint Ave, Brooklyn, NY, 11222
8                   Ribalta        48 E 12th St, New York, NY, 10003
9                 Totonno's    1524 Neptune Ave, Brooklyn, NY, 11224
             Street      City State   Zip latitude  longitude
1     1424 Avenue J  Brooklyn    NY 11230 40.62503  -73.96214
2   165 Bleecker St  New York    NY 10012 40.72875  -74.00005
3  19 Old Fulton St  Brooklyn    NY 11201 40.70282  -73.99418
4   271 Bleecker St  New York    NY 10014 40.73147  -74.00314
5      2725 86th St  Brooklyn    NY 11223 40.59431  -73.98152
6       413 8th Ave  New York    NY 10001 40.75010  -73.99515
7 60 Greenpoint Ave  Brooklyn    NY 11222 40.72993  -73.95823
8      48 E 12th St  New York    NY 10003 40.73344  -73.99177
9  1524 Neptune Ave  Brooklyn    NY 11224 40.57906  -73.98327
```

有了座標資料後，就可以繪製一個標記餐廳位置的地圖了。leaftlet 函數將啟動該地圖，但若只是執行該函數，我們只會得到一個空圖。我們需要透過 pipe 將該物件傳遞到 addTiles 函數，這將從 OpenStreetMap 繪製一個以 Prime Meridian 為中心點的圖，且放大比例會設為最小。再把該物件傳遞到 addMarkers 函數將根據披薩餐廳位子的緯度和經度添加標記。我們可以透過 formula 介面提供存有該資訊的直行。點擊這些標記將會彈出披薩餐廳的名稱與地址。若是以 HTML 為基礎的文件檔，這圖可以提供互動式的經驗，如可以任意縮放或拖拉地圖。若是 PDF 文件檔，它只會顯示為圖檔，如圖 **28.4** 顯示。

```
> library(leaflet)
> leaflet() %>%
+ addTiles() %>%
+ addMarkers(lng = ~longitude, lat = ~latitude,
+            popup = ~sprintf('%s<br/>%s', Name, Street),
+            data = pizza
+ )
```

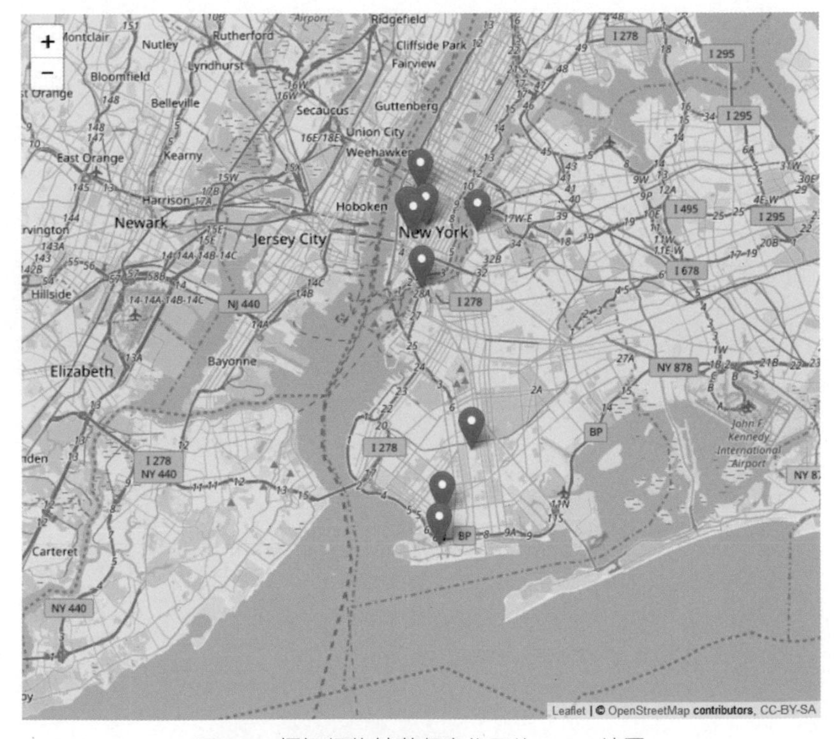

圖 28.4 標記紐約披薩餐廳位子的 leaflet 地圖

28-5-3 dygraphs

要繪製時間序列圖，可以使用 ggplot2、quantmod 或其它套件，但 dygraphs 可以建立一些互動式的圖。作為範例，我們使用 **24-1 節**所採用的世界銀行 GDP 資料，而這次使用的國家別較少，且資料從 1970 開始。我們使用 WDI 套件透過世界銀行 API 取得資料。

```
> library(WDI)
> gdp <- WDI(country = c("US", "CA", "SG", "IL"),
+           indicator = c("NY.GDP.PCAP.CD"),
+           start = 1970, end = 2011)
> # 對資料中的變數命名
> names(gdp) <- c("iso2c", "Country", "PerCapGDP", "Year")
```

GGP 資料呈現為直行導向的格式。我們用 tidyr 套件中的 spread 將它轉換為橫列導向。

```
> head(gdp, 15)

   iso2c  Country  PerCapGDP   Year
1     CA   Canada   4047.268   1970
2     CA   Canada   4503.181   1971
3     CA   Canada   5048.482   1972
4     CA   Canada   5764.261   1973
5     CA   Canada   6915.889   1974
6     CA   Canada   7354.268   1975
7     CA   Canada   8624.614   1976
8     CA   Canada   8731.679   1977
9     CA   Canada   8931.293   1978
10    CA   Canada   9831.079   1979
11    CA   Canada  10933.732   1980
12    CA   Canada  12075.025   1981
13    CA   Canada  12217.373   1982
14    CA   Canada  13113.169   1983
15    CA   Canada  13506.372   1984

> gdpWide <- gdp %>%
```

```
+ dplyr::select(Country, Year, PerCapGDP) %>%
+ tidyr::spread(key = Country, value = PerCapGDP)
>
> head(gdpWide)

  Year   Canada   Israel  Singapore United States
1 1970 4047.268 1806.423   925.0584      4997.757
2 1971 4503.181 1815.936  1070.7664      5360.178
3 1972 5048.482 2278.840  1263.8942      5836.224
4 1973 5764.261 2819.451  1684.3411      6461.736
5 1974 6915.889 3721.525  2339.3890      6948.198
6 1975 7354.268 3570.763  2488.3415      7516.680
```

第一直行為時間元素，其它的每一直行代表一個時間序列，我們用 dygraphs 將此資料繪製成一個互動式的 JavaScript 圖，如圖 **28.5** 顯示。

```
> library(dygraphs)
> dygraph(gdpWide, main = 'Yearly Per Capita GDP',
+         xlab = 'Year', ylab = 'Per Capita GDP') %>%
+     dyOptions(drawPoints = TRUE, pointSize = 1) %>%
+     dyLegend(width = 400)
```

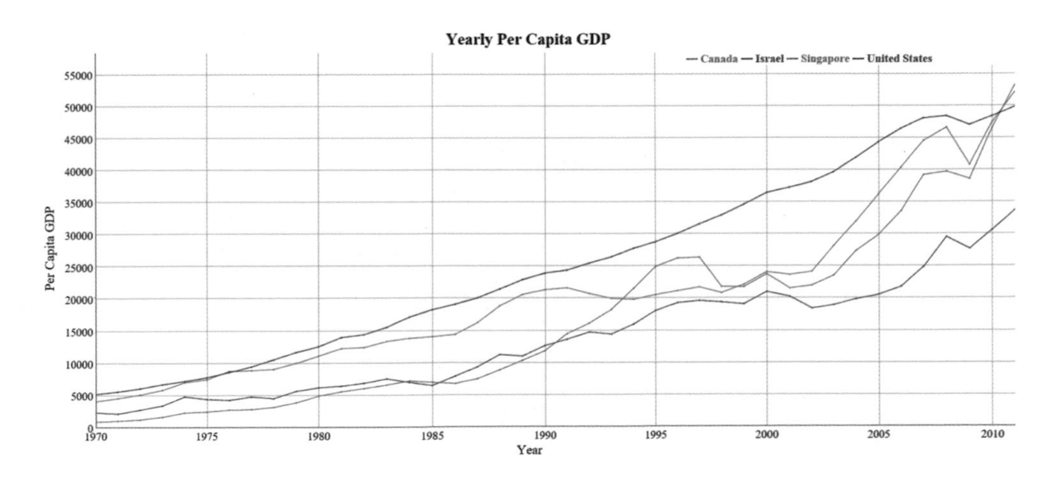

圖 28.5 人均 GDP 的互動式時間序列圖

滑鼠游標指向圖中的線將會標記出資料點，而資料的值會顯示在說明中。在圖上畫一個長方形則放大顯示該區域的資料。我們添增一個範圍選取工具 dyRangeSelector，這樣可以拖拉選取範圍以顯示圖中其它部份的資料，如圖 **28.6**。

```
> dygraph(gdpWide, main = 'Yearly Per Capita GDP',
+         xlab = 'Year', ylab = 'Per Capita GDP') %>%
+     dyOptions(drawPoints = TRUE, pointSize = 1) %>%
+     dyLegend(width = 400) %>%
+     dyRangeSelector(dateWindow = c("1990", "2000"))
```

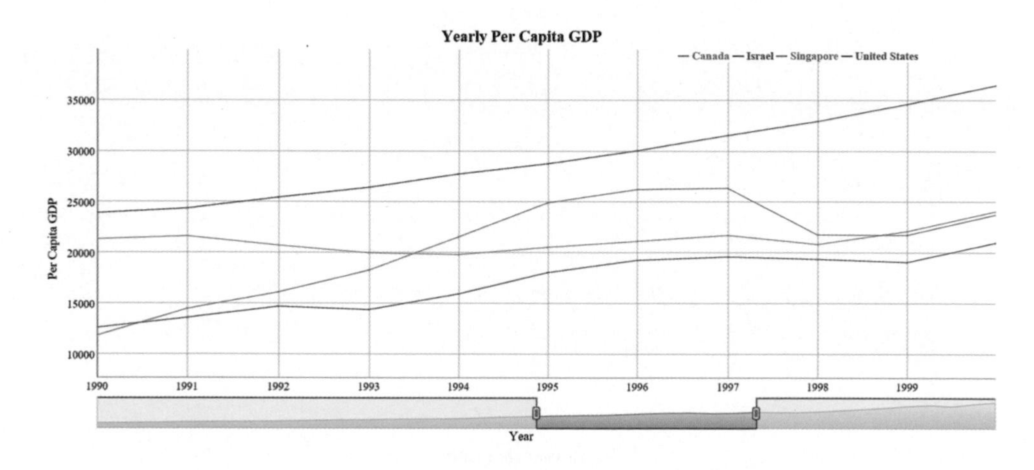

圖 28.6 人均 GDP 互動式時間序列圖，途中添加了範圍選取工具

28-5-4 threejs

Bryan Lewis 所研發的 threejs 可以建立 3D 散佈圖和可轉動並可顯示不同角度的地球儀。我們以連接航班起迄點間的曲線作為範例畫在地圖上(僅針對 2017 年 1 月 2 日中午正在飛行的航班)，資料中含有機場代碼與航班起迄點的機場座標。

```
> library(readr)
> flights <- read_tsv('http://www.jaredlander.com/data/Flights_Jan_2.tsv')

Parsed with column specification:
  cols(
    From = col_character(),
    To = col_character(),
    From_Lat = col_double(),
    From_Long = col_double(),
    To_Lat = col_double(),
    To_Long = col_double()
  )
```

readr 讀取資料時會顯示一則顯示直行資訊的訊息，以確保我們知道直行資料型別為何。不過其實 read_tsv 回傳的是 tbl，我們只需要檢視資料的首幾橫列就可以知道資料型別是甚麼了。

```
> flights

# A tibble: 151 × 6
    From    To  From_Lat  From_Long   To_Lat    To_Long
   <chr> <chr>     <dbl>      <dbl>    <dbl>      <dbl>
1    JFK   SDQ  40.63975  -73.77893 18.42966  -69.66893
2    RSW   EWR  26.53617  -81.75517 40.69250  -74.16867
3    BOS   SAN  42.36435  -71.00518 32.73356 -117.18967
4    RNO   LGB  39.49911 -119.76811 33.81772 -118.15161
5    ALB   FLL  42.74827  -73.80169 26.07258  -80.15275
6    JFK   SAN  40.63975  -73.77893 32.73356 -117.18967
7    FLL   JFK  26.07258  -80.15275 40.63975  -73.77893
8    ALB   MCO  42.74827  -73.80169 28.42939  -81.30899
9    LAX   JFK  33.94254 -118.40807 40.63975  -73.77893
10   SJU   BDL  18.43942  -66.00183 41.93889  -72.68322
# ... with 141 more rows
```

資料原有形式已足以讓我們繪製起迄點間的曲線，也可以直接讓我們標記機場位置，但由於一些機場在資料中重複出現，因此在這些機場的標記會覆蓋在一起。我們也可以計算機場出現的次數，這樣就可以在作為起點的機場位置上根據其出現次數標記一個高度。

```
> airports <- flights %>%
+     count(From_Lat, From_Long) %>%
+     arrange(desc(n))
> airports

Source: local data frame [49 x 3]
Groups: From_Lat [49]
   From_Lat   From_Long     n
      <dbl>       <dbl> <int>
1  40.63975   -73.77893    25
2  26.07258   -80.15275    16
3  42.36435   -71.00518    15
4  28.42939   -81.30899    11
5  18.43942   -66.00183     7
6  40.69250   -74.16867     5
7  26.53617   -81.75517     4
8  26.68316   -80.09559     4
9  33.94254  -118.40807     4
10 12.50139   -70.01522     3
# ... with 39 more rows
```

globejs 的首個引數是地球表面地圖的圖檔。雖可用預設圖檔，但更推薦使用 NASA 較高解析度的 "藍色彈珠"(Blue Marble) 圖檔。

```
> earth <- "http://eoimages.gsfc.nasa.gov/images/imagerecords/
                    73000/73909/world.topo.bathy.200412.3x5400x2700.jpg"
```

現在我們備齊了資料與表面地圖，我們可以開始繪製地球了。第一個引數，img，是我們要使用的圖檔，這我們已經存入 earth 物件中。接著的兩個引數，lat 與 long 則是我們要標記的座標。value 引數則控制標記的高度。arcs 引數則需輸入一個含有四個直行的 data.frame，首兩直行為起點緯度和經度，而後兩直行為終點緯度和經度。剩餘的引數則控制地球的樣式。以下程式碼將產生**圖 28.7**。

```
> library(threejs)
```

```
> globejs(img = earth, lat = airports$From_Lat, long = airports$From_Long,
+         value = airports$n*5, color = 'red',
+         arcs = flights %>%
+               dplyr::select(From_Lat, From_Long, To_Lat, To_Long),
+         arcsHeight = .4, arcsLwd = 4, arcsColor = "#3e4ca2", arcsOpacity = .85,
+         atmosphere = TRUE, fov = 30, rotationlat = .5, rotationlong = -.05)
```

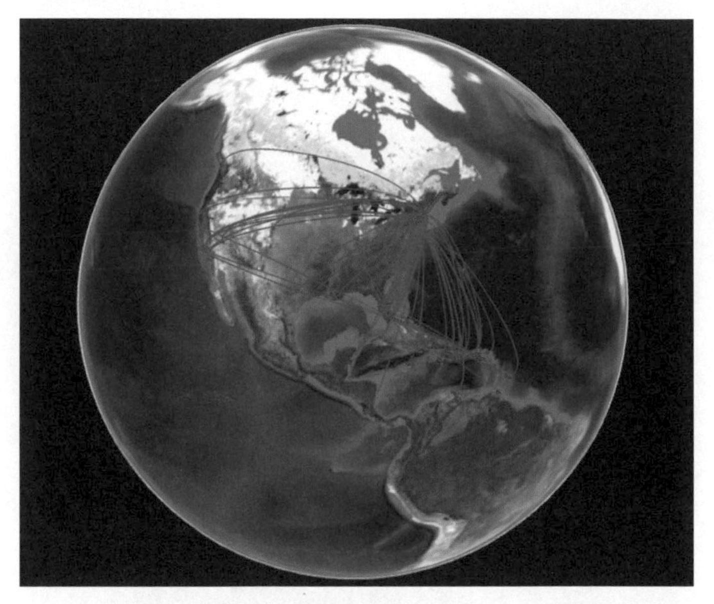

圖 28.7 顯示航班路線的地球，由 threejs 繪製

28-5-5 d3heatmap

熱圖可以呈現數值資料的強度，這在呈現相關性矩陣的時候特別有用。我們使用 **18-2 節**的 economics 資料來建立互動式的熱圖。我們首先對資料含有數值的直行建立一個相關性矩陣，接著呼叫 Tal Galili 開發的 d3heatmap，以建立一個熱圖，並將變數分群，最後呈現出該分群的樹狀圖。結果**如圖 28.8** 顯示。用游標指向熱圖中的網格將出現更多資料的資訊，在圖中拉出一個格子則可放大該區域。

```
> library(d3heatmap)
> data(economics, package = 'ggplot2')
> econCor <- economics %>% select_if(is.numeric) %>% cor
> d3heatmap(econCor, xaxis_font_size = '12pt', yaxis_font_size = '12pt',
+           width = 600, height = 600)
```

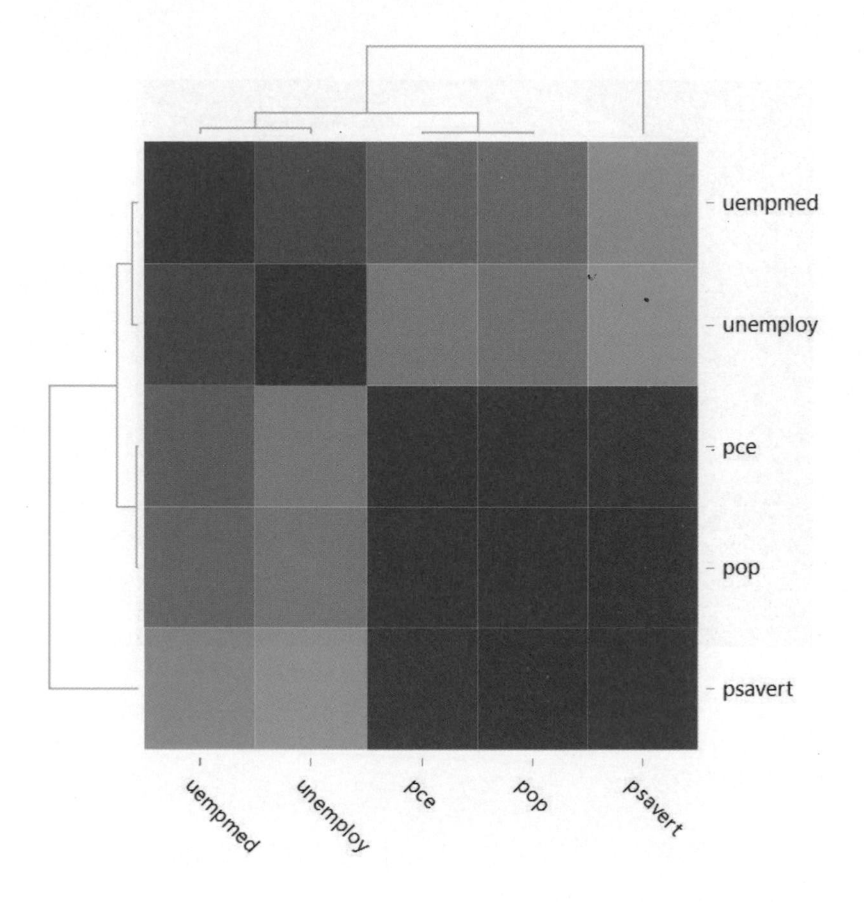

圖 28.8 Correlation heatmap of the economics data built with d3heatmap.

28-6 RMarkdown 投影片

在 R 環境建立可再生的投影片一直都可以透過 $\LaTeX$'s Beamer 模式進行，這會建立一個每一頁為一頁投影片的 PDF 檔。雖然如此，撰寫 $\LaTeX$ 是很花時間的。另一個較方便的選項是撰寫一個 RMarkdown 文檔，並把它編譯成 HTML5 投影片，如 ioslides 或 revealjs。RMarkdown 內建也有支援產生 Beamer 投影片的功能，這可以略過 $\LaTeX$ 的撰寫，但還是可以得到同樣的結果。將 yaml output 標籤設定為 ioslides_presentation 可以將文本輸出為 ioslides 投影片。要輸出 revealjs 投影片，則需使用 revealjs 套件中的函數，而非 rmarkdown 套件中的函數，因此 output 標籤需設定為 revealjs::revealjs_presentation。其它輸出類別也應遵循此方式做設定。

我們使用第二層級的標頭(##)標示投影片[2]。與該標示同行的文字將成為投影片標題。投影片的 class 和 ID 則可透過標準 CSS 語法進行提供，這些都可以在(選擇性提供的)標題後的弧括中進行設定。舉例來說，{.vcenter .flexbox #SlideID}將設定該投影片為 vcenter 與 flexbox，並把 ID 設定為 SlideID。

除了前述要注意的事項，其它的只要依照一般 Markdown 語言即可。以下為 Markdown 投影片例子。

```
---
title: "Slide Test"
author: "Jared P. Lander"
date: "December 22, 2016"
output: ioslides _ presentation
---
```

Next

2：就像 RMarkdown 其它方面的設定，這也是可以自定義修改的。

```
## 第一張投影片
一些項目的列表
- 第一項目
- 第二項目
- 第三項目

## 一些 R 程式碼
以下程式碼將產生一些結果與圖

```{r figure-plot, fig.cap="繪製一個數字 1 到 10 的圖", fig.scap="數字 1 到 10 的圖",
out.width='50%', fig.show='hold'}
1 + 1
plot(1:10)
2 + 2
```
另一張投影片
一些投影片資訊

一些連結
[我的網頁](http://www.jaredlander.com)

[R Bloggers](http://www.r-bloggers.com)
```

28-7 小結

RMarkdown 是一個用來產生交織文字、R 程式碼與結果之文本的一個革命性的工具，它比 LATEX 更容易且快速地撰寫，且僅需簡單的修改 yaml 標籤就可以產生不同類型的文本。RMarkdown 文本與投影片可以用來分享程式碼與工作流程，傳達科學研究成果，或者是呈現一些結果。

29

用 Shiny 製作互動儀表板

資料與分析結果的呈現是資料科學重要的一環。R 內建的繪圖工具與 ggplot2 提供了一些資料視覺化的功能。透過 RStudio 中的 Shiny,我們可以使用 R 程式碼製作儀表板。其它可以透過 R 程式碼製作儀表板的工具包括 SiSense、PowerBI、Qlik 與 Tableau,但這些工具在與 R 之間的資料和物件傳遞上有型別的限制。Shiny 的建立以 R 為基礎,因此其所製作的儀表板可以涵蓋任何用 R 進行的資料整理,模型建立,資料處理與資料視覺化。

不需要學習 HTML 與 JavaScript,Shiny 就可以讓 R 使用者製作以網頁為基礎的儀表板(但懂這兩種語言對儀表板的建立會更有幫助)。使用 Shiny 雖然簡單,但使用其程式碼時會需要一些時間學習。首先,我們可以把它想成輸入與輸出:使用者透過使用者介面(UI)提供資料輸入,接著該程式會產生結果輸出,並回傳到 UI 上。我們先探索如何使用 RMarkdown 製作 Shiny 文本,接著我們探討如何用傳統的方式建立儀表板:將 UI 與後端分開探討。因受限於紙本,此書所呈現的結果與電腦所呈現的可能會略有不用,但其背後的概念是一樣的。

29-1 RMarkdown 中的 Shiny

製作 Shiny 程式最簡單的方式是使用 RMarkdown 文本，如**第 28 章**所討論，程式碼區塊的建立與 RMarkdown 一樣，但現在區塊所產生出的結果會是互動性的。

就像一般的 RMarkdown 文本，文件頂端會有一個 yaml 標頭提供文本的資訊，而 yaml 標頭前會有三個短橫線。標頭至少應涵蓋文本的標題及標示執行時期(runtime)為 Shiny 的標籤。其它建議的標籤包含作者(author)，輸出類別(output)與日期(date)。

```
---
title: "Simple Shiny Document"
author: "Jared P. Lander"
date: "November 3, 2016"
output: html_document
runtime: shiny
---
```

最後一個標籤 runtime 所輸入的 shiny 會告訴 RMarkdown 處理器要產生互動式的 Shiny HTML 文本，而不是一般的 HTML 文本。若沒添加其它任何內容就直接進行製作，我們只會看到文本標題(title)、作者(author)與日期(date)，如**圖 29.1** 顯示。

Simple Shiny Document

Jared P. Lander

November 3, 2016

圖 29.1 只有標頭資訊的 Shiny 文本

我們可以使用 rmarkdown 套件中的 run 函數在控制台上製作文本。

```
> rmarkdown::run('ShinyDocument.Rmd')
```

若是在 RStudio，我們可以點擊 **Run Document** 按鍵，如圖 **29.2** 所示，或輸入 Ctrl + Shift + K 來製作文件。使用 RStudio 按鍵或快捷鍵將另外執行 Shiny 程式，這樣我們就可以繼續使用控制台。

Run Document

圖 29.2 RStudio 執行 Shiny 文本按鍵

我們添加的第一個 UI 元素是下拉式選單。就像其它的 RMarkdown 程式碼區塊，我們將它擺入一個程式碼區塊中。我們可以設定 echo 引數來設定是否顯示區塊中的程式碼。selectInput 函數可以用來製作一個 HTML 選單物件。其第一個引數，inputId，設定物件的 HTML ID，這 ID 可以被其它 Shiny 程式的函數套用並取得該選單物件中的資訊。Label 引數則設定顯示給使用者的東西。選單中的選項則需儲存於一個清單(list)(可選擇是否對選項命名)或向量(vector)中。list 中選項名稱將會是使用者所看到的，而其對應的值則會是使用者所會選取的值。以下程式碼區塊所產生的結果如圖 **29.3** 顯示。

````
```{r build-selector, echo = FALSE}

selectInput(inputId = 'ExampleDropDown',
            label = 'Please make a selection',
            choices = list('Value 1' = 1,
                           'Value 2' = 2,
                           'Value 3' = 3))
```
````

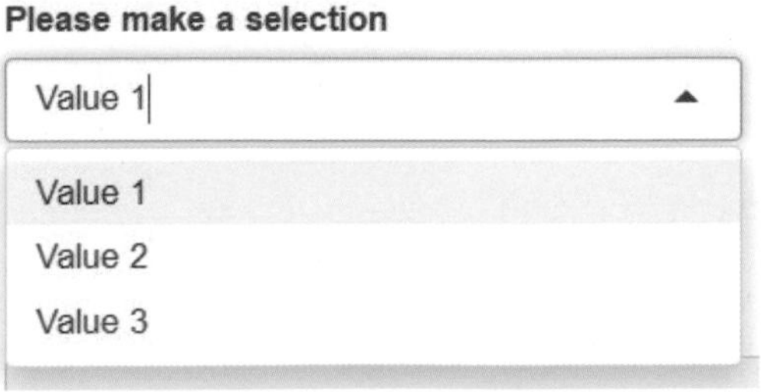

Please make a selection

Value 1

Value 1
Value 2
Value 3

圖 29.3 Shiny 下拉式選單

將 selectInput 放入 RMarkdown 文本會產生在控制台執行指令所產生的 HTML 程式碼。

```
> selectInput(inputId = 'ExampleDropDown', label = 'Please make a selection',
+             choices = list('Value 1' = 1,
+                            'Value 2' = 2,
+                            'Value 3' = 3))

<div class = "form-group shiny-input-container">
  <label class = "control-label" for = "ExampleDropDown">
      Please make a selection
  </label>
  <div>
    <select id = "ExampleDropDown">
        <option value = "1" selected>Value 1</option>
        <option value = "2">Value 2</option>
        <option value = "3">Value 3</option>
    </select>
    <script type = "application/json"
    data-for = "ExampleDropDown"
    data-nonempty = "">{}
    </script>
  </div>
</div>
```

現在我們可以對輸入的值進行一些處理。舉例來說，我們可以用 renderPrint 將選取的值顯示出來。該函數的第一個引數設定要顯示的項目。這項目可以是一行簡單的文字字串，但這樣使用 Shiny 就無任何意義了。Shiny 在顯示一個式子或輸入值的結果時特別好用。為了要顯示出我們命名為 ExampleDropDown 的輸入值，我們需要先取得它。所有輸入值會儲存在一個名為 input[1] 的 list 中。list 中每個輸入值的名稱則是在輸入函數(如 selectInput)中所提供的 inputIds，這些輸入值都可以透過$運算子取得，就像取得一般 list 中的值一樣。

1：在建立一個完整的 Shiny 程式時，這儲存輸入值的 list 的名稱是可以更改的，只是這不是一個標準作法。

以下的程式碼區塊將製作一個下拉式選單和顯示出所選取的值，如圖 29.4 顯示。改變選項則將立即改變所顯示出的結果。

```
```{r select-print-drop-down, echo = FALSE}

selectInput(inputId = 'ExampleDropDown', label = 'Please make a selection',
      choices = list('Value 1' = 1,
                     'Value 2' = 2,
                     'Value 3' = 3))
renderPrint(input$ExampleDropDown)

```
```

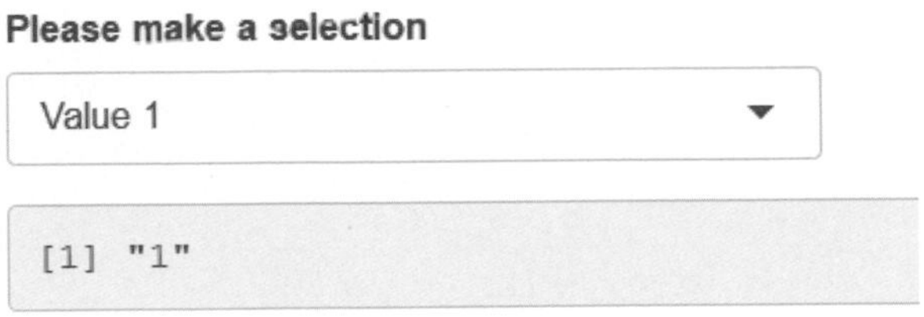

Please make a selection

Value 1

[1] "1"

圖 29.4 Shiny 下拉式選單

其它常用的輸入法包括 sliderInput、textInput、dateInput、checkboxInput、radioButtons 與 dateInput，如以下程式碼區塊與圖 29.5 顯示。

```
```{r common-inputs, echo=FALSE}

sliderInput(inputId = 'SliderSample', label = 'This is a slider',
            min = 0, max = 10, value = 5)
textInput(inputId = 'TextSample', label = 'Space to enter text')
checkboxInput(inputId = 'CheckSample', label = 'Single check box')
checkboxGroupInput(inputId = 'CheckGroupSample',
                   label = 'Multiple check boxes',
                   choices = list('A', 'B', 'C'))
radioButtons(inputId = 'RadioSample', label = 'Radio button',
             choices = list('A', 'B', 'C'))
dateInput(inputId = 'DateChoice', label = 'Date Selector'

```
```

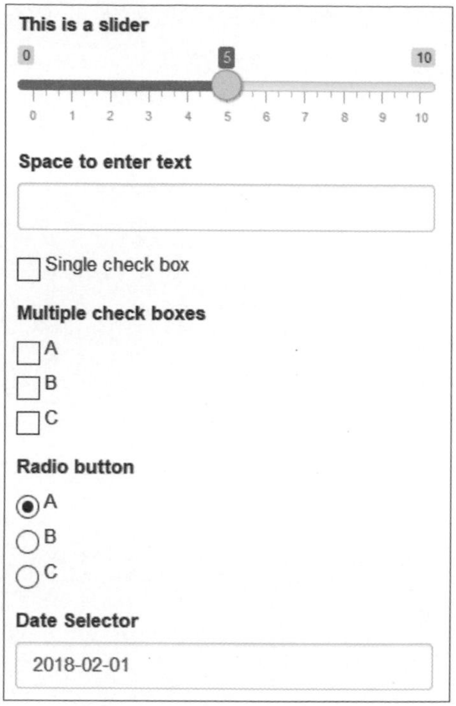

圖 29.5 常用的 Shiny 輸入法

用以上方式所輸入的值都可以被用在其它 R 程式碼中(從 input list 中取得對應的元素即可)，且可以透過合適的函數顯示它們，如 renderPrint、renderText、renderDataTable 與 renderPlot。舉例來說，我們可以用 renderDataTable 顯示資料，這函數會透過 htmlwidgets 使用 DataTables 和 JavaScript 程式庫顯示資料。以下的程式碼區塊將產生出圖 **29.6** 的結果。

````
```{r shiny-datatable-diamonds, echo = FALSE}

data(diamonds, package = 'ggplot2')
renderDataTable(diamonds)

```
````

Show 10 entries　　Search:

carat	cut	color	clarity	depth	table	price	x	y	z
0.23	Ideal	E	SI2	61.5	55	326	3.95	3.98	2.43
0.21	Premium	E	SI1	59.8	61	326	3.89	3.84	2.31
0.23	Good	E	VS1	56.9	65	327	4.05	4.07	2.31
0.29	Premium	I	VS2	62.4	58	334	4.20	4.23	2.63
0.31	Good	J	SI2	63.3	58	335	4.34	4.35	2.75
0.24	Very Good	J	VVS2	62.8	57	336	3.94	3.96	2.48
0.24	Very Good	I	VVS1	62.3	57	336	3.95	3.98	2.47
0.26	Very Good	H	SI1	61.9	55	337	4.07	4.11	2.53
0.22	Fair	E	VS2	65.1	61	337	3.87	3.78	2.49
0.23	Very Good	H	VS1	59.4	61	338	4.00	4.05	2.39
carat	cut	color	clarity	depth	table	price	x	y	z

Showing 1 to 10 of 53,940 entries　　Previous 1 2 3 4 5 … 5394 Next

圖 29.6 使用 DataTables 顯示表格資料

使用 RMarkdown 製作 Shiny 程式雖容易，但它也可以產生出一些很複雜的編排，尤其在使用可以提供更多彈性的 flexdashboard 時。

29-2 Shiny 反應性表達式

Shiny 也支援反應性表達式(reactive expressions)，簡單來說，就是會讀取變數的變化並作出反應。我們這裡所討論的只會考慮使用者輸入值與程序性輸出結果，如文字與圖。

input list 中的元素本身就具反應性。舉例來說，我們把 renderText 第一個引數設定為 textInput 中的值，當輸入值有變化時，其顯示的輸出結果也會有變化，如以下程式碼區塊與圖 **29.7** 顯示。

```
```{r text-input-output, echo = FALSE}

textInput(inputId = 'TextInput', label = 'Enter Text')
renderText(input$TextInput)

```
```

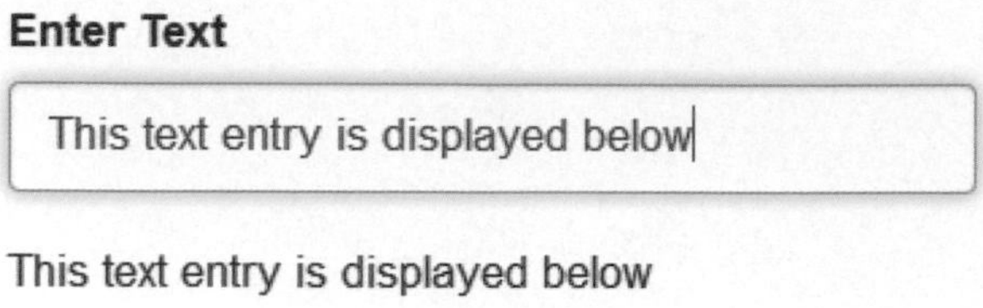

Enter Text

This text entry is displayed below

This text entry is displayed below

圖 29.7 Shiny 文字輸入與結果輸出

使用反應性表達式最容易的方式就是使用 input list 中的元素。但有時候我們需要將輸入的元素儲存在一個變數中，之後才會使用它。若嘗試將此以一般 R 程式碼撰寫，其將回傳錯誤訊息，如圖 **29.8** 顯示。

```
```{r render-date, echo = FALSE}

library(lubridate)

dateInput(inputId = 'DateChoice', label = 'Choose a date')
theDate <- input$DateChoice
renderText(sprintf('%s %s, %s',
                   month(theDate, label = TRUE, abbr = FALSE),
                   day(theDate),
                   year(theDate)))

```
```

Error: Operation not allowed without an active reactive context. (You tried to do something that can only be done from inside a reactive expression or observer.)

圖 29.8 錯誤使用反應性表達式所回傳的錯誤訊息

錯誤的發生歸咎於我們嘗試將一個反應性表達式 input$DateChoice，儲存到一個定態變數 theDate，接著將該定態變數使用在一個反應性的環境中 renderText。要避開此錯誤，我們將 input$DateChoice 傳遞到 reactive，並將其儲存到 theDate。這將把 theDate 轉換為反應性表達式，意味著它會隨著輸入值變更時也會跟著有變化。要讀取 theDate 中的內容，我們視它為一個函數，使用括號對其進行呼叫，如以下程式區塊與圖 **29.9** 的結果顯示。若 reactive 的第一個引數是數行程式碼，這些程式碼需被包含在大括號中。

````
```{r render-date-reactive, echo = FALSE}

library(lubridate)

dateInput(inputId = 'DateChoice', label = 'Choose a date')
theDate <- reactive(input$DateChoice)
renderText(sprintf('%s %s, %s',
                   month(theDate(), label = TRUE, abbr = FALSE),
                   day(theDate()),
                   year(theDate())))

```
````

Choose a date

1990-01-28

一月 28, 1990

圖 29.9 使用反應性表達式儲存具反應性的變數

反應性表達式是 Shiny 的支柱，它提供了複雜的互動功能。不像傳統 R 程式碼撰寫，要完全掌握反應性表達式需要一些時間。除了 reactive，observe 與 isolate 也可用於具反應性的程式碼撰寫。reactive 所建立的物件會隨著任何輸入值的變更而有所變動。observe 所建立的物件則只會在被啟動的時候才會進行更新。這些物件也不會儲存結果，因此它們只會被用來製作邊際效應，如繪製圖或變更其它物件。isolate 函數則是用來讀取反應性表達式中的值，並阻隔該值的任何更新。

29-3 伺服器與使用者介面(UI)

到目前為止我們用了 RMarkdown 文本來製作 Shiny 程式。其實製作 Shiny 程式最健全的方式是要分開界定 UI 與伺服器，其中 UI 控制使用者在瀏覽器所看到的東西，而伺服器控制背後的計算與互動。製作程式最傳統的方式是會存在著一個屬於該程式的文件夾，文件夾當中會有一個 ui.r 檔與一個 server.r 檔。

在我們製作 UI 檔前，我們先在 server.r 檔中建立一個伺服器。此伺服器在一開始的時候無任何功能，它的存在只是要讓我們可以執行程式，並可以讓我們看到 UI 的基礎框架。我們至少要在該伺服器檔中使用 shinyServer 函數設定一個伺服器。shinyServer 中唯一的引數是要輸入一個含有至少兩個引數的函數：input(輸入)與 output(輸出)，和第三個非必要的引數，session(工作流程)[2]。這函數可以直接嵌入 shinyServer 函數中(就像例子中的作法)，或是另外撰寫。函數中的 input 引數同 **29-1 節**所建立的 input(輸入值為一個 list)，而 shinyServer 函數中的程式碼會擷取 list 中的元素作為輸入值。輸出引數則是一個儲存 R 物件的 list，這些物件都可以從 UI 獲取。大多數時候 session 引數是可以被忽略的，它一般在有使用模組(modules)的時候才會顯得有用處。這個空白的 shinyServer 函數並無實質功能，它只可以讓程式可以被建立與執行。

```
library(shiny)

shinyServer(function(input, output, session)
{

})
```

2：這些引數其實可以設定其它名稱，但實無此需要。

接著我們探討如何設定 ui.r 檔中的 UI。設計 Shiny 程式的方式有很多，而 shinydashboard 的撰寫相對來說較容易，且結果的呈現也較能吸引人。shinydashboard 套件提供的 dashboardPage 函數可以將儀表板的不同區塊整併起來。一般一個儀表板的組成包括標頭(header)、側邊欄(sidebar)與內容(body)，如圖 **29.10** 顯示。

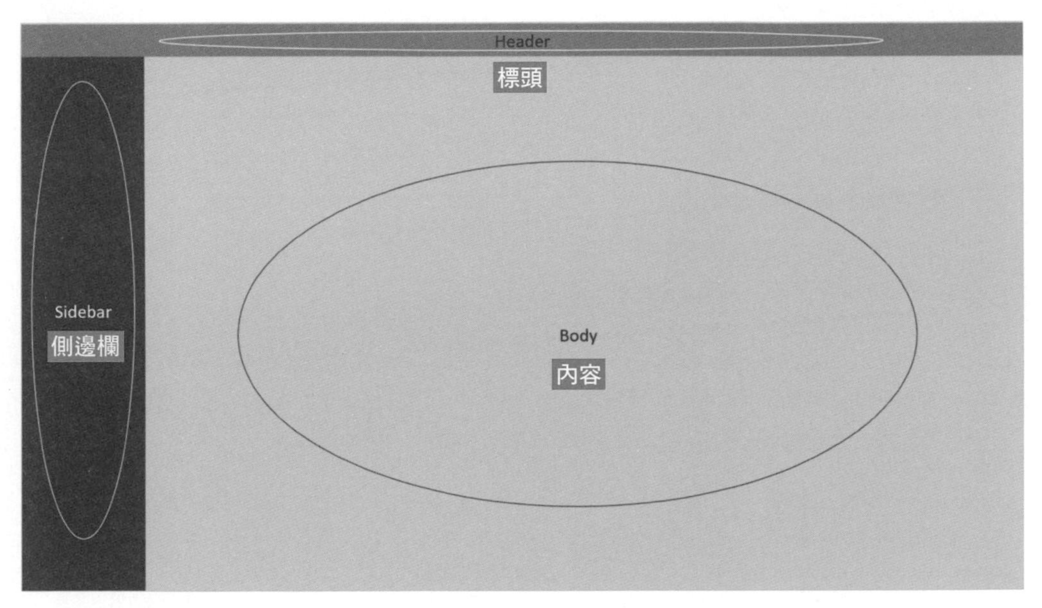

圖 29.10 shinydashboard 中標頭(header)、側邊欄(sidebar)與內容(body)的位置

圖 **29.10** 的程式是通過提供空白的 header、sidebar 與 body 引數到 dashboardPage 所製作的。而 title(標題)引數則設定要顯示的標題(在瀏覽器的任務欄中顯示)。

```
library(shiny)
library(shinydashboard)

dashboardPage(
  header = dashboardHeader(),
  sidebar = dashboardSidebar(),
  body = dashboardBody(),
  title = 'Example Dashboard'
)
```

就像其它 UI 物件，這些函數只會產生 HTML 程式碼，而這些只要在控制台上執行就會顯示出來。

```
> library(shiny)
> library(shinydashboard)
>
> dashboardPage(
+     header = dashboardHeader(),
+     sidebar = dashboardSidebar(),
+     body = dashboardBody(),
+     title = 'Example Dashboard'
+)
```

```
<body class = "skin-blue" style = "min-height: 611px;">
<div class = "wrapper">
<header class = "main-header">
<span class = "logo"></span>
<nav class = "navbar navbar-static-top" role = "navigation">
<span style = "display:none;">
<i class = "fa fa-bars"></i>
</span>
<a href = "#" class = "sidebar-toggle" data-toggle = "offcanvas"
    role = "button">
<span class = "sr-only">Toggle navigation</span>
</a>
<div class = "navbar-custom-menu">
<ul class = "nav navbar-nav"></ul>
</div>
</nav>
</header>
<aside class = "main-sidebar">
<section class = "sidebar"></section>
</aside>
<div class = "content-wrapper">
<section class = "content"></section>
</div>
</div>
</body>
```

當我們添增更多物件到程式上的時候，UI 程式碼會變得很複雜。因此與其將所有提供到 header、sidebar 與 body 的程式碼放在一起，我們將每部份的程式碼儲存到一個物件上，然後通過 dashboardPage 呼叫該物件。

```
> dashHeader <- dashboardHeader(title = 'Simple Dashboard')
```

sidebar 可以提供各種用途，一般是用於導覽(navigation)。我們在 sidebarMenu 中使用 menuItem 建立一些可以點擊的連結，這些 menuItem 會連接到 body 中的 tabItem。我們建立一個含有兩項 menuItem 的 sidebarMenu，其中一個連到首頁(home)標籤頁面，而另一個則連到顯示圖表的標籤頁面。每個 menuItem 函數至少讀取兩個引數：text 指定要顯示的文字，而 tabName 設定要連接的標籤。還有一個可選擇添加的引數 icon，可在文字左邊附上示意圖。示意圖可以透過 icon 函數產生，而這些示意圖可以從 Font Awesome[3] 與 Glyphicons[4] 獲取。

```
> dashSidebar <- dashboardSidebar(
+     sidebarMenu(
+         menuItem('Home',
+                  tabName = 'HomeTab',
+                  icon = icon('dashboard')
+         ),
+         menuItem('Graphs',
+                  tabName = 'GraphsTab',
+                  icon = icon('bar-chart-o')
+         )
+     )
+ )
```

將這些程式碼併在一起所產生的結果如圖 29.11 顯示。

3：http://fontawesome.io/icons/

4：http://getbootstrap.com/components/#glyphicons

```r
library(shiny)
library(shinydashboard)

dashHeader <- dashboardHeader(title = 'Simple Dashboard')
dashSidebar <- dashboardSidebar(
    sidebarMenu(
        menuItem('Home',
                 tabName = 'HomeTab',
                 icon = icon('dashboard')
    ),
        menuItem('Graphs',
                 tabName = 'GraphsTab',
                 icon = icon('bar-chart-o')
        )
    )
)
dashboardPage(
    header = dashHeader,
    sidebar = dashSidebar,
    body = dashboardBody(),
    title = 'Example Dashboard'
)
```

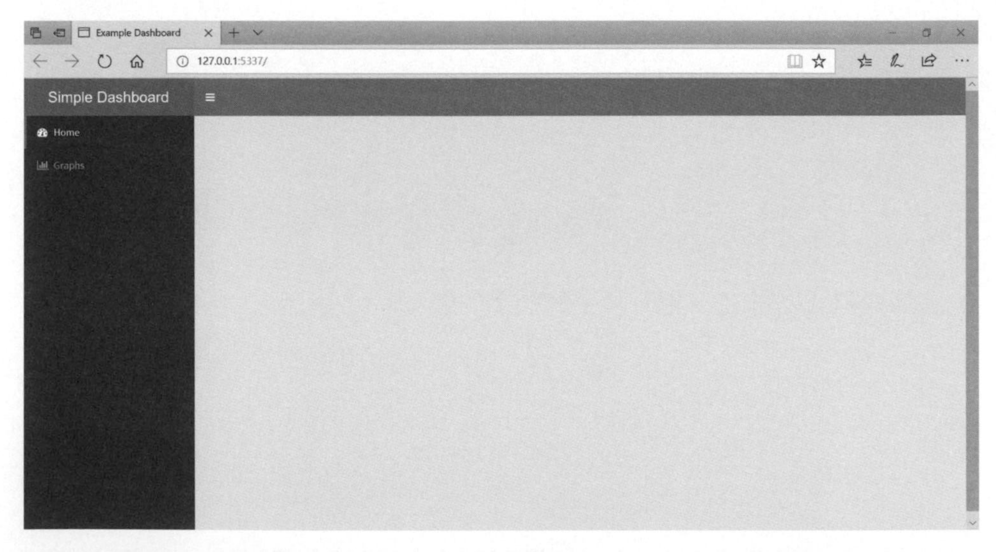

圖 29.11 Shiny 儀表板：建立了一個簡單的標頭(header)和一個側邊欄(sidebar)，側邊欄中附有連接到 Home 和 Graphs 標籤的連接

側邊欄(sidebar)中的連結會連到內容(body)中的標籤。這些標籤頁面是以 tabItem 函數所建立，而這些將會被傳遞到 tabItems 函數。每個 tabItem 都會有一個 tabName 呼應到 menuItem 函數中的 tabName。tabName 之後就是要設定其它的 UI 物件。舉例來說，我們使用 h1 來建立第一層級的標頭(header)文字，而 p 建立一段文字(paragraph)，em 則是文字強調(emphasize)的設定。

htmltools 套件中有許多 Shiny 的 HTML 標籤。這可以透過以下程式碼顯示。

```
> names(htmltools::tags)

  [1] "a"            "abbr"          "address"     "area"
  [5] "article"      "aside"         "audio"       "b"
  [9] "base"         "bdi"           "bdo"         "blockquote"
 [13] "body"         "br"            "button"      "canvas"
 [17] "caption"      "cite"          "code"        "col"
 [21] "colgroup"     "command"       "data"        "datalist"
 [25] "dd"           "del"           "details"     "dfn"
 [29] "div"          "dl"            "dt"          "em"
 [33] "embed"        "eventsource"   "fieldset"    "figcaption"
 [37] "figure"       "footer"        "form"        "h1"
 [41] "h2"           "h3"            "h4"          "h5"
 [45] "h6"           "head"          "header"      "hgroup"
 [49] "hr"           "html"          "i"           "iframe"
 [53] "img"          "input"         "ins"         "kbd"
 [57] "keygen"       "label"         "legend"      "li"
 [61] "link"         "mark"          "map"         "menu"
 [65] "meta"         "meter"         "nav"         "noscript"
 [69] "object"       "ol"            "optgroup"    "option"
 [73] "output"       "p"             "param"       "pre"
 [77] "progress"     "q"             "ruby"        "rp"
 [81] "rt"           "s"             "samp"        "script"
 [85] "section"      "select"        "small"       "source"
 [89] "span"         "strong"        "style"       "sub"
 [93] "summary"      "sup"           "table"       "tbody"
 [97] "td"           "textarea"      "tfoot"       "th"
[101] "thead"        "time"          "title"       "tr"
[105] "track"        "u"             "ul"          "var"
[109] "video"        "wbr"
```

我們在 Graphs 頁面建立一個下拉式選單。我們以寫死的編碼方式(hard-code)把選項設定為 diamonds 資料中的直行名稱。雖然這可以程式化的方式完成，但目前以編碼的方式就足夠了。我們也使用 plotOutput 來設定圖顯示的位置。我們需要先在伺服器建立圖，它才會顯示出來。

```
> dashBody <- dashboardBody(
+     tabItems(
+         tabItem(tabName = 'HomeTab',
+                 h1('Landing Page!'),
+                 p('This is the landing page for the dashboard.'),
+                 em('This text is emphasized')
+         ),
+         tabItem(tabName = 'GraphsTab',
+                 h1('Graphs!'),
+                 selectInput(inputId = 'VarToPlot',
+                             label = 'Choose a Variable',
+                             choices = c('carat', 'depth',
+                                         'table', 'price'),
+                             selected = 'price'),
+                 plotOutput(outputId = 'HistPlot')
+         )
+     )
+ )
```

可以注意到在 UI 函數中，每個單獨的項目是以逗點作分隔的。這是因為這些都是函數中的引數，這也意味著它們也可以是其它函數的引數。這將產生一個深度巢狀的程式碼，因此我們將它們分開建立並儲存於物件中，才將這些物件傳遞到合適的函數中。

這些 UI 程式碼會製作儀表板中的兩個標籤頁面，如圖 **29.12** 與圖 **29.13** 顯示。

```r
library(shiny)
library(shinydashboard)

dashHeader <- dashboardHeader(title = 'Simple Dashboard')

dashSidebar <- dashboardSidebar(
    sidebarMenu(
        menuItem('Home', tabName = 'HomeTab',
                 icon = icon('dashboard')
        ),
        menuItem('Graphs', tabName = 'GraphsTab',
                 icon = icon('bar-chart-o')
        )
    )
)
dashBody <- dashboardBody(
    tabItems(
        tabItem(tabName = 'HomeTab',
                h1('Landing Page!'),
                p('This is the landing page for the dashboard.'),
                em('This text is emphasized')
        ),
        tabItem(tabName = 'GraphsTab',
                h1('Graphs!'),
                selectInput(inputId = 'VarToPlot',
                            label = 'Choose a Variable',
                            choices = c('carat', 'depth',
                                        'table', 'price'),
                            selected = 'price'),
                plotOutput(outputId = 'HistPlot')
        )
    )
)

dashboardPage(
    header = dashHeader,
    sidebar = dashSidebar,
    body = dashBody,
    title = 'Example Dashboard'
)
```

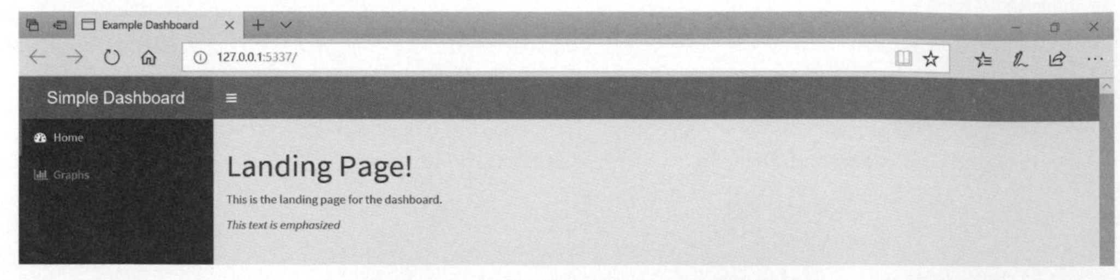

圖 29.12 Shiny 儀表板的 Home 標籤頁面

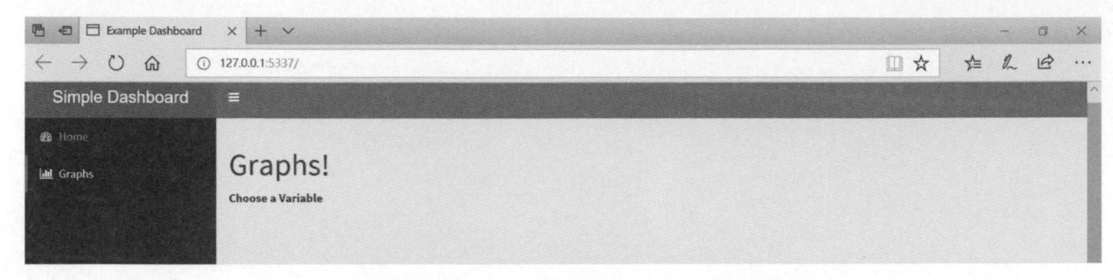

圖 29.13 Shiny 儀表板的 Graphs 標籤頁面

現在我們在內容中建立了圖的位置，也建立了一個下拉式選單以提供用來繪製圖的變數選項，我們藉著需要在伺服器中製作該圖。我們使用一般的 ggplot2 程式碼來繪製圖。用來繪製圖的變數將會儲存於 input$VarToPlot，這也是由下拉式選單中 ID 為"VarToPlot"所設定的，其中的每個選項是以 character 儲存，因此我們以 aes_string 函數來設定其外觀。

我們要將圖呈現在螢幕上，因此我們將圖設定為 renderPlot 的引數。因為程式碼有好幾行，我們將這些程式碼包含在大括號 { 與 } 中。renderPlot 的呼叫會被儲存到 output list 中的 Histplot 元素，而這將對應到 UI 中 plotOutput 函數的 outputID。ID 的匹配是 UI 與伺服器之間互相呼應的橋樑，因此確保 ID 之間的對應是非常關鍵的。

```
> output$HistPlot <- renderPlot({
+     ggplot(diamonds, aes_string(x = input$VarToPlot)) +
+         geom_histogram(bins = 30)
+     })
```

現在伺服器檔如以下程式碼所示，搭配上 UI 檔，將製作出如圖 **29.14** 的儀表板頁面。變更下拉式選的值將同時變更所繪製的變數。

```
library(shiny)
library(ggplot2)
data(diamonds, package = 'ggplot2')

shinyServer(function(input, output, session)
{
    output$HistPlot <- renderPlot({
        ggplot(diamonds, aes_string(x = input$VarToPlot)) +
            geom_histogram(bins = 30)
    })
})
```

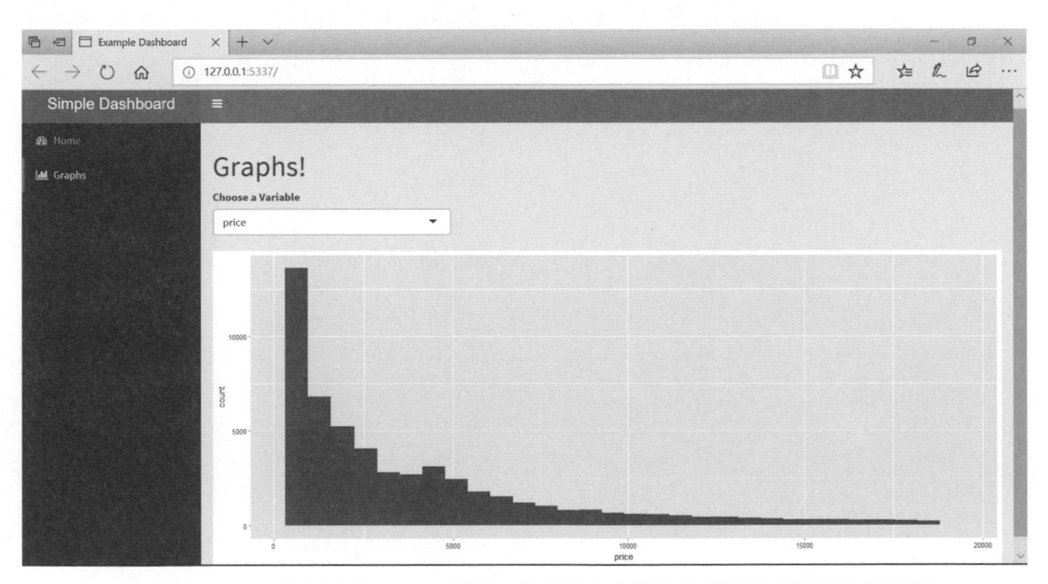

圖 29.14 Shiny 儀表板的 Graphs 頁面，其中的直方圖將依據下拉式選單的值變更

一般製作 Shiny 程式較令人困惑的地方在於不知道哪裡應該以逗點區隔物件。放入 UI 函數的輸入項目是函數中的引數，因此應該以逗點來區隔它們。在伺服器所建立的物件則是函數中一般的式子，因此它們如同一般的 R 程式碼，不需要以逗點區隔。

29-4 小結

Shiny 是一個可以完全使用 R 程式碼來製作以網頁為基礎的儀表板的強大工具。其最大的好處是所有東西都可以以 R 程式碼建立，因此不需要學習其它工具，然而這只佔了 Shiny 一半的能力。由於所有東西都可以以 R 撰寫，儀表板其實可以套用整個 R 環境來進行統計的運算與建立模型，這些一般在多數儀表板製作工具都不會附有的功能。這意味著我們可以將機器學習，資料科學，甚至人工智慧呈現在儀表板上供每個人學習。這在於資料視覺化與呈現上會是一個很大的發展。

我們只是討論了 Shiny 程式的一些最基本的製作方式，其實還有許多東西是可以深入學習的，其中包括了反應性、模組、如何將程式碼分隔成不同文件檔等等。Shiny 現在仍持續發展與成長中，不過最重要的是要深刻了解輸入與輸出的關係，以及 UI 和伺服器之間的關係。

30

建立 R 套件

截至 2018 年 2 月底，CRAN 含有超過 12,000 個套件，而 BioConductor 含有近 1,500 個套件，這數字每天都還在增加。提到要自己建立 R 的套件，會讓人覺得難以置信、高不可攀，以往或許如此，但是在 Hadley Wickham 的 devtools 套件出現後，相關步驟變得容易多了。

所有提交到 CRAN 或 BioConductor 的套件都必須符合規範，包括套件資料夾的架構，資料夾需包括 DESCRIPTION 和 NAMESPACE 檔和標準的按格式撰寫的說明(help)文件。

30-1 套件資料夾結構

R 的套件實質上是將含有多個資料夾和檔案打包在一起的整合檔案，其中至少會有兩個資料夾，一個為 **R**，裡面存的是函數；另一個為 **man**，裡面存的是一些文件檔。以往套件裡的這些檔案都必須自己撰寫，但 roxygen2 的出現免除了這個麻煩，我們會在 **30-3 節**討論相關操作。從 R 版本 3.0.0 開始，CRAN 對套件設了一些較嚴謹的條件，包括所有檔案必須以一行空行作結尾，而且指令的範例必須小於 105 個字元。

除了 **R** 和 **man** 資料夾，其它常出現在 R 套件的資料夾包括存有編譯原始碼 (如 C++和 FORTRAN)的 **src** 資料夾、存有套件所包含的資料的 **data** 資料夾，和存放給使用者參考的文件檔的 **inst** 資料夾。**表 30.1** 列出了 R 套件裡常用的資料夾。

表 30.1 R 套件中的資料夾

資料夾	說明
R	存有 R 程式碼的檔案，副檔名可以為.R、.S、.q、.r 或.s，其中.r 是最常見的。
man	副檔名為.Rd 的文件檔，R 資料夾裡每個函數都會在此有一個對應的 .Rd 檔，可以由 roxygen2 自動產生。
src	存有編譯程式碼的原始檔，如 C/C++/FORTRAN。
data	包含套件裡的資料。
inst	套件安裝後提供給終端使用者的檔案。
test	用來測試 R 資料夾裡的函數的程式碼。

30-2 套件裡的文件檔

套件的根資料夾 (root folder) 至少要存有一個 DESCRIPTION 檔和一個 NAMESPACE 檔，我們會分別在 **30-2-1 節**和 **30-2-2 節**討論。其它檔如 NEWS、LICENSE 和 README 雖然不是必要的，但建議把它們也附在裡面。**表 30.2** 列出了 R 套件裡常出現的檔案。

表 30.2 R 套件中的檔案

檔案名稱	說明
DESCRIPTION	套件資訊，包括所需要的相關套件。
NAMESPACE	供終端使用者使用的函數列表，包括從其它套件匯入的函數。
NEWS	版本更新內容。
LICENSE	版權資訊。
README	套件基本介紹。

Tip 雖然還有一些其它的資料夾和檔案，但上述這些是最常見的。

30-2-1 DESCRIPTION 檔

DESCRIPTION 檔存的是關於套件的資訊，如套件名稱、版本、作者和其相關套件。檔案中的每一行代表一則資訊，每行輸入格式為 Item1:Value1（或 "項目 1:輸入值 1"）。表 **30.3** 列出了 DESCRIPTION 檔常會出現的項目。

表 30.3 DESCRIPTION 檔的項目

項目	必填	說明
Package	是	套件名稱
Type	否	使用 Package 項目即可
Title	是	套件簡介
Version	是	目前版本: v.s.ss
Date	否	最新建立日期
Author	是	作者名稱
Maintainer	是	負責人名稱和 e-mail 地址
Description	是	套件完整介紹
License	是	版權類別
Depends	否	以逗點分隔的方式列出要載入的套件
Imports	否	以逗點分隔的方式列出不需要載入，但需要用到的套件
Suggests	否	以逗點分隔的方式列出其它需要的套件
Collate	否	R 資料夾裡的 R 檔列表(不需以逗號分隔並根據套件處理次序排列)
ByteCompile	否	決定是否要對套件被安裝時進行字節編譯

- **Package**：項目設定的是套件名稱。這將是出現在 CRAN 的名稱，使用者也得透過此名稱使用此套件。

- **Type**：是一個已經過時的項目。它可以被當作 Package 或者是 Frontend 來用，但對於 R 函數套件的建立並沒什麼幫助。

- **Title**：套件的簡介，存的是相對簡略的資訊，且不能以句點作結尾。

- **Description**：存有套件的完整介紹，它可以是幾個句子的長度，但應該不會是一整個段落。

- **Version**：是套件版本，一般都是由三個整數組成，並以句點作分隔，例如 1.15.2。

- **Date**：是目前版本的發佈日期。

- **Author** 和 **Maintainer**：這兩個項目的內容相似，兩者都是必填的。**Author** 就是開發者，可以是數個人，以逗點分開。**Maintainer** 比較像是負責人，或遇到問題需要反應時所該找的人。**Maintainer** 項目所需填入的值應該是一個名字和其 Email 地址，Email 需被涵蓋在角括號裡(<>)，例如 Maintainer: Jared P.Lander <packages@jaredlander.com>。CRAN 對 **Maintainer** 的要求非常嚴謹，若此項目的格式不符合規範，CRAN 將拒絕該套件。

- **License**：關於版權的資訊將由此項目設定。它可以是一些標準規格的縮寫，如 GPL-2 或 BSD 或 'file LICENSE' 字串，此字串指的是套件根資料夾裡的 LICENSE 檔。

- **Depends**、**Imports** 和 **Suggests**：這 3 個項目比較複雜一些。有時候一個套件會需要用到其它套件的函數，這時候這些套件(比如 ggplot2)必須以逗點分隔的方式列在 **Depends** 或 **Imports** 項目中。若 ggplot2 被列在 **Depends**，原套件和 ggplot2 會同時被載入，因此 ggplot2 裡的函數可以同時為原套件裡的函數和使用者所用。若 ggplot2 被列在 **Imports**，當原套件被載入時，ggplot2 並不會被載入，因此 ggplot2 裡的函數只有原套件裡的函數能使用，而使用者不能使用。而這些相關套件只能被列在兩個項目的其中之一，並不能同時被列在該兩個項目。安裝原套件後，列在這兩個項目中的套件會從 CRAN 自動安裝。若原套件需要的是特定版本的套件，那要在所列入的套件名稱後用括號附上版本號，像是 Depends: ggplot2 (>= 0.9.1)。**Suggests** 則是指定文件中的範例、小插圖或測試所需的套件，而這些套件並不會被用在原套件裡。

- **Collate**：指定 **R** 資料夾裡的 R 程式碼檔。
- **ByteCompile**：一般稱為字節編譯(byte-compilation)，是一個比較新的功能，能大幅度地提升 R 的編碼速度。將 ByteCompile 設為 TRUE 將確保終端使用者所安裝的套件是經過字節編譯的。

以下為 coefplot 的 DESCRIPTION 檔：

```
Package: coefplot
Type: Package
Title: Plots Coefficients from Fitted Models
Version: 1.2.4
Date: 2016-01-09
Author: Jared P. Lander
Maintainer: Jared P. Lander <packages@jaredlander.com>
Description: Plots the coefficients from model objects.
             This very quickly shows the user the point estimates and
             confidence intervals for fitted models.
License: BSD_3_clause + file LICENSE
LazyLoad: yes
Depends:
    ggplot2 (>= 2.0.0)
Imports:
    plyr,
    reshape2,
    useful,
    stats,
    dplyr
```

Next

```
Enhances:
    glmnet,
    maxLik,
    mfx
ByteCompile: TRUE
Packaged: 2016-01-09 05:16:05 UTC; Jared
Suggests:
    testthat,
    sandwich, lattice, nnet
RoxygenNote: 5.0.1
ByteCompile: TRUE
```

30-2-2 NAMESPACE 檔

NAMESPACE 檔是指定供使用者使用的函數列表 (不一定包括套件裡的所有函數) 和其它被輸入到 NAMESPACE 的套件。被輸出的函數將被列為 export(multiplot)，被輸入的套件則被列為 import(plyr)。要自己手動建立此檔有點麻煩，可以透過 roxygen2 和 devtools 來建立。

R 有三種物件導向系統：S3、S4 和 Reference Classes。S3 是其中最基本和最簡單的，在本書中我們主要也都是使用 S3。S3 包含一些通用函數如 print、summary、coef 和 coefplot，而通用函數的存在是要將特定物件分派到特定的函數。在控制台輸入 print 將顯示以下資訊。

```
> print


standardGeneric for "print" defined from package "base"
function (x, ...)
standardGeneric("print")
<environment: 0x00000000095e1cb8>
Methods may be defined for arguments: x
Use showMethods("print") for currently available ones.
```

它是一個含有 UseMethod("print")指令的單行函數，該指令告訴 R 要根據函數所傳遞的物件類別(class)呼叫另一個函數。可透過 methods(print)來檢視所有名稱為 print 的函數。為了節省篇幅，我們只顯示結果的其中 20 項，未開放給使用者使用的函數將以星號(*)作標記，而物件類別則以句點隔開。

```
> head(methods(print), n = 20)

 [1] "print,ANY-method"            "print,bayesglm-method"
 [3] "print,bayespolr-method"      "print,diagonalMatrix-method"
 [5] "print,modelMatrix-method"    "print,sparseMatrix-method"
 [7] "print.aareg"                 "print.abbrev"
 [9] "print.acf"                   "print.AES"
[11] "print.agnes"                 "print.anova"
[13] "print.Anova"                 "print.anova.gam"
[15] "print.anova.lme"             "print.anova.loglm"
[17] "print.Anova.mlm"             "print.anova.rq"
[19] "print.aov"                   "print.aovlist"
```

當對某物件呼叫 print 時，它將依據該物件的類別呼叫這裡面的其中一個函數。舉例來說，一個 data.frame 將被傳遞到 print.data.frame，而一個 lm 物件則會被傳遞到 print.lm。除了輸出的函數，這些通用 S3 函數所呼叫的特定物件函數必須在 NAMESPACE 做出宣告。比如 S3Method(coefplot, lm) 代表 coefplot.lm 已被 coefplot 通用函數所註冊了。

以下為 coefplot 的 NAMESPACE 檔：

```
# Generated by roxygen2: do not edit by hand

S3method(buildModelCI, default)
S3method(coefplot, data.frame)
S3method(coefplot, default)
S3method(coefplot, glm)
S3method(coefplot, lm)
S3method(coefplot, logitmfx)
S3method(coefplot, rxGlm)
S3method(coefplot, rxLinMod)
```

Next

```
S3method(coefplot, rxLogit)
S3method(extract.coef, maxLik)
export(buildModeCI)
export(buildModeCI.default)
export(coefplot)
export(coefplot.data.frame)
export(coefplot.default)
export(coefplot.glm)
export(coefplot.lm)
export(coefplot.logitmfx)
export(coefplot.rxGlm)
export(coefplot.rxLinMod)
export(coefplot.rxLogit)
export(extract.coef)
export(extract.coef.maxLik)
export(invlogit)
export(multiplot)
export(plotcoef)
export(position_dodgev)
import(ggplot2)
import(plyr)
import(reshape2)
import(useful)
```

即便是像 coefplot 的小套件來說，手動建立 NAMESPACE 檔還是很繁瑣且容易出錯的，因此最好還是透過 devtools 和 roxygen2 來建立比較妥當。

30-2-3 套件的其它文件檔

NEWS 檔(可以是純文字檔或 Markdown 文件檔)通常用來敘述每個版本所更新的內容，以下是 coefplot 的 NEWS 檔裡最新的四項更新，建議也可以在該檔中鳴謝對相關更新有做出貢獻的人。

```
# Version 1.2.4
----------------------------------
Patched to accommodate changes to ggplot2.

# Version 1.2.3 Can run coefplot on a data.frame that is properly setup
like on
----------------------------------
resulting from coefplot(..., plot=FALSE).

# Version 1.2.2
----------------------------------
Support for glmnet models. Added tests.

# Version 1.2.1
----------------------------------
In mulitplot there is now an option to reverse the order of the
legend so it matches the ordering in the plot.
```

LICENSE 檔則是用來敘述套件版權的詳細資訊，CRAN 針對 LICENSE 檔的內容是有一定要求的。內容必須為三行：第一行是版權所覆蓋的年份，第二行是版權持有人的名字，而第三行則是相關機構。以下為 coefplot 的 LICENSE 檔：

```
YEAR: 2011-2017
COPYRIGHT HOLDER: Jared Lander
ORGANIZATION: Lander Analytics
```

README 檔純粹用來儲存額外資訊，這個檔案對於 GitHub 所管理的套件來說用途較為明顯，GitHub 所管理的套件會在 README 中儲存其計畫首頁所顯示的資訊。我們建議使用 RMarkdown 撰寫 README 檔，再用 Markdown 編譯後才將它傳到 Github。如此就可以將程式碼的例子與結果包含在線上的 README 中。

建立 RMarkdown README 檔最推薦使用 devtools 中的 use_readme_rmd 函數，這不只是可以建立 README.Rmd 檔，同時也會建立一個 Git hook，這樣當 README.Rmd 被修改時，其 README.Rmd Markdown 檔也會被建立。以下顯示了 coefplot 的 README 檔。雖然當中並沒有程式碼的例子，但它顯示了 README 的整體架構和所需的 yaml 標頭。它也涵蓋了一些標誌以標示套件的建立、CRAN 與測試狀態。

````
---
output:
  md_document:
    variant: markdown_github
---
[![Travis-CI Build Status](https://travis-ci.org/jaredlander/
       coefplot.svg?branch=master)](https://travis-ci.org/
       jaredlander/coefplot)
[![CRAN_Status_Badge](http://www.r-pkg.org/badges/version/coefplot)](
       http://cran.r-project.org/package=coefplot)
[![Downloads from the RStudio CRAN mirror](http://cranlogs.r-pkg.org/
       badges/coefplot)](http://cran.rstudio.com/package=coefplot)

<!-- README.md is generated from README.Rmd. Please edit that file -->

```{r, echo = FALSE}
knitr::opts_chunk$set(
  collapse = TRUE,
  comment = "#>",
  fig.path = "README-"
)
```

Coefplot is a package for plotting the coefficients and standard
       errors from a variety of models. Currently lm, glm, glmnet,
       maxLik, rxLinMod, rxGLM and rxLogit are supported.

The package is designed for S3 dispatch from the functions coefplot
       and getModelInfo to make for easy additions of new models.

If interested in helping please contact the package author.
````

30-3 套件的說明文件

CRAN 接受 R 套件的一個嚴謹條件是該套件必須要有適當的說明文件。套件裡每個輸出函數都必須有獨自的.Rd 檔，而這些檔是以類似 LaTeX 的語言所撰寫的。撰寫此檔並不容易，就算是像以下的簡單函數也如此。

```
> simple.ex <- function(x, y)
+ {
+     return(x * y)
+ }
```

雖然此函數只有兩個引數，而且只是回傳該兩個引數的乘積，但它所需要的說明文件卻如以下所示：

```
\name{simple.ex}
\alias{simple.ex}
\title{within.distance}
\usage{simple.ex(x, y)}
\arguments{
    \item{x}{A numeric}
    \item{y}{A second numeric}
}
\value{x times y}
\description{Compute distance threshold}
\details{This is a simple example of a function}
\author{Jared P. Lander}
\examples{
    simple.ex(3, 5)
}
```

與其像這樣執行兩個步驟，不如將函數和其說明文件寫在一起。這意思是用特別的註解指令將文件資訊寫在函數上面，如以下顯示。

```
> #' @title simple.ex
> #' @description Simple Example
> #' @details This is a simple example of a function
> #' @aliases simple.ex
> #' @author Jared P. Lander
> #' @export simple.ex
> #' @param x A numeric
> #' @param y A second numeric
> #' @return x times y
> #' @examples
> #' simple.ex(5, 3)
> simple.ex <- function(x, y)
+ {
+    return(x * y)
+ }
```

執行 devtools 裡的 document 將根據函數前方那組程式碼自動建立合適的.Rd 檔。程式碼的每一行以 '#' 開始。表 **30.4** 列出了一些 roxygen2 常用的標籤(tags)。

函數的每個引數都必須使用@param 標籤來說明，就算是點點(...)引數也不例外，此引數可被輸入為\dots。每個引數和@param 標籤之間都必須要有一個準確的對應，多一個或少一個都會造成錯誤。

建議在說明文件加入函數的操作範例，可以使用@examples 標籤完成。不過要注意若要讓 CRAN 接受套件，所有範例不能有錯。若只是要顯示範例用法，而不要執行，可以將該範例涵蓋在\dontrun{...}中。

了解函數所回傳的物件類別是很重要的，可以透過@return 來描述所回傳的物件。若該物件為 list，@return 標籤應是一個分項列表，其形式如\item{name a}{description a}\item{name b}{description b}。

表 30.4 **常用在函數文檔的 roxygen2 標籤**

標籤	說明
@param	引數名稱和它簡單的說明
@inheritParams	從其它函數複製@param 標籤，這樣就不需要重新寫出該引數了
@examples	所使用的函數範例
@return	函數回傳的物件說明
@author	函數作者名稱
@aliases	使用者所可搜尋的函數名稱以便查找原函數相關資訊
@export	NAMESPACE 檔輸出函數的列表
@import	NAMESPACE 檔輸入函數的列表
@seealso	其它相關函數的列表
@title	操作說明的標題
@description	函數的簡介
@details	函數的詳細資訊
@useDynLib	表明套件將會使用編譯代碼
@S3Method	宣告 S3 通用函數中的函數

操作說明一般會在控制台輸入?FunctionName(或 "?函數名稱") 後出現。@aliases 標籤可用來指定一些屬於同一個操作說明檔的函數名稱，這些函數名稱可透過以空格作間隔的方式列出。舉例來說，使用@aliases coefplot plotcoef 將使 ?coefplot 和 ?plotcoef 呼叫同一個操作說明。

要對使用者公開的函數，必須在 NAMESPACE 檔被列為輸出函數。透過@export FunctionName 可以自動將 export(FucntionName)附加到 NAMESPACE 檔。相同的，若要使用其它套件的函數，也必須匯入這些函數，而@import PackageName 可以將 import(PackageName)自動附加到 NAMESPACE 檔。

當建立由通用函數所呼叫的函數時，如 coefplot.lm 或 print.anova，必須使用@S3method 標籤。@S3method GenericFunction Class 會把 S3method(GenericFunction, class)附加到 NAMESPACE 檔。當使用@S3method 時，建議把同樣的引數用到@method 上。這將在以下函數中示範。

```
> #' @title print.myClass
> #' @aliases print.myClass
> #' @method print myClass
> #' @S3method print myClass
> #' @export print.myClass
> #' @param x Simple object
> #' @param ... Further arguments to be passed on
> #' @return The top 5 rows of x
> print.myClass <- function(x, ...)
+ {
+   class(x) <- "list"
+   x <- as.data.frame(x)
+   print.data.frame(head(x, 5))
+ }
```

30-4 測試

測試程式碼是建立套件很重要的一環。它不只是確保程式碼是否符合預期，它也會提醒所修改的程式碼是否會造成整個程式碼癱瘓。這可以大幅減少編碼時間。

兩個主要用來撰寫測試的套件是 Runit 和 testthat。雖各有千秋，但 testthat 因可結合 devtools 使用，所以知名度較高。使用 testthat 時，tests 資料夾中含有一個文件檔叫 "testthat.R" 和一個資料夾叫 testthat，此資料夾將儲存所有的測試。從 devtools 執行 use_testthat 將自動建立前述的相關資料夾和文件檔，同時會在 DESCRIPTION 檔中的 Suggests 中加入 testthat。

"testthat.R" 文件檔會載入 testthat 套件和我們將要測試的套件。它也會呼叫 test_check 函數來執行相關測試，舉例如下：

```
library(testthat)
library(ExamplePackage)

test_check("ExamplePackage")
```

執行測試的程式碼會存入 testthat 文件夾中。建議使用一個文件檔測試一個函數。每個文件檔的格式必須為 test-<文件檔名稱>.R。這些文件檔會自動由 use_test 產生，而要輸入的引數是要測試的函數名稱。

```
> use_test('simpleEx')
```

這將建立一個檔案 test-simeEx.R，而以下是檔案內容：

```
context("simpleEx")


## TODO: Rename context
## TODO: Add more tests

test_that("multiplication works", {
    expect_equal(2 * 2, 4)
})
```

第一行告訴我們正在測試的是甚麼。這對於要進行多個測試的時候是一個很有用的資訊，因此在命名上必須足以讓我們分辨出它是甚麼測試。接下來的兩行純粹是測試進行的一些相關指示。接下來則是測試例子。

通常一個函數需要進行幾個測試，每個測試會從不同層面去檢視函數的可行性。而在同一個測試中將會有好幾種不同的預期。若其中一個不符合預期，那該整個測試結果將會是失敗的。在我們的例子，推薦的測試包含了檢查函數是否會回傳預期的資料型別、或是計算結果的長度是否正確，或是在錯誤發生下是否會回傳錯誤訊息。

test_that 的首個引數是測試的大略說明。第二個引數則是預期的集合。因為我們有好幾個預期，而每個都是一個表達式，我們可以將它們涵蓋在一個大括號中 "{" 與 "}"。執行測試時，若無錯誤，則將不會回傳任何結果。否則，若有任一個不符合預期，其將回傳錯誤。

```
> library(testthat)
>
> test _ that('Correct Answer', {
+     expect _ equal(simpleEx(2, 3), 6)
+     expect _ equal(simpleEx(5, 4), 20)
+     expect _ equal(simpleEx(c(1, 2, 3), 3), c(3, 6, 9))
+     expect _ equal(simpleEx(c(1, 2, 3), c(2, 4, 6)), c(2, 8, 18))
+ })
>
> test _ that('Correct Type', {
+     expect _ is(simpleEx(2, 3), 'numeric')
+     expect _ is(simpleEx(2L, 3L), 'integer')
+     expect _ is(simpleEx(c(1, 2, 3), c(2, 4, 6)), 'numeric')
+ })
>
> test _ that('Correct length', {
+     expect _ length(simpleEx(2, 3), 1)
+     expect _ length(simpleEx(c(1, 2, 3), 3), 3)
+     expect _ length(simpleEx(c(1, 2, 3), c(2, 4, 6)), 3)
+ })
```

有時候執行函數的時候，我們預期會收到錯誤或警告訊息。若要測試函數是否會正常回傳相關訊息，我們可以使用 expect_error 與 expect_warning，若正常回傳，此函數測試將不會回傳任何結果。

```
> test _ that('Appropriate error or warning', {
+     expect _ error(simpleEx(3, 'A'))
+     expect _ equal(simpleEx(1:3, 1:2), c(1, 4, 3))
+     expect _ warning(simpleEx(1:3, 1:2))
+ })
```

其它預期測試包括 expect_gtw，這將測試結果是否大於某個值，expect_false 測試結果是否為 FALSE，expect_named 測試結果是否有名稱。所有測試可以通過 apropos 查詢。

```
> apropos('expect _ ')

 [1] "expect _ cpp _ tests _ pass"         "expect _ equal"
 [3] "expect _ equal _ to _ reference"     "expect _ equivalent"
 [5] "expect _ error"                      "expect _ failure"
 [7] "expect _ false"                      "expect _ gt"
 [9] "expect _ gte"                        "expect _ identical"
[11] "expect _ is"                         "expect _ length"
[13] "expect _ less _ than"                "expect _ lt"
[15] "expect _ lte"                        "expect _ match"
[17] "expect _ message"                    "expect _ more _ than"
[19] "expect _ named"                      "expect _ null"
[21] "expect _ output"                     "expect _ output _ file"
[23] "expect _ s3 _ class"                 "expect _ s4 _ class"
[25] "expect _ silent"                     "expect _ success"
[27] "expect _ that"                       "expect _ true"
[29] "expect _ type"                       "expect _ warning"
```

通常我們不會一次進行一個測試，而是對一個套件同時進行所有測試，或則是在修改程式碼後測試整個程式碼是否有癱瘓。我們可以使用 devtools 中的 test 函數來達到此目的。

```
> devtools::test()
```

套件的測試會被 check 或在指令行 R CMD check 中進行測試。而套件在被 CRAN 接受前，其中的測試也會再被測試一次。

30-5 檢查、建立和安裝

以往建立套件需用**命令提示字元**(Command Prompt) 和輸入一些指令如 R CMD check、R CMD build 和 R CMD INSTALL (在 Windows 裡應該是 Rcmd 而不是 R CMD)，操作過程需要配合適當的資料夾位置，並需要知道正確的選項，還有一些瑣碎事項。現在這些事情都被簡化了，而且都可以直接在 R 控制台進行。

第一步是要呼叫 document 來確保套件的說明文件有被建立起來。其第一個引數為套件根資料夾的位置(為一字串)。若目前的工作路徑和根資料夾位置一樣，那這引數基本上可有可無，對於其它 devtools 函數也是如此。呼叫 document 後將建立所有需要的.Rd 檔、NAMESPACE 檔和 DESCRIPTION 檔的 Collate 項目。

```
> devtools::document()
```

當套件的文檔建立好(測試也撰寫完成)後就可以開始對它進行檢查了。這可以透過 check 完成，其第一個引數為套件的位置。這個步驟將會提醒我們所有可能發生的錯誤或警告，不事先排除將導致 CRAN 拒絕接受套件。若有提供套件測試，這些測試也會被測試。CRAN 對於套件的接受相當嚴謹，因此前述問題都應該解決。另外向 CRAN 所提交的套件應與最新版本的 R(在不同的作業系統下)與 R devel 相容。

```
> devtools::check()
```

建立套件可以輕易地透過 build 函數進行，其第一個引數也是套件的位置。此函數被預設成建立.tar.gz (套件的整合檔案)，事後還需要建立二元檔 (Binary File) 才能被安裝到 R 裡，這也表示可被輕易轉移不同的操作系統進行安裝。倘若將 binary 引數設為 TRUE，則將自動建立二元檔，這時候的輸出結果則將只能為特定操作系統所使用，在編譯原始碼的時候就會出現問題。

```
> devtools::build()
> devtools::build(binary = TRUE)
```

其它對套件建立過程有幫助的函數為 install，此函數可以重新建立和載入套件。另一個為 load_all 函數，它可以模擬套件的載入和 NAMESPACE。

另一個很有用處的函數為 install_github，它的用處不是在於套件建立，而是在於可以得到最新的套件，它可以用來直接從 GitHub 套件庫取得並安裝 R 套件。與它類似的函數可以從 BitBucket(install_bitbucket)和 Git(install_git)安裝套件。舉例來說，若我們要得到最新版本的 coefplot，我們可以執行以下指令：

```
> devtools::install_github(repo = "jaredlander/coefplot",
+                          ref = "survival")
```

有時候我們需要 CRAN 裡一些舊版本的套件，以往這需要手動下載原始檔後自行建立該套件。最近 install_version 被加入了 devtools，此函數可以從 CRAN 下載特定版本的套件，並進行建立和安裝。

30-6 提交套件給 CRAN

要讓新套件加入 R 套件群中最好的辦法就是將它放在 CRAN。假設該新套件通過了 devtools 的 check 對它做的測試，它現在就可以透過網頁上傳工具上傳到 CRAN，網址為 http://xmpalantir.wu.ac.at/cransubmit/。

要上傳的檔案為.tar.gz 檔。提交套件後，CRAN 會發一封 e-mail 以確保該套件是由負責人所上傳的。除此之外，也可以用匿名方式將套件上傳到 ftp://CRAN.R-project.org/incoming/，並附加一封 e-mail 到 ligges@statistik.tu-dortmund.de 和 cran@r-project.org。郵件標題格式必須是 CRAN Upload: PackageName PackageVersion。必須注意套件名稱(PackageName)的大小寫，必須和 DESCRIPTION 所寫的名稱一樣。E-mail 內容則不用遵照任何格式，當然基本的禮貌是必須要有的，建議在任意一個合適的地方加入 "謝謝" 二字，因為 CRAN 團隊無酬付出了很多。

30-7 C++編碼

有時候 R 程式碼處理某些問題的執行效率較差（即便經過字節編譯），這時候就需要使用到編譯語言了。R 軟體主要是以 C 程式碼撰寫的，和 FORTRAN 程式庫也有所關連（若仔細研究一些函數，如 lm，可以發現用 FORTRAN 建立的），這使得要納入該兩種語言變得理所當然。.Fortran 可被用來呼叫使用 FORTRAN 寫的函數，而.Call 則可被用來呼叫 C 和 C++函數[1]。雖然有這些讓事情變得方便的函數，但還是要有 FORTRAN 和 C/C++的程式基礎。

也可以透過 Rcpp 套件結合 C++語言，操作上會更簡單。Rcpp 套件可以處理許多要讓 R 能正常呼叫 C++函數的問題，也可以用來執行任意的 C++指令。

使用 C++編碼還需要用到一些工具。首先，我們需要一個 C++編譯器。為了確保相容性，我們選擇使用 gcc。Linux 使用者應該已經安裝了 gcc，對此應該不會有什麼問題，只是還必須再安裝 g++。Mac 使用者需要安裝 Xcode，並需要手動選擇 g++。Mac 所能使用的編譯器版本一般都會比較舊，有時候會有一些已知的錯誤尚未更新。

而 Windows 使用者可以使用 Brian Ripley 和 Duncan Murdoch 所研發的 RTools，RTools 提供了所有需要的工具，包括 gcc 和 make。根據所安裝的 R 版本，請下載、安裝適當的 RTools 版本 http://cran.r-project.org/bin/windows/Rtools/。若用 RStudio 和 devtools(目前的最好方法)透過 R 建立套件，gcc 的位置可以從系統的登錄檔(registry)得到；若透過**命令提示字元**建立套件，那 gcc 理應擺在系統 PATH(路徑)最前端的位置如 c:\Rtools\bin;c:\Rtools\gcc-4.6.3\bin;C:\Users\Jared\Documents\R\R-3.0.0\bin\x64。

我們也需要一個 LaTeX 發行版來建立套件的操作說明文檔和插圖。可以參考表 27.1，列出了不同操作系統的主要發行版。

1：其實也有.C 函數，但基於一些爭議而被移除了。

30-7-1 sourceCpp

首先我們建立一個簡單的 C++函數來找出兩個 vector 的和。實務上這有點多餘，因為 R 就可以很快速地完成任務，但用來做為建立 C++ 函數的範例卻很合適。此函數的引數為兩個 vector，其將回傳元素對元素的總和。// [[Rcpp::export]]標籤告訴 Rcpp 函數應該要被輸出以讓 R 使用。

```
#include <Rcpp.h>
using namespace Rcpp;

// [[Rcpp::export]]
NumericVector vector _ add(NumericVector x, NumericVector y)
{
      // declare the result vector
      NumericVector result(x.size());

      // loop through the vectors and add them element by element
      for(int i=0; i<x.size(); ++i)
      {
           result[i] = x[i] + y[i];
      }
      return(result);
}
```

這函數將被儲存為.cpp 文件(像是 vector_add.cpp)或為一個 character 變數，好讓 sourceCpp 可以找到它的源頭，並自動編譯這些程式碼和建立一個同名的 R 函數。呼叫此函數的時候將執行該 C++函數。

```
> library(Rcpp)
> sourceCpp("vector _ add.cpp")
```

顯示該函數將出現該編譯好的函數的目前暫存位置。

```
> vector _ add

function (x, y)
.Primitive(".Call")(<pointer: 0x0000000066e81710>, x, y)
```

現在可以像呼叫其它函數那樣呼叫此函數了。

```
> vector_add(x = 1:10, y = 21:30)

[1] 22 24 26 28 30 32 34 36 38 40

> vector_add(1, 2)

[1] 3

> vector_add(c(1, 5, 3, 1), 2:5)

[1] 3 8 7 6
```

JJ Allaire(RStudio 的創始人)研發了這個 sourceCpp、// [[Rcpp::export]]捷徑和許多在 R 使用 C++的簡化功能。Rcpp 另一個很好用的功能是可以像 R 那樣撰寫 C++編碼的語法糖(syntactic sugar)。使用這個語法糖可以把 vector_add 簡化成一行指令。

```
#include <Rcpp.h>
using namespace Rcpp;

// [[Rcpp::export]]
NumericVector vector_add(NumericVector x, NumericVector y)
{
    return(x + y);
}
```

此語法糖可以讓兩個 vector 相加的方式就像在 R 裡相加那樣。由於 C++是一個比較嚴謹的語言，明確地宣告函數引數和回傳值的類別是很重要的。一般常用的類別包括 NumericVector、IntegerVector、LogicalVector、CharacterVector、DataFrame 和 List。

30-7-2 編譯套件

雖然 sourceCpp 讓任意的 C++編譯過程變得較為簡單，但利用 C++編碼來建立 R 套件還需要另一種作法。C++編碼將被存在 **src** 資料夾裡的.cpp 檔，當使用 devtools 裡的 build 建立套件時，任何以// [[Rcpp::export]]作為開頭的函數都將被轉換成終端使用者所能看到的函數。任何撰寫在輸出的 C++函數上方的 roxygen2 文件資訊將被用來作為結果中 R 函數的文件檔。

我們要用roxygen2 重新撰寫 vector_add 函數並將它儲存在合適的檔案裡。

```
# include <Rcpp.h>
using namespace Rcpp;
//' @title vector _ add
//' @description Add two vectors
//' @details Adding two vectors with a for loop
//' @author Jared P. Lander
//' @export vector _ add
//' @aliases vector _ add
//' @param x Numeric Vector
//' @param y Numeric Vector
//' @return a numeric vector resulting from adding x and y
//' @useDynLib ThisPackage
// [[Rcpp::export]]
NumericVector vector _ add(NumericVector x, NumericVector y)
{
     NumericVector result(x.size());

     for(int i=0; i<x.size(); ++i)
     {
          result[i] = x[i] + y[i];
     }

     return(result);
}
```

這之中的要領是 Rcpp 負責編譯程式碼，接著在 **R** 資料夾建立新的.R 檔，裡面儲存著對應的 R 程式碼。在我們的範例中，將會建立像以下的檔案內容。

```
> # This file was generated
> # by Rcpp::compileAttributes Generator token:
> # 10BE3573-1514-4C36-9D1C-5A225CD40393
>
> #' @title vector_add
> #' @description Add two vectors
> #' @details Adding two vectors with a for loop
> #' @author Jared P. Lander
> #' @export vector_add
> #' @aliases vector_add
> #' @param x Numeric Vector
> #' @param y Numeric Vector
> #' @useDynLib RcppTest
> #' @return a numeric vector resulting from adding x and y
> vector_add <- function(x, y)
+ {
+       .Call("RcppTest_vector_add", PACKAGE = "RcppTest", x, y)
+ }
```

這純粹是一個包裝函數(wrapper function)，利用.Call 來呼叫編譯好的 C++。

任何不以// [[Rcpp::export]]作為開頭的函數可以從其它 C++函數進行呼叫，而不能從用.Call 在 R 呼叫。若在輸出陳述式指定名稱屬性的話，如// [[Rcpp::export(name="NewName"]]，將導致該 R 函數必須通過該名稱進行呼叫。不需要 R 包裝函數的函數會自動建立，不過若要使用.Call 呼叫它們，則必須將它們擺在個別的.cpp 檔中，必須在檔中宣告 // [[Rcpp::interfaces(cpp)]]，而且每個允許使用者呼叫的函數都必須以 // [[Rcpp::export]]作為開始。

若要公開它的 C++函數，套件的 NAMESPACE 必須包含 useDynLib(PackageName)，您可以在任何 roxygen2 程式碼中加入@useDynLib PackageName 來完成。不僅如此，若一個套件使用 Rcpp，其 DESCRIPTION 檔必須把 Rcpp 列在 LinkingTo 和 Depends 項目。LinkingTo 項目可以讓對其它 C++函數庫的連接變得更容易，如 RcppArmadillo, bigmemory 和 BH(Boost)。

套件的 **scr** 資料夾必須包含 Makevars 和 Makevars.win 檔以輔助編譯的進行，以下例子是透過 Rcpp.package.skeleton 所建立的，可以讓許多套件的編譯過程順利運作。

首先為 Makevars 檔：

```
## Use the R_HOME indirection to support installations of multiple
## R version
PKG_LIBS = `$(R_HOME)/bin/Rscript -e "Rcpp:::LdFlags()"`


## As an alternative, one can also add this code in a file 'configure'
##
##   PKG_LIBS=`${R_HOME}/bin/Rscript -e "Rcpp:::LdFlags()"`
##
##   sed -e "s|@PKG_LIBS@|${PKG_LIBS}|" \
##     src/Makevars.in > src/Makevars
##
## which together with the following file 'src/Makevars.in'
##
##   PKG_LIBS = @PKG_LIBS@
##
## can be used to create src/Makevars dynamically. This scheme is more
## powerful and can be expanded to also check for and link with other
## libraries. It should be complemented by a file 'cleanup'
##
##   rm src/Makevars
##
```
Next

```
## which removes the autogenerated file src/Makevars.
##
## Of course, autoconf can also be used to write configure files. This is
## done by a number of packages, but recommended only for more advanced
## users comfortable with autoconf and its related tools.
```

接著是 Makevars.win 檔：

```
## Use the R_HOME indirection to support installations of multiple
## R version
PKG_LIBS = $(shell "${R_HOME}/bin${R_ARCH_BIN}/Rscript.exe" -e
"Rcpp:::LdFlags()")
```

這些只是 Rcpp 套件的皮毛，但應該足以用來建立一個以 C++語言建立的簡單套件。含有 C++的套件建立方法和其它套件建立方法相同，可以使用 devtools 裡的 build 函數。

30-8 小結

建立套件可以讓程式碼輕易地在專案之間轉移，或者用來與人分享。使用 R 程式碼建立套件只需要正常操作的函數 (能通過 check 或 CRAN 測試) 和操作說明文件即可，這些文件都可以輕易建立，過程只需將 roxygen2 編碼寫在函數上方，並呼叫 document 即可。建立套件則只需要輕鬆地通過 build 函數即可。若要用 C++建立套件則使用 Rcpp。

A

R 語言參考資源

R 社群不管在網路上還是現實世界中都非常強大，這也是它吸引人的其中一個地方。R 語言的資源包括了像推特(Twitter)和 Stack Overflow 的網路資源、交流會和線上教材。

A-1 社群交流網站

Meetup.com是一個可以找到志同道合的人的一個社群網站，也是一個分享經驗的管道，無論是在程式撰寫、統計、遊戲等成立不少交流群組。這些群組迄2017年，總共有超過260,000個交流群組遍佈在184個國家，其中資料分析相關的群組也佔了一大部份。Meetup.com交流進行的模式一般都是社群交流，安排45到90分鐘的演講，接著做進一步的研討和經驗分享，這不只是利於學習，也是一個搜尋人才或找尋工作的一個良好管道。

R 的交流群組非常普遍，其中一些比較有名的像是在紐約、芝加哥、波士頓、阿姆斯特丹、華盛頓 D.C、舊金山、倫敦、克里夫蘭、新加坡和墨爾本舉行。相關演講一般會展示R的特別功能、新套件或軟體，或是一些有趣的 R 資料分析。其重點一般是在於程式，而非統計。**表A.1**列出了一些有名的交流群組。

機器學習群組也是取得 R 語言資訊的好管道，其舉行地點跟 R 交流會相似，所吸引的演講者和聽眾也非常類似，不過會比較偏向於學術研討，而非程式設計。第三種交流群組的類別為預測分析，它和機器學習類似，但實際上交流的課題不太一樣，預測分析著重在於 R 和機器學習之間，這幾個群組的聽眾群基本上都有所重疊。其它交流群組還包括了關於資料科學、大數據和圖表視覺化的議題。

表 A.1 **與 R 相關的交流會**

城市	交流群組名稱	中文譯名	網址URL
紐約	New York Open Statistical Programming Meetup	紐約開源統計程式大會	http://www.meetup.com/nyhackr/
紐約	NYC Stats Programming Master Classes	紐約市統計程式研習課程	http://www.meetup.com/datascienceclasses/
華盛頓D.C	Statistical Programming DC	統計程式 DC	http://www.meetup.com/stats-prog-dc/
阿姆斯特丹	amst-R-dam		http://www.meetup.com/amst-R-dam/

城市	交流群組名稱	中文譯名	網址URL
波士頓	Greater Boston user Group(R Programming Language)	大波士頓 useR 群組	http://www.meetup.com/Boston-useR/
舊金山	Bay Area user Group (R Programming Language)	舊金山灣區 useR 群組	http://www.meetup.com/R-Users/
芝加哥	Chicago R User Group (Chicago RUG) Data and Statistics	芝加哥 R 使用者群組 (芝加哥RUG) 資料與統計	http://www.meetup.com/ChicagoRUG/
倫敦	LondonR	倫敦 R	http://www.meetup.com/LondonR/
新加坡	R User Group Singapore(RUGS)	新加坡 R 使用者群組 (RUGS)	http://www.meetup.com/R-User-Group-SG/
克里夫蘭	Greater Cleveland R Group	大克里夫蘭 R 群組	http://www.meetup.com/Cleveland-useR-Group/
墨爾本	Melbourne Users of R Network(MelbURN)	墨爾本 R 使用者網絡 (MelbURN)	http://www.meetup.com/MelbURNMelbourne-Users-of-R-Network/
康乃狄克	Connecticut R User Group	康乃狄克 R 使用者群組	http://www.meetup.com/Conneticut-R-Users-Group/
紐約	NYC Machine Learning Meetup	紐約市機器學習交流會	http://www.meetup.com/NYC-Machine-Learning/
特拉維夫	Big Data & Data Science Israel	以色列巨量資料與資料科學	http://www.meetup.com/Big-Data-Israel/
台北	Taiwan R User Group	台灣 R 使用者群組	http://www.meetup.com/Taiwan-R/

A-2 Stack Overflow 網站

有時候我們會遇到自己無法解決的問題，這時候我們可以到 stackoverflow.com（stackoverflow 中文直譯為堆疊溢位）求助。這網站是詢問程式問題的一個論壇，而這些問題和解答都可以由使用者提供意見。使用者也可以從中建立聲望，進而成為專家。這對於尋找答案很有效率，即便是一些很難的問題。

關於 R 常見的搜尋標籤包括 r、statistics、rcpp、ggplot2、shin 和一些統計相關術語。

現在許多 R 套件都是由 GitHub 所管理的，因此若確認找到錯誤，處理它的最好方法是在 GitHub 的問題列表尋找解決方法。

A-3 推特(Twitter)

有時候我們需要的是快捷、簡潔的答案。這時候推特就可以派上用場來詢問關於 R 的問題了，問題範圍可以只是尋求套件的推薦，或是詢問某些指令的片段。若要把問題散播到廣泛的群眾，可以使用井字號標籤如#ggplot2、#knitr、#rcpp、#nycdatamafia和#statistics。建議可以關注@drewconway、@mikedewar、@harlanharris、@xieyihui、@hadleywickham、@jeffreyhorner、@revodavid、@eddelbuettel、@johnmyleswhite、@Rbloggers、@statalgo、@ProbablePattern、@CJBayesian、@RLangTip、@cmastication、@nyhackr、和本書作者@jaredlander。

A-4 研討會

有不少研討會把重點放在R軟體，最主要的 R 研討會為 useR! 研討會，此研討會每年都在不同的地方舉辦，其網站為 http://www.r-project.org/conferences.html。

R in Finance則是每一年在芝加哥舉辦的研討會，它也是Dirk Eddelbuettel共同舉辦的，此研討會較著重於數值的計算和數學。其網站為http://www.rinfinance.com/。

其它值得參加的研討會包括由美國統計協會(http://www.amstat.org/meetings/jsm.cfm)和 Strata 紐約(http://strataconf.com/strata2013/public/content/home)舉辦的聯合統計會議(Joint Statistical Meetings) 。

Data Gotham 則是一個較新的資料科學研討會，它是由資料科學社群的領導人如Drew Conway和Mike Dewar所舉辦的。其網站為 http://www.datagotham.com/。

在國內則建議可多留意中華 R 軟體學會網站的資訊 http://www.r-software.org/，會持續公布 R 語言的相關的研討會或各式活動，其使用者論壇 (https://www.ptt.cc/bbs/R_Language/index.html) 也是國內較具規模的。

A-5 網站資源

由於 R 是一個擁有強大社群的開放資源計畫，因此有一個屬於 R 的龐大網站生態系統是理所當然的。一般管理這些網站的都是愛好 R 的人或者是想分享知識的人。有一些網站以 R 為中心，有一些則只是部份著重於 R。

除了本書作者網站 http://www.jaredlander.com/，也可以參考以下網站：

- R部落格(http://www.r-bloggers.com/)
- 零智慧代理人(http://drewconway.com/zia/)
- R愛好者 (http://gallery.r-enthusiasts.com/)
- Rcpp廊 (http://gallery.rcpp.org/)
- Andrew Gelman的網站(http://andrewgelman.com/)
- John Myles White的網站 (http://www.johnmyleswhite.com/)
- 紐約時報圖型設計部門的chartsnthings (http://chartsnthings.tumblr.com/)。

A-6 參考文件

網路上有一些很有用的 R 語言參考文件，而且通常是免費的，您也可以多加利用，不過目前還是以英文的文件居多。

An Introduction to R 由 William N. Venables，David M. Smith 和 R 發展核心團隊(The R Development Core Team)所撰寫，它自 S (R的前身) 的時代就已經出現了，可以從http://cran.r-project.org/doc/manuals/R-intro.pdf 得到此檔。

The R Inferno 則是由 Patrick Burns所寫的經典文件，其深入地探討了R語言的細節之處和特質。它既有紙本書，也有免費的 PDF 檔。它的網站為 http://www.burns-stat.com/documents/books/the-r-inferno/。

A-7 小結

由於 R 語言是開放軟體，透過社群的資源來學習是不可或缺的。若想要直接獲取專家或 R 語言高手們的第一手資訊，則可透過各種社群網站或參加各機構舉辦的研討會，會有不少收穫。關於 R 的網路資源則可從 stackoverflow.com 網站和推特得到，也可自行參考各種網路相關文件、電子書的說明。

m o

B

名詞解釋

彙	中文譯名	說明
CF	自共變異函數	參考Autocovariance function
AIC	赤池訊息準則	參考 Akaike Information Criterion
AICC	校正後赤池訊息準則	參考Akaike Information Criterion corrected
Akaike Information Criterion	赤池訊息準則	對模型複雜度做出懲罰而算出的模型配適度測量
Akaike Information Criterion Corrected	校正後赤池訊息準則	對模型複雜度做出更大懲罰的AIC版本
Analysis of variance	變異數分析	參考ANOVA
Andersen-Gill	-	用時間對多個事件建模的倖存分析模型
ANOVA	變異數分析	比較不同群組平均數的檢定；此檢定只能告訴我們其中兩組的平均數有差別，但不能告訴我們是哪些群組跟其它群組有差別
Ansari-Bradley test	Ansari-Bradley檢定	必較兩個群組變異數是否相等的無母數檢定
AR	自我迴歸模型	參考 Autoregressive
ARIMA	-	跟ARMA模型相似，只是此模型包含了一個額外的參數以代表對時間序列資料做了幾次的差分
ARMA	自我迴歸移動平均模型	參考Autoregressive Moving Average
array	陣列	可以持有多維度資料的物件
autocorrelation	自我相關	當單一變數的觀測值和其之前的觀測值有相關性
Autocovariance function	自共變異函數	一個時間序列和其期差的相關性
Autoregressive	自我迴歸模型	時間序列模型之一，它是一個時間序列的現值對其之前的值的線性迴歸
Autoregressive Moving Average	自我迴歸移動平均模型	AR和MA模型的結合

詞彙	中文譯名	說明
average	平均數	一般來說是指算術平均，"average"其實是集中趨勢量數的統稱，如平均數、中位數和眾數
Bartlett test	Bartlett檢定	必較兩個群組變異數是否相等的有母數檢定
BASH	-	和DOS同出一徹的命令行處理器，一般用在Linux和MAC OS X，即便對於Windows也有它的模擬器
basis functions	基底函數	由一些函數的線性組合組成的函數
basis splines	基底樣條	用來組成樣條的基底函數
Bayesian	貝氏	統計的一類，先驗資訊會被用來建立模型
Bayesian Information Criterion	貝氏訊息準則	跟AIC相似，不過它對於模型複雜度的懲罰更大
Beamer	-	用來建立投影片的 LaTeX 文檔類別
Bernoulli Distribution	伯努利分佈	用來對一個事件的成功和失敗建立模型的機率分佈
Beta Distribution	貝塔分佈	用來對一組在有限區間內的值建立模型的機率分佈
BIC	貝氏訊息準則	參考Bayesian Information Criterion
Binomial Distribution	二項分佈	用來對獨立試驗的成功個數建模的機率分佈
BioConductor	-	存有基因資料分析相關套件的R套件庫
BitBucket	-	線上Git套件庫
Boost	-	便捷的C++程式庫
boosted tree	提升樹	為決策樹的衍生，使用資料建立連續性的樹，每個樹的建立都會迭代式地將資料重新加權，以改善模型。
Bootstrap	自助抽樣法	對資料重複抽樣的過程，每次抽樣都會算出一個統計量，進而找出該統計量的經驗分佈

詞彙	中文譯名	說明
Boxplot	箱型圖	用來形容單一變數的圖，中間50%的資料將在箱裡，它還包含延伸到1.5倍分位數間距的兩條線和一些代表離群值的資料點
BUGS	-	針對貝氏相關計算的機率程式語言
byte-compilation	字節編譯	將人類可以解讀的程式碼轉換成機器編碼的過程，以加快程式的速度
C	-	知名的程式語言，R主要是由C撰寫的
C++	-	和C相似的程式語言
Cauchy Distribution	柯西分佈	兩個常態隨機變數比例的機率分佈
censored data	設限資料	擁有未知資訊的資料，比如在某時間點後發生的事件
character	字元	儲存文字的資料類別
Chi-squared Distribution	卡方分佈	k個平方標準常態分佈的和
chunk	區塊	在LATEX或Markdown文件裡的R程式碼部份
class	類別	一個R物件的類別
Classification	分類法	找出資料類別的方法
Clustering	分群法	將資料切成多個群組的方法
Coefficient	係數	在一個方程式裡連帶著變數的乘數，在統計學裡它一般是由迴歸模型估計出來的
Coefficient plot	係數圖	將迴歸係數和標準誤差視覺化的圖
Comprehensive R Archive Network	R綜合典藏網	參考CRAN
Confidence Interval	信賴區間	一個估計值在某比率的時間都會掉落在內的區間
correlation	相關係數	兩個變數關係的強度
covariance	共變異數	兩個變數關係的測量，這不一定會反映出關係強度

詞彙	中文譯名	說明
Cox proportional hazards	Cox比例風險模型	倖存分析模型的一種，在這模型裡預測 對倖存率有著相乘性的效應
CRAN	-	R所有相關物件的主要資源庫
cross-validation	交叉驗證	現代的模型檢測方法，此法將資料分成k個離散群組，接著除了當中的一群，其它所有群組將各別被用來建立模型，以對那被排除在外的群組做出預測
Data Gotham	-	紐約的資料科學研討會
data munging	資料整理	清除、校正、彙整、連結和操縱資料以便做分析的過程
Data Science	資料科學	統計學、機器學習、電腦工程、視覺化方法和溝通技巧的集合
data.frame	-	R的主要資料儲存架構，跟擁有橫列和直行的電子試算表很相似
data.table	-	data.frame的一個更快速的延伸
database	資料庫	儲存資料的地方，一般儲存在有關聯性的表中
Date	-	儲存日期的資料類別
DB2	-	IBM研發的企業用資料庫
Debian	-	Linux發行版
decision tree	決策樹	迭代性地分割預測變數來建立非線性迴歸或分類模型的現代技巧
Degrees of freedom	自由度	對於一些統計量或分佈，它可被計算為觀測值個數扣除所估計的參數個數
density plot	機率密度圖	顯示觀測值會掉落在變數定義域中任一點的機率
deviance	偏差平方和	廣義線性模型誤差的測量

[illegible]	中文譯名	說明
[illegible]op-in deviance	drop-in偏差平方和	偏差平方和在新變數加入模型後所降低的量，從經驗判斷來說，一般每新增一個變數，它至少降低2
DSN	-	資料來源連接，用來描述對資料來源的連結，一般為資料庫
dzslides	-	HTML5投影片格式
EDA	探索性資料分析	參考Exploratory Data Analysis
Elastic Net	-	一種新的演算法，lasso和脊迴歸的動態結合，適合於做預測和處理高維度資料
Emacs	-	程式設計師常用的文字編輯器
ensemble	集成方法	整合模型以得到平均預測的方法
Excel	試算表	世界上最常用的資料分析工具
expected value	期望值	加權平均
Exploratory Data Analysis	探索性資料分析	從數值和視覺探索資料以便在做分析前對資料有所了解
Exponential Distribution	指數分佈	一般用來對事件發生前的時間長度建模的機率分佈
F-test	F檢定	一般用來比較模型的統計檢定，如同ANOVA
F Distribution	F分佈	兩個卡方分佈的比例，一般用作變異數分析的虛無分佈
factor	-	儲存字元資料的特殊資料類別，其實質上是整數值，但以字元代表或作標籤；這在模型需要使用類別變數時很有用處
fitted value	預測值	模型估計出來的值，一般指的是以用來建模的資料估計出來的值
formula	-	R的獨特介面，透過數學符號來指定所要的模型規格
FORTRAN	-	低階程式語言，許多R函數是由FORTRAN寫的

詞彙	中文譯名	說明
FRED	-	美國聯準會的經濟資料
FTP	-	文件傳輸協定
g++	-	C++的開放資源編譯器
GAM	廣義加性模型	參考Generalized Additive Models
Gamma Distribution	伽瑪分佈	n個事件發生的時間長度的機率分佈
gamma regression	伽瑪迴歸	針對連續型，正數以及呈現偏態的反應變數所建立的GLM，如汽車保險索賠資料
Gap statistic	Gap統計量	分群結果品質的測量，其必較分群法和自助抽樣法所抽樣本之間的群內相異度
GARCH	廣義自我迴歸條件異質變異數模型	參考Generalized Autoregressive Conditional Heteroskedasticity
Gaussian Distribution	高斯分佈	參考 Normal Distribution
gcc	-	開放資源編譯器的家族
Generalized Additive Models	廣義加性模型	對獨立變數建立平滑函數，並將這一序列函數相加所形成的模型
Generalized Autoregressive Conditional Heteroskedasticity	廣義自我迴歸條件異質變異數模型	善於處理資料極端值的時間序列模型
Generalized Linear Models	廣義線性模型	迴歸模型的家族，用來對非常態反應變數(如二元和計數資料)建立模型
Geometric Distribution	幾何分佈	在伯努利試驗中，第一次成功所需的試驗次數的分佈
Git	-	著名的版本控制標準
GitHub	-	線上Git儲存庫
GLM	廣義線性模型	參考Generalized Linear Models
Hadoop	-	分配資料和平行運算的框架
Hartigan's Rule	Hartigan法則	分群結果品質的測量，其必較以k群做分群和以k+1群做分群之間的群內平方和

詞彙	中文譯名	說明
heatmap	熱力圖	以不同的顏色將兩個變數的關係視覺化
Hierarchical Clustering	階層分群法	將資料分群，再對這些群分成更小群，一直分到每個資料點各屬於一群
Histogram	直方圖	根據變數的值做分群，並顯示出觀測值掉入群裡的個數
HTML	-	超文件標記式語言，用來建立網頁
htmlwidgets	html 小部件	網頁相關的 R 套件集，這些套件可以產生互動式資料顯示的 HTML 與 JavaScript 程式碼
Hypergeometric Distribution	超幾何分佈	從N物件中成功抽取指定物件k次的機率分佈，而N物件裡有K個是該指定物件
hypothesis test	假設檢定	對估計出來的統計量的顯著性做檢定
IDE	整合開發環境	參考Integrated Development Environment
indicator variable	指標變數	二元變數，代表類別變數的一個階層，也被稱為虛擬變數
inference	統計推論	對於預測變數怎麼影響反應變數做結論
integer	整數	只儲存整數的資料類別，可以是正或負整數或0
Integrated Development Environment	整合開發環境	有著能讓程式撰寫變得更簡單的功能的軟體
Intel Matrix Kernel Library	-	極佳化矩陣代數程式庫
interaction	交互作用	迴歸裡兩個或更多變數的綜合影響
intercept	截距項	迴歸裡的常數項；從字面上來說就是迴歸線穿過y軸的那一點；在高維度環境下它則將被一般化
Interquartile Range	四分位數間距	第三個四分位數扣除第一個四分位數
inverse link function	反聯結函數	將預測變數的線性組合轉換到反應變數原本尺度的函數

詞彙	中文譯名	說明
inverse logit	反羅吉	必須做出轉換才能以0/1尺度解讀羅吉斯迴歸，其將任何數值的尺度調整為0到1之間
IQR	四分位數間距	參考Interquartile Range
Java	-	程式語言
JavaScript	-	用於網頁應用的腳本語言，目前大多數網頁在設計時都會用到 JavaScript
Joint Statistical Meetings	聯合統計會議	統計學家的研討會
JSM	聯合統計會議	參考Joint Statistical Meetings
K-means	K-平均法	根據一些距離的測量將資料分割成k群
K-medoids	K-物件法	跟K-平均法相似，但此法可以處理類別資料，也可以更好地處理離群值
knitr	-	用來對R編碼和LATEX或Markdown做交織的現代套件
Lasso Regression	Lasso迴歸	現代迴歸方法，以L1作為懲罰來挑選變數和縮減維度
LATEX	-	一種排版程式，通常用於數學和科學文件或書籍
level	-	factor變數的唯一值
linear model	線性模型	係數呈現線性的模型
link function	聯結函數	轉換反應變數的函數以便可以用來建立GLM模型
Linux	-	開源碼的作業系統
list	列表	一種穩健的資料儲存架構，可以儲存任意的資料類別
log	對數	指數的反函數，一般在統計為自然對數
Log-normal Distribution	對數常態分佈	一個機率分佈，其對數為常態分佈

詞彙	中文譯名	說明
logical	邏輯值	只存TRUE或FALSE值的資料類別
Logistic Distribution	羅吉斯分佈	主要用在羅吉斯迴歸的機率分佈
Logistic Regression	羅吉斯迴歸	用來對二元反應變數建模的迴歸
logit	羅吉	反羅吉的反函數，其將0到1之間的數轉換成實數
loop	迴圈	根據索引進行迭代的指令
MA	移動平均	參考 Moving Average
Mac OS X	-	Mac 電腦專用的作業系統
Machine Learning	機器學習	運算複雜的現代統計
MapReduce	-	一個將資料分群，對其做運算，再對它們做整合的范式
Markdown	-	一個已被簡化的程式語言，它讓格式化網頁和產生精美HTML文件的過程變得更簡單
Matlab	-	昂貴的商業軟體，用來撰寫數學程式
matrix	矩陣	二維度的資料類別
matrix algebra	矩陣代數	運用在矩陣的代數，可以顯著地簡化運算
maximum	極大值	一組資料裡最大的值
mean	平均數	數學平均，一般是算術平均(傳統的平均)或加權平均
mean squared error	均方誤差	估計值的品質測量，其為估計值和真值的差的平方的平均值
median	中位數	一組數字排序後的中間值，當該組數字個數為偶數時，其中位數為中間二數的平均
Meetup	-	對各種領域提供真實社交機會的網站，其在於資料處理的領域特別受歡迎

詞彙	中文譯名	說明
memory	記憶體	也被稱作RAM，它是R正在處理資料時，該資料所被儲存的地方，這也是一般限制R所能處理的資料量的因素
Microsoft Access	-	微軟研發的輕量級資料庫
Microsoft R	-	微軟所發展的商業版 R 語言，此版本運行速度較快，也比較穩定
Microsoft SQL Server	-	微軟研發的企業級資料庫
minimum	極小值	一組資料裡的最小值
Minitab	-	使用圖形用戶介面(GUI)的統計套裝軟體
missing data	遺失值	統計學的一大難題，基於某些原因而沒辦法用來做運算的值
MKL	-	參考Intel Matrix Kernel Library
model complexity	模型複雜度	主要指模型裡有多少個變數，過於複雜的模型將會是一個問題
model selection	模型挑選	找出最佳模型的過程
Moving Average	移動平均模型	時間序列模型，其為一個時間序列的現值對其目前和之前殘差的線性迴歸
multicolinearity	多重共線性	當矩陣的一個直行是其它任意直行的線性組合
multidimensional scaling	多維度尺度調整	將多維度投影到比較小的維度
Multinomial Distribution	多項式分佈	可以被分為k類別的離散資料的機率分佈
Multinomial Regression	多項式迴歸	可以被分為k類別的離散型反應變數的迴歸
multiple comparisons	多重比較	對多個群組做重複的檢定
multiple imputations	多重插補	用重複性的迴歸填補遺失值
Multiple Regression	複迴歸	擁有多於一個預測變數的迴歸
MySQL	-	開放資源資料庫

詞彙	中文譯名	說明
NA	-	代表遺失值的值
namespace	-	決定函數所歸屬的特定套件的常規，用來幫助解決不同函數擁有同樣名稱的問題
natural cubic spline	自然三次樣條	平滑函數的一種，其能確保在內部的切點會有平滑的轉接，而且在輸入資料的端點後方會呈現線性的現象
Negative Binomial Distribution	負二項分佈	得到r次成功所需的試驗個數的機率分佈，它一般被用來近似偽(pseudo)泊松迴歸
nonlinear least squares	非線性最小平方	擁有非線性參數的最小平方迴歸(平方誤差損失)
nonlinear model	非線性模型	變數不需要呈現線性關係的模型，比如決策樹和GAM
nonparametric model	反應變數	不需要服從一般GLM分佈(如常態，羅吉斯或泊松)的模型
Normal Distribution	常態分佈	最常見的機率分佈，可以用來形容多種現象，它是我們所熟悉的鍾型分佈
NULL	-	一種對於資料的概念，代表虛無
null hypothesis	虛無假設	假設檢定裡所假設的真值
numeric	-	儲存數值的資料類別
NYC Data Mafia	紐約市資料黑幫	紐約市資料科學家漸漸變得普遍的非正式名詞
NYC Open Data	紐約市開放資料	讓紐約市政府資料更透明化和開放的舉動
Octave	-	開源碼版本的Matlab
ODBC	開放資料庫連接	參考Open Database Connectivity
Open Database Connectivity	開放資料庫連接	連接資料和資料庫的產業標準
ordered factor	-	字元資料，它的一個階層(level)可以比另一階層更大或更小
overdispersion	過度離散	資料所呈現的變異度比理論機率分佈所呈現的還大

詞彙	中文譯名	說明
p-value	p值	在假設虛無假設為對的情況下，其會得到跟目前同等極端，或更極端的結果的機率
PACF	偏自我共變函數	參考partial autocovariance function
paired t-test	成對樣本t檢定	雙樣本t檢定，其中每個樣本跟另外一個樣本是成對的
PAM	環繞物件分割法	參考Partitioning Around Medoids
pandoc	-	轉換文件格式的軟體，可以轉換的格式包括Markdown、HTML、LATEX 和Microsoft Word
parallel	平行運算	以電腦運算的角度來說，它是同時執行幾個指令以加快運算速度的過程
parallelization	平行化運算	將指令寫成能執行平行運算的過程
partial autocovariance function	偏自我共變函數	一個時間序列和其某個期差的相關性，而這相關性是沒有被之前的期差所解釋到的
Partitioning Around Medoids	環繞物件分割法	K-物件分群法中最常見的演算法
PDF	-	一般用Adobe Acrobat Reader打開的文件
Penalized Regression	懲罰迴歸	迴歸的一種，它的懲罰項可以防止過多的係數
Perl	-	一般用來解析文字的腳本語言
Poisson Distribution	泊松分佈	計數資料的機率分佈
Poisson Regression	泊松迴歸	計數反應變數的GLM，比如意外發生次數、達陣次數、披薩評價等
POSIXct	-	日期-時間資料類別
prediction	預測值	給予預測變數的值所找出的反應變數期望值
predictor	預測變數	模型的輸入資料，其解釋/預測反應變數
prior	先驗	貝氏統計使用先驗資訊，即預測變數的係數分佈，來提升模型配適度
Python	-	常用作資料整理的腳本語言

詞彙	中文譯名	說明
Q-Q plot	QQ圖	以圖表來比較兩個分佈，方法是檢視兩個分佈的分位數是否降落在對角線中
quantile	分位數	分位數意指其在一組數字裡，該組有某個百分比的數字是低於該分位數的
quartile	四分位數	第25個百分位數
Quasipoisson Distribution	準泊松分佈	此分佈(實際為負二項分佈)一般被用來估計過度離散的計數資料
R-Bloggers	R部落格	Tal Galili的著名網站，其彙集了很多關於R的部落格
R Console	R控制台	輸入R指令和顯示結果的地方
R Core Team	R核心團隊	R主要20個貢獻者的群組，它們主要負責R的推廣和未來走向
R Enthusiasts	R愛好者	Romain Francois的著名R部落格
R in Finance	R與金融	芝加哥的R研討會，主要研討R在金融業的應用
RAM	-	參考memory
Random Forest	隨機森林	建立幾個決策樹的集成方法，其中每個樹使用隨機的預測變數子集，最後結果將被整合起來進行預測
Rcmdr	-	R的GUI介面
Rcpp Gallery	Rcpp廊	Rcpp的在線範例集
Rdata	-	在硬碟儲存R物件的格式
regression	迴歸	分析預測變數和反應變數之間的關係的方法，它是統計學的基礎
regression tree	迴歸樹	參考 decision tree
Regular Expressions	正規表示法	字串樣式比對范式
regularization	正規化	預防模型過度配飾的方法，一般都是由懲罰項來完成

詞彙	中文譯名	說明
residual sum of squares	殘差平方和	平方殘差的總和
residuals	殘差	模型預測值和真正反應變數值之間的差
response	反應變數	模性結果產生的資料，其由預測變數所解釋/預測
Ridge Regression	脊迴歸	現代迴歸方法，使用L2懲罰來壓縮係數以達到更穩定的預測
RSS	殘差平方和	參考 residual sum of squares
RStudio	-	強大且著名的R開放資源IDE
RTools	-	Windows需要用來結合R和C++或其它編譯代碼的工具
S	-	R 的前身，由Bell實驗室所開發的統計程式語言
S3	-	R的基本物件類別
S4	-	R的進階物件類別
s5	-	HTML5投影片格式
SAS	-	用於統計分析的昂貴商業軟體
scatterplot	散佈圖	資料的二維展示，每一點代表兩個變數的唯一組合
shapefile	-	Map資料的常用文件檔格式
Shiny	-	建立互動網頁與網站後台處理的雲端框架
shrinkage	壓縮法	減少係數個數以預防過度配飾
Simple Regression	簡單迴歸	使用一個預測變數建立迴歸，其不包含截距項
slideous	-	HTML5投影片格式
slidy	-	HTML5投影片格式
slope	斜率	一般定義為縱軸距離和橫軸距離的比例，在迴歸模型裡則由迴歸係數代表

詞彙	中文譯名	說明
smoothing spline	平滑樣條	用來對資料建立一個平滑趨勢的樣條
spline	樣條	由N函數(每個唯一資料點皆有一個函數)的線性組合組成的函數f，這N個函數皆為對x變數的轉換
SPSS	-	視窗操作式統計分析商業軟體
SQL	-	查詢和輸入資料的資料庫程式語言
Stack Overflow	-	這裡是指詢問程式相關問題的網站
STAN	-	針對貝氏相關運算的下一代機率程式語言
standard deviation	標準差	每個資料點從平均數的平均距離
standard error	標準誤差	參數估計的不確定性的測量
Stata	-	統計分析的商業腳本語言
stationarity	平穩性	當整個時間序列的平均數和變異數皆分別固定為一個常數的時候
stepwise selection	逐步向前變數挑選法	挑選模型變數的過程，其系統性地建立好幾個模型，並在每個步驟加入或移除變數
Strata	-	龐大的資料研討會
survival analysis	倖存分析	分析從某時間點到事件發生的時間長度，一般事件為死亡或發生事故
SUSE	-	Linux發行版
SVN	-	較舊的版本控制標準
Sweave	-	交織 R 編碼和 LaTeX 的框架，已經由knitr取代
Systat	-	商業統計套裝軟體
t-statistic	t統計量	一個比例，分子為平均數估計值和假設的估計值之間的差，分母為平均數估計值的標準誤差

詞彙	中文譯名	說明
t-test	t檢定	檢定一組資料的平均數，或者兩組資料平均數的差
t Distribution	t分佈	用學生t檢定來檢定平均數所用到的機率分佈
tensor product	張量乘積	一種預測變數的轉換函數的表示法，轉換可以是以不同單位來測量
text editor	文字編輯器	編輯程式碼的程式，相關編輯會在保留該程式碼的原有架構下進行
TextPad	-	著名的文字編輯器
time series	時間序列	一種資料類別，這種資料的次序和時間在對它做分析時是很重要的
ts	-	儲存時間序列資料的資料類別
Two Sample t-test	雙樣本t檢定	檢定兩組樣本變異數的差
Ubuntu	-	Linux發行版
UltraEdit	-	著名的文字編輯器
Uniform Distribution	平均分佈	每個值被抽到的可能性都相同的機率分佈
USAID Open Government	USAID開放政府	提倡美國援助資料透明化和開放的機構
useR!	-	R使用者的研討會
VAR	向量自我迴歸模型	參考 Vector Autoregressive Model
variable	變數	R物件，可以是資料，函數或任何物件
variance	變異數	資料變異度或散佈的測量
vector	向量	同類別資料元素的集合
Vector Autoregressive Model	向量自迴歸模型	多變量時間序列模型
version control	版本控制	在不同時間點存下程式碼的快照以促進對程式的維持和修改
vim	-	程式編寫員喜愛的文字編輯器

詞彙	中文譯名	說明
violin plot	小提琴圖	與箱型圖相似，只是此圖裡的箱是曲線，代表資料的機率密度
Visual Basic	-	可建立巨集的程式語言，可用來建立Excel的巨集
Visual Studio	-	微軟開發的IDE開發環境
Wald test	Wald檢定	模型比較的檢定
Weibull Distribution	韋伯分佈	一個物件壽命的機率分佈
weighted mean	加權平均	對每個值加權重所算出的平均數，這讓每個值對該平均數的影響都不一樣
weights	權重	根據觀測值的重要性所給的值，值的大小代表了該觀測值的影響力
Welch t-test	Welch t檢定	檢定兩組樣本平均數的差，兩組的變異數可以是不相等的
white noise	白噪音	實質上是一些隨機的資料
Windows	-	微軟的視窗作業系統
Windows Live Writer	-	微軟的桌面部落格發佈程式
Xcode	-	Apple推出的IDE開發環境
Xkcd	-	Randall Munroe的網路漫畫，深受統計學家，物理學家和數學家所愛
XML	-	可延伸標示語言，一般用來敘述性地儲存和轉移資料
xts	-	儲存時間序列資料的進階資料類別

旗標 FLAG

http://www.flag.com.tw